W0467401

Dreifach Mathe 9

Berlin/Brandenburg

Dein Schulbuch findest du auch in der Cornelsen Lernen App.

Dort findest du …

- alle **Audios**
- alle **Videos** und **Erklärfilme**
- **Hilfen** zu ausgewählten Aufgaben

Cornelsen

Impressum

Dreifach
Mathe

Herausgeber: Udo Wennekers

Erarbeitet von: Anja Buchmann, Jacqueline Ebben, Ute Egan, Klaus Heckner, Carmen Otte, Ariane Simon, Godehard Stein, Martina Verhoeven, Udo Wennekers

Unter Beratung von: Ute Winzer, Sven Zimmerschied

Redaktion: Fatma Defnim Avci, Carolin Berger, Ann-Christin Bröker, Dr. Anna Engel, Tobias Fenster, Dominik Fraßmann, Leif Harraß, Lena Schenk (S&L Redaktionsbüro), Heike Schulz
Illustration: Tobias Dahmen, Utrecht/www.tobidahmen.de
Grafik: Christian Böhning
Umschlaggestaltung und Layoutkonzept: ROSENDAHL BERLIN – Agentur für Markendesign
Layout und technische Umsetzung: Straive; Compuscript Ireland and Chennai

Begleitmaterialien zum Lehrwerk

Schulbuch als E-Book mit Medien	1100033719
Lösungen zum Schulbuch	978-3-06-000202-3
Handreichungen	978-3-06-000201-6
Arbeitsheft	978-3-06-000199-6
Arbeitsheft für Lernende mit erhöhtem Förderbedarf für den inklusiven Unterricht	978-3-06-043898-3
Unterrichtsmanager Plus mit E-Book und Begleitmaterialien	1100033724
Diagnose und Fördern online	
Interaktive Übungen	
Cornelsen Lernen App	

www.cornelsen.de

1. Auflage, 1. Druck 2025

Alle Drucke dieser Auflage sind inhaltlich unverändert
und können im Unterricht nebeneinander verwendet werden.

Die ***Cornelsen Lernen App*** ist eine fakultative Ergänzung zu *Dreifach Mathe*,
die die inhaltliche Arbeitet begleitet und unterstützt.

Druck und Bindung: Livonia Print, Riga

ISBN 978-3-06-000196-5

Jetzt mit barrierefreiem Farbkonzept
Mehr Informationen auf *cornelsen.de/bf*

Wiederholen

Jedes Kapitel beginnt mit zwei Seiten **Wiederholung**. Dort übst du, was du für die folgenden Seiten brauchst. Die Lösungen findest du hinten im Buch.

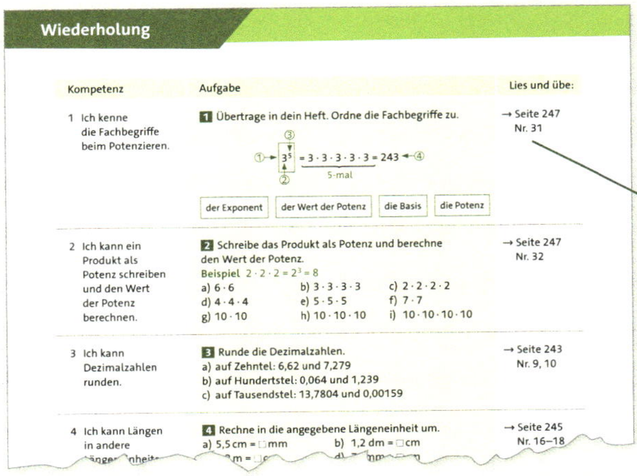

Hast du noch Schwierigkeiten? An jeder Aufgabe steht, wo du im **Grundwissen** oder in den Kapiteln nachlesen und üben kannst.

Siehst du dieses Symbol im Buch, kannst du dir in der App Erklärfilme ansehen.

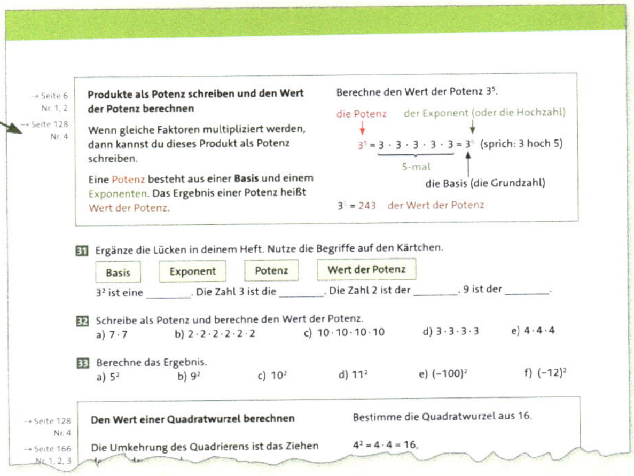

Testen

Nach den Übungsseiten findest du einen **Zwischentest**. Dort kannst du ausprobieren, ob du das Wichtige verstanden hast.

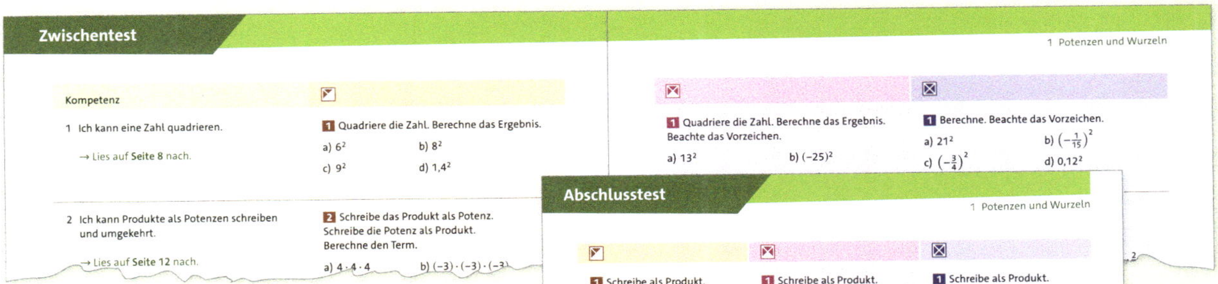

Mit dem **Abschlusstest** kannst du dich auf die Klassenarbeit vorbereiten.

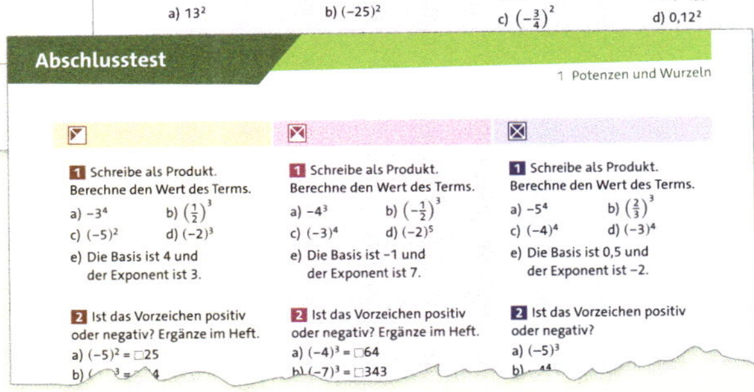

Weiter üben und Extra-Seiten

Auf einer **Themenseite** kannst du die gelernten Inhalte des Kapitels einmal ganz anders anwenden.
Auf einer **Methodenseite** lernst du verschiedene Arbeitsweisen kennen.
In den **Vermischten Übungen** werden Aufgaben zu den Lerneinheiten des gesamten Kapitels gestellt.
Eine ganz besondere Seite heißt **Tieftauchen**. Hier kannst du selbst Aufgaben auswählen und bestimmen, wie tief du in die Mathematik „eintauchst“. Sei dabei gerne etwas mutig!

Diese Zeichen stehen neben den Aufgaben.
Medienkompetenz — Partnerarbeit — Gruppenarbeit

Inhaltsverzeichnis

MK Medienkompetenz

Medienkompetenz

Potenzen und Wurzeln

1

► Robin möchte ein neues Smartphone kaufen.
Er will mit dem Smartphone viele Fotos machen und wählt ein Smartphone mit 64 Gigabyte Speicherkapazität.
Ein Foto benötigt ungefähr 5 Megabyte an Speicherkapazität.
1 Gigabyte entspricht 10^3 Megabyte.
Wie viel sind 10^3 (also $10^2 \cdot 10$) Megabyte?

Das **Byte** (*Plural die Byte*) ist die Einheit für die Speicherkapazität.

Es gibt:
das Kilobyte (KB),
das Megabyte (MB),
das Gigabyte (GB),
das Terabyte (TB).

Wie viele Fotos passen auf Robins Smartphone?
Warum passen auf ein Smartphone mit der doppelten Speicherkapazität von 128 GB in Wirklichkeit sogar mehr als doppelt so viele Fotos?

In diesem Kapitel lernst du, …

- Potenzen zu berechnen,
- die n-te Wurzel zu ziehen,
- Zahlen als Zehnerpotenzen darzustellen,
- was der Zahlenbereich der irrationalen Zahlen ist.

Kompetenz | Aufgabe | Lies und übe:

1 Ich kenne die Fachbegriffe beim Potenzieren.

1 Übertrage in dein Heft. Ordne die Fachbegriffe zu.

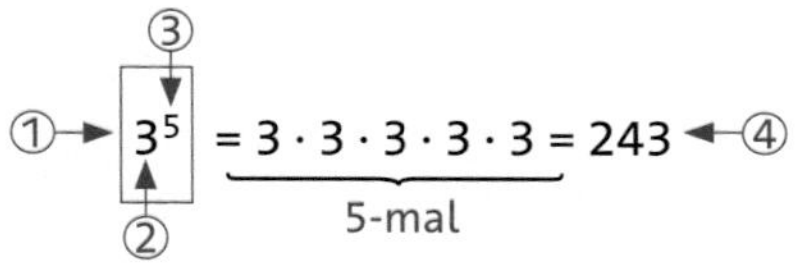

der Exponent | der Wert der Potenz | die Basis | die Potenz

→ Seite 247
Nr. 31

---

2 Ich kann ein Produkt als Potenz schreiben und den Wert der Potenz berechnen.

2 Schreibe das Produkt als Potenz und berechne den Wert der Potenz.

Beispiel $2 \cdot 2 \cdot 2 = 2^3 = 8$

a) $6 \cdot 6$ b) $3 \cdot 3 \cdot 3 \cdot 3$ c) $2 \cdot 2 \cdot 2 \cdot 2$
d) $4 \cdot 4 \cdot 4$ e) $5 \cdot 5 \cdot 5$ f) $7 \cdot 7$
g) $10 \cdot 10$ h) $10 \cdot 10 \cdot 10$ i) $10 \cdot 10 \cdot 10 \cdot 10$

→ Seite 247
Nr. 32

---

3 Ich kann Dezimalzahlen runden.

3 Runde die Dezimalzahlen.
a) auf Zehntel: 6,62 und 7,279
b) auf Hundertstel: 0,064 und 1,239
c) auf Tausendstel: 13,7804 und 0,00159

→ Seite 243
Nr. 9, 10

---

4 Ich kann Längen in andere Längeneinheiten umrechnen.

4 Rechne in die angegebene Längeneinheit um.
a) 5,5 cm = □ mm b) 1,2 dm = □ cm
c) 7,2 m = □ cm d) 77 mm = □ cm
e) 45 km = □ m f) 70 cm = □ m

→ Seite 245
Nr. 16–18

---

5 Ich kann Flächeninhalte in andere Flächeneinheiten umrechnen.

5 Rechne in die angegebene Flächeneinheit um.
a) $10\ cm^2$ = □ mm^2 b) $1\ dm^2$ = □ cm^2
c) $1200\ cm^2$ = □ dm^2 d) $2{,}7\ m^2$ = □ cm^2
e) $45\ km^2$ = □ m^2 f) $12\ cm^2$ = □ m^2

→ Seite 245
Nr. 19–21

---

6 Ich kann den Oberflächeninhalt und das Volumen eines Würfels berechnen.

6 Berechne die fehlenden Größen des Würfels. Ergänze die Tabelle im Heft.

Beispiel $a = 2\ m$
$O = 6 \cdot a^2 = 6 \cdot (2\ m)^2 = 6 \cdot 4\ m^2 = 24\ m^2$
$V = a^3 = (2\ m)^3 = 8\ m^3$

	Würfel		
	Kantenlänge a	**Oberflächeninhalt O**	**Volumen V**
a)	3 cm		
b)	6 mm		
c)	4 dm		
d)	10 m		

→ Seite 256
Nr. 78, 79

Kompetenz	Aufgabe	Lies und übe:
7 Ich kann rationale Zahlen multiplizieren.	**7** Multipliziere. a) $3 \cdot (-10)$ b) $(-0{,}25) \cdot 8$ c) $(-1{,}5) \cdot (-2)$	→ Seite 246 Nr. 28
8 Ich kann rationale Zahlen dividieren.	**8** Dividiere. a) $(-27) : 3$ b) $5 : (-2)$ c) $(-9{,}3) : (-3{,}1)$	→ Seite 246 Nr. 29
9 Ich kann die Vorrangregeln anwenden.	**9** Berechne den Wert des Terms. Wende die passende Vorrangregel an. **Beispiel** ① $(2^4 - 7) \cdot 3 = (16 - 7) \cdot 3 = 9 \cdot 3 = 27$ ② $(4 + 3 \cdot 2)^2 = (4 + 6)^2 = 10^2 = 100$ a) $3 + 2 \cdot 4$ b) $(3 + 2) \cdot 4$ c) $4 + (2^2 + 5)$ d) $13 + 2 \cdot 3$ e) $3 \cdot (9 - 5)$ f) $4 \cdot (15 : 5)^2$ g) $(9 - 3 \cdot 2)^2$ h) $\frac{2}{5} \cdot (3 + 3 \cdot 4)$ i) $\left(\frac{3}{4} - \frac{1}{8}\right) \cdot \frac{4}{8}$	→ Seite 246 Nr. 30
10 Ich kann Terme vereinfachen.	**10** Vereinfache den Term. a) $2a + 4a - a - 3a$ b) $3x + 5y - 3y - 4x$ c) $4(2x + 3) + 2(x - 2y)$ d) $2 \cdot a \cdot b \cdot 3 \cdot b \cdot c$	→ Seite 248 Nr. 43
11 Ich kann Gleichungen durch Äquivalenzumformungen lösen.	**11** Löse die Gleichung durch Äquivalenzumformungen. a) $9x + 7 = 70$ b) $12x - 15 = 21$ c) $14x - 12 = 8x + 36$ d) $0{,}5x + 10 = 3x + 15$	→ Seite 249 Nr. 52
12 Ich kann Gleichungen aufstellen und lösen.	**12** Stelle eine Gleichung auf und löse sie. a) Das Dreifache einer Zahl addiert mit 4 ergibt das Fünffache dieser Zahl. b) Die Summe aus 6 und dem Produkt einer Zahl mit 4 ist so groß wie die Differenz aus 60 und dem Doppelten dieser Zahl.	→ Seite 251 Nr. 56–58
13 Ich kann Sachaufgaben lösen.	**13** Ein 0,8 m hohes Hochbeet ist 3-mal so lang wie breit. Das Hochbeet hat Platz für 2,4 m^3 Erde. Berechne die Breite und die Länge des Hochbeets. 	→ Seite 250 Nr. 53–55

→ Lösungen auf Seite 259

Quadrieren und die Quadratwurzel ziehen (Wdh.)

Toni, Deniz und Sofia erinnern sich, wie sie eine Zahl quadrieren und Quadratwurzel ziehen.
In jeder Reihe liegen 9 Holzfliesen. Es gibt 9 Reihen.
Wie viele Holzfliesen werden insgesamt benötigt?

Wenn du eine natürliche Zahl quadrierst, dann erhältst du eine Quadratzahl. Man sagt: 4 ist die Quadratzahl von 2.

W

Eine Zahl quadrieren
Wenn du eine Zahl a einmal mit sich selbst multiplizierst, dann **quadrierst** du die Zahl.

So quadrierst du: $a^2 = a \cdot a = q$

„a hoch 2" oder „a Quadrat"

$10^2 = 10 \cdot 10 = 100$

$0{,}2^2 = 0{,}2 \cdot 0{,}2 = 0{,}04$

$\left(\frac{1}{2}\right)^2 = \frac{1}{2} \cdot \frac{1}{2} = \frac{1}{4}$

$(-3)^2 = (-3) \cdot (-3) = 9$

Quadriere die Anzahl der Holzfliesen in einer Reihe:
$9^2 = 9 \cdot 9 = 81$
81 ist die Quadratzahl von 9.
Es werden 81 Holzfliesen benötigt.

▶ **Aufgabe** Quadriere die Zahl 7 und berechne das Ergebnis. ▶1 ▶1 ▶1

Aus 81 Holzfliesen soll eine quadratische Terrasse gelegt werden.
Wie viele Holzfliesen liegen in einer Reihe?

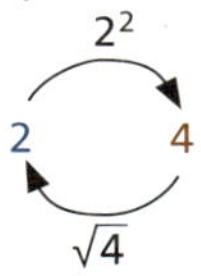

Du kannst die Wurzel mit dem Taschenrechner berechnen zum Beispiel: Taste $\sqrt{\square}$

W

Die Quadratwurzel ziehen
Die Umkehrung des Quadrierens ist das Ziehen der Quadratwurzel (kurz: Ziehen der Wurzel).

Beim Ziehen der Wurzel suchst du die Zahl a, die mit sich selbst multipliziert die Zahl q ergibt, also $a \cdot a = q$.

Die Zahl q ist größer oder gleich 0.

$\sqrt{q} = a$ denn $a \cdot a = q$
sprich: Die Wurzel aus q ist gleich a.

$\sqrt{q} = a$
- $\sqrt{}$ – die Quadratwurzel
- a – der Wert der Quadratwurzel
- q – der Radikand

$\sqrt{9} = 3$ denn $3 \cdot 3 = 9$

$\sqrt{49} = 7$ denn $7 \cdot 7 = 49$

$\sqrt{0{,}16} = 0{,}4$ denn $0{,}4 \cdot 0{,}4 = 0{,}16$

gegeben: 81 Holzfliesen für eine quadratische Terrasse

gesucht: Anzahl der Fliesen in einer Reihe

$\sqrt{81} = 9$ denn $9 \cdot 9 = 81$
9 ist der Wert der Quadratwurzel aus 81.
Es sind 9 Holzfliesen in einer Reihe.

▶ **Aufgabe** Für das Spiel Memory sollen 36 Karten in einem Quadrat ausgelegt werden. Wie viele Karten liegen dann in einer Reihe? ▶4 ▶4 ▶5

1 Sandra zeichnet mit grauen Kästchen eine Folge von Quadraten.

Beispiel

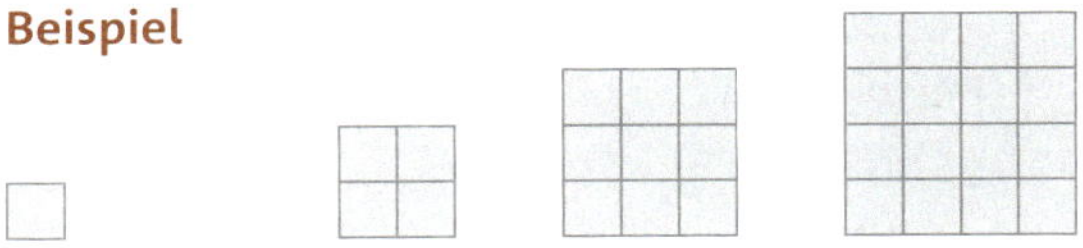

$1^2 = 1 \cdot 1 = 1$ $2^2 = \dots$ $3^2 = \dots$ $4^2 = \dots$

a) Übertrage die Zeichnungen in dein Heft. Ergänze unter der Zeichnung die zugehörige Rechnung.

b) Ergänze Sandras Folge um das fünfte und das sechste Quadrat und die zugehörige Rechnung.

c) Warum heißen diese Zahlen Quadratzahlen?

2 Berechne das Ergebnis.

Beispiel $4^2 = 4 \cdot 4 = 16$

a) 3^2 b) 6^2 c) 9^2 d) 10^2 e) 11^2 f) 12^2

3 Chantal und Lukas schauen sich folgende Zahlen an:

13, 29, 81, 32, 99, 49, 25, 77, 64, 9, 100, 16, 101, 127, 36, 4

a) Welche Zahlen auf den Kärtchen sind Quadratzahlen?

b) Lernt die Quadratzahlen von 1 bis 12 auswendig. Fragt euch gegenseitig ab.

▸ 4

4 Übertrage die Rechnungen ① und ② in dein Heft. Schreibe die Begriffe an die richtige Stelle der Rechnungen.

① $8^2 = 64$ und $\sqrt{64} = 8$

② $\sqrt{289} = 17$ und $17^2 = 289$

Radikand | Wurzel ziehen | quadrieren | Quadratzahl | Wert der Quadratwurzel

5 Berechne den Wert der Quadratwurzel. Notiere den Rechenweg.

Beispiel $\sqrt{16} = 4$, denn $4 \cdot 4 = 16$

a) $\sqrt{25}$ b) $\sqrt{16}$ c) $\sqrt{100}$

d) $\sqrt{144}$ e) $\sqrt{81}$ f) $\sqrt{400}$

6 Berechne den Wert der Quadratwurzel im Kopf und notiere das Ergebnis im Heft.

a) $\sqrt{9}$ b) $\sqrt{49}$ c) $\sqrt{64}$ d) $\sqrt{121}$

7 Vergleicht und korrigiert Riccardos und Samiras Rechnungen.

Riccardo:	Samira:
$81 = \sqrt{9}$	$\sqrt{81} = 9$
$\sqrt{169} = 13$	$\sqrt{169} = 16{,}9$
$\sqrt{256\ m^2} = 16\ m^2$	$\sqrt{256\ m^2} = 16\ m$

a) Erklärt, welche Rechnung richtig ist.

b) Beschreibt euch gegenseitig die Fehler.

8 Du kannst Quadratwurzeln auch aus beliebigen positiven Zahlen ziehen.Berechne den Wert der Quadratwurzel mit dem Taschenrechner.

Beispiel $\sqrt{9050} \approx 95{,}13$

$\sqrt{\ }$ 9050 =

Finde heraus, in welcher Reihenfolge du die Tasten auf deinem Taschenrechner drücken musst. Berechne dann.

a) $\sqrt{1000}$ b) $\sqrt{576}$ c) $\sqrt{0{,}04}$

d) $\sqrt{2{,}56}$ e) $\sqrt{0{,}025}$ f) $\sqrt{0{,}134}$

▸ 9

9 Der Flächeninhalt des Quadrats ist gegeben. Berechne die Seitenlänge des Quadrats.

a) $A = 25\ cm^2$ b) $A = 36\ cm^2$

10 Sophies Eltern haben ein quadratisches Grundstück. Es ist $324\ m^2$ groß. Der Zaun soll auf einer Seite erneuert werden. Wie viel Meter Zaun benötigen die Eltern?

a) Schätze die Länge des Zauns für eine Seite.

b) Überprüfe deinen Wert aus a) mit einer Rechnung.

Sprachhilfe zu **1c**: Anzahl der Kästchen, quadrieren, Multiplikation einer Zahl mit sich selbst, Produkt

Tipp zu **7**: Musst du aus einer Flächeneinheit die Wurzel ziehen, dann erhältst du eine Längeneinheit. Beispiel: $\sqrt{9\ m^2} = 3\ m$

1 ▼ Gegeben sind sechs Quadrate.

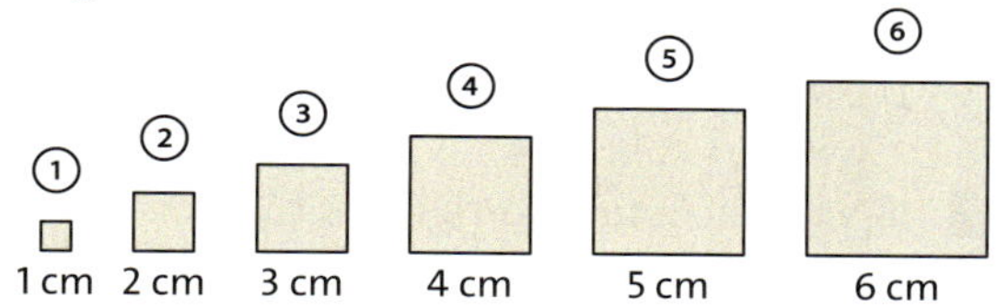

a) Berechne den Flächeninhalt der Quadrate.
Beispiel ① $A = 1\,\text{cm} \cdot 1\,\text{cm} = (1\,\text{cm})^2 = 1\,\text{cm}^2$

b) Schaut euch die berechneten Werte an. Warum heißen diese Zahlen Quadratzahlen?

c) Lernt die Quadratzahlen von 1 bis 15 auswendig. Fragt euch gegenseitig ab.

2 Berechne das Ergebnis.
Beispiel $6^2 = 6 \cdot 6 = 36$

a) 7^2 b) 11^2 c) 12^2
d) 15^2 e) $1{,}5^2$ f) $(-3)^2$

3 Berechne das Ergebnis mit dem Taschenrechner.

a) 2^2; 20^2; 200^2
b) 3^2; $0{,}3^2$; $0{,}03^2$
c) 8^2; 80^2; $0{,}8^2$; 800^2
d) 15^2; $1{,}5^2$; $0{,}15^2$; 150^2
e) Was fällt dir bei a) bis d) auf?

4 Notiere die Rechnungen im Heft.
① Quadriere eine beliebige Zahl und berechne das Ergebnis.
② Ziehe aus dem Ergebnis die Wurzel.
Schreibe die Begriffe Radikand, Wert der Quadratwurzel, die Wurzel ziehen, quadrieren jeweils an die richtige Stelle. ► 4 ☒

5 Berechne den Wert der Quadratwurzel. Notiere den Rechenweg.
Beispiel $\sqrt{25} = 5$, denn $5 \cdot 5 = 5^2 = 25$

a) $\sqrt{81}$ b) $\sqrt{121}$ c) $\sqrt{289}$
d) $\sqrt{900}$ e) $\sqrt{0{,}49}$ f) $\sqrt{1{,}44}$

6 Berechne den Wert der Quadratwurzel im Kopf. Notiere das Ergebnis im Heft und überprüfe das Ergebnis mit deinem Taschenrechner.

a) $\sqrt{16}$ b) $\sqrt{1600}$ c) $\sqrt{0{,}16}$
d) $\sqrt{160\,000}$ e) $\sqrt{0{,}0016}$ f) $\frac{1}{\sqrt{16}}$

7 Berechne den Wert der Quadratwurzel mit dem Taschenrechner. Runde das Ergebnis auf Hundertstel.
Beispiel $\sqrt{12} = 3{,}46410... \approx 3{,}46$

a) $\sqrt{6}$ b) $\sqrt{600}$ c) $\sqrt{60\,000}$
d) $\sqrt{3{,}75}$ e) $\sqrt{(-2{,}4) \cdot (-3{,}1)}$ f) $\sqrt{0{,}07}$ ► 8 ☒

8 Gegeben ist eine Folge von Quadratwurzeln.
$\sqrt{36}$, $\sqrt{3600}$, $\sqrt{360\,000}$, ...

a) Berechne den Wert der Quadratwurzeln. Was fällt dir auf?
b) Ergänze die nächsten beiden Quadratwurzeln und berechne sie.

9 ▼ Entscheide, ob es stimmt oder nicht. Begründe.

a) Niran schreibt: $\sqrt{0} = 0$
b) Sascha schreibt: $\sqrt{-16} = -4$
c) Amany schreibt: $15^2 = (-15)^2$

10 Welchen Rechenweg wählst du? Vergleiche und begründe deine Wahl.

Lea: $6 \cdot \sqrt{9} + 4 \cdot \sqrt{9} = 10 \cdot \sqrt{9} = 10 \cdot 3 = 30$
Ali: $6 \cdot \sqrt{9} + 4 \cdot \sqrt{9} = 6 \cdot 3 + 4 \cdot 3 = 18 + 12 = 30$

11 ▼ Die Figur besteht aus mehreren Quadraten. Der Flächeninhalt der Figur ist gegeben. Berechne die Seitenlänge eines Quadrats.

a) $A = 100\,\text{cm}^2$ b) $A = 294\,\text{m}^2$

12 Ein rechteckiges Feld ist 4 m breit und 16 m lang. Ein quadratisches Blumenbeet hat den gleichen Flächeninhalt wie das Feld.

a) Berechne die Seitenlänge des Blumenbeets.
b) Die Stadtentwicklung plant, das Blumenbeet zu vergrößern. Passe die Seitenlängen so an, dass das Blumenbeet quadratisch bleibt und um $36\,\text{m}^2$ größer wird.

Sprachhilfe zu **1b**: stammt vom Flächeninhalt eines Quadrats – Multiplikation einer Zahl mit sich selbst – Produkt
Sprachhilfe zu **9b**: negative Vorzeichen; minus mal minus; ...
Tipp zu **11**: Musst du aus einer Flächeneinheit die Wurzel ziehen, dann erhältst du eine Längeneinheit. Beispiel: $\sqrt{9\,\text{m}^2} = 3\,\text{m}$

1 Ergänze das Muster um drei weitere Quadrate im Heft. Berechne die Flächeninhalte der Quadrate. Beschreibe dein Vorgehen.

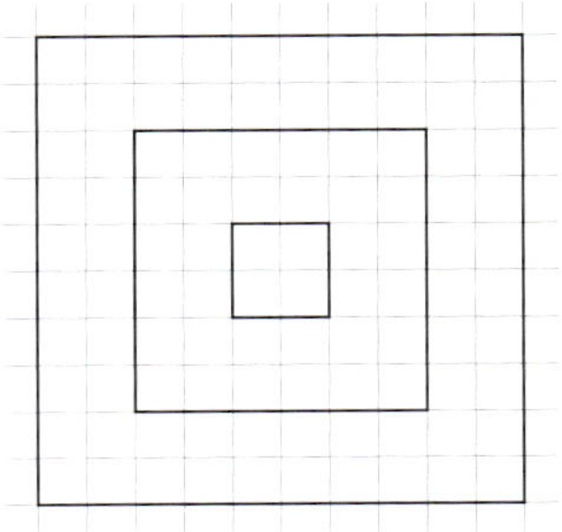

2 Berechnet die Quadratzahlen von 1 bis 20. Lernt die Quadratzahlen auswendig. Fragt euch gegenseitig ab.

3 Quadriere zuerst im Kopf. Berechne dann das Ergebnis.
a) $4^2 + 7^2$ b) $10^2 - 9^2$ c) $11^2 + 12^2$
d) $15^2 + 5^2$ e) $(-3)^2 + (-13)^2$ f) $(-2)^2 \cdot 8^2$

4 Adea rechnet die Quadratzahlen ohne Taschenrechner aus. Sie nutzt eine binomische Formel.

$$25^2 = (20 + 5)^2$$
$$= 20^2 + 2 \cdot 5 \cdot 20 + 5^2$$
$$= 400 + 200 + 25$$
$$= 625$$

a) Erkläre Adeas Rechenweg.
b) Quadriere selbst eine Zahl und nutze Adeas Rechenweg.

5 Notiert jeweils eine Aufgabe zum Quadrieren und zum Ziehen der Wurzel. Ordnet die Begriffe auf den Kärtchen passend zu.

radizieren | Radikand | quadrieren | Wert der Quadratwurzel | die Wurzel ziehen

6 Berechne den Wert der Quadratwurzel. Notiere den Rechenweg.
Beispiel $\sqrt{64} = 8$, denn $8 \cdot 8 = 64$
a) $\sqrt{169}$ b) $\sqrt{625}$ c) $\sqrt{400}$
d) $\sqrt{6400}$ e) $\frac{1}{\sqrt{4}}$ f) $\sqrt{1{,}96}$

7 Berechne den Wert der Quadratwurzel im Kopf. Was fällt dir auf? Beschreibe.
a) $\sqrt{49}$ b) $\sqrt{0{,}49}$ c) $\sqrt{490\,000}$
d) $\frac{1}{\sqrt{49}}$ e) $\sqrt{4900}$ f) $\sqrt{-49}$

8 Der Seitenlänge a eines Quadrates wird der Flächeninhalt A zugeordnet.

a (in cm)	1	2	3		4		
A (in cm²)	1	4	9	*12*	16	...	*90*

a) Hadi meint: „Bei einem Flächeninhalt von 12 cm² muss die Seite a zwischen 3 cm und 4 cm lang sein." Erklärt euch gegenseitig, wie Hadi darauf gekommen ist.
b) Wie lang ist die Seite a, wenn der Flächeninhalt 90 cm² beträgt? Überprüft eure Vermutung mit dem Taschenrechner.

9 Schätze den Wert der Quadratwurzel.
Beispiel $\sqrt{72}$ liegt zwischen $\sqrt{64}$ und $\sqrt{81}$.
$\sqrt{72} \approx 8{,}5$
a) $\sqrt{156}$ b) $\sqrt{380}$ c) $\sqrt{600}$
d) Notiert eine beliebige Quadratwurzel. Löst eure Aufgaben gegenseitig. Beschreibt euer Vorgehen mündlich.

10 Der Oberflächeninhalt O des Körpers ist gegeben. Berechne die Kantenlänge eines Würfels.
a) O = 360 cm² b) O = 1800 dm²

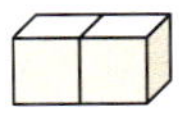

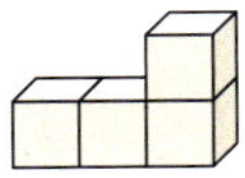

11 Der abgebildete Prozessor ist 13 225 mm² groß. Formuliere eine passende Sachaufgabe und löse sie.

12 Erstelle ein Tabellenblatt, das dir Quadratzahlen und Quadratwurzeln berechnet.

	A	B	C
1	Zahl x	Quadratzahl von x	Quadratwurzel aus x
2	1	=A2^2	=Wurzel(A2)
3	2		
4	3		
5	4		
⋮	⋮	⋮	⋮

Werte von Potenzen und Wurzeln bestimmen

Vorrangregeln: Es gilt Klammer vor Potenz vor Punkt vor Strich.

Du kennst Potenzen mit einer positiven Basis.
Hier lernst du das Rechnen mit Potenzen, wenn die Basis negativ ist.
Julias Mathelehrerin schreibt zwei Terme an die Tafel.
Julia meint: „Das ist doch dasselbe!" Was meinst du?

Beachte die Klammern:
$(-5)^4 = ?$
$-5^4 = ?$

die Potenz – potenzieren

Merke $a^0 = 1$.

a^2 heißt Quadrazahl.

a^3 heißt Kubikzahl.

Verwende auf deinem Taschenrechner die Taste yˣ oder ^ oder x■.

W Für Potenzen mit einer positiven oder negativen Basis gilt: $a^n = \underbrace{a \cdot a \cdot a \cdot \ldots \cdot a}_{n\text{-mal}}$

Wenn du eine **negative Basis** a (a < 0) **potenzierst**, dann musst du die negative Basis in Klammern setzen.

negative Basis a = −5
Du musst Klammern setzen:
$(-5)^4 = (-5) \cdot (-5) \cdot (-5) \cdot (-5) = 625$

Wenn die Basis a negativ ist, dann kann der Wert der Potenz positiv oder negativ sein.

Achtung a = 5 mit „−" davor:
$-5^4 = -(5 \cdot 5 \cdot 5 \cdot 5) = -625$

- **n gerade:** Der Wert der Potenz ist positiv.

n = 4:
$(-5)^4 = \underbrace{(-5) \cdot (-5) \cdot (-5) \cdot (-5)}_{4\text{-mal}} = 625$

- **n ungerade:** Der Wert der Potenz ist negativ.

n = 3:
$(-5)^3 = \underbrace{(-5) \cdot (-5) \cdot (-5)}_{3\text{-mal}} = -125$

▶ **Aufgabe** Berechne den Wert der Potenz.
a) $(-3)^2$ b) $(-4)^3$ c) -3^2 d) -4^3

▶1 ▶1 ▶1

$\sqrt[2]{a}$: sprich zweite Wurzel aus a oder Quadratwurzel aus a

$\sqrt[3]{a}$: sprich dritte Wurzel aus a oder Kubikwurzel aus a

Ein Würfel hat ein Volumen von 125 cm³. Wie lang ist eine Kante x?

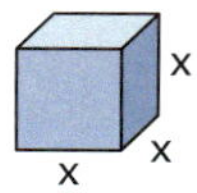

potenzieren

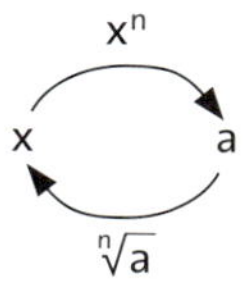

n-te Wurzel ziehen

W **Die n-te Wurzel ziehen**
Wenn du die n-te Wurzel aus einer Zahl a ≥ 0 ziehst, dann suchst du diejenige Zahl x, für die gilt: $\underbrace{x \cdot x \cdot \ldots \cdot x}_{n\text{-mal}} = x^n = a$.

$\sqrt[n]{a} = x$ mit $n \geq 2$ und $\underbrace{x \cdot x \cdot \ldots \cdot x}_{n\text{-mal}} = x^n = a$.

Das Wurzelziehen (Radizieren) ist die Umkehrung des Potenzierens.

Es gilt: $\sqrt[n]{b^n} = b$

gegeben: Würfel mit V = 125 cm³
gesucht: Kantenlänge x
Suche diejenige Zahl x, für die gilt:
$\underbrace{x \cdot x \cdot x}_{3\text{-mal}} = x^3 = 125$.

$\sqrt[3]{125} = 5$ denn $5^3 = \underbrace{5 \cdot 5 \cdot 5}_{3\text{-mal}} = 125$

Sprich:
Die dritte Wurzel aus 125 ist 5.
Die Kantenlänge beträgt 5 cm.

$\sqrt[3]{8} = \sqrt[3]{2^3} = 2$

Benutze zum Beispiel Shift und das Zeichen ˣ√x auf deinem Taschenrechner.

▶ **Aufgabe** Bestimme den Wert der Wurzel.
a) $\sqrt[3]{27}$ b) $\sqrt[3]{64}$ c) $\sqrt[4]{16}$ d) $\sqrt[5]{100\,000}$

▶11 ▶8 ▶B

1 Übertrage die Aufgabe in dein Heft.
Schreibe die Fachbegriffe in die Lücken.

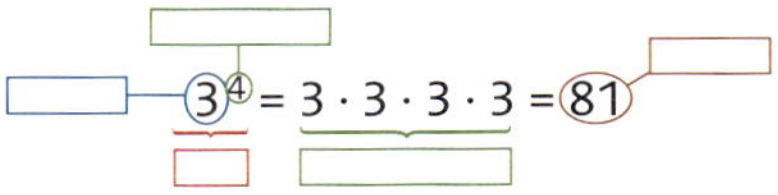

der Wert der Potenz | der Exponent | die Basis | die Faktoren | die Potenz

2 Ordne jedem Produkt die richtige Potenz zu.
Notiere wie im Beispiel.
Beispiel $2 \cdot 2 \cdot 2 \cdot 2 = 2^4$

~~$2 \cdot 2 \cdot 2 \cdot 2$~~ | 4^3 | $(-5) \cdot (-5) \cdot (-5)$ | $5 \cdot 5 \cdot 5 \cdot 5$

5^4 | $4 \cdot 4 \cdot 4$ | $4 \cdot 4 \cdot 4 \cdot 4 \cdot 4$ | ~~2^4~~ | 4^5 | $(-5)^3$

3 Ist das Vorzeichen positiv oder negativ?
Ergänze im Heft. Begründe.
a) $(-2)^3 = \square 8$ b) $-5^3 = \square 125$
c) $(-3)^4 = \square 81$ d) $-2^5 = \square 32$
e) $(-4)^5 = \square 1024$ f) $-7^4 = \square 2401$

4 ▼ Berechne den Wert der Potenz im Kopf.
a) $(-3)^2$ b) $(-5)^2$ c) $(-7)^2$
d) $(-2)^3$ e) $(-5)^3$ f) $(-1)^{10}$ ► 4

5 ▼ Berechne mit dem Taschenrechner.
a) 5^4 b) 12^3 c) $1{,}3^5$
d) $(-6)^7$ e) $(-0{,}5)^4$ f) $\left(\frac{1}{4}\right)^3$

6 ▼ Berechne jeweils den Wert der Potenz und vergleiche.
a) $(-3)^2$ und -3^2 b) $(-5)^3$ und -5^3
c) $\left(\frac{1}{3}\right)^3$ und $\frac{1^3}{3}$ d) $\left(\frac{2}{3}\right)^4$ und $\frac{2}{3^4}$

7 Schreibt als Potenz.
Findet mehrere Möglichkeiten.
a) 16 b) 81 c) 10 000 d) 256

8 Schreibe als Potenz und berechne.
a) 2 hoch 3
b) Die Basis ist 3 und der Exponent ist 4.
c) Der Faktor (–2) wird 4-mal mit sich selbst multipliziert.

9 Insa benötigt Blumenerde für ihre drei Blumentöpfe. Die Blumentöpfe haben die Form von Würfeln. Die Kantenlänge beträgt 12 cm. Berechne das gesamte Volumen der drei Blumentöpfe.

10 Berechne den Wert der Potenz.
Notiere die Umkehraufgabe.
Beispiel $2^5 = 32$, Umkehraufgabe $\sqrt[5]{32} = 2$
a) 4^3 b) 5^4 c) 12^2 d) $\left(\frac{1}{3}\right)^3$

11 Ordne jeder Wurzel ihren Wert zu. Verwende die Kärtchen und notiere wie im Beispiel.
Verwende die orangenen Kärtchen.
Beispiel $\sqrt[3]{216} = 6$, denn $\underbrace{6 \cdot 6 \cdot 6}_{\text{3-mal}} = 6^3 = 216$

$\sqrt[3]{1}$ | $\sqrt[3]{216}$ | $\sqrt[3]{64}$ | $\sqrt[3]{343}$ | $\sqrt[3]{729}$

9 | 7 | 6 | 1 | 4

12 Bestimme den Wert der Wurzel im Kopf.
a) $\sqrt{9}$ b) $\sqrt{25}$ c) $\sqrt{16}$ d) $\sqrt{49}$
e) $\sqrt{81}$ f) $\sqrt{121}$ g) $\sqrt{100}$ h) $\sqrt{169}$ ► 9

13 Berechne mit dem Taschenrechner.
a) $\sqrt[3]{8}$ b) $\sqrt[4]{256}$ c) $\sqrt[3]{64}$
d) $\sqrt[4]{625}$ e) $\sqrt[3]{8000}$ f) $\sqrt[4]{810\,000}$
g) $\sqrt[3]{0{,}125}$ h) $\sqrt[4]{0{,}0081}$

14 Ergänze die Lücken im Heft. Löse durch Probieren. Es kann mehrere Lösungen geben.
a) $2^{\square} = 4$ b) $\square^2 = 81$
c) $3^3 = \square$ d) $4^{\square} = 64$
e) $10^4 = \square$ f) $20^{\square} = 8000$
g) $0{,}2^3 = \square$ h) $\square^2 = 0{,}09$

15 Eine würfelförmige Kiste hat ein Volumen von 8000 cm³. Der Boden der Kiste soll mit einer Folie beklebt werden.
Berechne, wie viel cm² Folie benötigt wird.

Tipp zu **4**: Entscheide zuerst: gerader Exponent, also positiver Wert der Potenz oder ungerader Exponent, also negativer Wert der Potenz. Potenziere dann im Kopf und setze das richtige Vorzeichen.

Tipp zu **5** und **6**: Beispiel: $\left(\frac{1}{5}\right)^2 = \frac{1^2}{5^2} = \frac{1}{5^2} = \frac{1}{25}$

1 Schreibe als Potenz. Achte auf die Klammern.

Beispiel $3 \cdot 3 \cdot 3 \cdot 3 \cdot 3 = 3^5$

a) $5 \cdot 5 \cdot 5 \cdot 5$

b) $(-r) \cdot (-r) \cdot (-r) \cdot (-r) \cdot (-r) \cdot (-r)$

c) $s \cdot s \cdot s \cdot s \cdot s \cdot s \cdot s \cdot s$

d) $4y \cdot 4y \cdot 4y \cdot 4y \cdot 4y$

e) $(-3) \cdot (-3) \cdot (-3) \cdot (-3) \cdot (-3) \cdot (-3) \cdot (-3)$

f) $\left(\frac{1}{4}\right) \cdot \left(\frac{1}{4}\right) \cdot \left(\frac{1}{4}\right) \cdot \left(\frac{1}{4}\right) \cdot \left(\frac{1}{4}\right) \cdot \left(\frac{1}{4}\right) \cdot \left(\frac{1}{4}\right) \cdot \left(\frac{1}{4}\right)$

2 Ist das Vorzeichen positiv oder negativ? Ergänze im Heft. Begründe.

a) $(-4)^3 = \square 64$ b) $-(4^4) = \square 256$

c) $-(-3)^3 = \square 27$ d) $-2^7 = \square 128$

e) $-(-5)^4 = \square 625$ f) $-4^7 = \square 16\,384$

3 Berechne den Wert der Potenz im Kopf.

a) $(-4)^2$ b) $(-6)^2$ c) $(-8)^2$

d) $(-3)^3$ e) $(-7)^3$ f) $(-1)^{101}$

4 ▼ Korrigiere falsche Ergebnisse im Heft.

a) $2^5 = 10$ *b)* $3^4 = 81$

c) $(-2)^2 = -4$ *d)* $4^0 = 0$

e) $10^3 = 1000$ *f)* $20^3 = 8000$

▸ 4 ⊠

5 Schreibe als Potenz und berechne.

a) −3 hoch 4.

b) Die Basis ist 10 und der Exponent ist 6.

c) Der Faktor 5 wird 3-mal mit sich selbst multipliziert.

6 Luca soll $0{,}2^3$ berechnen.

$0{,}2^3 = ?$

Das kann ich auch ohne Taschenrechner berechnen.

$2 \cdot 2 \cdot 2 = 8$

Also: $0{,}2 \cdot 0{,}2 \cdot 0{,}2 = 0{,}008$

pro Faktor eine Nachkommastelle — *drei Nachkommastelle*

a) Erkläre in eigenen Worten, wie Luca rechnet.

b) Berechne so wie Luca $0{,}3^3$, $0{,}02^3$ und $1{,}1^2$.

7 ▼ Vergleiche und setze <, > oder = ein.

Beispiel $3^2 > 2^3$, denn $9 > 8$

a) $2^4 \square 4^2$ b) $3^6 \square 25^2$

c) $-2^4 \square (-2)^4$ d) $(-4)^3 \square -4^3$

e) $\left(\frac{1}{5}\right)^3 \square 0{,}2^3$ f) $\left(\frac{2}{3}\right)^3 \square \frac{2}{3^3}$

8 ▼ Bestimme im Kopf. Notiere den Wert und begründe.

Beispiel zu a) $\sqrt[3]{64} = 4$, denn $4 \cdot 4 \cdot 4 = 4^3 = 64$

a) $\sqrt[3]{8}$ b) $\sqrt[3]{8000}$ c) $\sqrt[4]{0}$ d) $\sqrt[4]{1}$

e) $\sqrt[3]{27}$ f) $\sqrt[3]{0{,}027}$ g) $\sqrt[4]{\frac{1}{16}}$ h) $\sqrt[4]{\frac{16}{81}}$

9 Berechne den Wert der Wurzel mit dem Taschenrechner.

a) $\sqrt[3]{125}$ b) $\sqrt[3]{729}$

c) $\sqrt[3]{512}$ d) $\sqrt[3]{1331}$

e) $\sqrt[3]{8000}$ f) $\sqrt[4]{50\,625}$

g) $\sqrt[3]{0{,}064}$ h) $\sqrt[4]{0{,}0016}$

▸ 10 ⊠

10 Berechne die Kantenlänge des Würfels.

a) $V = 1{,}728\,\text{cm}^3$ b) $V = 166{,}375\,\text{cm}^3$

11 Was gehört in die Lücken? Ergänze im Heft.

a) $\square^4 = 1296$ b) $4^5 = \square$

c) $10^4 = \square$ d) $10^{\square} = 10\,000\,000$

e) $(-1{,}5)^{\square} = -3{,}375$ f) $0{,}3^{\square} = 0{,}0081$

g) $\left(\frac{2}{5}\right)^4 = \square$ h) $\square^2 = 0{,}09$

12 Aus den Ziffern 0 und 1 sollen vierstellige Kombinationen gebildet werden, zum Beispiel 0000, 0100 oder 0110.

a) Wie viele solche Kombinationen gibt es?

b) Wie viele fünfstellige Kombinationen aus den Ziffern 0 und 1 gibt es?

Tipp zu **4**: Schaue zuerst, ob der Exponent gerade oder ungerade ist. So weißt du, ob der Wert der Potenz positiv oder negativ ist. Potenziere im Kopf und setze das richtige Vorzeichen davor.

Tipp zu **7**: Beispiel: $\left(\frac{1}{2}\right)^3 = \frac{1^3}{2^3} = \frac{1}{2^3} = \frac{1}{8}$ und $\left(\frac{2}{3}\right)^4 = \frac{2^4}{3^4} = \frac{16}{81}$

Tipp zu **8**: Beispiel: $\sqrt[3]{\frac{1}{8}} = \frac{\sqrt[3]{1}}{\sqrt[3]{8}} = \frac{1}{\sqrt[3]{8}} = \frac{1}{2}$ und $\sqrt[3]{\frac{8}{27}} = \frac{\sqrt[3]{8}}{\sqrt[3]{27}} = \frac{2}{3}$

1 Schreibe als Potenz.
a) $7 \cdot 7 \cdot 7 \cdot 7 \cdot 7 \cdot 7$
b) $(-x) \cdot (-x) \cdot (-x) \cdot (-x) \cdot (-x)$
c) $2m \cdot 2m \cdot 2m \cdot 2m \cdot 2m \cdot 2m$
d) $(-0{,}25) \cdot (-0{,}25) \cdot (-0{,}25) \cdot (-0{,}25) \cdot (-0{,}25)$
e) $\left(\frac{3}{7}\right) \cdot \left(\frac{3}{7}\right) \cdot \left(\frac{3}{7}\right) \cdot \left(\frac{3}{7}\right) \cdot \left(\frac{3}{7}\right) \cdot \left(\frac{3}{7}\right) \cdot \left(\frac{3}{7}\right) \cdot \left(\frac{3}{7}\right)$

2 Ist das Vorzeichen positiv oder negativ? Ergänze im Heft. Begründe.
a) $(-4)^3 = \square 64$
b) $\square(\square 4^4) = 256$
c) $-(\square 3)^5 = 243$
d) $-(-2)^6 = \square 64$
e) $-(\square 5)^3 = -125$
f) $-(-3)^6 = \square 729$

3 Berechne den Wert der Potenz im Kopf.
a) $(-2)^4$
b) $(-3)^4$
c) $(-7)^3$
d) $(-5)^3$
e) $(-11)^2$
f) $(-1)^{999}$

4 ▼ Schreibe als Potenz und berechne.
a) −3 hoch 4
b) Die Basis ist $\frac{1}{2}$ und der Exponent ist 6.
c) Der Faktor 0,3 wird 5-mal mit sich selbst multipliziert.
d) Es gibt zwei Potenzen: Eine Potenz hat die Basis 4 und den Exponenten 5. Bei der zweiten Potenz ist es genau umgekehrt.

5 ▼ Schreibe als Potenz. Finde mindestens zwei verschiedene Möglichkeiten.
a) 81
b) 625
c) $\frac{1}{10\,000}$
d) $\frac{1}{64}$

6 Lena und Max haben sich verrechnet.

Lena: $\frac{1}{4}^3 = \frac{1}{64}$ *Max:* $(-4)^5 = -20$

a) Korrigiere die beiden Rechnungen im Heft.
b) Erkläre schriftlich, welche Fehler gemacht wurden und wie man richtig vorgeht.

7 ▼ Vergleiche und setze <, > oder = ein.
Beispiel $5^2 < 2^5$, denn $25 < 32$
a) $2^6 \square 4^3$
b) $6^3 \square 6 \cdot 3$
c) $-0{,}5^4 \square (-0{,}5)^4$
d) $(-1)^5 \square -0{,}5^5$
e) $\left(\frac{1}{3}\right)^3 \square 0{,}3^3$
f) $6 \cdot 10^3 \square 0{,}6 \cdot 10^4$

Tipp zu **4**, **5** und **7**: $\left(\frac{1}{a}\right)^n = \frac{1^n}{a^n} = \frac{1}{a^n}$ und $\left(\frac{a}{b}\right)^n = \frac{a^n}{b^n}$

Tipp zu **8** und **11**: $\sqrt[n]{\frac{1}{a}} = \frac{\sqrt[n]{1}}{\sqrt[n]{a}} = \frac{1}{\sqrt[n]{a}}$ und $\sqrt[n]{\frac{a}{b}} = \frac{\sqrt[n]{a}}{\sqrt[n]{b}}$

8 ▼ Bestimme im Kopf.
a) $\sqrt[3]{125}$
b) $\sqrt[4]{16}$
c) $\sqrt[3]{1000}$
d) $\sqrt[3]{\frac{1}{8}}$
e) $\sqrt[3]{\frac{1}{27}}$
f) $\sqrt[4]{0{,}0001}$
g) $\sqrt[3]{0{,}008}$
h) $\sqrt[4]{625x^4}$

9 Berechne den Wert der Wurzel mit deinem Taschenrechner.
a) $\sqrt[3]{216}$
b) $\sqrt[3]{125}$
c) $\sqrt[3]{343}$
d) $\sqrt[4]{2401}$
e) $\sqrt[3]{27\,000}$
f) $\sqrt[4]{160\,000}$
g) $\sqrt[3]{0{,}027}$
h) $\sqrt[3]{1{,}331}$

10 Sucht ein Kärtchen mit einer Zahl aus.

90 | 150 | 400 | 8000 | 10 000 | 50 000 | 1 000 000

Jeder schreibt eine Potenz auf, die dem Wert dieser Zahl so nah wie möglich kommen soll. Der Exponent muss größer oder gleich 2 sein. Berechnet den Wert der Potenz.
Wer der Zahl am nächsten kommt, erhält 5 Punkte und wer sie genau trifft, erhält 15 Punkte.
Beispiel 500
Cem notiert $7^3 = 343$. Tülay notiert $5^4 = 625$. 625 liegt näher an 500. Tülay erhält 5 Punkte.

11 ▼ Ergänze die Lücken im Heft.
a) $-4^{\square} = \square 1024$
b) $8^{\square} = 512$
c) $\square^4 = 0{,}0016$
d) $(-0{,}3)^{\square} = 0{,}0081$
e) $\left(\frac{2}{\square}\right)^3 = \frac{\square}{125}$
f) $\sqrt[\square]{729} = 9$
g) $\sqrt[4]{\frac{\square}{256}} = \frac{3}{\square}$
h) $0{,}02^{\square} = 0{,}000\,008$

12 Jede natürliche Zahl kann als Hexadezimalzahl geschrieben werden. Eine Hexadezimalzahl besteht aus den Ziffern 0 bis 9 oder einem der Buchstaben A bis F, zum Beispiel:
Null: 0 Neun: 9 Zehn: A Elf: B Zwölf: C
a) Wie viele Hexadezimalzahlen gibt es, die aus genau einem Zeichen bestehen?
b) Bestimme die Anzahl der Hexadezimalzahlen, die aus genau zwei Buchstaben bestehen.

Zehnerpotenzen und die wissenschaftliche Schreibweise

Zehnerpotenzen mit positivem Exponenten

Zehnerpotenzen sind Potenzen mit der Basis 10.

$10^n = \underbrace{10 \cdot 10 \cdot 10 \cdot \ldots \cdot 10}_{n\text{-mal}} = 1\underbrace{000\ldots0}_{n\text{ Nullen}}$

$10^3 = \underbrace{10 \cdot 10 \cdot 10}_{3\text{-mal}} = 1\underbrace{000}_{3\text{ Nullen}}$

kürzer: $10^5 = 1\underbrace{00\,000}_{5\text{ Nullen}}$

Achtung: $10^0 = 1$

andersherum:
$1\underbrace{00\,000\,000}_{8\text{ Nullen}} = 10^8$

1 Schreibe als natürliche Zahl.
a) 10^2 b) 10^4 c) 10^1 d) 10^7

2 Schreibe als Zehnerpotenz.
a) $10 \cdot 10 \cdot 10 \cdot 10 \cdot 10 \cdot 10$ b) 1 000 000 000 c) 100

Fatma und Ela berechnen 2^{30} mit dem Taschenrechner. Fatmas Taschenrechner zeigt das Ergebnis 1 073 741 824. Ela wundert sich: Auf ihrem Display steht $1{,}073\,742 \cdot 10^9$. Wenn ein Ergebnis zu viele Stellen für das Display hat, dann zeigt der Taschenrechner diese Zahl in der **wissenschaftlichen Schreibweise** an.

Elas Display:

Fatmas Display:

Die wissenschaftliche Schreibweise
Die wissenschaftliche Schreibweise stellt sehr große und sehr kleine Zahlen übersichtlich dar.
Sie besteht aus einem **Faktor a** und einer **Zehnerpotenz**. Der **Faktor a** ist eine Zahl zwischen 1 und 10.

$$\mathbf{a \cdot 10^n} \quad \text{mit } 1 \le a < 10$$

Elas Display zeigt die wissenschaftliche Schreibweise. Diese kannst du als natürliche Zahl darstellen.

Darstellung von 2^{30} auf Elas Display:

$1{,}073\,742 \cdot 10^9$

$= 1{,}073\,742 \cdot 1\underbrace{000\,000\,000}_{9\text{ Nullen}}$

$= 1\,073\,742\,000$

Elas Display reicht nicht aus, um 1 073 741 824 darzustellen. Deshalb zeigt das Display den gerundeten Wert $1{,}073\,742 \cdot 10^9$ in der wissenschaftlichen Schreibweise an.

Fatmas Display zeigt eine große natürliche Zahl. Die kannst du in wissenschaftlicher Schreibweise darstellen, also wie auf Elas Display.

Darstellung von 2^{30} auf Fatmas Display:

$2^{30} = 1\,073\,741\,824$ (für Elas Display, runde auf Tausendstel)

$\approx 1\,\underbrace{073\,742\,000}$

Nach der ersten Ziffer gibt es noch 9 Stellen.

$= 1{,}073\,742 \cdot 10^9$

Nullen am Ende weglassen

Fatmas Display kann mehr Ziffern anzeigen. Daher wird der Wert 2^{30} exakt dargestellt.

3 Schreibe in der wissenschaftlichen Schreibweise. **Beispiel** $840\,000 = 8{,}4 \cdot 100\,000 = 8{,}4 \cdot 10^5$
a) 32 600 000 b) 5 750 000 c) 124 000

4 Schreibe die Zahl in der Dezimalschreibweise. **Beispiel** $7{,}491 \cdot 10^6 = 7{,}491 \cdot 1\,000\,000 = 7\,491\,000$
a) $2{,}8 \cdot 10^5$ b) $9{,}74 \cdot 10^3$ c) $23{,}194 \cdot 10^2$ d) $5{,}801 \cdot 10^4$

Zehnerpotenzen mit negativem Exponenten

Fabian und Abdel sollen untersuchen, wie man Zehnerpotenzen mit negativem Exponenten berechnet. Sie haben eine Reihe mit Aufgaben erhalten und sollen die fehlenden Ergebnisse angeben.
Abdel stellt fest:
„Der Exponent wird immer um 1 kleiner.
Das Ergebnis wird immer durch 10 geteilt.“

$10^3 = 10 \cdot 10 \cdot 10 = 1000$ (: 10)
$10^2 = 10 \cdot 10 = 100$ (: 10)
$10^1 = 10 = 10$ (: 10)
$10^0 = \quad = 1$ (: 10)
$10^{-1} = \frac{1}{10} = 0{,}1$ (: 10)
$10^{-2} = \frac{1}{10} \cdot \frac{1}{10} = \frac{1}{10^2} = 0{,}01$ (: 10)
$10^{-3} = ?$ (: 10)
$10^{-4} = ?$

Zehnerpotenzen mit negativem Exponenten
Zehnerpotenzen können auch einen negativen Exponenten haben.

$$10^{-n} = \underbrace{\frac{1}{10} \cdot \frac{1}{10} \cdot \frac{1}{10} \cdot \ldots \cdot \frac{1}{10}}_{n\text{-mal}} = \underbrace{0{,}00\ldots01}_{n \text{ Stellen nach dem Komma}}$$

negativer Exponent
$10^{-2} = \frac{1}{10^2} = \frac{1}{10} \cdot \frac{1}{10} = 0{,}01$
$10^{-5} = \frac{1}{10^5} = 0{,}00001$
$10^{-6} = \frac{1}{10^6} = 0{,}000001$
$0{,}001 = \frac{1}{10^3} = 10^{-3}$
$0{,}0001 = 10^{-4}$

Für die Zahlen in der wissenschaftlichen Schreibweise verwendet man besondere Namen.

Die Namen und Abkürzungen der großen Zehnerpotenzen			
Zehnerpotenz	**Zahlwort**	**Name**	**Abkürzung**
10^1	Zehn	Deka	da
10^2	Hundert	Hekto	h
10^3	Tausend	Kilo	k
10^6	Million	Mega	M
10^9	Milliarde	Giga	G
10^{12}	Billion	Tera	T

Die Namen und Abkürzungen der kleinen Zehnerpotenzen			
Zehnerpotenz	**Zahlwort**	**Name**	**Abkürzung**
10^{-1}	Zehntel	Dezi	d
10^{-2}	Hundertstel	Zenti	c
10^{-3}	Tausendstel	Milli	m
10^{-6}	Millionstel	Mikro	µ
10^{-9}	Milliardstel	Nano	n
10^{-12}	Billionstel	Pico	p

5 Welche Namen und Abkürzungen aus den Tabellen kennst du aus deiner Umwelt? Nenne Beispiele.

6 Schreibe in der Dezimalschreibweise und als Zehnerpotenz. Nenne auch den Namen der Abkürzung.
Beispiel ein Hundert: $100 = 10^2$
a) ein Tausend b) eine Milliarde c) eine Billion d) ein Tausendstel e) ein Milliardstel

7 Ordne die Zahlen der Größe nach. Beginne mit der kleinsten Zahl.

52 Tausendstel | 5,2 Billion | 5,2 Millionstel | 52 Tausend | 5,2 Millionen | 52 Billionstel

8 Notiert jeweils mehrere Zehnerpotenzen.
a) Tauscht eure Zehnerpotenzen aus und notiert die passenden Zahlwörter und Abkürzungen.
b) Kontrolliert gegenseitig eure Ergebnisse.

Kompetenz	
1 Ich kann eine Zahl quadrieren. → Lies auf **Seite 8** nach.	**1** Quadriere die Zahl. Berechne das Ergebnis. a) 6^2 b) 8^2 c) 9^2 d) $1{,}4^2$
2 Ich kann Produkte als Potenzen schreiben und umgekehrt. → Lies auf **Seite 12** nach.	**2** Schreibe das Produkt als Potenz. Schreibe die Potenz als Produkt. Berechne den Term. a) $4 \cdot 4 \cdot 4$ b) $(-3) \cdot (-3) \cdot (-3)$ c) $\left(\frac{2}{3}\right)^3$ d) $(-2)^5$
3 Ich kann den Wert von Quadratwurzeln berechnen. → Lies auf **Seite 8** nach.	**3** Berechne den Wert der Quadratwurzel. a) $\sqrt{25}$ b) $\sqrt{81}$ c) $\sqrt{100}$ d) $\sqrt{169}$
4 Ich kann den Wert der n-ten Wurzel bestimmen. → Lies auf **Seite 12** nach.	**4** Bestimme den Wert der n-ten Wurzel. a) $\sqrt[3]{64}$ b) $\sqrt[4]{81}$ c) $\sqrt[5]{100\,000}$ d) $\sqrt[4]{160\,000}$
5 Ich kann Zehnerpotenz mit positiven und negativen Exponenten als Dezimalzahl schreiben. → Lies auf **Seite 16/17** nach.	**5** Berechne. Schreibe das Ergebnis in Dezimalschreibweise. a) 10^7 b) 10^9 c) 10^{-6} d) 10^{-10}
6 Ich kann Zahlen in wissenschaftlicher Schreibweise schreiben. → Lies auf **Seite 16** nach.	**6** Schreibe in wissenschaftlicher Schreibweise. a) 3 490 000 000 b) 25 Millionen c) 0,000 034 d) 0,000 006 1
7 Ich kann eine Zahl in wissenschaftlicher Schreibweise als Zahl in Dezimalschreibweise schreiben. → Lies auf **Seite 16** nach.	**7** Schreibe in Dezimalschreibweise. a) $1{,}2 \cdot 10^4$ b) $2{,}1 \cdot 10^{-5}$ c) $0{,}004 \cdot 10^6$

→ Lösungen auf Seite 259

☒

1 Quadriere die Zahl. Berechne das Ergebnis. Beachte das Vorzeichen.

a) 13^2 b) $(-25)^2$

c) $0{,}4^2$ d) $1{,}2^2$

2 Schreibe das Produkt als Potenz. Schreibe die Potenz als Produkt. Berechne den Term.

a) $0{,}2 \cdot 0{,}2 \cdot 0{,}2 \cdot 0{,}2$ b) $5a \cdot 5a \cdot 5a \cdot 5a$

c) $(-0{,}4)^2$ d) $\left(\frac{4}{5}\right)^3$

3 Berechne den Wert der Quadratwurzel.

a) $\sqrt{144}$ b) $\sqrt{0{,}36}$

c) $\sqrt{2{,}25}$ d) $-\sqrt{64}$

4 Bestimme den Wert der n-ten Wurzel.

a) $\sqrt[3]{125}$ b) $\sqrt[3]{0{,}08}$

c) $\sqrt[7]{\frac{1}{10\,000\,000}}$ d) $\sqrt[6]{\frac{1}{64}}$

5 Berechne. Schreibe das Ergebnis in Dezimalschreibweise.

a) 10^8 b) 10^{11}

c) 10^{-7} d) 10^{-12}

6 Schreibe in wissenschaftlicher Schreibweise.

a) 3 490 000 000 b) 4,2 Millionen

c) 0,000 002 24 d) 6 Millionstel

7 Schreibe in Dezimalschreibweise.

a) $0{,}0145 \cdot 10^5$

b) $3{,}45 \cdot 10^{-6}$

c) $0{,}016 \cdot 10^4$

☒

1 Berechne. Beachte das Vorzeichen.

a) 21^2 b) $\left(-\frac{1}{15}\right)^2$

c) $\left(-\frac{3}{4}\right)^2$ d) $0{,}12^2$

2 Schreibe das Produkt als Potenz oder die Potenz als Produkt. Berechne den Term.

a) $-0{,}2 \cdot 0{,}2 \cdot 0{,}2 \cdot 0{,}2 \cdot 0{,}2$ b) $-\frac{2}{3} \cdot \frac{2}{3} \cdot \frac{2}{3}$

c) $(-0{,}2)^6$ d) $\left(-\frac{4}{9}\right)^3$

3 Berechne ohne Taschenrechner.

a) $\frac{4}{\sqrt{144}}$ b) $\sqrt{0{,}02^2}$

c) $\sqrt{3{,}61}$ d) $\sqrt{0{,}0144}$

4 Bestimme die n-te Wurzel.

a) $\sqrt[3]{1331}$ b) $\sqrt[3]{0{,}064}$

c) $\sqrt[7]{\frac{1}{10\,000\,000}}$ d) $\sqrt[5]{\frac{32}{243}}$

5 Berechne. Schreibe das Ergebnis in Dezimalschreibweise.

a) 10^7 b) 10^{12}

c) 10^{-1} d) 10^{-8}

6 Schreibe in wissenschaftlicher Schreibweise.

a) 70 809 000 000 b) 420 Millionen

c) 0,000 000 224 d) 61 Millionstel

7 Schreibe in Dezimalschreibweise.

a) $4{,}3 \cdot 10^5$

b) $3{,}45 \cdot 10^{-6}$

c) $1{,}002 \cdot 10^4$

→ Lösungen auf Seite 260

Zahlenbereiche

Du hast bereits verschiedene Zahlenbereiche kennengelernt.
Gestartet bist du mit den **natürlichen Zahlen $\mathbb{N}$.**
$\mathbb{N} = \{0, 1, 2, 3, 4, 5, 6, \ldots\}$
Im Bereich der natürlichen Zahlen kannst du addieren und multiplizieren. Das Ergebnis ist immer eine natürliche Zahl.
Beispiel $44 + 56 = 100$; $5 \cdot 3 = 15$

Aber was ist das Ergebnis von $3 : 10$ oder $10 : 3$? Es ist keine natürliche Zahl. Du brauchst weitere Zahlen: die Brüche oder die Dezimalzahlen. Die Menge der Zahlen mit **positiven Brüchen und positiven Dezimalzahlen** kannst du mit $\mathbb{Q}_+$ abkürzen. **Beispiele** für positive Brüche sind $\frac{3}{10}$ oder $3,\overline{3}$.

Auch das Ergebnis von $3 - 10$ ist keine natürliche Zahl. Denn das Ergebnis ist negativ. Du musst den Zahlenbereich $\mathbb{N}$ um den Zahlenbereich der **ganzen Zahlen** $\mathbb{Z}$ erweitern. $\mathbb{Z} = \{\ldots, -4, -3, -2, -1, 0, 1, 2, 3, 4, \ldots\}$

Die rationalen Zahlen sind alle Zahlen, die man als Bruch schreiben kann.
Die Menge der **rationalen Zahlen** kannst du mit $\mathbb{Q}$ abkürzen.
Für die Umwandlung von Brüchen in Dezimalzahlen gibt es zwei Fälle:
1. Fall: Ein Bruch ist eine endliche Dezimalzahl. **Beispiel** $12 = 1 : 2 = 0,5$
2. Fall: Ein Bruch ist eine unendliche, periodische Dezimalzahl. **Beispiel** $\frac{1}{3} = 1 : 3 = 0,3333\ldots = 0,\overline{3}$

lies: null Komma Periode drei

Rationale Zahlen kannst du beliebig addieren, multiplizieren, subtrahieren und dividieren.
Das Ergebnis ist immer eine rationale Zahl.

Es gibt aber auch Zahlen, die man nicht als Bruch schreiben kann.
Beispiel $\sqrt{3} = 1{,}732\,050\,807\,568\,877\ldots$
Also muss man den Zahlenbereich $\mathbb{Q}$ erweitern.
Die **irrationalen Zahlen** kommen hinzu.
Irrationale Zahlen haben unendlich viele Nachkommastellen.
Man kann sie nicht als Bruch darstellen.
Beispiele für irrationale Zahlen sind $\sqrt{2} = 1,41421356\ldots$ oder $\pi = 3,14159265\ldots$
Die rationalen und irrationalen Zahlen bilden zusammen die Menge der **reellen Zahlen** $\mathbb{R}$.

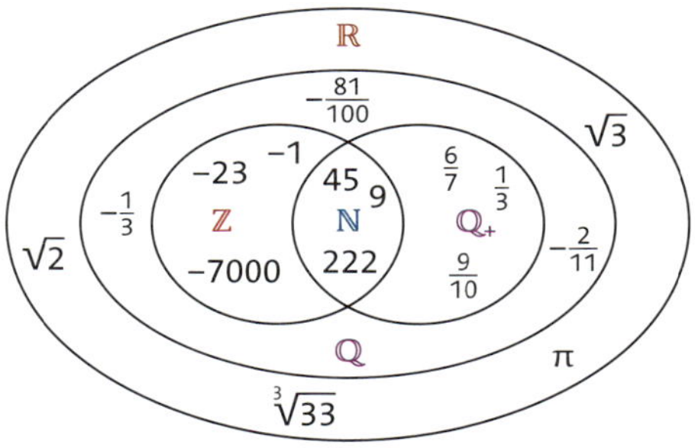

1 Ordne folgende Zahlen einem Zahlenbereich $\mathbb{N}$, $\mathbb{Q}_+$, $\mathbb{Z}$, $\mathbb{Q}$ oder $\mathbb{R}$ zu.

9	3,517	−12	$-\frac{3}{4}$	−1,5	$\frac{7}{8}$	2,7	$0,\overline{3}$
$\sqrt{3}$	π	8%	5,738561	$-\frac{6}{7}$	$\sqrt{4}$	$\sqrt{37}$	1,35619

2 Ergänze die Tabelle im Heft. Notiere ja, wenn die Zahl zum Zahlenbereich gehört und nein, wenn die Zahl nicht zum Zahlenbereich gehört.

Zahl / Zahlenbereich	−34	3,4	$\sqrt{34}$	34	$\frac{3}{4}$	$\sqrt[3]{4}$	$-3,\overline{4}$
natürliche Zahl	nein						
ganze Zahl	ja						
rationale Zahl	ja						
reelle Zahl	ja						

3 In welchen Situationen sind dir natürliche Zahlen, ganze Zahlen, rationale Zahlen und reelle Zahlen begegnet? Notiere Beispiele aus deinem Alltag im Heft.

4 Sind die Aussagen richtig oder falsch?
Begründe oder gib ein Gegenbeispiel an.

Beispiel Simon meint: „Jede ganze Zahl ist auch eine rationale Zahl."
Simons Aussage ist richtig.
Denn die Menge der ganzen Zahlen ist eine Teilmenge der rationalen Zahlen.

Anton sagt: „Jede rationale Zahl ist auch eine ganze Zahl."
Antons Aussage ist falsch.
Gegenbeispiel: Der Bruch $\frac{3}{4}$ ist eine rationale Zahl, aber keine ganze Zahl.

a) Maria meint: „Jede ganze Zahl ist auch eine natürliche Zahl."
b) Aylin sagt: „Jede rationale Zahl ist auch eine reelle Zahl."
c) Leonardo sagt: „Jede natürliche Zahl ist auch eine reelle Zahl."
d) Michael sagt: „Jede reelle Zahl ist auch eine ganze Zahl."

5 Ordne die Zahlen auf den Kärtchen von klein nach groß.
Notiere im Heft.

a) $\sqrt{3}$ | 3 | $\frac{1}{3}$ | $0{,}3$ | $0{,}33333$ | -3 | $-0{,}\overline{3}$ | $-0{,}3$ | π

b) $2\frac{1}{2}$ | $\sqrt{2}$ | $0{,}2$ | $0{,}\overline{21}$ | $0{,}2\overline{21}$ | $-0{,}\overline{2}$ | $-0{,}2$ | -2 | $-\frac{1}{2}$

6 Entscheide, ob die Zahl rational oder irrational ist. Begründe.
Verwende den Taschenrechner, falls nötig.

Beispiel 1,234 ist rational. Denn die Dezimalzahl hört nach der 3 Nachkommastelle auf.
$\sqrt{6} \approx 2{,}449489743\ldots$ ist irrational. Denn die Darstellung als Dezimalzahl 2,449489743… ist unendlich und nicht-periodisch.
$-\frac{2}{7}$ ist rational. Denn es ist ein Bruch von zwei ganzen Zahlen.

a) $0{,}\overline{2}$ b) $\sqrt{5}$ c) $\sqrt{100}$ d) $-\frac{4}{5}$ e) $-\sqrt{10}$ f) 0
g) $11\frac{1}{2}$ h) 1,2344444… i) 5,057395104460292…. j) $\sqrt[3]{15}$ k) -2π

7 Richtig oder falsch? Begründe.
a) 3,4 Periode 5 ist eine irrationale Zahl, weil es keine abbrechende Dezimalzahl ist.
b) $\sqrt{10}$ ist eine irrationale Zahl.
c) $\sqrt{9}$ ist eine irrationale Zahl, weil in der Zahl eine Wurzel vorkommt.
d) 1,234567890183 ist eine irrationale Zahl, weil sie sehr viele Nachkommastellen hat.

8 ▼ Ben hat die folgende Dezimalzahl aufgeschrieben:
0,122333444455555666666777777788888888999999999101010101010101010…
a) Beschreibe die Regel, mit der Ben die Zahl aufgeschrieben hat.
b) Begründe, dass es sich bei Bens Zahl um eine irrationale Zahl handelt.
c) Findet zuerst in Einzelarbeit eine eigene Regel, mit der man eine irrationale Zahl aufschreiben kann. Vergleicht eure Regeln.

Sprachhilfe zu **8a**: jede Ziffer – nach dem Komma – so oft – vorkommen, – wie – es – die natürliche Zahl – angeben

Tipp zu **8b**: Es gibt unendlich viele natürliche Zahlen.

Irrationale Zahlen auf der Zahlengeraden und Dichtheit

Auf der Zahlengeraden lassen sich auch die irrationalen Zahlen mit Hilfe von Zirkel und Lineal abtragen.

1 So konstruiert Max den Punkt für $\sqrt{2}$ auf der Zahlengeraden.

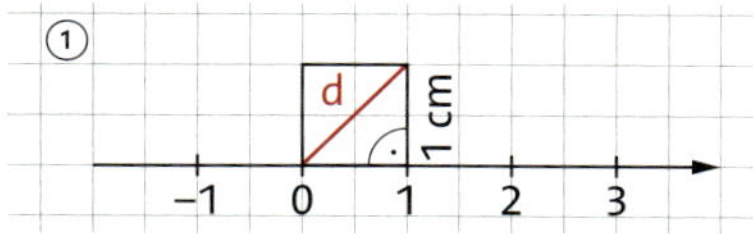

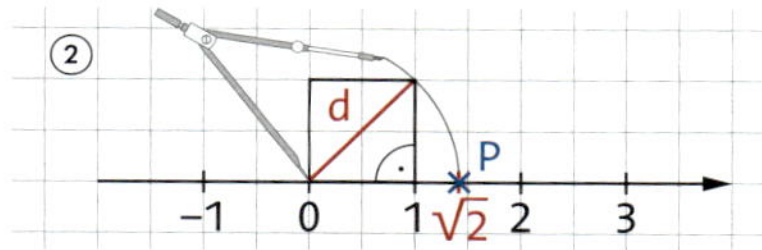

a) Zeige mit dem Satz des Pythagoras, dass die Diagonale d eine Länge von $\sqrt{2}$ cm ≈ 1,41 cm hat.
b) Beschreibe, wie Max in ① und ② den Punkt P für $\sqrt{2}$ auf der Zahlengeraden konstruiert hat.
c) Für welche irrationale Zahl wird der Punkt Q in ③ auf der Zahlengeraden konstruiert?
Tipp: Verwende den Satz des Pythagoras, um die Länge der Diagonalen d zu berechnen.
d) Konstruiere wie in c) die irrationalen Zahlen $\sqrt{10}$ und $\sqrt{8}$ auf der Zahlengeraden.

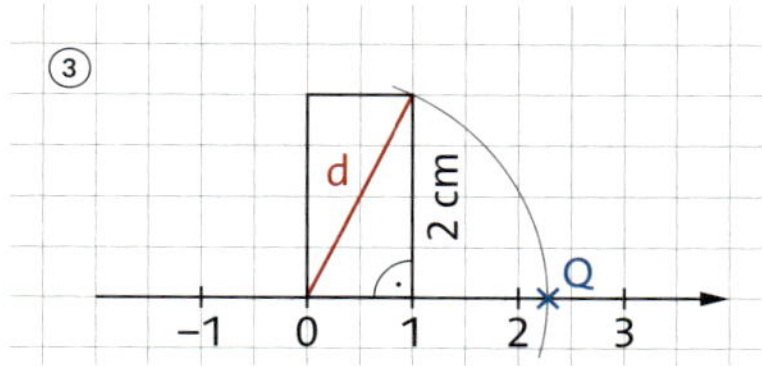

2 So konstruiert Frederike den Punkt für $\sqrt{2}$ auf der Zahlengeraden.

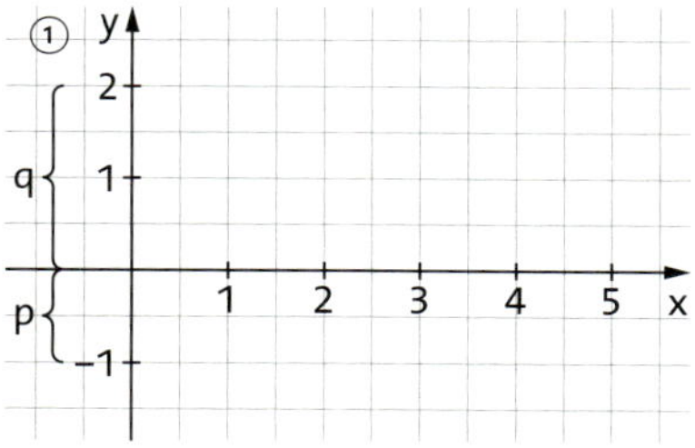

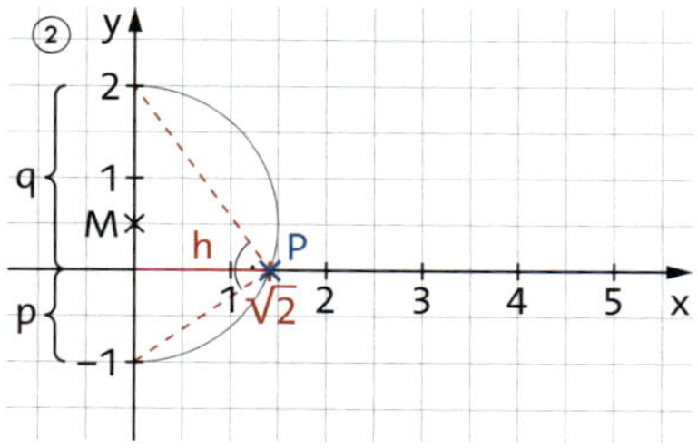

a) Beschreibe, wie Frederike in ① und ② den Punkt P für $\sqrt{2}$ auf der Zahlengeraden konstruiert hat.
Tipp: Frederike hat den Höhensatz verwendet.
b) Für welche irrationale Zahl wird der Punkt Q in ③ auf der Zahlengeraden konstruiert?
c) Konstruiere wie in b) die irrationalen Zahlen $\sqrt{3}$ und $\sqrt{12}$ auf der Zahlengeraden.

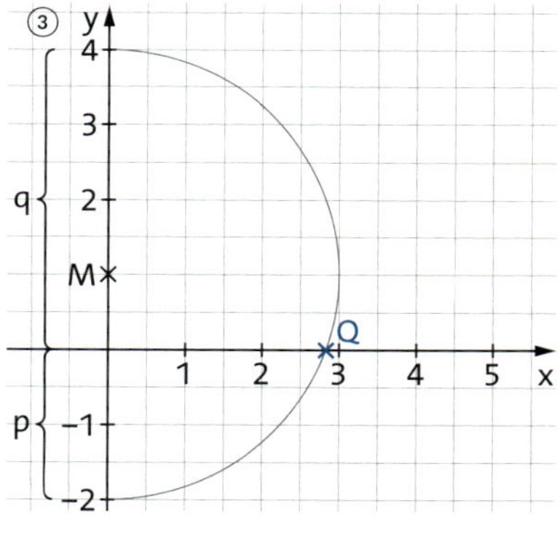

3 Gib eine rationale Zahl an, die …
a) zwischen den Zahlen 0,1 und 0,2 liegt.
b) zwischen den Zahlen $\frac{1}{2}$ und $\frac{3}{4}$ liegt.
c) zwischen den Zahlen π und $\sqrt{10}$ liegt.

4 Wenn sich zwischen zwei Zahlen eines Zahlenbereichs immer eine Zahl aus dem gleichen Zahlenbereich finden lässt, die zwischen diesen zwei Zahlen liegt, dann heißt der Zahlenbereich **dicht**.
a) Claudio behauptet: „Die Menge der rationalen Zahlen ist dicht. Denn zwischen zwei rationalen Zahlen a und b lässt sich immer mit dem arithmetischen Mittel aus a und b eine weitere rationale Zahl c finden. Zwischen den Zahlen 0,24 und 0,25 zum Beispiel liegt 0,245. Denn (0,24 + 0,25) : 2 = 0,245.“ Ist Claudios Aussage richtig oder falsch? Begründe.
b) Zeige, dass die Menge der natürlichen Zahlen nicht dicht ist.
c) Überprüfe, ob die Menge der ganzen Zahlen dicht ist.

1 Ordne jedem Kärtchen mit einem Produkt das Kärtchen mit einer Potenz passend zu.

$a \cdot a \cdot b \cdot b \cdot a \cdot b \cdot b$	$b \cdot a \cdot ba \cdot ab \cdot b$
$a \cdot b \cdot b \cdot a \cdot a$	$a \cdot b \cdot b \cdot a \cdot b$
$a \cdot (ab)^2 \cdot b^2$	$a^3 b^2$	$a^2 b^3$	$a^3 b^4$

2 Ergänze die Lücken im Heft.
Berechne im Kopf, wenn möglich.
a) $\sqrt[5]{32} = \square$ b) $(\square 5^3) = -125$ c) $\sqrt[3]{\square} = 8$
d) $6^{\square} = 216$ e) $\sqrt[\square]{49} = 7$ f) $-5^4 = \square$

3 Vervollständige die Potenz in der Gleichung. Nutze die Zahlen auf den Kärtchen. Bei einigen Potenzen sind zwei Zahlen möglich.
a) $\square^2 = 81$ b) $\square^3 = -64$ c) $\square^5 = -32$
d) $\square^6 = 64$ e) $\square^2 = 121$ f) $\square^4 = 256$

| (-9) | 4 | 2 | (-11) | -8 | 9 | (-2) | -4 |

4 Ordne die Potenzen der Größe nach. Beginne mit der kleinsten Potenz. Verwende <.
a) $(-3)^2$ | 5^3 | -3^2 | -3^5 | 5^0
b) -2^7 | -7^2 | $(-2)^7$ | 7^2 | $(-7)^2$

► 5

5 Gegeben ist ein Würfel.
Berechne die fehlende Größe im Heft.

	Volumen V	Kantenlänge a
a)	64 mm³	□ mm
b)	□ m³	11 m
c)	9261 cm³	□ cm
d)	□ mm³	3,5 cm
e)	0,008 m³	□ cm
f)	□ dm³	0,4 m

6 Die Terme unterscheiden sich um einen Faktor. Vereinfache die Potenz. Bestimme den Faktor.
Beispiel $4 \cdot x^2$ und $(4 \cdot x)^2$
$(4 \cdot x)^2 = 16x^2$ und $16 : 4 = 4$
Also unterscheiden sich die beiden Terme um den Faktor 4.
a) $2 \cdot a^3$ und $(2a)^3$ b) $b \cdot 3^2$ und $(b \cdot 3)^2$

7 Der Merkur ist 58 000 000 km von der Sonne entfernt.
Gib die Entfernung mit Zehnerpotenzen an.

8 Jeweils zwei Kärtchen passen zusammen. Ein Kärtchen bleibt übrig.

| $\sqrt[4]{64}$ | 3^4 | 5^4 | $\sqrt[4]{4^3}$ | 9^2 | $\sqrt[3]{64}$ | 2^2 |

a) Ordne Terme einander zu.
b) Stelle für das übriggebliebene Kärtchen einen passenden Term auf.
c) Notiert jeweils einen Term ins Heft. Tauscht dann eure Hefte und findet einen passenden Term. Tauscht eure Hefte wieder zurück und kontrolliert eure Lösungen gegenseitig.

9 Schreibe in Dezimalschreibweise.
a) $4 \cdot 10^3$ b) $2 \cdot 10^{11}$ c) $2{,}13 \cdot 10^5$
d) $1{,}03 \cdot 10^8$ e) $4{,}2 \cdot 10^{-3}$ f) $5{,}1 \cdot 10^{-5}$

10 Nala und Iman erhalten nicht die gleichen Lösungen. Finde und erkläre den Fehler. Schreibe die richtige Lösung ins Heft.

Nalas Lösungen:	Imans Lösungen:
a) $-3^4 = 81$	$-3^4 = -81$
b) $\sqrt{0{,}16} = 0{,}04$	$\sqrt{0{,}16} = 0{,}4$
c) $2 \cdot 3^3 = 54$	$2 \cdot 3^3 = 6^3 = 216$

► 10

11 Ist die Gleichung richtig oder falsch? Notiere bei falschen Gleichungen eine mögliche richtige Gleichung..
a) $2 \cdot 3^2 = 36$ b) $(-2)^5 = -32$
c) $3 + 3 + 3 = 3^3$ d) $-2^6 = -64$
e) Findet weitere Beispiele für richtige und falsche Gleichungen und tauscht euch aus. Notiert, welche Fehler gemacht wurden.

12 Auf einem Ball startet ein Paar den Tanz.

Nach dem ersten Tanz suchen sich die beiden Tanzenden jeweils eine neue Person aus dem Publikum für den zweiten Tanz.
In der dritten Runde wählen die vier Tanzenden dann wieder jeweils eine neue Person.
Wie viele Personen tanzen in der 5. Runde?
Wie viele Personen tanzen in der 7. Runde?

Vermischte Übungen ⊠

1 Schreibe als Potenz oder als Produkt.
a) $x \cdot y \cdot x \cdot x \cdot y \cdot x \cdot y$ b) $x \cdot x \cdot y \cdot y \cdot x \cdot y$
c) $xy \cdot xy \cdot x$ d) xy^4
e) x^3y^4 f) $(xy)^2$

2 Entscheide und begründe zuerst, ob der Wert der Potenz positiv oder negativ ist. Berechne dann den Wert der Potenz.
a) $(-3)^4$ b) $(-8)^2$ c) -2^6 d) $(-4)^3$
e) $(-2)^3$ f) -5^5 g) $(-2)^7$ h) -6^4

3 Berechne das Volumen V oder die Kantenlänge a des Würfels. Schreibe das Ergebnis in der Einheit, die in Klammern steht.
a) $V = 373{,}248\,\text{dm}^3$ (m) b) $a = 15\,\text{cm}$ (dm^3)
c) $V = 175{,}616\,\text{cm}^3$ (m) d) $a = 3{,}7\,\text{dm}$ (m^3)
e) $V = 0{,}027\,\text{cm}^3$ (mm) f) $a = 0{,}08\,\text{m}$ (dm^3)

4 Ergänze die Tabelle im Heft.

	Potenz	Umkehraufgabe
Beispiel	$2^8 = 256$	$\sqrt[8]{256} = 2$
a)	$7^3 =$	
b)		$\sqrt[4]{16} = 2$
c)	$12^3 =$	
d)		$\sqrt[3]{125} =$

5 Vergleiche und setze <, > oder = ein.
a) $4^3 \square 3^4$ b) $(-1)^6 \square -1^6$ c) $4^5 \square 5^4$
d) $-2^4 \square 2^4$ e) $\left(\frac{3}{4}\right)^4 \square \frac{3}{4^4}$ f) $0{,}1^5 \square 0{,}01^6$

▶ 5 ⊠

6 Übertrage und ergänze die Tabelle im Heft.

	wissenschaftliche Schreibweise	Dezimal-schreibweise
a)	$1{,}42 \cdot 10^3$	
b)	$7{,}1 \cdot 10^{-4}$	
c)		3 640 000 000
d)		0,000 004 6

7 Wählt eine Karte und multipliziert die Zahl darauf so oft mit sich selbst, bis ihr über die Zahl 2000 kommt. Wer näher an der 2000 liegt, darf zuerst eine neue Karte auswählen.

2 3 4 5 6
7 8 9 10

8 Schreibe in der Dezimalschreibweise.
a) $2{,}2 \cdot 10^4$ b) $3{,}1523 \cdot 10^7$
c) $6{,}2 \cdot 10^{-5}$ d) $10{,}03 \cdot 10^{-9}$

9 Schreibe in der wissenschaftlichen Schreibweise.
a) 3 Billionen b) 521 Millionen
c) 35 Milliarden d) 1,2 Billiarden
e) 0,000 001 932 8 f) 0,082 11
g) 332 750 000 000 h) 109 300

10 Stelle eine Gleichung auf und löse sie.
a) Das Quadrat einer Zahl ergibt 81.
b) Die Summe aus der dritten Potenz einer Zahl und 9 ergibt 36.
c) Das Dreifache der vierten Potenz einer Zahl ergibt das Quadrat von 7 vermindert um 1.

11 Berechne den Wert der Terme. Erkläre die unterschiedlichen Ergebnisse.
a) -5^4 und $(-5)^4$ b) $\frac{3^3}{4}$ und $\left(\frac{3}{4}\right)^3$
c) $6 \cdot 4^2$ und $(6 \cdot 4)^2$ d) $4 + 2^5$ und $(4 + 2)^5$

12

Ein Bienenvolk hat etwa $3 \cdot 10^4$ Bienen.

Eine Biene fliegt in ihrem Leben ungefähr 800 km.

Zehn Bienen wiegen zusammen 1 g.

Für 500 g Honig legen Bienen $1{,}2 \cdot 10^8$ km zurück.

Eine Biene legt in einem Flug 2 km zurück.

a) Wie viele Bienen gibt es in einem Bienenvolk? Schreibe als natürliche Zahl.
b) Berechne, wie viel Kilogramm ein Bienenvolk wiegt.
c) Berechne, wie viele Bienenflüge für 500 g Honig benötigt werden.
d) Wie viel Honig erzeugt eine Biene im Durchschnitt in ihrem Leben?
e) Sind die Ergebnisse plausibel? Begründe.
f) Recherchiert weitere Informationen zum Thema Bienen und Honig. Präsentiert eure Ergebnisse.

1 Entscheide und begründe, welche Terme eine natürliche Zahl als Wert besitzen.

① $\sqrt{5}$ ② $\sqrt{5} : \sqrt{5}$ ③ $\sqrt{5^2}$

④ $\frac{\sqrt{5} \cdot \sqrt{5}}{\sqrt{5}}$ ⑤ $\sqrt{5} \cdot \sqrt{5}$ ⑥ $(\sqrt{5})^2$

2 Schreibe als Quotient aus zwei Wurzeln. Berechne den Wert des Quotienten.

a) $\sqrt{\frac{4}{9}}$ b) $\sqrt{\frac{16}{121}}$ c) $\sqrt{\frac{64}{169}}$ d) $\sqrt{\frac{121}{144}}$

e) $\sqrt[3]{\frac{125}{343}}$ f) $\sqrt[3]{\frac{512}{1331}}$ g) $\sqrt[3]{\frac{11^6}{12^6}}$ h) $\sqrt[4]{\frac{3^{12}}{2^{32}}}$

3 Der Artikel berichtet über Pilze.

PILZE – DER E-MAIL-DIENST DER BÄUME

Pilze existieren schon seit einigen **Hundert Millionen** Jahren. Einige Arten von Pilzen wachsen an den Wurzeln von Bäumen und übertragen Informationen von einem Baum zum nächsten Baum. Solch eine Information ist beispielsweise die Warnung vor Schädlingen. Der größte Organismus der Welt ist ein Netz aus Pilzfäden, die an den Wurzeln von Bäumen wachsen. Dieses **8500** Jahre alte Netz aus Pilzfäden hat eine Fläche von $9\,km^2$ und wiegt **400** Tonnen. Würde man die Pilzfäden zu einem einzigen langen Faden ziehen, würde der Pilzfaden eine Gesamtlänge von $\mathbf{4{,}5 \cdot 10^{17}}$ km erreichen. [...]

a) Gib an, wie viel die Pilzfäden in kg wiegen.
b) Erstelle eine Tabelle mit den Überschriften Zahl, Zahlwort und wissenschaftliche Schreibweise. Sortiere die dick gedruckten Angaben aus dem Artikel in die Tabelle und ergänze die Lücken.
c) Recherchiert weitere Informationen zum größten Organismus der Welt und zum kleinsten Organismus der Welt. Präsentiert eure Ergebnisse.

4 Ordne den Produkten und Quotienten jeweils die passende Potenz zu.

$x^6 : x^3$	$8x^2$	$x^5 \cdot x^{-3}$	$x^4 \cdot x^3 \cdot x^2$	x^4	x^3
x^9	$(x^{-1})^{-4}$	x^{-3}	$x^{-8} : x^{-5}$	x^2	$2x^{\frac{1}{2}} \cdot 4x^{\frac{3}{2}}$

5 Setze <, > oder = ein. Löse im Kopf.

a) 2^{10} ☐ 10^2 b) $(-5)^4$ ☐ $(-4)^5$

c) 7^0 ☐ 0^7 d) $\left(\frac{1}{3}\right)^3$ ☐ $\left(\frac{1}{3}\right)^2$

e) $(-2^3)^4$ ☐ $((-2)^4)^3$ f) $1{,}3 \cdot 10^5$ ☐ $0{,}13 \cdot 10^4$

6 Ein rechtwinkliges Dreieck mit den Katheten a = 24 cm und b = 27 cm hat denselben Flächeninhalt wie ein Quadrat. Berechne die Seitenlänge x des Quadrats.

7 Überprüfe die Aussagen. Schreibe zu jeder falschen Aussage ein Gegenbeispiel.

a) Potenzen mit negativem Exponenten sind immer kleiner als 1.
b) Potenzen mit dem Exponenten 1 haben immer den Wert 1.
c) Eine Potenz mit negativem Exponenten ist immer negativ.
d) Halbiert man eine beliebige Quadratzahl, so erhält man immer eine natürliche Zahl.
e) Es gibt Zahlen, bei denen die dritte Potenz kleiner ist als die Ausgangszahl.

8 Eine Goldkette ist 60 cm lang. Ein Goldatom hat einen Atomradius von $1{,}442 \cdot 10^{-10}$ m. Wie viele Atome müssen nebeneinanderliegen, um die Länge der Kette zu erreichen?

9 Eine Klasse mit 30 Personen startet eine Spendenaktion. Jede Person verschickt zwei E-Mails mit einem Spendenaufruf.
In der ersten Runde verschickt die Klasse also 60 E-Mails.
Jede Person, die die E-Mail empfängt, leitet die E-Mail an zwei Bekannte weiter.

a) Wie viele E-Mails werden in der zweiten Runde verschickt, wenn alle mitmachen?
b) Wie viele Personen werden in der vierten Runde informiert?
c) Wie viele Personen insgesamt haben nach der vierten Runde den Spendenaufruf erhalten?
d) Begründe, warum in der Wirklichkeit wohl weniger Personen den Spendenaufruf erhalten.
e) Eine Person in der Klasse verbreitet mit einer E-Mail einen Virus. Wie viele Computer können höchstens bis zur vierten Runde vom Virus betroffen sein?

Die Welt der Medien

Die Schülerinnen und Schüler der Klasse 10a verwenden zu Hause und im Unterricht unterschiedliche Medien.

A Ayla und Lukas berechnen -3^6 mit ihren Taschenrechnern. Ayla erhält als Ergebnis −729 und Lukas erhält 729. Wer hat das Ergebnis richtig berechnet? Beschreibe den Fehler, der aufgetreten ist.

B Emil stellt seinen Beitrag in den sozialen Medien ein und meint:
„Wenn mein Beitrag von 10 Leuten geteilt wird und jeder den Beitrag wieder mit 10 Leuten teilt, dann haben den Beitrag nach 5 Runden ungefähr 100 000 Menschen in Kaiserslautern gesehen."
Stimmt das?
Überprüfe Emils Aussage mit einer Rechnung.
Tipp: Das Baumdiagramm dient zur Veranschaulichung. Jeder Kreis steht für eine Person. Ein Ast veranschaulicht das Weiterleiten an die nächste Person.

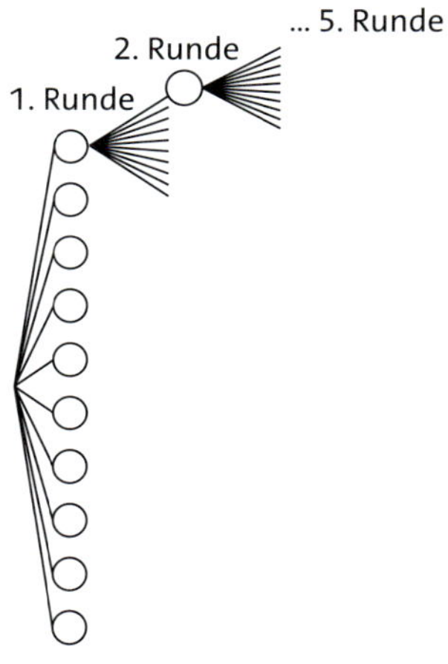

C Rechne um in die angegebene Einheit in der Klammer.
Nutze die wissenschaftliche Schreibweise.
Verwende die Angaben in der Pyramide.

a) 15 KB (MB) b) 150 GB (MB)
c) 2,5 GB (TB) d) 30 MB (KB)
e) 60 000 TB (MB) f) 0,5 B (GB)

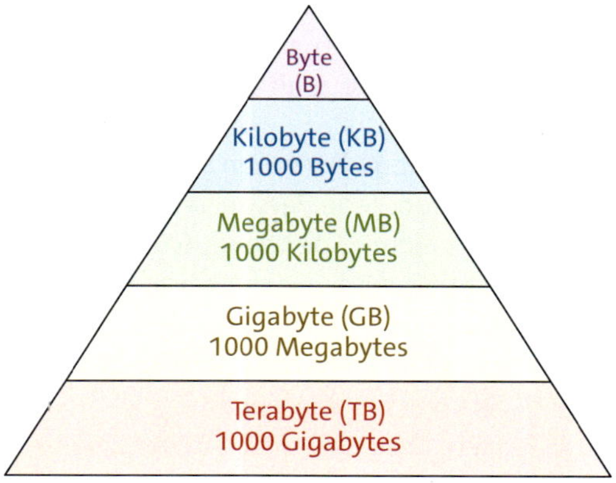

D Malik hat ein Buch mit Zahlenrätseln. Notiere die Aufgabe in dein Heft und berechne die Lösung.

a) Die Zahl ist der Wert von 3^3.
b) Die vierte Wurzel einer Zahl ist 4.
c) Die fünfte Potenz einer Zahl ist 32.
d) Eine Zahl wird 3-mal mit sich selbst multipliziert. Dann wird die sechste Wurzel gezogen. Das Ergebnis ist 4.

E Notiere zu der Taschenrechneranzeige eine mögliche Rechenaufgabe.

a) $3{,}5 \times 10^{12}$ b) $6{,}8 \times 10^{-8}$

Abschlusstest

1 Schreibe als Produkt. Berechne den Wert des Terms.

a) -3^4 b) $\left(\frac{1}{2}\right)^3$

c) $(-5)^2$ d) $(-2)^3$

e) Die Basis ist 4 und der Exponent ist 3.

2 Ist das Vorzeichen positiv oder negativ? Ergänze im Heft.

a) $(-5)^2 = \square 25$

b) $(-4)^3 = \square 64$

c) $-3^2 = \square 9$

d) $(-3)^2 = \square 9$

3 Bestimme im Kopf und notiere den Wert der Wurzel.

a) $\sqrt[3]{27}$

b) $\sqrt[4]{16}$

c) $\sqrt[4]{0{,}0001}$

d) $\sqrt[5]{32}$

4 Schreibe in der wissenschaftlichen Schreibweise.

a) 230

b) 0,034

c) 1290

d) 0,007 82

5 Ordne der Größe nach. Beginne mit der kleinsten Zahl.

3000 | $2{,}3 \cdot 10^3$ | $31 \cdot 10^2$ | $\frac{1}{10^{-4}}$ | zweitausendvierhundert

6 Ein Würfel hat ein Volumen von $216\,\text{cm}^3$.

a) Berechne die Kantenlänge a.

b) Die Kantenlänge wird halbiert auf $\frac{1}{2}$a. Um welchen Faktor verändert sich das Volumen? Schreibe den Faktor als Potenz.

1 Schreibe als Produkt. Berechne den Wert des Terms.

a) -4^3 b) $\left(-\frac{1}{2}\right)^3$

c) $(-3)^4$ d) $(-2)^5$

e) Die Basis ist −1 und der Exponent ist 7.

2 Ist das Vorzeichen positiv oder negativ? Ergänze im Heft.

a) $(-4)^3 = \square 64$

b) $(-7)^3 = \square 343$

c) $-4^2 = \square 16$

d) $(-6)^2 = \square 36$

3 Bestimme im Kopf und notiere den Wert der Wurzel.

a) $\sqrt[3]{0{,}001}$

b) $\sqrt[3]{64}$

c) $\sqrt[4]{81}$

d) $\sqrt[4]{160\,000}$

4 Schreibe in der wissenschaftlichen Schreibweise.

a) 351 000

b) 0,00178

c) 2 387

d) 0,000 001 673

5 Ordne der Größe nach. Beginne mit der kleinsten Zahl.

1002 | 2^{10} | $9{,}8 \cdot 10^2$ | $\frac{1}{10^{-3}}$ | neunhundertneunzig

6 Berechne die Kantenlänge eines Würfels in cm. Das Volumen beträgt $0{,}343\,\text{dm}^3$. Um welchen Faktor verändert sich das Volumen, wenn sich die Kantenlänge des Würfels halbiert? Schreibe den Faktor als Potenz.

1 Schreibe als Produkt. Berechne den Wert des Terms.

a) -5^4 b) $\left(\frac{2}{3}\right)^3$

c) $(-4)^4$ d) $(-3)^4$

e) Die Basis ist 0,5 und der Exponent ist −2.

2 Ist das Vorzeichen positiv oder negativ?

a) $(-5)^3$

b) -4^4

c) $(-7)^2$

d) -7^3

3 Bestimme im Kopf und notiere den Wert der Wurzel.

a) $\sqrt[3]{27\,000}$

b) $\sqrt[4]{0{,}0081}$

c) $\sqrt[4]{625}$

d) $\sqrt[5]{3\,200\,000}$

4 Schreibe in der wissenschaftlichen Schreibweise.

a) 830 000

b) 0,000 739

c) 451 002

d) 0,000 000 000 561

5 Ordne der Größe nach. Beginne mit der kleinsten Zahl.

0,4 | $3{,}7 \cdot 10^{-1}$ | $350 \cdot 10^{-3}$ | $\frac{38}{10^2}$ | drei Achtel

6 Ein Würfel hat die Kantenlänge a. Um welchen Faktor verändert sich das Volumen des Würfels, wenn sich die Kantenlänge halbiert? Schreibe den Faktor als Potenz.

→ Lösungen auf Seite 260 und 261

Quadrieren und die Quadratwurzel ziehen

→ Seite 8

Wenn du eine Zahl a einmal mit sich selbst multiplizierst, dann **quadrierst** du die Zahl.
So quadrierst du: $a^2 = a \cdot a = q$

$10^2 = 10 \cdot 10 = 100$

$0{,}2^2 = 0{,}2 \cdot 0{,}2 = 0{,}04$

$\left(\frac{1}{2}\right)^2 = \frac{1}{2} \cdot \frac{1}{2} = \frac{1}{4}$

$(-3)^2 = (-3) \cdot (-3) = 9$

Die Umkehrung des Quadrierens ist das Ziehen der Quadratwurzel (kurz: Ziehen der Wurzel).
Beim Ziehen der Wurzel suchst du die Zahl a, die mit sich selbst multipliziert die Zahl q ergibt, also $a \cdot a = q$. Die Zahl q ist größer oder gleich 0.

$\sqrt{q} = a$, denn $a \cdot a = q$

$\sqrt{q} = a$
- $\sqrt{}$ — die Quadratwurzel
- a — der Wert der Quadratwurzel
- q — der Radikand

$\sqrt{9} = 3$ denn $3 \cdot 3 = 9$

$\sqrt{49} = 7$ denn $7 \cdot 7 = 49$

$\sqrt{0{,}16} = 0{,}4$ denn $0{,}4 \cdot 0{,}4 = 0{,}16$

Potenzen mit negativer Basis berechnen

→ Seite 12

Für Potenzen gilt: $a^n = \underbrace{a \cdot a \cdot a \cdot \ldots \cdot a}_{n\text{-mal}}$

negative Basis a = −5
Du musst Klammern setzen:
$(-5)^4 = (-5) \cdot (-5) \cdot (-5) \cdot (-5) = 625$

Wenn du eine **negative Basis** a (a < 0) **potenzierst**, dann musst du die negative Basis in Klammern setzen.

Achtung a = 5 mit „−“ davor:
$-5^4 = -(5 \cdot 5 \cdot 5 \cdot 5) = -625$

Wenn die Basis a negativ ist, dann kann der Wert der Potenz positiv oder negativ sein.

- **n gerade:** Der Wert der Potenz ist positiv.

n = 4:
$(-5)^4 = \underbrace{(-5) \cdot (-5) \cdot (-5) \cdot (-5)}_{4\text{-mal}} = 625$

- **n ungerade:** Der Wert der Potenz ist negativ.

n = 3:
$(-5)^3 = \underbrace{(-5) \cdot (-5) \cdot (-5)}_{3\text{-mal}} = -125$

Die n-te Wurzel ziehen

→ Seite 12

Wenn x die n-te Wurzel aus einer Zahl $a \geq 0$ ist, dann gilt: $\underbrace{x \cdot x \cdot \ldots \cdot x}_{n\text{-mal}} = x^n = a$.

Welche Zahl x ergibt 8, wenn du sie 3-mal mit sich selbst multiplizierst?

Du schreibst $\sqrt[n]{a} = x$ (Sprich: die n-te Wurzel aus a ist x.)

$\sqrt[3]{8} = 2$, denn $2 \cdot 2 \cdot 2 = 2^3 = 8$.

Das Wurzelziehen (Radizieren) ist die Umkehrung des Potenzierens.
Es gilt: $\sqrt[n]{a^n} = a$

Die dritte Wurzel aus 8 ist 2.

Lineare Gleichungssysteme

2

▶ Ein Güterzug startet um 8:00 Uhr morgens in Hamburg und fährt mit einer durchschnittlichen Geschwindigkeit von 80 $\frac{km}{h}$ nach Bremen. Gleichzeitig startet in Bremen ein Personenzug, der mit einer durchschnittlichen Geschwindigkeit von 120 $\frac{km}{h}$ nach Hamburg fährt. Die Strecke zwischen den Städten ist 120 km lang.

Strecke = Geschwindigkeit mal Zeit
$s = v \cdot t$

Wann begegnen sich die beiden Züge?
Wie kannst du den Zeitpunkt berechnen?
Welche Strecke haben sie jeweils bis dahin zurückgelegt?
Kennst du einen Rechenweg, um das herauszufinden?
Wie würdest du das machen?

In diesem Kapitel lernst du, ...

- was lineare Gleichungssysteme sind,
- welche Lösungsverfahren es für lineare Gleichungssysteme gibt,
- Sachaufgaben mit linearen Gleichungssystemen zu lösen.

Kompetenz	Aufgabe	Lies und übe:
1 Ich kann Werte von Termen berechnen.	**1** Berechne den Wert des Terms. Setze dazu die Variablen in den Term ein. a) $2a + 3b$ für $a = 4$ und $b = 7$ b) $a - 3az + 5$ für $a = 5$ und $z = 0{,}1$ c) $-(x - y) - (x + z)$ für $x = 1$, $y = 0{,}1$ und $z = -0{,}1$	→ Seite 248 Nr. 41
2 Ich kann Terme mit Variablen aufstellen und berechnen.	**2** Beim Klassenausflug kostet der Eintritt ins Museum 7,50 € pro Person. Die Busfahrt zum Museum kostet 350 € für alle. a) Stelle einen Term für die Gesamtkosten auf. b) Berechne die Kosten dafür, dass 28 Personen mitfahren.	→ Seite 248 Nr. 42
3 Ich kann Terme vereinfachen durch Addieren und Subtrahieren.	**3** Vereinfache den Term. **Beispiel** $3x - 2y + 4x - 6y = 7x - 8y$ a) $5a - 7a + 3a + a$ b) $-12x + 3x - 9y - 2y$ c) $4b + 8a - 7b - a$ d) $-4x + 2y - 14y + x$	→ Seite 248 Nr. 43
4 Ich kann Terme vereinfachen durch Auflösen von Klammern.	**4** Löse die Klammer auf. Vereinfache den Term. **Beispiel** $6a - 2 \cdot (a - b) = 6a - 2a + 2b = 4a + 2b$ a) $4x - 3 \cdot (x - 2y)$ b) $-2(3a + b) - 5b$ c) $-3x + 0{,}5(-4z + 16x)$ d) $(5x - 9y) \cdot 2 + (-3x + 12)$	→ Seite 249 Nr. 44
5 Ich kann Gleichungen durch Äquivalenzumformungen lösen.	**5** Löse die Gleichung durch Äquivalenzumformungen. Notiere die Lösungsmenge. **Beispiel** $3x - 10 = 11 \quad \mid +10$ $3x = 21 \quad \mid :3$ $x = 7;\quad L = \{7\}$ a) $5x - 20 = 35$ b) $7x - 19 = 30$ c) $4x + 8 = 2x - 10$ d) $8 - 5x = 2 \cdot (x - 3)$	→ Seite 249 Nr. 52
6 Ich kann Sachaufgaben mit Gleichungen lösen.	**6** Stelle eine Gleichung auf und löse sie. a) Ernie und Bert sind zusammen 55 Jahre alt. Bert ist drei Jahre älter als Ernie. b) In einem Rechteck ist Seite a um 4 cm kürzer als Seite b. Der Umfang beträgt 20 cm.	→ Seite 251 Nr. 56–58
7 Ich kann Punkte in einem Koordinatensystem ablesen.	**7** Lies die Punkte im Koordinatensystem ab. Notiere sie in deinem Heft. 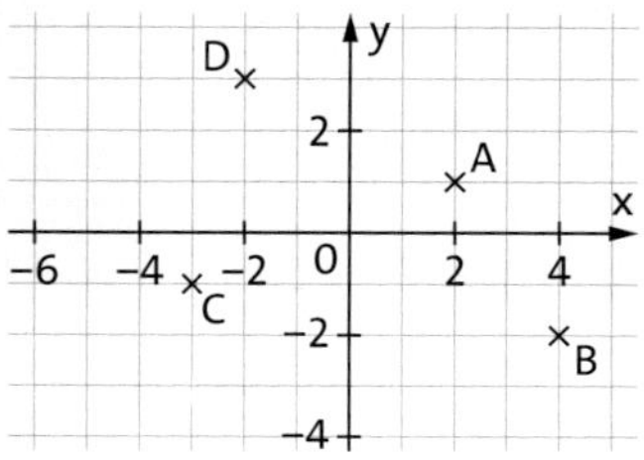	→ Seite 252 Nr. 63

Kompetenz	Aufgabe	Lies und übe:

8 Ich kann Punkte in ein Koordinatensystem eintragen.

8 Zeichne in deinem Heft ein Koordinatensystem und trage die Punkte ein.
A(3|2) B(2|−3) C(−4|5)
D(−3|−4) E(−1|0) F(0|−5)

→ Seite 252 Nr. 64

---

9 Ich kann mit Hilfe des Steigungsdreiecks den Graphen einer linearen Funktion zeichnen.

9 Zeichne die Graphen der Funktionen mit Hilfe des Steigungsdreiecks. **Beispiel** $y = \frac{2}{5}x + 2$

① Markiere den Punkt (0|2) auf der y-Achse.
② $m = \frac{2}{5}$: Gehe 5 nach rechts und 2 nach oben.
③ Zeichne eine Gerade durch die Punkte.

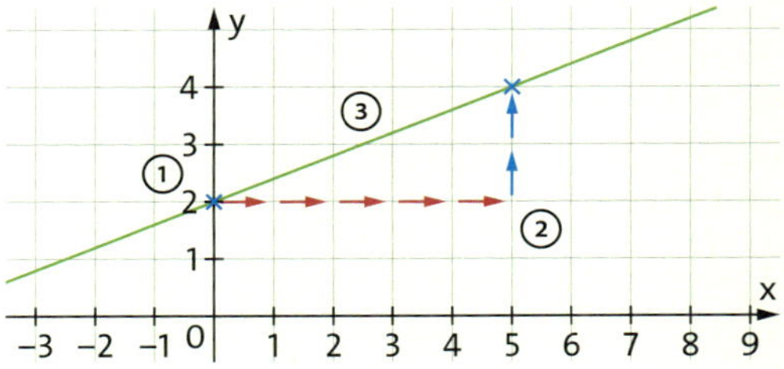

a) $y = \frac{3}{4}x - 2$
b) $y = \frac{-2}{5}x + 1$
c) $y = 2x - 3$

→ Seite 252 Nr. 62

---

10 Ich kann mit Hilfe einer Wertetabelle den Graphen einer linearen Funktion zeichnen.

10 Zeichne den Graphen der Funktion mit Hilfe einer Wertetabelle.

x	−2	−1	0	1
y				

Trage die Punkte (x|y) in ein Koordinatensystem ein und zeichne eine Gerade durch die Punkte.
a) $y = 3x + 1$ b) $y = -0{,}5x + 3$ c) $y = 2x - 2$

→ Seite 252 Nr. 60

---

11 Ich kann mit Hilfe des Graphen die Funktionsgleichung einer linearen Funktion bestimmen.

11 Gib die Gleichung der Funktion $y = mx + b$ an.
Beispiel a) ① y-Achsenabschnitt ablesen: $b = -1$
② Zeichne ein Steigungsdreieck
③ Zähle die Schritte nach rechts und nach oben/unten
④ $m = \frac{\text{Höhenunterschied}}{\text{Breitenunterschied}} = \frac{1}{2}$
⑤ Gleichung angeben $y = \frac{1}{2}x - 1$

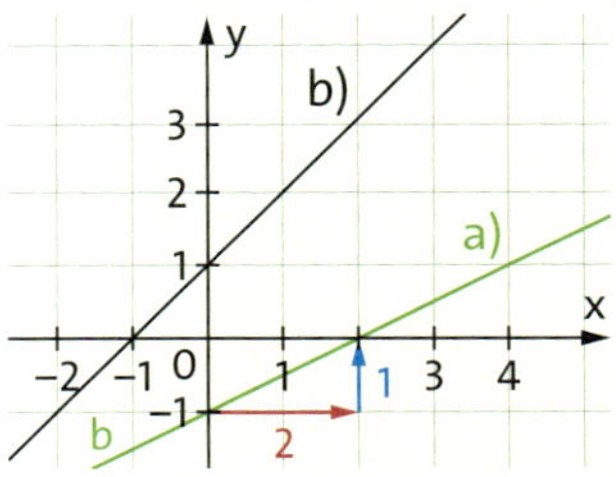

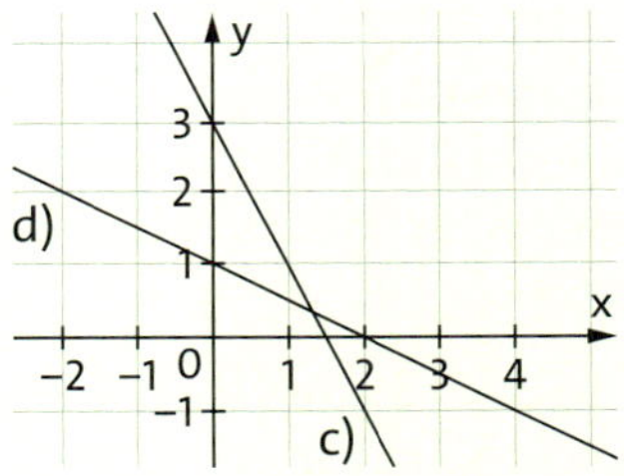

→ Seite 252 Nr. 60

---

12 Ich kann prüfen, ob ein Punkt auf einer Geraden liegt.

12 Prüfe, welche der Punkte auf der Geraden liegen.
Beispiel $y = 2x - 3$ A(1|2); B(2|1)
$2 \cdot 1 - 3 = -1 \neq 2$ A liegt nicht auf der Geraden.
$2 \cdot 2 - 3 = 1 = 1$ B liegt auf der Geraden.

a) $y = 3x - 2$, A(2|4), B(3|7), C(−1|−4)
b) $y = -2x + 5$, A(1|7), B(−1|7), C(3|−1)

→ Seite 253 Nr. 65

→ Lösungen auf Seite 261 und 262

Lineare Gleichungssysteme mit zwei Variablen

Am Wandertag will Elises Klasse paddeln.
Es gibt Paddelboote für 4 Personen und für 2 Personen.
Elise überlegt, wie sich die 30 Jugendlichen auf die Boote verteilen können.

Die Zahlen 4 und 2 sind konstante Faktoren – die Koeffizienten.

Anzahl 4er-Boote: x
Anzahl 2er-Boote: y
Anzahl Jugendliche: 30

Gleichung:
$4x + 2y = 30$

W

Lineare Gleichung mit zwei Variablen

$$a \cdot x + b \cdot y = c$$

Eine lineare Gleichung mit zwei Variablen besteht aus zwei Variablen (x und y) mit Koeffizienten (a und b) und einer Zahl (c ist das absolute Glied).

die Variablen, das absolute Glied

$4x + 2y = 30$

die Koeffizienten

Die Gleichung ist eine lineare Gleichung mit zwei Variablen.

Die Funktionsgleichung einer linearen Funktion y = mx + b ist eine lineare Gleichung mit zwei Variablen.

Durch Äquivalenzumformungen kannst du jede lineare Gleichung mit zwei Variablen in diese Form bringen.

Wenn die Gleichung anders aussieht: $y = -2x + 15 \quad | +2x$

$2x + 1y = 15$

Die **Lösungen** von linearen Gleichungen mit zwei Variablen sind Zahlenpaare: $(x \mid y)$

Wenn du die Zahlen der Lösung in die lineare Gleichung mit zwei Variablen einsetzt, muss die Gleichung eine wahre Aussage ergeben. Das heißt, beide Seiten müssen gleich sein.

Lösungen finden durch Einsetzen

Wert für x einsetzen: z. B. $x = 1$

$4 \cdot 1 + 2 \cdot y = 30 \quad | -4 \quad | :2$

$y = 13$

eine mögliche Lösung: $(1 \mid 13)$

30 Jugendliche passen auf ein 4er-Boot und dreizehn 2er-Boote.

► **Aufgabe** Finde durch Einsetzen zwei weitere Lösungen für Elises Gleichung. ►1 ►1 ►1

Insgesamt sollen neun Boote geliehen werden.
Aus dieser Information kannst du eine zweite Gleichung aufstellen: $x + y = 9$.

Die Gleichungen nummerierst du mit römischen Zahlen.

W

Lineare Gleichungssysteme (LGS)

Lineare Gleichungssysteme bestehen aus mehreren linearen Gleichungen, die *gleichzeitig* gelten.

I $4x + 2y = 30$
II $x + y = 9$

Die **Lösung** eines linearen Gleichungssystems ist ein Zahlenpaar $(x \mid y)$, wenn es eine Lösung gibt. Wenn du dieses Zahlenpaar jeweils in die Gleichungen einsetzt, dann stimmen *beide* Gleichungen gleichzeitig.

Lösungsmenge $L = \{(6 \mid 3)\}$

Prüfen durch Einsetzen:

I $4 \cdot 6 + 2 \cdot 3 = 30$ ✓
II $6 + 3 = 9$ ✓

Sie leihen sechs 4er- und drei 2er-Boote.

► **Aufgabe** Insgesamt sollen nun elf Boote geliehen werden: II $x + y = 11$.
Prüfe, ob $(3 \mid 8)$ oder $(4 \mid 7)$ eine Lösung ist. ►10 ►10 ►8

1 Prüfe, ob eine lineare Gleichung mit zwei Variablen vorliegt. Begründe, wenn es keine lineare Gleichung mit zwei Variablen ist.
a) $2x + 3y = 5$ b) $3x - 2y = 4z$
c) $5x^2 - 3y = 13$ d) $6x - 5y = 2x - 4$
e) $7x + 3x = 20$ f) $8y = 3x$

2 Bilde drei lineare Gleichungen mit zwei Variablen aus den Kärtchen. Du kannst die Kärtchen mehrfach verwenden. Welche Kärtchen kannst du nicht verwenden?

$\frac{1}{2}$ | $7x$ | $+$ | $\frac{1}{4}y$ | $-$ | 12 | $=$ | $x \cdot y$ | 20 | $5x$ | x^2

3 Bringe die Gleichung in die Form $ax + by = c$.
a) $2x - 4y + 5x = 2$ b) $5y - 3x = 2x + 4$
c) $12 - 3y = x + 4$ d) $9y - 4x + 3y - 7 = 0$
e) $5y + x(3 - 1) = 3$ f) $2y - (y + 4x) = -13$

4 Prüfe durch Einsetzen, ob das Zahlenpaar eine Lösung der Gleichung $6x - 2y = 20$ ist.
a) $(1 | -7)$ b) $(-2 | 16)$ c) $(0 | 10)$
d) $(2 | 4)$ e) $(-1 | -13)$ f) $(9 | 1)$

▸ 4

5 Ergänze die fehlende Zahl so, dass das Zahlenpaar eine Lösung der linearen Gleichung $4x + 2y = 20$ ergibt.
a) $(1 | \square)$ b) $(2 | \square)$ c) $(\square | 2)$
d) $(\square | 0)$ e) $(0 | \square)$ f) $(\square | -2)$

6 Ergänze das absolute Glied der linearen Gleichung so, dass das Zahlenpaar $(2 | 5)$ eine Lösung ist.
a) $2x - 3y = \square$ b) $-x + 2y = \square$
c) $x + 3y = \square$ d) $4x + 4y = \square$

7 Finde Lösungen durch Einsetzen. Setze die Zahlen 1, 2 und 3 für x ein. Rechne y aus.

Beispiel
$3x + y = 10$
Für $x = 1$: $3 \cdot 1 + y = 10 \quad | -3$
$y = 7$
$(1 | 7)$ ist eine Lösung.

a) $5x + y = 20$ b) $x - 2y = 11$
c) $6x - 3y = -6$ d) $3x + 6y = 18$
e) $-5x + 2y = -3$ f) $11x - 2y = -4$

▸ 8

8 Eine lineare Gleichung mit zwei Variablen kann auch als lineare Funktion $y = mx + b$ vorliegen. In der zugehörigen Wertetabelle sind die Zahlenpaare Lösungen der linearen Gleichung mit zwei Variablen. Erstelle eine Wertetabelle. Notiere drei Lösungen.

x	−2	−1	0	1	2
y					

a) $y = x - 1$ b) $y = -x + 2$ c) $y = 2x + 3$

9 Bei einer Party gibt es Falafel. Insgesamt gibt es 22 Bällchen.

Kleine Portion: 2 Bällchen
Große Portion: 4 Bällchen

In wie viele kleine und große Portionen kannst du sie aufteilen? Finde drei Lösungen. Die Gleichung ist $2x + 4y = 22$.

10 Prüfe durch Einsetzen: Ist das Zahlenpaar Lösung des linearen Gleichungssystems?
a) I $2x + y = 4$
II $3x - y = 1$
$(1 | 2)$
b) I $x - 4y = -2$
II $2x - 2y = 1$
$(2 | 1)$
c) I $3x - 5y = -19$
II $6x - 3y = 18$
$(7 | 8)$
d) I $9x + 5y = 94$
II $8x - 5y = 8$
$(6 | 8)$

11 Bestimme eine Lösung des linearen Gleichungssystems (LGS) durch systematisches Probieren: Erstelle eine Wertetabelle für die beiden linearen Gleichungen.
Wenn die y-Werte der beiden Gleichungen gleich sind, dann ist die Lösung gefunden.

Beispiel

x	−3	−2	−1	0	1	2	3
I $y = -2x + 5$	11	9	7	5	3	1	−1
II $y = x - 1$	−4	−3	−2	−1	0	1	

Die Lösung ist $L = \{(2 | 1)\}$.

a)

x	−3	−2	−1	0	1	2	3
I $y = -3x$							
II $y = 2x + 5$							

b)

x	−3	−2	−1	0	1	2	3
I $y = 2x - 5$							
II $y = -2x + 3$							

c) I $y = 5x + 11$ II $y = -x - 1$

Sprachhilfe zu **1**: – mehr als zwei Variablen – zwei Variablen multipliziert – nur eine Variable – Variable quadriert
Tipp zu **1**: Das absolute Glied kann auch 0 sein.

1 Prüfe, ob eine lineare Gleichung mit zwei Variablen vorliegt. Begründe, wenn es keine lineare Gleichung mit zwei Variablen ist.

a) $1{,}2x + 3y = 4x - 2y$ b) $4x + y - z = 5$
c) $x - 0{,}5y^2 = 3{,}2$ d) $5x = 7 - 3x$
e) $2y - y = 5 + y$ f) $4x - 3y = 2z - 1$

2 Bringe die Gleichung in die Form $ax + by = c$. Begründe, wenn dies nicht möglich ist.

a) $1{,}4y - 7x + 3 = 0{,}5x - y$ b) $x \cdot y = 2 - 3y$
c) $y = 0{,}5x - 4{,}2$ d) $2x - x^2 = y - 1$
e) $5x - 2 = 3y + 4x \cdot y$ f) $2 + 3y - x = 9x$

3 Ordne die richtigen Lösungen den entsprechenden Gleichungen zu.

Ⓐ $2x + y = 9$ Ⓑ $4x = 8y$ Ⓒ $\frac{1}{2}x + 4y = 12$
Ⓓ $-4x + y = 0$ ① $(1|4)$ ② $(40|-2)$
③ $(3|3)$ ④ $(3|-6)$ ⑤ $(6|3)$

► 3 ⊠

4 Ergänze die Lücken für y so, dass die Zahlenpaare Lösungen der Gleichung sind.

a) $3x - 4y = 10$ $(2|\square)$, $(3|\square)$
b) $x + 4y = 8$ $(10|\square)$, $(0|\square)$
c) $2x + y = 12$ $(2{,}5|\square)$, $(5{,}8|\square)$
d) $-2y + y = 9$ $(3|\square)$, $(-3|\square)$

5 Ergänze die Lücken für x so, dass die Zahlenpaare Lösungen der Gleichung sind.

a) $2x + 5y = -9$ $(\square|3)$, $(\square|-18)$
b) $5x - 7y = -75$ $(\square|-10)$, $(\square|5)$
c) $0{,}2x + 5y = 20$ $(\square|4)$, $(\square|-2)$
d) $-\frac{1}{2}x + y = -12$ $(\square|4)$, $(\square|3)$

6 Ergänze die lineare Gleichung so, dass das Zahlenpaar $(4|5)$ eine Lösung ist.

a) $2x - y = \square$ b) $-x + 6y = \square$
c) $\square x - 4y = -8$ d) $-4x + \square y = -6$

7 Finde Lösungen durch Einsetzen. Setze der Reihe nach die Zahlen 1, 2 und 3 für x ein und berechne y.

a) $x - 5y = 12$ b) $3x + y = 27$
c) $4x - 2y = 10$ d) $-5x + 20y = 30$

► 6 ⊠

8 Bringe die Gleichung in die Form $y = mx + b$.

a) $4x + 5y = 20$ b) $2(5x - y) = -22$
c) $2(x - y) = 9 + x$ d) $3y - 2x = y + x$
e) $-4y + y = 7x - x$ f) $0{,}5y + 2x = 1{,}5y + 2$

9 Alle Lösungen einer linearen Gleichung mit zwei Variablen liegen auf einer Geraden.

Beispiel
$y = 0{,}5x + 3$
Lösungen sind zum Beispiel $(-2|2)$, $(0|3)$ und $(2|4)$.

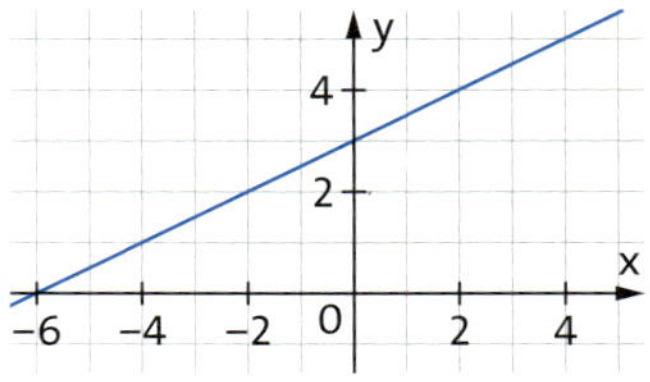

Bringe die Gleichung in die Form $y = mx + b$. Zeichne die Gerade in ein Koordinatensystem. Notiere drei Punkte der Geraden als Lösung.

a) $x - y = 2$ b) $2x - y = 1$ c) $-x + 2y = 4$

10 Prüfe durch Einsetzen: Ist das Zahlenpaar Lösung des linearen Gleichungssystems (LGS)?

a) I $3x + 8y = 48$
II $7x + 4y = 68$
$(8|3)$

b) I $-2x + 4y = -2$
II $8x + 3y = -68$
$(-7|-4)$

11 Bestimme eine Lösung des LGS durch systematisches Probieren:
Erstelle eine Wertetabelle für die beiden linearen Gleichungen.
Wenn die y-Werte der beiden Gleichungen gleich sind, dann ist die Lösung gefunden.

Beispiel

x	−3	−2	−1	0	1	2	3
I $y = x + 1$	−2	−1	0	1	2	3	
II $y = -2x + 7$	13	11	9	7	5	3	

Lösung ist $L = \{(2|3)\}$.

a)

x	−3	−2	−1	0	1	2	3
I $y = 2x + 5$							
II $y = -3x - 5$							

b)

x	−3	−2	−1	0			
I $y = 2x - 4$							
II $y = -x + 2$							

c) I $-0{,}5x + y = 1$
II $0{,}5x - y = 1$

d) I $2x - 5y = -12$
II $3x + 2y = 1$

12 Im Café stehen an einem Tisch entweder 2 oder 4 Stühle. Insgesamt gibt es 34 Stühle und 10 Tische.

Die Gleichungen:
I $2x + 4y = 34$
II $x + y = 10$

Wie viel Tische mit 2 Stühlen und wie viel Tische mit 4 Stühlen gibt es?
Bringe die Gleichungen in die Form $y = mx + b$.
Bestimme eine Lösung des LGS durch systematisches Probieren.

Üben ☒

1 Prüfe, ob eine lineare Gleichung mit zwei Variablen vorliegt. Begründe, wenn es keine lineare Gleichung mit zwei Variablen ist.
a) $2x + 3y = 4$ b) $0{,}2y - 5z = 0{,}5$
c) $4x \cdot y + 3y = 2$ d) $3x + y^2 = 9$
e) $4x + 3y = 2(y - 2y)$ f) $3(x + z) - 7y = 1$

2 Entscheide, ob eine lineare Gleichung mit zwei Variablen vorliegt. Notiere die Koeffizienten und das absolute Glied.
a) $\frac{1}{2}y - 2x = 7{,}3x + y$ b) $y = 0{,}5x - 4{,}1$
c) $4x - 0{,}5 = y + 2z$ d) $x = y$
e) $x \cdot (x - 3) = 2{,}4y$ f) $0{,}5x + 2xy = y - 1$

3 Prüfe, ob das geordnete Zahlenpaar eine Lösung der zugehörigen Gleichung ist. Ändere die Gleichung, wenn die Lösung nicht stimmt.
a) $5x - 4y = 34$, Lösung $(2 \mid -6)$
b) $1{,}5y = 9 - 3x$, Lösung $(1 \mid 2)$
c) $x - 12 = 2{,}5y$, Lösung $(20 \mid 4)$

4 Ergänze die Lücken so, dass das Zahlenpaar eine Lösung der zugehörigen Gleichung ist.
a) $4x - 2y = 20$, Lösung $(1 \mid \square)$
b) $\frac{1}{2}x + 5y = 25$, Lösung $(\square \mid 3)$
c) $3x + 5y = \square$, Lösung $(1 \mid 4)$
d) $\square \cdot x + 3y = -10$, Lösung $(2 \mid -2)$
e) $\frac{1}{2}x - \square \cdot y = -13$, Lösung $(4 \mid 3)$

5 Finde je drei Lösungen für jede Gleichung. Setze dazu für eine Variable eine beliebige Zahl ein und berechne die andere Variable.
a) $3x - y = 5$ b) $-x + 12y = 10$
c) $1{,}5x + 3y = 10$ d) $7x - 21y = 28$

6 Alle Lösungen einer linearen Gleichung mit zwei Variablen liegen auf einer Geraden.

Beispiel
$y = x + 1$
Lösungen sind zum Beispiel $(-2 \mid -1)$, $(-1 \mid 0)$ und $(2 \mid 3)$.

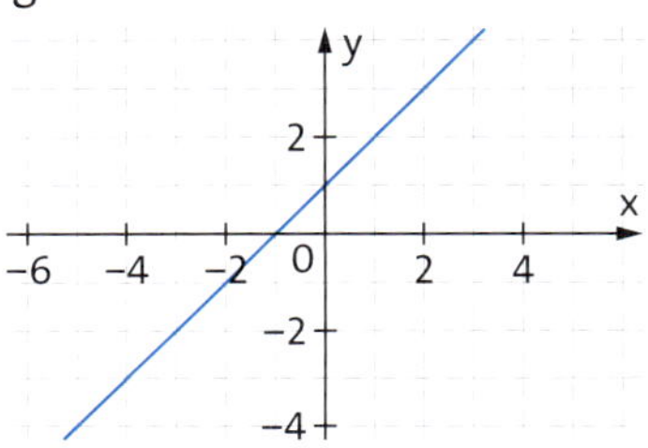

Bringe die Gleichung in die Form $y = mx + b$. Zeichne die Gerade in ein Koordinatensystem. Notiere drei Punkte der Gerade als Lösungen.
a) $2x - y = 3$ b) $3x + 2y = 5$
c) $3x - 2y = 0$ d) $y = 4$

7 Prüfe durch Einsetzen, ob das Zahlenpaar Lösung des linearen Gleichungssystems (LGS) ist.
a) I $7x - 3y = -72$
II $4x + 4y = -24$
$(-9 \mid 3)$
b) I $4x + 5y = 13$
II $3x + 3y = 3$
$(-8 \mid 9)$
c) I $0{,}5x + 1{,}2y = 7$
II $4x - 6y = -22$
$(2 \mid 4)$
d) I $-\frac{3}{4}x + \frac{5}{8}y = 2$
II $-x + y = 2$
$(-3 \mid 5)$

8 Berechne den fehlenden Wert mit Gleichung I. Prüfe mit Gleichung II, ob das Zahlenpaar eine Lösung des LGS ist.
a) I $y = 2x - 6$
II $y = -x + 18$
$(8 \mid \square)$
b) I $y = 7x - 50$
II $y = 3x - 18$
$(\square \mid 6)$
c) I $2x + 5y = 49$
II $3x - 4y = -30$
$(2 \mid \square)$
d) I $9x + 4y = 71$
II $8x - 4y = 48$
$(\square \mid 2)$

9 Bestimme eine Lösung des LGS durch systematisches Probieren:
Erstelle eine Wertetabelle für beide linearen Gleichungen. Wenn die beiden y-Werte übereinstimmen, ist die Lösung gefunden.

Beispiel

x	−3	−2	−1	0	1	2	3
I $y = x + 2$	−2	−1	0	1	2	3	
II $y = -2x + 8$	13	11	9	7	5	3	

Lösung ist $L = \{(2 \mid 3)\}$

a) I $y = 2x - 3$
II $y = -x + 3$
b) I $y = 4x - 2$
II $y = 5x - 4$
c) I $9x + 5y = 39$
II $-9x - 6y = -45$
d) I $7x - 8y = 1$
II $-9x + 6y = 3$

10 Eine Jugendherberge hat 9 Zimmer und insgesamt 24 Betten. Es gibt 4-Bettzimmer und 2-Bettzimmer.

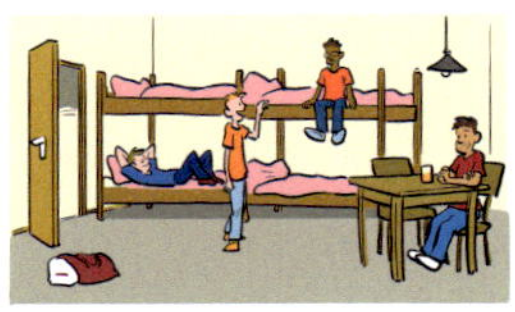

a) Gleichungen: I $4x + 2y = 24$
II $x + y = 9$
Erkläre, wofür die Variablen x und y stehen.
b) Wie viele 4-Bettzimmer und 2-Bettzimmer gibt es? Bringe die Gleichungen in die Form $y = mx + b$. Bestimme die Lösung des LGS durch systematisches Probieren.

Graphisches Lösungsverfahren und Lösungsvielfalt

In Formelsammlungen findet man auch $y = mx + n$ anstatt $y = mx + b$.

Du kannst jede **lineare Gleichung mit zwei Variablen** in eine **lineare Funktion** $y = mx + b$ umformen. Der Graph einer **linearen Funktion** ist eine Gerade.
Der Schnittpunkt von zwei Geraden ist die Lösung des linearen Gleichungssystems (LGS).

W

Das **graphische Lösungsverfahren** eines linearen Gleichungssystems (LGS):

1. Bringe die Gleichungen in die Form $y = mx + b$. **2.** Zeichne die Geraden der linearen Funktionen. **3.** Lies den Schnittpunkt ab.

Schreibe immer beide Gleichungen auf, wenn du die Gleichungen I und II umformst. Damit behältst du den Überblick.

I	$4x + 2y = 10$	$\mid -4x$
II	$-x + y = -1$	$\mid +x$
I'	$2y = -4x + 10$	$\mid :2$
II'	$y = x - 1$	
I''	$y = -2x + 5$	
II'	$y = x - 1$	

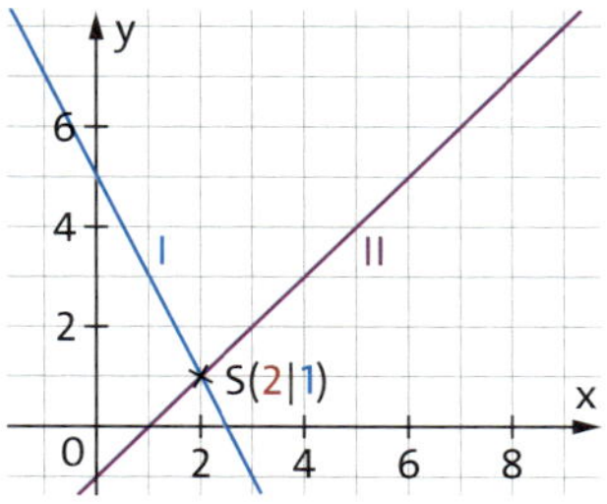

Schnittpunkt: S(2 | 1)

Die Lösungsmenge des LGS ist deshalb $L = \{(2 \mid 1)\}$.

► **Aufgabe** Löse das LGS mit dem graphischen Lösungsverfahren: I $-2x + y = 1$
II $x + y = 7$ ► 1 ► 1 ► 1

Manche lineare Gleichungssysteme (LGS) haben keine Lösung oder unendlich viele Lösungen. Das erkennst du, wenn du das LGS graphisch darstellst.

*{ } bedeutet **leere Menge.***

W

Lösungsvielfalt von linearen Gleichungssystemen
Das LGS hat ...

eine Lösung, wenn die Geraden sich schneiden. Die Lösungsmenge besteht aus dem Schnittpunkt.
Schreibe: $L = \{(x \mid y)\}$

I $y = 0{,}5x + 0{,}5$
II $y = -0{,}5x + 3{,}5$

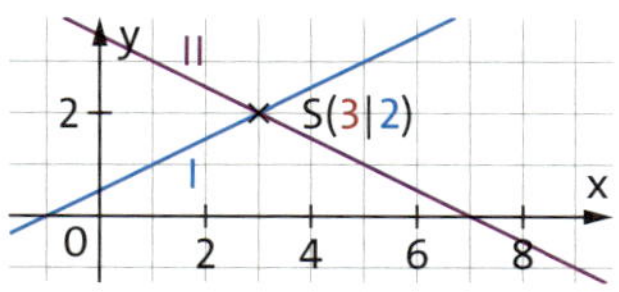

Die Geraden schneiden sich. Sie haben **einen** Schnittpunkt: S (3 | 2)
$L = \{(3 \mid 2)\}$

keine Lösung bei parallelen Geraden. Die Lösungsmenge ist leer.
Schreibe: $L = \{\ \}$

I $y = 0{,}5x + 3$
II $y = 0{,}5x + 1$

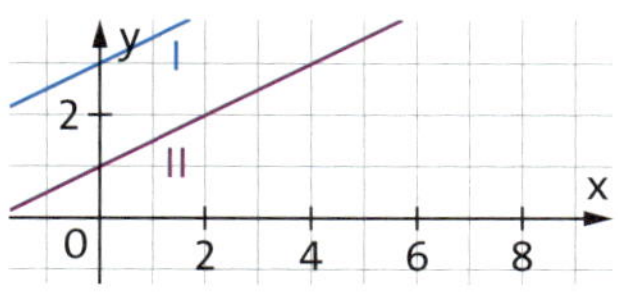

Die Geraden sind parallel zueinander. Sie haben **keinen** Schnittpunkt.
$L = \{\ \}$

unendlich viele Lösungen bei identischen Geraden. Die Lösungsmenge enthält alle Punkte der beiden Geraden. Schreibe:
$L = \{(x \mid y) \mid y = mx + b\}$

I $y = 0{,}5x + 1{,}5$
II $y = \frac{1}{2}x + \frac{3}{2}$

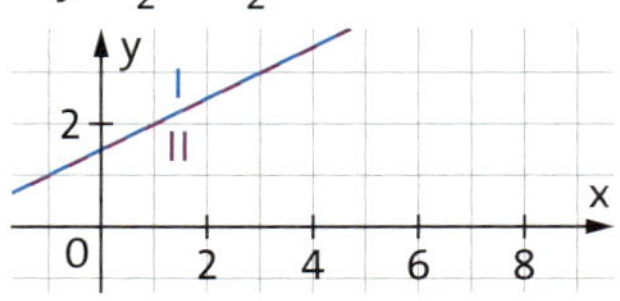

Die Geraden sind identisch. Sie haben **unendlich viele** gemeinsame Punkte.
$L = \{(x \mid y) \mid y = 0{,}5x + 1{,}5\}$

*Parallele Geraden haben die gleiche **Steigung**. Identische Geraden haben zusätzlich den gleichen **y-Achsenabschnitt**.*

► **Aufgabe** Untersuche, ob das LGS eine, keine oder unendlich viele Lösungen hat.

a) I $y = 2{,}5x - 2$
II $y = \frac{5}{2}x - \frac{6}{3}$

b) I $y = 1{,}5x + 4$
II $y = \frac{3}{2}x + \frac{12}{2}$

► 5 ► 5 ► 5

1 Ordne jedem linearen Gleichungssystem (LGS) eine Abbildung zu.
Notiere den Schnittpunkt als Lösung.

① I $y = -2x + 5$
II $y = x - 1$

② I $y = -x + 1$
II $y = 3x + 5$

③ I $y = x + 1$
II $y = 2x - 2$

④ I $y = -0,5x + 4$
II $y = 2x - 1$

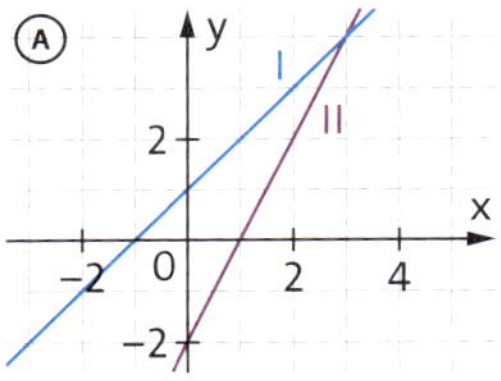
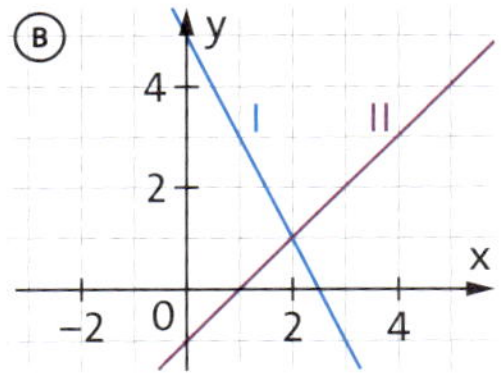
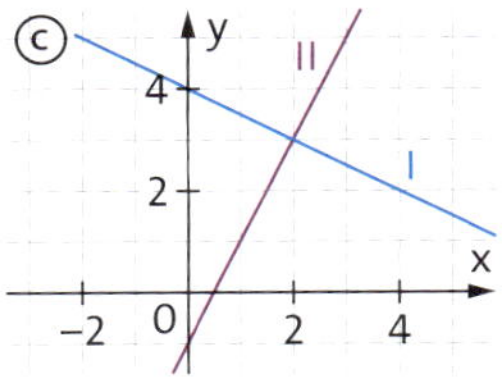
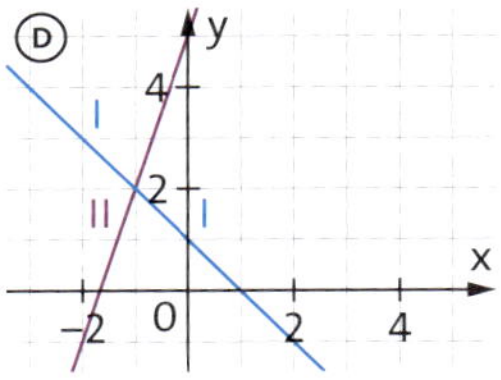

2 Schreibe die Gleichungen als lineares Gleichungssystem (LGS).
Notiere den Schnittpunkt als Lösung.

a)
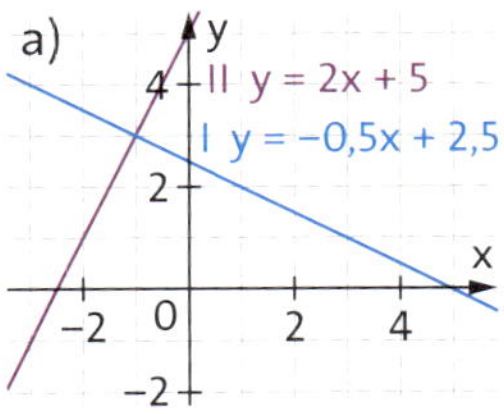

b)
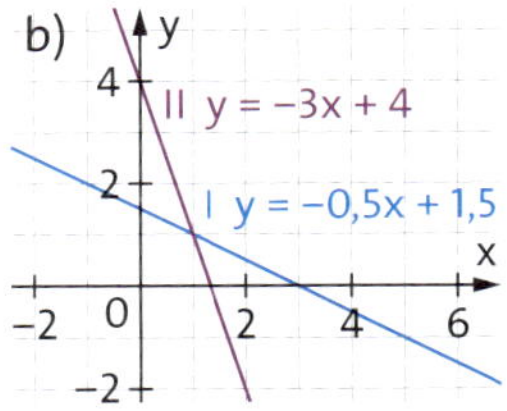

3 Löse das LGS mit dem graphischen Lösungsverfahren.
Gehe so vor: Zeichne beide zugehörige Geraden in ein Koordinatensystem.
Notiere den Schnittpunkt als Lösung.

a) I $y = x + 2$
II $y = 2x + 1$

b) I $y = 2x - 1$
II $y = -x + 5$

c) I $y = 2x - 3$
II $y = -x + 3$

d) I $y = -x + 4$
II $y = 3x$

4 Bringe die Gleichungen in die Form $y = mx + b$.
Löse das LGS mit dem graphischen Lösungsverfahren.

a) I $x - y = 2$
II $2x - y = 3$

b) I $x + y = 2$
II $x - y = 4$

c) I $2x + y = 4$
II $4x - 2y = 0$

d) I $x - y = 2$
II $4x - 2y = 2$

► 5

5 Ordne jeder Abbildung ein LGS zu.
Ordne dann die Lösungsmenge zu.

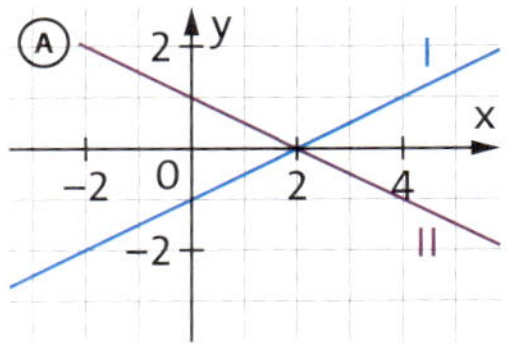
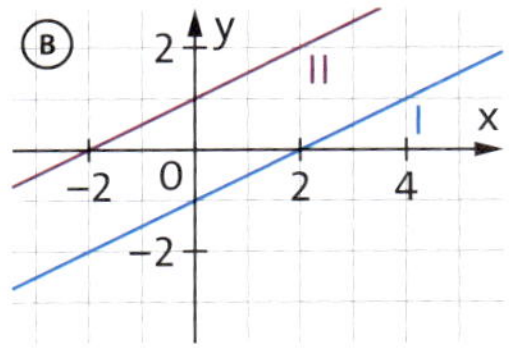
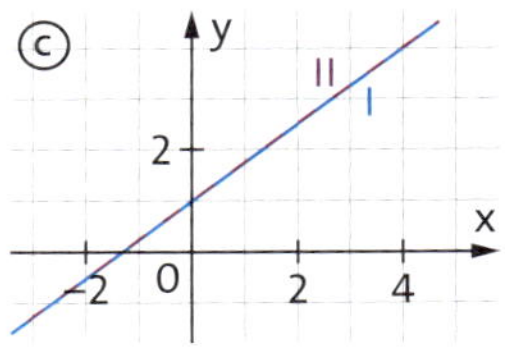
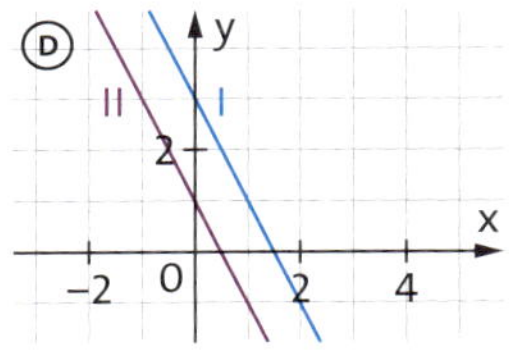

① I $y = -2x + 3$
II $y = -2x + 1$

② I $y = \frac{1}{2}x - 1$
II $y = 0,5x + 1$

③ I $y = -0,5x + 1$
II $y = 0,5x - 1$

④ I $y = -0,75x + 1$
II $y = -\frac{3}{4}x + 1$

Ⓘ $L = \{\}$
Ⓘⓘ $L = \{(x|y) \mid y = -0,75x + 1\}$
Ⓘⓘⓘ $L = \{\}$
Ⓘⓥ $L = \{(2|0)\}$

► 6

6 Zu einem LGS gehören zwei Geraden.
Sieht man sich die Funktionsgleichungen zu den Geraden an, kann man Merksätze zur Lösungsvielfalt finden.

a) Entscheidet, wer von euch ① und wer von euch ② bearbeitet. Löst das lineare Gleichungssystem mit dem graphischen Lösungsverfahren.

① I $y = 0,5x + 1$
II $y = 0,5x + 2$

② I $y = 0,25x - 1$
II $y = \frac{1}{4}x - 1$

b) Vervollständigt folgenden Satz so, dass er zu eurem LGS passt.

Wenn die zugehörigen Geraden die _________ Steigung und _________ y-Achsenabschnitte haben, dann hat das lineare Gleichungssystem _________.

c) Erklärt euch gegenseitig eure Sätze.

7 Untersuche, ob das lineare Gleichungssystem keine, eine oder unendlich viele Lösungen hat.

a) I $y = 2x - 7$
II $y = 2,1x - 7$

b) I $y = 0,1x - \frac{1}{4}$
II $y = \frac{1}{10}x - 0,25$

c) I $y = -x + 1$
II $y = -x + 2$

d) I $y = 3x - 5$
II $y = 4x - 6$

e) I $2x - y = 3$
II $4x - 2y = 6$

f) I $2x - y = 4$
II $4x - 2y = 4$

Sprachhilfe zu 6b: Verwende: – gleiche – unterschiedliche – keine Lösung – unendlich viele Lösungen

1 Ordne jeder Abbildung das passende lineare Gleichungssystem zu.
Notiere den Schnittpunkt als Lösung.

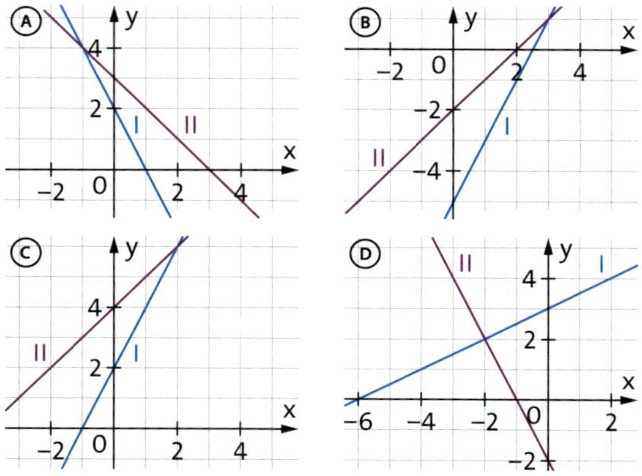

① I $y = 2x - 5$
II $y = x - 2$

② I $y = 0{,}5x + 3$
II $y = -2x - 2$

③ I $y = -2x + 2$
II $y = -x + 3$

④ I $y = 2x + 2$
II $y = x + 4$

2 Schreibe die Gleichungen als lineares Gleichungssystem (LGS).
Notiere den Schnittpunkt als Lösung.

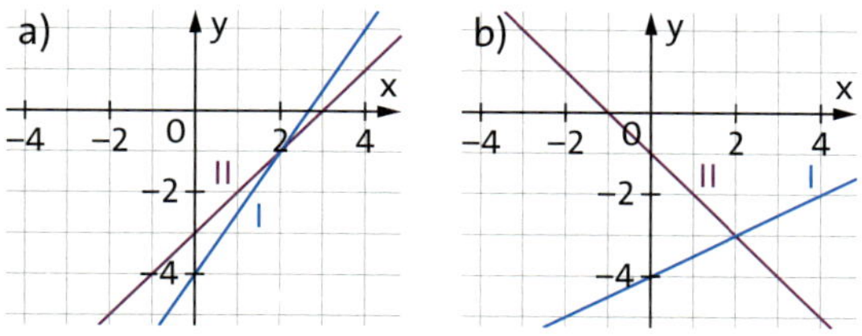

3 Löse das LGS mit dem graphischen Lösungsverfahren.

a) I $y = x - 2$
II $y = -0{,}5x + 4$

b) I $y = 1{,}5x - 4$
II $y = -x + 6$

c) I $y = \frac{3}{4}x - 1$
II $y = -\frac{3}{2}x - 1$

d) I $y = \frac{3}{5}x - 1$
II $y = -\frac{2}{5}x + 4$

4 Löse das LGS mit dem graphischen Lösungsverfahren. Bringe die Gleichungen zunächst in die Form $y = mx + b$.

a) I $x - y = 3$
II $x + 5 = 5y$

b) I $x + y = -3$
II $x - 2y = -6$

c) I $-2x + 5y = 3$
II $4x - 2y = -2$

d) I $2x - y = 0$
II $2x + y = 4$

► 5 ☒

5 Ordne jeder Abbildung das passende lineare Gleichungssystem zu. Ergänze die Lücken im Heft. Ordne dann die Lösung zu.

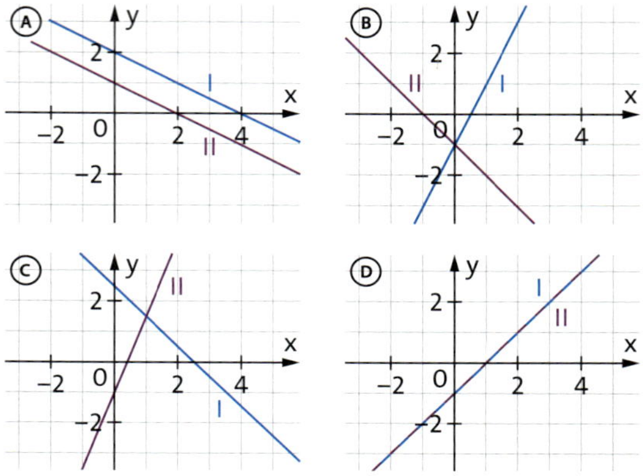

① I $y = x - 1$
II $y = \square$

② I $y = \square$
II $y = -x - 1$

③ I $y = -0{,}5x + 2$
II $y = \square$

④ I $y = \square$
II $y = 2{,}5x - 1$

Ⓘ $L = \{(1 | 1{,}5)\}$
Ⓘⓘ $L = \{(x | y) \mid y = x - 1\}$
Ⓘⓘⓘ $L = \{\,\}$
Ⓘⓥ $L = \{(0 | -1)\}$

► 6 ☒

6 Betrachtet die beiden Gleichungssysteme. Entscheidet zuerst, wer von euch ① und wer von euch ② bearbeitet.

① I $2x + y = 5$
II $4x + 2y = 8$

② I $-0{,}5x + y = 2$
II $y = \frac{1}{2}x + 2$

a) Bringe deine Gleichungen in die Form $y = mx + b$.
b) Löst das LGS jeweils mit dem graphischen Lösungsverfahren.
c) Erklärt euch gegenseitig, was euch aufgefallen ist.
d) Formuliert eure Beobachtungen in zwei Merksätzen.

7 Untersuche, ob das lineare Gleichungssystem keine, eine oder unendlich viele Lösungen hat. Bringe dafür die Gleichungen in die Form $y = mx + b$.

a) I $2x + 4y = 10$
II $x + 2y = 5$

b) I $0{,}5x - 2y = 8$
II $1{,}5x + 6y = 24$

c) I $3y + 6x = -12$
II $2y - 10 = 2x$

d) I $3y - x = 6$
II $2y + 4 = 6x$

Tipp zu 6d: Verwende: – wenn die Geraden – gleiche Steigung aber verschiedene Achsenabschnitte – gleiche Steigung und gleiche Achsenabschnitte – dann – keine Lösung – unendlich viele Lösungen

1 Schreibe die Gleichungen als lineares Gleichungssystem (LGS). Notiere den Schnittpunkt als Lösung.

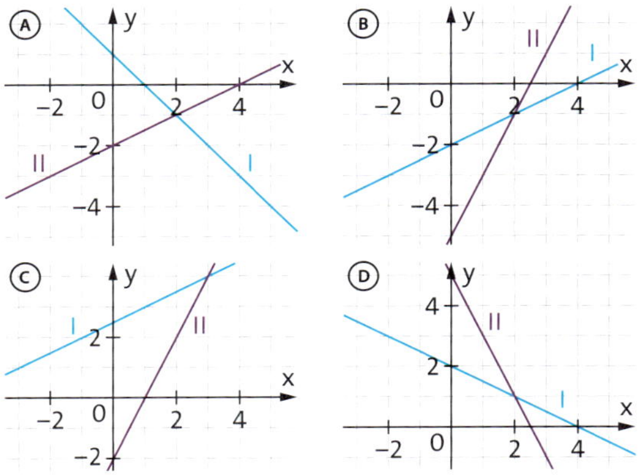

2 Schreibe die Gleichungen als lineares Gleichungssystem (LGS). Notiere die Lösungsmenge.

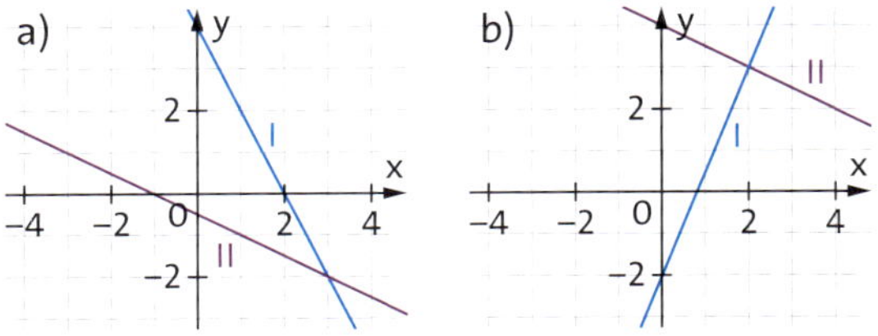

3 Löse das LGS mit dem graphischen Lösungsverfahren.

a) I $y = 0{,}75x - 1$
II $y = -0{,}5x + 4$

b) I $y = -\frac{5}{4}x + 2$
II $y = \frac{1}{2}x - 5$

c) I $y = \frac{3}{4}x - 1$
II $y = -\frac{3}{2}x - 1$

d) I $y = \frac{3}{5}x - 1$
II $y = -\frac{2}{5}x + 4$

4 Löse das LGS mit dem graphischen Lösungsverfahren. Bringe dafür die Gleichungen zunächst in die Form $y = mx + b$.

a) I $y = 0{,}5x - 2$
II $2y = 2x - 2$

b) I $2x + y = 1$
II $x - 2y = -2$

c) I $x = 2y$
II $x + y = 3$

d) I $4x - 2y = 2$
II $x + 2y = 8$

e) I $2x + 5y = 15$
II $x + 2y = 3$

f) I $x - y = 2$
II $4x - 5y = 5$

5 Ordne jeder Abbildung ein passendes LGS und die passende Lösungsmenge zu.

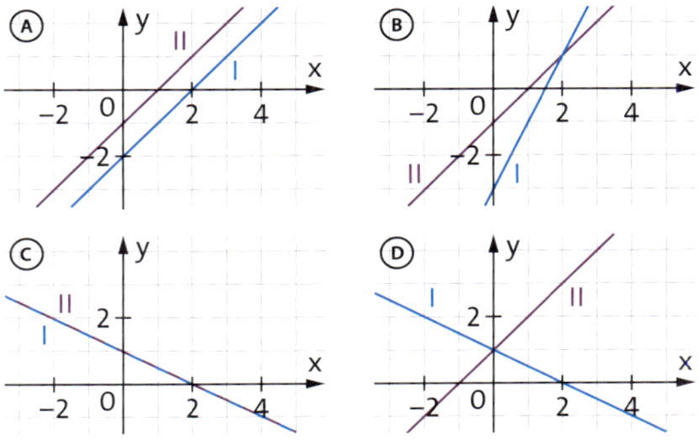

① I $y = -0{,}5x + 1$
II $y = x + 1$

② I $y = x - 2$
II $y = x - 1$

③ I $y = -0{,}5x + 1$
II $x + 2y = 2$

④ I $y = 2x - 3$
II $-x + y = -1$

Ⓘ $L = \{(2|1)\}$

Ⓘⓘ $L = \{(0|1)\}$

Ⓘⓘⓘ $L = \{\}$

Ⓘⓥ $L = \{(x|y) \mid y = -\frac{1}{2}x + 1\}$

6 ▼ Die beiden Geraden gehören je zu einem linearen Gleichungssystem (LGS).

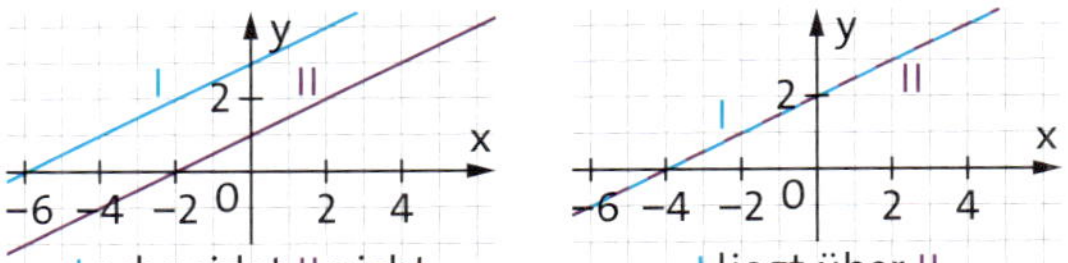

a) Bestimmt die Gleichungen der Geraden.
b) Entscheidet, wie Steigung und y-Achsenabschnitt sein müssen, damit sich ...
- die Geraden nicht schneiden.
- die Geraden übereinander liegen.

c) Erklärt euch gegenseitig, was es für die Lösungsmenge des LGS bedeutet ...
- wenn die Geraden sich nicht schneiden.
- wenn sie übereinander liegen.

d) Formuliert für beide Fälle einen allgemeingültigen Merksatz. Beginnt so: „Wenn die zugehörigen Geraden eines linearen Gleichungssystems die gleiche ...“

7 Untersuche, ob das lineare Gleichungssystem keine, eine oder unendlich viele Lösungen hat.

a) I $2x = y + 3$
II $y - x = 1$

b) I $2x - 5y = 5$
II $\frac{5}{2}y = x - 5$

c) I $3x - 2y = -6$
II $x - \frac{2}{3}y = -2$

d) I $1{,}5x - y = 2$
II $0{,}5x + y = 2$

Tipp zu **6d**: Verwendet: – Steigung – Achsenabschnitt – gleich – ungleich – keine Lösung – unendlich viele Lösungen

Lineare Gleichungssysteme mit einer dynamischen Geometrie-Software lösen

Mit einer dynamischen Geometrie-Software (DGS) kannst du Graphen von linearen Funktionen zeichnen. Die Lösung eines linearen Gleichungssystems kannst du als Schnittpunkt zweier Geraden ermitteln. Den Schnittpunkt kannst du mit einer DGS sehr viel genauer ermitteln als mit einer Zeichnung im Heft.

Beispiel 1 Löse das lineare Gleichungssystem.

I $y = 2x - 3$
II $y = -0,5x + 2$

Gib in das Eingabefeld die Gleichung **$y = 2x - 3$** ein.
Bestätige die Gleichung mit der Enter-Taste.
Die Software zeichnet den Graphen (f) dieser Funktion.

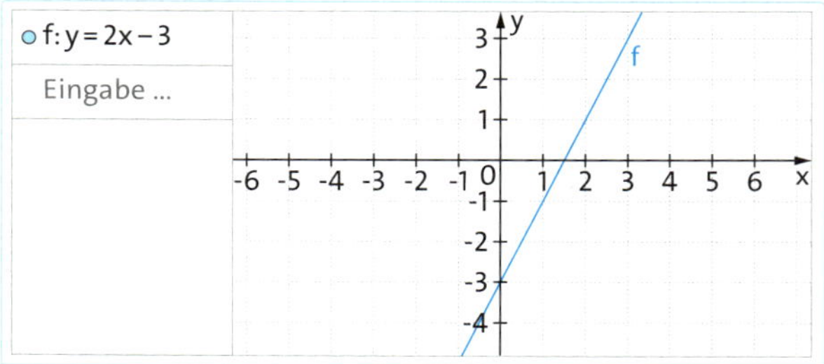

Gib in das Eingabefeld die zweite Gleichung **$y = -0,5x + 2$** ein. Beachte dabei, dass du anstelle des Kommas einen Punkt schreiben musst.
Bestätige die Gleichung mit der Enter-Taste.
Die Software zeichnet die zweite Gerade (g).

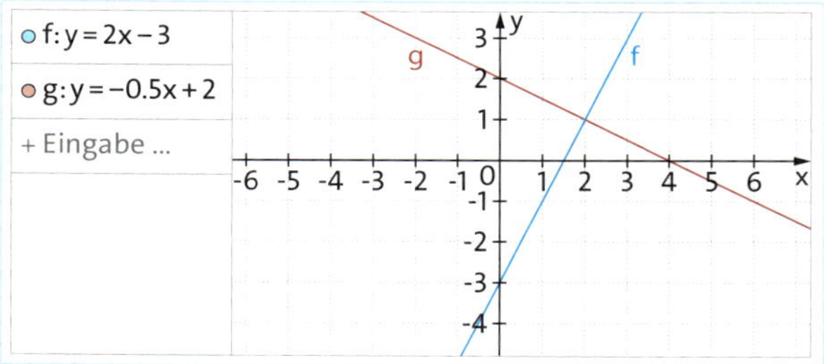

Klicke auf das Symbol „Schnittpunkt“.
Klicke dann nacheinander auf die beiden Geraden.
Nachdem du die zweite Gerade angeklickt hast, erscheint der Schnittpunkt A in der Abbildung.
Die Koordinaten des Schnittpunkts erscheinen im **Algebra**-Fenster.
Der Schnittpunkt der beiden Geraden ist die Lösung des linearen Gleichungssystems.

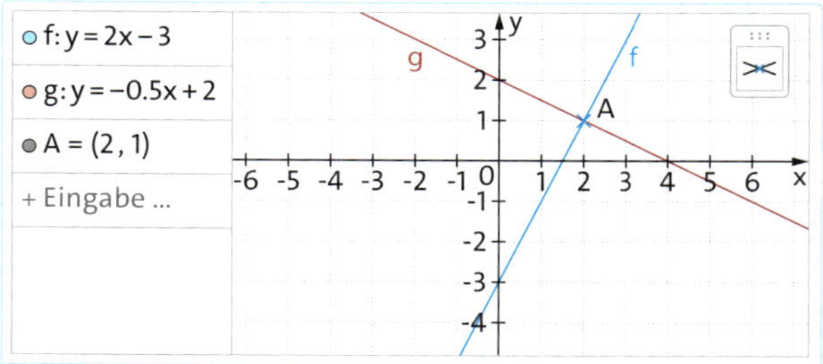

1 Löse das lineare Gleichungssystem (LGS) mit einer dynamischen Geometrie-Software (DGS). Notiere die Lösungsmenge.

a) I $y = 2x + 2$
II $y = -0,5x + 3$

b) I $y = \frac{2}{3}x - 1,5$
II $y = -\frac{1}{4}x + 2$

c) I $y = -\frac{3}{2}x + 200$
II $y = 4x - 200$

d) I $y = 2x - 4$
II $y = \frac{4}{3}x + \frac{2}{3}$

2 Löse das lineare Gleichungssystem (LGS) mit einer dynamischen Geometrie-Software (DGS). Notiere die Lösungsmenge.

a) I $-4x + 7y = 6$
II $-3x + 8y = 10$

b) I $2x + 3y = 1$
II $x + y = 2$

c) I $9x + 2y = -30$
II $5x + 6y = -2$

d) I $6x - 2y = 22$
II $7x - 3y = 25$

e) I $2x + 3y = 5$
II $0,5x - y = 0$

Beispiel 2 Erstelle ein lineares Gleichungssystem mit Hilfe der vorgegebenen Geraden AB und CD. Bestimme dann die Lösung des linearen Gleichungssystems.

A(−5|2); B(4|−1);
C(−3|−2); D(2|3)

Gib in das Eingabefeld den Punkt **A = (−5, 2)** ein. Bestätige deine Eingabe mit der Enter-Taste. Die Software zeichnet den Punkt.

Wiederhole die Schritte für die anderen drei Punkte.

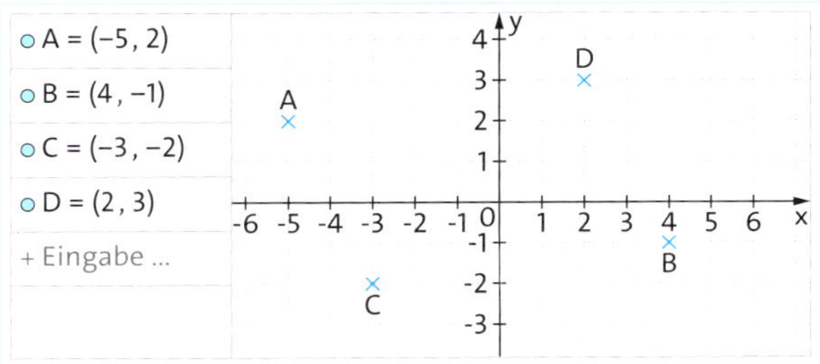

Klicke auf das Symbol „Gerade“. Klicke dann nacheinander auf die Punkte A und B. Die Software zeichnet eine Gerade durch die Punkte A und B. Die Funktionsgleichung der Geraden erscheint im **Algebra**-Fenster.

Wiederhole die Schritte für die Punkte C und D. Die zweite Gerade erscheint mit ihrer Funktionsgleichung.

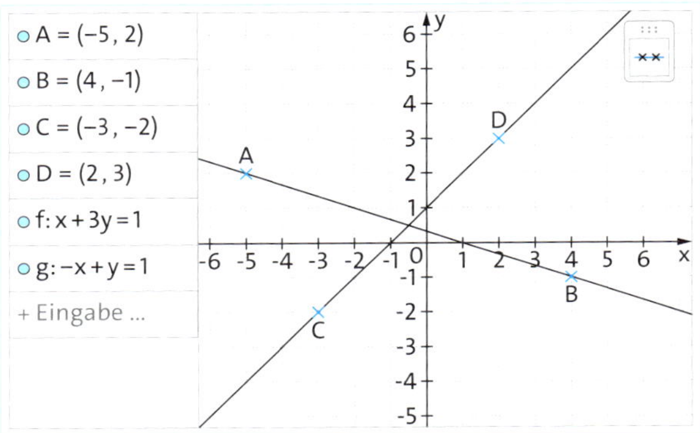

Klicke auf das Symbol „Schnittpunkt“. Klicke dann nacheinander auf beiden Geraden. Nachdem du die zweite Gerade angeklickt hast, erscheint der Schnittpunkt E in der Abbildung. Die Koordinaten des Schnittpunkts erscheinen im **Algebra**-Fenster. Der Schnittpunkt der beiden Geraden ist die Lösung des linearen Gleichungssystems.

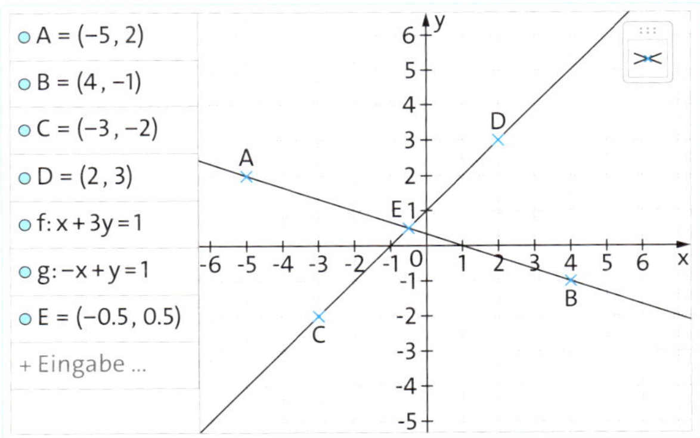

3 Erstelle die Funktionsgleichungen der Geraden AB und CD mit einer dynamischen Geometrie-Software (DGS).
Löse das lineare Gleichungssystem (LGS) mit der dynamischen Geometrie-Software (DGS).
Notiere die Lösungsmenge.

a)	b)	c)	d)	e)
A(3|4)	A(3|4)	A(16|16)	A(15|5)	A(30|30)
B(−7|−5)	B(−8|4)	B(−8|4)	B(−15|−10)	B(5|10)
C(−5|8)	C(−5|8)	C(−12|14)	C(−15|−5)	C(−10|20)
D(15|−10)	D(−2|−4)	D(16|−14)	D(5|−15)	D(15|0)

Gleichsetzungsverfahren und Einsetzungsverfahren

Durch diese Verfahren erhältst du eine Gleichung mit nur einer Variablen.

In manchen Fällen ist das graphische Lösungsverfahren ungeeignet. Dann ist es sinnvoller, die Lösung zu berechnen. Hier lernst du zwei Rechenverfahren zur Lösung von linearen Gleichungssystemen kennen.

Wenn eine Variable in beiden Gleichungen allein oder mit dem gleichen Koeffizienten alleine steht, kannst du die Gleichungen *gleichsetzen*.

I $0{,}5x + 2 = 2y$
II $-1{,}5x + 6 = 2y$

Die gleiche Variable steht mit dem gleichen Koeffizienten alleine.

W

Gleichsetzungsverfahren

1. Stelle beide Gleichungen nach der allein stehenden Variablen um.

I $-0{,}25x + y = 1 \quad |+0{,}25x$
II $0{,}75x + y = 3 \quad |-0{,}75x$

I′ $y = 0{,}25x + 1$
II′ $y = -0{,}75x + 3$

Weil $y = y$ ist, gilt $0{,}25x + 1 = -0{,}75x + 3$

2. Setze die Gleichungen gleich.
3. Löse die entstandene Gleichung.

I′ = II′: $0{,}25x + 1 = -0{,}75x + 3 \quad |+0{,}75x$
$x + 1 = 3 \quad |-1$
$x = 2$

Du kannst die zweite Variable auch mit der Gleichung I′ oder II′ berechnen.

4. Wähle eine der Gleichungen I oder II. Setze die berechnete Variable ein. Berechne die andere.

Einsetzen in I′: $y = 0{,}25 \cdot 2 + 1$
$y = 1{,}5$

5. Führe eine Probe für x und y mit den Gleichungen I und II durch.

Probe: I $-0{,}25 \cdot 2 + 1{,}5 = 1$ ✓
II $0{,}75 \cdot 2 + 1{,}5 = 3$ ✓

6. Notiere die Lösungsmenge.

$L = \{(2 \mid 1{,}5)\}$

▶ **Aufgabe** Löse mit dem Gleichsetzungsverfahren.
I $-3x + 2y = 9$
II $-x + 2y = 18$

▶ 1 ▶ 1 ▶ 1

Wenn eine der zwei Variablen in einer Gleichung allein steht, kannst du den Term für diese Variable in die andere Gleichung *einsetzen*.

I $0{,}5x + 2y = 2$
II $-x + 6 = y$

Eine Variable steht alleine.

Einsetzungsverfahren:

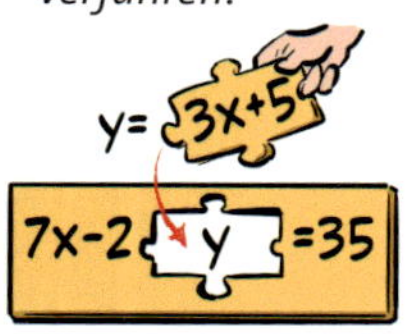

W

Einsetzungsverfahren

1. Stelle eine Gleichung nach einer Variablen um, wenn es nötig ist.

I $5x + 2y = 16$
II $y = x + 1$

Bei II steht y alleine → y in I ersetzen.

2. Setze den Term für die Variable ein.
3. Löse die entstandene Gleichung.

II in I: $5x + 2 \cdot (x + 1) = 16$
$5x + 2x + 2 = 16 \quad |-2$
$7x = 14 \quad |:7$
$x = 2$

4. Wähle eine der Gleichungen I oder II. Setze die berechnete Variable ein. Berechne die andere.

Einsetzen in II: $y = 2 + 1$
$y = 3$

5. Führe eine Probe für x und y mit den Gleichungen I und II durch.

Probe: I $5 \cdot 2 + 2 \cdot 3 = 16$ ✓
II $3 = 2 + 1$ ✓

6. Notiere die Lösungsmenge.

$L = \{(2 \mid 3)\}$

▶ **Aufgabe** Löse mit dem Einsetzungsverfahren.
I $4x + 3y = 27$
II $y = x + 2$

▶ 5 ▶ 5 ▶ 4

1 Löse das LGS mit dem Gleichsetzungsverfahren.

a) I $y = 9x - 49$
II $y = 5x - 25$

b) I $y = 6x - 28$
II $y = 2x - 4$

c) I $x = 6y - 51$
II $x = 4y - 33$

d) I $x = 4y - 10$
II $x = 9y - 25$

e) I $x = 3y + 4$
II $x = 4y + 3$

f) I $y = 2x - 15$
II $y = 5x - 39$

2 ▼ Löse das LGS mit dem Gleichsetzungsverfahren.

a) I $5y - 32 = x$
II $6y - 39 = x$

b) I $y = 7x - 19$
II $4x - 10 = y$

c) I $9x - 49 = 0{,}5y$
II $0{,}5y = 5x - 25$

d) I $2x = 7y - 48$
II $8y - 55 = 2x$

3 Löse das LGS mit dem Gleichsetzungsverfahren. Stelle zuerst beide Gleichungen so um, dass jeweils die gleiche Variable allein steht.

a) I $x + 9y = 19$
II $x = 3 - y$

b) I $x + 4y = 24$
II $x = 32 - 6y$

c) I $x + y = 16$
II $y = 30 - 3x$

d) I $4x + y = 37$
II $8x + y = 65$

e) I $x + y = 13$
II $x = -3y + 25$

f) I $5x + y = 13$
II $y = -9x + 21$

4 Kombiniere jedes Kärtchen mit jedem anderen Kärtchen einmal zu einem LGS. Löse das LGS mit dem Gleichsetzungsverfahren.

$4y = x - 1$	$4y = 2x + 6$
$4y = 4x + 8$	$4y = -2x + 4$

5 Löse das LGS mit dem Einsetzungsverfahren.

a) I $x = 8y - 49$
II $2x + 7y = 63$

b) I $x = 9y - 18$
II $2x + 7y = 39$

c) I $x = 6y - 51$
II $x = 4y - 33$

d) I $x - 4y = -10$
II $x = 9y - 25$

e) I $y = 7x - 16$
II $x + 3y = 18$

f) I $y = 5x - 39$
II $7x + 5y = 61$

► 5

6 Löse das LGS mit dem Einsetzungsverfahren.

a) I $2x + 7y = 31$
II $x = 9y - 22$

b) I $x = 3y - 3$
II $4x + 7y = 26$

c) I $4x + 2y = 6$
II $y = 3x - 2$

d) I $y = 9x - 61$
II $5x + 3y = 41$

7 Löse das LGS mit dem Einsetzungsverfahren. Stelle vorher eine der Gleichungen so um, dass eine Variable allein steht.

a) I $4x + 2y = 30$
II $3x + y = 22$

b) I $7x + 2y = 60$
II $8x + y = 57$

c) I $2x + 9y = 97$
II $x + 4y = 44$

d) I $5x + 6y = 39$
II $x + y = 7$

► 8

8 ▼ Löse das LGS. Wähle dafür ein Verfahren aus.

a) I $y + 12 = 4x$
II $4x + 3y = 44$

b) I $3y - 20 = x$
II $x - 4y = -29$

c) I $2x - y = 1$
II $y = 4x - 9$

d) I $y = 4x - 11$
II $7x + 3y = 43$

9 Im Klassenzimmer stehen an einem Tisch entweder 1 oder 2 Stühle. Es gibt 21 Stühle und 13 Tische. Wie viele Tische mit einem Stuhl (x) und wie viele Tische mit 2 Stühlen (y) gibt es? Löse das LGS.

Die Gleichungen:
I $x + 2y = 21$
II $x + y = 13$

10 ▼ Erweitere die einzelne Gleichung so, dass du nur ganze Zahlen als Koeffizienten hast.

Beispiel $\frac{2}{3}x + 5y = 2 \quad | \cdot 3$
$2x + 15y = 6$

a) $\frac{4}{3}x + 2y = 4$

b) $x + \frac{2}{7}y = 2$

c) $\frac{x}{8} + 3y = \frac{5}{8}$

d) $3x - \frac{1}{9}y = \frac{2}{3}$

11 Löse das LGS. Wähle dafür ein Verfahren aus. Erweitere wie bei Aufgabe 10.

a) I $3x + y = 20$
II $x + \frac{1}{2}y = 8$

b) I $x + y = 6$
II $\frac{1}{7}x + y = \frac{24}{7}$

c) I $\frac{1}{3}x = 2y - 7$
II $2x + y = 10$

d) I $y = 2x - 15$
II $x + \frac{1}{2}y = \frac{33}{2}$

Tipp zu **2**: $0{,}5y = 0{,}5y$, deshalb kannst du die anderen Seiten der Gleichung gleichsetzen.
Tipp zu **8**: Lösungen: (4 | 5); (4 | 7); (5 | 8); (6 | 7); (7 | 9). Eine Lösung bleibt übrig.
Tipp zu **10**: Erweitern einer Gleichung bedeutet, beide Seiten der Gleichung mit der gleichen Zahl zu multiplizieren.

1 Löse das LGS mit dem Gleichsetzungsverfahren.

a) I $y = 9x - 5$
II $y = 5x - 1$

b) I $y = 6x - 41$
II $5x - 33 = y$

c) I $x = 5y - 21$
II $x = 3y - 11$

d) I $5y + 2 = 2x$
II $2x = 4y + 3$

e) I $9x - 71 = 0{,}5y$
II $0{,}5y = 6x - 47$

f) I $3y - 21 = x$
II $x = 5y - 37$

2 Löse das LGS mit dem Gleichsetzungsverfahren.

a) I $y = \frac{5}{2}x - 12$
II $y = \frac{1}{2}x + 6$

b) I $2y = \frac{3}{4}x + 4$
II $\frac{1}{2}x + 6 = 2y$

c) I $x = \frac{5}{6}y - 9$
II $x = -\frac{1}{6}y + 3$

d) I $x = \frac{3}{5}y - 7$
II $\frac{1}{10}y - 2 = x$

3 Kombiniere immer zwei der Kärtchen zu einem LGS. Verwende jedes Kärtchen mindestens einmal. Löse das LGS mit dem Gleichsetzungsverfahren.
Multipliziere so, dass die alleinstehende Variable den gleichen Koeffizienten hat.

$y = 30x + 31$	$2y = x + 3$
$y = -20x - 19$	$y = x + 2$
$3y = 15x + 6$	$2y = -x + 1$

4 Löse das LGS mit dem Gleichsetzungsverfahren.

a) I $4y = 3x + 2$
II $4y = 5x - 2$

b) I $-3y + 11 = 5x$
II $2y + 1 = 5x$

c) I $3x = 5y - 6$
II $3y = 3x$

d) I $2x + 14 = 6y$
II $6y = 4x + 26$

5 Löse das LGS mit dem Einsetzungsverfahren.

a) I $y = 8x - 21$
II $5x + 2y = 21$

b) I $x = 9y - 14$
II $3x + 2y = 16$

c) I $3x + 2y = 5$
II $y = 9x - 8$

d) I $4x + 6y = 44$
II $3y - 7 = x$

6 Löse das LGS mit dem Einsetzungsverfahren.

a) I $y = \frac{1}{2}x - 5$
II $3x + 2y = 6$

b) I $x = \frac{5}{4}y - 12$
II $4x - 5y = 33$

c) I $4x - 5y = 42$
II $\frac{3}{4}x - 7 = y$

d) I $4x + 2y = 11$
II $\frac{1}{2}y + 8 = x$

▸ 5 ☒

7 Löse mit dem Einsetzungsverfahren.
Stelle dafür die Gleichungen passend um.

a) I $9x + 2y = 76$
II $x + y = 10$

b) I $3x + 4y = 20$
II $x + y = 6$

c) I $9x + y = 27$
II $5x + 3y = 37$

d) I $2x + 3y = 13$
II $6x + y = 31$

▸ 7 ☒

8 Entscheide dich für ein passendes Verfahren und löse das LGS. Die Lösungskarten ergeben eine französische Hafenstadt.

a) I $2x + y = 21$
II $4x + y = 35$

b) I $x + 8y = 13$
II $y = -x + 6$

c) I $y = 5 - x$
II $2x + 5y = 13$

d) I $x + 7y = -30$
II $-2x + 8y = -6$

e) I $4x - 2y = -8$
II $4x - y = -12$

f) I $7x + 6y = 43$
II $7x + 2y = 19$

(1|6) – S | (5|1) – A | (4|1) – L | (3|−4) – F | (−9|−3) – A | (−4|−4) – I | (7|7) – C

9 Henry bestellt Bleistifte und Buntstifte. Die Bleistifte sind in 4er-Packungen, die Buntstifte in 8er-Packungen. Die Sendung besteht aus 11 Packungen. Insgesamt sind es 64 Stifte. Wie viele Bleistifte und wie viele Buntstifte hat er bestellt? Löse das LGS.

I $4x + 8y = 64$
II $x + y = 11$

10 ▼ Erweitere die Gleichungen so, dass du nur ganze Zahlen als Koeffizienten hast.
Löse das LGS. Wähle ein Verfahren aus.

Beispiel Multipliziere die erste Gleichung mit 2:

I $x + \frac{1}{2}y = \frac{7}{2}$ | $\cdot 2$
II $2x - 3y = 11$

I' $2x + y = 7$
II $2x - 3y = 11$ Löse das LGS.

a) I $x + \frac{1}{2}y = -3$
II $2x + 6y = -42$

b) I $9x + 6y = -69$
II $-\frac{5}{6}x - y = \frac{41}{6}$

c) I $x + 3y = -24$
II $x + \frac{1}{3}y = -3$

d) I $\frac{3}{8}x + y = -2$
II $x + \frac{2}{3}y = \frac{14}{3}$

e) I $\frac{x}{8} + \frac{3}{8}y = -\frac{19}{2}$
II $-x - 3y = 20$

f) I $x - \frac{4}{9}y = -\frac{10}{3}$
II $x + y = -12$

Tipp zu **10**: Erweitern einer Gleichung bedeutet, alle Koeffizienten und das absolute Glied mit der gleichen Zahl zu multiplizieren. Erweitere mit dem Nenner der Brüche.

1 Löse das LGS mit dem Gleichsetzungsverfahren.

a) I $y = 3x - 5$
II $7x - 21 = y$

b) I $4y - 26 = x$
II $x = 2y - 12$

c) I $10x - 38 = 2y$
II $2y = 4x - 8$

d) I $6y - 15 = 3x$
II $3x = 21y - 120$

e) I $2y = 10x - 12$
II $4x + 6 = 2y$

f) I $8y + 12 = 4x$
II $4x = 12y + 8$

2 Löse das LGS mit dem Gleichsetzungsverfahren.

a) I $y = \frac{3}{5}x - 7$
II $\frac{3}{20}x - \frac{1}{2} = y$

b) I $\frac{1}{5}x + \frac{2}{5} = y$
II $y = \frac{5}{6}x - \frac{3}{2}$

c) I $\frac{1}{2}x = 4y - 2$
II $-3y + 5 = \frac{1}{2}x$

d) I $-\frac{2}{3}y + 8 = \frac{2}{5}x$
II $\frac{2}{5}x = \frac{1}{6}y + 5$

3 Löse das LGS mit dem Gleichsetzungsverfahren. Stelle dafür die Gleichungen passend um.

a) I $3x + y = 6$
II $9x - y = 30$

b) I $x - 5y = 34$
II $x - 9y = 58$

c) I $9x - 57 = y$
II $5x - y = -29$

d) I $4x - 2y = -34$
II $14x - 2y = -84$

e) I $16y = 42 + 2x$
II $-2x = 8y - 6$

f) I $-20 = 16x - 4y$
II $12x - 4y = -24$

4 ▼ Löse das LGS mit dem Einsetzungsverfahren.

a) I $y = 9x - 75$
II $3x + 2y = 39$

b) I $x = 9y - 63$
II $2x + 7y = 74$

c) I $2y = 5x - 8$
II $2x + 2y = 8$

d) I $10y - 40 = 2x$
II $2x + 2y = 20$

e) I $3x = 12y - 33$
II $32 = 3x + y$

f) I $7y + 9x = 71$
II $14x - 21 = 7y$

5 Löse das LGS mit dem Einsetzungsverfahren.

a) I $\frac{3}{5}x = 2y + 4$
II $\frac{3}{5}x + \frac{1}{2}y = 14$

b) I $\frac{3}{7}y + 8 = \frac{7}{9}x$
II $\frac{5}{7}y + \frac{7}{9}x = 24$

c) I $\frac{6}{7}y = \frac{3}{4}x + 12$
II $\frac{5}{4}x - \frac{6}{7}y = -8$

d) I $\frac{2}{3}y = \frac{1}{5}x + 1$
II $\frac{9}{5}x - \frac{2}{3}y = 23$

6 Löse das LGS mit dem Einsetzungsverfahren. Stelle dafür eine Gleichung passend um.

a) I $3x + 8y = 76$
II $x + 2y = 20$

b) I $9x + 3y = 39$
II $5x + y = 19$

c) I $4x = y - 35$
II $9x - 3y = -81$

d) I $3x - 9y = -21$
II $-3x + 2y = -7$

e) I $x + 5y = 36$
II $4x + 5y = 54$

f) I $x - 8y = -10$
II $6x - 20 = 8y$

7 Kombiniere die Gleichung auf den Kärtchen ① und ② jeweils mit den Gleichungen auf den drei Kärtchen Ⓐ, Ⓑ und Ⓒ zu einem LGS. Löse mit einem Verfahren deiner Wahl.

① $4y = 3x + 3$

② $2y + x = -1$

Ⓐ $y = 2x - 3$

Ⓑ $2y = -x + 9$

Ⓒ $4y - 8x = 8$

8 ▼ Erweitere die Gleichungen so, dass du nur ganzzahlige Koeffizienten hast.
Löse das LGS. Wähle ein Verfahren aus.

a) I $\frac{1}{2}x + \frac{1}{4}y = \frac{7}{4}$
II $2x - 3y = 11$

b) I $x + y = -3$
II $\frac{1}{3}x + \frac{2}{3}y = -\frac{5}{3}$

c) I $2x + 3y = -9$
II $x + \frac{7}{8}y = -\frac{11}{8}$

d) I $x + \frac{y}{4} = -\frac{13}{2}$
II $\frac{6}{5}x + y = -\frac{32}{5}$

9 Betrachte das Gleichungssystem:

I $5x + y = 8$
II $3x + 2y = 9$

a) Löse das LGS zuerst mit dem Gleichsetzungsverfahren und dann mit dem Einsetzungsverfahren.
b) Zähle die Anzahl der Umformungsschritte.
c) Schätze den Schwierigkeitsgrad des jeweiligen Verfahrens ein. Entscheide welches Verfahren kürzer und welches einfacher ist.
d) Beurteile die Aussage: „Es ist egal, welches Lösungsverfahren gewählt wird."

Tipp zu **4c**: Wenn die alleinstehende Variable den gleichen Koeffizienten hat wie in der anderen Gleichung, dann kannst du den Term für die Variable zusammen mit dem Koeffizienten einsetzen. Ersetze 2y in II durch den Term von I.
Tipp zu **8**: Erweitern einer Gleichung bedeutet, alle Koeffizienten und das absolute Glied mit der gleichen Zahl zu multiplizieren. Lösungen: (−1 | −2); (−7 | 2); (3 | −5); (4 | −1); (5 | −2). Eine Lösung bleibt übrig.

Additionsverfahren und Subtraktionsverfahren

Die Gegenzahl einer Zahl ist die gleiche Zahl mit umgekehrtem Vorzeichen.
Zahl: −5
Gegenzahl: +5

Die vielseitigsten Verfahren zur Lösung linearer Gleichungssysteme sind das Additionsverfahren und das Subtraktionsverfahren.
Du kannst lineare Gleichungen so übereinander schreiben, dass die gleichen Elemente übereinander stehen.
Dann kannst du die Gleichungen verrechnen.
Beim Additionsverfahren müssen die Koeffizienten vor einer der Variablen **Gegenzahlen** sein.

$$\begin{array}{lrcl} \text{I} & 3x + y & = & 3 \\ \text{II} & -3x + 3y & = & 21 \end{array}$$

Die Koeffizienten von x sind Gegenzahlen: 3 und −3

Die gleichen Elemente übereinander.

W

Additionsverfahren

	$10x$
+	$(-10x)$
	0

	$15y$
+	$24y$
	$39y$

1. Erweitere so, dass die Koeffizienten vor einer der Variablen Gegenzahlen sind.
2. Addiere die Terme der Gleichungen von oben nach unten. Eine Variable fällt weg.
3. Berechne den Wert der Variable.
4. Wähle eine der Gleichungen I oder II. Setze die berechnete Variable ein. Berechne die andere.
5. Führe eine Probe für x und y mit den Gleichungen I und II durch.
6. Notiere die Lösungsmenge.

$$\begin{array}{llr} \text{I} & 2x + 3y = 11 & \mid \cdot 5 \\ \text{II} & -5x + 12y = -8 & \mid \cdot 2 \\ \hline \text{I}' & 10x + 15y = 55 & \\ \text{II}' & -10x + 24y = -16 & \\ \hline \text{I}' + \text{II}' & 0 + 39y = 39 & \mid : 39 \\ & y = 1 & \end{array}$$

Einsetzen in I: $2x + 3 \cdot 1 = 11 \quad \mid -3$
$2x = 8 \quad \mid : 2$
$x = 4$

Probe: I $2 \cdot 4 + 3 \cdot 1 = 11$ ✓
II $-5 \cdot 4 + 12 \cdot 1 = -8$ ✓

$L = \{(4 \mid 1)\}$

▶ **Aufgabe** Löse das LGS mit dem Additionsverfahren.

$$\begin{array}{lr} \text{I} & -3x + 2y = 4 \\ \text{II} & 5x - 4y = -10 \end{array}$$

▶ 1 ▶ 1 ▶ 1

Beim Subtraktionsverfahren müssen die Koeffizienten vor einer der Variablen **gleich** sein.

W

Subtraktionsverfahren

	$10x$
−	$10x$
	0

	$20y$
−	$4y$
	$16y$

1. Erweitere so, dass die Koeffizienten vor einer der Variablen gleich sind.
2. Subtrahiere die Terme der Gleichungen von oben nach unten. Eine Variable fällt weg.
3. Berechne den Wert der Variable.
4. Wähle eine der Gleichungen I oder II. Setze die berechnete Variable ein. Berechne die andere.
5. Führe eine Probe für x und y mit den Gleichungen I und II durch.
6. Notiere die Lösungsmenge.

$$\begin{array}{llr} \text{I} & 2x + 4y = 8 & \mid \cdot 5 \\ \text{II} & 5x + 2y = -4 & \mid \cdot 2 \\ \hline \text{I}' & 10x + 20y = 40 & \\ \text{II}' & 10x + 4y = -8 & \\ \hline \text{I}' - \text{II}' & 0 + 16y = 48 & \mid : 16 \\ & y = 3 & \end{array}$$

Einsetzen in I: $2x + 4 \cdot 3 = 8 \quad \mid -12$
$2x = -4 \quad \mid : 2$
$x = -2$

Probe: I $2 \cdot (-2) + 4 \cdot 3 = 8$ ✓
II $5 \cdot (-2) + 2 \cdot 3 = -4$ ✓

$L = \{(-2 \mid 3)\}$

▶ **Aufgabe** Löse das LGS mit dem Subtraktionsverfahren.

$$\begin{array}{lr} \text{I} & 7x + 10y = 2 \\ \text{II} & 2x + 3y = 1 \end{array}$$

▶ 3 ▶ 2 ▶ 2

1 Löse das lineare Gleichungssystem (LGS) mit dem Additionsverfahren.

a) I $8x - 9y = 29$
II $-8x + y = -53$

b) I $-6x + 3y = -6$
II $6x - 3y = 6$

c) I $-3x + 4y = -5$
II $3x - 6y = -3$

d) I $4x + y = 26$
II $-4x + 2y = -8$

2 Löse das LGS mit dem Additionsverfahren. Erweitere zunächst eine Gleichung so, dass vor dem x die Gegenzahl steht.

Beispiel
I $-6x + 2y = -14$
II $2x + 3y = 12 \quad | \cdot 3$

I $-6x + 2y = -14$
II' $6x + 9y = 36$
Löse wie zuvor.

a) I $6x + 5y = 42$
II $-3x + 5y = 24$

b) I $9x + 7y = 74$
II $-3x + 6y = -33$

c) I $4x + 7y = -29$
II $-8x + 3y = -25$

d) I $6x - 9y = -21$
II $-2x + 4y = 10$ ► 3

3 Löse das LGS mit dem Subtraktionsverfahren.

a) I $6x + 7y = 34$
II $6x + 5y = 26$

b) I $x + 6y = 62$
II $x - 2y = -10$

c) I $4x + 2y = 44$
II $4x - 3y = 4$

d) I $3x - 2y = -22$
II $3x - 5y = -19$

4 Löse das LGS mit dem Subtraktionsverfahren. Erweitere so, dass bei beiden Gleichungen der Koeffizient vor x gleich ist.

a) I $4x + 3y = 60$
II $2x + 4y = 50$

b) I $8x + 2y = 82$
II $4x - 9y = -9$

c) I $6x + 7y = 103$
II $2x - 3y = -3$

d) I $x + y = 3$
II $4x + 2y = 20$

5 Löse das LGS mit dem Additionsverfahren oder dem Subtraktionsverfahren. Die Lösungen ergeben als Punkte ein Muster:

a) I $5x + 9y = 50$
II $-5x + 8y = 35$

b) I $2x + 3y = 15$
II $-6x + 8y = 6$

c) I $3x - 2y = 1$
II $9x - 2y = 7$

d) I $4x + 5y = 45$
II $2x - y = 5$

e) I $5x - 9y = 16$
II $5x + 6y = 31$

6 Wende das Additionsverfahren oder das Subtraktionsverfahren an. Erweitere beide Gleichungen so, dass die Koeffizienten vor x Gegenzahlen oder gleich sind.

Beispiel
I $-3x + 4y = -7 \quad | \cdot 2$
II $2x + 5y = 43 \quad | \cdot 3$

I' $-6x + 8y = -14$
II' $6x + 15y = 129$
Löse wie zuvor.

a) I $2x + 3y = 43$
II $5x - 6y = -14$

b) I $3x + 7y = 31$
II $-4x + 9y = -23$

c) I $3x + 6y = 63$
II $2x + 8y = 78$

d) I $7x - 5y = 36$
II $-2x - 3y = 3$

7 Das Additionsverfahren oder Subtraktionsverfahren kannst du auch mit der zweiten Variable (y) anwenden.

Beispiel
I $8x + 2y = -66$
II $2x + 2y = -18$

I − II $6x = -48 \quad | :6$
$x = -8$

Einsetzen in I: $8 \cdot (-8) + 2y = -66 \quad | +64 \quad | :2$
$y = -1 \quad L = \{(-8 \mid -1)\}$

a) I $-5x - 6y = -78$
II $x + 6y = 54$

b) I $4x + y = -42$
II $2x + y = -24$

c) I $9x + 8y = 76$
II $-3x + 8y = 28$

d) I $7x - 4y = 1$
II $-9x + 4y = -7$ ► 5

8 Gegeben sind die linearen Gleichungssysteme:

① I $x + y = 1$
II $2x + 2y = 1$

② I $-x + 2y = 4$
II $2x - 4y = -8$

a) Löst jeweils beide Gleichungssysteme. Entscheidet, wer von euch das Additionsverfahren/Subtraktionsverfahren verwendet und wer von euch das graphische Lösungsverfahren verwendet.
b) Vergleicht und diskutiert eure Ergebnisse.
c) Vervollständigt jeweils einen allgemeinen Merksatz für die beiden LGS:

> Wenn das ________ auf eine ________ führt, dann hat das zugehörige lineare Gleichungssystem ________.

Sprachhilfe zu 8c: Verwende: – Additionsverfahren/Subtraktionsverfahren – falsche Aussage – wahre Aussage – keine Lösung – unendlich viele Lösungen

Tipp zu 8c: Eine wahre Aussage ist immer richtig (z. B. 5 = 5). Eine falsche Aussage ist immer falsch (z. B. 3 = 5).

1 Löse das LGS mit dem Additionsverfahren. Falls nötig, erweitere eine Gleichung so, dass die Koeffizienten vor dem x Gegenzahlen sind.

a) I $5x + 7y = 52$; II $-5x + 2y = 2$
b) I $-8x + 5y = -38$; II $8x + 2y = 52$
c) I $-2x + 4y = -10$; II $4x + 5y = 46$
d) I $6x + 3y = 63$; II $3x - y = 9$
e) I $2x + 7y = 47$; II $-2x - 9y = -57$
f) I $-3x + 2y = -17$; II $6x + 3y = 69$

2 Löse das LGS mit dem Subtraktionsverfahren. Wenn es nötig ist, erweitere eine Gleichung so, dass die Faktoren vor dem x gleich sind.

a) I $2x + 2y = 20$; II $2x + 6y = 56$
b) I $3x + 6y = 39$; II $3x - y = -24$
c) I $4x + 7y = 22$; II $2x + 3y = 12$
d) I $x - 2y = 11$; II $3x + 5y = -11$
e) I $2x + 9y = 22$; II $x - 3y = -19$
f) I $-4x + 9y = 75$; II $-4x + 3y = 33$ ► 3 ☒

3 Das Additionsverfahren oder Subtraktionsverfahren kannst du auch mit der zweiten Variable (y) anwenden.
Berechne mit dem Additionsverfahren.
Erweitere eine Gleichung, falls es nötig ist.

Beispiel I $5x + 7y = 8$
II $9x - 7y = -64$

I + II $14x = -56$ | : 14
$x = -4$
Einsetzen in I: $5 \cdot (-4) + 7y = 8$ | + 20 | : 7
$y = 4$
$L = \{(-4|4)\}$

a) I $8x + 7y = -23$; II $5x - 7y = -3$
b) I $4x + 3y = -1$; II $-3x - 3y = 3$
c) I $9x + 2y = 20$; II $-4x - y = -8$
d) I $8x + 5y = -8$; II $9x - 5y = 76$
e) I $3x - 4y = -40$; II $-7x + 8y = 84$
f) I $5x + 2y = -6$; II $-3x - y = 5$

Die Buchstaben zu den Lösungen ergeben den Namen der Pflanze:

(−4|7) – E | (2|−3) – A | (4|−8) – F | (−2|−1) – K

4 Löse das LGS mit dem Additionsverfahren oder dem Subtraktionsverfahren.
Erweitere eine Gleichung, falls es nötig ist.

a) I $8x + 3y = -50$; II $3x + 6y = -48$
b) I $-6x - 3y = -39$; II $6x + 7y = 43$
c) I $4x + 2y = -22$; II $x + 2y = -10$
d) I $2x - 7y = 13$; II $-8x + 6y = 14$
e) I $x - 2y = 4$; II $4x + 7y = 31$
f) I $-7x - 4y = 1$; II $9x + 8y = 13$

Die Buchstaben zu den Lösungen ergeben ein Werkzeug zum Essen:

(6|1) – E | (−4|−3) – S | (−4|−6) – M | (−3|5) – R

5 Löse das LGS. Du musst beide Gleichungen so erweitern, dass vor x oder y gleiche Faktoren oder Gegenzahlen stehen.

a) I $2x + 8y = 4$; II $-7x + 9y = 60$
b) I $6x + 3y = 45$; II $8x + 5y = 67$
c) I $8x - 3y = -1$; II $6x + 4y = -32$
d) I $6x + 3y = -9$; II $5x + 4y = -18$
e) I $3x - 5y = 36$; II $-2x + y = -24$
f) I $2x + 6y = 6$; II $-5x + 3y = 21$ ► 5 ☒

6 ▼ Gegeben sind die LGS:

① I $2x + 4y = 7$; II $x + 2y = 3$
② I $6x - 10y = 4$; II $-3x + 5y = -2$

a) Löst jeweils beide Gleichungssysteme. Entscheidet, wer von euch dafür das Additionsverfahren/Subtraktionsverfahren verwendet und wer von euch das graphische Lösungsverfahren verwendet.
b) Vergleicht und diskutiert eure Ergebnisse.
c) Formuliert einen Merksatz, der den Zusammenhang zwischen den Ergebnissen der Rechnung und der Lösungsmenge beschreibt. Verwende folgende Satzbausteine:

Wenn das Lösungsverfahren | auf eine | wahre Aussage führt | falsche Aussage führt | dann hat das lineare Gleichungssystem | unendlich viele Lösungen | keine Lösung

Tipp zu **6**: Eine wahre Aussage ist immer richtig (z. B. 5 = 5). Eine falsche Aussage ist immer falsch (z. B. 3 = 5).

1 Löse das LGS mit dem Additionsverfahren. Falls es nötig ist, erweitere eine Gleichung so, dass die Koeffizienten vor x Gegenzahlen sind.

a) I $9x + y = 32$
II $-9x + 7y = 8$

b) I $-3x + y = -19$
II $x + 2y = 25$

c) I $8x - y = 3$
II $-4x + 2y = 6$

d) I $5x + 4y = 57$
II $-5x + 3y = -36$

e) I $-4x + 5y = 3$
II $4x + 7y = 33$

f) I $3x - 4y = -27$
II $-6x + 5y = 27$

2 Löse das LGS mit dem Subtraktionsverfahren. Falls es nötig ist, erweitere eine Gleichung so, dass die Koeffizienten vor x gleich sind.

a) I $2x + 5y = 41$
II $2x + 3y = 23$

b) I $7x + 5y = 42$
II $7x + 9y = 70$

c) I $3x - 21y = -6$
II $x + 4y = -13$

d) I $x - 4y = -13$
II $5x + 5y = 10$

e) I $-9x - y = -81$
II $-9x + 7y = -9$

f) I $2x + y = -50$
II $4x + 4y = -64$

3 Das Additionsverfahren oder das Subtraktionsverfahren kann auch angewendet werden, wenn die zweite Variable (y) die Gegenzahl oder die gleiche Zahl als Koeffizient hat.

Beispiel
I $2x - 4y = -4$
II $-3x + 4y = 12$

I+II $-x = 8$ $\quad | : (-1)$
$x = -8$

Einsetzen $2 \cdot (-8) - 4y = -4$ $\quad | +16 \quad | : (-4)$
$y = -3$
$L = \{(8|-3)\}$

Löse das LGS mit dem Additionsverfahren oder dem Subtraktionsverfahren.

a) I $7x + 9y = -66$
II $2x - 9y = 39$

b) I $3x + 4y = 28$
II $9x + 4y = 76$

c) I $5x + 8y = -37$
II $3x - 4y = 13$

d) I $7x + 4y = -34$
II $2x + y = -10$

e) I $8x + 3y = -51$
II $-6x + 3y = -9$

f) I $7x + 7y = -77$
II $-8x - 7y = 84$

4 ▼ Löse das LGS mit dem Additionsverfahren oder dem Subtraktionsverfahren. Falls es nötig ist, erweitere beide Gleichungen so, dass die Koeffizienten einer Variable die Gegenzahlen oder gleich sind.

a) I $9x - 5y = 41$
II $3x + 4y = 59$

b) I $9x + 5y = 71$
II $2x - 3y = -13$

c) I $7x - 3y = 36$
II $2x + 2y = 16$

d) I $-7x + 6y = -60$
II $-2x + 8y = -36$

e) I $7x + 6y = 111$
II $5x + 3y = 69$

f) I $8x - 7y = 34$
II $-x + 2y = -2$

g) I $\frac{5}{2}x + y = 12$
II $\frac{7}{3}x + 2y = 8$

h) I $3x - \frac{7}{2}y = -\frac{25}{2}$
II $\frac{5}{4}x - 2y = -9$

Lösungen: (6|2) (4|7) (9|8) (6|−3)

5 ▼ Gegeben sind die Gleichungssysteme:

① I $2x - 3y = 4$
II $x - 1{,}5y = 2$

② I $x + 2y = 2$
II $-2x - 4y = 4$

a) Entscheidet, wer von euch beide LGS mit dem Additionsverfahren/Subtraktionsverfahren und wer beide LGS graphisch löst. Löst dann die LGS.
b) Vergleicht eure Ergebnisse und diskutiert mögliche Verallgemeinerungen.
c) Formuliert zwei Aussagen über die Lösbarkeit von Gleichungssystemen mit dem Additionsverfahren und Subtraktionsverfahren.

6 Ina und Pete lösen das gleiche LGS.

Ina

I $2x + 9y = 34$ $\quad | \cdot (-2)$
II $4x + 7y = 24$

I' $-4x - 18y = -68$
II $4x + 7y = 24$

I'+II $-11y = -44$ $\quad | : (-11)$
$y = 4$

Pete

I $2x + 9y = 34$ $\quad | \cdot 2$
II $4x + 7y = 24$

I' $4x + 18y = 68$
II $4x + 7y = 24$

I'−II $11y = 44$ $\quad | : 11$
$y = 4$

a) Beschreibe den Unterschied in den Lösungswegen.
b) Welches Lösungsverfahren würdest du hier wählen? Begründe.

Hinweis zu **4**: Du kannst die Brüche durch Multiplikation der Gleichung mit dem Nenner in ganze Zahlen verwandeln.
Sprachhilfe zu **5c**: Verwendet: wahre Aussage – falsche Aussage – keine Lösung – unendlich viele Lösungen – parallel – identisch

Die Lösungsverfahren vergleichen

Du kennst jetzt die Lösungsverfahren für LGS.
Alle führen zur Lösung. Oft kannst du selbst entscheiden, welches Lösungsverfahren dir besser gefällt.
Manchmal haben bestimmte Lösungsverfahren Vorteile.
Um das zu verstehen, musst du die Lösungsverfahren miteinander vergleichen. Die folgenden Aufgaben können dir helfen, herauszufinden, welches Lösungsverfahren wann geeignet ist.

1 Löse das LGS mit dem **graphischen Lösungsverfahren**. Notiere deine Beobachtungen.

a) I $y = \frac{3}{2}x + 1$
II $y = 3x - 2$

b) I $y = -\frac{1}{4}x + 2$
II $y = \frac{2}{3}x + 1$

c) I $y = -\frac{6}{5}x + 7$
II $y = -3x - 20$

2 Die folgenden Linearen Gleichungssysteme wurden mit einer dynamischen Geometriesoftware gelöst. Beurteile, ob eine Lösung mit dem graphischen Lösungsverfahren von Hand, also ohne Geometriesoftware, möglich und sinnvoll wäre.

①

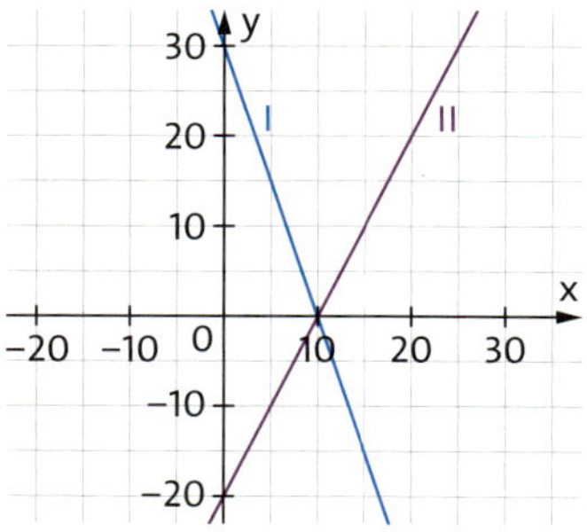

I $y = -3x + 30$
II $y = 2x - 20$
$L = \{(10|0)\}$

②

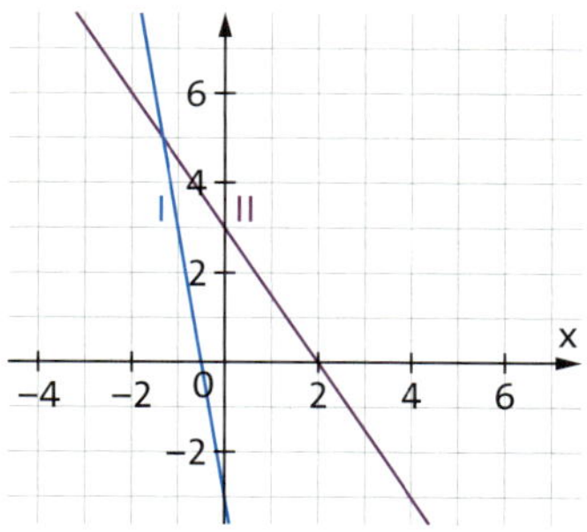

I $y = -6x - 3$
II $y = -1{,}5x + 3$
$L = \{(-1{,}33|5)\}$

③

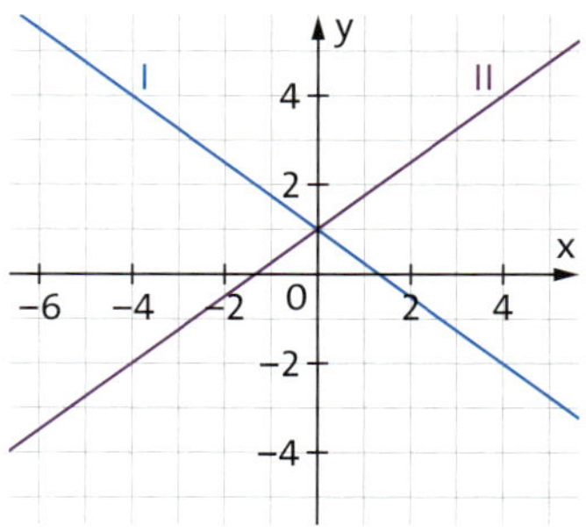

I $y = -0{,}5x + 1$
II $y = 0{,}5x + 1$
$L = \{(0|1)\}$

④

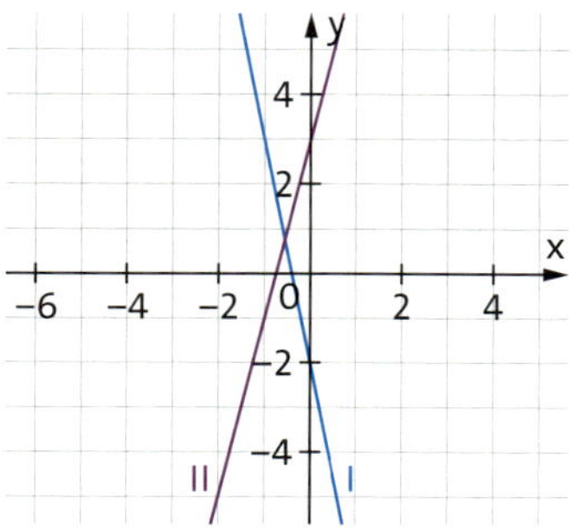

I $5x + y = -2$
II $-4x + y = 3$
$L = \{(-0{,}56|0{,}78)\}$

⑤

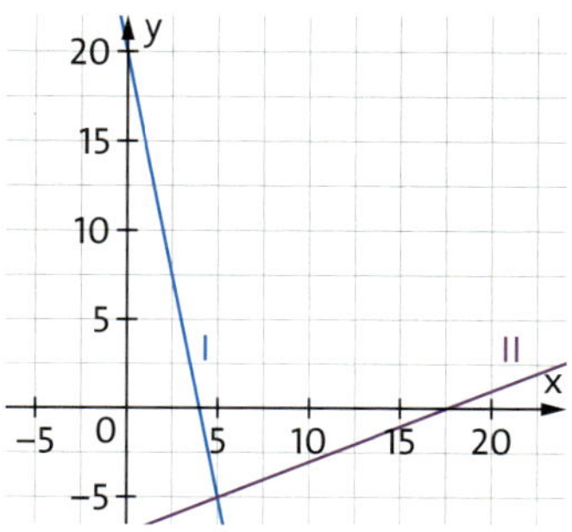

I $5x + y = 20$
II $0{,}4x - y = 7$
$L = \{(5|-5)\}$

⑥

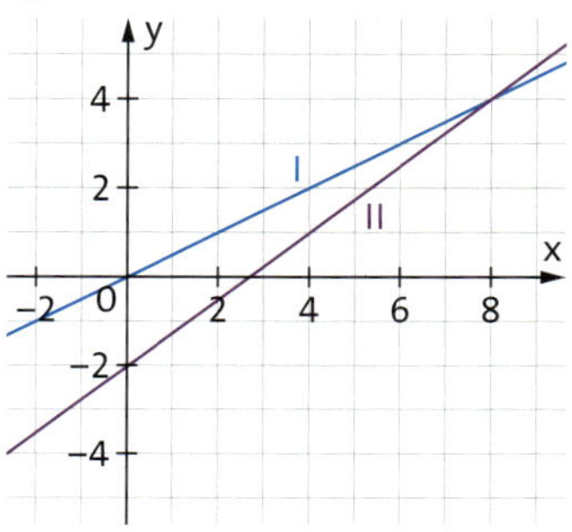

I $0{,}5x - y = 0$
II $\frac{3}{4}x - y = 2$
$L = \{(8|4)\}$

3 Formuliert eine Entscheidungshilfe, wann ihr ein LGS mit dem graphischen Lösungsverfahren lösen könnt und wann nicht. Verwendet eure Erfahrungen aus Aufgabe 1 und aus Aufgabe 2.

4 Bringe das LGS in die Form $y = mx + b$.
Entscheide, ob es sinnvoll ist, das LGS mit dem graphischen Lösungsverfahren zu lösen.

a) I $3x - 5y = -100$
II $x + 5y = -15$

b) I $x - 2y = 10$
II $2x + 4y = 20$

c) I $x - \frac{1}{8}y = 12{,}5$
II $x + 0{,}1y = 5$

d) I $x - y = 4$
II $x - \frac{5}{2}y = -\frac{5}{2}$

5 Stimmt die Aussage? Beurteile.
Finde ein Gegenbeispiel aus Aufgabe 1 bis 4, falls die Aussage nicht stimmt.
a) Udo sagt: „Wenn die Gleichungen in der Form $y = mx + b$ geschrieben sind und m und b ganze Zahlen sind, dann kann man die Lösung immer gut durch das graphische Lösungsverfahren finden."
b) Joanna überlegt: „Das graphische Lösungsverfahren ist nur günstig, wenn die Werte des Schnittpunkts nicht so viele Kommastellen haben und zwischen −5 und 5 liegen."
c) Heike sagt: „Die Werte für b und m müssen ganze Zahlen sein, wenn man das graphische Lösungsverfahren nutzen will."
d) Salida behauptet: „Wenn die Gleichungen in der Form $y = mx + b$ geschrieben sind und m und b Zahlen sind, die du gut in ein Koordinatensystem eintragen kannst, dann ist die Lösung mit dem graphischen Lösungsverfahren immer günstig."

6 Entscheidet zuerst, wer von euch das LGS mit dem Einsetzungsverfahren löst und wer das LGS mit dem Gleichsetzungsverfahren löst. Legt eure Rechnungen nebeneinander und überlegt, unter welchen Bedingungen welches Verfahren günstiger ist.

a) I $y = 4x - 5$
II $2x + y = 7$

b) I $x = 5y + 7$
II $4y + 6 = x$

c) I $3x + 11 = 2y$
II $5x + 2y = 3$

d) I $4y = 3x - 5$
II $2x + 6 = 4y$

7 Vervollständige die Merksätze in deinem Heft. Verwende deine Erfahrungen aus Aufgabe 6.
① Wenn in **beiden** Gleichungen die gleiche Variable mit dem gleichen Koeffizienten allein auf einer Seite steht, dann verwende ich ______________________.
② Wenn in **einer** Gleichung eine Variable mit dem gleichen Koeffizienten allein auf einer Seite steht, dann verwende ich ______________________.

8 Überprüfe folgende Aussage:
„Wenn bei beiden Gleichungen die gleiche Variable alleine steht, dann sind das Einsetzungsverfahren und das Gleichsetzungsverfahren gleich."
Löse dazu das LGS mit beiden Verfahren. Notiere deine Beobachtungen.

I $y = 2x - 3$
II $y = -4x + 6$

9 Entscheide zunächst, welches Lösungsverfahren du anwenden möchtest.
Begründe deine Entscheidung. Löse dann mit dem Verfahren deiner Wahl.

a) I $6y - 59 = x$
II $x + 3y = 32$

b) I $2x = 5y - 21$
II $3y - 11 = 2x$

c) I $5x = -3y + 17$
II $5x - 2y = -3$

d) I $2x + 3y = 1$
II $4x - 5y = 13$

10 Vervollständige die Merksätze. Verwende deine Erfahrungen aus Aufgabe 9.
① Wenn keine der Variablen allein steht oder mit dem gleichen Koeffizienten auftritt, dann ______.
② Ich kann jedes lineare Gleichungssystem mit dem ______ Verfahren lösen.

11 Erfindet jeweils ein LGS, das für ein bestimmtes Lösungsverfahren günstig ist. Tauscht die LGS. Überprüft nun, welches Lösungsverfahren zum anderen LGS passt. Begründet.

Sachaufgaben mit Gleichungssystemen lösen

Familie Peters und Familie Üzgür gehen zusammen in den Zoo. Familie Peters zahlt für 2 Erwachsene und 3 Kinder 48 € Eintritt. Familie Üzgür zahlt für einen Erwachsenen und 4 Kinder 44 € Eintritt. Wie viel kostet ein Ticket für Erwachsene? Wie viel kostet ein Ticket für Kinder? Du kannst *Sachaufgaben mit linearen Gleichungssystemen* systematisch mit dem Sechs-Schritte-Verfahren lösen.

W

Sachaufgaben lösen

Lies den Text genau.
– Was ist gegeben?
– Was ist gesucht?
Mit dem Sechs-Schritte-Verfahren lösen:

gegeben: 2 Erwachsene und 3 Kinder zahlen 48 €.
1 Erwachsener und 4 Kinder zahlen 44 €.
gesucht: Ticketpreis für Erwachsene
Ticketpreis für Kinder

*x und y sind das, was **gesucht** wird.*

1. Schritt: Die Variablen festlegen

Gesucht sind die Ticketpreise.

x Ticketpreis für Erwachsene
y Ticketpreis für Kinder

2. Schritt: Die Terme aufstellen

2x für 2 Erwachsene; x für 1 Erwachsener;
3y für 3 Kinder; 4y für 4 Kinder

3. Schritt: Die Gleichungen aufstellen

Peters: 2 Erwachsene und 3 Kinder zahlen 48 €.
I $\quad 2 \cdot x + 3 \cdot y = 48$

Üzgür: 1 Erwachsener und 4 Kinder zahlen 44 €.
II $\quad x + 4 \cdot y = 44$

4. Schritt: Das Gleichungssystem lösen
Wähle eines der Lösungsverfahren und löse das lineare Gleichungssystem.

$$\begin{array}{lrl} \text{I} & 2x + 3y = 48 & \\ \text{II} & x + 4y = 44 & \mid \cdot 2 \\ \hline \text{I} & 2x + 3y = 48 & \\ \text{II}' & 2x + 8y = 88 & \\ \hline \text{I} - \text{II}' & -5y = -40 & \mid : (-5) \\ & y = 8 & \end{array}$$

Hier wird das Subtraktionsverfahren gewählt.

Einsetzen in I: $2x + 3 \cdot 8 = 48 \quad \mid -24$
$2x = 24 \quad \mid : 2$
$x = 12$; $\quad L = \{(12 \mid 8)\}$

5. Schritt: Die Lösung überprüfen
Führe die Probe mit beiden Gleichungen durch.

Probe:
I $\quad 2 \cdot 12 + 3 \cdot 8 = 48$ ✓
II $\quad 12 + 4 \cdot 8 = 44$ ✓

6. Schritt: Antwort formulieren
Formuliere die Antwort.
Nutze die Wörter aus der Frage.

Ein Ticket für Erwachsene kostet 12 €, eines für Kinder 8 €.

▶ **Aufgabe** Maja kauft im Kiosk 3 Lollies und 4 Brownies für 3,10 €.
Piet kauft 2 Lollies und 5 Brownies für 3,35 €. Wie viel kostet ein Lollie?
Wie viel kostet ein Brownie?

1 Familie Chan und Familie Wilk besuchen eine Sommerrodelbahn. Familie Chan bezahlt für 2 Erwachsene und 3 Kinder 17 €. Familie Wilk bezahlt für 3 Erwachsene und 2 Kinder 18 €. Wie viel kostet der Eintritt für einen Erwachsenen? Wie viel kostet der Eintritt für ein Kind? Notiere im Heft: Bringe die grünen Kärtchen ① bis ⑥ in die richtige Reihenfolge. Ordne die passenden orangen Kärtchen Ⓐ bis Ⓖ zu:

Ⓐ I $2x + 3y = 17$
II $3x + 2y = 18$

① Antwort formulieren

Ⓑ x Erwachsene
y Kinder

② Gleichungssystem lösen

Ⓒ Einsetzen in I:
$2x + 3 \cdot 5 = 17$ | −15
$2x = 12$ | : 2
$x = 6$

③ Gleichungen aufstellen

Ⓓ Erwachsene zahlen 6 €. Kinder zahlen 5 €.

④ Variablen festlegen

⑤ Probe durchführen

Ⓔ $2 \cdot 6 + 3 \cdot 5 = 17$ ✓
$3 \cdot 6 + 2 \cdot 5 = 18$ ✓

Ⓕ I $2x + 3y = 17$ | · 3
II $3x + 2y = 18$ | · 2
I' $6x + 9y = 51$
II' $6x + 4y = 36$
I' − II' $5y = 15$ | : 3
$y = 5$

⑥ Terme aufstellen

Ⓖ 2x 2 Erwachsene
3y 3 Kinder
3x 3 Erwachsene
2y 2 Kinder

2 Im Theater gibt es ermäßigte Karten für 6 € und normale Karten für 10 €. Für eine Aufführung wurden 140 Karten für insgesamt 1 160 € verkauft. Wie viele ermäßigte Karten und wie viele normale Karten wurden verkauft? Löse die Sachaufgabe mit dem Sechs-Schritte-Verfahren. Nutze die folgenden Kärtchen. Ordne, beschrifte und vervollständige sie.

I $60 + 80 = 140$ ✓
II $6 \cdot 60 + 10 \cdot 80 = 1160$ ✓

Einsetzen in I:
$x + 80 = 140$ | −80
☐

6x Preis ermäßigt
10y ______

I x + y = 140 | · 6
II 6x + ☐ = 1160
I' ☐ + ☐ = 840
II 6x + 10y = 1160
I' − II $-4y = -320$ | : (−4)
y = ☐

I x + ☐ = 140
II 6x + 10y = ☐

x ermäßigt
y normal

Es wurden 60 ____ und 80 ____ Karten verkauft.

3 Brit und Cem kaufen für ihre Mütter Blumen zum Muttertag. Brit kauft einen Strauß mit 2 Tulpen und 3 Rosen. Brits Strauß kostet 9 €. Cem bezahlt 11,50 € für seinen Strauß mit 5 Tulpen und 2 Rosen. Wie teuer ist eine Rose und wie teuer eine Tulpe? Löse die Sachaufgabe mit dem Sechs-Schritte-Verfahren. Vervollständige.

I' $10x + 15y = 45$
II' $10x + 4y = 23$
I' − II'

I 2x + ☐ = 9
II 5x + 2y = ☐

2x 2 Tulpen

2y 2 Rosen

5x 5 ____

3y 3 ____

x Tulpen

y Rosen

► 3

4 Luca kauft in der Mensa 3 Becher Kakao und 4 Becher Kaffee. Er bezahlt insgesamt 9,20 €. Marie holt 5 Becher Kakao und 2 Becher Kaffee. Sie bezahlt 8,80 €. Was kostet ein Becher Kakao? Was kostet ein Becher Kaffee? Löse die Sachaufgabe mit dem Sechs-Schritte-Verfahren.

1. Variable festlegen: Preis Becher Kakao: x
______________ : y
2. Terme aufstellen: Preis 3-mal Kakao: 3x
Preis 4-mal Kaffee: 4y

5 ▼ Eine Pension hat 14 Zimmer. Es gibt Doppelzimmer und Einzelzimmer. Insgesamt sind es 20 Betten. Bestimme die Anzahl der Doppelzimmer und die Anzahl der Einzelzimmer mit dem Sechs-Schritte-Verfahren.

► 5

6 ▼ In einer Stadt werden E-Scooter verliehen. E-RAS verlangt eine Gebühr von 100 ct für die Aktivierung und 19 ct pro genutzte Minute. ROLL-E nimmt nur 80 ct für die Aktivierung, aber 20 ct pro Minute. Bei welcher Nutzungszeit haben beide Anbieter den gleichen Gesamtpreis? Bestimme die Nutzungszeit und den Preis.

Tipp zu **5**: Eine Gleichung berechnet die Anzahl der Zimmer, die andere Gleichung die Anzahl der Betten.
Tipp zu **6**: Setze x für die Zeit und y für den Gesamtpreis. Jeder Tarif ergibt eine Gleichung.

1 Freizeitparks sind sehr beliebt, aber auch teuer. Der Eintritt für ein Kind und 2 Erwachsene kostet 165 €. 3 Erwachsene und 2 Kinder kosten 273 €.

Wie viel kostet der Eintritt für Erwachsene und wie viel für Kinder?
Notiere im Heft: Bringe die grünen Kärtchen ① bis ⑥ in die richtige Reihenfolge. Ordne die passenden pinken Kärtchen Ⓐ bis Ⓖ zu. Ergänze die Lücken.

Ⓐ
I $2x + y = \square$
II $3x + \square = 273$

Ⓑ
2x für 2 Erwachsene
y für ______
3x für ______
2y für 2 Kinder

① Gleichungssystem lösen

② Antwort formulieren

Ⓒ
I $\square + \square = 165$ ✓
II $3 \cdot 57 + 2 \cdot 51 = 273$
$171 + 102 = 273$ ✓

Ⓓ
I $2x + y = 165 \quad | \cdot 2$
II $3x + 2y = 273$
I' $\square + \square = 330$
II $3x + 2y = \square$
I' − II $x = \square$

③ Gleichungen aufstellen

④ Variablen festlegen

Ⓔ
Einsetzen in I:
$2 \cdot 57 + y = 163 \quad | -114$
$y = \square$

Ⓕ
x Preis Erwachsener
y ______

Ⓖ
Der Eintritt für Erwachsene kostet □ €, für Kinder sind es □ €.

⑤ Terme aufstellen

⑥ Probe durchführen

2 Frau Aldar bezahlt für 3 belegte Brötchen und 2 Tassen Kaffee insgesamt 12,60 €. Herr Klein bezahlt für 2 Brötchen und eine Tasse Kaffee 7,70 €. Was kostet ein Brötchen und was kostet eine Tasse Kaffee? Bringe die Kärtchen in die richtige Reihenfolge. Ergänze die Überschriften. Vervollständige die Lücken.

I $3x + 2y = \square$
II' $\square + \square = \square$

3x für ______
2y für ______

I $3x + 2y = \square$
II $2x + y = \square$

II $\square + \square = \square$
$5{,}6 + 2{,}1 = 7{,}7$ ✓

x Brötchen
y Kaffee

2x für ______
y für ______

I $3 \cdot 2{,}8 + 2 \cdot 2{,}1 = 12{,}6$
$8{,}4 + 4{,}2 = 12{,}6$ ✓

Ein Brötchen kostet □ €, ein Kaffee kostet □ €.

I $3x + 2y = 12{,}60$
II $2x + y = 7{,}70 \quad | \cdot 2$

Einsetzen in II:
$2 \cdot 2{,}8 + y = 7{,}70 \quad | -5{,}6$
$y = \square$

I − II' $x = 2{,}8$

3 Die Jugendherberge kann 145 Jugendliche aufnehmen. Sie können dort in Dreibett-Zimmern und Fünfbett-Zimmern übernachten. Es gibt insgesamt 35 Zimmer. Bestimme die Anzahl der Dreibett-Zimmer und die Anzahl der Fünfbett-Zimmer mit dem Sechs-Schritte-Verfahren. Ergänze die Schritte im Heft.

1. Variablen festlegen — *x Anzahl Dreibett-Zimmer*, *y Anzahl Fünfbett-Zimmer*
2. Terme aufstellen — *x + y Anzahl Zimmer*, *3x + 5y Anzahl Gäste*
3. Gleichungen aufstellen — $x + y = 35$, $3x + 5y = 145$
4. Gleichungssystem lösen — …

4 ▼ Auf Ferdinands Bauernhof gibt es Hühner und Kaninchen. Es sind insgesamt 21 Tiere. Sie haben zusammen 60 Beine. Bestimme jeweils die Anzahl der Hühner und der Kaninchen mit dem Sechs-Schritte-Verfahren. ► 3 ☒

5 Wenn du die Zahl x von 25 subtrahierst, erhältst du die Gegenzahl von y. Das Vierfache der Zahl y ist um 2 kleiner als das Doppelte der Zahl x. Berechne x und y. Ergänze die Schritte.

1. Variablen festlegen — *x erste Zahl*, *y zweite Zahl*
2. Terme aufstellen — $25 - x$, $4y + 2$
3. Gleichungen aufstellen — $25 - x = -y$ …

6 Das Vierfache der Zahl y ist um 2 größer als das Dreifache der Zahl x. Wenn du die Zahl y von der Zahl x subtrahierst, erhältst du 7. Berechne x und y.

7 ▼ Familie Hansen mietet einen Transporter für ihren Umzug. Es gibt zwei Tarife:

Basis: 59 € pro Tag
0,30 € pro km
Comfort: 79 € pro Tag
0,20 € pro km

a) Welchen Tarif sollen sie für einen Tag und eine Strecke von 180 km wählen?
b) Bei welcher Strecke sind beide Tarife gleich teuer? Wie viel kostet die Miete dann? ► 8 ☒

Tipp zu **4**: Eine Gleichung berechnet die Anzahl der Tiere, die andere die Anzahl der Beine.
Tipp zu **7**: Setze x für die gefahrenen km und y für den Gesamtpreis. Jeder Tarif ergibt eine Gleichung.

1 Am Wochenende besuchen Familie Czech und Frau Luer mit ihren beiden Töchtern den Gasometer in Oberhausen. Familie Czech bezahlt für 2 Erwachsene und 3 Kinder 51 €, Frau Luer bezahlt für sich und ihre 2 Töchter 30 €. Berechne die Eintrittspreise für Erwachsene und für Kinder mit dem Sechs-Schritte-Verfahren.

1. Variablen festlegen	*x Eintritt Erwachsene*
	y Eintritt Kinder
2. Terme aufstellen	*2x für 2 Erwachsene*
	3y für 3 Kinder
	x für 1 Erwachsenen
	...

2 Tomasz und Frauke betreuen in ihrer AG je ein Schulaquarium. Tomasz kauft zwei Panzerwelse und acht Neonfische für 19,80 €, Frauke bezahlt für 5 Panzerwelse und 4 Neonfische 20,70 €. Berechne die Preise für die Fische.

3 Das Vierfache der Summe zweier Zahlen ergibt 20. Das Dreifache der kleineren Zahl ist um 1 kleiner als die größere Zahl.

$y-1$	$3x$	$=$	$4(x-y)$	$3(x+y)$
$=$	20	$4(x+y)$	$4\cdot 20$	$y+1$

Verwende sechs der Kärtchen für die beiden Gleichungen. Berechne die Zahlen.

4 Von zwei Zahlen weißt du, dass die erste doppelt so groß ist wie die zweite. Subtrahierst du das Dreifache der ersten Zahl von der zweiten, so erhältst du 20. Berechne die beiden Zahlen.

5 Sportlehrer Mehne bestellt gelbe und weiße Badmintonbälle. Die gelben sind in Röhren zu je 5 Stück verpackt, die weißen in Röhren zu je 8 Stück. Die Sendung besteht aus 15 Röhren. Insgesamt sind es 120 Badmintonbälle. Wie viele gelbe und wie viele weiße Bälle hat er bestellt?

6 Eine Jugendherberge bietet 4-Bettzimmer und 6-Bettzimmer an.
In den insgesamt 19 Zimmern können 94 Personen untergebracht werden.
Wie viele Zimmer gibt es von jeder Sorte?

7 Ein Schwimmbecken wird mit zwei Wasserleitungen befüllt. Eine Leitung führt warmes Wasser und die andere kaltes. Wenn die Warmwasserleitung 15 min geöffnet ist und die Kaltwasserleitung 25 min, dann fließen insgesamt 675 ℓ Wasser ins Becken. Wenn die Warmwasserleitung 23 min und die Kaltwasserleitung 10 min geöffnet ist, sind es 525 ℓ.
Wie viel Liter Wasser fließen jeweils in einer Minute durch jede der Leitungen?

8 Erkan möchte Apfelsaft mit einem Fruchtanteil von 80 % herstellen. Er mischt dafür Apfelsaft mit 98 % und Apfelsaft mit 50 % Fruchtanteil.

a) Erkläre die Bedeutung der Gleichung $0{,}98x + 0{,}5y = 0{,}8$

b) Berechne die erforderlichen Mengen für 1 ℓ mit dem Sechs-Schritte-Verfahren.

c) Berechne die erforderlichen Mengen für 5 ℓ Apfelsaft.

9 Der „Gute Nacht"-Tee wird aus einer Mischung von Waldkräutern für 11,50 € pro kg und aus Zitronenmelisse für 8,25 € pro kg hergestellt. Ein Kilogramm vom „Gute Nacht"-Tee soll 10,20 € kosten.
Wie viel Gramm Waldkräuter und wie viel Gramm Zitronenmelisse werden für 1 kg „Gute Nacht"-Tee gemischt?

10 Mina will in den Ferien mit den öffentlichen Verkehrsmitteln regelmäßig ins Freibad fahren. Die Ferien dauern 6 Wochen.
Es gibt drei Tarife:

① Einzelfahrt: 1,45 €
② 5-Fahrten-Karte: Mehrfahrtenkarte: 6 €
③ Monatskarte: 35 €

a) Mina will jede Woche mindestens einmal schwimmen fahren. Welchen Tarif sollte sie für die nötigen Fahrten wählen?

b) Ab wie vielen Besuchen im Schwimmbad lohnt sich die Monatskarte?

Kompetenz	☒
1 Ich kann erkennen, ob eine Gleichung eine lineare Gleichung mit zwei Variablen ist. → Lies auf **Seite 32** nach.	**1** Prüfe, ob die Gleichung eine lineare Gleichung mit zwei Variablen ist. a) $2x + y = 4$ b) $x^2 - 3y = 9$
2 Ich kann prüfen, ob ein Zahlenpaar $(x \mid y)$ Lösung eines linearen Gleichungssystems ist. → Lies auf **Seite 32** nach.	**2** Prüfe, welches der beiden Zahlenpaare Lösung des linearen Gleichungssystems ist. a) I $x + y = 4$ II $2x - y = -1$ $(1 \mid 3)$; $(3 \mid 1)$ b) I $y = 2x - 3$ II $x - y = 2$ $(1 \mid -1)$; $(1 \mid 1)$
3 Ich kann ein lineares Gleichungssystem mit dem graphischen Lösungsverfahren lösen. → Lies auf **Seite 36** nach.	**3** Löse das LGS mit dem graphischen Lösungsverfahren. a) I $y = x + 1$ II $y = -x + 3$ b) I $y = 2x - 3$ II $y = x$
4 Ich kann untersuchen, ob ein lineares Gleichungssystem keine, eine oder unendlich viele Lösungen hat. → Lies auf **Seite 36** nach.	**4** Untersuche, ob das lineare Gleichungssystem keine, eine oder unendlich viele Lösungen hat. a) I $y = 2x - 4$ II $y = 2x - 5$ b) I $y = x + 2{,}5$ II $y = -x - 2{,}5$
5 Ich kann lineare Gleichungssysteme mit dem Gleichsetzungsverfahren lösen. → Lies auf **Seite 42** nach.	**5** Löse das LGS mit dem Gleichsetzungsverfahren. a) I $y = 5x - 2$ II $y = 3x$ b) I $4x = -7y + 1$ II $4x = 3y + 11$
6 Ich kann lineare Gleichungssysteme mit dem Einsetzungsverfahren lösen. → Lies auf **Seite 42** nach.	**6** Löse das LGS mit dem Einsetzungsverfahren. a) I $y = 2x + 5$ II $3x + y = 0$ b) I $2x = -3y + 7$ II $2x + 6y = 22$
7 Ich kann lineare Gleichungssysteme mit dem Additionsverfahren oder mit dem Subtraktionsverfahren lösen. → Lies auf **Seite 46** nach.	**7** Löse das LGS mit dem Additionsverfahren oder mit dem Subtraktionsverfahren. a) I $2x - 6y = 4$ II $x + 2y = -8$ b) I $3x + 2y = 9$ II $-4x + 4y = 18$
8 Ich kann Sachaufgaben mit linearen Gleichungssystemen lösen. → Lies auf **Seite 52** nach.	**8** Ein Jugendhotel hat insgesamt 120 Betten, verteilt auf 4-Bettzimmer und 2-Bettzimmer. Insgesamt sind es 40 Zimmer. Wie viele 4-Bettzimmer und wie viele 2-Bettzimmer gibt es? Löse mit dem Sechs-Schritte-Verfahren. 

→ Lösungen auf Seite 262 bis 264

☒

1 Prüfe, ob die Gleichung eine lineare Gleichung mit zwei Variablen ist.

a) $6x + 3y = 12$ b) $0{,}5x - y = 10$

2 Prüfe, welches Zahlenpaar Lösung des linearen Gleichungssystems ist.

a) I $x - y = -0{,}5$
II $2x + y = 5$
$(2 | 2{,}5)$; $(1{,}5 | 2)$

b) I $-3x + 2y = 1{,}7$
II $x - 3y = -2{,}9$
$(1 | 0{,}7)$; $(0{,}1 | 1)$

3 Löse das LGS mit dem graphischen Lösungsverfahren.

a) I $y = 0{,}5x + 1$
II $y = -x + 4$

b) I $y = 2x - 2$
II $y = \frac{1}{2}x$

4 Untersuche, ob das lineare Gleichungssystem keine, eine oder unendlich viele Lösungen hat.

a) I $y = \frac{2}{5}x - \frac{4}{4}$
II $y = \frac{2}{5}x - 1$

b) I $y = x$
II $y = -x$

5 Löse das LGS mit dem Gleichsetzungsverfahren

a) I $-2x - 1 = y$
II $y = 0{,}5x + 2{,}5$

b) I $0{,}75x = -4{,}75 - 2y$
II $0{,}75x = 0{,}25 + \frac{1}{2}y$

6 Löse das LGS mit dem Einsetzungsverfahren.

a) I $x = 0{,}5y - 1$
II $3x + y = -3$

b) I $0{,}5y = 6x + 8$
II $-4x + 0{,}5y = 6$

7 Löse das LGS mit dem Additionsverfahren oder mit dem Subtraktionsverfahren.

a) I $0{,}5x + 2y = 4$
II $x - 3y = 1$

b) I $2{,}5x - y = 3$
II $5x + 2y = 6$

8 Im Tierpark bezahlen 2 Erwachsene und 3 Kinder 30,50 € Eintritt. 3 Erwachsene und 4 Kinder müssen 43 € bezahlen.

Wie viel kostet eine Karte für Erwachsene, wie viel eine Karte für Kinder?
Löse mit dem Sechs-Schritte-Verfahren.

☒

1 Prüfe, ob die Gleichung eine lineare Gleichung mit zwei Variablen ist.

a) $\frac{2}{3}x - y = 5z$ b) $2x = \frac{5}{2}y$

2 Prüfe, welches Zahlenpaar Lösung des linearen Gleichungssystems ist.

a) I $\frac{1}{2}x + 2y = 2{,}5$
II $x - 8y = 2$
$\left(2 | \frac{3}{2}\right)$; $\left(4 | \frac{1}{4}\right)$

b) I $0{,}75x = 5{,}5 + y$
II $-x + 6y = -5$
$(8 | 0{,}5)$; $(4 | -1{,}5)$

3 Löse das LGS mit dem graphischen Lösungsverfahren.

a) I $x + y = 3$
II $x - 2y = 6$

b) I $2x - y = 2$
II $-x + 2y = 2$

4 Untersuche, ob das lineare Gleichungssystem keine, eine oder unendlich viele Lösungen hat.

a) I $-0{,}3x + y = -4$
II $0{,}3x + y = -4$

b) I $2x - 4y = -2$
II $-3x + 6y = 3$

5 Löse das LGS mit dem Gleichsetzungsverfahren.

a) I $0{,}3x = 0{,}54 - 1{,}2y$
II $0{,}3x = -0{,}3 + 3y$

b) I $-\frac{2}{5}y = -2{,}5 - \frac{3}{4}x$
II $-9 + \frac{5}{2}x = -\frac{2}{5}y$

6 Löse das LGS mit dem Einsetzungsverfahren.

a) I $0{,}2x = 4y + 1{,}6$
II $0{,}2x + 8y = 2{,}8$

b) I $4x - 7{,}5 = \frac{3}{4}y$
II $-\frac{1}{2}x + \frac{3}{4}y = -1{,}2$

7 Löse das LGS mit dem Additionsverfahren oder mit dem Subtraktionsverfahren.

a) I $\frac{3}{4}x - \frac{1}{2}y = 4$
II $3x + \frac{3}{4}y = 10{,}5$

b) I $\frac{2}{5}x - \frac{2}{3}y = 2$
II $\frac{5}{4}x - y = 3$

8 In der Bäckerei kosten 6 Rosinenbrötchen und 4 Quarkbrötchen 8,40 €. 3 Rosinenbrötchen und 5 Quarkbrötchen kosten 6,90 €.

Berechne die Preise für beide Brötchenarten mit dem Sechs-Schritte-Verfahren.

→ Lösungen auf Seite 264 bis 267

Lösung von linearen Gleichungssystemen mit einem Computer-Algebra-System (CAS)

Mit einem Computer-Algebra-System (CAS) kannst du lineare Gleichungssysteme lösen.

Beispiel Löse das lineare Gleichungssystem.
I $2x + 3y = 4$
II $5x - 6y = 7$

① Benenne die Gleichungen. Du kannst die erste Gleichung gl1 und die zweite Gleichung gl2 nennen.
Gib in das Eingabefeld für die erste Gleichung gl1: $2x + 3y = 4$ ein.
Bestätige deine Eingabe mit der Enter-Taste.
Gib dann gl2: $5x - 6y = 7$ in das Eingabefeld ein.
Bestätige deine Eingabe mit der Enter-Taste.
Das CAS kennt jetzt beide Gleichungen und ihre Benennung.

gl1: $2x + 3y = 4$
gl2: $5x - 6y = 7$
+ Eingabe ...

② Gib in das Eingabefeld SOLVE ({gl1, gl2}) ein.
SOLVE ist der Befehl zum Lösen.
In den runden Klammern () steht, was gelöst werden soll.
Die geschweiften Klammern {} kennzeichnen eine Menge.
So erkennt das CAS, dass die Gleichungen ein Gleichungssystem bilden.

gl1: $2x + 3y = 4$
gl2: $5x - 6y = 7$
SOLVE({gl1, gl2})
+ Eingabe ...

③ Bestätige deine Eingabe mit der Enter-Taste.
Das CAS erhält den Befehl zur Lösung des Gleichungssystems und führt den Befehl aus. Die Lösungsmenge erscheint im Eingabefeld.
Du kannst sie dir als Bruch und als gerundete Dezimalzahlen anzeigen lassen.

SOLVE({gl1, gl2})
$= \{\{x = \frac{5}{3}, y = \frac{2}{9}\}\}$
$\approx (x = 1{,}667, y = 0{,}222)$
+ Eingabe ...

1 Löse die linearen Gleichungssysteme mit einem CAS.

a) I $x + 2y = 3$
II $x - 3y = 6$

b) I $0{,}8x - 2{,}7y = 5{,}8$
II $3{,}6x + 0{,}01y = 1{,}2$

c) I $\frac{5}{9}x + \frac{6}{13}y = \frac{12}{7}$
II $5{,}6x + \frac{9}{8}y = 6{,}2$

d) I $5x + 5y = 3x + 3$
II $2{,}7y - 3{,}8x = 5{,}5y - 1$

2 Untersuche die nebenstehenden Lösungen hinsichtlich ihrer Lösungsvielfalt.

gl1: $x + y = 1$
gl2: $x + y = 2$
SOLVE({gl1, gl2})
$= \{\ \}$
+ Eingabe ...

gl1: $y = -x + 1$
gl2: $x + y = 1$
SOLVE({gl1, gl2})
$= (x = -y + 1, y = y)$
+ Eingabe ...

3 Mit dem CAS kannst du auch Gleichungssysteme mit drei oder mehr Variablen lösen.
Benenne die Gleichungen, gib die Gleichungen ein und löse das LGS.
Überlegt gemeinsam, was die Lösung geometrisch bedeutet.

a) I $x + 3y + 3z = -3$
II $4x + 4y + z = -2$
III $2x - y - 3z = 4$

b) I $5x - 4y + 7z = -23$
II $x + 3y + 7z = 7$
III $x + 5y + 4z = 25$

c) I $-4x - 3y + 8z = 46$
II $6x + 5y + 7z = 8$
III $-6x + 3y + 2z = 44$

Vermischte Übungen

1 Die Gerade ist eine graphische Darstellung einer linearen Funktion.

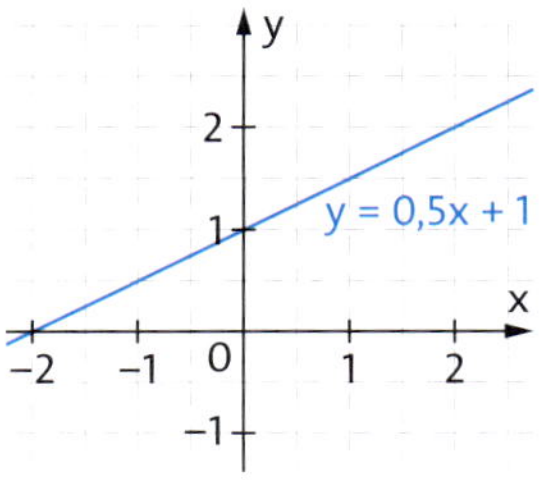

a) Lies die fehlenden Werte ab, so dass die Zahlenpaare Lösungen der Funktionsgleichung sind.
A(−2|□) B(−1|□) C(□|1) D(□|1,5)

b) Bringe die Funktionsgleichung in die Form $ax + by = c$.

c) Gib eine Lösung an, die außerhalb des dargestellten Graphen liegt.

2 $-x + y = 2$ ist eine lineare Gleichung mit zwei Variablen.

a) Forme die Gleichung in eine Funktionsgleichung einer linearen Funktion um.

b) Zeichne die zugehörige Gerade.

c) Notiere drei Lösungen der Gleichung, die aus ganzen Zahlen bestehen.

3 Prüfe, ob das Zahlenpaar Lösung des linearen Gleichungssystems (LGS) ist. Setze dafür x und y in beide Gleichungen ein und prüfe, ob die Gleichungen stimmen.

a) I $6x + 6y = 0$
II $-9x + y = -40$
(2 | −2)

b) I $-x + 5y = 0$
II $2x + 3y = -13$
(−5 | −1)

4 Löse das LGS mit dem graphischen Lösungsverfahren.

a) I $y = -x + 1$
II $y = -2x + 2$

b) I $y = 3x - 4$
II $y = 3x - 2$

c) I $2y = 2x - 4$
II $y = x - 2$

d) I $0{,}5y = 2x - 2$
II $y = 0{,}5x + 3$

e) I $y = 0{,}5x - 3$
II $2y = -x - 2$

f) I $2y = 2x - 4$
II $y = -x + 4$

► 6

5 Löse das LGS mit dem Einsetzungsverfahren oder mit dem Gleichsetzungsverfahren. Begründe deine Entscheidung.

a) I $x = 2y + 12$
II $x + 4y = -18$

b) I $2x = y + 1$
II $-2y + 16 = 2x$

c) I $2x + 2 = y$
II $y = 5x - 1$

d) I $y = 4x + 10$
II $-4x + y = 12$

6 Löse das LGS mit dem Additionsverfahren oder mit dem Subtraktionsverfahren.

a) I $3x + 7y = 22$
II $-9x + y = 22$

b) I $2x + y = 2$
II $4x + 3y = 8$

c) I $2x - 3y = 2$
II $-4x + 6y = -6$

d) I $x + 2y = -2$
II $3x - y = 8$

7 Untersuche, ob das LGS eine, keine oder unendliche viele Lösungen hat.

a) I $y = 3x - 4$
II $y = 3{,}5x - 4$

b) I $y = \frac{1}{7}x + 2$
II $y = -7x + 2$

c) I $2y = 4x - 3$
II $y = 2x - 3$

d) I $3y = 6x - 27$
II $y = 2x - 9$

► 9

8 Finde die Fehler und berichtige sie im Heft.

a)
I $x = 2y - 3$
II $3y - 5 = 2x$
I=II $2y - 3 = 2 \cdot (3y - 5)$
$2y - 3 = 6y - 15$ | $-6y$
$-4y - 3 = -15$ | $+3$
$-4y = -12$ | $:(-4)$
$y = -3$

b)
I $y = 2x + 10$
II $4x - y = -12$
I in II
$4x - 2x + 10 = -12$
$2x + 10 = -12$ | -10
$2x = -22$
$x = -11$

c)
I $4x - 7y = -1$
II $2x + 5y = -43$ | $\cdot 2$
I $4x - 7y = -1$
II' $4x + 10y = -86$
I−II' $-17y = -85$ | $:(-17)$
$y = 5$

d)
I $y = -8x + 4$
II $5x + 2y = -3$
I in II $5x + 2 \cdot (-8x) + 4 = -3$
$5x - 16x + 4 = -3$ | -4
$-21x = -7$ | $:(-21)$
$x = 3$

9 Die Zahl x ist viermal so groß wie die Zahl y. Wenn du die Zahl y von der Zahl x subtrahierst, dann erhältst du −6. Bestimme x und y mit dem Sechs-Schritte-Verfahren.

10 Auf dem Parkplatz stehen Autos und Fahrräder. Insgesamt sind es 272 Fahrzeuge mit 648 Rädern. Bestimme die Anzahl der Autos und der Fahrräder mit dem Sechs-Schritte-Verfahren.

11 Die Eintrittskarten für das Theater kosten 3,50 € für Kinder und 6 € für Erwachsene. Es wurden 320 Karten für insgesamt 1540 € verkauft. Wie viele Eintrittskarten wurden jeweils für Kinder und für Erwachsene verkauft?

Sprachhilfe zu **1**: Alle Lösungen einer linearen Gleichung mit zwei Variablen liegen auf einer Geraden.
Tipp zu **2**: Funktionsgleichung einer linearen Funktion: $y = mx + b$
Sprachhilfe zu **5**: – eine Variable – eine Gleichung – beide Gleichungen – stehen alleine – gleiche Koeffizienten

1 Alle Lösungen einer linearen Gleichung mit zwei Variablen liegen auf einer Geraden.
a) A(1|2) und B(4|−1) sind Lösungen einer linearen Gleichung. Zeichne die Gerade durch die Punkte A und B in ein Koordinatensystem. Bestimme die Funktionsgleichung.
b) Notiere die lineare Gleichung in der Form $ax + by = c$. Gib drei weitere Lösungen an.

2 Das Zahlenpaar soll eine Lösung der linearen Gleichung $4x - 2y = 5$ sein. Ergänze den Wert.
a) (2|□) b) (−1|□) c) (□|10,5)
d) (□|1,5) e) $(\frac{1}{4}|□)$ f) $(\frac{5}{8}|□)$

3 Vervollständige die Gleichung so, dass (2|5) eine Lösung der Gleichung ist.
a) 3x + y = □ b) 4x − □y = 1
c) □x + y = 6 d) □x + □y = 20

4 Ergänze die fehlenden Zahlen so, dass das Zahlenpaar Lösung des linearen Gleichungssystems (LGS) ist.
a) I 4x + 7y = −19
II 9x + □y = −33
(−3|□)
b) I 3x − 4y = 11
II □x − 8y = 1
(−7|□)
c) I 5x − 9y = 12
II −2x + 5y = □
(□|2)
d) I 3x + 6y = −6
II 6x + □y = −17
(□|1)

5 Löse das LGS mit dem graphischen Lösungsverfahren.
a) I x − y = −1
II −2x + y = 0
b) I y = 0,5x − 4
II 2y = x − 2
c) I 0,5x + y = 3
II x − y = 3
d) I x + 2y = 1
II y = 0,5x + 3,5
e) I 2y = x − 2
II 2x = y − 5
f) I $y = \frac{3}{5}x - 1$
II 3x − 5y = 5

6 ▼ Löse das LGS mit dem Einsetzungsverfahren oder mit dem Gleichsetzungsverfahren. Begründe deine Entscheidung.
a) I x = 2y + 12
II x + 4y = −18
b) I 2x = y + 1
II −2y + 16 = 2x
c) I 2x + 2 = y
II y = 5x − 1
d) I y = 4x + 10
II 4x − y = −12
e) I 4x + y = −17
II x = 3y + 12
f) I y = 2x − 14
II x = 0,5y + 7

► 4 ⊠

7 Löse das LGS mit dem Additionsverfahren oder dem Subtraktionsverfahren.
a) I 3x + 7y = 22
II −9x + y = 22
b) I 4x + 3y = 8
II 2x + y = 2
c) I −4x + 6y = −6
II 2x − 3y = 2
d) I x + 2y = −2
II 3x − y = 8
e) I −2x + 5y = −3
II x − 2,5y = 1,5
f) I 3x + 5y = 10
II 6x + 10y = −20

8 Untersuche, ob das LGS eine, keine oder unendliche viele Lösungen hat.
a) I y = 5,2x − 4
II y = −5,2x + 4
b) I 2y = 4x + 10
II 3y = 6x + 15
c) I x + y = 4
II x − y = −4
d) I 2x + y = 5
II 2,0x + y = 6

► 6 ⊠

9 Antonia und Philippe haben sich verrechnet. Finde die Fehler und berichtige sie im Heft. Vervollständige die Lösung.

a)
I x = −9y − 6
II 6x + 5y = 13
I in II 6(−9y) − 6 + 5y = 13
−54y − 6 + 5y = 13 | +6
−59y = 19 | +59
y = 78

b)
I x + y = 3
II 5x − y = 3
I=II x + y = 5x − y | −5x
−4x + y = −y | −y
−4x = 0 | :(−4)
x = 0

c)
I 3x + 7y = 4 | ·2
II 2x + 5y = 4 | ·3
I' 6x + 7y = 4
II' 6x + 5y = 4
I' − II' 2y = 0 | :2
y = 0

d)
I −9x + 2y = −37
II 3x + 5y = 34 | ·3
I −9x + 2y = −37
II' 9x − 15y = 102
I + II' 17x = 136 | :17
x = 8

10 Familie Becker möchte in den Ferien eine Hütte in einem Ferienpark mieten. Sie vergleichen zwei Angebote:

A: Nebenkosten 150 € Tagesmiete 85 €
B: Nebenkosten 180 € Tagesmiete 80 €
a) Stelle die Funktionsgleichungen auf. Berechne die Preise für jeweils 10 Tage.
b) Der Unterbringung soll nicht mehr als 800 € kosten. Wie viele Tage können sie in der jeweiligen Unterkunft bleiben?
c) Zeichne die Graphen für beide Angebote in ein Koordinatensystem. Bestimme den Zeitpunkt, an dem beide gleich teuer sind.

Sprachhilfe zu **6**: – eine Variable – eine Gleichung – beide Gleichungen – stehen allein – gleiche Koeffizienten

Vermischte Übungen ☒

1 Alle Lösungen einer linearen Gleichung mit zwei Variablen liegen auf einer Geraden.

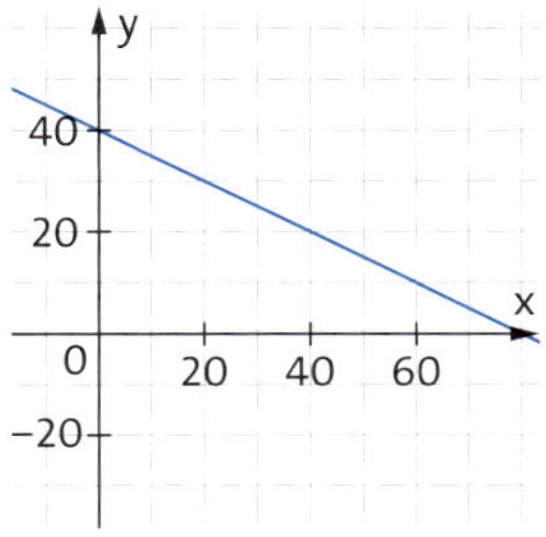

a) Begründe, dass der Graph die Lösungsgerade zur Gleichung $x + 2y = 80$ ist. Gib die Steigung an.
b) Gib 3 ganzzahlige Lösungen der Gleichung an.
c) Die Ursprungsgerade $y = 2x$ schneidet die dargestellte Gerade. Berechne den Schnittpunkt.
d) Interpretiere den Schnittpunkt in Bezug auf lineare Gleichungssysteme.

2 Löse das LGS mit dem graphischen Lösungsverfahren.

a) I $x - 2y = -1$
II $-2x + y = -4$

b) I $3x - 4y = 1$
II $1{,}5x - 2y = 0{,}5$

c) I $0{,}5x + y = 3$
II $x + 2y = 4$

d) I $3x - 4y = -6$
II $-2x + 5y = 4$

e) I $3x - y = 6$
II $2x + y = -1$

f) I $x - 4y = 10$
II $0{,}25x - y = 2{,}5$

3 Löse das LGS mit dem Einsetzungsverfahren oder dem Gleichsetzungsverfahren. Begründe deine Entscheidung.

a) I $\frac{1}{2}x - 5y = 1$
II $5y = x + 3$

b) I $1{,}2x = 4y - 9{,}6$
II $\frac{5}{3}y - 2{,}6 = 1{,}2x$

c) I $y = \frac{3}{4}x - 2$
II $\frac{3}{4}x = 7y - 20$

d) I $\frac{2}{9}y = \frac{1}{6}x$
II $\frac{1}{6}x - \frac{5}{9}y = -3$

4 Löse das lineare Gleichungssystem mit dem Additionsverfahren oder dem Subtraktionsverfahren.

a) I $\frac{3}{4}x + 2y = 3{,}25$
II $3x - 3y = -8$

b) I $4x + 12y = 9$
II $x + 3y = \frac{9}{4}$

c) I $2x + 3y = -4$
II $8x - 5y = 36$

d) I $-4x - 5y = 14$
II $3x + 10y = 2$

e) I $3x - 12y = 6$
II $-6x + 4y = -30$

f) I $\frac{2}{3}x - \frac{1}{4}y = 6$
II $2x + \frac{1}{8}y = 11$

5 Entscheide, ob das lineare Gleichungssystem eine, keine oder unendliche viele Lösungen hat.

a) I $4y = 6x - 8$
II $2y = 3x - 8$

b) I $y = 2x - 2{,}56$
II $2x - y = -2{,}5$

c) I $x + \frac{1}{2}y = \frac{5}{8}$
II $2x + y = \frac{5}{4}$

d) I $\frac{2}{9}x - \frac{4}{9}y = \frac{5}{9}$
II $2x - 4y = \frac{45}{9}$

6 Finde die Fehler und berichtige sie. Bestimme danach die Lösung.

a) I $2x + y = 4$
II $-4x + 4y = 4$
I = II:
$2x + y = -4x + 4y \quad | -2x$
$y = -6x + 4y \quad | -4y$
$-3y = -6x \quad | :(-3)$
$y = 2x$
unendlich viele Lösungen

b) I $2x - 5y = -21 \quad | \cdot 3$
II $-3x + 2y = 4 \quad | \cdot 2$
I' $6x - 15y = -21$
II' $-6x + 4y = 4$
I'−II' $-19y = -25 \quad | :(-19)$
$y = \frac{25}{19}$

c) I $2x - 3y = 5$
II $5x - 8 = 3y$
II in I:
$2x - 5x - 8 = 5$
$-3x - 8 = 5 \quad | +8$
$-3x = 12 \quad | :(-3)$
$x = -4$

d) I $-y = -4x - 15$
II $4x - 5y = -27$
I in II:
$4x + 5(4x - 15) = -27$
$4x + 20x - 75 = -27 \quad | +75$
$24x = 48 \quad | :24$
$x = 2$

7 ▼ Die Mensa der Schule mietet einen Kakao-Automaten. Die Miete beträgt 280 € pro Monat. Das Material für einen Kakao kostet 0,40 €.

a) Stelle eine Funktionsgleichung für die Berechnung der Gesamtkosten auf. Berechne, wie viel 200, 400 und 600 Tassen Kakao pro Monat kosten.
b) Die Schule verkauft den Kakao für 1,00 € pro Tasse. Stelle eine Funktionsgleichung für den Erlös auf. Prüfe, ob bei 200, 400 und 600 verkauften Tassen pro Monat Gewinn oder Verlust gemacht wird.
c) Berechne genau, wie viele Tassen verkauft werden müssen, um einen Gewinn zu erwirtschaften.
d) Die Schule stellt fest, dass ca. 360 Tassen Kakao pro Monat verkauft werden. Wie hoch muss der Preis pro Tasse sein, damit die Schule keinen Verlust macht?

Tipp zu **7**: Setze x für die Anzahl der Tassen, y für den Gesamtpreis pro Tasse.

Bewegungsaufgaben

In Bewegungsaufgaben geht es um Geschwindigkeiten, Strecken und Zeit. LGS kann man zur Lösung von Bewegungsaufgaben verwenden.

Formeln: $s = v \cdot t$ $v = \frac{s}{t}$

Verwende für deine Gleichungen die Variable x für die Zeit t und die Variable y für die Strecke s (Entfernung vom Startpunkt). Wenn du die Geschwindigkeit v und die Zeit t kennst, kannst du die Strecke s berechnen, die du zurückgelegt hast. Verwende dafür die Formel $s = v \cdot t$.

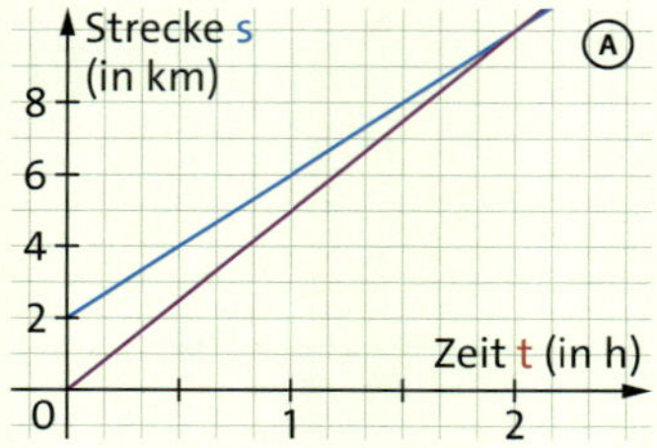

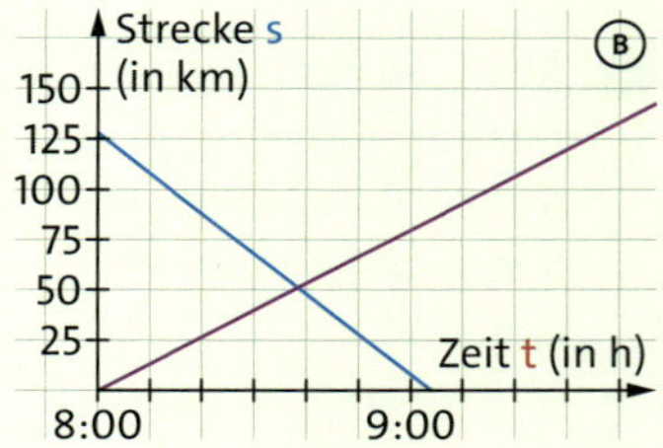

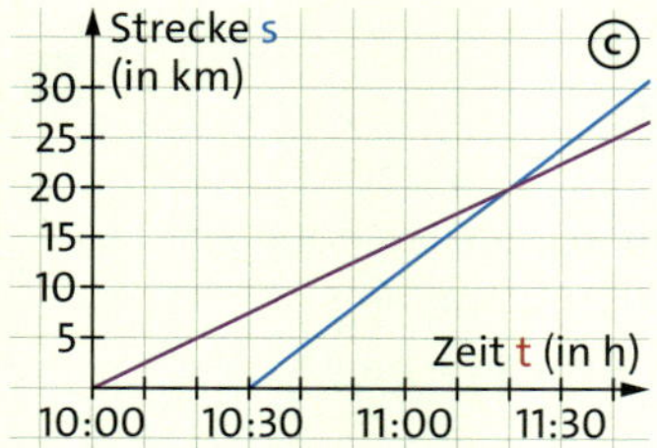

Der Graph der Gleichungen von Bewegungsaufgaben wird in **Weg-Zeit-Diagrammen** dargestellt.

Die Geschwindigkeit v ist die Steigung des Graphen $\left(v = \frac{s}{t}\right)$.

A Peer und Riu starten gleichzeitig auf dem gleichen Wanderweg, aber an verschiedenen Stellen. Das Diagramm Ⓐ beschreibt ihren Fortschritt.

a) Wie viel Kilometer sind die beiden zu Beginn voneinander entfernt?
b) Bestimme jeweils die Steigung der Graphen. Welche Geschwindigkeit in $\frac{km}{h}$ haben Peer und Riu jeweils?
c) Wann überholt Peer seine Freundin Riu? Lies den Schnittpunkt ab.
d) Stelle die Gleichungen auf.

B Ein Güterzug startet um 8:00 Uhr morgens in Hamburg und fährt mit einer Durchschnittsgeschwindigkeit von 80 $\frac{km}{h}$ nach Bremen. Gleichzeitig startet in Bremen ein IC, der mit einer durchschnittlichen Geschwindigkeit von 120 $\frac{km}{h}$ nach Hamburg fährt. Wann begegnen sich die beiden Züge? Wie weit sind sie dann von Hamburg entfernt?

Zwischen Hamburg und Bremen liegen 128 km.

Lösungsansatz:
1. Variablen: x Zeit y Entfernung von Hamburg
2. Terme: Güterzug 80x IC 120x
3. Gleichungen: Güterzug y = 80x IC y = 128 − 120x
4. Gleichungssystem ...
(Die Lösung ergibt x = 0,64h. Das sind 0,64 · 60 = 38,4 min.)

C Jan startet mit seinem Fahrrad um 10:00 Uhr von Goch in Richtung Kevelaer. Seine Geschwindigkeit ist durchschnittlich 15 $\frac{km}{h}$. Seine Freundin Lisa fährt am gleichen Ort um 10:30 Uhr mit dem Roller in die gleiche Richtung. Ihre Geschwindigkeit beträgt 25 $\frac{km}{h}$.

a) Ordne im Diagramm Ⓒ die beiden einem Graphen zu. Notiere, wie weit Jan nach 45 min gekommen ist.
b) Notiere den Zeitpunkt, an dem Lisa Jan einholt.
c) Stelle jeweils eine lineare Gleichung auf.
d) Berechne den Zeitpunkt, an dem Lisa Jan einholt.

D Ein Zug startet um 14:00 Uhr mit einer Geschwindigkeit von 82 $\frac{km}{h}$ von Köln ins 44 km entfernte Düsseldorf. 10 Minuten später startet ein anderer Zug von Düsseldorf nach Köln mit durchschnittlich 65 $\frac{km}{h}$. Berechne, wann die Züge sich begegnen und wie weit sie jeweils gefahren sind.

E Ein LKW startet von Oldenburg in das 160 km entfernte Münster mit einer Durchschnittsgeschwindigkeit von 75 $\frac{km}{h}$. 15 Minuten später startet ein Reisebus mit durchschnittlich 95 $\frac{km}{h}$ von Oldenburg auf der gleichen Strecke. Wann holt der Bus den LKW ein und wie weit sind beide dann gefahren?

Abschlusstest

1 Prüfe, ob das Zahlenpaar eine Lösung des LGS ist.

I $2x - 3y = 16$
II $-x + 8y = -30$
$(2 \mid -4)$

2 Löse das LGS mit dem graphischen Lösungsverfahren.

I $y = 2x - 1$
II $y = -x + 5$

3 Löse das LGS mit dem Einsetzungsverfahren.

I $2x + 3y = -1$
II $2x = 4y + 20$

4 Löse das LGS mit dem Additionsverfahren.

I $x - y = -1$
II $3x + y = 13$

5 Untersuche, ob das LGS nur eine Lösung hat.

I $y = 2x - 5$
II $x = \frac{1}{2}y + 2{,}5$

6 Im Schulcafé kosten 2 Stücke Kuchen und 1 Kaffee 3,70 €. 3 Stücke Kuchen und 2 Kaffee kosten 6,30 €. Wie viel kostet ein Stück Kuchen (x)? Wie viel kostet ein Kaffee (y)?

7 Das Taxiunternehmen ATax nimmt eine Grundgebühr von 5 € und jeder gefahrene km kostet 0,80 €. Der Konkurrent BTax nimmt ein Grundgebühr von 8 €, jeder km kostet aber nur 0,60 €.
Berechne, bei welcher Strecke beide gleich viel kosten.
(y sind die Gesamtkosten.)

---

1 Prüfe, welches Zahlenpaar Lösung des LGS ist.

I $1{,}5x - 2y = 11$
II $x - y = 5$
$(2 \mid -4)$; $(-2 \mid -7)$

2 Löse das LGS mit dem graphischen Lösungsverfahren.

I $y = x - 2$
II $\frac{1}{2}x + y = 4$

3 Löse das LGS mit dem Gleichsetzungsverfahren oder dem Einsetzungsverfahren.

I $5x - y = 2$
II $-2x + 12 = y$

4 Löse das LGS mit dem Additionsverfahren oder dem Subtraktionsverfahren.

I $2x - 3y = 8$
II $4x + 5y = -2$

5 Untersuche, ob das LGS eine oder keine Lösung hat.

I $2x + y = 9$
II $4x = 2y - 18$

6 Im Hotel „Rose" können 45 Personen in Einzel- und Doppelzimmern untergebracht werden. Es gibt insgesamt 32 Zimmer. Wie viele Einzelzimmer gibt es? Wie viele Doppelzimmer gibt es?

7 Eine Rennradfahrerin startet um 8:00 Uhr mit $30 \frac{km}{h}$ nach Süden. Gleichzeitig startet auf der gleichen Strecke in 27 km Entfernung ein anderer Radler mit $18 \frac{km}{h}$ nach Süden.
Berechne, wann die Rennradfahrerin den Radler einholt.

---

1 Welches Zahlenpaar kann Lösung des LGS sein. Ergänze.

I $3x + 2y = 5$
II $-2x + 4y = 18$
$(\square \mid 2{,}5)$; $(-1 \mid \square)$

2 Löse das LGS mit dem graphischen Lösungsverfahren.

I $2x + 5y = 15$
II $x - 2y = 3$

3 Löse das LGS mit dem Gleichsetzungsverfahren oder dem Einsetzungsverfahren.

I $-2x + 3y = 19$
II $x = 2y - 11$

4 Löse das LGS mit dem Additionsverfahren oder dem Subtraktionsverfahren.

I $3x = 4y - 32$
II $6x - 4y = -44$

5 Untersuche, wie viele Lösungen das LGS hat.

I $\frac{1}{2}x - 2y = 5$
II $2x - 20 = 8y$

6 Ein Rechteck hat einen Umfang von 60 cm. Eine Seite ist um 7 cm länger als die andere. Berechne die beiden Seitenlängen.

7 Esra und Tim wohnen 19 km voneinander entfernt. Um 10 Uhr gehen sie einander entgegen. Esra geht in einer Stunde 4,5 km, Tim ist $5 \frac{km}{h}$ schnell.

a) Berechne, wann die beiden sich treffen.
b) Wie weit sind sie dann jeweils gelaufen?

→ Lösungen auf Seite 267 bis 270

Zusammenfassung

Lineare Gleichungen mit zwei Variablen und lineare Gleichungssysteme (LGS) → Seite 32

Eine **lineare Gleichung mit zwei Variablen** besteht aus zwei Variablen (x und y) mit Koeffizienten (a und b) und einer Zahl (c ist das absolute Glied).

$$a \cdot x + b \cdot y = c$$

die Variablen, das absolute Glied, die Koeffizienten:

$$4x + 2y = 30$$

Ein **lineares Gleichungssystem** (LGS) besteht aus mehreren linearen Gleichungen, die *gleichzeitig* gelten.

I $4x + 2y = 30$
II $x + y = 9$

Die **Lösung** eines LGS ist ein Zahlenpaar $(x \mid y)$, wenn es eine Lösung gibt.

Lösungsmenge $L = \{(6 \mid 3)\}$

Probe: I $4 \cdot 6 + 2 \cdot 3 = 30$ ✓
II $6 + 3 = 9$ ✓

Graphisches Lösungsverfahren und Lösungsvielfalt → Seite 36

Die **graphische Lösung** eines LGS erhältst du als Schnittpunkt der Geraden, die zu den Gleichungen gehören.

Ein LGS hat **keine Lösung**, wenn die beiden Geraden parallel sind.
Ein LGS hat **unendlich viele Lösungen**, wenn die beiden Geraden identisch sind.

Beispiel Schnittpunkt
I $y = -2x + 5$
II $y = x - 1$
Lösung $(2 \mid 1)$
Schreibe $L = \{(2 \mid 1)\}$.

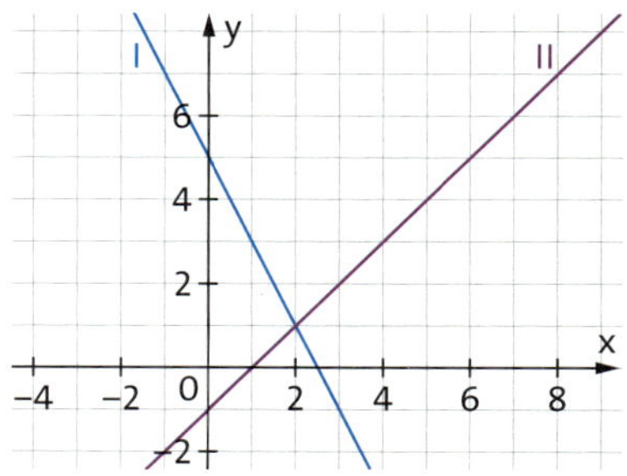

Gleichsetzungsverfahren und Einsetzungsverfahren → Seite 42

Beim **Gleichsetzungsverfahren** setzt du eine Seite der beiden Gleichungen gleich. Dazu muss bei beiden Gleichungen die gleiche Variable alleine stehen. Durch das Gleichsetzen entsteht eine Gleichung mit nur einer Variablen, die du berechnen kannst. Die andere Variable berechnest du durch Einsetzen.

Beispiel I $y = 0{,}25x + 1$
II $y = -0{,}75x + 3$

> Weil y gleich y ist, gilt $0{,}25x + 1 = -0{,}75x + 3$

I = II $0{,}25x + 1 = -0{,}75x + 3$ | $+ 0{,}75x$
$x + 1 = 3$ | -1
$x = 2$

Einsetzen in I: $y = 0{,}25 \cdot 2 + 1 = 1{,}5$ $L = \{(2 \mid 1{,}5)\}$

Beim **Einsetzungsverfahren** setzt du eine Gleichung in die andere Gleichung ein. Es reicht aus, wenn in nur einer Gleichung eine Variable allein auf einer Seite steht.

Beispiel I $2{,}5x + y = 8$
II $y = x + 1$

> Weil y gleich x + 1 ist, kannst du y durch x + 1 ersetzen.

II in I $2{,}5x + x + 1 = 8$ | -1
$3{,}5x = 7$ | $: 3{,}5$
$x = 2$

Einsetzen in II: $y = 2 + 1 = 3$ $L = \{(2 \mid 3)\}$

Additionsverfahren und Subtraktionsverfahren → Seite 46

Beim **Additionsverfahren** müssen die Koeffizienten vor einer der Variablen Gegenzahlen sein. Addiert man die Gleichungen, fällt eine Variable weg.

Beim **Subtraktionsverfahren** müssen die Koeffizienten vor einer der Variablen gleich sein. Dann können die Gleichungen voneinander abgezogen werden.

Beispiel Additionsverfahren

I	$2x + 3y =$	11	$\mid \cdot 5$
II	$-5x + 12y =$	-8	$\mid \cdot 2$
I′	$10x + 15y =$	55	
II′	$-10x + 24y =$	-16	$\mid$
I′ + II′	$0 + 39y =$	39	$\mid : 39$
	$y =$	1	
Einsetzen in I:	$2x + 3 \cdot 1 =$	11	$\mid -3 \mid : 2$
	$x =$	4	$L = \{(4 \mid 1)\}$

Pyramide und Kegel

3

▶ Eis wird oft im Becher oder in Eiswaffeln verkauft.
Mayla hat sich für eine Eiswaffel entschieden.

Ein Eisbecher hat ungefähr die Form eines oben offenen Zylinders.
Aber welche Form hat eine Eiswaffel? Kannst du erklären,
warum Eiswaffeln oft höher sind als Becher?
Wofür würdest du dich entscheiden? Becher oder Eiswaffel?

In diesem Kapitel lernst du, …

- die Eigenschaften von Pyramiden und Kegeln zu beschreiben,
- Schrägbilder von Pyramiden und Kegeln zu zeichnen,
- das Volumen von Pyramiden und Kegeln zu berechnen,
- den Mantelflächeninhalt von Pyramiden und Kegeln zu berechnen,
- den Oberflächeninhalt von Pyramiden und Kegeln zu berechnen.

Kompetenz	Aufgabe	Lies und übe:

1 Ich kann einen Flächeninhalt in eine andere Einheit umrechnen.

1 Rechne in die angegebene Einheit um.

a) $3\,cm^2$ (mm^2) b) $450\,dm^2$ (m^2)
c) $75\,cm^2$ (dm^2) d) $0{,}25\,m^2$ (dm^2)
e) $0{,}094\,m^2$ (cm^2) f) $6100\,cm^2$ (m^2)

→ Seite 245 Nr. 19–21

---

2 Ich kann das Volumen in eine andere Einheit umrechnen.

2 Rechne in die angegebene Einheit um.

a) $5\,dm^3$ (cm^3) b) $361\,mm^3$ (cm^3)
c) $0{,}2\,m^3$ (dm^3) d) $65\,000\,cm^3$ (m^3)
e) $750\,cm^3$ (l) f) $0{,}08\,ml$ (mm^3)

→ Seite 245 Nr. 22–24

---

3 Ich kann den Flächeninhalt von Quadraten, Rechtecken und daraus zusammengesetzten Figuren berechnen.

3 Berechne den Flächeninhalt der Figur.

a) Quadrat mit a = 4 cm
b) Rechteck mit a = 2,5 cm; b = 3 cm
c)

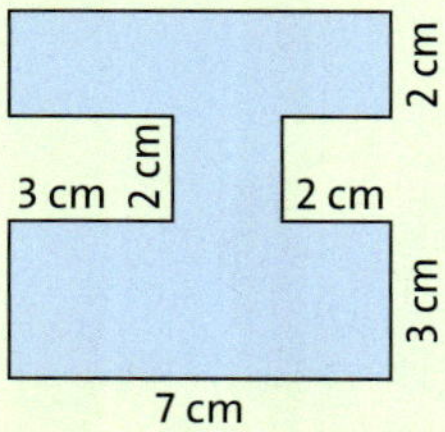

→ Seite 254 Nr. 71

---

4 Ich kann den Flächeninhalt von Dreiecken berechnen.

4 Berechne den Flächeninhalt.

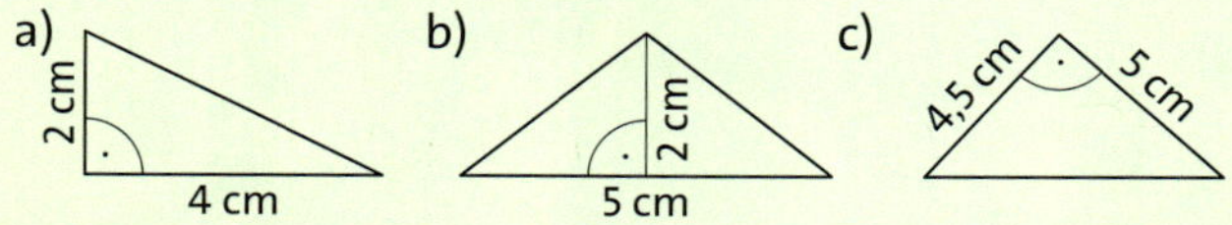

→ Seite 255 Nr. 73

---

5 Ich kann im rechtwinkligen Dreieck eine fehlende Länge mit dem Satz des Pythagoras berechnen.

5 Berechne die fehlende Länge im rechtwinkligen Dreieck. Vervollständige die Tabelle im Heft.

	a	b	c
a)	6 cm	8 cm	
b)	12 cm		13 cm

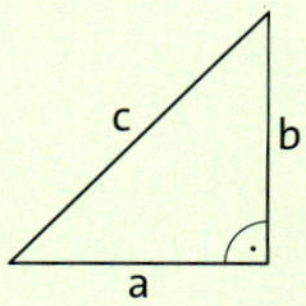

→ Seite 255 74–77

---

6 Ich kann mit Maßstäben rechnen.

6 Berechne die fehlenden Längenangaben. Übertrage und ergänze die Tabelle in deinem Heft.

Maßstab	Länge in der Zeichnung	Länge in Wirklichkeit
1 : 100		5 m
1 : 10 000		1 km
2 : 1		26 cm

→ Seite 246 Nr. 25

Kompetenz	Aufgabe	Lies und übe:
7 Ich kann Schrägbilder von Körpern zeichnen.	**7** Zeichne das Schrägbild des Körpers. a) Würfel mit a = 4 cm b) Quader mit a = 6 cm, b = 3 cm und c = 5 cm	→ Seite 255 Nr. 72
8 Ich kann den Oberflächeninhalt von Körpern berechnen.	**8** Berechne den Oberflächeninhalt des Körpers. a) Würfel mit a = 8 m b) Quader mit a = 3 cm, b = 11 cm und c = 6 cm c) Zylinder mit r = 2 cm und h_K = 5 cm	→ Seite 256 Nr. 78, 84
9 Ich kann das Volumen von Körpern berechnen.	**9** Berechne das Volumen des Körpers. a) Würfel mit a = 9 dm b) Quader mit a = 8 cm, b = 6 cm und c = 7 cm c) Zylinder r = 5 cm und h_K = 6 cm	→ Seite 256 Nr. 79, 85
10 Ich kann den Oberflächeninhalt eines Prismas berechnen.	**10** Berechne den Oberflächeninhalt des Prismas mit dreieckiger Grundfläche. 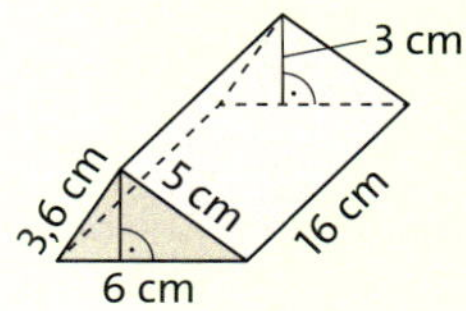 	→ Seite 256 Nr. 80, 81
11 Ich kann das Volumen eines Prismas berechnen.	**11** Berechne das Volumen des Prismas mit dreieckiger Grundfläche. 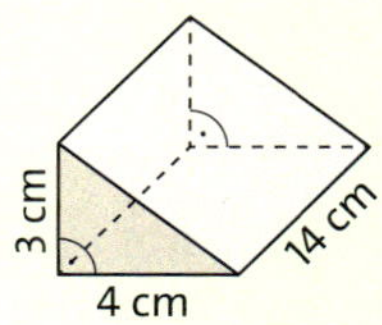 	→ Seite 256 Nr. 82, 83
12 Ich kann Sachaufgaben lösen.	**12** Die beiden Freunde Timo und Axel wollen sich ein eigenes Zelt bauen. Wie viel Material benötigen sie für die Zeltwände? Wie viel Material benötigen sie für den Boden des Zeltes? Welches Volumen hat das Zelt? 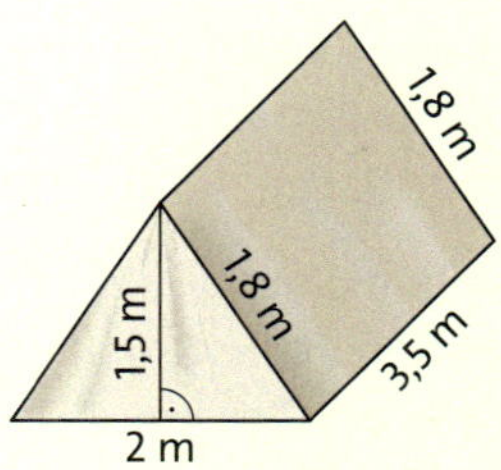 	→ Seite 250 Nr. 53–55

→ Lösungen auf Seite 271

Pyramide und Kegel beschreiben und zeichnen

Pyramiden benennt man nach der Form ihrer Grundflächen.

Schau dir die Gegenstände an. Finde Gemeinsamkeiten und Unterschiede.

Pyramide mit …

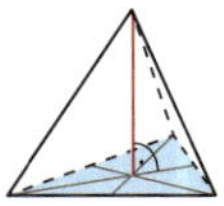

dreieckiger Grundfläche

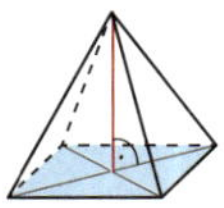

quadratischer Grundfläche

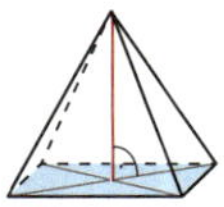

rechteckiger Grundfläche

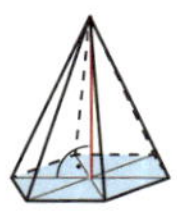

6-eckiger Grundfläche

W

Pyramiden und Kegel sind Körper mit einer Grundfläche, einer Mantelfläche und einer Spitze. Sie werden Spitzkörper genannt.

Die Grundfläche einer **Pyramide** besteht aus einem Vieleck. Die Mantelfläche besteht aus gleichschenkligen Dreiecken, den Seitenflächen.

Die Grundfläche eines **Kegels** besteht aus einem Kreis. Die Mantelfläche ist gebogen.

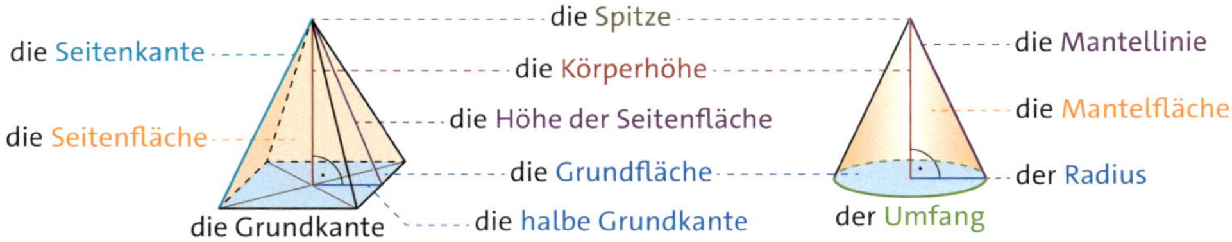

► **Aufgabe** Nenne Beispiele für Pyramiden und Kegel in deiner Umgebung.

W

Mit einem Schrägbild kannst du eine Pyramide oder einen Kegel räumlich darstellen.

Pyramide
Grundfläche: Quadrat mit a = 4 cm
Körperhöhe: $h_K = 3\,cm$

① Zeichne das Schrägbild der quadratischen Grundfläche.

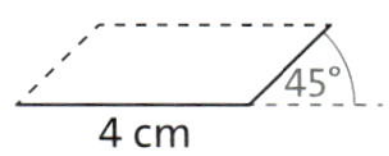

② Zeichne die Diagonalen in die Grundfläche ein. Zeichne die Körperhöhe h_K. Beginne im Schnittpunkt der Diagonalen.

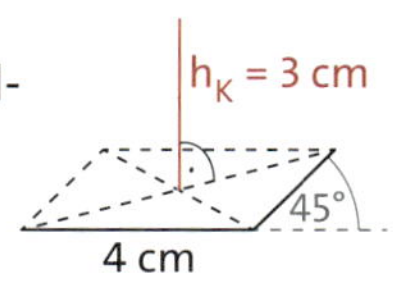

③ Verbinde die Eckpunkte mit der Spitze der Pyramide.

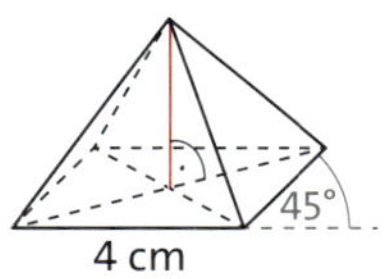

Zeichne verdeckte Seiten gestrichelt.

Kegel
Grundfläche: Kreis mit r = 2 cm
Körperhöhe: $h_K = 3\,cm$

① Zeichne die Grundfläche wie beim Zylinder als Ellipse. Strichle die obere Hälfte.

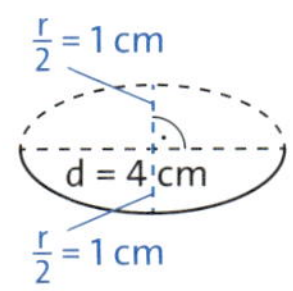

② Zeichne die Körperhöhe h_K. Beginne im Mittelpunkt der Grundfläche.

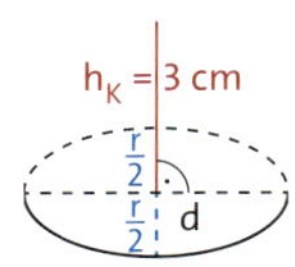

③ Verbinde die Endpunkte des Durchmessers mit der Spitze des Kegels.

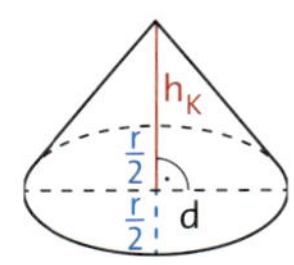

Die nach hinten verlaufenden Seiten der Grundfläche zeichnet man halb so lang und mit einem Winkel von 45° nach hinten.

Zeichne die verdeckten Kanten gestrichelt.

► **Aufgabe** Zeichne das Schrägbild einer Pyramide mit quadratischer Grundfläche mit a = 6 cm und $h_K = 5\,cm$.

1 Notiere, welche Körper Pyramiden und welche Körper Kegel sind.

a) ① ② ③ ④ ⑤

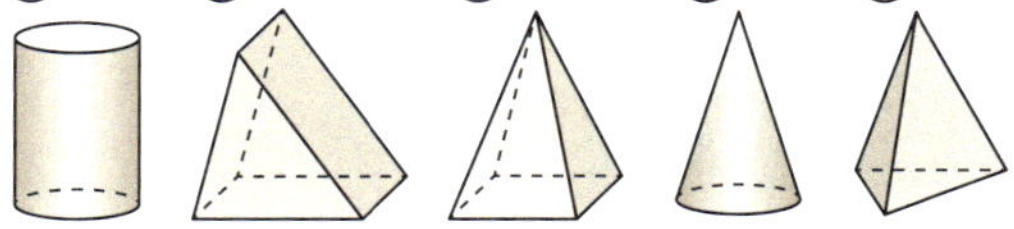

b) ① ② ③ ④ ⑤

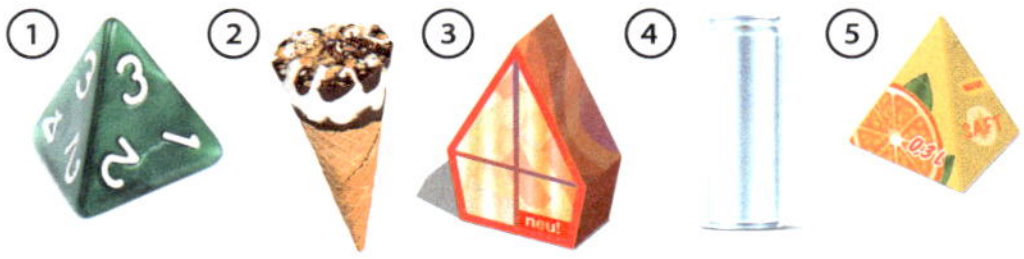

2 Notiere den Namen der Körper.
Benenne die Pyramiden nach ihrer Grundfläche.

① ② ③ ④

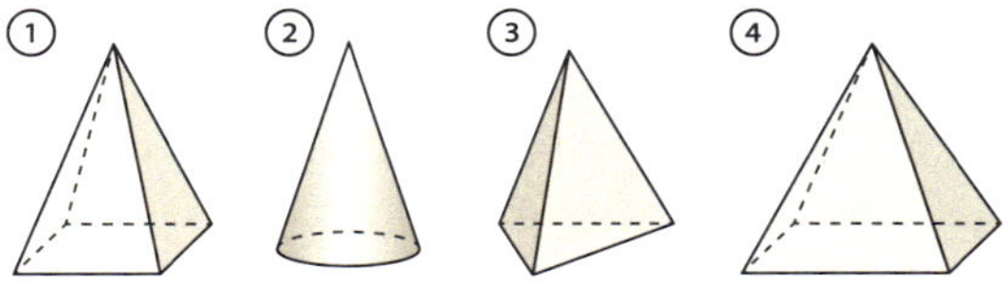

3 Ordne jeder Zahl das richtige Kärtchen zu.
Ein Kärtchen bleibt übrig

- die Höhe der Seitenfläche
- die Seitenfläche
- die Grundkante
- die Höhe des Körpers
- die Grundfläche
- die Mantellinie
- die Seitenkante

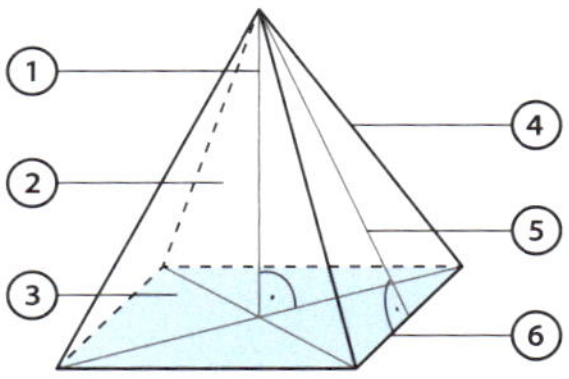

4 Formuliere einen Satz zu den gegebenen Strecken wie im Beispiel.
Nenne dabei den Körper.

Beispiel zu a) Die Grundkante der Pyramide ist 4 cm lang.

a)

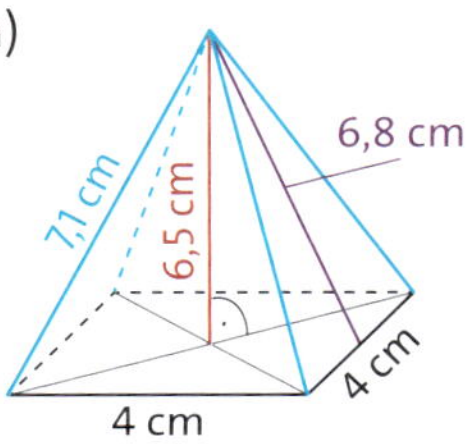

b)

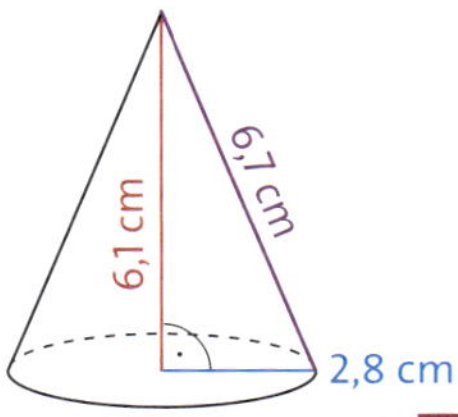

▶ 4

5 Ergänze den Lückentext im Heft.

Eine Pyramide ist ein ________. Die Grundfläche der Pyramide ist ein ________. Die Seitenflächen sind ________ und bilden zusammen die ________. Die Seitenflächen haben einen gemeinsamen Eckpunkt, die ________.
Ein Kegel ist ein ________ mit einem ________ als Grundfläche. Die Mantelfläche eines Kegels ist ________.
Die Pyramide und der Kegel haben eine Spitze. Somit sind Pyramiden und Kegel ________.

6 Zeichne das Schrägbild einer Pyramide mit quadratischer Grundfläche.
a) a = 4 cm; h_K = 6 cm
b) a = 5 cm; h_K = 4 cm

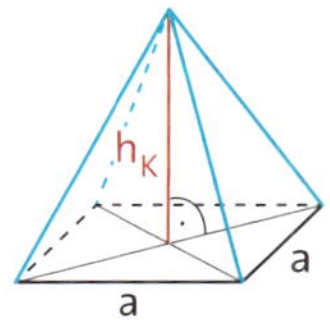

7 Zeichnet jeweils ein Schrägbild der Pyramide mit rechteckiger Grundfläche auf ein Blatt.
a) a = 4 cm; b = 2 cm; h_K = 3 cm.

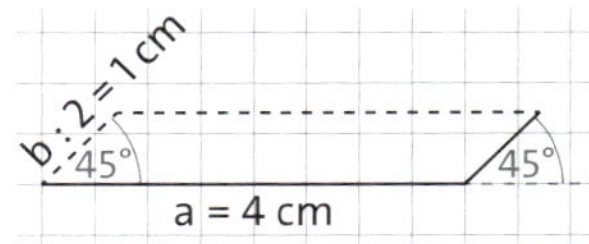

b) Tauscht eure Blätter und prüft eure Zeichnungen.

▶ 7

8 Zeichnet jeweils die Schrägbilder eines Kegels auf ein Blatt.
a) Berechnet zuerst den Radius oder den Durchmesser.
① d = 4 cm; h_K = 3 cm
② r = 4 cm; h_K = 5 cm
b) Tauscht eure Blätter und prüft eure Zeichnungen. Messt jeweils die Länge der Mantellinie. Kontrolliert eure Ergebnisse.

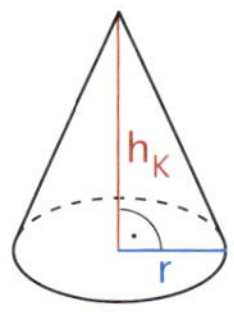

9 Wie lang ist die Seitenkante der 10 m hohen Pyramide? Zeichne zuerst das Schrägbild der Pyramide im Maßstab 1 : 100. Miss die Länge der Seitenkante s.

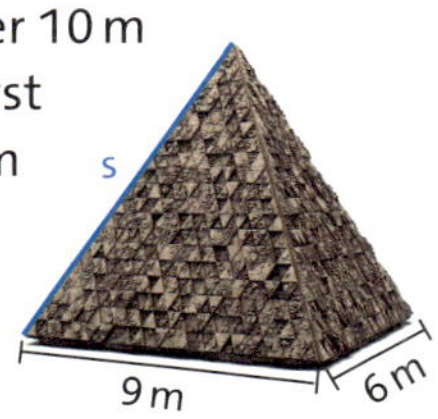

Sprachhilfe zu **5**: Verwende: gleichschenklige Dreiecke, Körper (2x), Kreis, gebogen, Mantelfläche, Spitze, Spitzkörper, Vieleck

1 Pyramide oder Kegel?

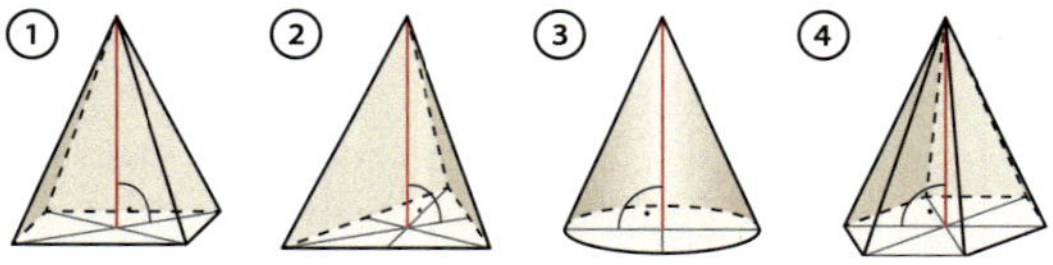

a) Entscheide, welcher Körper eine Pyramide oder ein Kegel ist. Begründe mit Hilfe ihrer Eigenschaften.
b) Benenne die Pyramiden nach ihrer Grundfläche.
c) Begründe, warum die Mantelfläche einer Pyramide aus gleichschenkligen Dreiecken besteht.

2 Notiere, aus welchen Körpern die Bauwerke bestehen.

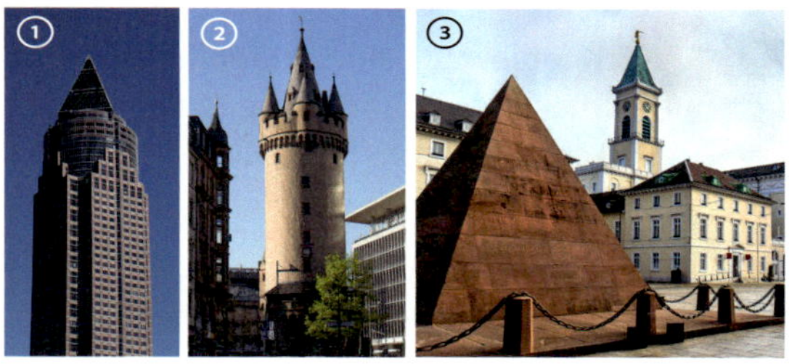

3 Notiere zu der jeweiligen Zahl den Fachbegriff.

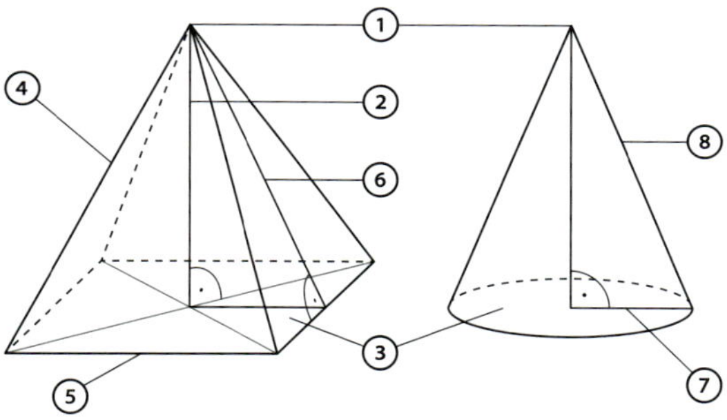

4 Welche Eigenschaften haben Spitzkörper?

Eine Pyramide	hat eine Grund- und Mantelfläche.
Ein Kegel	hat ein Vieleck als Grundfläche.
Ein Spitzkörper	besitzt gleichschenklige Dreiecke als Seitenflächen.
hat einen Kreis als Grundfläche.	

a) Bildet aus den Wortgruppen vier richtige Sätze.
b) Lest euch abwechselnd eure Sätze vor und kontrolliert sie gemeinsam.

▸ 3 ⊠

5 Zeichne das Schrägbild der Pyramide mit quadratischer Grundfläche in dein Heft. Entnimm die Angaben der Zeichnung.

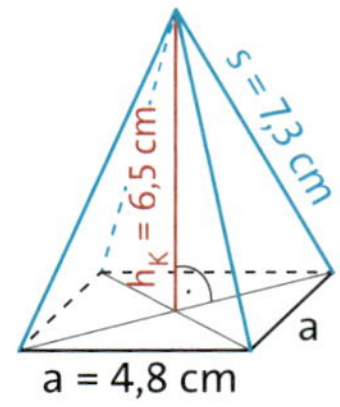

6 Ben zeichnet das Schrägbild einer Pyramide mit rechteckiger Grundfläche mit a = 5 cm, b = 7 cm und der Körperhöhe h_K = 5,5 cm.
a) Überlegt gemeinsam, was Ben beim Zeichnen beachten muss. Ergänzt die Sätze im Heft.
① Verdeckte Kanten werden …
② Die Kanten der Grundfläche, die …
③ Die Körperhöhe wird im ...
b) Zeichnet jeweils das Schrägbild der Pyramide auf ein Blatt.
c) Tauscht eure Blätter und vergleicht eure Zeichnungen.

7 Die Abbildung zeigt drei Kegel.

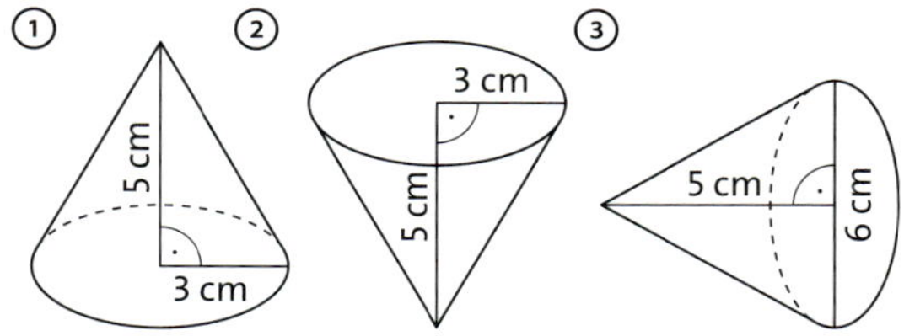

a) Amy meint: „Das sind Schrägbilder verschiedener Kegel!“ Begründe, ob Amy recht hat.
b) Zeichne das Schrägbild des Kegels ① in dein Heft.

▸ 7 ⊠

8 Beim Zeichnen des Schrägbildes einer Pyramide mit quadratischer Grundfläche mit a = 3,5 cm und der Körperhöhe h_K = 4 cm sind Fehler passiert.

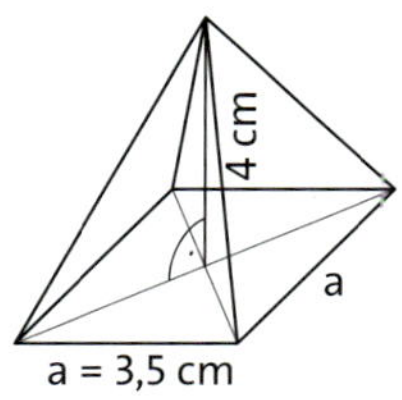

a) Beschreibe die Fehler.
b) Zeichne das Schrägbild richtig in dein Heft.
c) Tauscht eure Hefte und kontrolliert gegenseitig eure Zeichnungen.

1 Benenne und vergleiche die abgebildeten Körper.
Notiere Gemeinsamkeiten und Unterschiede.

① 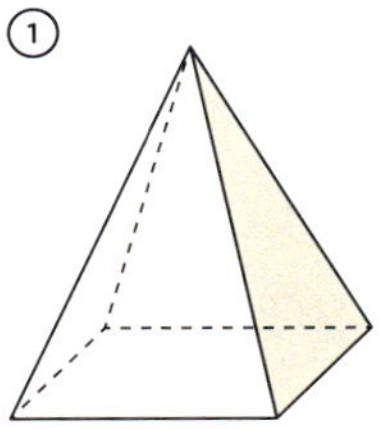
② 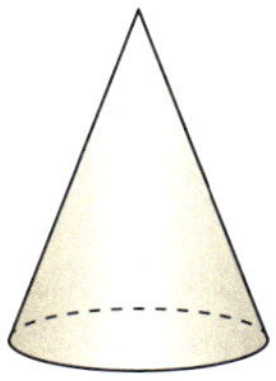

2 ▼ Begründe, warum ein Kegel keine Pyramide ist.
Nenne Gegenstände oder Gebäude, die die Form einer Pyramide oder eines Kegels besitzen.

3 Welche Spitzkörper sind gemeint?

Der Spitzkörper hat eine Kante.	Der Spitzkörper hat 12 Kanten.
Der Spitzkörper hat vier Ecken.	Der Spitzkörper hat sechs Flächen.

a) Benenne die Spitzkörper.
b) Notiere die Anzahl der Ecken, Kanten und Flächen der Spitzkörper in einer Tabelle.
c) Begründe, wie viele Ecken, Kanten und Flächen eine Pyramide mit einem 10-Eck als Grundfläche besitzt.
d) 👥 Denkt euch eigene Rätsel mit Ecken, Kanten und Flächen zu Spitzkörpern aus. Löst eure Rätsel gegenseitig.

4 Entscheide, ob die Aussagen wahr oder falsch sind. Berichtige falsche Aussagen.
① Alle Pyramiden sind Prismen, da sie auch ein Vieleck als Grundfläche haben.
② Eine Pyramide mit vier Seitenflächen ist eine Pyramide mit quadratischer Grundfläche.
③ Kegel haben nur eine Seitenfläche.
④ Eine Pyramide hat mindestens 5 Ecken.

5 Zeichne ein Schrägbild der Pyramide.
a) Grundfläche: Quadrat mit a = 6,4 cm; h_K = 5 cm
b) Grundfläche: Rechteck mit a = 4,5 cm, b = 6 cm; h_K = 6,7 cm
c) 👥 Beschreibt euch gegenseitig euer Vorgehen beim Zeichnen der Körper.

6 👥 Auf dem Dach der Bundeskunsthalle in Bonn befinden sich 3 kegelförmige Türme. Der mittlere Kegel hat einen Durchmesser von 8 m und ist 20 m hoch.

a) Zeichnet ein Schrägbild des mittleren Kegels im Maßstab 1 : 200 auf ein Blatt.
b) Tauscht eure Blätter. Vergleicht eure Ergebnisse. Besprecht und beschreibt euer Vorgehen beim Zeichnen.

7 Ein Schmuckstein setzt sich aus zwei Pyramiden mit quadratischer Grundfläche mit a = 9 mm zusammen. Die Höhe einer Pyramide beträgt ebenso 9 mm.

a) Zeichne ein Schrägbild des Schmucksteins im Maßstab 10 : 1.
b) Miss die Länge der Seitenkanten. Was fällt dir auf?

8 Der versunkene Kirchturm im Reschensee in Südtirol setzt sich aus zwei Körpern zusammen. Das Dach des Turms hat eine Höhe von 5 m.

① 

② 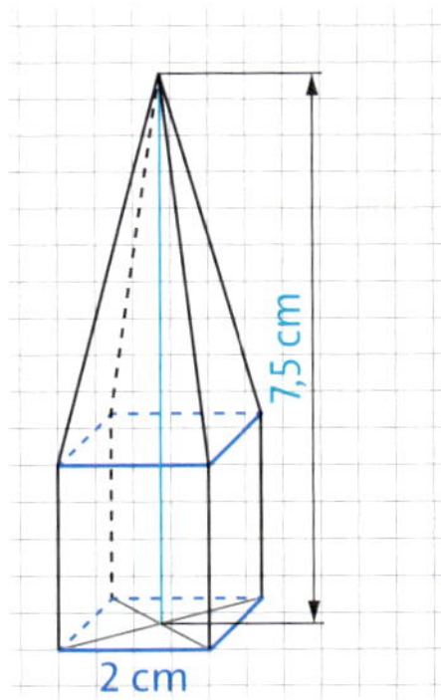

a) Benenne die Körper auf dem Foto ①.
b) Marvin hat das Schrägbild des Turms auf dem Foto im Maßstab 1 : 200 gezeichnet. Dabei ist ihm ein Fehler passiert. Welchen Fehler stellst du in Marvins Zeichnung ② fest? Notiere im Heft.
c) 👥 Erklärt euch gegenseitig, welcher Fehler Marvin passiert ist.
d) Zeichne das Schrägbild richtig in dein Heft.

Tipp zu **2**: Überlege, welche Grundflächen eine Pyramide haben kann.

Netz, Mantelflächeninhalt und Oberflächeninhalt von Pyramiden

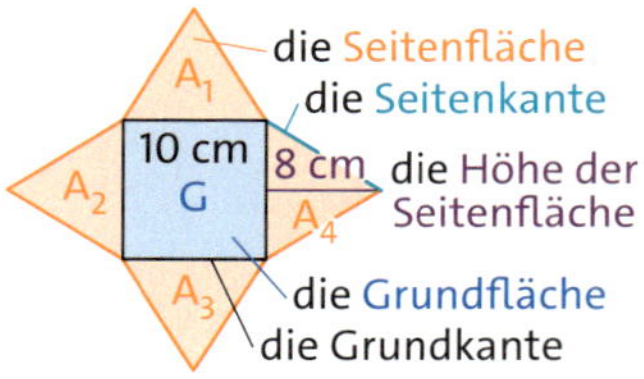

Emilie schneidet ein Pyramiden-Modell mit quadratischer Grundfläche an den Seitenkanten auf. Es entsteht das Netz der Pyramide. Aus wie viel cm^3 Pappe besteht das Modell?

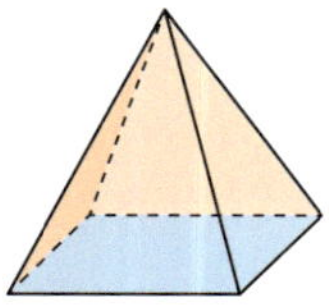

Für Pyramiden mit rechteckiger Grundfläche gilt: Die Flächeninhalte der gegenüberliegenden Dreiecke sind jeweils gleich: $A_1 = A_3$ *und* $A_2 = A_4$

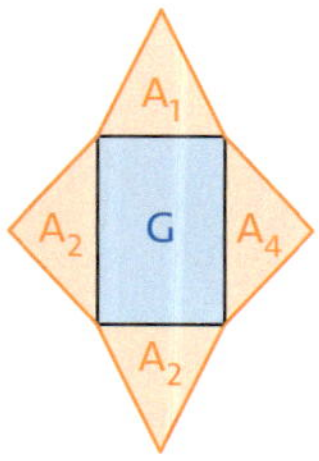

Anstelle von O für den Oberflächeninhalt schreibt man oft A_O.

W

Das **Netz einer Pyramide** besteht aus der Mantelfläche und der Grundfläche. Die Mantelfläche besteht aus dreieckigen Seitenflächen.

Der Mantelflächeninhalt M ist die Summe aller Seitenflächeninhalte.
$M = A_1 + A_2 + A_3 + \ldots$

Der **Oberflächeninhalt O** ist die Summe aus dem Grundflächeninhalt G und dem Mantelflächeninhalt M:
$O = G + M$

gegeben: Pyramide mit quadratischer Grundfläche mit a = 10 cm und $h_a = 8\,cm$.

Bei einer quadratischen Grundfläche sind die **Seitenflächeninhalte** gleich:
$A_1 = A_2 = A_3 = A_4 = A_{Dreieck}$

$A_{Dreieck} = \frac{a \cdot h_a}{2}$

$A_{Dreieck} = \frac{10\,cm \cdot 8\,cm}{2} = 40\,cm^2$

Mantelflächeninhalt
$M = A_1 + A_2 + A_3 + A_4 = 4 \cdot A_{Dreieck}$
$M = 4 \cdot 40\,cm^2 = 160\,cm^2$

Grundflächeninhalt
$G = a \cdot a = a^2$
$G = 10\,cm \cdot 10\,cm = 100\,cm^2$

Oberflächeninhalt
$O = G + M$
$O = 100\,cm^2 + 160\,cm^2 = 260\,cm^2$

Das Modell besteht aus $260\,cm^2$ Pappe.

► **Aufgabe** Berechne den Oberflächeninhalt O der Pyramide mit quadratischer Grundfläche mit a = 3 cm und $h_a = 4\,cm$. ►1 ►1 ►1

In einer Pyramide gibt es viele rechtwinklige Dreiecke. Du kannst fehlende Längen mit dem Satz des Pythagoras berechnen.

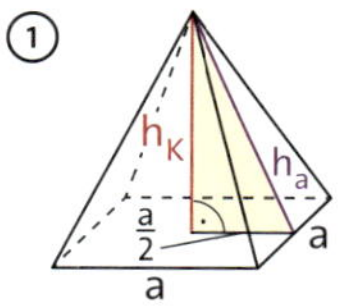

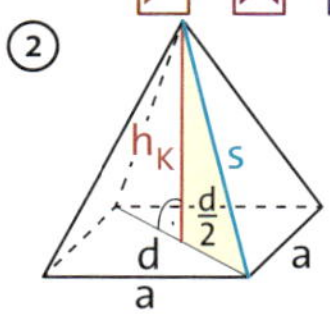

W

gegeben: Pyramide mit quadratischer Grundfläche mit …

① a = 4 cm, $h_K = 6\,cm$
gesucht: h_a
$h_a^2 = h_K^2 + \left(\frac{a}{2}\right)^2$
$h_a^2 = (6\,cm)^2 + \left(\frac{4}{2}cm\right)^2$
$h_a^2 = 36\,cm^2 + 4\,cm^2$
$h_a^2 = 40\,cm^2 \quad |\sqrt{\ }$
$h_a \approx 6{,}32\,cm$

② a = 4 cm, $s = 8\,cm$
gesucht: h_K
Zuerst d berechnen:
$d^2 = a^2 + a^2$
$d^2 = (4\,cm)^2 + (4\,cm)^2$
$d^2 = 16\,cm^2 + 16\,cm^2$
$d^2 = 32\,cm^2 \quad |\sqrt{\ }$
$d \approx 5{,}66\,cm$

Dann h_K berechnen:
$h_K^2 + \left(\frac{d}{2}\right)^2 = s^2 \quad \left| - \left(\frac{d}{2}\right)^2\right.$
$h_K^2 = s^2 - \left(\frac{d}{2}\right)^2$
$h_K^2 \approx (8\,cm)^2 - \left(\frac{5{,}66}{2}cm\right)^2$
$h_K^2 \approx 64\,cm^2 - 8\,cm^2$
$h_K^2 \approx 56\,cm^2 \quad |\sqrt{\ }$
$h_K \approx 7{,}48\,cm$

Beispiel für ein weiteres rechtwinkliges Dreieck in einer Pyramide:

③

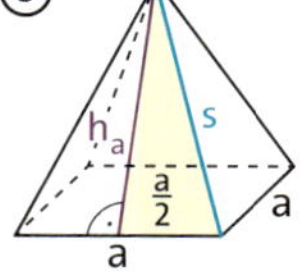

$h_a^2 = s^2 - \left(\frac{a}{2}\right)^2$

► **Aufgabe** Berechne die Höhe der Seitenfläche h_a der Pyramide ③ mit quadratischer Grundfläche mit a = 5 cm und $s = 7\,cm$. ►5 ►6 ►6

1 Welche Figur ist ein mögliches Netz einer Pyramide? Notiere im Heft.

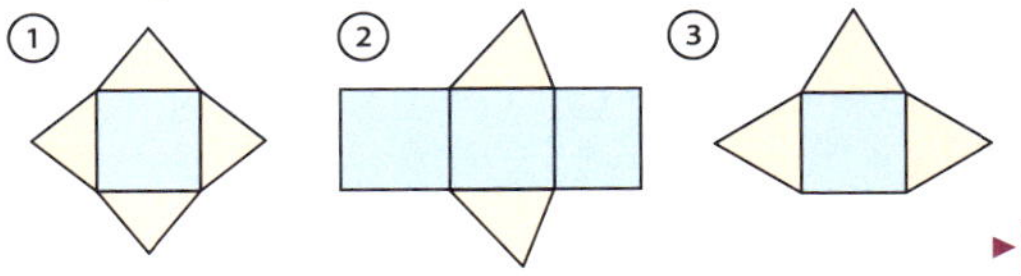

► 2 ⊠

2 Gegeben ist das Netz einer Pyramide mit quadratischer Grundfläche. Berechne den Mantelflächeninhalt.

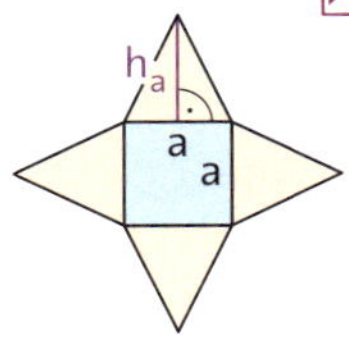

a) a = 5 cm; h_a = 4 cm b) a = 7 cm; h_a = 5 cm

3 Die Zeichnung zeigt das unvollständige Netz einer Pyramide mit rechteckiger Grundfläche.

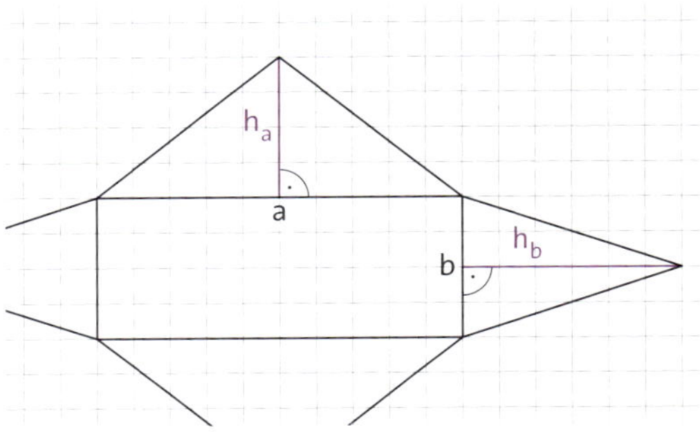

a) Übertrage die Zeichnung in dein Heft. Ergänze sie zu einem Netz einer Pyramide.

b) Färbe gleich große Seitenflächen in der gleichen Farbe. Schneide das Netz aus und falte es zu einer Pyramide.

c) Marcel berechnet den Mantelflächeninhalt der Pyramide. Er notiert:

gegeben: $a = 5\,cm$, $h_a = 2\,cm$, $b = 2\,cm$, $h_b = 3\,cm$

gesucht: M

$A_1 = \frac{a \cdot h_a}{2} = \frac{5\,cm \cdot 2\,cm}{2} = 5\,cm^2$

$A_2 = \frac{b \cdot h_b}{2} = \frac{2\,cm \cdot 3\,cm}{2} = 3\,cm^2$

$M = 2 \cdot A_1 + 2 \cdot A_2$ M = ...

Erklärt euch Marcels Rechnung und führt sie im Heft zu Ende.

d) Berechne wie Marcel den Mantelflächeninhalt der Pyramiden mit rechteckiger Grundfläche.

① a = 4 cm; h_a = 3,4 cm; b = 2 cm; h_b = 3,8 cm

② a = 6 m; h_a = 9,1 m; b = 8 m; h_b = 8,7 m

4 Berechne den Oberflächeninhalt der Pyramide.

a)

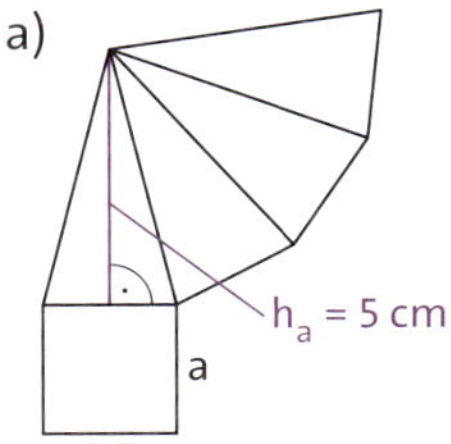

b)

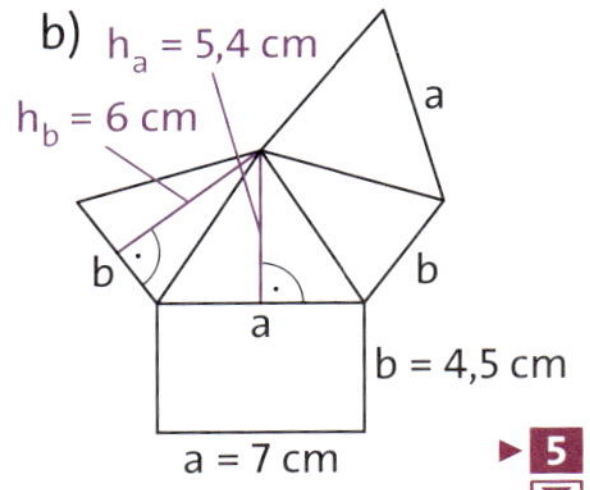

► 5 ⊠

5 Berechne die Höhe der Seitenfläche h_a einer Pyramide mit quadratischer Grundfläche. Fertige eine Skizze an. Markiere, was gegeben ist. Verwende den Satz des Pythagoras.

Beispiel *gegeben:* a = 6 cm; s = 5 cm

gesucht: Kathete h_a

$h_a^2 + \left(\frac{a}{2}\right)^2 = s^2 \quad | -\left(\frac{a}{2}\right)^2$

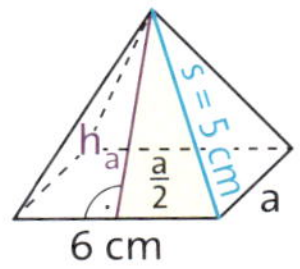

$h_a^2 = s^2 - \left(\frac{a}{2}\right)^2$

$h_a^2 = (5\,cm)^2 - \left(\frac{6}{2}\,cm\right)^2$

$h_a^2 = 16\,cm^2 \quad | \sqrt{}$

$h_a = 4\,cm$

a) a = 12 m; s = 10 m b) a = 9 m; s = 14 m

6 Berechne den Mantelflächeninhalt der Pyramide mit rechteckiger Grundfläche.

a) a = 8 m; b = 10 m; s = 14 m

b) a = 9 m; b = 12 m; s = 16 m

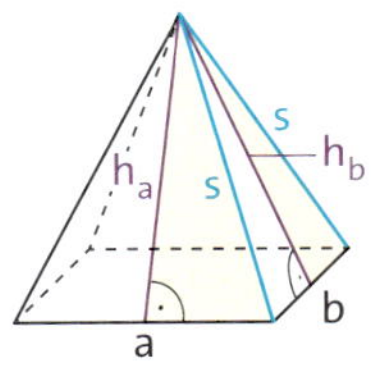

7 Das Dach eines Turms hat die Form einer Pyramide mit quadratischer Grundfläche. Entnimm die Maße der Zeichnung. Berechne die Höhe h_K des Daches. Berechne zuerst die Länge d.

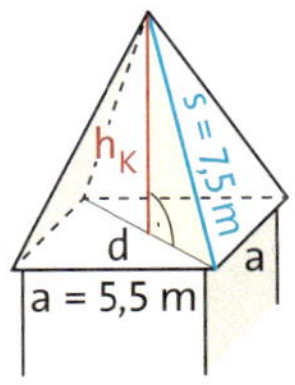

8 Das gläserne Dach hat die Form einer Pyramide mit quadratischer Grundfläche.

a) Die Höhe der Seitenfläche ist h_a = 30 m. Schätze die Länge der Grundkante a.

b) Berechne den Mantelflächeninhalt mit deinem Schätzwert a.

Tipp zu **4**: Berechne zuerst G und M. Addiere beide Ergebnisse: O = G + M

Tipp zu **6**: Berechne zuerst die Katheten h_a und h_b mit Hilfe des Satzes des Pythagoras. Berechne danach A_1 und A_2.

1 Begründe, welches Netz sich nicht zu einer Pyramide zusammenfalten lässt. Erkläre, wie man das Netz korrigieren kann.

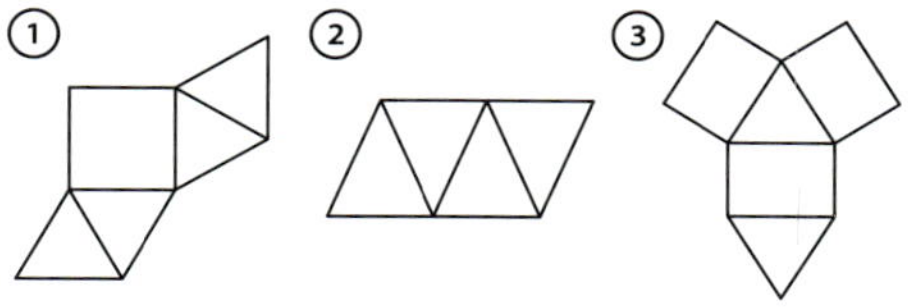

2 Berechne den Oberflächeninhalt der Pyramide mit quadratischer Grundfläche.

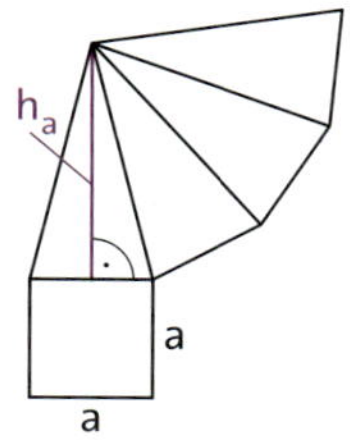

a) $a = 5\,cm$; $h_a = 4\,cm$
b) $a = 6\,cm$; $h_a = 7\,cm$

3 Florian berechnet den Mantelflächeninhalt der Pyramide. Er notiert:

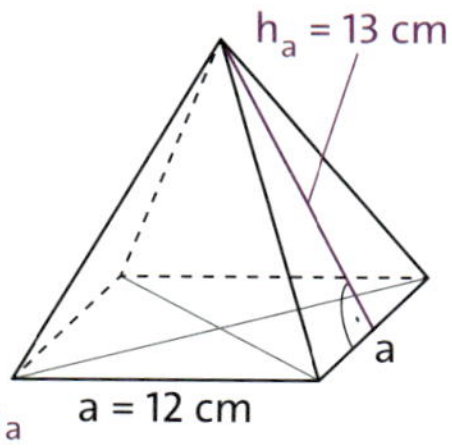

gegeben: $a = 12\,cm$, $h_a = 13\,cm$
gesucht: M
$M = 4 \cdot \frac{a \cdot h_a}{2} = 2 \cdot a \cdot h_a$
$M = \ldots$

Erklāre Florians Rechenschritte. Führe seine Rechnung im Heft zu Ende.

► 4 ☒

4 Eine Pyramide mit rechteckiger Grundfläche hat folgende Maße:

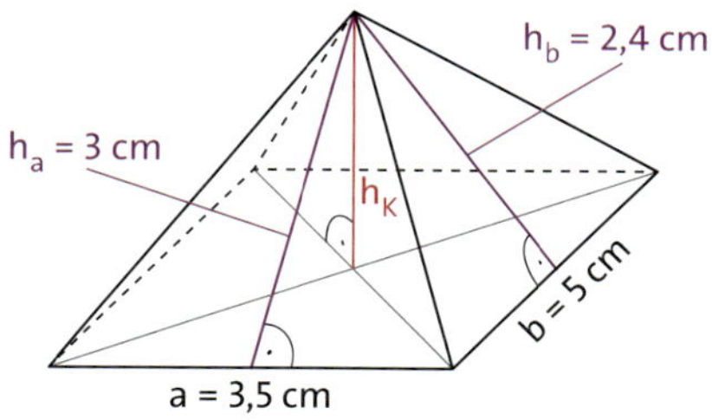

a) Skizziere ein Netz der Pyramide. Markiere die Grundfläche und die Mantelfläche in unterschiedlichen Farben. Beschrifte die gegebenen Längen in deiner Zeichnung.
b) Berechne den Grundflächeninhalt, den Mantelflächeninhalt und den Oberflächeninhalt.

5 Berechnet jeweils den Oberflächeninhalt der Pyramide mit rechteckiger Grundfläche. Vergleicht dann eure Ergebnisse.
a) $a = 7\,cm$; $h_a = 12,5\,cm$; $b = 9\,cm$; $h_b = 12,2\,cm$
b) $a = 10\,m$; $h_a = 15,2\,m$; $b = 12\,m$; $h_b = 14,8\,m$

6 Berechne die Höhe der Dächer ① und ② mit dem Satz des Pythagoras.

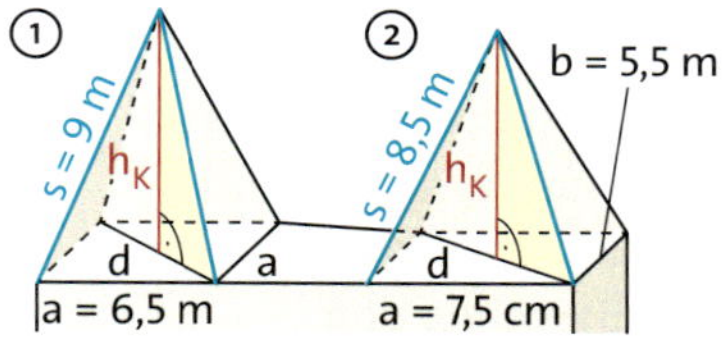

► 7 ☒

7 Ayla bastelt eine Verpackung für eine Glasfigur in Form eines Tetraeders. Ayla zeichnet das passende Netz auf Recycling-Karton.

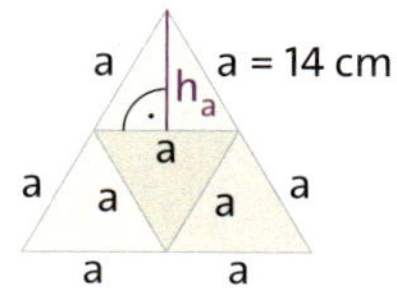

Berechne, wie viel cm^2 Recycling-Karton Ayla für die Verpackung benötigt. Berechne zuerst die Höhe der Seitenfläche h_a mit dem Satz des Pythagoras

8 Kim und Tom wollen die Seitenflächen ihrer Modelle aus Holz anmalen. Tom behauptet: „Kim benötigt mehr Farbe als ich." Prüft durch eine Rechnung, ob Tom Recht hat.

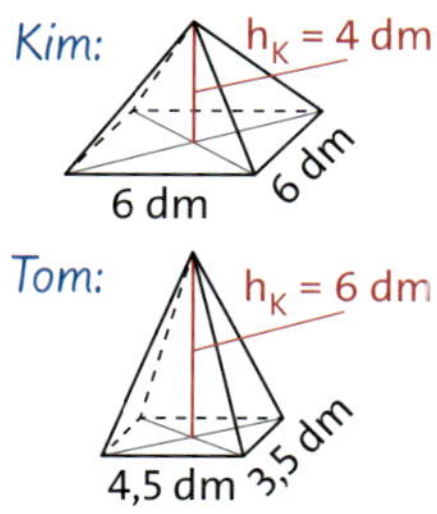

9 In Rom befindet sich die Cestius-Pyramide. Sie hat eine quadratische Grundfläche.

a) Schätze ihre Höhe und die Länge der Grundkante.
b) Recherchiere die Maße der Pyramide.
c) Berechne den Mantelflächeninhalt der Pyramide mit den Werten, die du recherchiert hast.

Tipp zu **2**: Berechne zuerst den Grundflächeninhalt G und den Mantelflächeninhalt M. Addiere beide Ergebnisse: $O = G + M$
Tipp zu **4b**: Für eine Pyramide mit rechteckiger Grundfläche gilt: $M = 2 \cdot \frac{a \cdot h_a}{2} + 2 \cdot \frac{b \cdot h_b}{2}$
Sprachhilfe zu **7**: Ein **Tetraeder** ist eine Pyramide, die aus vier gleichseitigen Dreiecken besteht.
Tipp zu **8**: Berechne die Höhen der Seitenflächen mit dem Satz des Pythagoras.

1 Amir behauptet: „Zu einer Pyramide mit quadratischer Grundfläche kann ich drei unterschiedliche Netze skizzieren."

① ② ③

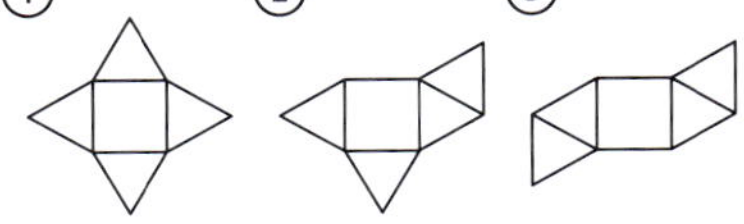

a) Entscheide, ob Amir Recht hat. Gehören die Netze ① bis ③ zu einer Pyramide mit quadratischer Grundfläche?

b) Findest du weitere mögliche Netze?

c) Vergleicht eure Zeichnungen miteinander.

2 Berechne den Mantelflächeninhalt und den Oberflächeninhalt der Pyramide.

a)

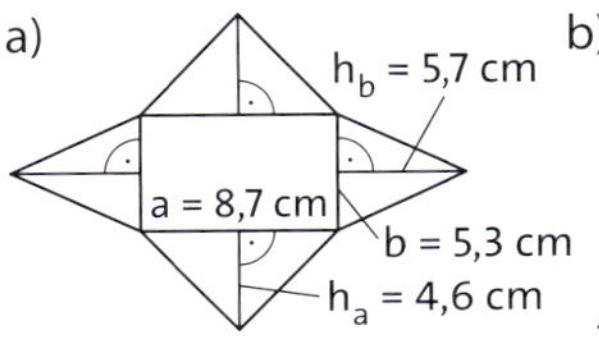

b)

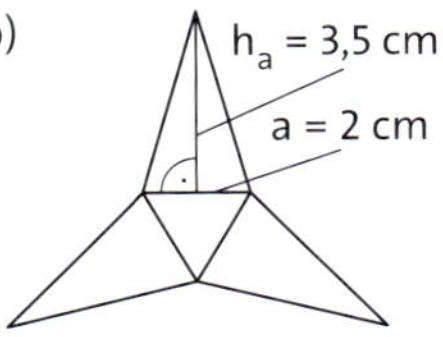

3 Luisa fand in einer Formelsammlung folgende Formel zur Berechnung des Mantelflächeninhalts einer quadratischen Pyramide:

$M = 2 \cdot a \cdot h_a$

Sie kann nicht glauben, dass diese Formel richtig ist, da sie in der Schule eine andere Formel kennengelernt hat.
Beurteile die Gültigkeit der Formel.

4 Ein Sonnenschutz aus Stoff hat die Form einer Pyramide mit sechseckiger Grundfläche.

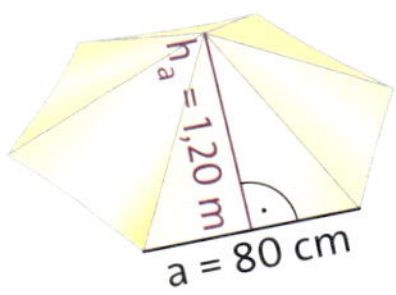

a) Berechne, wie viele Quadratmeter Stoff für den Sonnenschutz nötig sind. Berücksichtige 20 % Verschnitt.

b) Ein Quadratmeter Stoff kostet 2,80 €. Berechne die Kosten des Sonnenschutzes.

5 ▼ Fatima zeichnet das Schrägbild eines Tetraeders mit $a = 3\,cm$ und $h_a = 3{,}5\,cm$.

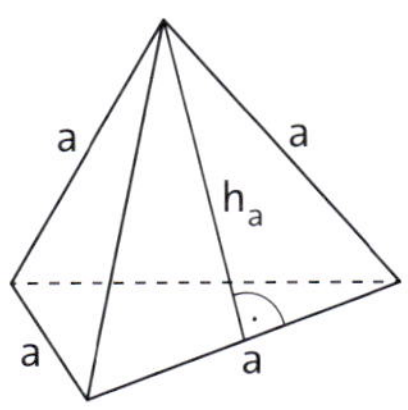

a) Nenne Eigenschaften eines Tetraeders.

b) Berechne den Oberflächeninhalt.

6 Berechne den Mantelflächeninhalt und den Oberflächeninhalt einer Pyramide mit quadratischer Grundfläche. Berechne zuerst die Höhe der Seitenfläche h_a.

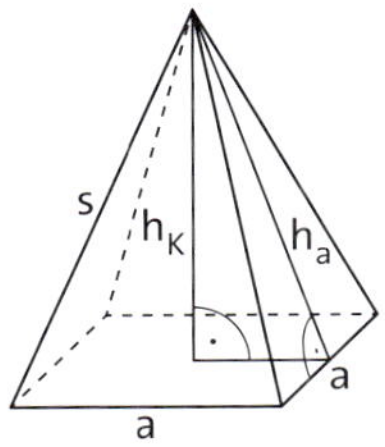

a) $a = 4{,}5\,cm$; $h_k = 5\,cm$

b) $a = 5\,cm$; $s = 8\,cm$

c) Überprüfe deine Ergebnisse mit einer Tabellenkalkulation.

7 Berechne die Höhe h_k der Pyramide mit quadratischer Grundfläche.

a) $a = 16\,cm$; $h_a = 21\,cm$ b) $a = 4\,m$; $O = 182\,m^2$

8 Mahdi wählt das Quadrat ① und das Rechteck ② als Grundflächen für zwei Pyramiden mit Körperhöhe $h_k = 6\,cm$.

①

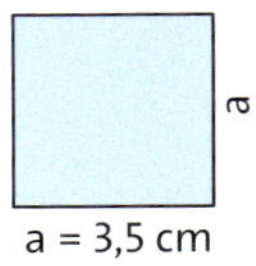

②

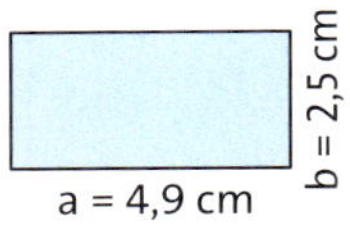

Mahdi meint: „Die Grundflächeninhalte der beiden Pyramiden sind gleich groß. Dann sind auch die Oberflächeninhalte gleich groß."
Prüfe mit einer Rechnung, ob er Recht hat.

9 Timo berechnet den Oberflächeninhalt der Pyramide mit quadratischer Grundfläche und $h_k = 8\,cm$. Dabei haben sich einige Fehler eingeschlichen. Beschreibt euch seine Fehler. Korrigiert anschließend im Heft.

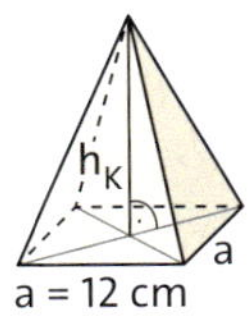

Timos Rechnung:

$O = G + M$

$O = 12\,cm^2 + 2 \cdot 12\,cm \cdot 8\,cm$

$O = 12\,cm^2 + 192\,cm^2$

$O = 204\,cm^2$

10 Die Pyramide ist ein Wahrzeichen der Stadt Karlsruhe.

a) Schätze ihre Höhe und Breite.

b) Berechne damit die Mantelfläche.

c) Recherchiere die genauen Werte und vergleiche mit deinen Schätzwerten.

Sprachhilfe zu **5a**: ein Tetraeder – drei Seitenflächen – die Grundfläche – 4 gleichseitige Dreiecke – besteht aus

Netz, Mantelflächeninhalt und Oberflächeninhalt von Kegeln

Sarah kauft sich ein Eis im Supermarkt. Die Verpackung hat die Form eines Kegels. Wie viel Material (in cm^2) wird für die Verpackung mindestens benötigt?

W

Das **Netz eines Kegels** besteht aus der Grundfläche und der Mantelfläche. Die Grundfläche ist ein Kreis und die Mantelfläche ist ein Kreissektor.

Der Grundflächeninhalt ist der Flächeninhalt des Kreises: $G = \pi \cdot r^2$

Der Umfang des Kreises ist: $u = 2 \cdot \pi \cdot r$

Die Bogenlänge des Kreissektors ist genau so lang wie der Umfang des Kreises. Die Mantellinie s ist der Radius des Kreissektors.

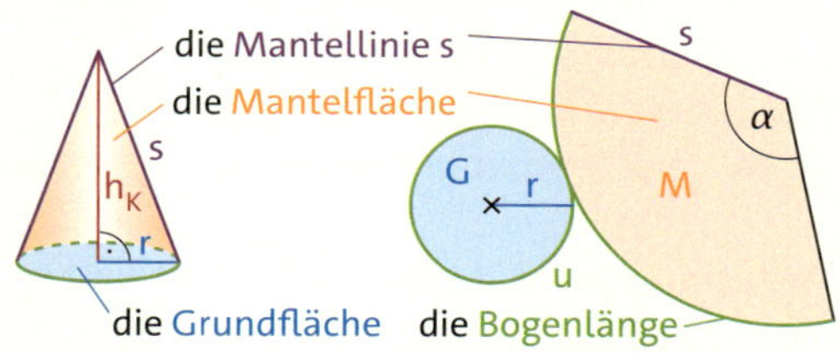

Der Mantelflächeninhalt M ist der Flächeninhalt des Kreissektors: $M = \pi \cdot r \cdot s$

Der **Oberflächeninhalt O** ist die Summe aus dem Grundflächeninhalt G und dem Mantelflächeninhalt M: $O = G + M$

gegeben: Kegel mit Radius $r = 6\,cm$ und Mantellinie $s = 15\,cm$.

Grundflächeninhalt
$G = \pi \cdot r^2$
$G = \pi \cdot (6\,cm)^2 \approx 113{,}10\,cm^2$

Das Zeichen ≈ steht für ungefähr, da die Zahl gerundet wurde.

Mantelflächeninhalt
$M = \pi \cdot r \cdot s$
$M = \pi \cdot 6\,cm \cdot 15\,cm \approx 282{,}74\,cm^2$

Oberflächeninhalt
$O = G + M$
$O \approx 113{,}10\,cm^2 + 282{,}74\,cm^2 \approx 395{,}84\,cm^2$

Der Oberflächeninhalt beträgt $395{,}84\,cm^2$.

► **Aufgabe** Berechne den Oberflächeninhalt O von Sarahs Eisverpackung mit $r = 3\,cm$ und $s = 12\,cm$.

Der Radius, die Körperhöhe und die Mantellinie eines Kegels bilden ein rechtwinkliges Dreieck. Du kannst eine fehlende Länge mit dem Satz des Pythagoras berechnen.

gegeben: $h_K = 10\,cm$, $r = 6\,cm$
gesucht: Mantellinie s
$s^2 = h_K^2 + r^2$
$s^2 = (10\,cm)^2 + (6\,cm)^2$
$s^2 = 100\,cm^2 + 36\,cm^2$
$s^2 = 136\,cm^2 \quad | \sqrt{\ }$
$s \approx 11{,}66\,cm$

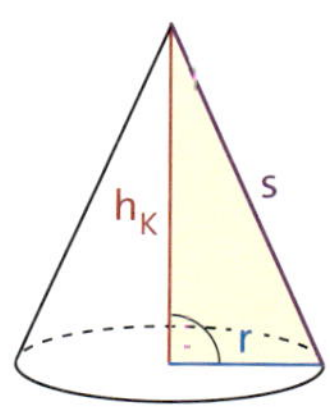

gegeben: $h_K = 8\,cm$, $s = 9\,cm$
gesucht: Radius r
$h_K^2 + r^2 = s^2 \quad | - h_K^2$
$r^2 = s^2 - h_K^2$
$r^2 = (9\,cm)^2 - (8\,cm)^2$
$r^2 = 81\,cm^2 - 64\,cm^2$
$r^2 = 17\,cm^2 \quad | \sqrt{\ }$
$r \approx 4{,}12\,cm$

► **Aufgabe** Berechne die Mantellinie des Kegels mit $h_K = 9\,cm$ und $r = 5\,cm$.

1 Berechne den Mantelflächeninhalt des Kegels.

a)

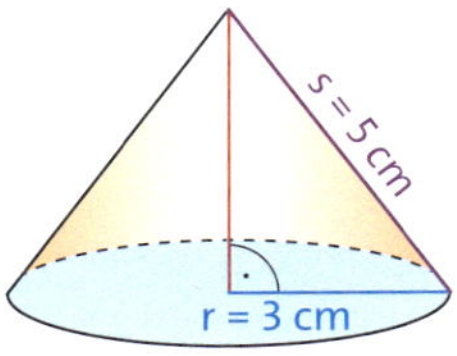

b)

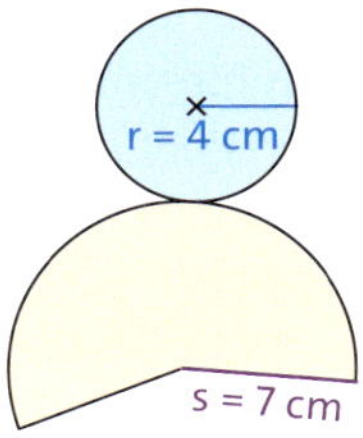

c)

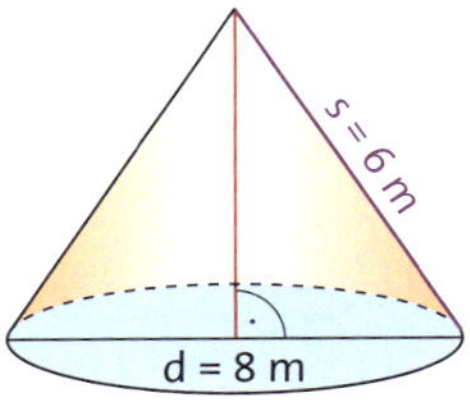

d)

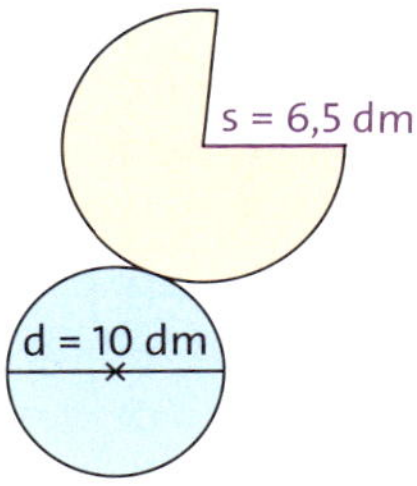

2 Semjon will den Mantelflächeninhalt des Kegels mit der Formel $M = \pi \cdot r \cdot s$ berechnen. Semjon sagt: „Zur Lösung dieser Aufgabe setze ich einfach die gegebenen Werte in die Formel ein.“

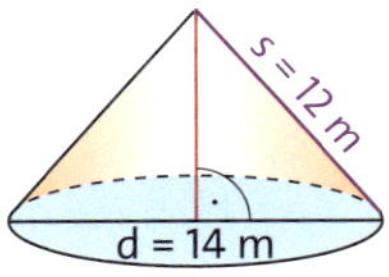

a) Beschreibe, was Semjon nicht bedacht hat.
b) Berechne den Mantelflächeninhalt des Kegels richtig im Heft.

3 Berechne den Oberflächeninhalt des Kegels.

a)

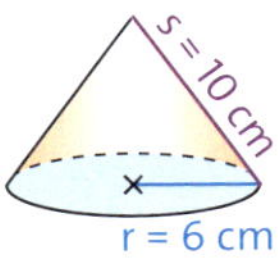

b)

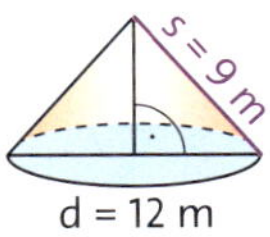

4 👥 Berechnet jeweils den Oberflächeninhalt des Kegels. Überprüft gemeinsam eure Ergebnisse.

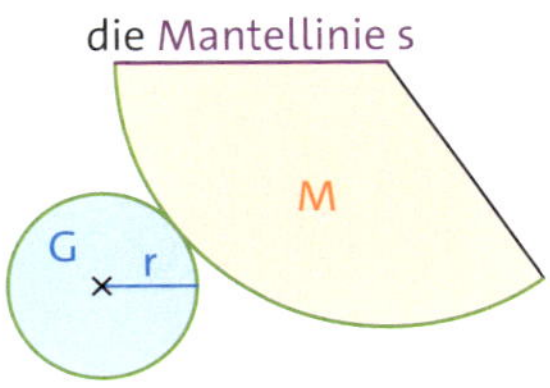

a) $G = 24{,}63\,\text{cm}^2$; $r = 2{,}8\,\text{cm}$; $s = 12\,\text{cm}$
b) $M = 81{,}43\,\text{mm}^2$; $d = 7{,}2\,\text{mm}$
c) $r = 3{,}7\,\text{dm}$; $s = 6{,}9\,\text{dm}$
d) $s = 5{,}6\,\text{m}$; $d = 8\,\text{m}$

▸ 5 ☒

5 Eine kegelförmige Verpackung für Eiswaffeln hat folgende Maße: Radius $r = 3\,\text{cm}$ und Mantellinie $s = 12\,\text{cm}$. Berechne, wie viel cm^2 Papier für eine solche Verpackung mindestens benötigt wird.

6 Ein Kegel hat einen Radius von $r = 3{,}5\,\text{cm}$ und eine Höhe von $h_K = 7\,\text{cm}$. Berechne die Länge der Mantellinie s mit dem Satz des Pythagoras.

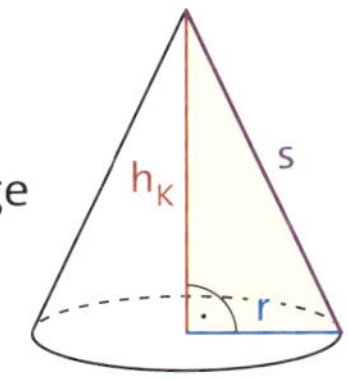

7 Berechne mit dem Satz des Pythagoras den Radius der Kegel. Fertige eine Skizze an. Markiere die gegebenen Längen.
① $h_K = 9\,\text{cm}$; $s = 14\,\text{cm}$ ② $h_K = 6\,\text{cm}$; $s = 8\,\text{cm}$
Berechne für den Kegel ① und ② den Oberflächeninhalt.

▸ 8 ☒

8 Lea und Jamal haben jeweils einen Kegel entworfen. Lea vermutet: „Jamals Kegel hat eine größere Oberfläche als mein Kegel.“ Überprüfe Leas Vermutung mit einer Rechnung.

① Leas Entwurf:

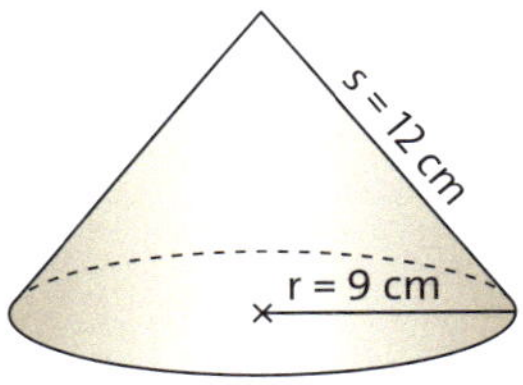

② Jamals Entwurf:

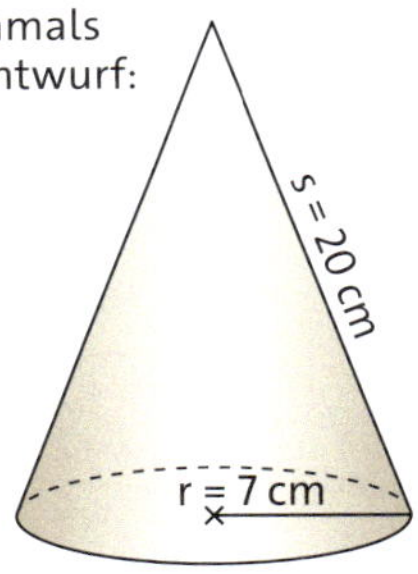

9 ▾ Kegel sind im Sport vielseitig einsetzbar.

a) Die Höhe des Kegels beträgt 30 cm. Schätze den Radius des Kegels. Begründe deine Schätzung.
b) 👥 Vergleicht eure Schätzungen und besprecht miteinander euer Vorgehen.
c) Berechne mit deinem Schätzwert die Rasenfläche, die vom Kegel bedeckt wird.

Sprachhilfe zu 9a: die Höhe – der Durchmesser – ist länger/kürzer als

1 Berechne den Mantelflächeninhalt des Kegels.

a) r = 1,5 cm

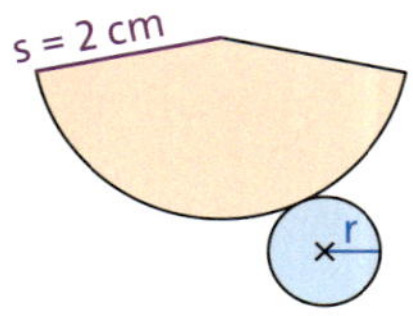

b) d = 0,8 dm

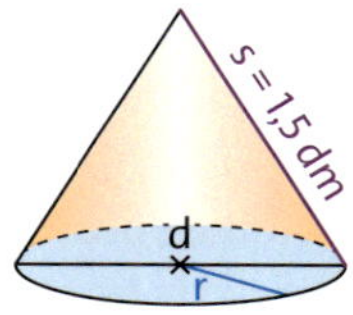

c) r = 35 mm

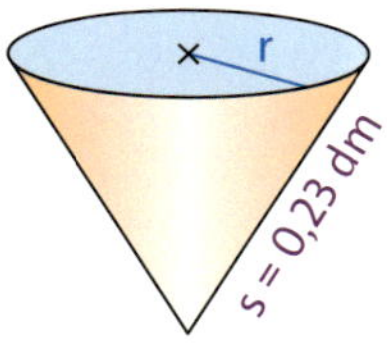

d) d = 1,6 cm

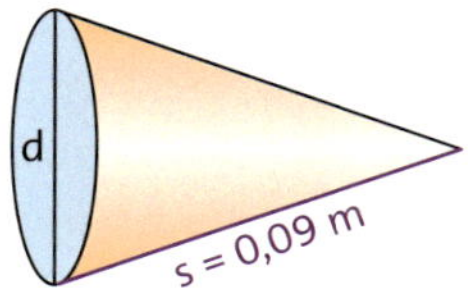

2 Maila leitet die Formel für den Mantelflächeninhalt eines Kegels her.

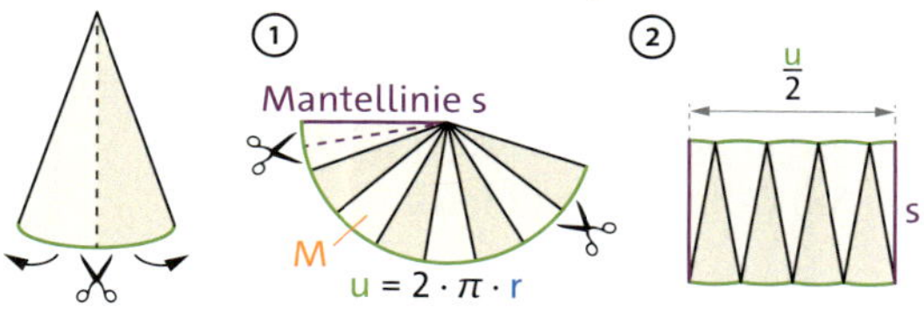

a) Fertige eine Beschreibung zu ① und ② an. Verwende Fachbegriffe.

b) Maila sagt: „Der Mantelflächeninhalt des Kegels ist $M = \frac{u}{2} \cdot s$."
Erkläre, wie Maila darauf gekommen ist.

c) Bringe die Kärtchen in die richtige Reihenfolge.

$M = \frac{2 \cdot \pi \cdot r}{2} \cdot s$ | kürzen

$M = \pi \cdot r \cdot s$

$M = \frac{u}{2} \cdot s$ | $u = 2 \cdot \pi \cdot r$ einsetzen

► 3 ☒

3 Berechne jeweils den Oberflächeninhalt der Kegel mit den Angaben aus Aufgabe 1.

4 Berechne den Mantelflächeninhalt und den Oberflächeninhalt des Kegels.

a) s = 5 m; r = 3 m
b) s = 5 m; r = 6 m
c) s = 5 m; r = 9 m
d) s = 5 m; r = 12 m
e) Beschreibe, wie sich der Mantelflächeninhalt verändert.

5 Das ist das Netz einer Geschenktüte. Sophie und Niko schätzen den Radius der Öffnung einer solchen Geschenktüte:

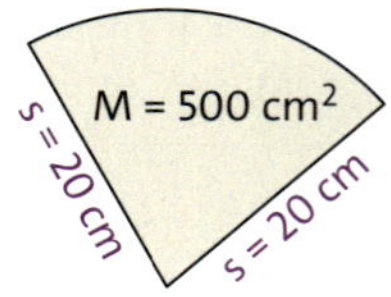

Sophie: *r ≈ 7 cm*; Niko: *r ≈ 8 cm*.
Überprüfe, ob Sophie oder Niko besser geschätzt hat. Stelle dazu die Formel $M = \pi \cdot r \cdot s$ nach r um. Setze dann die gegebenen Werte ein.

6 Berechne den Mantelflächeninhalt des Kegels. Verwende den Satz des Pythagoras zur Berechnung der Mantellinie s.

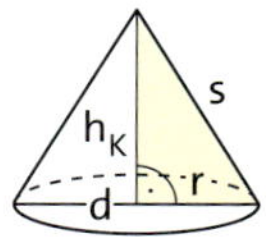

$s^2 = h_K^2 + r^2$

a) $h_K = 3$ m; r = 5,1 m
b) $h_K = 5$ m; r = 4,3 m
c) $h_K = 6,2$ m; d = 4,6 m
d) $h_K = 8,3$ m; d = 2,4 m

7 Berechne den Oberflächeninhalt des Kegels.

a) $h_K = 12$ cm; s = 12,8 cm
b) $h_K = 8$ m; s = 8,9 m
c) $h_K = 3,6$ dm; s = 56 cm
d) $h_K = 4$ m; s = 51 dm

► 7 ☒

8 Berechne die Mantellinie s des Kegels. Setze zuerst die gegebenen Werte in die Formel für O ein. Stelle dann nach s um.

a) r = 5 m; O = 120 m²
b) r = 2,2 m; O = 2500 m²

$O = \pi \cdot r^2 + \pi \cdot r \cdot s$

9 Josefa lebt in Italien in der Stadt Alberobello Dort haben die Dächer die Form eines Kegels. Schätze die Höhe und den Durchmesser des vorderen, rechten Daches. Die Personen neben dem Haus sind 1,80 m groß. Berechne den Mantelflächeninhalt des Daches.

Lösungen ohne Maßeinheiten zu **1**: M: 1,88; 2,53; 4,52; 9,42
Sprachhilfe zu **2a**: ①: 8 gleiche Teile – Kreisausschnitt – aufgeteilt; ②: 4 von 8 gleichen Teilen – Breite des Rechtecks
Lösungen ohne Maßeinheiten zu **7**: M: 14,04; 14,16; 14,31; 15,94
Lösungen ohne Maßeinheiten zu **8**: O: 31,45; 47,78; 57,81; 62,33

1 Berechne den Mantelflächeninhalt M des Kegels.
a) r = 45 mm; s = 0,14 m b) d = 6 mm; s = 0,08 dm

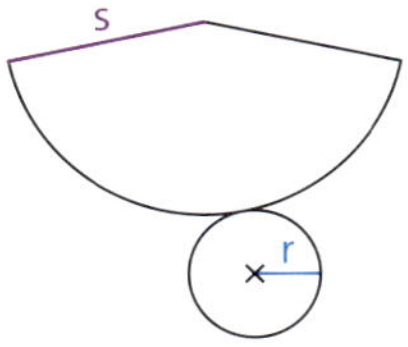

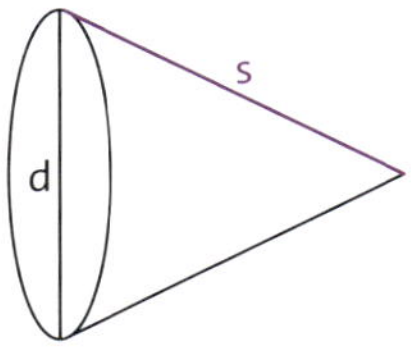

c) d = 12 cm; s = 0,55 dm d) r = 0,5 dm; s = 50 mm

2 Pavel findet zwei Skizzen ① und ② in seinem Dreifach-Mathe Buch zur Herleitung der Formel für den Mantelflächeninhalt eines Kegels.

①

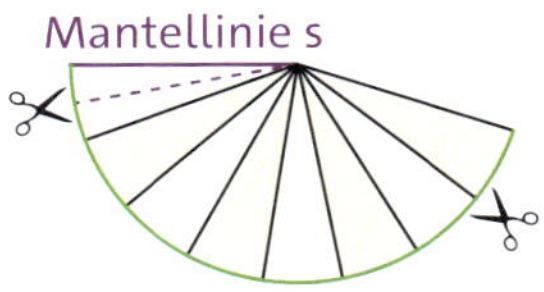

②

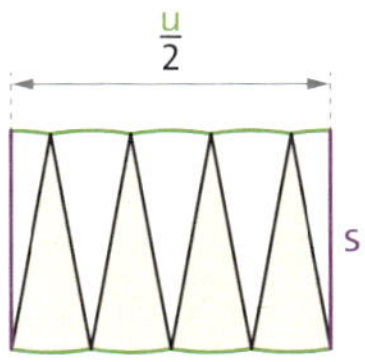

a) Erkläre mit Hilfe der beiden Skizzen, dass für den Mantelflächeninhalt gilt: $M = \frac{u}{2} \cdot s$.
b) Leite aus a) die Formel für den Mantelflächeninhalt eines Kegels her.

3 Berechne den Oberflächeninhalt des Kegels. Gib das Ergebnis in dm^2 an.
a) s = 2,2 m, r = 5,8 dm
b) s = 0,57 m, r = 2 dm
c) s = 1,8 m, r = 67 cm
d) s = 7 dm, r = 620 mm

4 Berechne den Oberflächeninhalt des Kegels. Ergänze die Formel für den Radius r mit Hilfe des Satzes des Pythagoras.
a) h_K = 8 cm; s = 8,2 cm
b) h_K = 2,5 m; s = 3 m
c) h_K = 1,6 m; s = 2 m
d) h_K = 5,5 cm; s = 6 cm

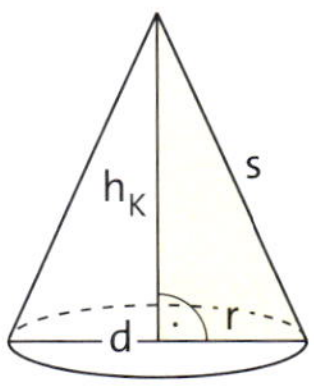

$r^2 = \square^2 - \square^2$

5 Berechne den Oberflächeninhalt des Kegels.
a) h_K = 9 m; r = 72 dm
b) h_K = 12 m; r = 1300 cm
c) h_K = 72 dm; r = 8,2 m
d) h_K = 11 m; r = 122 dm

6 Berechne die fehlenden Größen eines Kegels. Runde sinnvoll. Die Längeneinheiten sind in m und die Flächeneinheiten sind in m^2 angegeben.

	s	r	d	h_K	M	G	O
a)	8		3,5				
b)		4,2			250		
c)		2,8					65,7
d)					60,5	34,21	

7 Stelle eine Vermutung auf, wie sich der Mantelflächeninhalt eines Kegels mit s = 10 cm und r = 4 cm verändert, wenn sich …
a) der Radius verdoppelt,
b) der Radius halbiert,
c) Radius und die Mantellinie verdoppeln.
d) Überprüft eure Vermutungen mit Hilfe von Beispielrechnungen. Formuliert Merksätze und präsentiert sie in der Klasse.

8 Das ist die Salzmühle bei Trapani. Schätze die Höhe und den Durchmesser des kegelförmigen Daches. Die kleinen Fenster sind ungefähr so groß wie ein Din-A4-Blatt. Berechne den Mantelflächeninhalt.

9 Im Nationalpark Ras Muhammed an der Südspitze von Sinai steht am alten Eingang dieser Kegel aus Stein.

a) Schätze die Höhe und den Durchmesser des Kegels. Der kleine Busch im Vordergrund ist ungefähr 30 cm hoch.
b) Berechne den Oberflächeninhalt.
c) Recherchiere im Internet, wie viele Kegel dort stehen.

10 Bastelt zu zweit aus einem DIN-A4-Blatt einen Kegel mit einem möglichst großen Oberflächeninhalt. Vergleicht dann in der Klasse, wer den Kegel mit dem größten Oberflächeninhalt hat.

Lösungen zu **3**: O : 48,38 dm^2; 257,11 dm^2; 506,55 dm^2; 519,90 dm^2

Volumen von Pyramiden und Kegeln

Jule möchte zwei Kerzen aus Bienenwachs gießen: die erste Kerze in Form einer Pyramide und die zweite in Form eines Kegels. Beide Kerzen sollen 20 cm hoch sein. Wie kann Jule das Volumen der Kerze ① berechnen?

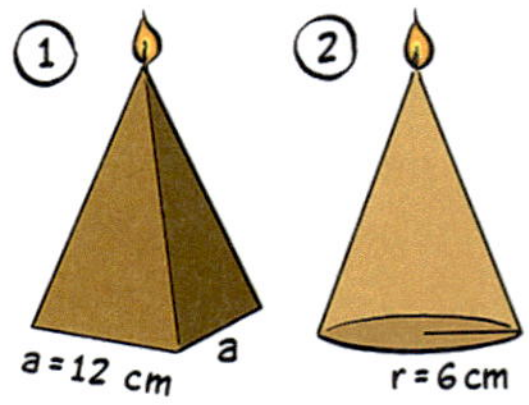

Wenn die Grundfläche einer Pyramide …
- *ein Quadrat ist, dann ist* $G = a \cdot a$
- *ein Rechteck ist, dann ist* $G = a \cdot b$
- *ein Dreieck ist, dann ist* $G = g \cdot \frac{h}{2}$

W

Das Volumen einer Pyramide berechnen

Multipliziere ein Drittel mit dem Grundflächeninhalt G und der Körperhöhe h_K.
Du erhältst das Volumen einer Pyramide:

$V_{Pyramide} = \frac{1}{3} \cdot G \cdot h_K$

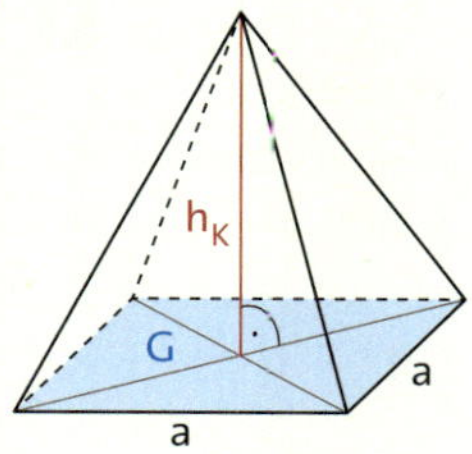

gegeben: $a = 12\,cm$; $h_K = 20\,cm$
gesucht: $V_{Pyramide}$

$G = a \cdot a = a^2$
$= 12\,cm \cdot 12\,cm = 144\,cm^2$

$V_{Pyramide} = \frac{1}{3} \cdot 144\,cm^2 \cdot 20\,cm$
$= 960\,cm^3$

Das Volumen der Kerze ① beträgt $960\,cm^3$.

► **Aufgabe** Berechne das Volumen einer Pyramide …
a) mit quadratischer Grundfläche mit $a = 8\,cm$ und $h_K = 10\,cm$.
b) mit rechteckiger Grundfläche mit $a = 5\,cm$, $b = 4\,cm$ und $h_K = 9\,cm$.

► 1 ► 1 ► 1

Wie kann Jule das Volumen der kegelförmigen Kerze ② berechnen?

Die Grundfläche eines Kegels ist immer ein Kreis. Deshalb ist $G = \pi \cdot r^2$.

Finde heraus, welche Tasten du für π drücken musst.
[π] *oder* [Shift] [π]

W

Das Volumen eines Kegels berechnen

Multipliziere ein Drittel mit dem Grundflächeninhalt G und der Körperhöhe h_K.
Du erhältst das Volumen eines Kegels:

$V_{Kegel} = \frac{1}{3} \cdot G \cdot h_K$

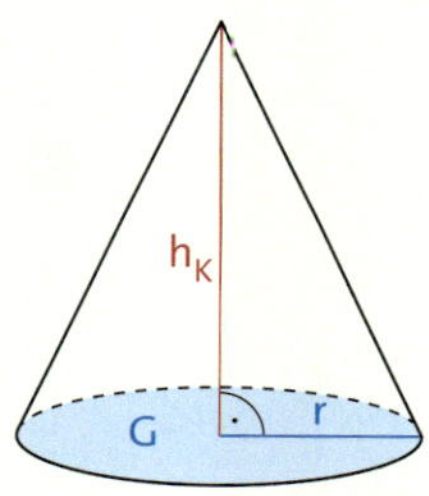

gegeben: $r = 6\,cm$; $h_K = 20\,cm$
gesucht: V_{Kegel}

$G = \pi \cdot r^2$
$= \pi \cdot (6\,cm)^2 \approx 113{,}10\,cm^2$

$V_{Kegel} \approx \frac{1}{3} \cdot 113{,}10\,cm^2 \cdot 20\,cm$
$\approx 754{,}00\,cm^3$

Das Volumen der Kerze ② beträgt ungefähr $754\,cm^3$.

► **Aufgabe** Berechne das Volumen des Kegels mit $r = 5\,cm$ und $h_K = 20\,cm$.

► 3 ► 3 ► 3

Wie viel Gramm Bienenwachs benötigt Jule für die pyramidenförmige Kerze?

In einer Dichtetabelle findest du die Dichte eines Materials.

Die Maßeinheiten für die Dichte sind: $\frac{t}{m^3}, \frac{kg}{dm^3}, \frac{g}{cm^3}$

Die Masse m eines Körpers berechnen

Multipliziere das Volumen V mit der Dichte ρ (lies: rho) des Materials: $m = V \cdot \rho$.

Für die Kerze ①: Bienenwachs hat eine Dichte von ungefähr $\rho = 0{,}96\,\frac{g}{cm^3}$.
gegeben: $V_{Pyramide} = 960\,cm^3$, $\rho = 0{,}96\,\frac{g}{cm^3}$
gesucht: m
$m \approx 960\,\cancel{cm^3} \cdot 0{,}96\,\frac{g}{\cancel{cm^3}} \approx 921{,}6\,g$ Für die Kerze ① benötigt Jule ungefähr 922 g.

► **Aufgabe** Berechne die Masse der kegelförmigen Kerze ②.

► 6 ► 5 ► 5

1 Berechne das Volumen der quadratischen Pyramide.
Beginne so: $G = a \cdot a$.
a) $a = 5\,cm$; $h_K = 7\,cm$
b) $a = 17{,}4\,cm$; $h_K = 20\,cm$
c) $a = 35{,}1\,dm$; $h_K = 44\,dm$
d) $a = 12\,m$; $h_K = 14{,}5\,m$

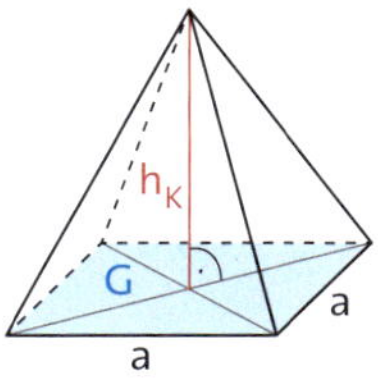

2 Berechne das Volumen der rechteckigen Pyramide.
Beginne so $G = a \cdot b$.
a) $a = 5{,}8\,cm$;
$b = 4{,}7\,cm$ und $h_K = 7\,cm$
b) $a = 14{,}1\,m$;
$b = 12{,}9\,m$ und $h_K = 18\,m$
c) $a = 333\,cm$;
$b = 24{,}7\,dm$ und $h_K = 50\,dm$

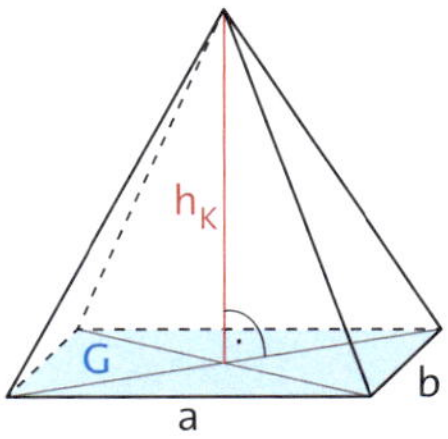

▶ 3

3 Berechne das Volumen des Kegels.
Beginne so $G = \pi \cdot r^2$.
a) $r = 2\,cm$; $h_K = 3{,}5\,cm$
b) $r = 12{,}5\,m$; $h_K = 15\,m$
c) $r = 0{,}3\,dm$; $h_K = 0{,}5\,dm$
d) $r = 8\,m$; $h_K = 18{,}9\,m$

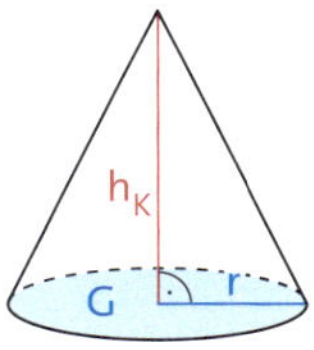

4 Ein Kegel hat ein Volumen von $235\,m^3$.
a) Der Radius des Kegels beträgt 5 m.
Berechne die Höhe des Kegels.
Beginne so: $V_{Kegel} = \frac{1}{3} \cdot \pi \cdot r^2 \cdot h_K$

$235\,m^3 = \frac{1}{3} \cdot \pi \cdot (5\,m)^2 \cdot h_K$

$235\,m^3 \approx$ ______ $\cdot h_K$ | : ■

b) Berechne den Radius, wenn die Körperhöhe $h_K = 8\,m$ beträgt.

5 ▼ Chilipulver ist auf Märkten oft in Kegeln geformt.
Der Kegel aus Chilipulver hat einen Durchmesser von 10 cm und ist 15 cm hoch.

a) Berechne das Volumen des Kegels.
b) Patricia möchte das Chilipulver vollständig in Dosen abfüllen. In eine Dose für Gewürze passen 45 mℓ. Berechne die Anzahl der Dosen.

6 Sophie und Emilie möchten Pyramiden aus Gips herstellen. Sie haben drei pyramidenförmige Gießformen mit quadratischer Grundfläche:
① $a = 2\,cm$, $h_K = 5\,cm$,
② $a = 3\,cm$, $h_K = 7\,cm$,
③ $a = 4\,cm$, $h_K = 9\,cm$.
Berechne für jede Gießform die Masse einer Pyramide. Der Gips hat eine Dichte von $2{,}2\,\frac{g}{cm^3}$.

7 ▼ In einem Abbaugebiet für Steinkohle gibt es unterschiedlich große kegelförmige **Halden** aus Steinkohle.
Die Steinkohle hat eine Dichte von $1{,}2\,\frac{t}{m^3}$.
Berechne die Masse der Halden:

① kleinste Halde: $d = 240\,m$, $h_K = 150\,m$,
② mittelgroße Halde: $d = 320\,m$, $h_K = 180\,m$,
③ größte Halde: $d = 360\,m$, $h_K = 200\,m$.

▶ 7

8 Mit der Ernte von Zuckerrüben beginnt auch die Zuckerproduktion.
Ein kegelförmiger Haufen aus Zuckerrüben hat einen Durchmesser von 6 m und eine Höhe von 1,8 m.
Der Haufen hat eine Dichte von $0{,}40\,\frac{t}{m^3}$.
Berechne die Masse des Haufens.

9 Auf der philippinischen Insel Bohol gibt es kegelförmige Hügel. Der Hügel auf dem Foto ist 120 m hoch. Schätze den Durchmesser des Hügels. Berechne das Volumen mit deinem Schätzwert.

Tipps zu **5b**: $1\,cm^3 = 1\,mℓ$. Das Ergebnis ist keine natürliche Zahl. Du musst aufrunden.
Sprachhilfe zu **7**: Eine Halde ist eine künstliche Aufschüttung von Material.

1 Berechne das Volumen der Pyramide. Verwende die Kärtchen.

G = a · b | G = a · a

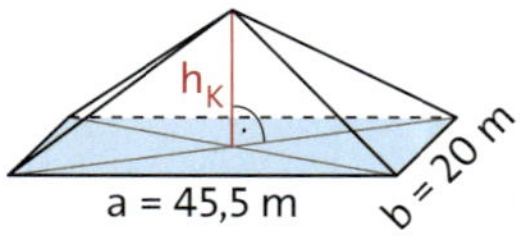

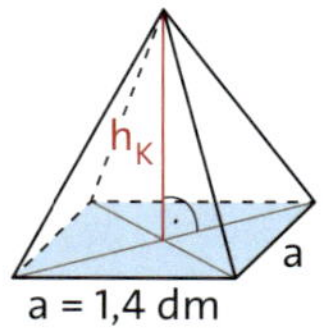

a) $h_K = 9\,m$ b) $h_K = 6{,}8\,dm$
c) a = 68 m; b = 56,5 m; $h_K = 44\,m$
d) a = 225 dm; b = 198 dm; $h_K = 28\,m$

2 Berechne die fehlenden Längen der Pyramide.

Beispiel *gegeben:* Pyramide mit quadratischer Grundfläche mit a = 6 cm, $V = 240\,cm^3$
gesucht: h_K
① Notiere die Formel:
$V_{Pyramide} = \frac{1}{3} \cdot G \cdot h_K$
② Setze die gegebenen Werte ein:
$240\,cm^3 = \frac{1}{3} \cdot 6\,cm \cdot 6\,cm \cdot h_K$
$240\,cm^3 = 12\,cm^2 \cdot h_K \quad | : 12\,cm^2$
$20\,cm = h_K$

a) Pyramide mit quadratischer Grundfläche
gegeben: a = 8 m; $V = 300\,m^3$ *gesucht:* h_K
b) Pyramide mit quadratischer Grundfläche
gegeben: $V = 540\,dm^3$; $h_K = 51{,}66\,dm$
gesucht: a
c) Pyramide mit rechteckiger Grundfläche
gegeben: $V = 480\,cm^3$; b = 10,5 cm; $h_K = 25{,}3\,cm$ *gesucht:* a

► 3 ☒

3 Berechne das Volumen des Kegels.

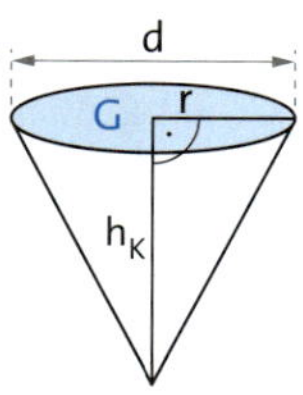

a) r = 1,7 dm; $h_K = 5\,cm$
b) r = 78 mm; $h_K = 14{,}5\,cm$
c) d = 26 dm; $h_K = 3{,}7\,m$
d) d = 2480 dm; $h_K = 280\,m$

4 Berechne die fehlenden Größen des Kegels. Ergänze die Tabelle im Heft.

	r	d	h_K	V
a)	4,5 m		100 dm	
b)			84,8 cm	$1500\,cm^3$
c)	1,5 m			$2250\,cm^3$
d)		320 mm		$5640\,cm^3$

5 Raja möchte einen Kegel mit r = 2,5 dm und $h_K = 6\,dm$ aus Ton formen. Berechne, wie viel Gramm Ton Raja benötigt. Der Ton hat ungefähr eine Dichte von $1{,}3\,\frac{g}{cm^3}$.

6 Susanne und Hakan sind in einer Kreativ AG. Sie möchten aus Gips Pyramiden mit quadratischer Grundfläche gießen. Die Dichte des Gips beträgt $2{,}3\,\frac{g}{cm^3}$.

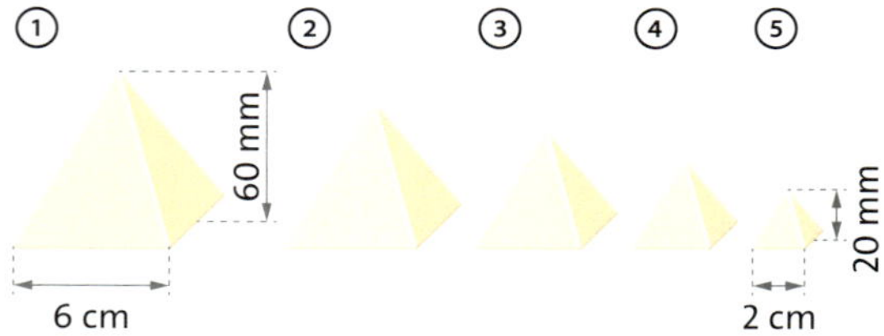

a) Die Seitenlänge der Grundfläche nimmt um 1 cm und die Höhe um 10 mm ab. Ergänze die Werte für die anderen drei Pyramiden im Heft.
b) Berechne das Volumen in cm^3 für jede Pyramide.
c) Stelle eine Vermutung auf, ob 750 g Gips für diese 5 Pyramiden ausreichen.
d) Überprüfe deine Vermutung aus c). Berechne, wie viel Gramm Gips Susanne und Hakan für diese 5 Pyramiden insgesamt benötigen.

► 7 ☒

7 Der kegelförmige Haufen aus Kies hat einen Umfang von 14 m und eine Höhe von 2,1 m.

Berechne das Volumen des Kieshaufens. Beginne mit der Formel $u = 2 \cdot \pi \cdot r$. Stelle die Formel für u nach r um.

8 Der Eingang zum Louvre Museum in Paris führt durch eine quadratische Pyramide aus Glas. Die Grundkante ist ungefähr 35 m lang.

a) Schätze die Höhe der Pyramide. Berechne das Volumen mit deinem Schätzwert.
b) Recherchiere im Internet die Höhe dieser Pyramide. Berechne damit das Volumen. Vergleiche mit deinem Ergebnis aus a).

1 Berechne das Volumen der Pyramide.

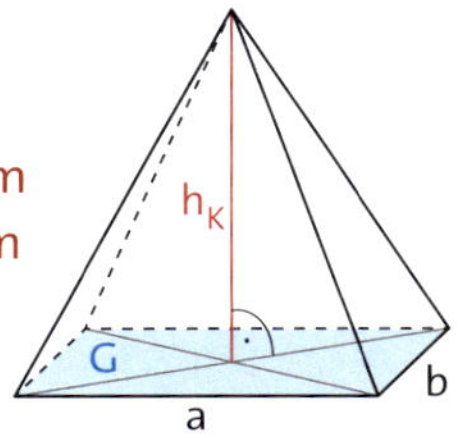

a) $a = b = 4{,}5\,cm$; $h_K = 7{,}2\,cm$
b) $a = b = 6{,}4\,dm$; $h_K = 93\,cm$
c) $a = 450\,dm$; $b = 35{,}4\,m$; $h_K = 108\,m$
d) $a = 9{,}5\,dm$; $b = 0{,}86\,m$; $h_K = 235\,cm$

2 Berechne die fehlende Länge der Pyramide mit rechteckiger Grundfläche.
a) $b = 10\,m$; $h_K = 1240\,cm$; $V = 458{,}520\,m^3$
b) $a = 3{,}85\,m$; $b = 6\,m$; $V = 57\,800\,dm^3$
c) $b = 4250\,cm$; $h_K = 3{,}8\,dm$; $V = 18\,650\,m^3$
d) $a = 2{,}38\,dm$; $b = 20{,}5\,cm$; $V = 8\,650\,400\,mm^3$

3 Berechne das Volumen der drei Kegel.
① $r = 2\,cm$; $h_K = 3\,cm$
② $r = 2\,cm$; $h_K = 6\,cm$
③ $r = 2\,cm$; $h_K = 9\,cm$
Beschreibe, was dir auffällt.

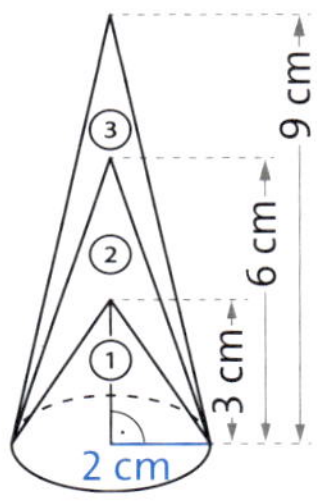

4 Berechne die fehlenden Werte des Kegels.

	r	h_K	V
a)	3,5 cm	3,5 dm	
b)	56 mm		655 cm³
c)	8,2 dm	26 cm	
d)	196 dm		4750 m³
e)		134 m	45 680 m³

5 Tanja verpackt Kakaopulver in kegelförmige Papiertüten. Diese haben 3 verschiedene Größen:

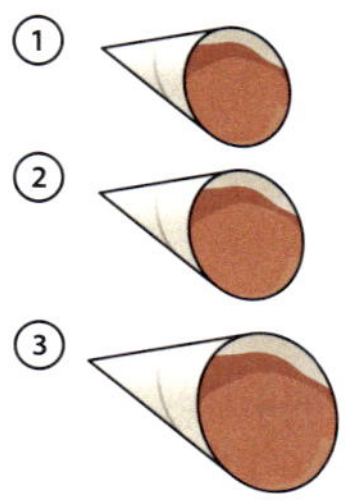

① $r = 9\,cm$; $h_K = 15\,cm$
② $r = 12\,cm$; $h_K = 20\,cm$
③ $r = 15\,cm$; $h_K = 24\,cm$
a) Berechne für jede Papiertüte ① bis ③ das Volumen.
b) Wie viel Gramm Kakaopulver passt in jede Papiertüte? Berechne. $1\,dm^3$ entspricht $1\,\ell$.
c) Passe den Radius der Papiertüte ③ so an, dass genau 3 kg Kakaopulver hineinpassen.

Kakaopulver
Dichte: $0{,}48\,\frac{kg}{\ell}$

6 ▼ Die Zwillinge Philip und Max bauen einen Kegel aus Gartenerde. Der Hügel ist 1,20 m hoch und hat einen Durchmesser von 90 cm.

a) Berechne das Volumen des Hügels.
b) Berechne, wie viel Kilogramm Erde sie benötigen. Die Gartenerde hat eine Dichte von $830\,\frac{kg}{m^3} = 0{,}83\,\frac{kg}{l}$.
c) Eine 20-Liter-Packung Erde kostet 9,50 €. Berechne die Anzahl der benötigten Packungen sowie die zugehörigen Kosten.

7 Die Grundfläche einer quadratischen Pyramide hat einen Umfang von 128 mm. Sie ist 4,3 cm hoch. Berechne das Volumen und die Masse der Pyramide aus Aluminium, Stahl und Gold.

	Dichte (in $\frac{g}{cm^3}$)
Aluminium	2,7
Stahl	7,85
Gold	19,3

8 Untersuche das Volumen einer Pyramide mit quadratischer Grundfläche, wenn sich ihre Höhe von 3 Metern halbiert oder verdoppelt. Formuliere jeweils einen Merksatz.

9 Die Cheopspyramide in Ägypten hat eine quadratische Grundfläche. Die Länge der Grundkante ist heute ungefähr 225 m.

a) Schätze die Höhe. Berechne das Volumen der Pyramide mit deinem Schätzwert.
b) Recherchiere im Internet die heutige Höhe. Berechne damit das heutige Volumen der Cheopspyramide.
c) Berechne die Masse der Pyramide in Tonnen mit den Werten aus b). Die Dichte des Sandsteins beträgt $2{,}4\,\frac{t}{m^3}$. Du kannst annehmen, dass die Pyramide vollständig aus Sandstein besteht.

Tipp zu **6b**: $1\,\frac{kg}{m^3} = 0{,}001\,\frac{kg}{dm^3}$

Eine Pyramide und einen Kegel basteln

Für eine Pyramide benötigst du einen Bleistift, ein Radiergummi, ein Lineal oder ein Geodreieck, einen Kleber, eine Schere und ein Blatt Papier.

Eine Bastelanleitung für eine Pyramide:
① Zeichne das Netz einer Pyramide mit den Klebelaschen auf ein Blatt. Verwende dazu ein Lineal oder ein Geodreieck
② Schneide das Netz mit den Klebelaschen aus. Knicke die Klebelaschen nach innen.
③ Klebe die Seitenflächen an den Klebelaschen zusammen.

1 Bastle mit Hilfe der Bastelanleitung eine Pyramide mit ...

a) einer quadratischen Grundfläche.

b) einer rechteckigen Grundfläche.

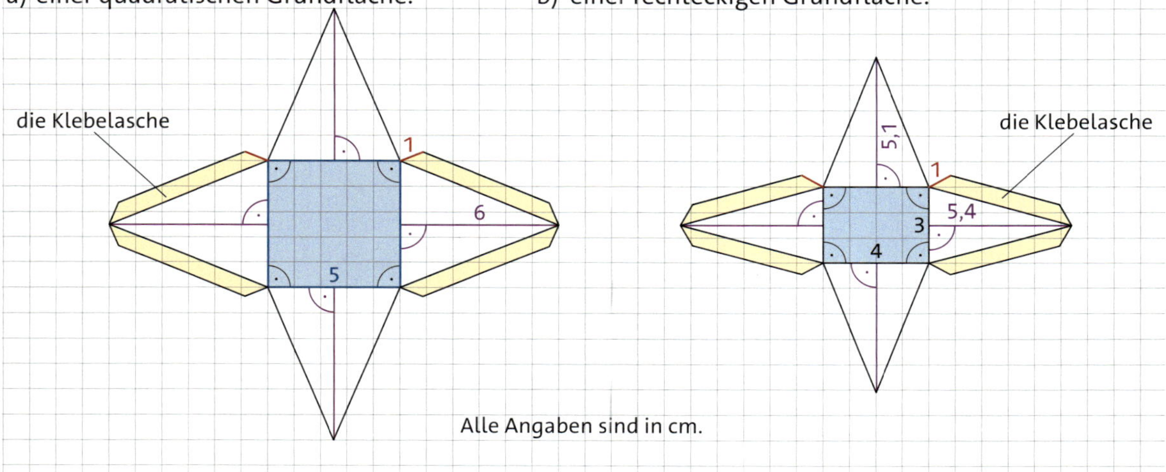

Alle Angaben sind in cm.

Für einen Kegel benötigst du zusätzlich einen Zirkel.

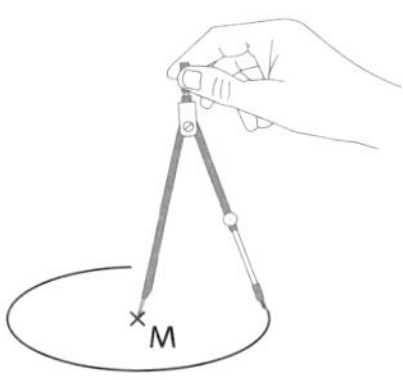

Eine Bastelanleitung für einen Kegel:
① Zeichne das Netz eines Kegels mit Hilfe eines Zirkels:
Beginne mit dem Kreis mit Radius r für die Grundfläche.
Konstruiere dann den Kreissektor mit Radius s für die Mantelfläche.
Ergänze deine Zeichnung für die Mantelfläche mit den Klebelaschen.
② Schneide den Kreis für die Grundfläche und die Mantelfläche mit den Klebelaschen aus.
③ Falte die Klebelaschen an den Enden des Kegels zur Mitte.
④ Klebe den Kreis unten auf die Klebelaschen.

2 Bastle mit Hilfe der Bastelanleitung einen Kegel.

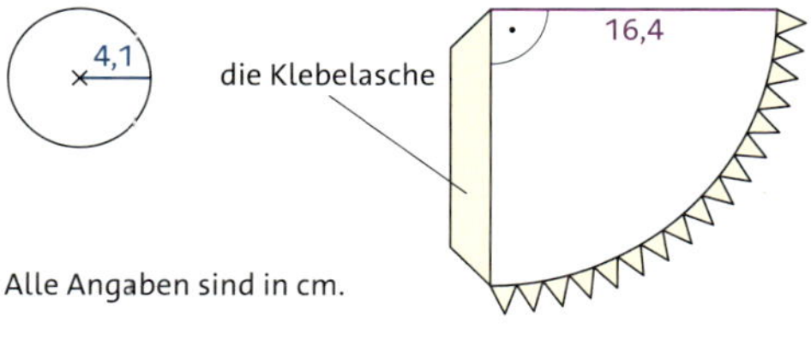

Alle Angaben sind in cm.

Der Satz von Cavalieri

Ein Stapel aus quadratischen Notizzetteln ergibt ein gerades Prisma. Julia verschiebt den Stapel und erhält ein schiefes Prisma. Julia meint: „Das gerade Prisma und das schiefe Prisma haben das gleiche Volumen." Stimmt das?

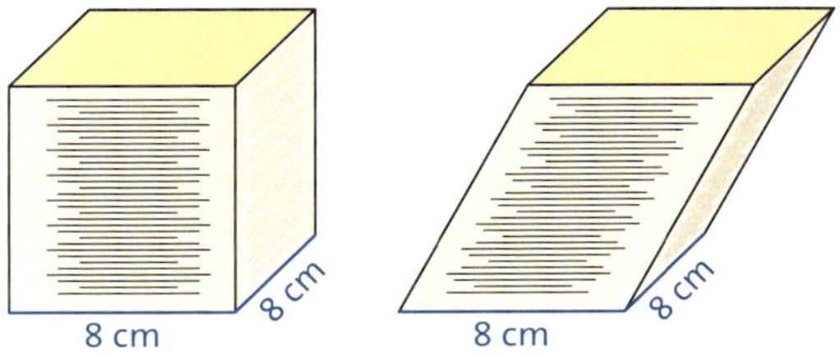

Der **Satz von Cavalieri** geht auf den italienischen Mathematiker Bonaventura Cavalieri zurück.

1598 bis 1647

Zwei Körper haben das gleiche Volumen, wenn drei Bedingungen erfüllt sind:

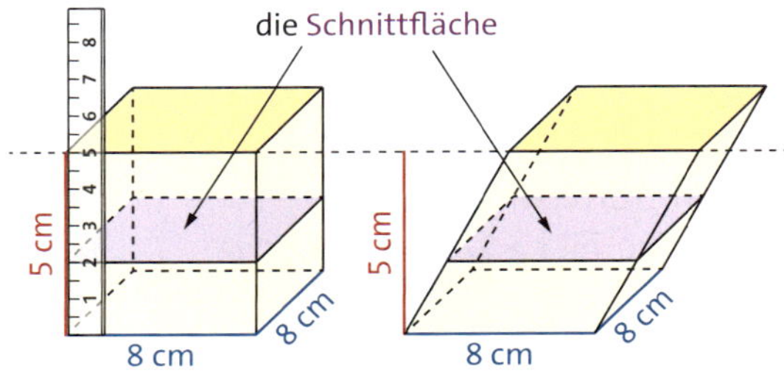

- Beide **Grundflächeninhalte** sind gleich.
- Beide **Körperhöhen** sind gleich.
- Die **Schnittflächen** beider Körper in jeder Körperhöhe haben den gleichen Flächeninhalt.

- Beide Prismen haben den gleichen Grundflächeninhalt: $G = 8\,cm \cdot 8\,cm = 64\,cm^2$
- Beide Körperhöhen sind **5 cm** lang.
- Alle **Schnittflächen** sind Quadrate mit $a = 8\,cm$ in jeder Körperhöhe. Also haben sie den gleichen Flächeninhalt.

Beide Volumen sind gleich. Also hat Julia recht.

1 Haben beide Körper das gleiche Volumen? Begründe mit Hilfe des Satzes von Cavalieri.
Tipp: Wenn mindestens eine der drei Bedingungen nicht erfüllt ist, dann ist das Volumen beider Körper nicht gleich.

a) 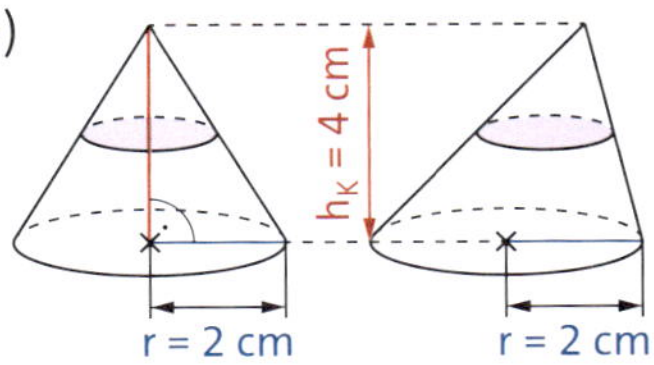

b) 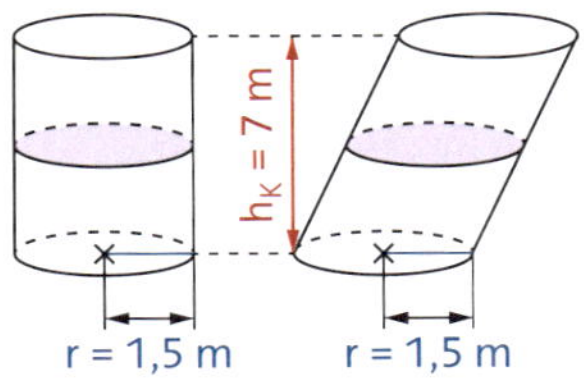

c) 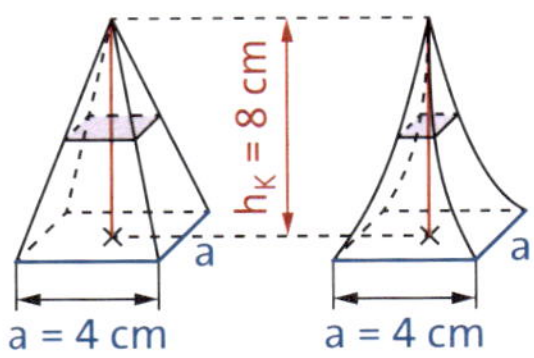

2 Gegeben ist ein schiefer Körper. Skizziere dazu den geraden Körper. Berechne das Volumen.

a) 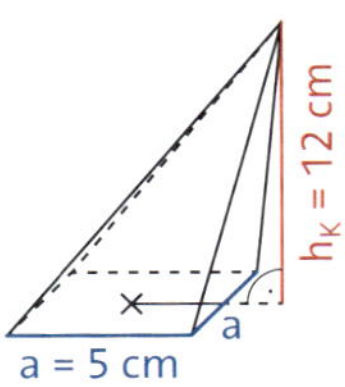

b) 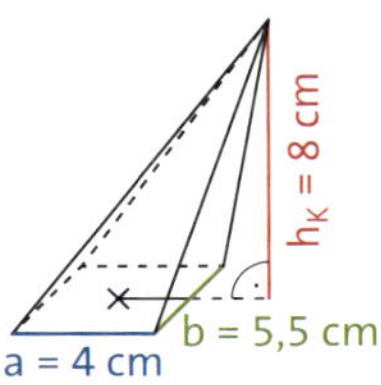

c) 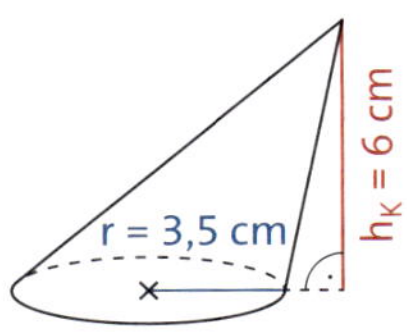

3 Stellt euch gegenseitig eine Aufgabe zum Satz von Cavalieri. Zeichnet einzeln eine Skizze einer schiefen Pyramide oder eines schiefen Kegels. Beschriftet eure Skizzen mit den Seitenlängen oder mit dem Radius sowie mit der Körperhöhe. Tauscht die Blätter und berechnet das Volumen. Überprüft eure Ergebnisse.

Zusammengesetzte Körper und Differenzkörper

Nasrin schaut sich eine Stiftebox für kleine Buntstifte an. Die Stiftebox ist aus zwei Körpern zusammengesetzt: aus einem Zylinder und einem Kegel.
Wie kann Nasrin das Volumen und den Oberflächeninhalt der Stiftebox berechnen?

Für das **Volumen** eines zusammengesetzten Körpers addierst du das Volumen der einzelnen Körper V_1 bis V_n:
$V = V_1 + V_2 + ... + V_n$

Für den **Oberflächeninhalt** eines zusammengesetzten Körpers addierst du alle Flächeninhalte A_1 bis A_n der sichtbaren Flächen:
$O = A_1 + A_2 + ... + A_n$

gegeben: Stiftebox
① Zylinder mit $r = 2\,\text{cm}$, $h_1 = 9{,}5\,\text{cm}$
und
② Kegel mit $r = 2\,\text{cm}$, $h_2 = 2{,}9\,\text{cm}$, $s = 3{,}5\,\text{cm}$

gesucht: Volumen und Oberflächeninhalt der Stiftebox

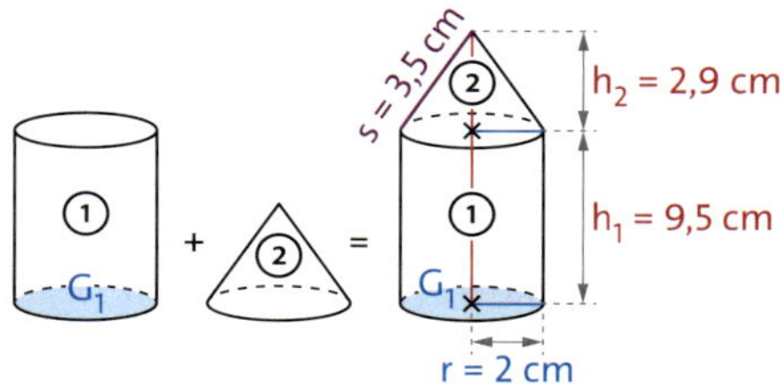

Berechnung des Volumens

① $V_{Zylinder} = \pi \cdot r^2 \cdot h_1$
$V_{Zylinder} = \pi \cdot (2\,\text{cm})^2 \cdot 9{,}5\,\text{cm}$
$\approx 119{,}38\,\text{cm}^3$

② $V_{Kegel} = \frac{1}{3} \cdot \pi \cdot r^2 \cdot h_2$
$V_{Kegel} = \frac{1}{3} \cdot \pi \cdot (2\,\text{cm})^2 \cdot 2{,}9\,\text{cm}$
$\approx 12{,}15\,\text{cm}^3$

gesamt: $V = V_{Zylinder} + V_{Kegel}$
$V \approx 119{,}38\,\text{cm}^3 + 12{,}15\,\text{cm}^3$
$\approx 131{,}53\,\text{cm}^3$

Berechnung des Oberflächeninhalts

① $A_1 = G_1 + M_1 = \pi \cdot r^2 + 2 \cdot \pi \cdot r \cdot h_1$
$A_1 = G_1 + M_1 = \pi \cdot (2\,\text{cm})^2 + 2 \cdot \pi \cdot 2\,\text{cm} \cdot 9{,}5\,\text{cm}$
$\approx 131{,}95\,\text{cm}^2$

② $A_2 = M_2 = \pi \cdot r \cdot s$
$A_2 = M_2 = \pi \cdot 2\,\text{cm} \cdot 3{,}5\,\text{cm}$
$\approx 21{,}99\,\text{cm}^2$

gesamt: $O = A_1 + A_2$
$O \approx 131{,}95\,\text{cm}^2 + 21{,}99\,\text{cm}^2$
$\approx 153{,}94\,\text{cm}^2$

Das Volumen beträgt ungefähr $131{,}53\,\text{cm}^3$ und der Oberflächeninhalt ungefähr $153{,}94\,\text{cm}^2$.

1 Beschreibe, aus welchen Körpern der zusammengesetzte Körper besteht.

a) 

b) 

c) 

2 Berechne das Volumen und den Oberflächeninhalt des Werkstücks. Die Maße sind in cm.

a) 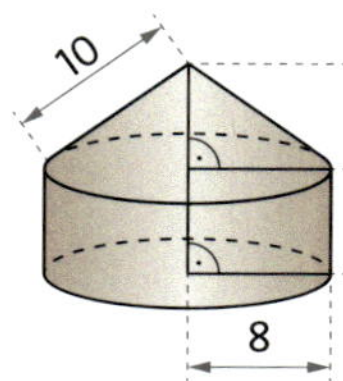

b) 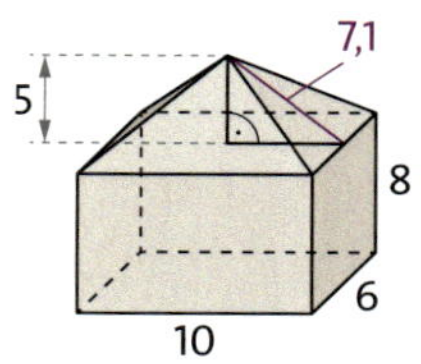

c) 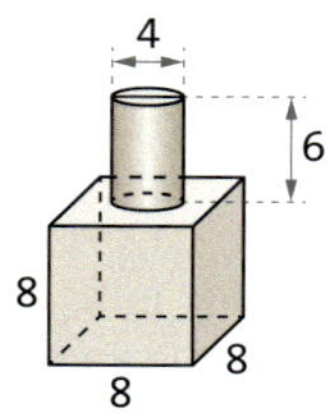

d) 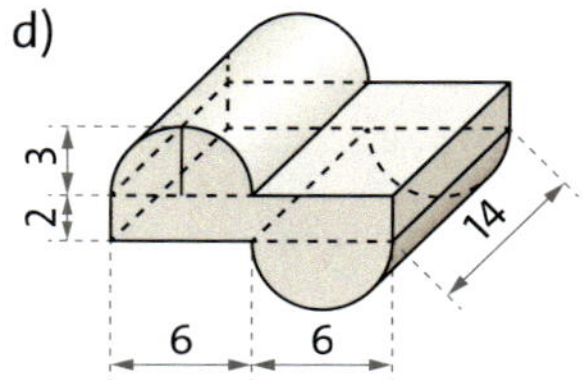

Tipp zum Oberflächeninhalt in **2c**: Subtrahiere vom Deckflächeninhalt des Würfels den Grundflächeninhalt des Zylinders.

Nasrin meint: „Bei dieser Blumenvase ist aus einem Quader eine Pyramide entfernt worden." Julia fragt Nasrin: „Wie groß ist das Volumen und der Oberflächeninhalt der Vase?"

Wenn man aus einem Körper einen kleinen Körper entfernt, heißt der verbleibende Körper **Differenzkörper**.

Für das **Volumen** subtrahierst du vom Volumen des Ausgangskörpers das Volumen des kleinen Körpers: $V = V_1 - V_2$

Für den **Oberflächeninhalt** addierst du alle Flächeninhalte A_1 bis A_n der sichtbaren Flächen: $O = A_1 + A_2 + \ldots + A_n$

gegeben: Blumenvase
① Quader mit a = 20 cm, b = 20 cm, c = 25 cm
ohne
② Pyramide mit a = 20 cm, b = 20 cm
$h_K = 24\,\text{cm}$, $h_a = 26\,\text{cm}$

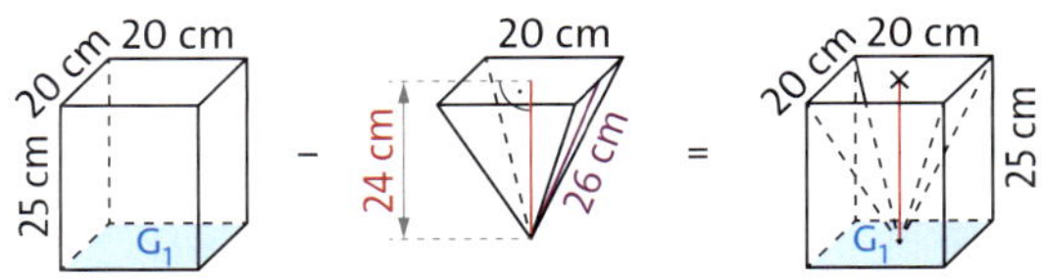

gesucht: Volumen und Oberflächeninhalt der Vase

Die Oberfläche der Vase besteht aus der Grundfläche und den Seitenflächen des Quaders und der Mantelfläche der Pyramide.

Berechnung des Volumens

① $V_1 = a \cdot b \cdot c$
$V_1 = 20\,\text{cm} \cdot 20\,\text{cm} \cdot 25\,\text{cm} = 10\,000\,\text{cm}^3$

② $V_2 = \frac{1}{3} \cdot a \cdot b \cdot h_K$
$V_2 = \frac{1}{3} \cdot 20\,\text{cm} \cdot 20\,\text{cm} \cdot 24\,\text{cm} = 3200\,\text{cm}^3$

gesamt: $V = V_1 - V_2$
$V = 10\,000\,\text{cm}^3 - 3200\,\text{cm}^3 = 6800\,\text{cm}^3$

Berechnung des Oberflächeninhalts

① $A_1 = G_1 + 4 \cdot b \cdot c$
$A_1 = (20\,\text{cm})^2 + 4 \cdot 20\,\text{cm} \cdot 25\,\text{cm} = 2400\,\text{cm}^2$

② $A_2 = M_2 = 4 \cdot h_a \cdot \frac{a}{2}$
$A_2 = M_2 = 4 \cdot 26\,\text{cm} \cdot 10\,\text{cm} = 1040\,\text{cm}^2$

gesamt: $O = A_1 + A_2$
$O = 2400\,\text{cm}^2 + 1040\,\text{cm}^2 = 3440\,\text{cm}^2$

Das Volumen der Vase beträgt $6800\,\text{cm}^3$ und der Oberflächeninhalt $3440\,\text{cm}^2$.

3 Beschreibe, wie der Differenzkörper entstanden ist. Benenne den geometrischen Ausgangskörper und die entfernten Körper.

a)

b)

c)

4 Berechne das Volumen und den Oberflächeninhalt des Werkstücks. Die Maße sind in cm.

a)

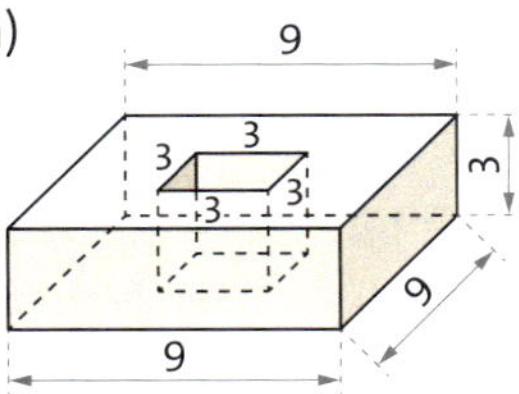

b)

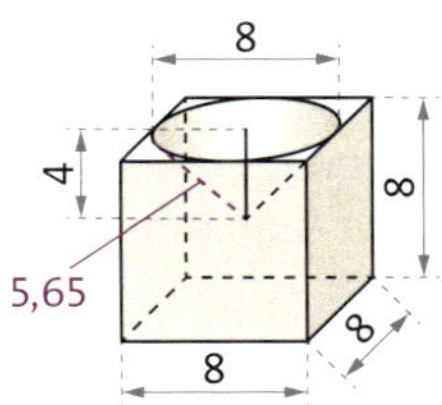

c)

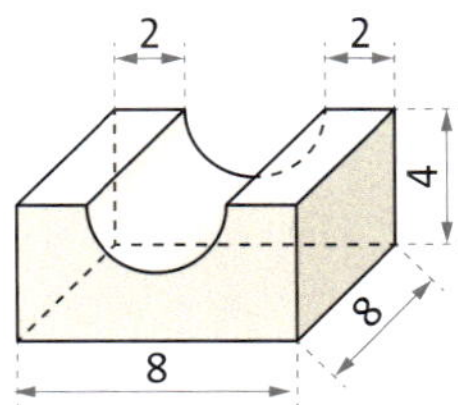

d)

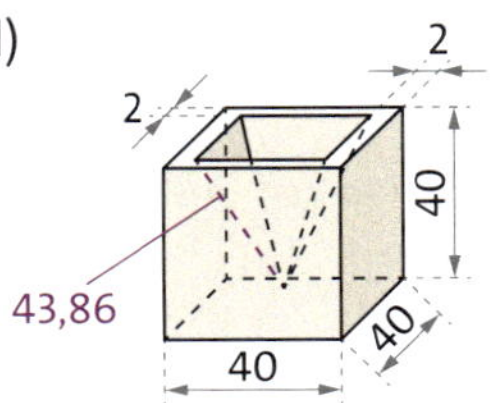

Zwischentest

Kompetenz	☒

1 Ich kann die Eigenschaften von Pyramiden und Kegeln beschreiben.

→ Lies auf **Seite 68** nach.

1 Vervollständige den Satz in deinem Heft.
a) Pyramiden und Kegel sind Körper mit einer ______ .
b) Die ______ einer Pyramide besteht aus mehreren gleichschenkligen Dreiecken.
c) Die Grundfläche eines Kegels ist ein ______ .

Kreis | Spitze | Mantelfläche

2 Ich kann Schrägbilder von Pyramiden und Kegeln zeichnen.

→ Lies auf **Seite 68** nach.

2 Vervollständige das Schrägbild im Heft.
a) $h_K = 3\,cm$ b) $h_K = 2\,cm$

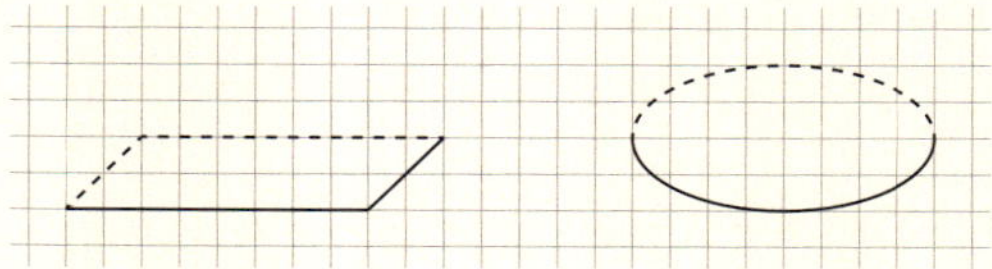

3 Ich kann den Oberflächeninhalt einer Pyramide berechnen.

→ Lies auf **Seite 72** nach.

3 Berechne den Oberflächeninhalt der Pyramide mit quadratischer Grundfläche mit $a = 3{,}5\,cm$ und einer Seitenhöhe $h_a = 5\,cm$.

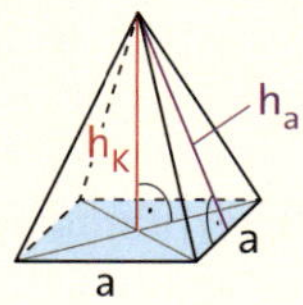

4 Ich kann den Oberflächeninhalt eines Kegels berechnen.

→ Lies auf **Seite 76** nach.

4 Berechne den Oberflächeninhalt des Kegels mit $r = 3\,m$ und $s = 5\,m$.

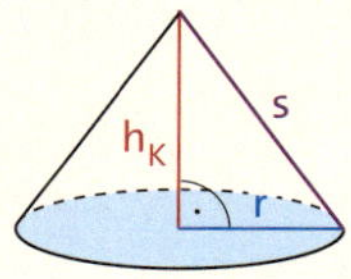

5 Ich kann in einer Pyramide oder einem Kegel fehlende Längen mit dem Satz des Pythagoras berechnen.

→ Lies auf **Seite 72** nach.

5 Berechne die Länge der Mantellinie s des Kegels mit dem Satz des Pythagoras.
a) $r = 12\,m$ und $h_K = 10\,m$
b) $r = 17\,cm$ und $h_K = 8\,cm$

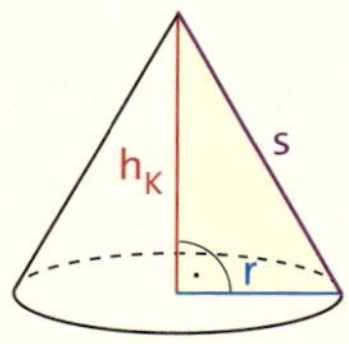

6 Ich kann das Volumen von Pyramiden und Kegeln berechnen.

→ Lies auf **Seite 80** nach.

6 Berechne das Volumen des Körpers.
a) Pyramide mit quadratischer Grundfläche mit $a = 4{,}2\,cm$ und $h_K = 7{,}3\,m$
b) Kegel mit $r = 3\,cm$ und $h_K = 8\,cm$

7 Ich kann Sachaufgaben mit Pyramiden und Kegeln lösen.

→ Lies auf **Seite 80** nach.

7 Auf einer Baustelle wird Erde kegelförmig aufgeschüttet. Der 2,6 m hohe Haufen hat einen Durchmesser von 6,4 m. Wie viel m^3 Erde sind schon aufgeschüttet worden?

→ Lösungen auf Seite 271 und 272

☒

1 Beschreibe die Gemeinsamkeiten und die Unterschiede von Pyramiden und Kegeln. Verwende dabei die Fachbegriffe.

die Mantelfläche | die Grundfläche | die Spitze

2 Zeichne das Schrägbild des Körpers.
a) Kegel mit $r = 3\,cm$ und $h_K = 4{,}5\,cm$,
b) Pyramide mit rechteckiger Grundfläche mit $a = 4\,cm$, $b = 5\,cm$ und $h_K = 6{,}5\,cm$.

3 Berechne den Oberflächeninhalt einer Pyramide mit quadratischer Grundfläche mit $a = 8{,}4\,m$ und $h_a = 10{,}2\,m$.

4 Berechne den Oberflächeninhalt eines Kegels mit $d = 6{,}8\,dm$ und $s = 6{,}4\,dm$.

5 Berechne die fehlende Länge mit dem Satz des Pythagoras. Fertige zuerst eine Skizze an.
a) Kegel mit $r = 14\,m$ und $h_K = 22\,m$; *gesucht:* s
b) Pyramide mit quadratischer Grundfläche mit $a = 14\,dm$ und $s = 9\,dm$; *gesucht:* h_a

6 Berechne das Volumen des Körpers.
a) Pyramide mit rechteckiger Grundfläche mit $a = 5\,dm$, $b = 7{,}5\,dm$ und $h_K = 6{,}5\,dm$
b) Kegel mit $d = 5{,}2\,m$ und $h_K = 4{,}6\,m$

7 Anja hat eine Schachtel in Form einer Pyramide. Sie ist 5 cm breit, 7,5 cm lang und 0,6 dm hoch. Anja möchte die Schachtel außen anmalen.
Wie viel mℓ Farbe benötigt Anja, wenn sie für $1\,cm^2$ Fläche 1 mℓ Farbe verbraucht?

☒

1 Entscheide, ob die Aussage stimmt oder nicht. Begründe.
a) Jede Pyramide hat 4 Seitenkanten.
b) Pyramide und Kegel haben eine Spitze.
c) Die Seitenflächen einer Pyramide bestehen aus gleichseitigen Dreiecken.

2 Zeichne das Schrägbild des Körpers.
a) Kegel mit $r = 3{,}5\,cm$ und $h_K = 6{,}5\,cm$,
b) Pyramide mit rechteckiger Grundfläche mit $a = 4{,}5\,cm$, $b = 3\,cm$ und $h_K = 5{,}5\,cm$.

3 Berechne den Oberflächeninhalt einer Pyramide mit quadratischer Grundfläche mit $a = 3{,}6\,m$ und $h_a = 63\,dm$.

4 Berechne den Oberflächeninhalt eines Kegels mit $d = 1{,}6\,m$ und $s = 26\,dm$.

5 Berechne die fehlenden Längen mit dem Satz des Pythagoras. Fertige zuerst eine Skizze an.
a) Kegel mit $s = 11{,}7\,dm$, $h_K = 10\,dm$; *gesucht:* r
b) Pyramide mit quadratischer Grundfläche mit $a = 9{,}6\,m$, $h_a = 14{,}5\,m$; *gesucht:* s und h_K

6 Berechne das Volumen des Körpers.
a) Pyramide mit rechteckiger Grundfläche mit $a = 2{,}4\,m$, $b = 18\,dm$ und $h_K = 265\,cm$
b) Kegel mit $d = 12{,}8\,dm$ und $h_K = 145\,cm$

7 Mark hat einen Kegel aus Ton gefertigt. Der Kegel hat einen Durchmesser von 8 cm und eine Mantellinie von 12 cm. Wie schwer ist Marks Kegel? Der Ton hat eine Dichte von $1{,}80\,\frac{g}{cm^3}$.

→ Lösungen auf Seite 272 und 273

Die Füllvorgänge

Ein Kegel und ein Zylinder haben die gleiche Grundfläche und die gleiche Körperhöhe.
Omar möchte herausfinden, wie oft er die Flüssigkeit aus dem Kegel in den Zylinder füllen kann.

① Der Kegel ist voll.

② 1-mal füllen: Der Zylinder ist zu einem Drittel gefüllt.

③ 2-mal füllen: Der Zylinder ist zu zwei Drittel gefüllt.

④ 3-mal füllen: Der Zylinder ist nun voll.

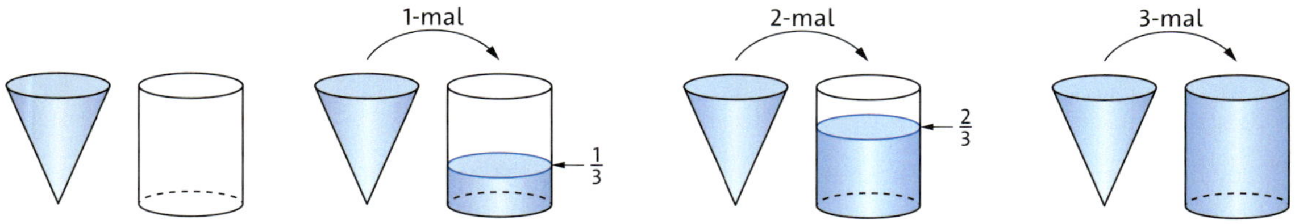

Omar kann die Flüssigkeit aus dem Kegel 3-mal in den Zylinder füllen.

1 Schaut euch ① bis ④ gemeinsam an. Beschreibt euch gegenseitig die einzelnen Schritte.

2 Erkläre, wie ein Füllvorgang zur Herleitung der Volumenformel des Kegels mit Sand ablaufen würde.

Aischa nimmt sich eine Pyramide und einen Quader.
Die Pyramide und der Quader haben die gleiche Grundfläche und Körperhöhe.
Beide bestehen aus Sand. Aischa stellt zuerst die Pyramide und dann den Quader auf eine Waage. Aischa schreibt ihre Vermutung auf:

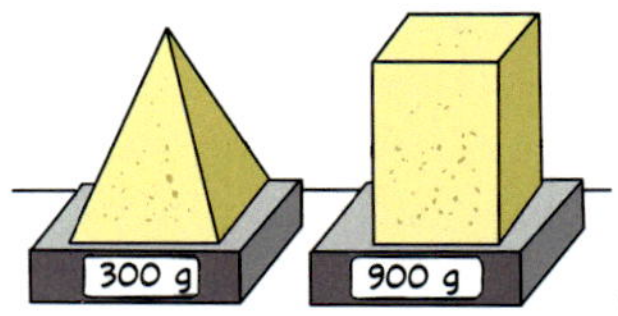

Wenn die Grundfläche und die Körperhöhe bei einem Quader und einer Pyramide gleich sind, dann ist das Volumen der Pyramide ein Drittel des Quadervolumens: $V_{Pyramide} = \frac{1}{3} \cdot V_{Quader}$

3 Beschreibe, wie Aischa mit Hilfe der Waage ihre Vermutung aufstellen konnte.

4 Überlegt euch gemeinsam, wie ihr die Formel von einer Pyramide mit Hilfe von Aischas Vermutung herleiten könnt. Verwendet die Kärtchen. Präsentiert eure Herleitung in der Klasse.

$V_{Pyramide} = \frac{1}{3} \cdot V_{Quader}$ | $V_{Quader} = a \cdot b \cdot c$ | $c = h_K$

5 Stelle für Omars Füllvorgang eine Vermutung wie Aischa auf.
Begründe, wie sich aus dem Füllvorgang die Volumenformel des Kegels herleiten lässt.

6 Darias Pyramide und Quader haben die gleiche Grundfläche. Daria hat ihre Schritte skizziert.

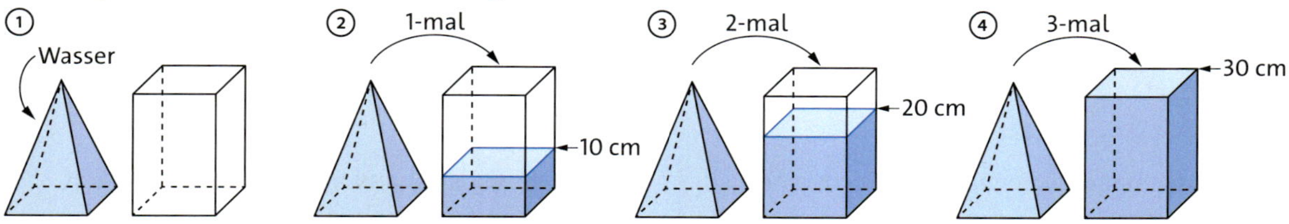

a) Beschreibe Darias Schritte. Begründe, wie hoch die Pyramide ist.
b) Erkläre, wie man mit Hilfe von Darias Füllvorgang eine Formel für das Volumen einer Pyramide herleiten kann.
c) Vergleiche Darias Füllvorgang mit Aischas Vorgehen. Notiere Vorteile und Nachteile.

Volumen und Oberflächeninhalt einer quadratischen Pyramide mit einer Tabellenkalkulation berechnen

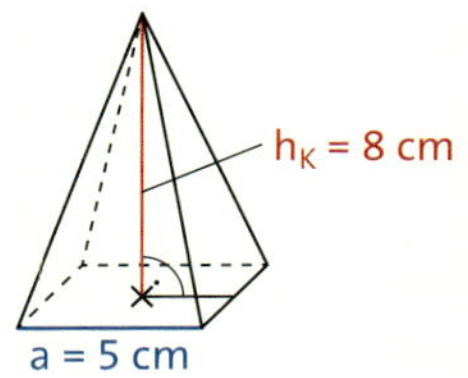

Hier lernst du zuerst, wie du mithilfe der Tabellenkalkulation das **Volumen einer quadratischen Pyramide berechnen** kannst.

① **Beschriften und Bekanntes eintragen**
- Trage in **A1** den Titel ein.
  Trage die Fachbegriffe in **A2** bis **D2** ein.
- Trage darunter für a in **A3** den Wert **5** und für h_K in **B3** den Wert **8** ein.

	A	B	C	D
1	Das Volumen einer quadratischen Pyramide berechnen			
2	Seitenlänge a	Körperhöhe h_K	Grundflächeninhalt G	Volumen V
3	5	8		

② **Das Volumen berechnen**
- Trage für G in **C3** die Formel **=A3^2** ein.

Drücke die Hütchen-Taste: ° ^
Sie ist unter der esc-Taste.

- Trage für V in D3 die Formel **=(C3*B3)/3** ein.

	A	B	C	D
1	Das Volumen einer quadratischen Pyramide berechnen			
2	Seitenlänge a	Körperhöhe h_K	Grundflächeninhalt G	Volumen V
3	5	8	=A3^2	=(C3*B3)/3

Du erhältst 25 (in cm^3) und **66,7** (in cm^3).

1 Gegeben ist eine quadratische Pyramide. Berechne den Grundflächeninhalt und das Volumen.
a) a = 4 cm, h_k = 3 cm b) a = 8 cm, h_k = 3 cm c) a = 8,5 cm, h_k = 6,3 cm

2 Janina behauptet: „Wenn sich die Körperhöhe verdoppelt, dann verdoppelt sich auch das Volumen." Überprüfe Janinas Aussage an deinen eigenen Beispielen mit deinem Tabellenblatt.

Und so kannst du den Oberflächeninhalt einer quadratischen Pyramide mit einem Tabellenblatt berechnen.

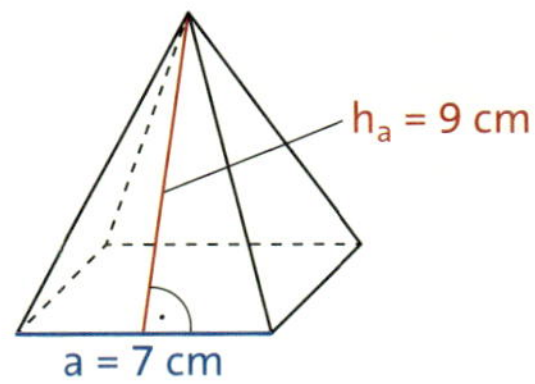

① **Beschriften und Bekanntes eintragen**
- Trage in **A1** den Titel ein.
  Trage die Fachbegriffe **A2** bis **F2** ein.
- Trage darunter für a in **A3** den Wert **7** und für h_a in **B3** den Wert **9** ein.

	A	B	C	D	E	F
1	Den Oberflächeninhalt einer quadratischen Pyramide berechnen					
2	Seitenlänge a	Höhe der Seitenfläche h_a	Grundflächeninhalt G	Flächeninhalt einer Seitenfläche A	Mantelflächeninhalt M	Oberflächeninhalt O
3	7	9				

② **Den Oberflächeninhalt berechnen**
- Trage für G in **C3** die Formel **=A3^2** ein.
- Trage für A in **D3** die Formel **=(A3*B3)/2** ein.
  Trage für M in **E3** die Formel **=D3*4** und für O in **F3** die Formel **=C3+E3** ein.

	A	B	C	D	E	F
1	Den Oberflächeninhalt einer quadratischen Pyramide berechnen					
2	Seitenlänge a	Höhe der Seitenfläche h_a	Grundflächeninhalt G	Flächeninhalt einer Seitenfläche A	Mantelflächeninhalt M	Oberflächeninhalt O
3	7	9	=A3^2	=(A3*B3)/2	=D3*4	=C3+E3

Du erhältst 49 (in cm^2) 31,5 (in cm^2) 126 (in cm^2.) 175 (in cm^2.)

3 Gegeben ist eine quadratische Pyramide. Berechne den Grundflächeninhalt G, den Flächeninhalt des Seitendreiecks A, den Mantelflächeninhalt M und den Oberflächeninhalt O für quadratische Pyramiden.
a) a = 4,5 cm, h_a = 3,3 cm b) a = 56 mm, h_a = 33 mm c) a = 6,8 cm, h_a = 2,7 cm

Volumen und Oberflächeninhalt eines Kegels mit einer Tabellenkalkulation berechnen

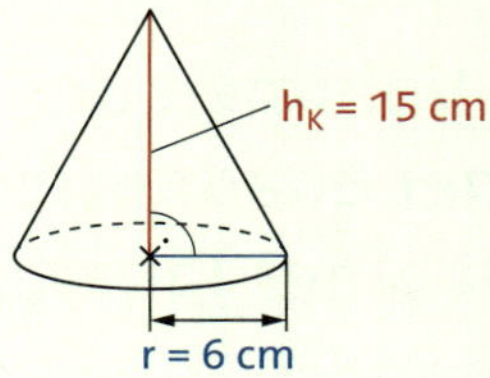

Hier lernst du zuerst, wie du mithilfe der Tabellenkalkulation das **Volumen von Kegeln berechnen** kannst.

① **Beschriften und Bekanntes eintragen**
- Trage in **A1** den Titel ein.
  Trage die Fachbegriffe in **A2** bis **D2** ein.
- Trage darunter für r in **A3** den Wert **6** und für hK in **B3** den Wert **15** ein.

② **Das Volumen berechnen**
- Trage für G in **C3** die Formel **=PI()*A3^2** ein.
- Trage für V in **D3** die Formel **=(C3*B3)/3** ein.

Schließe die Klammern.

	A	B	C	D
1	Das Volumen eines Kegels berechnen			
2	Radius r	Körperhöhe h_K	Grundflächeninhalt G	Volumen V
3	6	15		

	A	B	C	D
1	Das Volumen eines Kegels berechnen			
2	Radius r	Körperhöhe h_K	Grundflächeninhalt G	Volumen V
3	6	15	=PI()*A3^2	=(C3*B3)/3

Du erhältst ungefähr 113,10 (in cm^2) und 565,49 (in cm^3).

1 Gegeben ist ein Kegel. Berechne den Grundflächeninhalt und das Volumen.
a) a = 6 cm, h_k = 7,5 cm b) a = 3 cm, h_k = 7,5 cm c) a = 4 cm, h_k = 8 cm

Und so kannst du den Oberflächeninhalt eines Kegels mit einem Tabellenblatt berechnen.

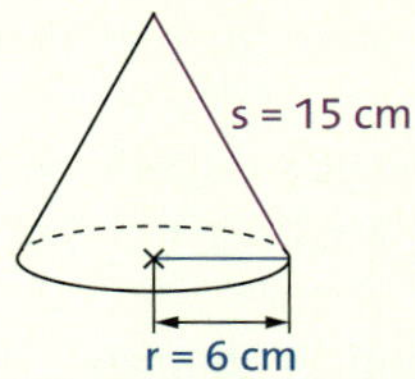

① **Beschriften und Bekanntes eintragen**
- Trage in **A1** den Titel ein.
  Trage die Fachbegriffe in **A2** bis **E2** ein.
- Trage darunter für r in **A3** den Wert **6** und für s in **B3** den Wert **15** ein.

② **Den Oberflächeninhalt berechnen**
- Trage für G in **C3** die Formel =**PI()*A3^2** ein.
- Trage für M in **D3** die Formel **=PI()*A3*B3** und für O in **F3** die Formel **=C3+D3** ein.

	A	B	C	D	E
1	Den Oberflächeninhalt eines Kegels berechnen				
2	Radius r	Mantel-linie s	Grundflächen-inhalt G	Mantelflächen-inhalt M	Oberflächen-inhalt O
3	6	15			

	A	B	C	D	E
1	Den Oberflächeninhalt eines Kegels berechnen				
2	Radius r	Mantel-linie s	Grundflächen-inhalt G	Mantelflächen-inhalt M	Oberflächen-inhalt O
3	6	15	=PI()*A3^2	=PI()*A3*B3	=C3+D3

Du erhältst ungefähr 113,10 (in cm^2) 282,74 (in cm^2) 395,84 (in cm^2.)

2 Gegeben ist ein Kegel.
Berechne den Grundflächeninhalt, den Mantelflächeninhalt und den Oberflächeninhalt.
a) r = 2 cm, s = 5,3 cm b) r = 4 cm, s = 5,3 cm c) r = 8 cm, s = 5,3 cm

3 Berechne den Oberflächeninhalt des Kegels, wenn die Körperhöhe h_K und der Radius r gegeben sind. Erstelle dazu ein Tabellenblatt mit einer Formel für s.
Tipp: Trage in C3 die Formel **=Wurzel(B3^2+A3^2)**
a) r = 4 cm, h_k = 10 cm b) r = 2 cm, h_k = 10 cm

	A	B	C
1	Den Oberflächeninhalt eines Kegels berechnen		
2	Radius r	Körperhöhe h_K	Mantellinie s
3	4	10	=WURZEL(B3^2+A3^2)

1 Fertige ein Kegelmodell an.
a) Zeichne die Grundfläche und die Mantelfläche mit den Klebelaschen auf ein Blatt.
b) Schneide beides aus. Klebe die Grundfläche und die Mantelfläche zusammen.
c) Berechne den Umfang u der Grundfläche und die Bogenlänge b der Mantelfläche.

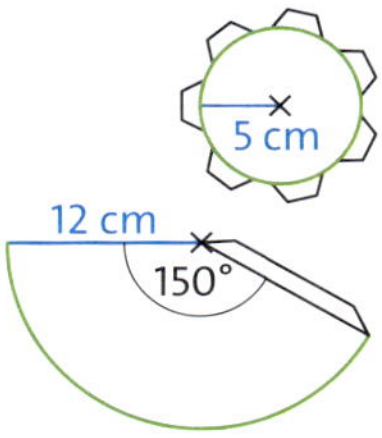

2 Gegeben sind vier geometrische Körper. Die Angaben sind in cm.

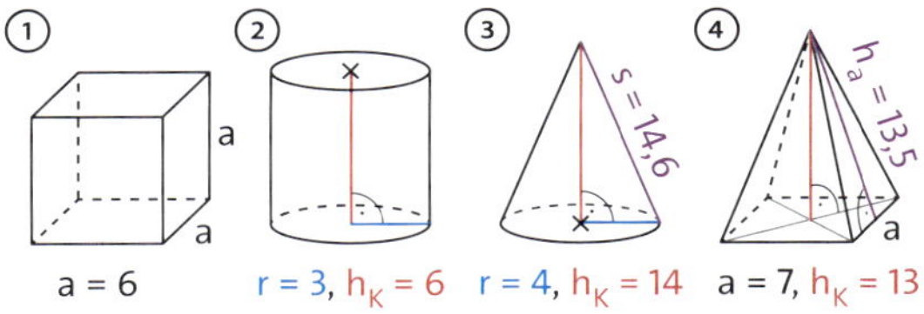

a) Schätze das Volumen der Körper ① bis ④.
b) Überprüfe deine Schätzung mit einer Rechnung. Ordne die Körper nach ihrem Volumen. Beginne mit dem kleinsten Volumen.
c) Berechne den Oberflächeninhalt. Beginne mit dem kleinsten Oberflächeninhalt.

▸ 3

3 Der Kelch des Glases ist 11,4 cm hoch und hat oben einen Durchmesser von 6,2 cm.
a) Berechne das Volumen des Kelchs.
b) Wandle das Volumen in mℓ um.

4 Ein Kegel aus dunkler Schokolade hat einen Durchmesser von 24 mm und eine Höhe von 13,5 cm.
a) Berechne das Volumen.
b) Die Schokolade hat eine Dichte von $1{,}6\,\frac{g}{cm^3}$. Berechne die Masse.
c) Für die Verpackung der Schokolade wird der Oberflächeninhalt zuzüglich 15 % berechnet. Berechne, wie viel Verpackungsmaterial insgesamt benötigt wird.

5 Erstellt eine Mind-Map zum Thema Pyramide und Kegel. Zeichnet die geometrischen Körper und notiert dazu alle Begriffe und Formeln.

6 Eine Parfumflasche hat die Form einer Pyramide mit quadratischer Grundfläche. Die Länge der Grundkante beträgt 4,5 cm und die Höhe 6 cm. Wie viele mℓ Parfum passen in die Flasche. Berechne.

▸ 6

7 Gegeben ist eine Pyramide mit quadratischer Grundfläche mit a = 4 cm und h_K = 6,5 cm.
a) Zeichne das Schrägbild der Pyramide. Trage dann die gegebenen Werte ein.
b) Berechne die Höhe der Seitenfläche h_a.
c) Berechne die Länge der Seitenkante s.

8 Sebastian hat für seine Küche drei Wand-Töpfe gekauft.
Schätze zuerst, wie viele cm^3 Erde in einen solchen Wand-Topf passen. Berechne dann und überprüfe deinen Schätzwert.
Sebastian möchte die Vorderseite der Wand-Töpfe bunt anmalen. Für 1 cm^2 benötigt Sebastian 1 mℓ Farbe. Wie viele mℓ Farbe benötigt er für drei Wand-Töpfe?

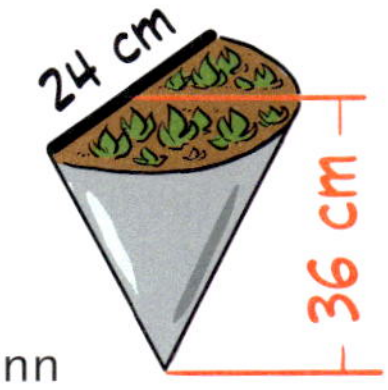

9 Kila stellt im Wahlpflichtkurs Technik einen Kreisel aus Holz her.
a) Berechne das Volumen des Kreisels. Schätze zuerst. Die Angaben sind in cm.
b) Kila schneidet aus einem quaderförmigen Holzblock mit a = 4 cm, b = 4 cm und c = 5,8 cm den Kreisel heraus. Wie viel Holz bleibt übrig? Berechne.

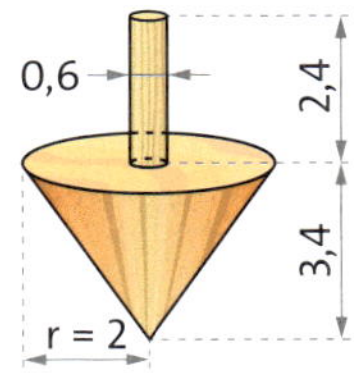

10 Eine blaue Verpackung hat die Form einer abgeschnittenen Pyramide.
a) Berechne das Volumen der blauen Verpackung.
b) Berechne, wie viel Prozent der Pyramide abgeschnitten wurde.

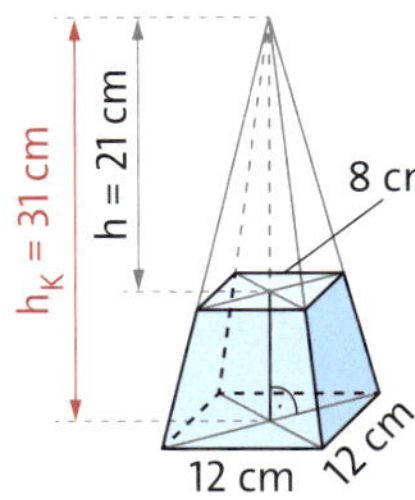

1 Zeichne das Netz des Kegels auf ein Blatt Papier. Kann der Kreis an jeder Stelle der Grundkante platziert werden? Begründe deine Antwort.

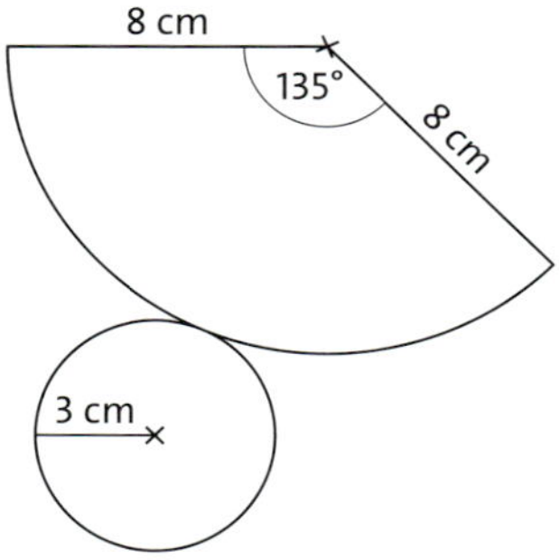

2 Untersuche, wie sich das Volumen einer Pyramide mit quadratischer Grundfläche verändert, wenn sich …
a) die Länge der Grundkante verdoppelt,
b) die Länge der Grundkante verdreifacht,
c) die Körperhöhe verdoppelt,
d) die Körperhöhe verdreifacht.

► 3 ⊠

3 Ein Glas für Desserts ist ein kegelförmiger Kelch. Die Öffnung des Kelchs hat einen Durchmesser von 9 cm. Der Kelch ist 5 cm hoch.

a) Zeichne eine Skizze des Kelchs. Beschrifte deine Skizze mit den Angaben.
b) Berechne das Volumen des Kelchs. Begründe, warum es ein Näherungswert ist.

4 Ein Tetraeder aus Stahl hat eine Höhe von 15 mm. Die Länge jeder Kante beträgt 18 mm.

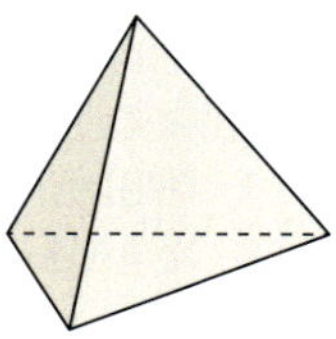

a) Zeichne das Netz des Tetraeders im Maßstab 2 : 1.
b) Berechne die Höhe der Seitenfläche h_a.
c) Berechne den Oberflächeninhalt des Tetraeders.
d) Berechne das Volumen des Tetraeders.
e) Stahl hat eine Dichte von $7{,}8\,\frac{g}{cm^3}$. Berechne die Masse des Tetraeders.

5 Erstellt ein Plakat zum Thema Pyramide und Kegel. Zeichnet die geometrischen Körper. Notiert zu jedem Körper alle Begriffe und Formeln. Präsentiert euer Plakat in der Klasse. Bringt zu eurem Plakat passende Gegenstände aus der Umwelt mit.

6 Gegeben ist eine Pyramide mit rechteckiger Grundfläche mit a = 4,5 cm, b = 3 cm und der Körperhöhe h_K = 5,5 cm.
a) Zeichne das Schrägbild der Pyramide. Beschrifte das Schrägbild mit den gegebenen Werten.
b) Berechne die Höhe der Seitenfläche h_a.
c) Berechne die Länge der Seitenkante s.
d) Berechne den Oberflächeninhalt.

► 6 ⊠

7 Familie Demir baut einen gläsernen Wintergarten an ihrem Haus an. Wie viel m^2 Glas benötigt Familie Demir für ihren Wintergarten? Berechne.

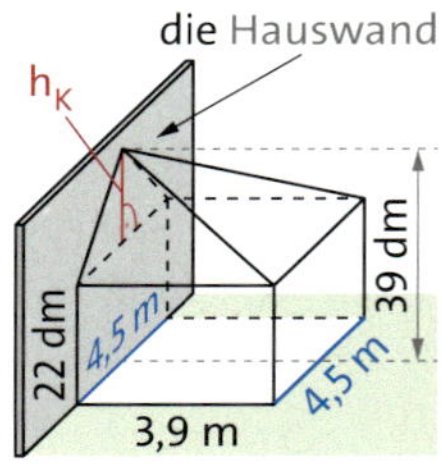

8 Die Boje besteht aus 2 Kegeln.

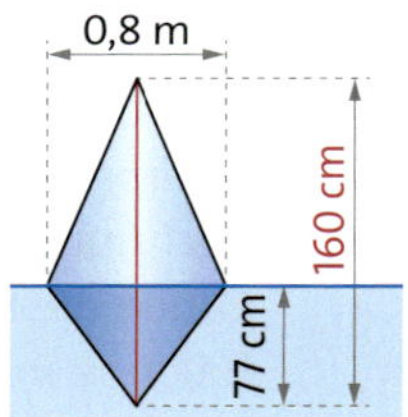

a) Schätze das Volumen der Boje. Überprüfe deinen Schätzwert mit einer Rechnung.
b) Berechne den Oberflächeninhalt der Boje.
c) Berechne, wie viel Prozent der Boje über dem Wasser sind.

9 Ein Salzhaufen ist in Form eines Kegels aufgeschüttet. Die Mantellinie des Haufens beträgt 8,5 m und der Durchmesser der Grundfläche 12,4 m. Das Salz hat eine Dichte von $2{,}16\,\frac{g}{cm^3}$.

a) Berechne die Höhe des Haufens.
b) Berechne die Masse des Haufens.
c) Ein großer Salzstreuer enthält 100 g Salz. Berechne, wie viele Salzstreuer mit dem Salz des Salzkegels befüllt werden können.

10 Die Eckleuchte ist 22 cm hoch. Der Radius ist 12 cm. Berechne die Mantellinie s und den Oberflächeninhalt der Eckleuchte.

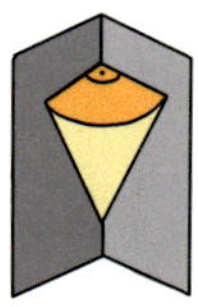

Vermischte Übungen

1 Pascal sagt:
„Das ist ein Netz eines Kegels.“

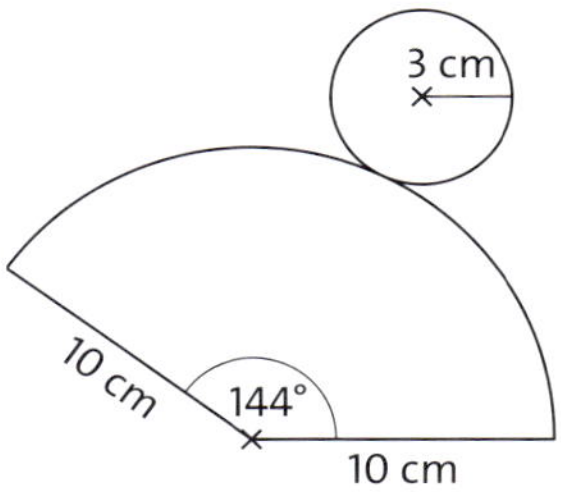

a) Stimmt Pascals Aussage? Begründe mit Hilfe einer Rechnung.
b) Passe den Radius der Grundfläche so an, dass die Grundfläche und die Mantelfläche zusammenpassen.

2 Untersuche , wie sich das Volumen eines Kegels verändert, wenn sich …
a) der Radius r verdoppelt,
b) der Radius r verdreifacht,
c) die Körperhöhe h_K verdoppelt,
d) die Körperhöhe h_K verdreifacht,
e) Formuliert einen Merksatz.

3 Ein kegelförmiger Obstbecher hat ein Volumen von 116 mℓ. Der Obstbecher ist 9,6 cm hoch. Berechne den Durchmesser der Öffnung des Obstbechers.

4 Der Teebeutel hat die Form eines Tetraeders. Die Länge der Seitenkante ist a = 3,6 cm und die Körperhöhe ist h_K = 2,9 cm.

a) Fertige eine Skizze des Teebeutels an.
b) Berechne die Höhe der Seitenfläche h_a.
c) Berechne das Volumen des Teebeutels.
d) Ein Teebeutel ist zu 40 % mit Tee gefüllt. Der Tee hat eine Dichte von $0{,}7\,\frac{g}{cm^3}$. Berechne die Masse des Beutelinhalts.

5 Verwendet digitale Werkzeuge.
a) Erstellt eine digitale Präsentation zum Thema Pyramide und Kegel. Fügt Zeichnungen und passende Fotos aus der Umwelt ein. Führt eure Präsentation der Klasse vor.
b) Erstellt und präsentiert ein Tabellenblatt zum Berechnen des Volumens von quadratischen Pyramiden.

6 Jan möchte den Schirm seiner Tischlampe neu beziehen.

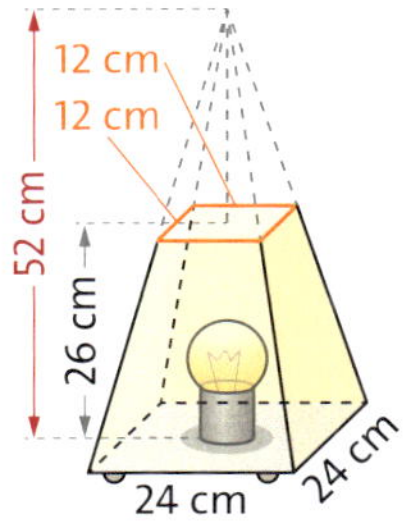

a) Zeichne ein Schrägbild des Lampenschirms. Wähle einen geeigneten Maßstab. Beschrifte das Schrägbild.
b) Berechne, wie viel Stoff Jan benötigt.

7 In einem Würfel befindet sich eine Pyramide mit quadratischer Grundfläche. Berechne das Volumen und den Oberflächeninhalt der quadratischen Pyramide.

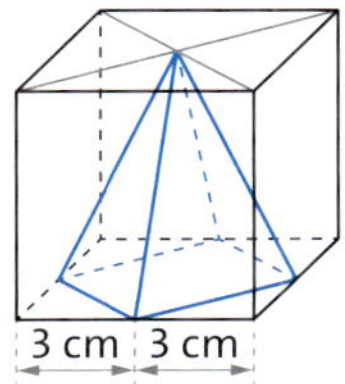

8 Eine kegelförmige Verpackung ist bis zu einer Höhe von 2,8 cm befüllt. Eine Mogelpackung ist eine Verpackung, die durch ihre Gestaltung mehr Inhalt vortäuscht, als darin enthalten ist. Wenn mehr als 30 % Luft in der Verpackung sind, ist es eine Mogelpackung. Überprüfe mit einer Rechnung, ob die Verpackung eine Mogelpackung ist.

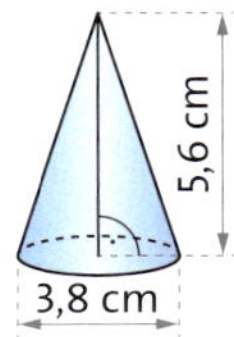

9 ▼ Das hölzerne Werkstück ist 15 cm hoch und hat einen Durchmesser von 30 cm. Der kleine Kegel ist 14 cm hoch und hat einen Durchmesser von 10 cm. Berechne die Masse des Werkstücks. Die Dichte von Holz ist $0{,}71\,\frac{g}{cm^3}$.

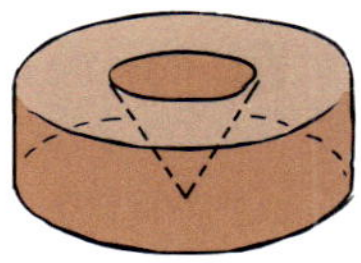

10 ▼ Ein Kegelstumpf ist ein Kegel, bei dem die Spitze weggeschnitten wurde.

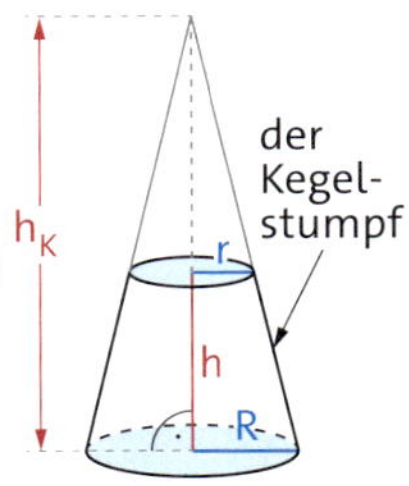

a) Berechne das Volumen des Kegelstumpfes:
R = 44 mm, r = 28 mm,
h = 32 mm, h_K = 88 mm.
b) In einer Formelsammlung findet Darja eine Formel für das Volumen eines Kegelstumpfes $V = \frac{1}{3} \cdot \pi \cdot h \cdot (R^2 + R \cdot r + r^2)$. Überprüfe mit einer Rechnung mit den Angaben aus a), dass die Formel richtig ist.

Tipp zu Aufgabe **9** und **10**: Überlege, wie der Differenzkörper entstanden ist.

Süßes zum Geburtstag

Mayla und ihr Bruder Ray treffen Vorbereitungen zum Geburtstag ihres Vaters. Sie gehen in eine Süßwarenabteilung. Für die Feier kaufen sie Pralinen, Eishörnchen für selbsthergestelltes Eis und andere süße Leckereien. Meist sind dort auch Süßwaren aus anderen Ländern zu finden. Auch bei der Art der Verpackung gibt es viel zu entdecken.

A Ein Eishörnchen hat einen Durchmesser von 5 cm und eine Höhe von 13 cm. Wie viel mℓ Eis passt in ein Eishörnchen?

B Mayla und Ray können zwischen zwei Verpackungen wählen. In welche Verpackung passt mehr hinein? Begründe.

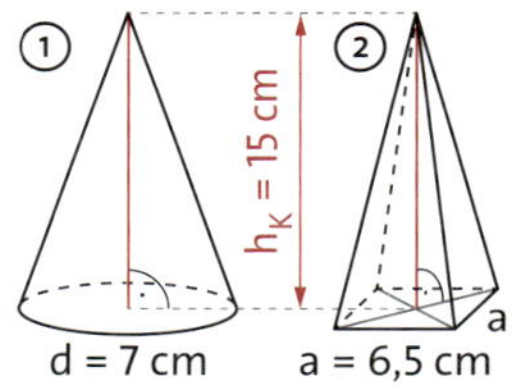

C Mayla hat die Pralinen in Form eines Kegels angeordnet. Das Volumen einer Praline beträgt 6,5 cm³. Aus wie vielen Pralinen besteht der Kegel ungefähr? Die leeren Zwischenräume im Kegel darfst du vernachlässigen.

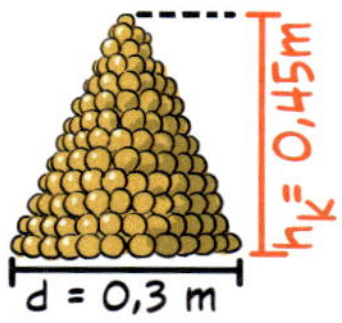

D Für die Mantelfläche einer quadratischen Pyramide aus dunkler Schokolade benötigen Mayla und Ray 384 cm² Geschenkpapier. Die Höhe der Seitenfläche beträgt 16 cm. Berechne, wie viel cm² Geschenkpapier für die gesamte Pyramide notwendig sind.

E In der Süßwarenabteilung steht ein Wasserspender. Ein Trink-becher des Wasserspenders hat einen Durchmesser von 7,5 cm und eine Höhe von 9 cm.

a) Berechne das Volumen und den Mantelflächeninhalt eines Bechers.

b) In dem Wassertank des Wasserspenders sind 18 ℓ Wasser. Wie viele Becher lassen sich mit dem Wasser aus dem Wassertank füllen? Berechne.

F Rays Kuchen hat die Form einer abgeschnittenen quadratischen Pyramide. Die untere Kantenlänge beträgt 10 cm und die obere 4 cm. Der Kuchen ist 12 cm hoch. Die virtuelle Spitze der Pyramide befindet sich in einer Höhe von 20 cm. Berechne das Volumen des Kuchens.

G Ray hat ein Netz für eine Geschenkverpackung gezeichnet. Berechne, wie viele cm² für die Ver-packung notwendig sind. Die Angaben sind in cm.

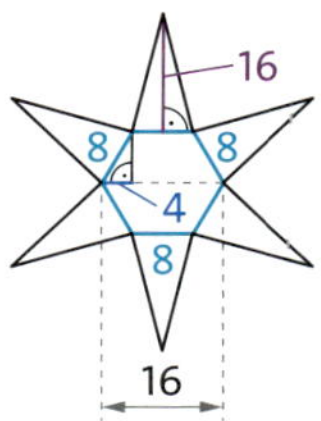

1 Zeichne das Schrägbild …
a) der Pyramide, b) des Kegels.

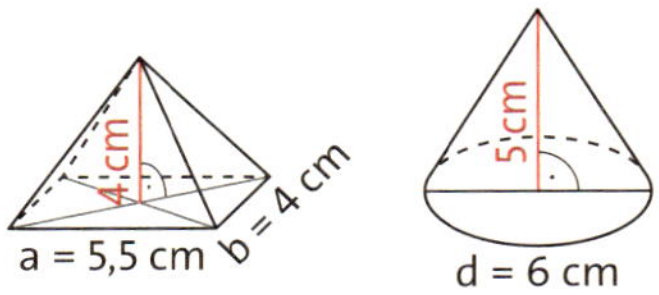

2 Berechne das Volumen von jedem Körper aus Aufgabe 1.

3 Berechne mit dem Satz des Pythagoras die fehlende Seitenlänge. Berechne dann den Oberflächeninhalt.
a) Pyramide mit quadratischer Grundfläche mit a = 4 m, h_K = 5 m, h_a = □ m
b) Kegel mit r = 5 dm, h_K = 6 dm und s = □ dm

4 Entscheide, ob das Volumen oder der Mantelflächeninhalt gesucht ist.
a) Wie viele Bonbons passen in die Schultüte?
b) Wie viel Farbe benötigt Lisa zum Bemalen der Schultüte?

5 Berechne das Volumen des zusammengesetzten Körpers.

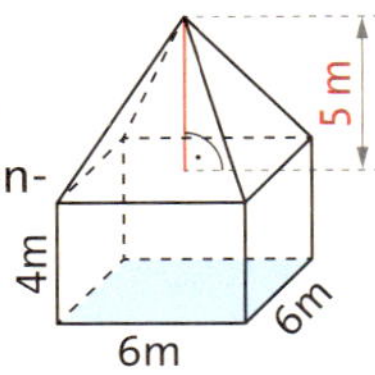

6 Der Kegel aus Marmor hat einen Radius von 12 cm und eine Körperhöhe von 14,5 cm. Der Marmor hat eine Dichte von 2,6 $\frac{g}{cm^3}$. Berechne die Masse.

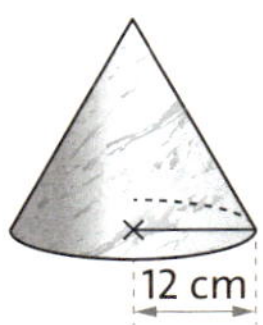

1 Zeichne das Schrägbild …
a) einer quadratischen Pyramide mit a = 6 cm und h_K = 75 mm,
b) eines Kegels mit d = 7 cm und h_K = 5,5 cm.

2 Berechne das Volumen von jedem Körper aus Aufgabe 1.

3 Berechne die fehlende Seitenlänge. Berechne dann den Oberflächeninhalt.
a) Pyramide mit rechteckiger Grundfläche mit a = 12 m, b = 9 m, h_K = 7 m, h_a = □ m und h_b = □ m
b) Kegel mit r = 4,5 dm, s = 5,5 dm, h_K = □ dm

4 Entscheide, ob das Volumen oder der Mantelflächeninhalt gesucht ist.
a) Wie viele Liter Saft passen in den Becher?
b) Wie viel Material wird für das Eindecken des Daches benötigt?

5 Berechne das Volumen des zusammengesetzten Körpers.

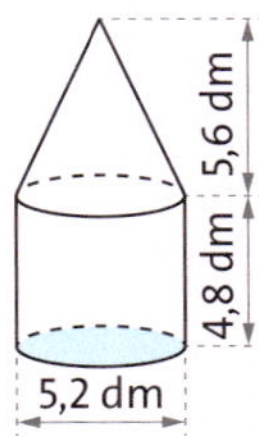

6 Der Sandhügel ist 3,5 m hoch und hat einen Durchmesser von 5 m. Der Sand hat eine Dichte von 1500 $\frac{kg}{m^3}$. Berechne die Masse des Sandhügels in kg.

1 Zeichne das Schrägbild …
a) einer rechteckigen Pyramide mit a = 65 mm, b = 5 cm und h_K = 0,7 dm,
b) eines Kegels mit d = 0,8 dm und h_K = 85 mm.

2 Berechne das Volumen von jedem Körper aus Aufgabe 1.

3 Berechne die fehlende Seitenlänge. Berechne dann den Oberflächeninhalt.
a) Pyramide mit rechteckiger Grundfläche mit a = 6,5 cm, b = 4,5 cm und h_K = 0,76 dm, h_a = □ cm und h_b = □ cm
b) Kegel mit d = 6,8 m, s = 5,8 m, h_K = □ m

4 Entscheide, ob das Volumen oder der Mantelflächeninhalt gesucht ist.
a) Wie schwer ist der Kegel aus Schokolade?
b) Wie viele Liter Wasser befinden sich in der Vase?

5 Berechne das Volumen des Differenzkörpers.

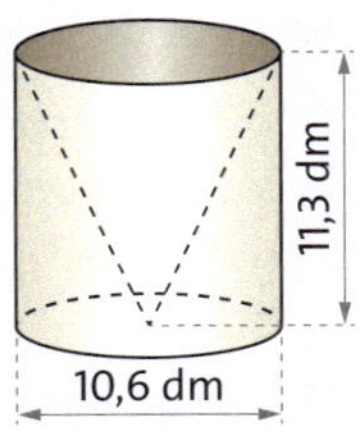

6 Ein kegelförmiger Kieshaufen soll abtransportiert werden. Der Kieshaufen ist 3,5 m hoch, hat einen Durchmesser von 4,6 m. Der Kies hat eine Dichte von 1800 $\frac{kg}{m^3}$. Ein LKW kann pro Fahrt maximal 3 t laden. Berechne, wie oft der LKW fahren muss.

→ Lösungen auf Seite 274 bis 276

Pyramide und Kegel beschreiben und zeichnen → Seite 68

Pyramiden und Kegel sind Körper mit einer Grundfläche, einer Mantelfläche und einer Spitze. Sie werden Spitzkörper genannt.

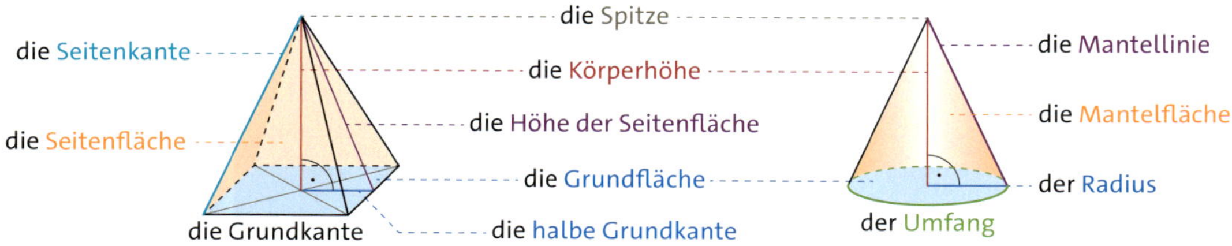

Netz, Mantelflächeninhalt und Oberflächeninhalt von Pyramiden → Seite 72

Das **Netz einer Pyramide** besteht aus der Mantelfläche und der Grundfläche.
Der Mantelflächeninhalt M ist die Summe aller dreieckigen Seitenflächeninhalte:
$M = A_1 + A_2 + A_3 + \ldots$

Der **Oberflächeninhalt O** ist die Summe aus dem Grundflächeninhalt G und dem Mantelflächeninhalt M:
$O = G + M$

gegeben: Pyramide mit
$a = 10\,cm$, $h_a = 8\,cm$

$A_1 + A_2 + A_3 + A_4 = M_{Dreieck}$

$M_{Dreieck} = \frac{a \cdot h_a}{2}$

$M_{Dreieck} = \frac{10\,cm \cdot 8\,cm}{2} = 40\,cm^2$

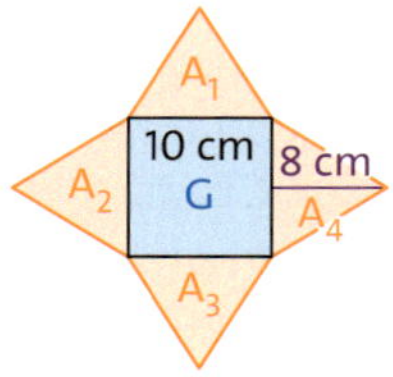

$G = 10\,cm \cdot 10\,cm = 100\,cm^2$
$M = 4 \cdot 40\,cm^2 = 160\,cm^2$
$O = 100\,cm^2 + 160\,cm^2 = 260\,cm^2$

Netz, Mantelflächeninhalt und Oberflächeninhalt von Kegeln → Seite 76

Das **Netz eines Kegels** besteht aus der Grundfläche und der Mantelfläche.
Die Grundfläche ist ein Kreis und die Mantelfläche ist ein Kreissektor.
Der Mantelflächeninhalt M ist der Flächeninhalt des Kreissektors: $M = \pi \cdot r \cdot s$

Der **Oberflächeninhalt O** ist die Summe aus dem Grundflächeninhalt $G = \pi \cdot r^2$ und dem Mantelflächeninhalt M: $O = G + M$

gegeben: Kegel mit
$r = 6\,cm$ und
$s = 15\,cm$.

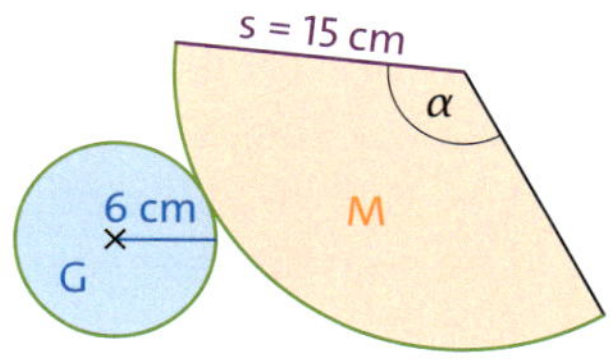

$G = \pi \cdot (6\,cm)^2 \approx 113{,}10\,cm^2$

$M = \pi \cdot 6\,cm \cdot 15\,cm \approx 282{,}74\,cm^2$

$O \approx 113{,}10\,cm^2 + 282{,}74\,cm^2 \approx 395{,}84\,cm^2$

Volumen von Pyramide und Kegel → Seite 80

Multipliziere ein Drittel mit dem Grundflächeninhalt G und der Körperhöhe h_K.
Du erhältst das Volumen einer Pyramide:

$V_{Pyramide} = \frac{1}{3} \cdot G \cdot h_K$

gegeben: Pyramide mit quadratischer Grundfläche mit $a = 12\,cm$; $h_K = 20\,cm$

$G = a \cdot a = a^2$
$= 12\,cm \cdot 12\,cm = 144\,cm^2$
$V_{Pyramide} = \frac{1}{3} \cdot 144\,cm^2 \cdot 20\,cm = 960\,cm^3$

Multipliziere ein Drittel mit dem Grundflächeninhalt G und der Körperhöhe h_K.
Du erhältst das Volumen eines Kegels:

$V_{Kegel} = \frac{1}{3} \cdot G \cdot h_K$

gegeben: Kegel mit $r = 6\,cm$ und $h_K = 20\,cm$
$G = \pi \cdot r^2$
$= \pi \cdot (6\,cm)^2 \approx 113{,}10\,cm^2$
$V_{Kegel} \approx \frac{1}{3} \cdot 113{,}10\,cm^2 \cdot 20\,cm \approx 754{,}00\,cm^3$

Kugel und zusammengesetzte Körper

4

► Kugelformen begegnen uns zum Beispiel im Sport oder in Spielen.
Welche Spiele kennst du, für die man eine Kugel oder einen Ball braucht?

Was ist der Unterschied zwischen Kugeln und Bällen?
Gibt es Bälle, die keine Kugeln sind?

Wie kannst du die geometrische Form einer Kugel beschreiben?

In diesem Kapitel lernst du, …

- die Kugel und ihre Eigenschaften zu beschreiben,
- das Volumen einer Kugel zu berechnen,
- den Oberflächeninhalt einer Kugel zu berechnen,
- das Volumen und den Oberflächeninhalt von zusammengesetzten Körpern und von Differenzkörpern zu berechnen.

Kompetenz | Aufgabe | Lies und übe:

1 Ich kann aus dem Radius eines Kreises den Durchmesser berechnen und umgekehrt.

1 Betrachte einen Kreis.

a) Gegeben ist ein Kreis mit dem Radius r = 2 cm.
Berechne den Durchmesser d eines Kreises.

b) Gegeben ist ein Kreis mit dem Durchmesser d = 6 m.
Berechne den Radius r.

→ Seite 253 Nr. 68

---

2 Ich kann den Umfang eines Kreises berechnen.

2 Berechne den Umfang u des Kreises.

a) r = 3 cm b) r = 4,2 m
c) d = 34 mm d) d = 2,9 km

→ Seite 254 Nr. 69

---

3 Ich kann den Flächeninhalt eines Kreises berechnen.

3 Berechne den Flächeninhalt A des Kreises.

a) r = 2 cm b) r = 5,2 m
c) d = 56 mm d) d = 1,9 km

→ Seite 254 Nr. 70

---

4 Ich kann das Volumen eines Prismas berechnen.

4 Berechne das Volumen V.

a) Würfel mit a = 4,3 cm 

b) Quader mit a = 3 cm; b = 6 cm; c = 4,8 cm 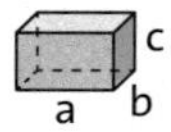

c) Dreiecksprisma mit a = 22 m; h_a = 12 m; h_K = 48 m 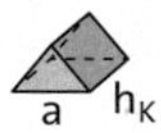

→ Seite 256 Nr. 82, 83

---

5 Ich kann den Oberflächeninhalt eines Prismas berechnen.

5 Berechne den Oberflächeninhalt O.

a) Würfel mit a = 3,7 cm
b) Quader mit a = 6 cm; b = 7 cm; c = 5,7 cm
c) Dreiecksprisma mit a = 2 m; b = 3,5 m; c = 4 m;
h_c = 1,75 m; h_K = 8,6 m

→ Seite 256 Nr. 80, 81

---

6 Ich kann das Volumen eines Zylinders und eines Kegels berechnen.

6 Berechne das Volumen V.

$V_{Zylinder}$: a) r = 7 cm; h_K = 18 cm
b) d = 4,6 m; h_K = 13 m
V_{Kegel}: c) r = 5 cm; h_K = 6,8 cm
d) d = 7,6 m; h_K = 1,9 m

→ Seite 256 Nr. 85
→ Seite 257 Nr. 87

---

7 Ich kann den Oberflächeninhalt eines Zylinders und eines Kegels berechnen.

7 Berechne den Oberflächeninhalt O.

$O_{Zylinder}$: a) r = 16 cm; h_K = 47 cm
b) d = 8,6 m; h_K = 2,5 m
O_{Kegel}: c) r = 5 cm; s = 8,9 cm
d) d = 2,4 m; s = 1,9 m

→ Seite 256 Nr. 84
→ Seite 257 Nr. 86

---

8 Ich kann Größen umrechnen.

8 Rechne in die nächstgrößere und in die nächstkleinere Einheit um.

a) 4,5 m b) 0,004 dm c) 3,405 cm
d) 3,7 dm^2 e) 7 ha f) 34 m^2
g) 47 cm^3 h) 0,61 dm^3 i) 460 000 m^3

→ Seite 245 Nr. 16–24

Kompetenz	Aufgabe	Lies und übe:
9 Ich kann Formeln nach einer gesuchten Größe umstellen, um die gesuchte Größe zu berechnen.	**9** Berechne die gesuchte Größe. Stelle dafür die Formel nach der gesuchten Größe um. a) Volumen eines Quaders: $V = a \cdot b \cdot c$ *gegeben*: $V = 75\,cm^3$, $a = 5\,cm$, $c = 10\,cm$; *gesucht*: b b) Kreisumfang: $u = 2 \cdot \pi \cdot r$ *gegeben*: $u = 25\,m$; *gesucht*: r c) Flächeninhalt eines Kreises: $A = \pi \cdot r^2$ *gegeben*: $A = 10\,mm^2$; *gesucht*: r d) Volumen eines Zylinders: $V = \pi \cdot r^2 \cdot h_K$ *gegeben*: $V = 45\,dm^3$, $h_K = 5\,cm$; *gesucht*: r e) Volumen einer Pyramide mit quadratischer Grundfläche: $V = \frac{1}{3}a^2 \cdot h_K$ *gegeben*: $V = 90\,m^3$, $h_K = 30\,cm$; *gesucht*: a	→ Seite 249 Nr. 52
10 Ich kann Aufgaben zur Prozentrechnung lösen.	**10** Berechne den ... a) Prozentwert: 10 % von 200 € b) prozentualen Anteil (Prozentsatz): 5 von 36 c) Grundwert: 14 km sind 25 %. d) prozentualen Anstieg: von 10 m auf 15 m	→ Seite 247 Nr. 35, 36 → Seite 248 Nr. 37–40
11 Ich kann Größen schätzen.	**11** Wie lang sind der Flamingo-Hals und der äußere Durchmesser des Schwimmrings? Schätze und erläutere deine Werte.  	→ Seite 242 Nr. 4
12 Ich kann das Volumen und den Oberflächeninhalt eines Differenzkörpers berechnen.	**12** Das ist ein Differenzkörper. a) Benenne die Teilkörper b) Berechne den Radius. c) Berechne das Volumen. d) Berechne den Oberflächeninhalt. 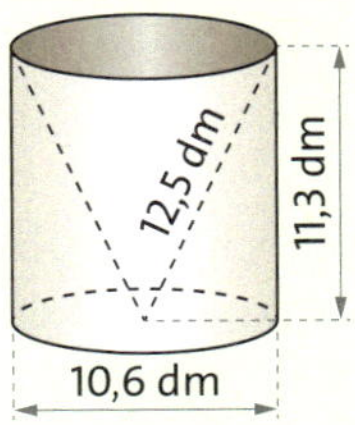 	→ Seite 257 Nr. 88, 89
13 Ich kann Sachaufgaben lösen.	**13** Das Lager für Weizen besteht aus einem Zylinder und einem Kegel. a) Wie viel m^3 Weizen passen in das Lager? b) Dach, Wände und Boden sollen von innen gestrichen werden. Wie viele m^2 Fläche sind das? 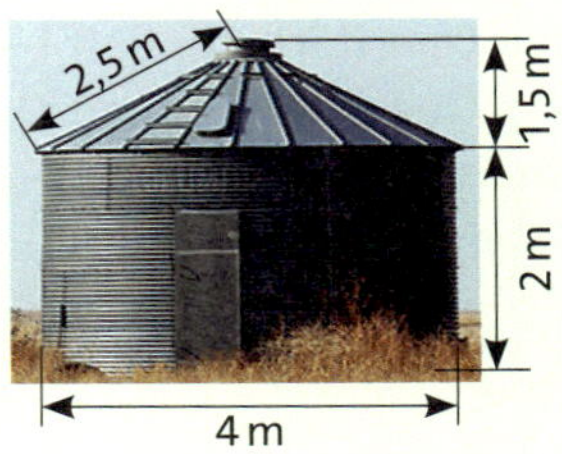 	→ Seite 250 Seite 257 Nr. 88

→ Lösungen auf Seite 276 und 277

Volumen und Oberflächeninhalt einer Kugel

Alia und Sergio wollen Weihnachtskugeln basteln.
Alia kauft durchsichtige Kugeln. Sergio kauft Holzkugeln.

Das Wort ***gekrümmt*** *bedeutet* ***gebogen****.*

W **Die Kugel**
Eine Kugel ist ein geometrischer Körper mit einer **gekrümmten** Oberfläche.
Die Kugel hat keine Ecken und keine Kanten.
Alle Punkte auf der Oberfläche haben den gleichen **Abstand zum Mittelpunkt M** der Kugel.
Dieser Abstand ist der **Radius r** der Kugel.

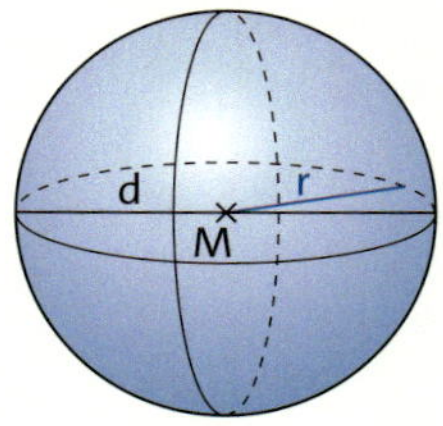

▶ **Aufgabe** Notiere zwei Beispiele für Kugeln aus deiner Umwelt.

Alia möchte eine durchsichtige Kugel vollständig mit künstlichem Schnee füllen.
Die Kugel hat den Radius r = 4 cm.
Wie viel cm^3 künstlichen Schnee benötigt Alia ungefähr?

Die Mehrzahl von Volumen ist auch Volumen oder Volumina.

Die Mehrzahl von Radius ist Radien.

W **Das Volumen berechnen**
Das **Volumen V_{Kugel}** einer Kugel berechnest du mit dem Radius r.

$V_{Kugel} = \frac{4}{3} \cdot \pi \cdot r^3$

gegeben: Kugel mit r = 4 cm
gesucht: V_{Kugel}

$V_{Kugel} = \frac{4}{3} \cdot \pi \cdot r^3$
$V_{Kugel} = \frac{4}{3} \cdot \pi \cdot (4\,cm)^3 \approx 268{,}08\,cm^3$

Alia benötigt ungefähr $268{,}08\,cm^3$ künstlichen Schnee.

▶ **Aufgabe** Berechne das Volumen einer Kugel mit einem Radius r = 6 cm.

Sergio möchte die Oberfläche der Holzkugel bemalen.
Die Holzkugel hat den Durchmesser d = 5 cm.
Wie viel cm^2 bemalt Sergio ungefähr?

Der Radius ist die Hälfte des Durchmessers: r = d : 2.

W **Den Oberflächeninhalt berechnen**
Den **Oberflächeninhalt O_{Kugel}** einer Kugel berechnest du mit dem Radius r.

$O_{Kugel} = 4 \cdot \pi \cdot r^2$

gegeben: Holzkugel mit d = 5 cm, also r = 2,5 cm
gesucht: O_{Kugel}

$O_{Kugel} = 4 \cdot \pi \cdot r^2$
$O_{Kugel} = 4 \cdot \pi \cdot (2{,}5\,cm)^2 \approx 78{,}54\,cm^2$

Sergio bemalt ungefähr $78{,}54\,cm^2$.

▶ **Aufgabe** Berechne den Oberflächeninhalt einer Kugel mit einem Radius r = 8 cm.

1 Notiere fünf Gegenstände aus deiner Umwelt. Sie sollen die Form einer Kugel haben.

2 Notiere im Heft, ob die Aussage wahr oder falsch ist. Korrigiere eine falsche Aussage.
a) Ronan sagt: „Die Kugel ist eine geometrische Fläche."
b) Antonia sagt: „Die Kugel hat eine Mantelfläche und eine Grundfläche."
c) Marcel meint: „Der Radius einer Kugel ist vom Mittelpunkt zu jedem Punkt auf der Oberfläche der Kugel gleich."

3 Berechne das Volumen der Kugel.

a) r = 7 cm b) r = 2 mm
c) r = 10 dm d) d = 8 km
e) d = 3,6 m f) d = 8,4 mm

▸ 3

4 Ein Basketball hat einen Radius von r = 12 cm. Der Korb hat einen Durchmesser von d = 45 cm.

a) Berechne das Volumen des Basketballs.
b) Welches Volumen kann ein Basketball haben, der gerade noch durch den Korb passt?

5 Betrachte die vier Gegenstände.

① der Basketball

② die Murmel

③ der Stecknadelkopf

④ der Gymnastikball

a) Ordne den Gegenständen den passenden Radius zu.

| 1 mm | 0,8 cm | 3,8 dm | 0,1 dm |

b) Ordne den Gegenständen die Einheit für das Volumen passend zu.

| dm^3 | cm^3 | dm^3 | mm^3 |

c) Berechne jeweils das Volumen.

6 Suyi untersucht die Formel für den Oberflächeninhalt einer Kugel.

1. Suyi schält eine Orange und hebt die Schalen auf.
2. Sie halbiert die geschälte Orange.
3. Sie markiert mit der halben Orange mehrere Kreise auf einem Blatt.
4. Sie deckt die Kreise mit den Schalen ab.

a) Beschreibt euch gegenseitig Suyis Experiment. Wie viele Kreise kann Suyi mit den Schalen abdecken?
b) Ergänzt die Formel im Heft.
O_{Kugel} = Anzahl der Kreise · A_{Kreis} = …
c) Führt Suyis Experiment zu Hause durch. Fertigt Skizzen mit einer Beschreibung an. Präsentiert eure Ergebnisse in der Klasse.

7 Berechne den Oberflächeninhalt der Kugel.

a) r = 2 mm b) r = 7 cm
c) r = 10 dm d) r = 3,5 m
e) d = 8 mm f) d = 6,4 cm

▸ 7

8 ▾ Seifenblasen haben oft die Form einer Kugel. Der Radius der kleinen Seifenblase beträgt 2 cm und der Radius der großen Seifenblase beträgt 6 cm.

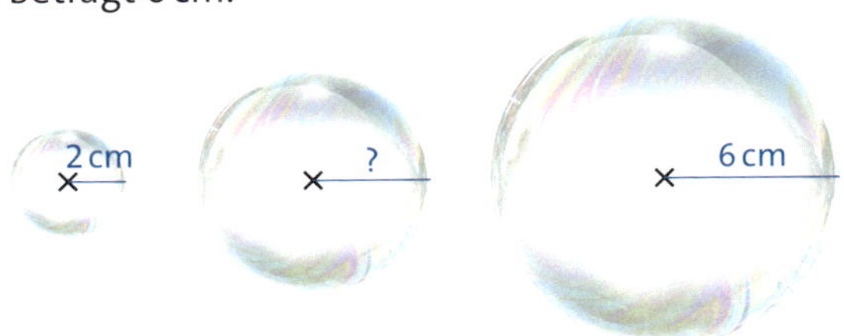

a) Schätze den Radius der Seifenblase in der Mitte.
b) Berechne das Volumen für jede Seifenblase.
c) Berechne den Oberflächeninhalt in cm^2 für jede Seifenblase.
d) Berechne, wie viel cm^3 Luft in allen drei Seifenblasen zusammen eingeschlossen ist.

Tipp zu **8d**: Addiere die Volumen der drei Seifenblasen zusammen.

1 Notiere ein Beispiel für eine Kugel, passend zur Maßeinheit des Radius.
a) mm b) cm c) m d) km

2 Berechne das Volumen der Kugel.
a) r = 42 cm b) r = 76 dm
c) r = 0,3 km d) d = 6,44 m
e) d = 0,5 dm f) d = 127,6 mm

3 Das Volumen der Kugel wird mit Wasser bestimmt.
a) Beschreibt den Versuch. Lest die Füllhöhe in ② ab.
b) Entwickelt die Formel für das Volumen der Kugel:

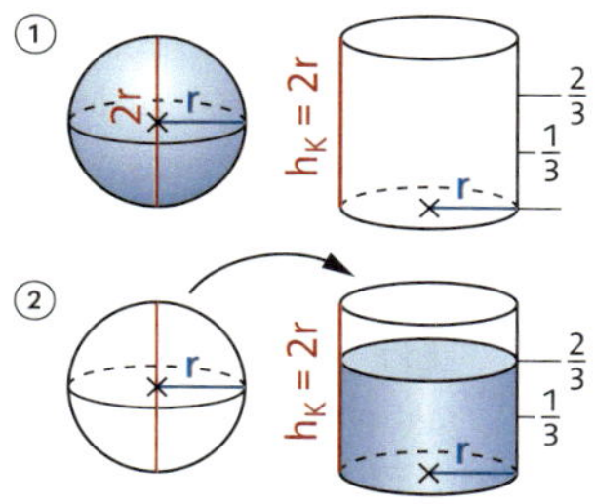

$V_{Kugel} = V_{Zylinder} \cdot$ Füllhöhe
$= \pi \cdot r^2 \cdot h_K \cdot$ Füllhöhe
Setzt für $h_K = 2r$ ein: $= \pi \cdot r^2 \cdot \square \cdot$ Füllhöhe
Setzt die Füllhöhe ein: = ...
Fasst zusammen: = ...

▸ 4 ☒

4 ▼ Die Teekanne hat die Form einer Kugel mit dem Radius r = 7 cm. Berechne, ob ein Liter Tee in die Teekanne passt. Schätze zuerst.

5 Berechne den Oberflächeninhalt der Kugel.
a) r = 3 cm b) r = 2,8 dm c) r = 12 mm
d) r = 31,5 m e) d = 24 cm f) d = 3 m

6 ▼ Berechne den Radius der Kugel.
a) $O = 40{,}72\ dm^2$ b) $O = 10{,}18\ m^2$
c) $O = 900\ km^2$ d) $O = 112{,}63\ cm^2$

7 Antonia besprüht Kugeln mit Farbe aus einer Dose. Jede Kugel hat einen Durchmesser von d = 16 mm. Eine Dose enthält 400 mℓ Farbe. 1 mℓ reicht für $25\ cm^2$. Berechne die Anzahl der Kugeln, für die die Farbe aus einer Dose ausreicht.

8 ▼ Eine Kugel hat einen Radius von r = 8 dm.
a) Berechne den Oberflächeninhalt.
b) Berechne den Oberflächeninhalt einer Kugel mit dem doppelten Radius.
c) Murat meint: „Der Oberflächeninhalt einer Kugel mit dem doppelten Radius 2r ist 4-mal so groß wie der Oberflächeninhalt der Kugel mit dem Radius r."
Begründe Murats Aussage mit Hilfe der Formel für den Oberflächeninhalt.

▸ 10 ☒

9 Die Erdoberfläche ist zu 71 % mit Wasser bedeckt. Der Radius der Erde beträgt 6371 km. Berechne, wie viel km^2 der Erdoberfläche mit Wasser bedeckt sind.

10 Beim Aquazorbing kann sich Sandro in einem Ball aus Plastik auf dem Wasser bewegen.

a) Schätze den Radius des Balls.
b) Berechne, wie viel m^3 Luft in dem Ball sind.
c) Berechne für die Hülle, wie viel m^2 Plastik ungefähr nötig sind.

11 Zeichnet die Dominosteine ab. Erstellt mindestens 4 weitere Steine. Schreibt immer links den Radius oder den Durchmesser einer Kugel und auf einem anderen Stein rechts den zugehörigen Oberflächeninhalt oder das Volumen. Nun könnt ihr spielen: Legt immer zwei Dominosteine aneinander, bei denen die linke Seite zur rechten Seite gehört.

Tipp zu **4**: $1\ cm^3 = 1$ mℓ
Tipp zu **6**: Stelle die Formel für den Oberflächeninhalt nach dem Radius um.
Tipp zu **8**: Setze 2r für den Radius in die Formel für den Oberflächeninhalt einer Kugel ein.

1 Notiere fünf Beispiele für verschieden große Kugeln aus deiner Umwelt. Die Kugeln sollen alle unterschiedliche Maßeinheiten für den Radius haben.

2 Berechne das Volumen der Kugel.
a) r = 12 cm b) r = 1,7 mm
c) d = 5 m d) d = 3,5 cm

3 Ergänze die Tabelle im Heft.

	r	V_{Kugel}
a)	6 cm	□ mm³
b)	5 mm	□ cm³
c)	□ cm	14,14 m³
d)	□ m	1,44 km³
e)	9,8 m	□ km³

4 Eine Kante eines Holzwürfels ist 12 cm lang.
a) Welches Volumen hat die größte Kugel, die du aus dem Holzwürfel herstellen kannst?
b) Die Kante eines anderen Holzwürfels ist halb so lang. Welches Volumen hat die größte Kugel, die du aus diesem Würfel herstellen kannst? Vergleiche das Volumen der beiden Holzkugeln.

5 Für kleine Fische ist pro cm Körperlänge 1 ℓ Wasser nötig.

a) Ein Glas in Form einer Kugel hat einen Radius von 12 cm. Ein Fisch ist 3 cm lang. Berechne, ob das Glas für den Fisch geeignet ist.
b) Berechne, wie groß der Radius eines Glases für einen Fisch mit einer Länge von 2 cm mindestens sein muss.

6 In unserem Sonnensystem ist die Erde ein kleinerer Planet. Der größte Planet ist der Jupiter.

Der Radius der Erde beträgt 6371 km.
Die Erde passt in den Jupiter 1300-mal hinein. Berechne den ungefähren Radius des Planeten Jupiter.

7 Berechne den Oberflächeninhalt der Kugel.
a) r = 13 cm b) r = 4,9 mm
c) d = 7 m d) d = 5,5 cm

8 Berechne den Radius der Kugel.
a) O = 900 m² b) O = 72,38 cm²

9 Ergänze die Tabelle im Heft.

	r	V_{Kugel}	O_{Kugel}
a)	5 cm	□ cm³	□ cm²
b)	□ dm	998,31 dm³	□ dm²
c)	□ m	□ m³	143872,38 m²

10 Eine Praline mit V = 7,25 cm³ ist mit Schokolade überzogen. Für 1 cm² sind 2 mℓ Schokolade nötig. Berechne, wie viel mℓ Schokolade für eine Praline nötig sind.

11 Eine Kugel hat ein Volumen von V = 523,6 cm³.
a) Berechne den Radius der Kugel.
b) Berechne den Radius einer doppelt so großen Kugel.
c) Erkläre, warum bei doppeltem Volumen der Radius nicht doppelt so groß ist.

12 Eine Kugel hat einen Radius von r = 8 cm.
a) Berechne das Volumen der Kugel.
b) Welche Körperhöhe hat ein Zylinder mit gleichem Radius und Volumen?
c) Berechne jeweils den Oberflächeninhalt der Kugel und des Zylinders aus b). Vergleiche die beiden Werte.
d) Wiederhole die Berechnung in a) bis c) mit r = 6 cm und r = 12 m.
e) Was fällt dir auf, wenn du bei jeweils gleichem Volumen den Oberflächeninhalt beider Körper vergleichst? Beschreibe.

13 ▼ Beim Kugelstoßen sind die Kugeln sehr schwer.

a) Schätze den Durchmesser der Kugel.
b) Berechne die Masse der Kugel. Die Dichte ρ der Kugel beträgt $\rho = \frac{5{,}53\,g}{cm^3}$.

Tipp zu **13**: Verwende die Formel m = ρ · V.

Zusammengesetzte Körper und Differenzkörper erkennen und skizzieren

Paul und Claudia entwerfen in einem Kurs für Grafikdesign Häuser. Claudia meint: „Viele Bauwerke bestehen oft aus wenigen Grundformen. Zum Beispiel gleicht ein Hochhaus oft einem Quader.“ Paul sagt: „Das stimmt. Meistens sind es aber Mischformen aus zusammengesetzten Körpern oder es fehlt ein Stück, so wie bei meinem Haus.“ Welche geometrischen Körper hat Paul für sein Haus verwendet?

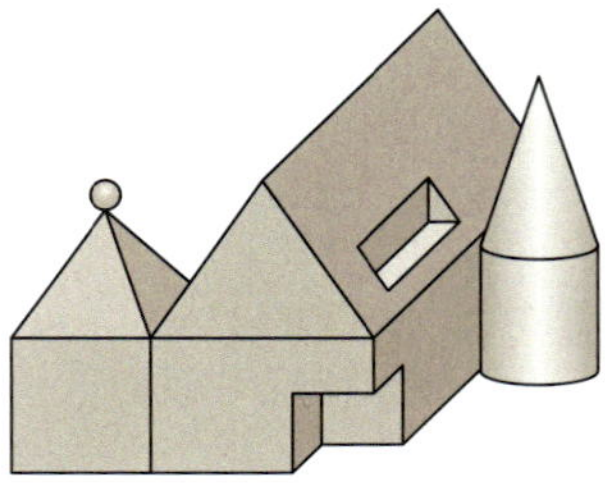

Jeder **geometrische Körper** kann durch die Anzahl an Ecken, Kanten und Flächen beschrieben werden. Nimmt man die Form der Flächen und die Länge der Kanten und ihre jeweilige Lage zueinander dazu, so ist ein geometrischer Körper eindeutig erkennbar.

Wir unterscheiden Körper, die aus mehreren Körpern zusammengesetzt sind und Körper, aus denen ein kleinerer Körper herausgeschnitten ist (Differenzkörper).

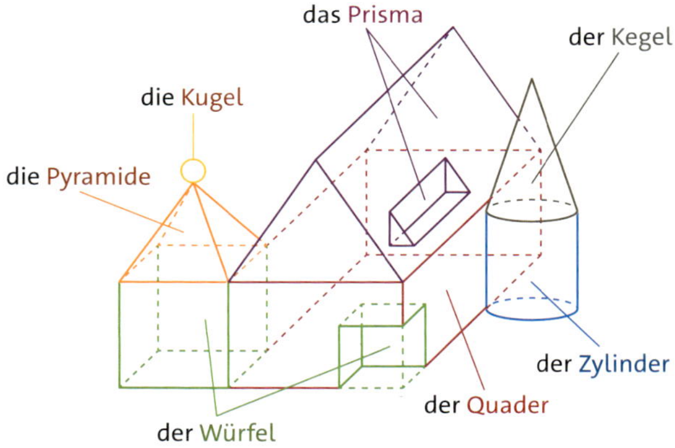

1 Notiere den Namen des geometrischen Körpers in dein Heft.
a) Der Körper hat 6 quadratische Flächen.
b) Der Körper besteht aus einem Quadrat und vier Dreiecken. Der Körper hat 8 Kanten und 5 Ecken.
c) Der Körper hat je einen Kreis als Grundfläche und als Deckfläche. Grundfläche und Deckfläche sind deckungsgleich. Der Körper hat 2 Kanten und keine Ecken.
d) Der Körper besteht aus nur einer Fläche. Der Körper hat weder Kanten noch Ecken.
e) Der Körper hat 6 Flächen. Die jeweils sich gegenüberliegenden Flächen sind deckungsgleich. Benachbarte Flächen unterscheiden sich.
f) Der Körper hat einen Kreis als Grundfläche, eine Kante und eine Spitze.
g) Der Körper hat je ein Dreieck als Grundfläche und als Deckfläche. Grundfläche und Deckfläche sind deckungsgleich. Seine drei weiteren Flächen sind Rechtecke.

2 Beschreibe Pauls Haus. Welchen geometrischen Körper hat er mit welchem anderen geometrischen Körper zusammengesetzt? Welchen geometrischen Körper hat er aus welchem anderen geometrischen Körper ausgeschnitten? Verwende die Eigenschaften der geometrischen Körper aus Aufgabe 1.

3 Aus welchen geometrischen Körpern besteht der zusammengesetzte Körper oder der Differenzkörper? Notiere die einzelnen geometrischen Körper im Heft.

a)

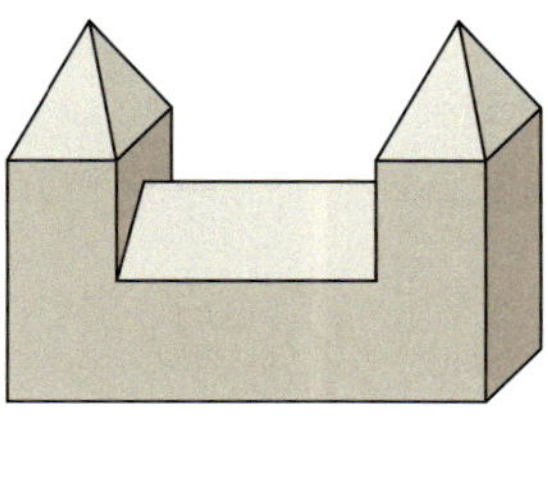

b)

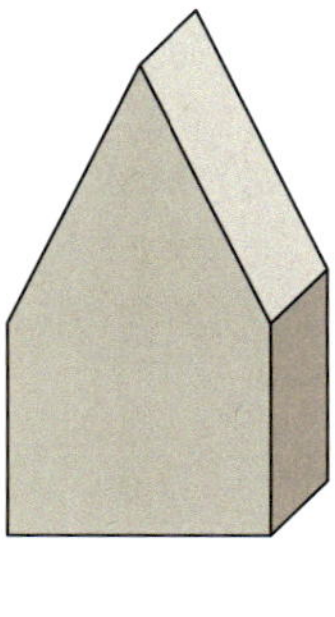

c)

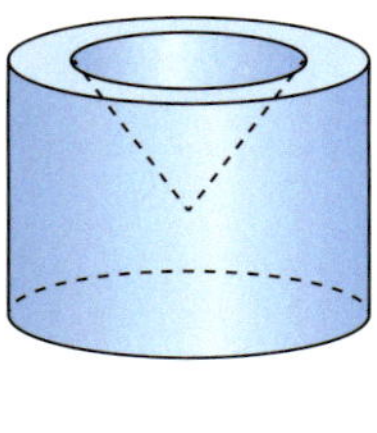

d)

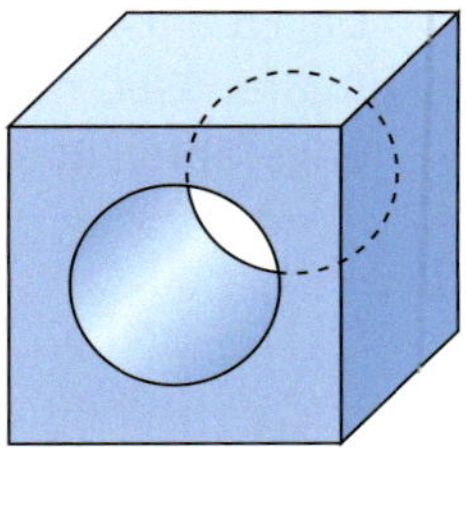

Um eine Aufgabenstellung zu einem zusammengesetzten Körper oder einem Differenzkörper besser zu verstehen, ist eine Skizze oft hilfreich.

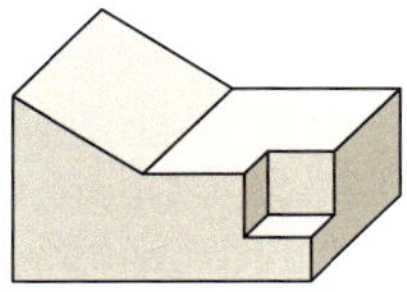

Einen zusammengesetzten Körper oder einen Differenzkörper skizzieren
Eine Skizze sieht ungefähr so aus wie das eigentliche Schrägbild des Körpers. Dabei sind die genauen Maßangaben nicht so wichtig. Vielmehr kommt es darauf an, dass du die Körper gut und deutlich in deiner Skizze erkennen kannst.

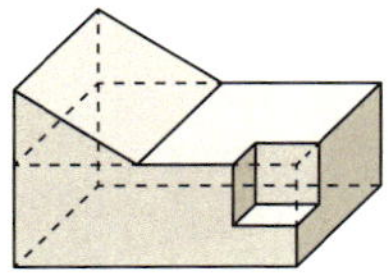

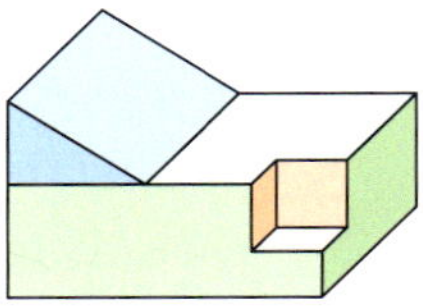

① Zerlege den Körper im Kopf in einzelne dir bekannte Teilkörper.

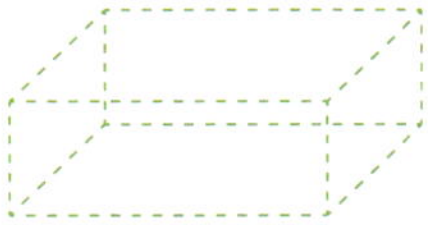

② Strichle zuerst den größten Teilkörper (Quader).

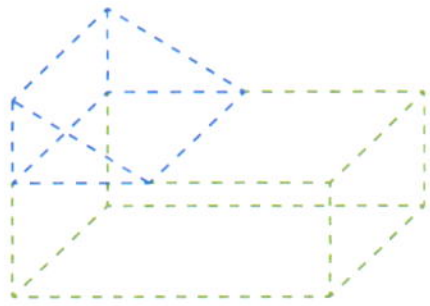

③ Strichle den nächsten Teilkörper (Dreiecksprisma).

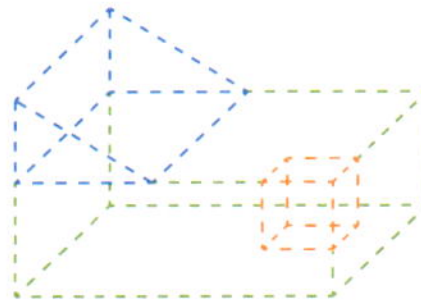

④ Strichle den letzten Teilkörper (Würfel).

⑤ Ziehe die sichtbaren Kanten des zusammengesetzten Körpers und Differenzkörpers mit einer durchgezogenen Linie nach, sodass du gut erkennen kannst, wo zwei Teile zusammengesetzt sind und wo ein Teil ausgeschnitten ist.

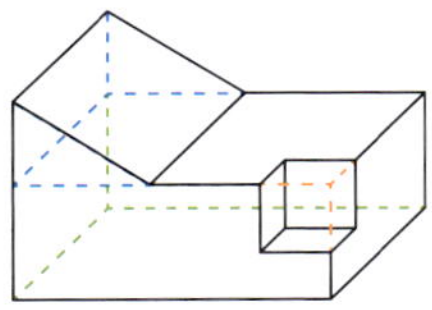

4 Übertrage die Skizze des Körpers in dein Heft.

5 Skizziere den zusammengesetzten Körper oder den Differenzkörper in dein Heft. Es gibt mehrere Lösungen.
a) Der Körper besteht aus einem kleinen Würfel auf einem großen Würfel.
b) Der Körper besteht aus einem Quader mit einem Dreieckprisma als Dach.
c) Der Körper besteht aus einem Dreiecksprisma, das neben einem Quader liegt.
d) Der Körper besteht aus einem Quader, aus dem ein kleiner Würfel ausgeschnitten wurde.
e) Der Körper besteht aus einem Würfel, aus dem ein genauso langer Quader ausgeschnitten wurde.
f) Der Körper besteht aus einem Quader, aus dem ein Dreiecksprisma ausgeschnitten wurde.

6 Benenne zuerst die Teilkörper, aus denen die Häuser bestehen. Skizziere die Häuser dann in dein Heft.

a) 

b) 

c) 

7 Wie könnte euer Traumhaus aussehen?
a) Überlegt euch jeweils ein eigenes Traumhaus, das nur aus Quadern und Prismen besteht. Notiert eure Beschreibung im Heft. Verwendet die Fachbegriffe zur Beschreibung von Quadern und Prismen.
b) Lest euch eure Beschreibungen vor. Skizziert anhand der Beschreibung das jeweils andere Traumhaus.
c) Kontrolliert gemeinsam eure Skizzen. War eure Beschreibung zum Skizzieren genau genug?

Zusammengesetzte Körper und Differenzkörper

An der Goethe-Schule schnitzen Fabian und Tina Figuren aus Holz. Fabian setzt seine Figur ① aus einem Zylinder und einer Halbkugel zusammen. Tina schnitzt für ihre Figur ② aus einem Würfel eine Halbkugel heraus. Wie groß ist das Volumen der Figuren ① und ②?

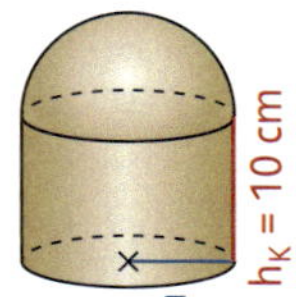

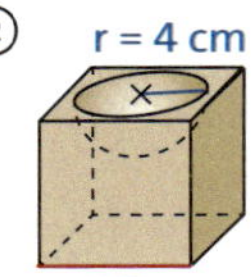

*Das Volumen einer **Halbkugel** ist die **Hälfte** des Volumens einer **Kugel**:*

$V_{Halbkugel} = \frac{1}{2} \cdot V_{Kugel}$
$= \frac{1}{2} \cdot \frac{4}{3} \cdot \pi \cdot r^3$
$= \frac{2}{3} \cdot \pi \cdot r^3$

W

Für das Volumen eines **zusammengesetzten Körpers** addierst du das Volumen der einzelnen Teilkörper V_1 bis V_n:

$V_{gesamt} = V_1 + V_2 + \dots V_n$

gegeben: r = 7 cm,
$h_K = 10$ cm
gesucht: V_{gesamt}

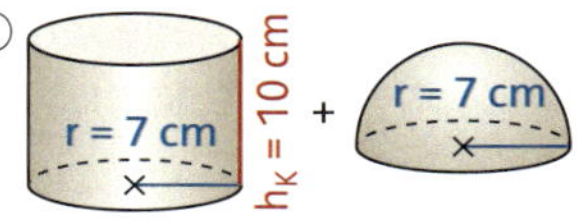

$V_{Zylinder} = \pi \cdot r^2 \cdot h_K$
$= \pi \cdot (7\,cm)^2 \cdot 10\,cm$
$\approx 1539{,}38\,cm^3$

$V_{Halbkugel} = \frac{1}{2} \cdot \frac{4}{3} \cdot \pi \cdot r^3$
$= \frac{2}{3} \cdot \pi \cdot (7\,cm)^3$
$\approx 718{,}38\,cm^3$

$V_{gesamt} \approx 1539{,}38\,cm^3 + 718{,}38\,cm^3 = 2257{,}76\,cm^3$

Das Volumen von ① beträgt ungefähr $2257{,}76\,cm^3$.

Für das **Volumen** eines **Differenzkörpers** subtrahierst du vom Volumen des Ausgangskörpers das Volumen des kleinen Körpers.

$V_{gesamt} = V_1 - V_2$

gegeben: r = 4 cm,
a = 10 cm
gesucht: V_{gesamt}

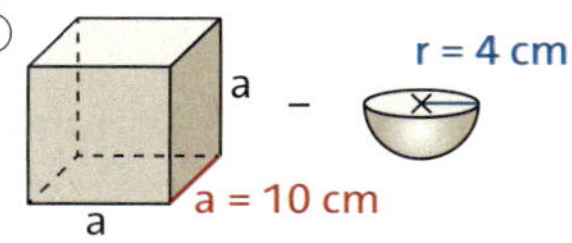

$V_{Würfel} = a^3$
$= (10\,cm)^3$
$= 1000\,cm^3$

$V_{Halbkugel} = \frac{2}{3} \cdot \pi \cdot r^3$
$= \frac{2}{3} \cdot \pi \cdot (4\,cm)^3$
$\approx 134{,}04\,cm^3$

$V_{gesamt} \approx 1000\,cm^3 - 134{,}04\,cm^3 = 865{,}96\,cm^3$

Das Volumen von ② beträgt ungefähr $865{,}96\,cm^3$.

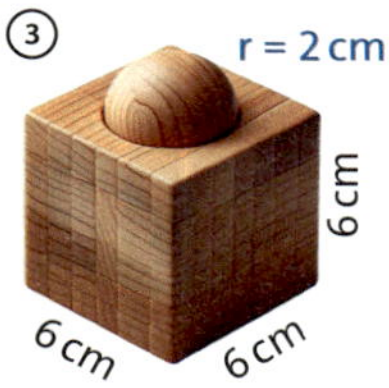

► **Aufgabe** Notiere, aus welchen Teilkörpern der zusammengesetzte Körper ③ besteht. Berechne das Volumen des zusammengesetzten Körpers.

►1 ►1 ►1

Tina bemalt die Oberfläche der Figur ②. Wie viel cm^2 bemalt Tina ungefähr?

*$M_{Halbkugel}$ steht für die Hälfte des Oberflächeninhalts einer **ganzen Kugel**:*

$M_{Halbkugel} = \frac{1}{2} \cdot O_{Kugel}$
$= \frac{1}{2} \cdot 4 \cdot \pi \cdot r^2$
$= 2 \cdot \pi \cdot r^2$

W

Für den **Oberflächeninhalt** eines **zusammengesetzten Körpers** oder eines **Differenzkörpers** addierst du die Flächeninhalte A_1 bis A_n aller äußeren Flächen:

$O_{gesamt} = A_1 + A_2 + \dots + A_n$

Alle Teilflächen der Figur ② sind:

$O_{Würfel} - A_{Kreis} = 6 \cdot a^2 - \pi \cdot r^2$
$= 6 \cdot (10\,cm)^2 - \pi \cdot (4\,cm)^2$
$= 549{,}73\,cm^2$

$M_{Halbkugel} = \frac{1}{2} \cdot 4 \cdot \pi \cdot r^2$
$= 2 \cdot \pi \cdot (4\,cm)^2 = 100{,}53\,cm^2$

$O_{gesamt} \approx 549{,}73\,cm^2 + 100{,}53\,cm^2 = 650{,}26\,cm^2$

Tina bemalt ungefähr $650{,}26\,cm^2$.

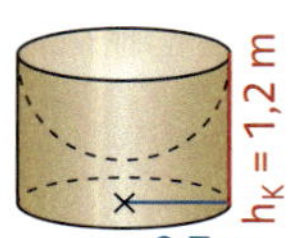

► **Aufgabe** Für den Differenzkörper ④ wurde aus einem Zylinder eine Halbkugel herausgeschnitzt. Benenne alle äußeren Teilflächen des Differenzkörpers. Berechne den Oberflächeninhalt.

►5 ►5 ►6

1 Berechne das Volumen der Halbkugel mit dem Radius r = 2 cm. Berechne dafür das Volumen der ganzen Kugel und teile es durch 2.

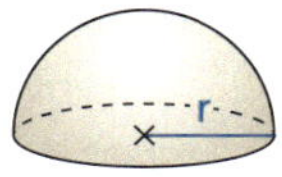

2 Berechne das Volumen dieses Regentropfens mit einem Durchmesser von 1,6 mm.
Runde auf Hundertstel.

3 Gegeben sind die Körper ① und ②.

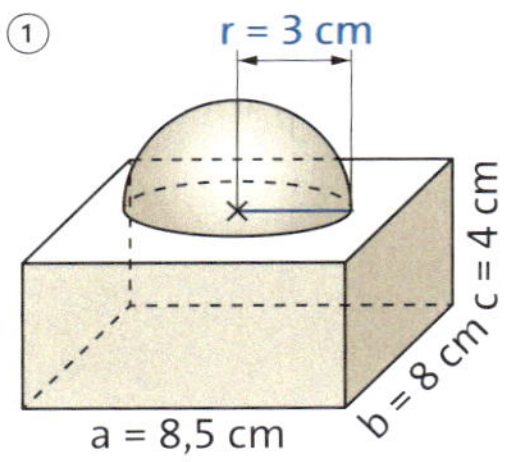

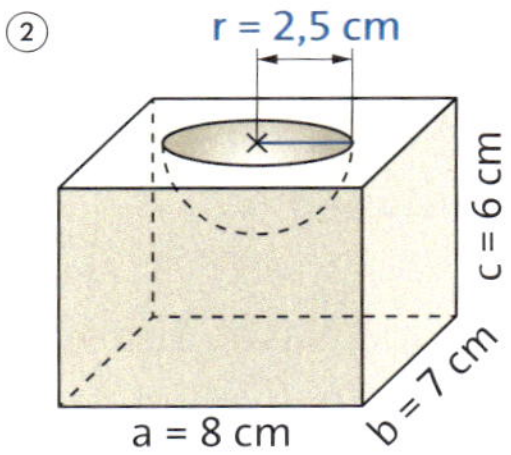

a) Notiere, wie die Körper ① und ② entstanden sind.
b) Beschreibe, wie du das Volumen der Körper ① und ② berechnen kannst.
c) Ergänze im Heft die Formeln für das Volumen der Körper ① und ②.
Volumen des Körpers ①:
$V = V_{Quader} +$ ________ = …
Volumen des Körpers ②:
$V = V_{Quader} -$ ________ = …
d) Berechne das Volumen der Körper.

▸ 4

4 Eine Melone hat ungefähr die Form einer Kugel mit einem Radius von 9,5 cm.
Aus der Melone schneidet Marcelo $\frac{1}{4}$ heraus.
Berechne das Volumen von den restlichen $\frac{3}{4}$ der Melone.
Runde auf Hundertstel.

5 Wenn du eine Orange halbierst, dann entstehen ungefähr zwei Halbkugeln.

a) Notiere die Form der **Schnittfläche**.
b) Beschreibe den gesamten Oberflächeninhalt einer halben Orange.
c) Berechne den Oberflächeninhalt einer halben Orange mit dem Radius r = 5 cm.

6 Berechne den Oberflächeninhalt.

a)

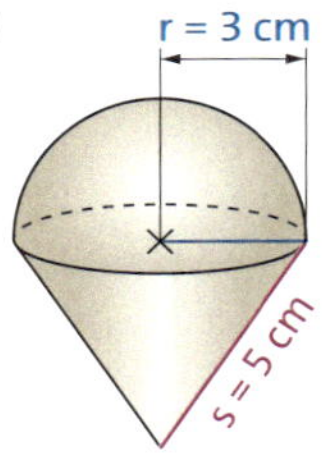

b)

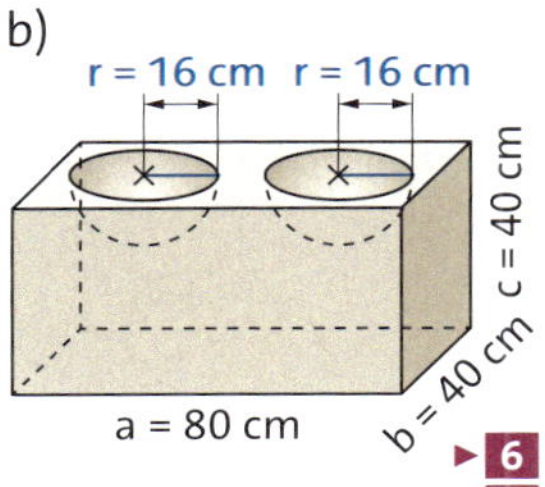

▸ 6

7 Der Kuchen besteht aus einem Keksboden und einer Puddingmasse.

a) Notiere, aus welchen geometrischen Teilkörpern der Kuchen besteht.
b) Berechne den gesamten Oberflächeninhalt des Kuchens ohne Erdbeere. Der Radius für den Boden und den Pudding beträgt r = 4 cm. Der Keksboden hat eine Höhe von $h_K = 1$ cm.
c) Berechne das Volumen des Kuchens.

8 Der Grill auf dem Foto hat die Form einer offenen Halbkugel.

a) Schätze den Radius des Grills mit Hilfe der Armlänge.
b) Berechne das Volumen des Grills.
c) Berechne die Größe der **Grillfläche**.

Tipp zu **2** und **4**: Wenn du auf Hundertstel runden sollst, dann runde auf die zweite Nachkommastelle.
Sprachhilfe zu **3b**: Verwende die Fachbegriffe: subtrahieren – zusammengesetzter Körper – Differenzkörper – addieren – Teilkörper
Tipp zu **6b**: Denke daran, dass du 2-mal den Flächeninhalt des Kreises abziehen musst.
Sprachhilfe zu **8c**: Die **Grillfläche** hat ein Gitter. Darauf grillt man Fleisch, Fisch und Gemüse.

1 Berechne das Volumen der Halbkugel mit dem Radius r = 7 cm.

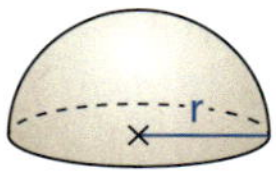

2 ▼ Beschreibe, wie du das Volumen von zusammengesetzten Körpern berechnen kannst. Was ändert sich bei der Vorgehensweise, wenn du das Volumen von Differenzkörpern berechnest? Was bleibt gleich?

3 Berechne das Volumen des Körpers. Notiere zuerst, aus welchen Teilkörpern der Körper besteht.

a)

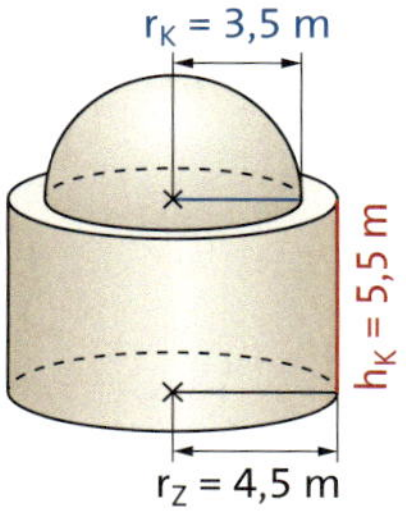

b)

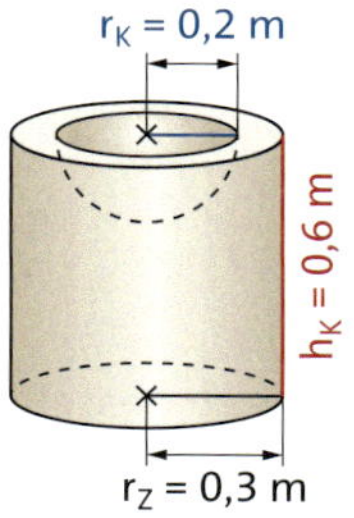

▶ 3 ☒

4 Das Innere einer Kokosnuss besteht aus weißem Fruchtfleisch. Der Außenradius beträgt $r_{außen}$ = 8 cm. Der Innenradius beträgt r_{innen} = 5 cm. Berechne das Volumen des Fruchtfleischs einer ganzen Kokosnuss.

5 Berechne den Oberflächeninhalt des Körpers. Notiere zuerst, aus welchen Teilkörpern der Körper besteht.

a)

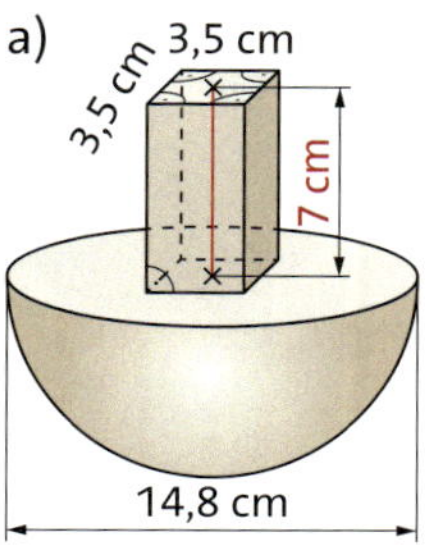

b)

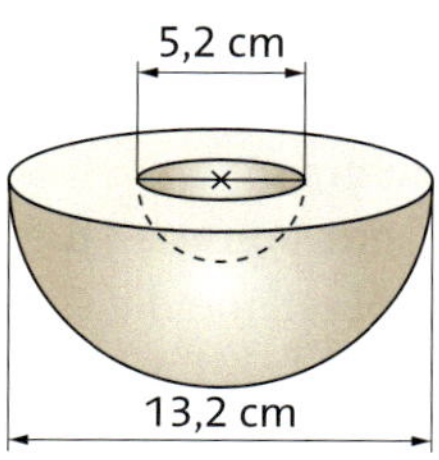

6 ▼ Der Anhänger einer Halskette besteht aus einem Kegel und einer Halbkugel und soll mit Blattgold umhüllt werden. Berechne, wie viel cm² Blattgold benötigt werden. Beschreibe dein Vorgehen.

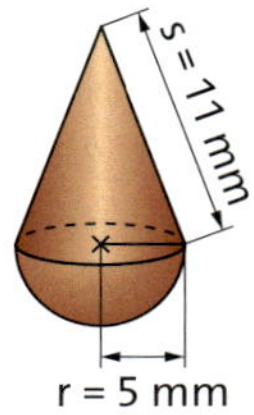

▶ 7 ☒

7 Aus einer Halbkugel mit r = 12 cm wird in der Mitte ein Zylinder entfernt. Der Zylinder hat einen halb so großen Radius wie die Halbkugel und eine Körperhöhe von h_K = 8 cm. Berechne den Oberflächeninhalt des Differenzkörpers. Beschrifte zuerst deine eigene Skizze mit Maßen.

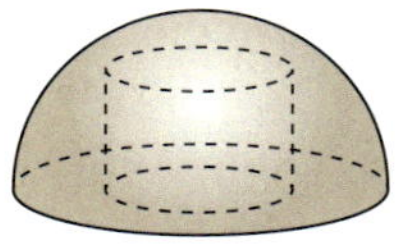

8 Eine Nashi-Birne hat ungefähr die Form einer Kugel.

a) Welche Form hat die Schnittfläche einer halben Nashi-Birne?
b) Eine halbe Nashi-Birne wird noch einmal halbiert. Welche Form haben die Schnittflächen?
c) Die Nashi-Birne hat den Radius r = 6 cm. Berechne den Oberflächeninhalt eines Viertels der Nashi-Birne.

9 ▼ Von dem Gebäude auf der Insel Santorini sollen die Kuppel und die Fassade in der Form eines regelmäßigen Sechsecks neu gestrichen werden. Schätze den Durchmesser der Kuppel. Berechne, wie viel m² neu gestrichen werden.

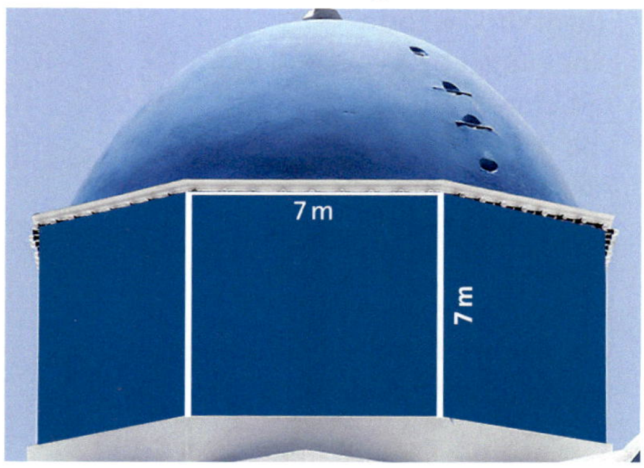

Sprachhilfe zu **2**: Verwende: subtrahieren – zusammengesetzter Körper – Differenzkörper – addieren – Teilkörper
Sprachhilfe zu **6**: Verwende: der Oberflächeninhalt – der Mantelflächeninhalt des Kegels – die Halbkugel
Tipp zu **9**: Für die Fassade reicht es aus, den Mantelflächeninhalt zu berechnen. Der Radius der Kuppel ist um 1 m kürzer als eine Kante der Fassade.

1 Eine Halbkugel hat den Durchmesser d = 9 cm. Berechne das Volumen der Halbkugel.

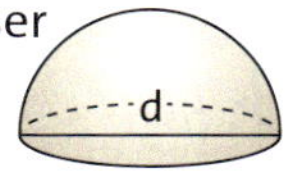

2 Berechne das Volumen des Körpers. Beschreibe zuerst die geometrischen Teilkörper.

a)

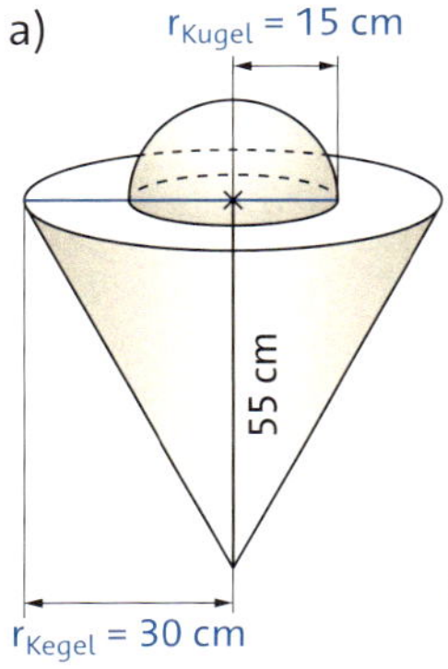

b)

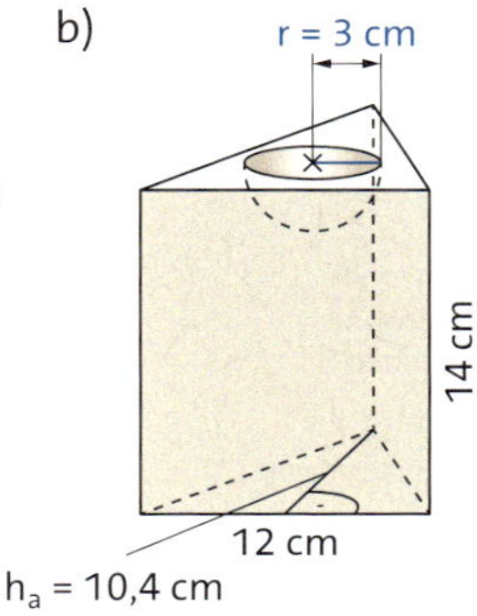

3 Setze eine Halbkugel auf einen Würfel, sodass die vier Ecken des Würfels die Kreislinie der Halbkugel berühren. Berechne das Volumen des zusammengesetzten Körpers für einen Würfel mit der Kantenlänge a = 5 cm.

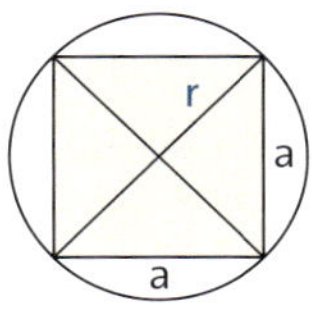

4 Berechne näherungsweise das Volumen des Fliegenpilzes. Gehe davon aus, dass der Stiel einen Durchmesser von d = 1,5 cm hat.

5 Das Foto zeigt Merals Bleistift.

a) Notiert, aus welchen geometrischen Teilkörpern der Bleistift besteht.

b) Überlegt euch jeweils einen eigenen zusammengesetzten Körper mit einer Halbkugel. Fertigt eine Skizze an.

c) Um das Volumen eures zusammengesetzten Körpers berechnen zu können, müsst ihr bestimmte Maße kennen. Notiert die Maße.

d) Tauscht eure Skizzen und berechnet das Volumen des jeweils anderen zusammengesetzten Körpers. Recherchiert die passenden Formeln im Internet.

e) Präsentiert eure Beispiele der Klasse.

6 Gegeben sind zwei Körper.

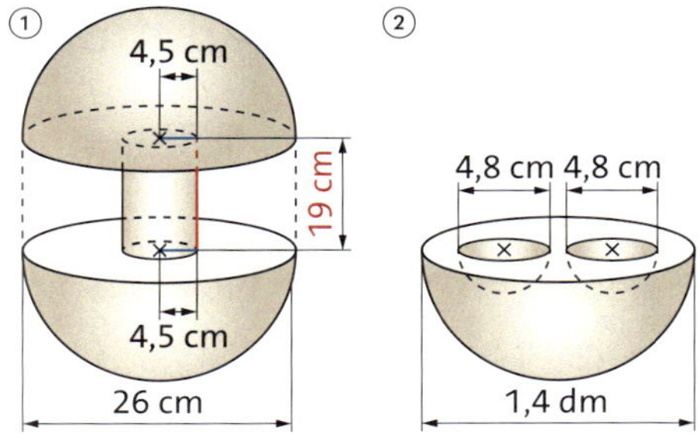

Löse die Teilaufgaben zuerst für Körper ① und dann für Körper ②.

a) Notiere, aus welchen Teilkörpern der Körper besteht.

b) Beschreibe, wie du am schnellsten den Oberflächeninhalt berechnen kannst.

c) Berechne den Oberflächeninhalt.

7 Aus einem Kegel mit dem Radius r = 18 cm und der Mantellinie s = 2,4 dm wird in der Mitte eine Halbkugel entfernt. Der Radius der Halbkugel beträgt ein Drittel vom Radius des Kegels. Berechne den Oberflächeninhalt des Differenzkörpers. Fertige zuerst eine Skizze an.

8 Eine Halbkugel hat eine Schnittfläche von 254,47 cm^2.

a) Berechne das Volumen und den Oberflächeninhalt der ganzen Kugel.

b) Berechne den gesamten Oberflächeninhalt der Halbkugel. Fertige zuerst eine Skizze an.

9 ▼ Auf Teneriffa soll die Sternwarte neu gestrichen werden. Sie besteht aus einer Kuppel und einem Sockel. 1 ℓ Farbe reicht für 5 m^2.

a) Schätze den Durchmesser der Kuppel.

b) Berechne den Oberflächeninhalt der neu zu streichenden Fläche in m^2.

c) Berechne, wie viel ℓ Farbe benötigt werden.

Hinweis zu **9**: Der Sockel hat die Form eines Zylinders.

Volumen und Oberflächeninhalt einer Kugel mit einer Tabellenkalkulation berechnen

Hier lernst du, wie du mithilfe der Tabellenkalkulation das **Volumen einer Kugel berechnen** kannst.

① **Beschriften und Bekanntes eintragen**
- Trage in **A1** den Titel ein.
  Trage die Fachbegriffe in **A2** bis **B2** ein.
- Trage darunter für r in **A3** den Wert **8** ein.

	A	B
1	Das Volumen einer Kugel berechnen	
2	Radius r	Volumen V
3	8,0	

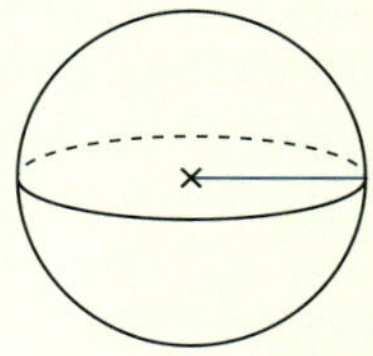

② **Das Volumen berechnen**
- Trage für das Volumen V in **B3** die Formel **=(4*PI()*A3^3)/3** ein.

Drücke die Hütchen-Taste: Sie ist unter der esc-Taste.

	A	B
1	Das Volumen einer Kugel berechnen	
2	Radius r	Volumen V
3	8,0	=(4*PI()*A3^3)/3

Du erhältst ungefähr 2144,660585 (in cm^3).

1 Gegeben ist der Radius r einer Kugel. Berechne das Volumen.
a) r = 4 cm b) r = 5,3 cm c) r = 10,32 cm d) r = 23,123 cm

2 Das Volumen V einer Kugel beträgt 5000 cm^3.
Emilia möchte den Radius berechnen.
Emilia überlegt, dass sie die dritte Wurzel auch als Potenz hoch $\frac{1}{3}$ schreiben kann.
Erstelle ein Tabellenblatt mit Emilias Formel und rechne mit deinem Taschenrechner nach.

	A	B
1	Den Radius einer Kugel berechnen	
2	Volumen V	Radius r
3	5000	=POTENZ(A3/(PI()*4)*3;1/3)

Und so kannst du den Oberflächeninhalt einer Kugel mit einem Tabellenblatt berechnen.

① **Beschriften und Bekanntes eintragen**
- Trage in **A1** den Titel ein.
  Trage die Fachbegriffe in **A2** bis **B2** ein.
- Trage darunter für r in **A2** den Wert **8** ein.

	A	B
1	Oberflächeninhalt einer Kugel berechnen	
2	Radius r	Oberflächeninhalt O
3	8,0	

② **Den Oberflächeninhalt berechnen**
- Trage für den Oberflächeninhalt O in **B3** die Formel **=4*PI()*A3^2** ein.

Drücke die Hütchen-Taste: Sie ist unter der esc-Taste.

	A	B
1	Oberflächeninhalt einer Kugel berechnen	
2	Radius r	Oberflächeninhalt O
3	8,0	=4*PI()*A3^2

Du erhältst ungefähr 804,2477193 (in cm^2).

3 Gegeben ist der Radius r einer Kugel. Berechne den Oberflächeninhalt O.
a) r = 4,8 cm b) r = 12,3 cm c) r = 25,65 cm d) r = 45,78 cm

4 Gegeben ist der Durchmesser d einer Kugel. Berechne den Oberflächeninhalt O.
Passe zuerst dein Tabellenblatt für den Durchmesser d an. **Tipp:** $d = 2 \cdot r$ oder $r = \frac{d}{2}$
a) d = 6 cm b) d = 9 cm

5 Der Oberflächeninhalt O einer Kugel beträgt 1256,63 m^2.
Ahmadi möchte den Radius berechnen. Er notiert zuerst die Formel für den Oberflächeninhalt O. Er teilt den Oberflächeninhalt durch 4π und zieht die Wurzel.
Der Radius beträgt 10 m. Vervollständige Ahmadis Formel in der Zelle **B3**.

	A	B
1	Radius einer Kugel berechnen	
2	Oberflächeninhalt O	Radius r
3	1256,63	=WURZEL

Volumen und Oberflächeninhalt eines zusammengesetzten Körpers mit einer Tabellenkalkulation berechnen

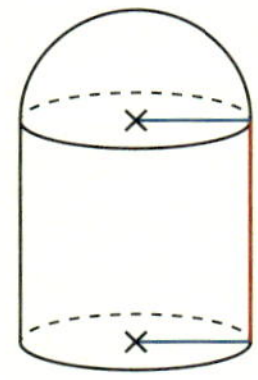

Hier lernst du, wie du mithilfe der Tabellenkalkulation das **Volumen eines zusammengesetzten Körpers berechnen** kannst. Starte mit dem Volumen der Halbkugel.

① **Beschriften und Bekanntes eintragen**
- Trage in **A1** den Titel ein.
  Trage und Trage die Fachbegriffe in **A2** bis **E2** ein.
- Trage darunter für r in **A3** den Wert **5** und für h_K in B3 den Wert **10** ein.

	A	B	C	D	E
1	Volumen einer Halbkugel und einem Zylinder berechnen				
2	Radius r	Körperhöhe h_K	Volumen der Halbkugel	Volumen des Zylinders	Volumen gesamt
3	5	10			

② **Das Volumen berechnen**
- Trage für das Volumen der Halbkugel in **C3** die Formel **=0,5*(4*PI()*A3^3)/3** ein.
  Trage für das Volumen des Zylinders in **D3** die Formel **=PI()*A3^2*B3** ein.
- Trage für das gesamte Volumen in **E3** die Formel **= C3+D** ein.

Drücke die Hütchen-Taste: Sie ist unter der esc-Taste.

	A	B	C	D	E
1	Volumen einer Halbkugel und einem Zylinder berechnen				
2	Radius r	Körperhöhe h_K	Volumen der Halbkugel	Volumen des Zylinders	Volumen gesamt
3	5	10	=0,5*(4*PI()*A3^3)/3	=PI()*A3^2*B3	=C3+D3

Du erhältst ungefähr 261,80 (in m^3) 785,40 (in m^3) 1047,20 (in m^3).

1 Der Körper ist aus einer Halbkugel und einem Zylinder zusammengesetzt. Die Halbkugel und der Zylinder haben den gleichen Radius r und der Zylinder hat die Körperhöhe h_K. Berechne das Volumen V.
a) $r = 7{,}5\,m$; $h_K = 15\,m$ b) $r = 3{,}5\,m$; $h_K = 7\,m$ c) $r = 12{,}3\,m$; $h_K = 23\,m$

Und so kannst du den Oberflächeninhalt O eines zusammengesetzten Körpers berechnen.

① **Beschriften und Bekanntes eintragen**
- Trage in **A1** den Titel ein.
  Trage und Trage die Fachbegriffe in **A2** bis **F2** ein.
- Trage darunter für r in **A3** den Wert **5** und für h_K in **B3** den Wert **10** ein.

	A	B	C	D	E	F
1	Oberfläche einer Halbkugel und einem Zylinder berechnen					
2	Radius r	Körperhöhe h_K	Mantelflächeninhalt der Halbkugel	Mantelflächeninhalt des Zylinders	Grundflächeninhalt des Zylinders	Oberflächeninhalt gesamt
3	5	10				

② **Den Oberflächeninhalt berechnen**
- Trage für den Mantelflächeninhalt der Halbkugel in C3 die Formel **=0,5*(4*PI()*A3^2)** ein.
- Trage für den Mantelflächeninhalt des Zylinders in **D3** die Formel **=2*PI()*A3*B3** ein.
- Trage für den Grundflächeninhalt des Zylinders in **E3** die Formel **=PI()*A3*2** ein.
- Trage für den gesamten Oberflächeninhalt in **F3** die Formel **=C3+D3 + E3** ein.

	A	B	C	D	E	F
1	Oberfläche einer Halbkugel und einem Zylinder berechnen					
2	Radius r	Körperhöhe h_K	Mantelflächeninhalt der Halbkugel	Mantelflächeninhalt des Zylinders	Grundflächeninhalt des Zylinders	Oberflächeninhalt gesamt
3	5	10	=0,5*(4*PI()*A3^2)	=2*PI()*A3*B3	=PI()*A3^2	=C3+D3+E3

Du erhältst ungefähr 157,08 (in m^2) 314,16 (in m^2) 78,54 (in m^2) 549,78 (in m^2).

2 Der Körper ist aus einer Halbkugel und einem Zylinder zusammengesetzt. Halbkugel und Zylinder haben den gleichen Radius r und der Zylinder hat die Körperhöhe h_K. Berechne den Oberflächeninhalt O.
a) $r = 6{,}1\,m$; $h_K = 12{,}2\,m$ b) $r = 4{,}5\,m$; $h_K = 9\,m$ c) $r = 12\,m$; $h_K = 32{,}3\,m$

Zweitafelprojektionen von Körpern

Das Haus von Familie Bingen kann man sich als Quader mit einem aufgesetzten Prisma vorstellen. In den alten Bauplänen findet Emma viele verschiedene Skizzen aus unterschiedlichen Ansichten des Hauses.
Sie möchte nun ebenfalls eine Skizze des Hauses anfertigen.
Hilf ihr das Haus
① von vorne, ② von oben zu skizzieren.

Zweitafelprojektion von Prismen

Um Körper zeichnerisch darzustellen, nutzt man eine **Zweitafelprojektion**.

Der Körper wird auf zwei Tafeln (Ebenen) projiziert.
Diese Tafeln nennt man Grundrissebene und Aufrissebene.
Sie stehen entlang der **Rissachse** senkrecht aufeinander.

Projektion:

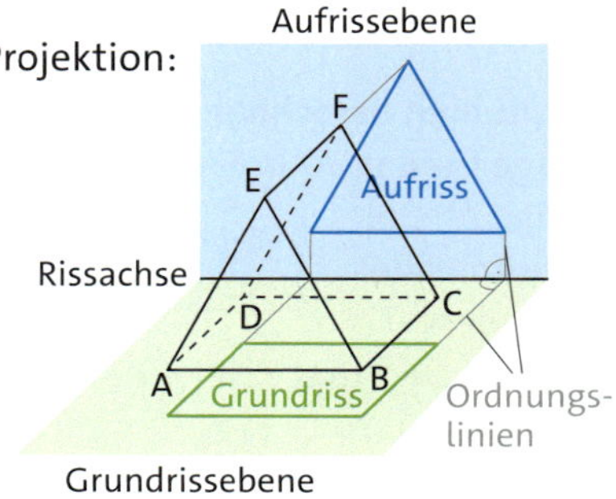

Durch diese Projektion entstehen der Grundriss und der Aufriss des Prismas.
Der Grundriss ist die Ansicht des Prismas von oben.
Der Aufriss ist die Ansicht des Prismas von vorne.

Punkte in beiden Ebenen werden durch Ordnungslinien miteinander verbunden.

Punkte auf der Grundrissebene erhalten einen Strich.
Punkte auf der Aufrissebene erhalten zwei Striche.

Zweitafelbild:

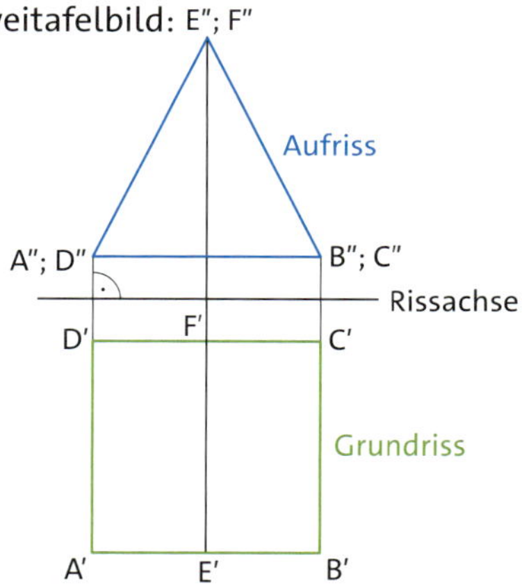

1 Zeichne einen Quader mit den Seitenlängen 3 cm, 5 cm und 4 cm im Zweitafelbild. Beschrifte alle Eckpunkte des Quaders. Beginne mit dem Grundriss.

2 Zeichne einen Würfel mit der Seitenlänge 4,5 cm im Zweitafelbild. Beschrifte alle Eckpunkte des Würfels. Beginne mit dem Grundriss.

3 Die Körper rechts wurden aus kleinen Würfeln zusammengebaut.
Zeichne jeweils den Grundriss sowie den Aufriss der Körper.

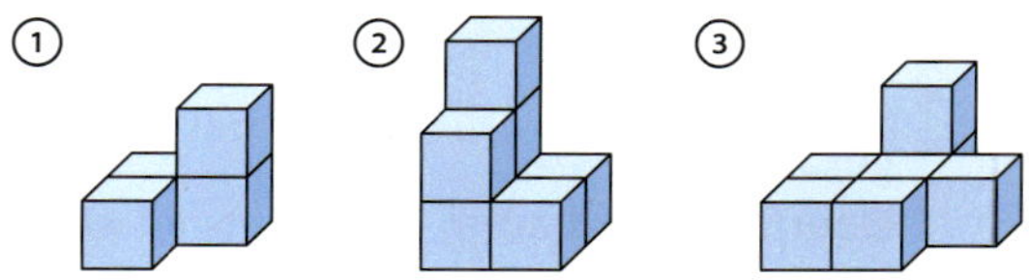

Ebenso wie die Zweitafelprojektion eines Prismas lassen sich auch die Projektionen von Pyramiden, Kegeln und Zylindern zeichnen.

Zweitafelprojektion einer Pyramide, eines Kegels und eines Zylinders

Um die Zweitafelprojektionen von Pyramiden, Kegeln und Zylindern zu zeichnen, gehst du genauso vor, wie beim Zeichnen der Zweitafelprojektion eines Prismas.

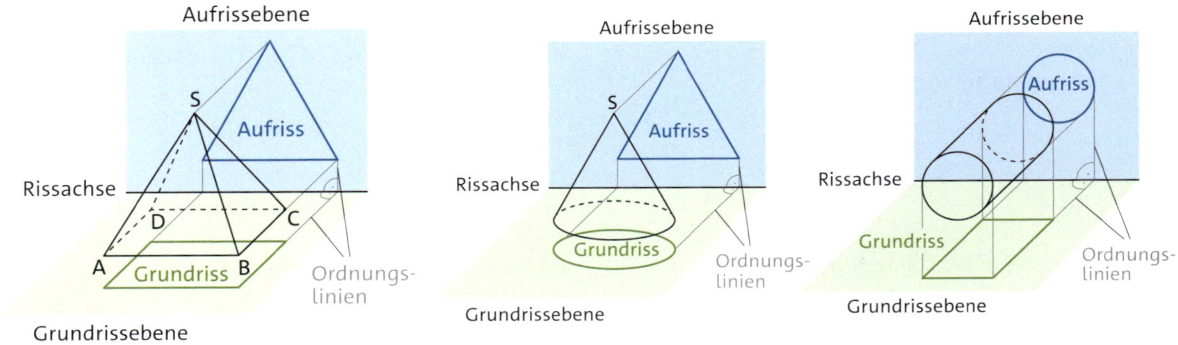

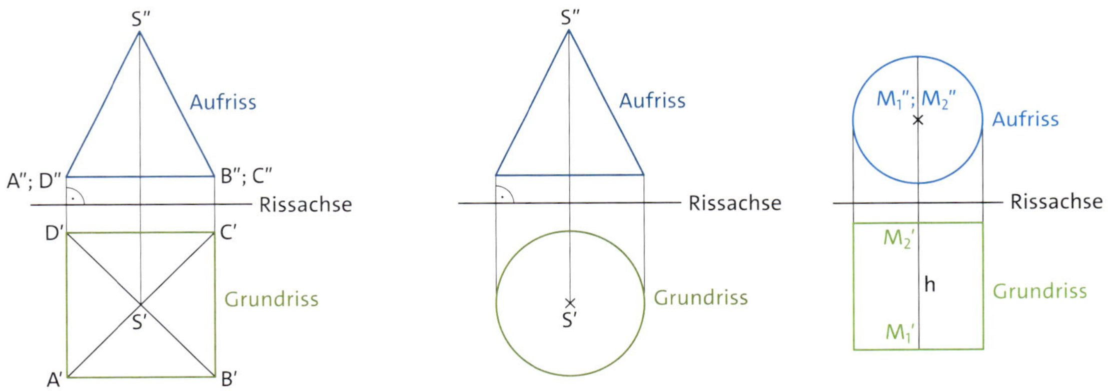

4 Zeichne eine Pyramide mit einer quadratischen Grundfläche von 5 cm und mit den Kantenlängen 3 cm im Zweitafelbild. Beschrifte alle Eckpunkte der Pyramide. Beginne mit dem Grundriss.

5 Zeichne einen Kegel mit dem Durchmesser von 3 cm und einer Höhe von 6 cm im Zweitafelbild.

6 Zeichne einen Zylinder mit dem Durchmesser 3 cm und einer Höhe von 6 cm im Zweitafelbild.

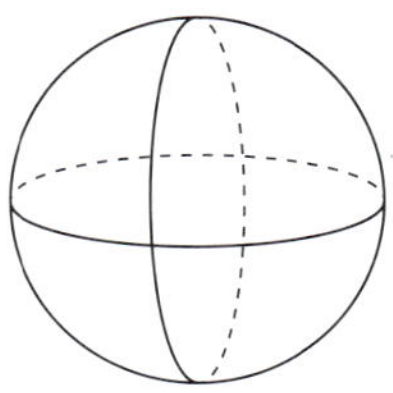

7 Beschreibe, wie die Zweitafelprojektion einer Kugel aussieht. Zeichne anschließend die Zweitafelprojektion.

Kompetenz

1 Ich kann das Volumen einer Kugel berechnen.

→ Lies auf **Seite 102** nach.

1 Berechne das Volumen der Kugel.

a) r = 4 cm b) r = 2,8 mm
c) d = 18 dm d) d = 0,6 m

---

2 Ich kann den Oberflächeninhalt einer Kugel berechnen.

→ Lies auf **Seite 102** nach.

2 Berechne den Oberflächeninhalt der Kugel.

a) r = 6 cm b) r = 39 mm
c) d = 16 dm d) d = 0,8 km

---

3 Ich kann das Volumen eines zusammengesetzten Körpers berechnen.

→ Lies auf **Seite 108** nach.

3 Berechne das Volumen des zusammengesetzten Körpers.

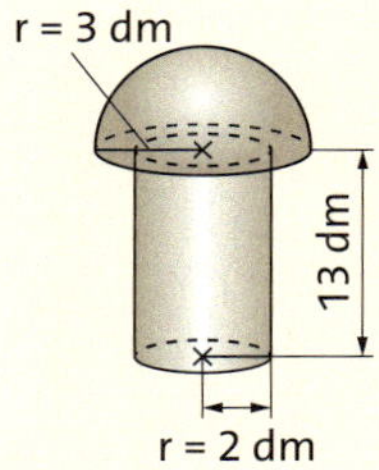

---

4 Ich kann den Oberflächeninhalt eines zusammengesetzten Körpers berechnen.

→ Lies auf **Seite 108** nach.

4 Berechne den Oberflächeninhalt des zusammengesetzten Körpers.

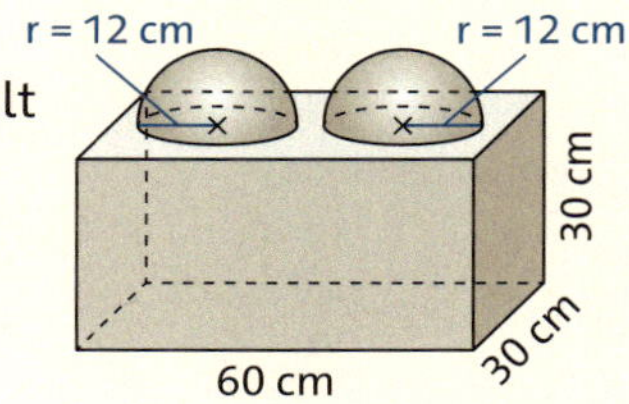

---

5 Ich kann das Volumen eines Differenzkörpers berechnen.

→ Lies auf **Seite 108** nach.

5 Berechne das Volumen des Differenzkörpers.

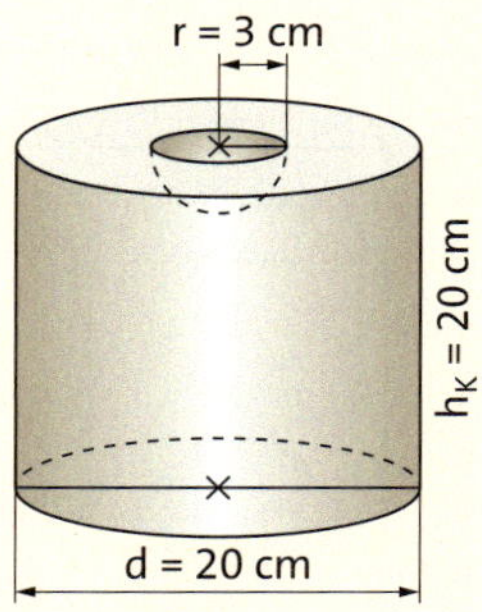

---

6 Ich kann den Oberflächeninhalt eines Differenzkörpers berechnen.

→ Lies auf **Seite 108** nach.

6 Berechne den Oberflächeninhalt des Differenzkörpers.

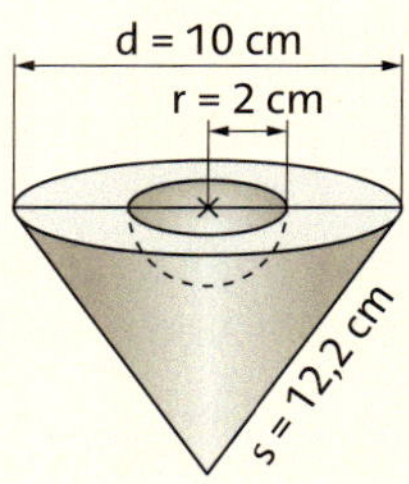

→ Lösungen auf Seite 277

☒

1 Berechne das Volumen der Kugel.

a) r = 7,2 cm b) r = 0,04 km
c) d = 29 dm d) d = 16,44 m

2 Berechne den Oberflächeninhalt der Kugel.

a) r = 3,4 cm b) r = 1,05 dm
c) d = 15 mm d) d = 1,4 dm

3 Berechne das Volumen des zusammengesetzten Körpers.

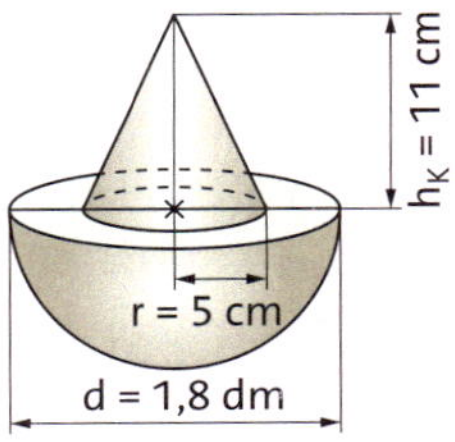

4 Berechne den Oberflächeninhalt des zusammengesetzten Körpers.

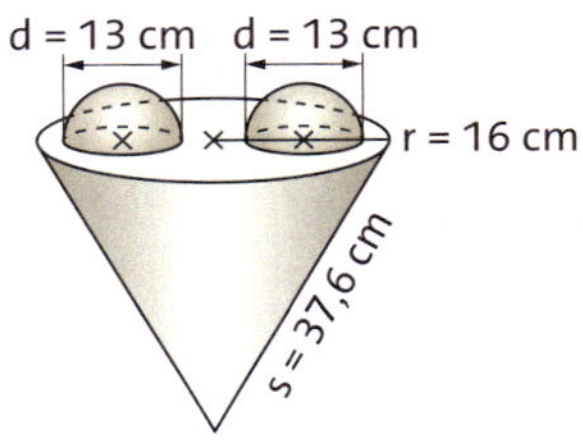

5 Die Dose hat die Form einer Kugel. In der Mitte der Dose wurde ein Würfel herausgeschnitten. Berechne das Volumen der Dose.

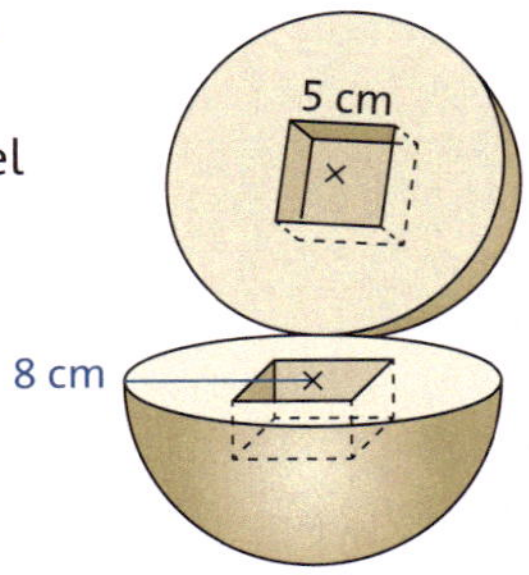

6 Berechne den Oberflächeninhalt des Differenzkörpers. Die Halbkugeln sind gleich groß.

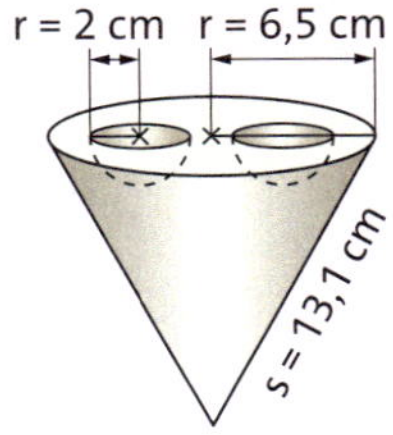

☒

1 Berechne das Volumen der Kugel.

a) r = 2,4 dm b) r = 3,01 m
c) d = 4,6 cm d) d = 14,18 mm

2 Berechne den Oberflächeninhalt der Kugel.

a) r = 12,6 mm b) d = 7,9 dm
c) d = 4,86 km d) V = 523,6 m^3

3 Berechne das Volumen des zusammengesetzten Körpers. Berechne zuerst die Höhe h_a im Dreieck.

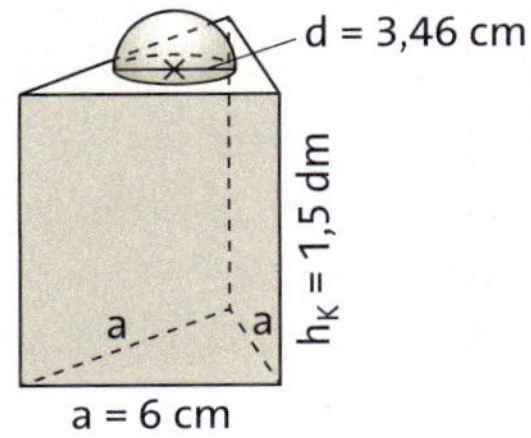

4 Berechne den Oberflächeninhalt des zusammengesetzten Körpers.

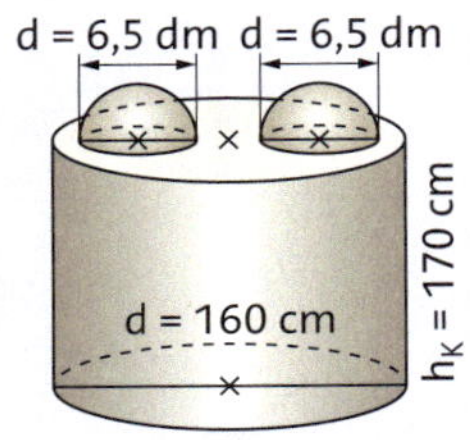

5 Ein Iglu hat ungefähr die Form einer Halbkugel. Berechne, aus wie viel m^3 Schnee der Iglu ungefähr besteht.

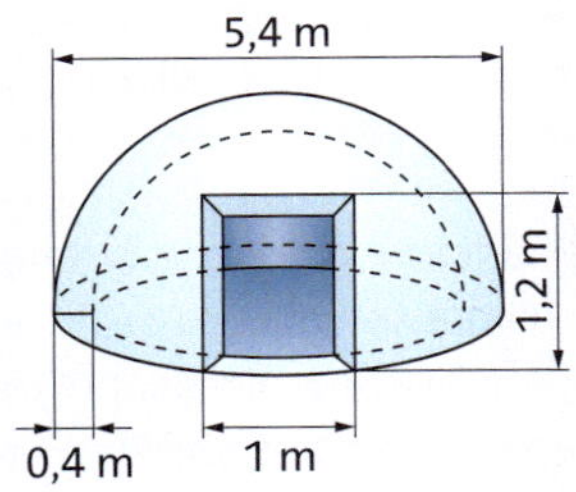

6 Berechne den Oberflächeninhalt des Differenzkörpers.

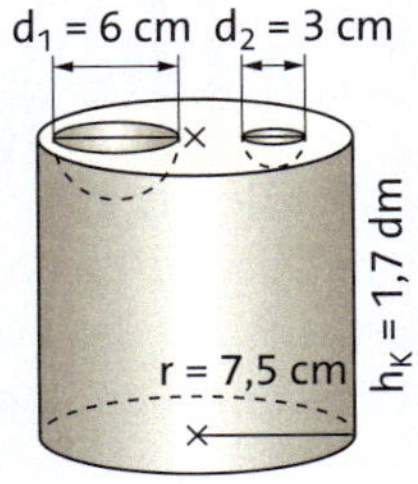

→ Lösungen auf Seite 278 und 279

Zusammengesetzte Körper mit einer dynamischen Geometrie-Software verkleinern oder vergrößern

Mit einer dynamischen Geometrie-Software (DGS) kannst du zusammengesetzte Körper zeichnen und dann vergrößern oder verkleinern, spiegeln oder verschieben. Du kannst auch die Flächeninhalte der einzelnen Flächen anzeigen lassen und den Oberflächeninhalt und das Volumen berechnen.
Im Grundwissen kannst du nachlesen, welche Werkzeuge du dazu benötigst. → Seite 258

Wenn du einen zusammengesetzten Körper **drehst** oder **verschiebst**, an der Achse oder an einem Punkt **spiegelst**, erhältst du einen **kongruenten** (deckungsgleichen) Körper.

Wenn du einen Körper mit einer zentrischen Streckung **verkleinerst** oder **vergrößerst**, erhältst du einen **ähnlichen Körper**. Man spricht von einer **Ähnlichkeitsabbildung**, die du auf den ursprünglichen Körper anwendest. Ähnlichkeitsabbildungen sind …

- **geradentreu**
  Alle Linien bleiben unverändert.
- **winkeltreu**
  Alle Winkel bleiben gleich groß.
- **parallelentreu**
  Parallele Linien bleiben parallel.
- **verhältnistreu**
  Die Seitenverhältnisse bleiben bestehen.

Beispiele für eine Ähnlichkeitsabbildung: Spiegelung und zentrische Streckung

1. Zeichne einen zusammengesetzten Körper.
2. Spiegle den Körper.
3. Führe eine zentrische Streckung durch.

①
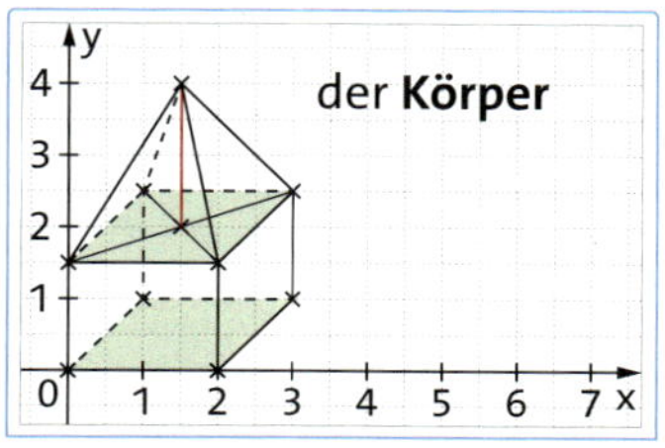

②
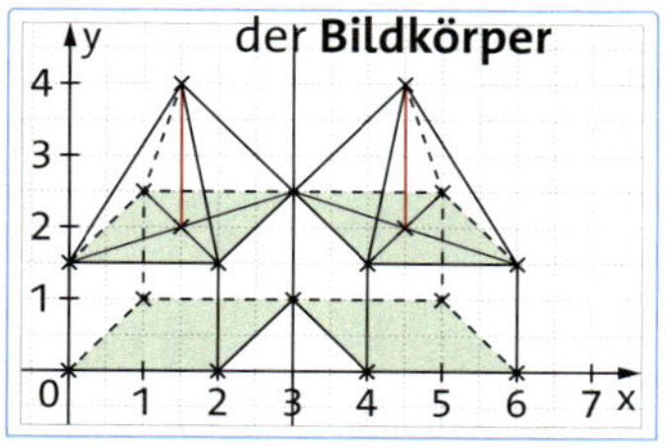

③
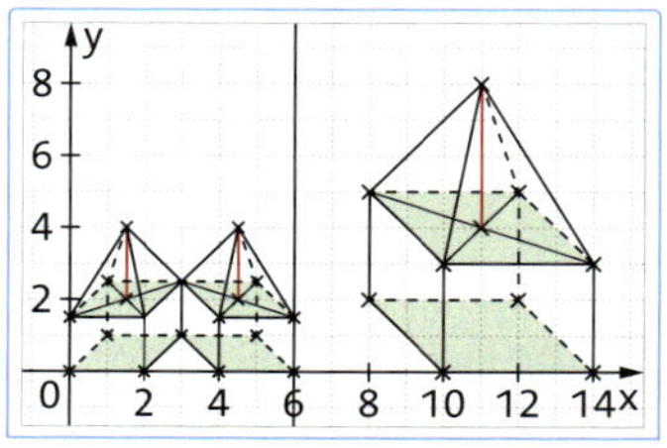

1 Zeichne einen zusammengesetzten Körper.
Gehe so vor:
① Zeichne die Grundfläche.
Klicke auf das Symbol für „Vieleck".
Zeichne ein Vieleck für die Grundfläche.
Strichle die Kanten, die verdeckt sind.
② Zeichne die Deckfläche. Klicke mit der rechten Maustaste auf die Grundfläche und wähle Duplizieren. Klicke auf das Symbol für „Bewege". Verschiebe die Kopie der Grundfläche nach oben.
③ Klicke auf das Symbol für „Strecke".
Zeichne die **Diagonalen** in der Deckfläche.
Zeichne im Punkt I die **Höhe h**.
④ Zeichne alle fehlenden **Kanten** des Körpers.
Klicke auf das Symbol für „Strecke".
Verbinde alle Punkte mit Strecken. Strichle die **Kanten**, die verdeckt sind.

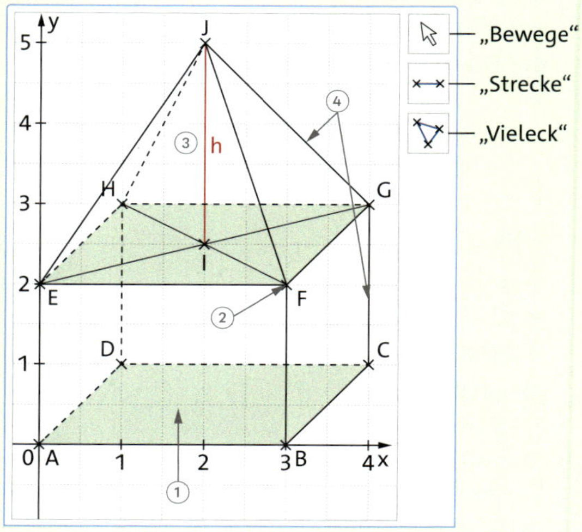

2 **Einen zusammengesetzten Körper vergrößern oder verkleinern**

a) Zeichne einen Körper deiner Wahl.

b) Erstelle einen Schieberegler.
Klicke auf das Symbol für „Schieberegler“.
Benenne den Schieberegler mit k.
Wähle für das Minimum 0 und das Maximum 3. Gib als Schrittweite 0.5 ein.

c) Führe eine zentrische Streckung mit dem Streckfaktor k durch. Gehe so vor:

① Zeichne einen Punkt Z für das Streckzentrum auf der x-Achse.

② Klicke auf das Symbol „Objekte auswählen“ und ziehe ein Rechteck um den zusammengesetzten Körper.

③ Klicke auf das Symbol „Strecke zentrisch von Punkt aus“ und klicke dann auf den Punkt Z. Es erscheint ein Feld. Gib den Namen k des Schiebereglers ein. Du erhältst den **Bildkörper**.

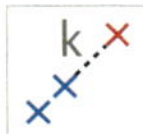

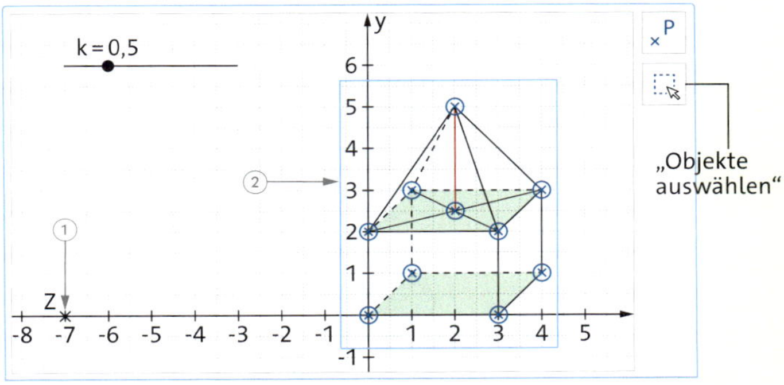

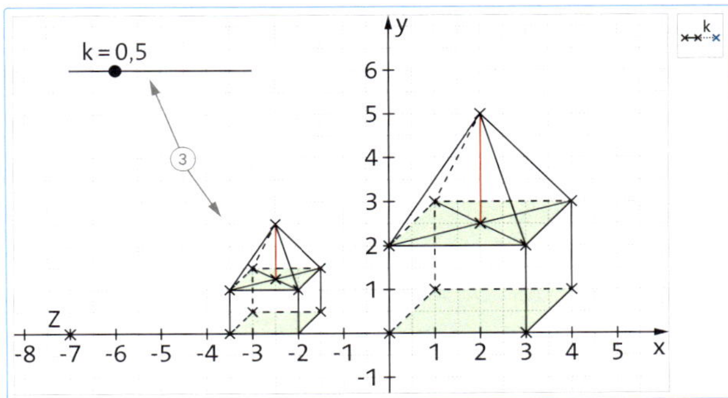

d) Verändere den Wert von k auf dem Schieberegler. Wie verändert sich die Größe des zusammengesetzten Körpers für k > 1 und k < 1? Notiere im Heft.

3 Ergänze die Tabelle für den zusammengesetzten Körper im Heft.

a) Zeichne den zusammengesetzten Körper deiner Wahl.

b) Vergrößere oder verkleinere den Körper.
Führe dazu eine zentrische Streckung durch.

c) Klicke auf das Symbol für „Flächeninhalt“

Lass dir den Flächeninhalt der Grundfläche anzeigen. Klicke auf das Symbol „Länge messen“

und lass dir die Länge der Körperhöhe anzeigen. Berechne mit den Werten das Volumen. Notiere deine Beobachtung im Heft.

Streckfaktor	Volumen (in cm^3)	
	Körper	Bildkörper
0,5		
1,5		
2		
2,5		
3		
3,5		

4 **Einen zusammengesetzten Körper drehen oder verschieben, vergrößern oder verkleinern**

a) Zeichnet einen zusammengesetzten Körper eurer Wahl. Zeichnet zwei Punkte: Punkt S als Drehpunkt und Punkt Z für das Streckzentrum Z.

b) Entscheidet euch, ob ihr den Körper dreht oder verschiebt. Überlegt euch gemeinsam euer Vorgehen. Bevor ihr den Körper dreht oder verschiebt, wählt euren Körper als Objekt. Klickt auf das Symbol für „Objekte auswählen“ und zieht ein Rechteck um euren Körper.

c) Führt eine zentrische Streckung des Körpers mit 0 < k < 5 und mit der Schrittweite 0,2 aus.

d) Präsentiert eure Ergebnisse in der Klasse.

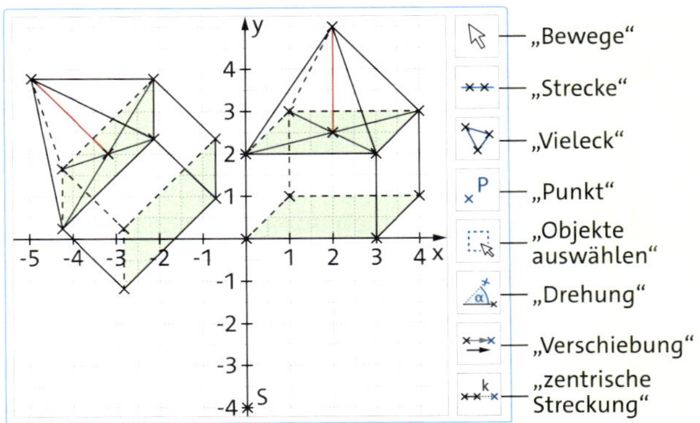

Hinweis zu **2b** und **4d**: In einer dynamischen Geometrie-Software werden Dezimalzahlen für die Schrittweite mit einem Punkt anstelle von einem Komma eingegeben.

Die Weltkarte der Erde im Atlas und auf dem Globus

Eine Methode zur Herstellung eines Globus ist die **Handkaschierung**.

Bei der **Handkaschierung** werden einzelne Teile in Form von Kugel-Zweiecken bedruckt. (Bild 1 und Bild 2) So ist es möglich, eine Fläche, zum Beispiel eine Weltkarte aus einem Atlas, in eine Kugelform zu bringen.

Die Zweiecke werden ausgeschnitten und auf die Kugel geklebt. (Bild 3).

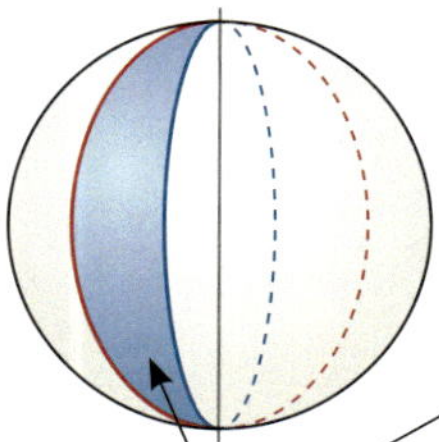

Bild 1: das **Kugel-Zweieck** kurz: das **Zweieck**

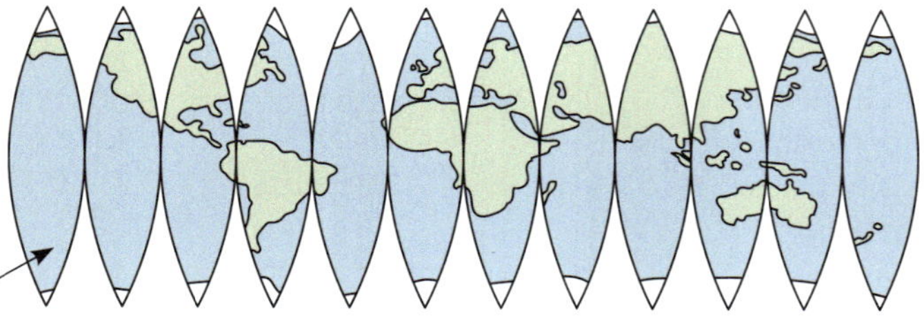

Bild 2: die Weltkarte der Erde auf 12 Zweiecken

Bild 3: Simone beklebt eine Kugel mit Zweiecken.

1 Vergleiche den Umfang einer Kugel mit dem Umfang eines zugehörigen Zweiecks. Ergänze den Satz im Heft.
Der Umfang einer Kugel und der Umfang eines Zweiecks sind ________.

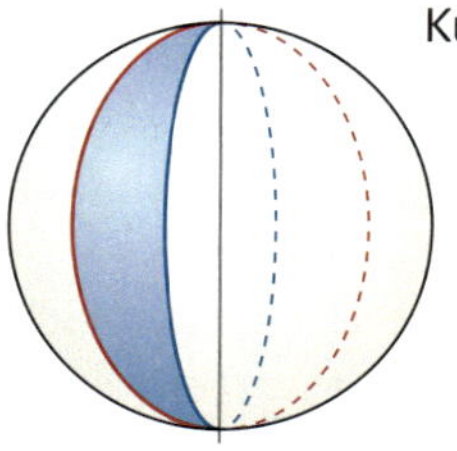

2 Ein Globus hat einen Durchmesser von d = 36 cm. Der Äquator ist der Großkreis in der Mitte des Globus. Berechne, wie lang der Äquator auf dem Globus ist.
Tipp: Verwende die Formel für den Umfang einer Kugel:
$u_{Kugel} = \pi \cdot d$.

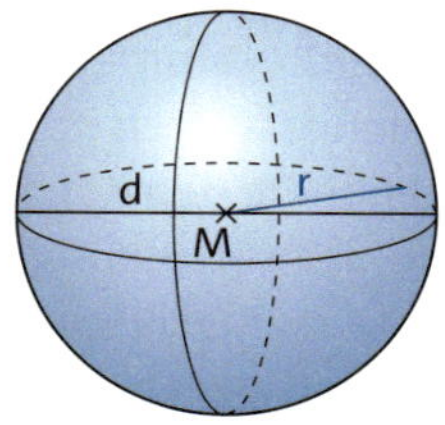

3 Zojas Globus hat einen Durchmesser von d = 30 cm und besteht aus 12 Zweiecken. Zoja soll die Breite b sowie den Flächeninhalt eines Zweiecks berechnen. Ergänze Zojas Überlegungen im Heft. Berechne dann.
Die Breite eines Zweiecks b ist die Länge des ______ durch □.
Der Flächeninhalt eines Zweiecks ist der Oberflächeninhalt der ______ durch □.

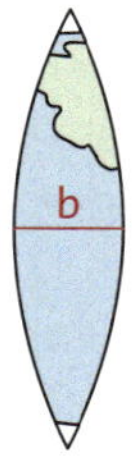

4 Stelle deinen eigenen Globus her. Recherchiere dazu nach einer Anleitung und nach einem Kartennetz der Erde im Internet. Du kannst zum Beispiel eine Kugel aus Styropor bekleben. Präsentiere deinen Globus vor der Klasse und erkläre dabei dein Vorgehen.

5 Informiert euch über die Tiefziehtechnik bei der Herstellung von Globen. Was ist der Vorteil der Tiefziehtechnik gegenüber der Handkaschierung? Diskutiert miteinander und notiert Vorteile und Nachteile. Präsentiert vor der Klasse.

6 Informiert euch über die Mercator-Projektion und erklärt euch gegenseitig, wie Gerhard Mercator die Abbildung auf einem Globus in eine Karte übertragen hat. Erstellt dazu eine Präsentation mit Bildern und stellt eure Präsentation der Klasse vor.

1 Berechne das Volumen der Kugel.

a) $r = 5\,mm$ b) $r = 4{,}3\,dm$
c) $r = 2{,}7\,cm$ d) $d = 8\,m$
e) $d = 0{,}8\,km$ f) $d = 8{,}8\,cm$

2 Berechne den Oberflächeninhalt der Kugel.

a) $r = 12\,mm$ b) $r = 7{,}5\,dm$
c) $r = 7{,}6\,cm$ d) $d = 12{,}4\,m$
e) $d = 1{,}12\,km$ f) $d = 20{,}8\,cm$

3 Frau Sandhorn-Aytkü kauft eine Lampe mit einem Sockel in der Form einer Kugel. Der Sockel hat einen Radius von $r = 16\,cm$. Berechne das Volumen des Sockels in cm^3.

4 ▼ Eine Vase hat die Form einer Kugel mit dem Radius $r = 12\,cm$. Die Vase wird zu 90 % mit Wasser gefüllt.
Wie viel ℓ Wasser sind in der Vase?
Berechne zuerst das Volumen der Vase in cm^3.
Bestimme 90 % vom Volumen.
Wandle das Ergebnis in ℓ um.

► 6

5 ▼ Eine Kugel aus Schokolade mit $r = 1\,cm$ wird mit einer quadratischen Folie umwickelt.

a) Berechne den Flächeninhalt, den eine Folie mindestens haben muss.
b) In einem Beutel sind 20 Kugeln. Berechne, wie viel cm^2 Folie für 20 Kugeln mindestens benötigt werden.

6 In einem Park wachsen 22 Buchsbäume. Gärtnerin Lilly soll die Buchsbäume beschneiden. Jeder Buchsbaum soll die Form einer Kugel mit einem Radius von $r = 0{,}25\,m$ erhalten. Berechne, wie viel m^2 Lilly beschneiden muss.

7 Jede Kugel hat den Durchmesser $d = 8\,cm$. Die Pyramide steht auf einer quadratischen Grundfläche.

a) Ermittle, aus wie vielen Kugeln die Pyramide besteht.
b) Berechne ungefähr das Volumen der Pyramide. Erkläre dein Vorgehen.

8 Die Tasse mit $d = 11\,cm$ hat ungefähr die Form einer Halbkugel. Die Tasse ist zu 80 % mit Tee gefüllt.
Berechne, wie viel mℓ Tee in der Tasse sind.

► 8

9 Der zusammengesetzte Körper besteht aus mehreren Teilkörpern.

a) Benenne die Teilkörper.
b) Berechne das Volumen.
c) Berechne den Oberflächeninhalt.

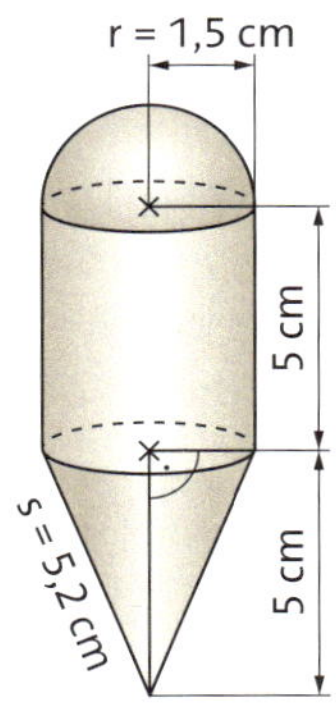

10 Die Abbildung zeigt einen Differenzkörper.

a) Benenne die Teilkörper.
b) Berechne das Volumen.
c) Berechne den Oberflächeninhalt.

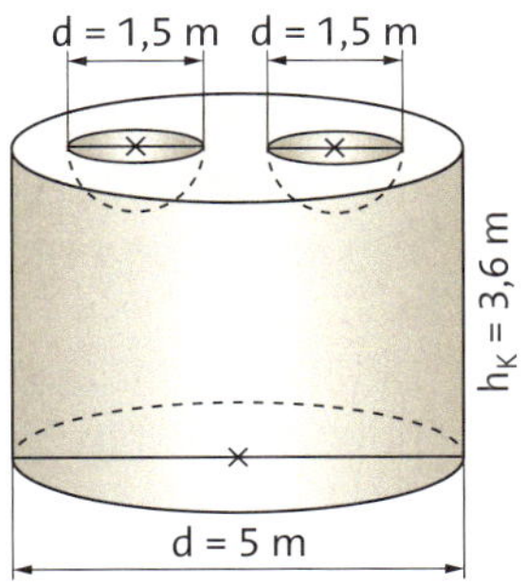

11 ▼ Ein goldener Anhänger besteht aus einem Zylinder mit Körperhöhe $h_K = 0{,}5\,cm$ und einer Halbkugel. Beide Teilkörper haben den gleichen Radius $r = 0{,}4\,cm$. Nutze die Formelsammlung oder das Internet, um die Dichte von Gold herauszufinden. Berechne die Masse des Anhängers. Fertige zuerst eine Skizze an.

Tipp zu **4**: $1000\,cm^3 = 1\,dm^3 = 1\,ℓ$

Tipp zu **5**: Der Flächeninhalt der Folie entspricht ungefähr dem Oberflächeninhalt einer Kugel aus Schokolade.

Tipp zu **11**: Für die Masse verwende die Formel $m = V \cdot \rho$.

1 Der Radius einer Kugel aus Glas beträgt 11 cm und der Radius einer Kugel aus Messing 7 cm. Die Dichte von Glas ist $2{,}5\,\frac{g}{cm^3}$ und die Dichte von Messing $8{,}4\,\frac{g}{cm^3}$.
Welche Kugel hat eine größere Masse? Stelle eine Vermutung auf. Überprüfe deine Vermutung mit einer Rechnung.

2 Welche Kugel hat das größte Volumen?
① $r = 6{,}7$ cm ② $u = 49$ cm ③ $O = 437{,}4\,cm^2$
Begründe mit einer Rechnung.

► 2 ☒

3 Ergänze die Tabelle im Heft.

	r	V_{Kugel}	O_{Kugel}
a)	4 cm	□ cm^3	□ cm^2
b)	3,8 dm	□ dm^3	□ dm^2
c)	□ cm	24,43 cm^3	□ cm^2

4 Die Schneekugel hat das Volumen $V_{Kugel} = 905\,cm^3$. Bestimme die ungefähre Höhe des Weihnachtsbaums im Inneren der Schneekugel.

5 Eine Kugel aus Glas fasst genau 1 Liter. Berechne den Oberflächeninhalt der Kugel.

6 Dana balanciert auf einer Halbkugel. Welches Volumen und welchen Oberflächeninhalt hat die Halbkugel? Schätze den Radius und berechne.

7 Der Radius des Monds beträgt ungefähr 1737,4 km und der Radius der Erde ungefähr 6371 km.

a) Berechne das Volumen und den Oberflächeninhalt vom Mond und von der Erde.
b) Diskutiert und überprüft, ob auf dem Foto das Verhältnis zwischen Erde und Mond der Wirklichkeit entsprechend abgebildet ist.

8 ▼ Die Halle des Tropical Islands in Brandenburg ist 360 m lang, 210 m breit und 105 m hoch.

a) Beschreibe, aus welchen Teilkörpern die Halle besteht. Fertige eine Skizze vom Grundriss an und beschrifte sie mit den gegebenen Werten.
b) Berechne den Flächeninhalt der Bodenfläche. Berechne zuerst, wie groß der Radius der Halbkreise ist.
c) Markus findet im Internet, dass die äußere Hülle der Halle knapp 119 000 m^2 groß ist und über 5 000 000 m^3 Luft beheizt werden. Überprüfe rechnerisch die beiden Werte.
d) Recherchiert nach berühmten Gebäuden mit Kuppeln in der Form einer Halbkugel. Überprüft die angegebenen Werte für den Oberflächeninhalt und das Volumen.

► 8 ☒

9 Die Zylinder in ① bis ③ haben den Radius $r = 3$ cm und die Höhe $h_K = 7$ cm.

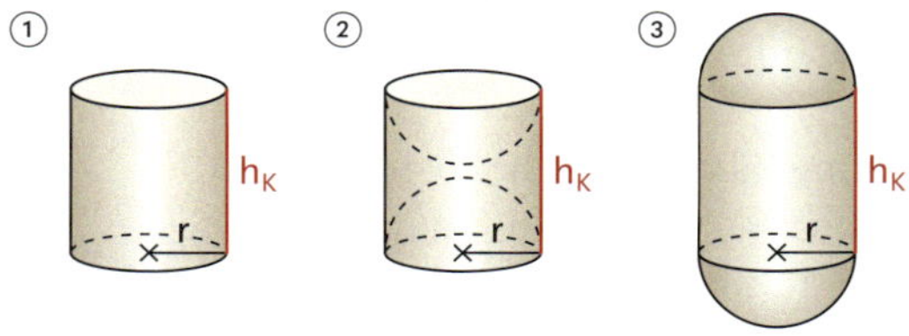

a) Beschreibe, wie sich das Volumen und der Oberflächeninhalt der beiden Körper ② und ③ im Vergleich zum Zylinder verändert. Begründe, ohne zu rechnen.
b) Berechne das Volumen von Körper ① bis ③.
c) Beschreibe, wie du den Oberflächeninhalt von ② und ③ am schnellsten berechnest.
d) Berechne den Oberflächeninhalt für ① bis ③.

10 Eine Kuppeltorte hat die Form einer Halbkugel und einen Durchmesser von 24 cm. Jana teilt die Kuppeltorte in 12 gleich große Stücke. 5 Stücke bleiben als Rest übrig.
a) Berechne das Volumen des Rests.
b) Berechne die Masse eines Tortenstücks. 1 cm^3 der Torte wiegt 0,7 g.

Tipp zu **8a**: Die Breite der Halle ist der jeweilige Durchmesser der drei Teilkörper.

1 Ergänze die Tabelle im Heft.

	r	V_{Kugel}	O_{Kugel}
a)	3,46 dm	□ cm^3	□ cm^2
b)	984 mm	□ dm^3	□ cm^2
c)	□ m	2098,43 mm^3	□ cm^2

2 Ein Schmuckstück in der Form einer Kugel mit r = 0,6 cm soll in Silber gefertigt und mit Gold überzogen werden.
a) Berechne die Masse des Schmuckstücks. Silber hat einer Dichte von $10{,}49\,\frac{g}{cm^3}$.
b) Wie groß ist der Oberflächeninhalt in mm^2, der mit Gold überzogen wird? Berechne.

3 Die Zelte haben die Form einer Halbkugel. Schätze den Radius eines Zelts mit Hilfe der Stühle. Berechne dann das Volumen und den Oberflächeninhalt eines Zelts.

4 Eine Firma stellt kleine, mittelgroße und große Wasserbälle her. Dazu wird eine Hülle aus Kunststoff kugelförmig aufgeblasen.
Der Umfang der kleinen Wasserbälle beträgt 100 cm, der mittelgroßen 150 cm und der großen 200 cm.
a) Berechne, wie viel cm^2 Kunststoff für jeden der drei Wasserbälle benötigt werden. Vergleiche die Werte.
b) Berechne jeweils das Volumen.

5 Einen Heißluftballon kannst du dir als zusammengesetzten Körper vorstellen. Der Korb unten hat eine Höhe von 1,10 m.
a) Berechne, wie viel m^3 Luft ungefähr in den Heißluftballon passen.
b) Wie viel m^2 Stoff wurde für diesen Ballon ungefähr benötigt?

6 Ben füllt einen Würfel mit verschiedenen Kugeln. Die Kugeln passen immer genau in den Würfel hinein.
Der Würfel hat die Kantenlänge a = 10 cm.

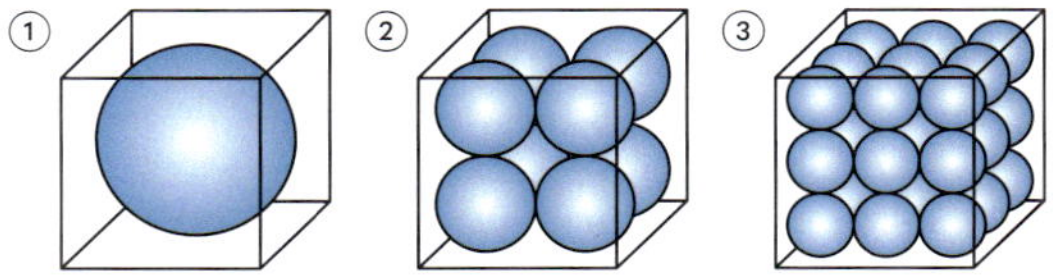

a) Berechnet jeweils das Volumen einer Kugel in ① bis ③.
b) Summiert in jedem einzelnen Würfel ① bis ③ die Volumen aller Kugeln und vergleicht die Ergebnisse.
c) Berechnet das gesamte Volumen der Kugeln, wenn vier Kugeln in einer Reihe sind.

7 In einer Lackieranlage werden 100 bunte Kugeln mit r = 2,5 cm mit Schutzlack besprüht. Es werden 300 mℓ Schutzlack pro m^2 verbraucht.
a) Berechne, wie viel mℓ Schutzlack für 100 Kugeln nötig sind.
b) Berechne, wie viel mℓ Schutzlack für 100 Kugeln nötig sind, wenn beim Sprühen 4 % an Schutzlack verloren gehen.

8 Das Volumen der Erde beträgt $1{,}083 \cdot 10^{12}\,km^3$ und ist ungefähr 49,3-mal größer als das Volumen des Monds.
Du kannst annehmen, dass der Mond und die Erde die Form einer Kugel haben.
a) Berechne den Radius des Monds.
b) Berechne jeweils den Oberflächeninhalt des Monds und der Erde.
c) Wie viel Mal ist die Oberfläche der Erde größer als die Oberfläche des Monds?

9 Berechne das Volumen und den Oberflächeninhalt des Kugelteils. Suche in der Formelsammlung die Formeln für das Volumen des Kugelteils sowie für die Oberfläche des Kugelteils heraus.

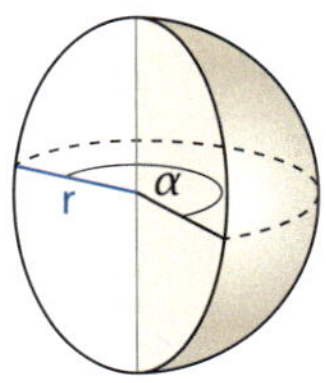

a) r = 10 cm; $\alpha = 90°$
b) r = 2,2 m; $\alpha = 60°$
c) r = 0,38 dm; $\alpha = 170°$

Tag der offenen Tür im Jugendclub

Die Jugendlichen treffen Vorbereitungen für den Tag der offenen Tür im Jugendclub. Sie wollen ihren Jugendclub verschönern. An dem Tag selbst wollen die Jugendlichen Spiele, Musik und Snacks anbieten.

A Die Jugendlichen bauen eine Kegelbahn und stellen einen Billardtisch auf.

a) Die Kugel zum Kegeln hat den Radius r = 8 cm. Berechne das Volumen.
b) Eine Billardkugel hat den Durchmesser d = 5,7 cm. Berechne das Volumen der Billardkugel.
c) Vergleiche die beiden Volumen.

B Thea bemalt die Sitzplätze im Außenbereich. Jeder Sitzplatz hat die Form einer Halbkugel. Berechne den Mantelflächeninhalt eines Sitzplatzes.

C Sami und Vinh füllen einen Automaten mit runden Kaugummis. Jeder Kaugummi hat den Radius r = 9 mm. Berechne, wie viele Kaugummis etwa in den Automaten passen. Vernachlässige die Zwischenräume.

D Rebecca bemalt einen Sitz aus Beton. 100 mℓ Farbe reichen für 1 m². Berechne, wie viel mℓ Farbe Rebecca braucht.

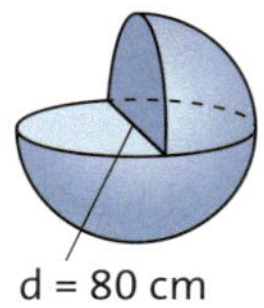

E Vinh bastelt eine Discokugel. Dazu möchte er eine Kugel aus Schaumstoff vollständig mit quadratischen Spiegeln bekleben. Zwischen den Spiegeln sollen keine Lücken sein. Die Kugel hat einen Radius von 10 cm.

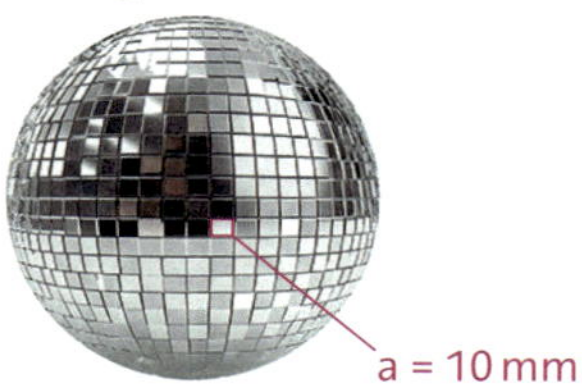

Thea sagt: „Vinh benötigt mehr als 1000 Spiegel." Stimmt Theas Aussage? Schätze die Anzahl und überprüfe rechnerisch Theas Aussage.

F Juri soll alte Kissenbezüge ersetzen.

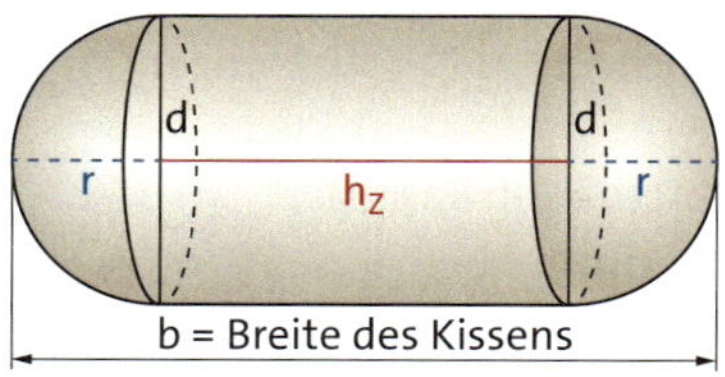

	Kissen ①	Kissen ②	Kissen ③
b	40 cm	60 cm	80 cm
d	25 cm	20 cm	15 cm

a) Begründe, dass $h_Z = b - 2 \cdot r$ gilt.
b) Zeige, dass sich der Oberflächeninhalt O mit der Formel $O = 2\pi r b$ berechnen lässt.
c) Juri hat ein Stück Stoff mit 55 cm Länge und 55 cm Breite. Den Kissenbezug möchte er aus einem Stück herstellen. Reicht der Stoff für Kissen ①, ② oder ③? Begründe.

1 Berechne das Volumen einer Eiskugel mit dem Radius r = 3 cm.

2 Eine Praline in der Form einer Kugel hat einen Radius von r = 1,2 cm.
Berechne den Oberflächeninhalt.

3 Ein Mülleimer hat die Form eines Zylinders, auf dem sich eine Halbkugel befindet.
Berechne das Volumen.

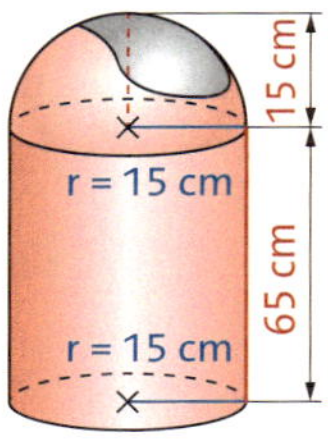

4 Berechne das Volumen des Differenzkörpers.

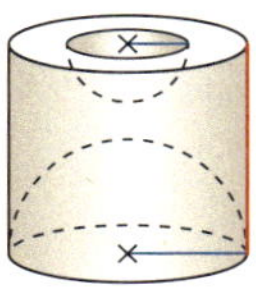

5 Berechne den Oberflächeninhalt des zusammengesetzten Körpers.

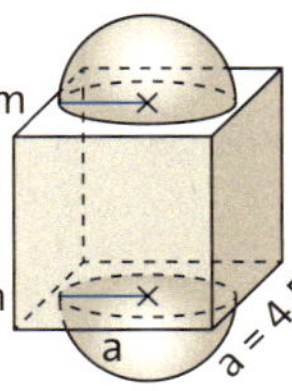

6 Berechne den Oberflächeninhalt der Halbkugel.

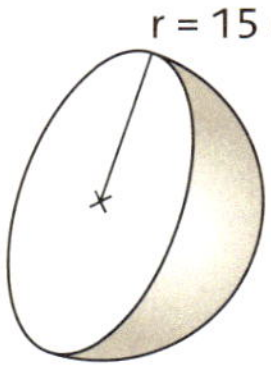

1 Berechne das Volumen eines Tischtennisballs mit dem Durchmesser d = 40 mm.

2 Ein Globus in der Form einer Kugel hat einen Durchmesser von d = 11 cm.
Berechne den Oberflächeninhalt.

3 Beschreibe, aus welchen Teilkörpern der alte Wasserspeicher besteht.
Berechne das Volumen.

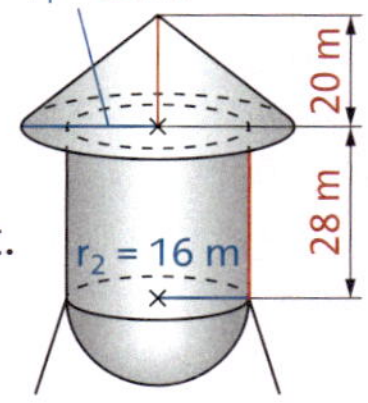

4 Berechne das Volumen des Differenzkörpers.

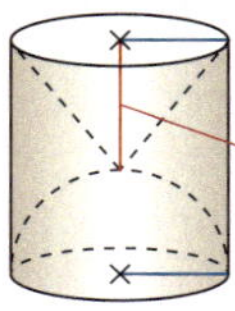

5 Berechne den Oberflächeninhalt des zusammengesetzten Körpers.

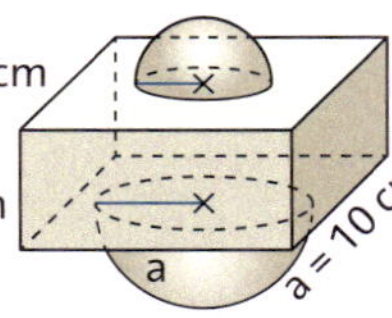

6 Berechne den Oberflächeninhalt des Differenzkörpers.
Die Halbkugeln sind gleich groß.

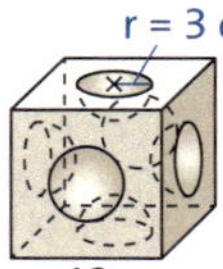

1 Berechne das Volumen einer Badekugel. Die Kugel hat einen Umfang von u = 2,2 dm.

2 Ein Wasserball hat ein Volumen von V = 33 510 cm³.
Berechne, aus wie viel cm² Kunststoff die Oberfläche besteht.

3 Beschreibe, aus welchen Teilkörpern das Werkstück besteht.
Berechne zuerst a und dann das Volumen.

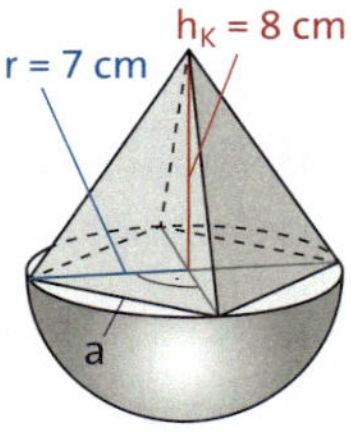

4 Berechne das Volumen des Differenzkörpers.

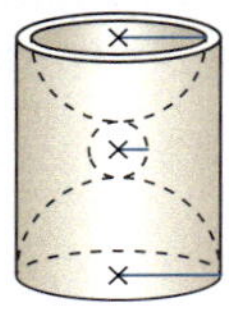

5 Berechne den Oberflächeninhalt des zusammengesetzten Körpers.

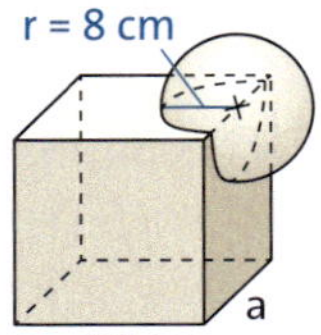

6 Berechne den Oberflächeninhalt des Differenzkörpers.

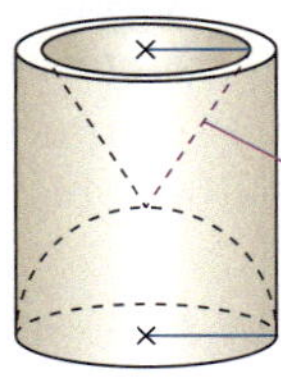

→ Lösungen auf Seite 279 bis 280

Zusammenfassung

Volumen und Oberflächeninhalt einer Kugel

→ Seite 102

Eine **Kugel** ist ein geometrischer Körper mit einer gekrümmten Oberfläche.
Die Kugel hat keine Ecken und keine Kanten.
Alle Punkte auf der Oberfläche der Kugel haben den gleichen Abstand zum Mittelpunkt M.
Dieser Abstand ist der Radius r der Kugel.

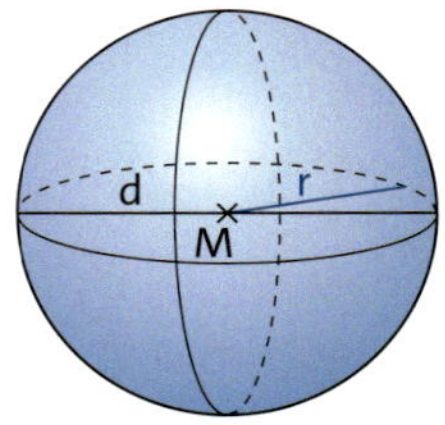

Das **Volumen V_{Kugel}** einer Kugel berechnest du mit dem Radius r.

$V_{Kugel} = \frac{4}{3} \cdot \pi \cdot r^3$

gegeben: Kugel mit $r = 4\,cm$
gesucht: V_{Kugel}

$V_{Kugel} = \frac{4}{3} \cdot \pi \cdot (4\,cm)^3 \approx 268{,}08\,cm^3$

Den **Oberflächeninhalt O_{Kugel}** einer Kugel berechnest du mit dem Radius r.

$O_{Kugel} = 4 \cdot \pi \cdot r^2$

gegeben: Kugel mit $d = 5\,cm$, also $r = 2{,}5\,cm$
gesucht: O_{Kugel}

$O_{Kugel} = 4 \cdot \pi \cdot (2{,}5\,cm)^2 \approx 78{,}54\,cm^2$

Zusammengesetzte Körper und Differenzkörper

→ Seite 108

Für das **Volumen** eines **zusammengesetzten Körpers** addierst du das Volumen der einzelnen Teilkörper V_1 bis V_n.

$V_{gesamt} = V_1 + V_2 + \ldots V_n$

gegeben: $r = 7\,cm$, $h_K = 10\,cm$
gesucht: V_{gesamt}

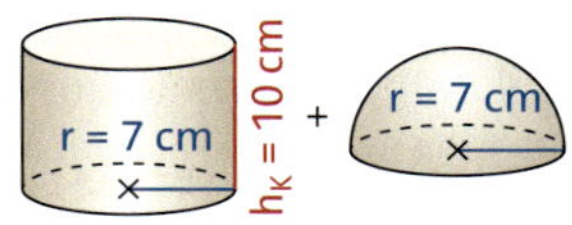

$V_{Zylinder} = \pi \cdot r^2 \cdot h_K = \pi \cdot (7\,cm)^2 \cdot 10\,cm \approx 1539{,}38\,cm^3$

$V_{Halbkugel} = \frac{1}{2} \cdot \frac{4}{3} \cdot \pi \cdot r^3 = \frac{2}{3} \cdot \pi \cdot (7\,cm)^3 \approx 718{,}38\,cm^3$

$V_{gesamt} \approx 1539{,}38\,cm^3 + 718{,}38\,cm^3 = 2257{,}76\,cm^3$

Für das **Volumen** eines **Differenzkörpers** subtrahierst du vom Volumen des Ausgangskörpers das Volumen des kleinen Körpers.

$V_{gesamt} = V_1 - V_2$

gegeben: $r = 4\,cm$, $a = 10\,cm$
gesucht: V_{gesamt}

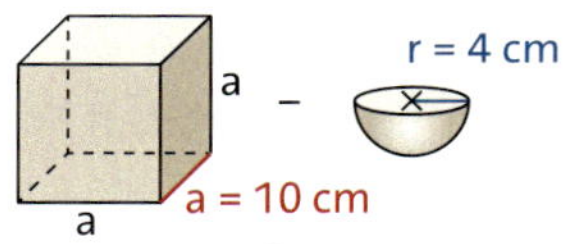

$V_{Würfel} = a^3 = (10\,cm)^3 = 1000\,cm^3$

$V_{Halbkugel} = \frac{2}{3} \cdot \pi \cdot r^3 = \frac{2}{3} \cdot \pi \cdot (4\,cm)^3 \approx 134{,}04\,cm^3$

$V_{gesamt} \approx 1000\,cm^3 - 134{,}04\,cm^3 = 865{,}96\,cm^3$

Für den **Oberflächeninhalt** eines **zusammengesetzten Körpers** oder eines **Differenzkörpers** addierst du alle Flächeninhalte A_1 bis A_n der äußeren Flächen.

$O_{gesamt} = A_1 + A_2 + \ldots + A_n$

gegeben: $r = 7\,cm$, $h_K = 10\,cm$
gesucht: O_{gesamt}

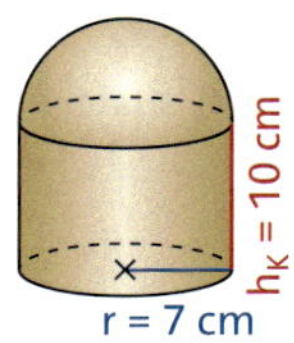

$$O_{gesamt} = A_{Halbkugel} + A_{Zylinder} = \frac{1}{2} \cdot O_{Kugel} + G + M = \frac{1}{2} \cdot 4 \cdot \pi \cdot r^2 + \pi \cdot r^2 + 2 \cdot \pi \cdot r \cdot h_K$$

$$O_{gesamt} = 2\pi \cdot (7\,cm)^2 + \pi \cdot (7\,cm)^2 + 2\pi \cdot 7\,cm \cdot 10\,cm \approx 307{,}88\,cm^2 + 593{,}76\,cm^2 = 901{,}64\,cm^2$$

Quadratische Funktionen

5

► Ein durchhängendes Seil kann durch eine bogenförmige Linie beschrieben werden. Eine ungefähr bogenförmige Linie heißt Parabel.

Wo hast du noch solche bogenförmigen Linien in deiner Umgebung gesehen?
Beschreibe die Form der Parabel.
Welche Eigenschaften kannst du an dieser Parabel noch erkennen?

In diesem Kapitel lernst du, …

- dass Parabeln Graphen von quadratischen Funktionen sind,
- gestreckte, gestauchte und verschobene Parabeln zu beschreiben,
- den Scheitelpunkt einer Parabel zu bestimmen,
- Parabeln mit einer dynamischen Geometrie-Software zu untersuchen.

Kompetenz	Aufgabe	Lies und übe:
1 Ich kann achsensymmetrische Figuren erkennen und die Symmetrieachsen einzeichnen.	**1** Übertrage die achsensymmetrische Figur ins Heft. Zeichne alle Symmetrieachsen ein.	→ Seite 253 Nr. 67

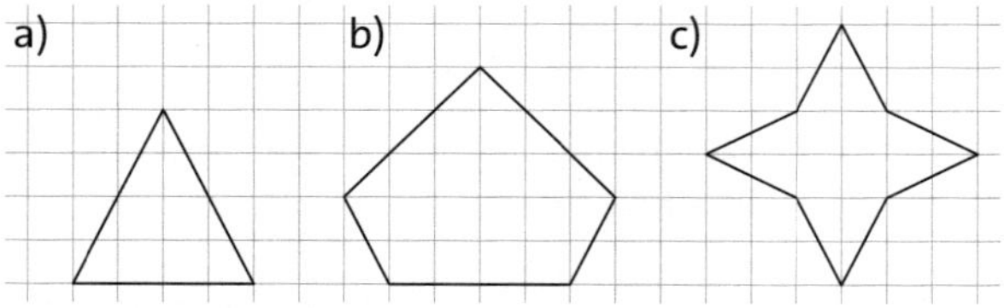

Kompetenz	Aufgabe	Lies und übe:
2 Ich kann Punkte ablesen, die Koordinaten dazu notieren und die Punkte an der Symmetrieachse spiegeln.	**2** Übertrage das Koordinatensystem mit den Punkten in dein Heft. a) Notiere die Koordinaten der Punkte A bis F. b) Spiegle die Punkte B, C, D und E an der y-Achse. Verbinde alle Punkte zu einem Stern.	→ Seite 252 Nr. 63, 64 → Seite 253 Nr. 66, 67

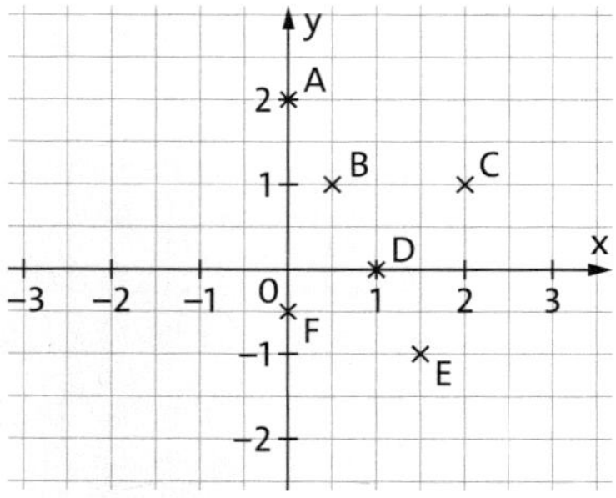

Kompetenz	Aufgabe	Lies und übe:
3 Ich kann mit rationalen Zahlen rechnen.	**3** Berechne. Achte besonders auf die Vorzeichen. a) $(-15) + 26$ b) $(-32) - 12$ c) $1{,}6 - (-7)$ d) $(-3)\cdot(-14)$ e) $(-4)\cdot 12$ f) $90 : (-10)$	→ Seite 246 Nr. 26–29
4 Ich kann quadrieren und den Wert einer Wurzel berechnen.	**4** Berechne das Ergebnis im Kopf. a) 5^2 b) 8^2 c) $0{,}5^2$ d) $(-3)^2$ e) $\sqrt{81}$ f) $\sqrt{121}$ g) $\sqrt{0{,}04}$ h) $\sqrt{0{,}36}$	→ Seite 247 Nr. 33, 34
5 Ich kann den Wert eines Terms berechnen.	**5** Berechne den Wert des Terms für $x = 2$. a) $5x + 9$ b) $x^2 + 10x + 1$ c) $(x - 4)^2 + 3$	→ Seite 248 Nr. 41
6 Ich kann Terme vereinfachen.	**6** Vereinfache den Term. a) $x + x + x - x + x$ b) $2x + x + 8x - 5x$ c) $x \cdot x \cdot x \cdot x$ d) $x \cdot x^2 \cdot x^3 \cdot x$	→ Seite 248 Nr. 43
7 Ich kann Klammern ausmultiplizieren.	**7** Löse die Klammer auf. a) $2 \cdot (x + 5)$ b) $3x \cdot (x - 7)$ c) $(2x + 5) \cdot 3$	→ Seite 249 Nr. 44
8 Ich kann Terme mit Summen und Differenzen ausmultiplizieren.	**8** Multipliziere aus. Vereinfache den Term. a) $(x + 4) \cdot (x + 5)$ b) $(2x + 6) \cdot (3x - 8)$ c) $(2x - 6) \cdot (3x + 8)$ d) $(x - 4) \cdot (x - 5)$	→ Seite 249 Nr. 45

Kompetenz	Aufgabe	Lies und übe:

9 Ich kann die binomischen Formeln anwenden.

9 Gegeben sind Terme. Wende ...

a) die 1. binomische Formel an.
① $(x + 2)^2$ ② $(x + 5)^2$ ③ $(x + 4)^2$

b) die 2. binomische Formel an.
① $(x - 1)^2$ ② $(x - 7)^2$ ③ $(x - 9)^2$

→ Seite 249 Nr. 48, 49

---

10 Ich kann die Umkehrung der binomischen Formeln anwenden.

10 Gegeben sind Terme. Wende die Umkehrung ...

a) der 1. binomischen Formel an.
① $x^2 + 2x + 1$ ② $x^2 + 12x + 36$ ③ $x^2 + 6x + 9$

b) der 2. binomischen Formel an.
① $x^2 - 2x + 1$ ② $x^2 - 12x + 36$ ③ $x^2 - 6x + 9$

→ Seite 249 Nr. 51

---

11 Ich kann Gleichungen durch Äquivalenzumformungen lösen.

11 Löse die Gleichung durch Äquivalenzumformungen.

a) $9x + 7 = 70$
b) $12x - 15 = 21$
c) $14x - 12 = 8x + 36$
d) $0{,}5x + 10 = 3x + 12$

→ Seite 249 Nr. 52

---

12 Ich kenne die Fachbegriffe für Funktionen.

12 Funktionen kannst du mit einer Funktionsgleichung, mit Hilfe einer Wertetabelle oder als Graph darstellen.
Ordne ① bis ④ den Fachbegriff zu.

die Funktionsgleichung | der Graph | die Wertetabelle | die Nullstelle

①

x	−1	0	1	2	3
y	0,5	1	1,5	2	2,5

③ $y = 0{,}5x + 1$

② ④

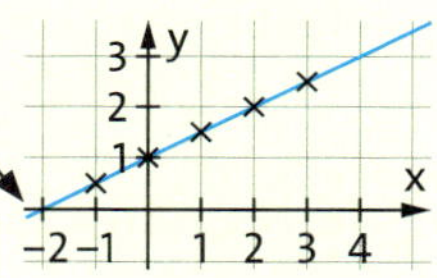

→ Seite 251 Nr. 59

---

13 Ich kann eine Wertetabelle zu einer linearen Funktion erstellen.

13 Gegeben ist die Funktionsgleichung $y = -2x + 5$.
Erstelle eine Wertetabelle von −3 bis 3 mit Schrittweite 1 im Heft.
Trage die y-Werte in die Wertetabelle ein.
Überprüfe deine Wertetabelle mit einem Taschenrechner.

→ Seite 252 Nr. 60

---

14 Ich kann zu einem x-Wert den y-Wert berechnen.

14 Gegeben ist $y = 3x - 5$. Anstelle von $y = 3x - 5$ kannst du $f(x) = 3x - 5$ (sprich: f von x) schreiben.
Berechne den y-Wert von f für ...
① $x = 2$ ② $x = 6$ ③ $x = -2$ ④ $x = 0{,}5$.

→ Seite 252 Nr. 60

---

15 Ich kann Sachaufgaben lösen.

15 Ben macht eine Fahrradtour.
Nach 10 km macht Ben eine Pause von 30 Minuten.
Nach weiteren 20 km kommt Ben am Ziel an.
In einer Stunde ohne Pause legt Ben eine Strecke von 25 km zurück. Wie lange ist Ben unterwegs?

→ Seite 250 Nr. 53–55

→ Lösungen auf Seite 281

Quadratische Funktionen und ihre Graphen

An vielen Bauwerken kannst du bogenförmige Linien erkennen. Diese Linien kannst du als Graphen von Funktionen darstellen.
Wie heißen solche Funktionen und ihre Graphen?

x^2 bedeutet, du quadrierst die Variable x, also $x \cdot x = x^2$ ← der Exponent

W

Eine **quadratische Funktion** enthält den Term x^2 und hat die **allgemeine Form** $f(x) = ax^2 + bx + c$ mit a ungleich null ($a \neq 0$). Der höchste Exponent von x ist 2.

$f(x) = 4x^2 - 8x + 1$
f ist eine quadratische Funktion, denn der höchste Exponent von x ist 2.

*Die Parabel ist **nach unten offen**:*

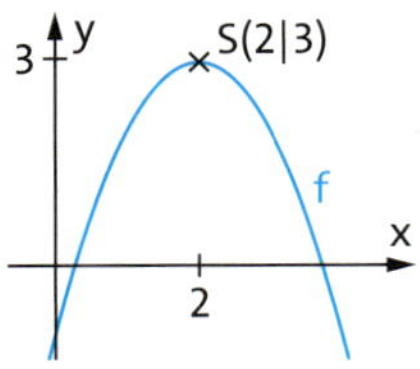

Der **Graph** heißt Parabel. Die Parabel ist **nach oben offen** oder **nach unten offen**. Der tiefste oder der höchste Punkt einer Parabel heißt **Scheitelpunkt S**.

Die Symmetrieachse verläuft senkrecht zur x-Achse durch den Scheitelpunkt.
Alle Parabeln haben eine Symmetrieachse und sind deshalb **achsensymmetrisch**.

Die Parabel ist **nach oben offen**:

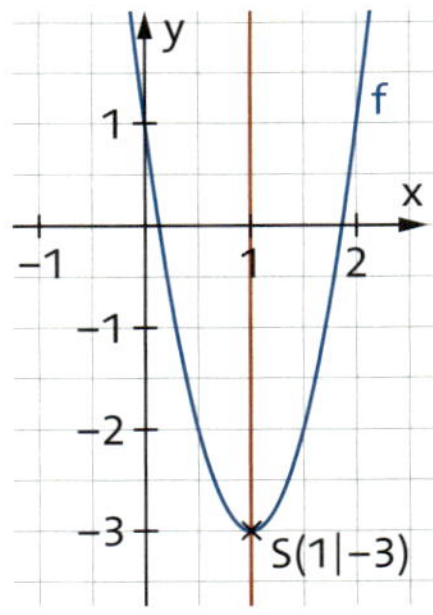

Die Parameter b und c in $f(x) = ax^2 + bx + c$ dürfen null sein.

▶ **Aufgabe** Ist f eine quadratische Funktion? Begründe.
a) $f(x) = 3x^2 - 7x + 1$ b) $f(x) = \frac{1}{2}x^2 + 5$ c) $f(x) = 2x - 5$ ▶1 ▶1 ▶1

Welche Möglichkeiten gibt es, eine quadratische Funktion darzustellen?

W

Quadratische Funktionen kannst du als **Wortform**, mit einem **Funktionsterm**, mit einer **Funktionsgleichung**, in einer **Wertetabelle** oder als **Graph** darstellen.

Der x-Wert an dem eine Funktion betrachtet wird, heißt Stelle.

Wortform Jedem x wird die Summe aus x^2, 2x und 3 zugeordnet.

Funktionsterm $x^2 + 2x + 3$

Funktionsgleichung $f(x) = x^2 + 2x + 3$

Wenn du den x-Wert in die Funktionsgleichung einsetzt, dann berechnest du den y-Wert.

$x = -2$: $y = f(-2) = (-2)^2 + 2 \cdot (-2) + 3 = 3$

*Wenn du die Wertepaare als Punkte in ein Koordinatensystem einträgst und verbindest, dann erhältst du die dazugehörige **Parabel**.*

Wertetabelle

x	−3	−2	−1	0	1
f(x)	6	3	2	3	6

das Wertepaar des Scheitelpunkts S(−1 | 2)

Graph

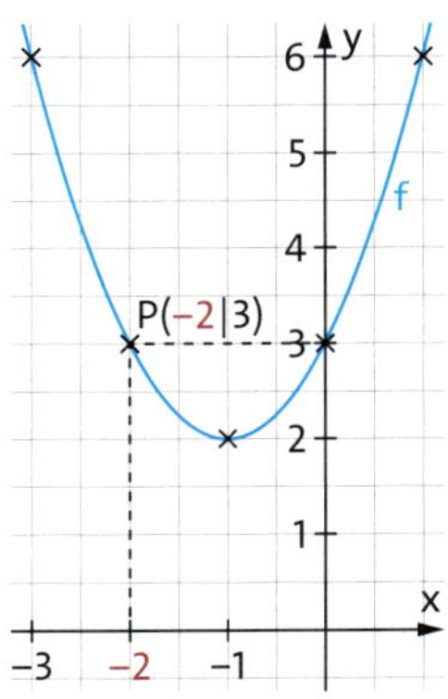

Der Punkt P(−2 | **3**) liegt auf der Parabel f.

▶ **Aufgabe** Zeichne die Parabel zu $f(x) = x^2 - 1$. Erstelle zuerst eine Wertetabelle von −3 bis 3 mit einer Schrittweite von 1 im Heft. ▶3 ▶3 ▶3

1 Ist f eine quadratische Funktion? Begründe.

Beispiel ① $f(x) = x^2 - 3x$
② $f(x) = -3x + 5x^3 + 1$

① f ist **eine** quadratische Funktion.
Denn der höchste Exponent von x ist 2.

② f ist **keine** quadratische Funktion.
Denn der höchste Exponent von x ist 3.

a) $f(x) = 2x^2 + 5$
b) $f(x) = 2x^2 + 3x^3$
c) $f(x) = -3x + 1$
d) $f(x) = -x^2 + x - 4$

2 Gegeben sind die Graphen von Funktionen.

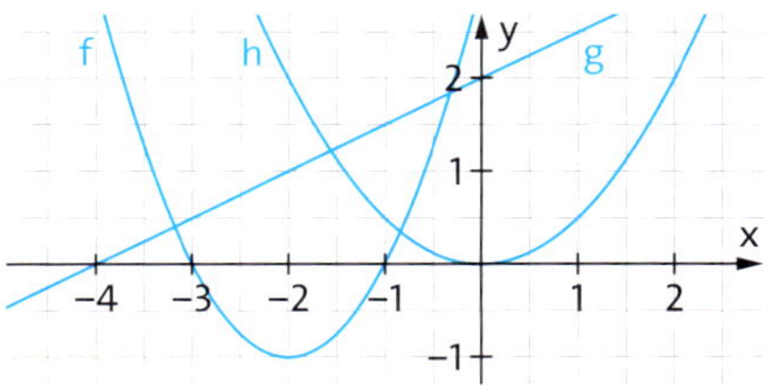

a) Notiere, welche Graphen Parabeln sind.
b) Ordne jeder Parabel aus a) den Scheitelpunkt zu.

S(−2|−1) S(0|0)

► 3 ☒

3 Ordne jeder Parabel f, g und h die richtige Wertetabelle ① bis ④ zu. Überprüfe dazu, ob alle Wertepaare Punkte der Parabel sind. Eine Wertetabelle bleibt übrig.

Beispiel
x-Wert: −4
y-Wert: 1

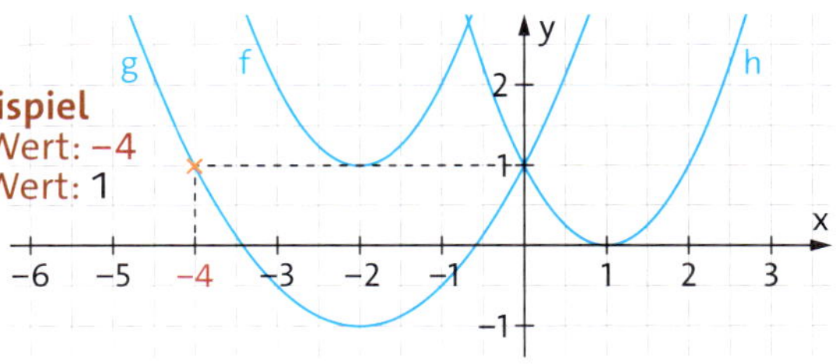

①

x	−4	−3	−2
y	1	−0,5	−1

②

x	0	1	2
y	1	0	1

③

x	−3	−2	−1
y	1	−1	1

④

x	−3	−2	−1
y	2	1	2

4 Gegeben ist $f(x) = x^2 - 2x - 1$.

a) Ergänze die Wertetabelle im Heft.

x	−2	−1	0	1	2	3	4
f(x)	7						

Beispiel $x = -2$: $y = f(-2)$
$= (-2)^2 - 2 \cdot (-2) - 1$
$= 4 - (-4) - 1 = 7$

b) Trage die Wertepaare als Punkte in ein Koordinatensystem ein.
Verbinde die Punkte zu einer Parabel.

5 Lies die y-Werte an der Parabel ab. Trage die y-Werte in die Wertetabelle ein. Markiere den Scheitelpunkt in deiner Wertetabelle.

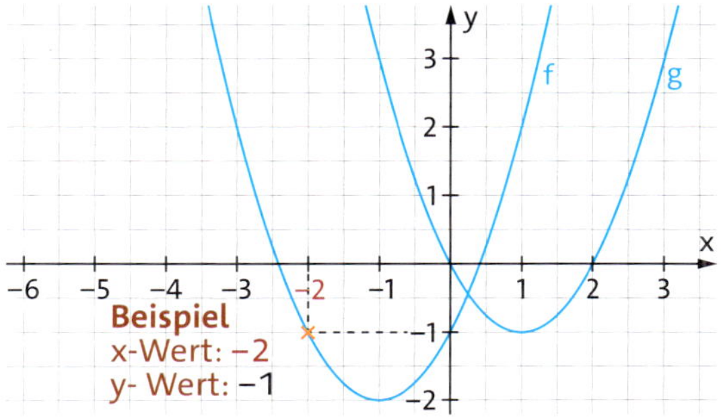

x	−3	−2	−1	0	1
f(x)		−1			

x	−1	0	1	2	3
g(x)					

► 5 ☒

6 Ordne jeder Wortform einen passenden Funktionsterm zu. Jedem x wird ...
① die Summe aus x^2 und 5 zugeordnet.
② die Differenz aus x^2 und 3 zugeordnet.
③ das Doppelte von x^2 zugeordnet.

$2x^2$ $x^2 + 5$ $x^2 - 3$

7 Gegeben ist $f(x) = x^2 + 4$.

a) Erstelle eine Wertetabelle für die x-Werte: −4; −3; −2; −1; 0; 1; 2; 3 und 4.
Trage die y-Werte in die Wertetabelle ein.
b) Zeichne ein Koordinatensystem.
Trage die Wertepaare aus der Wertetabelle als Punkte in das Koordinatensystem ein.
Verbinde die Punkte zu einer Parabel.
c) Markiere den Scheitelpunkt in der Parabel.
Zeichne die Symmetrieachse ein.

8 Gegeben ist $f(x) = x^2 - 3x + 4$.
Überprüfe rechnerisch, ob der Punkt zur Funktion f gehört. Rechne wie im Beispiel.

Beispiel P(−1|7)
$y = f(-1) = (-1)^2 - 3 \cdot (-1) + 4 = 8$
8 ist ungleich 7. Somit gehört der Punkt P nicht zur Funktion.

a) Q(1|2)
b) R(−2|−14)
c) T(3|4)
d) Denkt euch jeweils einen weiteren Punkt aus. Notiert den Punkt auf eure Blätter. Tauscht die Blätter. Überprüft gegenseitig, ob die Punkte zu f gehören. Vergleicht eure Rechnungen.

1 Ist f eine quadratische Funktion? Begründe.

Beispiel $f(x) = 1{,}5x^5 - 4x^2$
f ist **keine** quadratische Funktion.
Denn der höchste Exponent von x ist 5.

a) $f(x) = 3x^2 - 2x + 1$ b) $f(x) = 2x^4 - 3x^2$
c) $f(x) = 1 - 0{,}5x^2$ d) $f(x) = 4x^2 - 2x^3$

2 Gegeben sind die Graphen von Funktionen.

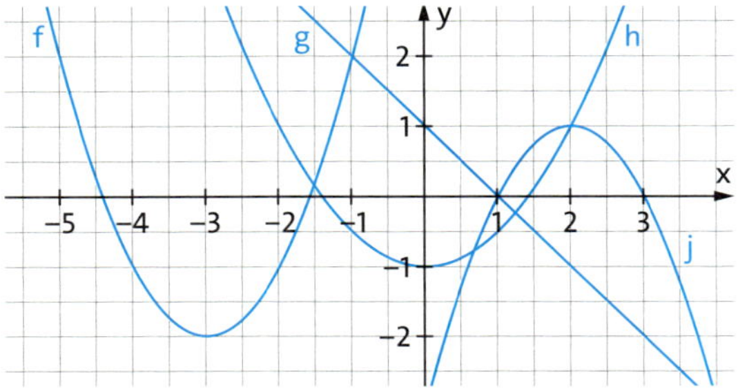

a) Notiere, welche Graphen Parabeln sind.
b) Notiere für jede Parabel den Scheitelpunkt.
c) Notiere die Parabel zur angegebenen Symmetrieachse.

① y-Achse

② Senkrechte zur x-Achse durch x = 2

► 3 ☒

3 Gegeben sind zwei Parabeln f und g.

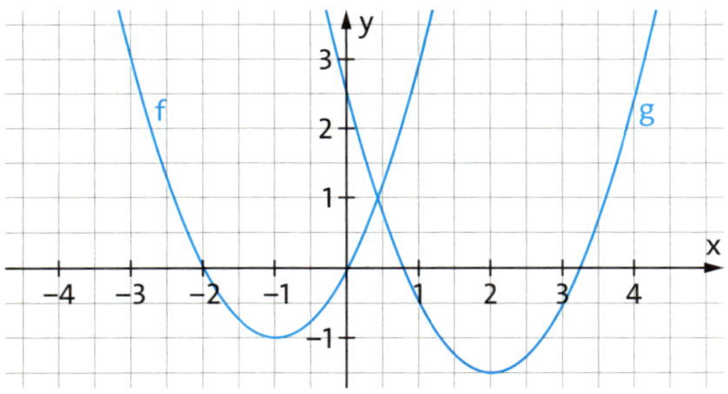

①

x	0	1	2	3
y		−0,5		

②

x	−2	−1	0	1
y			0	

a) Ordne den Parabeln f und g die richtige Wertetabelle zu.
b) Ergänze die Wertetabellen passend zu den Parabeln im Heft. Lies dazu die y-Werte an der Parabel ab.
c) Markiere das Wertepaar des Scheitelpunkts in deiner Wertetabelle grau.

4 Gegeben sind die Funktionsgleichungen.
$f(x) = x^2 + 2x - 2$ und $g(x) = -x^2 - 4x$.

a) Erstelle jeweils eine Wertetabelle von −4 bis 2 mit einer Schrittweite von 1 im Heft.
b) Zeichne die Parabeln in ein Koordinatensystem in dein Heft.
Trage die Wertepaare als Punkte ein.
Verbinde die Punkte jeweils zu einer Parabel.
c) Markiere den Scheitelpunkt für jede Parabel.
Zeichne jeweils die Symmetrieachse ein.

► 4 ☒

5 Notiere zu jeder Wortform einen passenden Funktionsterm.

① Jedem x wird die Summe aus $(x - 2)^2$ und 5 zugeordnet.

② Jedem x wird die Differenz aus x^2 und 4 zugeordnet.

③ Jedem x wird das Quadrat von (x + 3) zugeordnet.

④ Jedem x wird das Produkt von x^2 und −0,5 zugeordnet.

6 Gegeben ist $f(x) = x^2 + 4x - 3$.
Überprüfe rechnerisch, ob der Punkt P zur Funktion f gehört.
Setze zuerst den x-Wert in die Funktionsgleichung ein. Prüfe, ob der y-Wert stimmt.
Notiere dann deine Antwort als Satz.
Der Punkt P gehört / gehört nicht zur Funktion f.

a) P(2 | 9) b) P(−1 | 6) c) P(−4 | −3)

7 Gegeben ist die Parabel f.

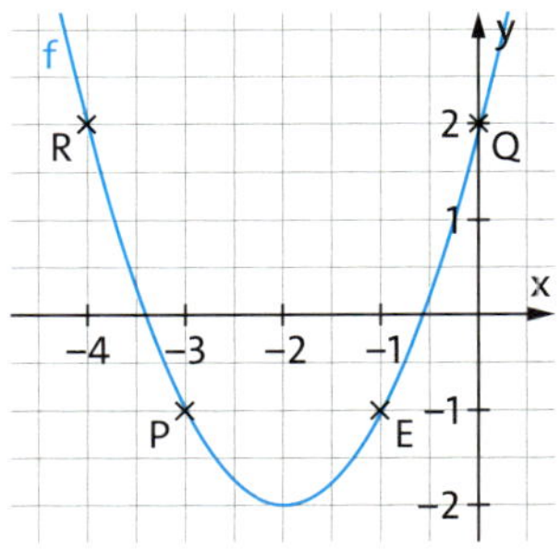

a) Notiere die Koordinaten des Scheitelpunktes S.
b) Die Punkte P, Q und R liegen auf der Parabel f.
Lies die fehlenden y-Werte an der Parabel ab: P(−3 | □), Q(0 | □) und R(−4 | □).
c) Der Punkt E(□ | −1) liegt auf der Parabel f.
Lies den fehlenden x-Wert an der Parabel ab.
d) Begründe, warum der Punkt P und der Punkt E denselben y-Wert haben.

Tipp zu **2c**: Die Symmetrieachse einer Parabel verläuft senkrecht zur x-Achse durch den Scheitelpunkt.

1 Welche Funktionsgleichung gehört zu welcher Funktion? Ordne ① bis ⑥ ein passendes Kärtchen zu. Begründe.

① $f(x) = 2x^3 - 3x^2$ ② $f(x) = x^2 - 4x + 5$
③ $f(x) = 1{,}5x - 4$ ④ $f(x) = 3x + 2{,}5x \cdot x$
⑤ $f(x) = -x^2 + x^2 + 2x$ ⑥ $f(x) = 2(x - 3)^2 + 4$

f ist eine quadratische Funktion.

f ist eine lineare Funktion.

f ist weder eine lineare noch eine quadratische Funktion.

2 Gegeben sind die Graphen von Funktionen.

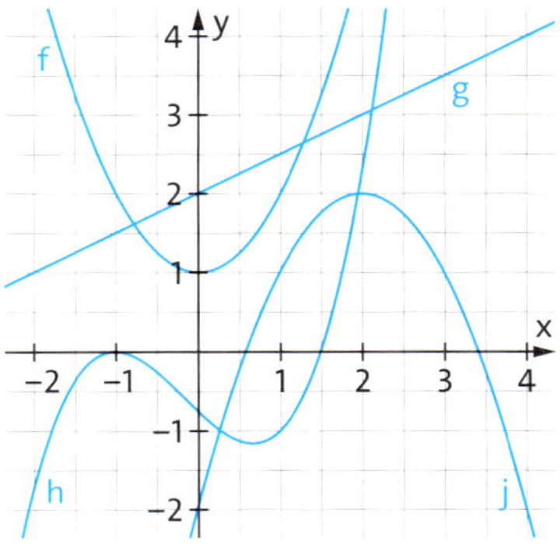

a) Notiere, welche Graphen Parabeln sind.
b) Notiere für jede Parabel den Scheitelpunkt.
c) Ergänze für jede Parabel den Satz im Heft.
Die Parabel ___ ist achsensymmetrisch zu der Senkrechten x = □.

3 Gegeben sind die Parabeln f, g, h und j.

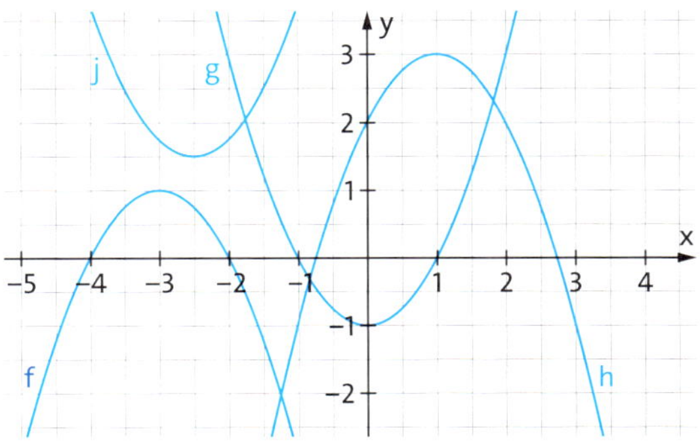

Ordne den Parabeln die Wertetabelle passend zu. Ergänze die Wertetabellen im Heft.

①

x	−4	−3	−2
y		1	

②

x	−1	0	1
y			0

③

x	−3,5	−2,5	−1,5
y		1,5	

④

x	0	1	2
y			2

4 ▼ Gegeben sind die Parabeln f, g, h und j.

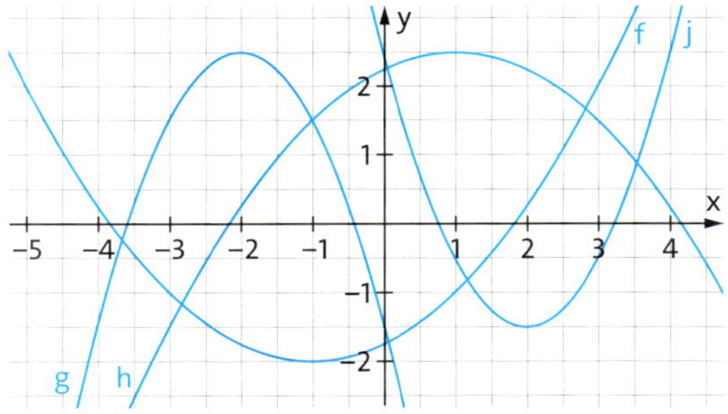

a) In welchem Punkt schneidet jede Parabel die y-Achse? Notiere für jede Parabel den y-Achsenabschnitt c.
b) Joris sagt:
„Für jede Parabel f mit $f(x) = ax^2 + bx + c$ ist c der y-Achsenabschnitt."
Überprüfe rechnerisch Joris Aussage.
c) Ordne jeder Parabel mit Hilfe des y-Achsenabschnitts c aus a) eine passende Funktionsgleichung zu. Verwende die Kärtchen.

$y = -0{,}25x^2 + 0{,}5x + 2{,}25$ | $y = -x^2 - 4x - 1{,}5$
$y = 0{,}25x^2 + 0{,}5x - 1{,}75$ | $y = x^2 - 4x + 2{,}5$

5 Gegeben ist die Funktion f.
a) $f(x) = x^2 + 2x - 1$ b) $f(x) = 2x^2 - x - 2{,}5$
① Notiere die dazugehörige Wortform.
② Erstelle eine Wertetabelle von −2 bis 2 mit einer Schrittweite von 0,5 im Heft.
③ Zeichne die Parabel zu f in ein Koordinatensystem.
④ Markiere den Scheitelpunkt in der Parabel. Zeichne die Symmetrieachse ein.

6 Gegeben ist $f(x) = x^2 - 4x + 3$.
a) Zeichne die Parabel zu f in ein Koordinatensystem.
b) Überprüfe rechnerisch, ob der Punkt R(−3,5 | 29,25) zur Funktion f gehört.
c) Stimmen die Aussagen ① bis ③? Begründe. Korrigiere, falls die Aussage falsch ist.
① Der Scheitelpunkt der Parabel ist S(−1 | 2).
② Die Symmetrieachse ist bei x = 2.
③ Der y-Achsenabschnitt ist 3.

Tipp zu **4b**: Setze x = 0 in die Funktionsgleichung ein.

Normalparabel, gestreckte Parabel und gestauchte Parabel

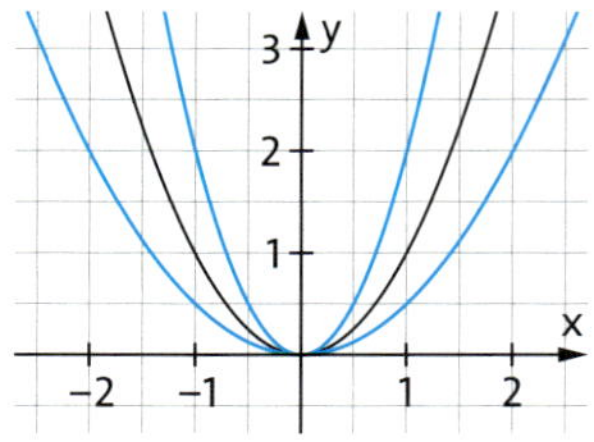

In $f(x) = ax^2$ sind b und c gleich 0.

Eine Parabel kann schmaler oder breiter sein. Das liegt am Parameter a in $f(x) = ax^2 + bx + c$. Um das besser zu verstehen, reicht es aus, sich $f(x) = ax^2$ genauer anzuschauen.

W

Wenn der Parameter a in der Funktionsgleichung $f(x) = ax^2$ **größer als 0** ist, dann ist die Parabel **nach oben offen**. Es gibt drei Fälle:

a = 1
Der dazugehörige Graph heißt **Normalparabel**.

$f(x) = x^2$
also $a = 1$,
denn $f(x) = x^2 = 1 \cdot x^2$

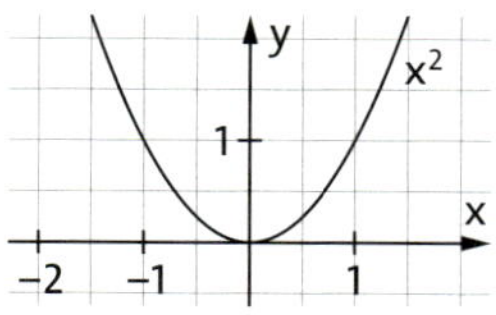

a > 1
Die Parabel ist **schmaler** als die Normalparabel: Die Parabel ist **gestreckt**.

$f(x) = 2x^2$
also $a = 2$

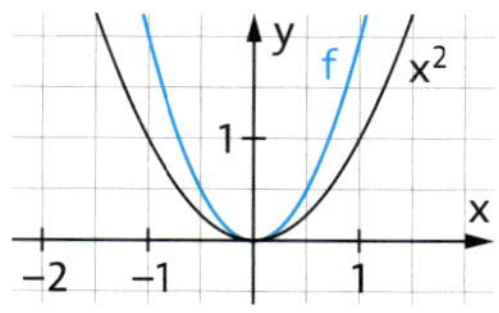

0 < a < 1
Die Parabel ist **breiter** als die Normalparabel: Die Parabel ist **gestaucht**.

$f(x) = 0{,}5x^2$
also $a = 0{,}5$

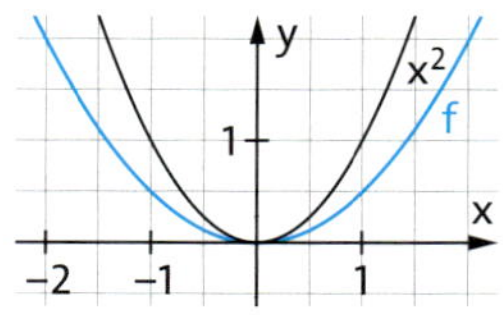

Die einfachste quadratische Funktionsgleichung ist $f(x) = x^2$.

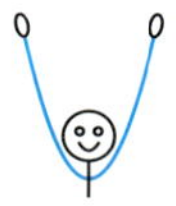

strecken
gestreckt
die Streckung

stauchen
gestaucht
die Stauchung

▶ **Aufgabe** Entscheide, ob die Parabel zu f gestreckt oder gestaucht ist.
a) $f(x) = 3x^2$ b) $f(x) = 0{,}8x^2$ c) $f(x) = 2{,}5x^2$

Wie verläuft eine Parabel, wenn der Parameter a kleiner als 0 ist?

Der Parameter a wird auch Streckfaktor a oder kurz Faktor a genannt.

W

Wenn der Parameter a in der Funktionsgleichung $f(x) = ax^2$ **kleiner als 0** ist, dann ist die Parabel **nach unten offen**.

a = −1
Die **Normalparabel** ist an der x-Achse gespiegelt.

$f(x) = -x^2$
also $a = -1$,
denn $f(x) = -x^2 = -1 \cdot x^2$

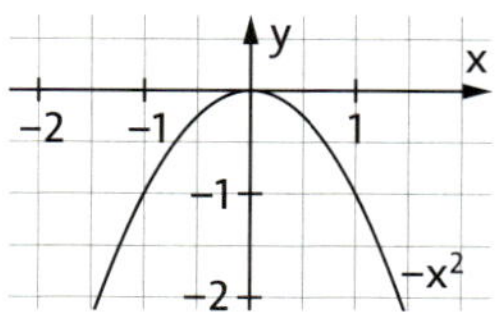

a < −1
Die Parabel ist **gestreckt** und **nach unten offen**.

$f(x) = -2x^2$
also $a = -2$

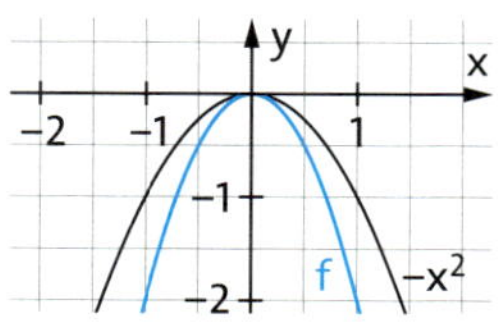

−1 < a < 0
Die Parabel ist **gestaucht** und **nach unten offen**.

$f(x) = -0{,}5x^2$
also $a = -0{,}5$

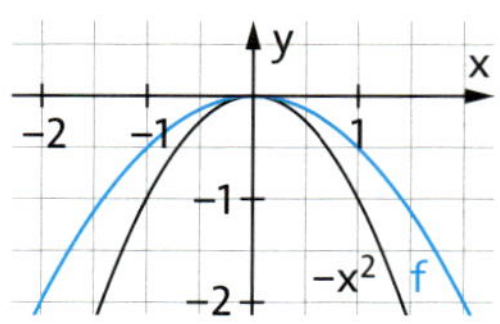

▶ **Aufgabe** Entscheide, ob die Parabel zu f nach oben oder nach unten offen ist.
a) $f(x) = 4x^2$ b) $f(x) = -5x^2$ c) $f(x) = -3{,}5x^2$

1 Welche Parabel ist gestreckt und welche ist gestaucht? Vervollständige je einen Satz für die Parabel g und die Parabel h. Verwende die Kärtchen.

gestaucht | gestreckt | schmaler | breiter

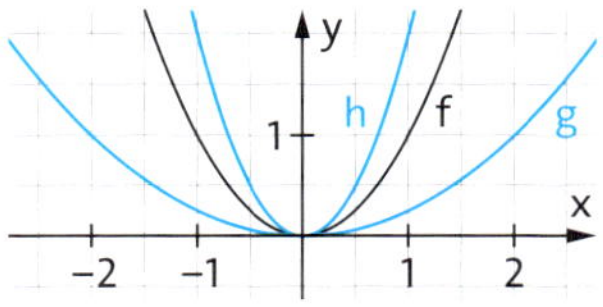

Die Parabel __ ist ______, weil die Parabel _________ als die Normalparabel f ist.

2 Begründe, ob die Parabel zu f gestreckt oder gestaucht ist. Wähle für die Begründung das passende Kärtchen.

..., weil a = ☐ größer als 0 und kleiner als 1 ist.

..., weil a = ☐ größer als 1 ist.

Beispiel $f(x) = 3x^2$
Die Parabel zu $f(x) = 3x^2$ ist gestreckt, weil a = 3 größer als 1 ist.

a) $f(x) = 2x^2$ b) $f(x) = 0{,}3x^2$ c) $f(x) = 1{,}5x^2$

3 Ordne jeder Parabel eine Funktionsgleichung richtig zu. Bestimme dazu den Parameter a der Parabel.
Gehe so vor: Starte in S(0 | 0).
Gehe 1 Einheit nach rechts.
Gehe bis zur Parabel nach oben. Notiere a.

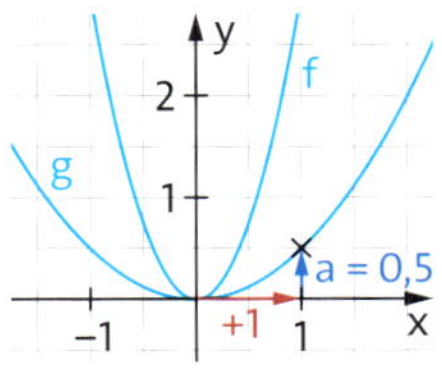

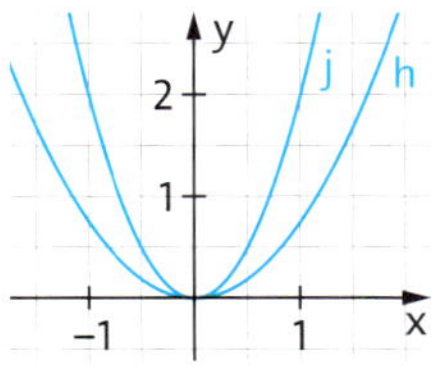

$y = 2x^2$ | $y = 0{,}75x^2$ | $y = 0{,}5x^2$ | $y = 3x^2$

Beispiel zu g: a = 0,5
Zur Parabel g gehört $y = 0{,}5x^2$.

► 3

4 Gegeben sind $f(x) = x^2$ und $g(x) = 0{,}2x^2$.
a) Erstelle jeweils eine Wertetabelle für f und g mit den Werten für −5; −4; −3; ...; 3; 4; 5.
b) Zeichne beide Parabeln f und g in ein gemeinsames Koordinatensystem.
c) Beschreibe die Parabel g im Vergleich zur Normalparabel f. *Die Parabel g ist _____ als die Normalparabel f. Die Parabel g ist ____.*

5 Entscheide, ob die Parabel zu f nach unten offen oder nach oben offen ist. Begründe.

Beispiel $f(x) = -4x^2$
Die Parabel zu $f(x) = -4x^2$ ist nach unten offen, weil a = −4 kleiner als 0 ist.

a) $f(x) = -2x^2$ b) $f(x) = 0{,}5x^2$ c) $f(x) = -0{,}2x^2$

6 Welche Parabel und welche Funktionsgleichung gehören zusammen? Ordne die Kärtchen richtig zu.

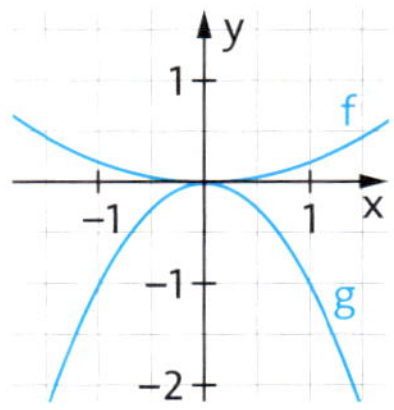

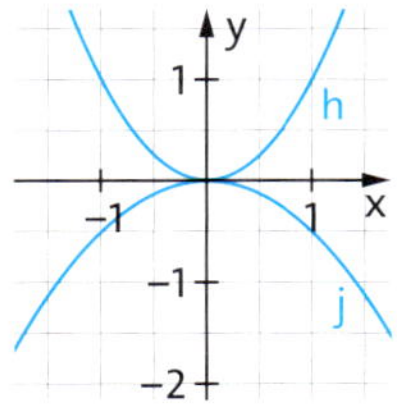

$y = x^2$ | $y = 0{,}2x^2$ | $y = -x^2$ | $y = -0{,}5x^2$

► 7

7 Beschreibe die Parabel zu f.
Verwende: gestreckt oder gestaucht, nach oben offen oder nach unten offen.

Beispiel $f(x) = -4x^2$
Die Parabel zu $f(x) = -4x^2$ ist gestreckt und nach unten offen.

a) $f(x) = 5x^2$ b) $f(x) = -0{,}1x^2$ c) $f(x) = -2{,}5x^2$

8 Der Punkt P liegt auf einer Parabel mit der Funktionsgleichung $f(x) = ax^2$.
Bestimme a und die Funktionsgleichung.
Gehe so vor: Setze den x-Wert und den y-Wert des Punkts P in $f(x) = ax^2$ ein.
Stelle die Gleichung nach a um.

Beispiel $f(x) = ax^2$ und P(−2 | 12)
$12 = a \cdot (-2)^2$
$12 = a \cdot 4 \quad | : 4$
$a = 3$ und $f(x) = 3x^2$

a) P(3 | 18) b) P(−1 | 5) c) P(4 | −16)

9 Das Stahlseil hat ungefähr die Form einer Parabel mit $f(x) = 0{,}003x^2$. In welcher Höhe ist das Stahlseil am Pfeiler befestigt? Berechne.

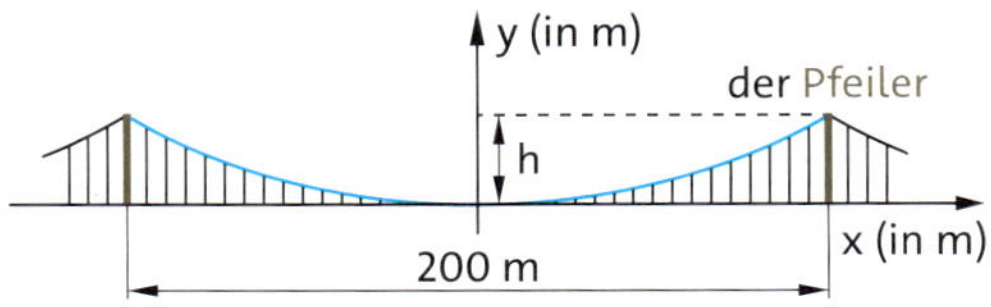

Sprachhilfe zu 4c: Verwende: schmaler oder breiter / gestaucht oder gestreckt
Hinweis zu 9: Berechne den y-Wert zum x-Wert $x = \frac{200}{2}$ m.

1 Welche Parabel ist gestreckt?
Welche Parabel ist gestaucht? Begründe.

a)

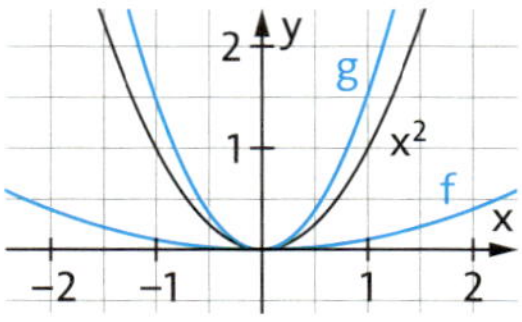

b)

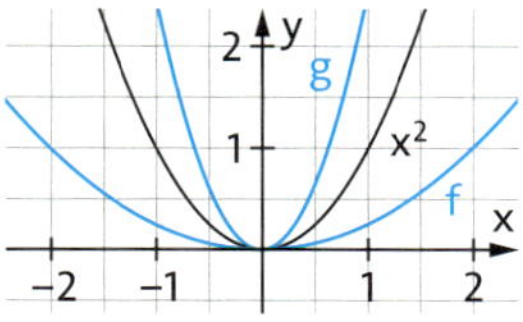

2 Begründe, ob die Parabel zu f gestreckt oder gestaucht ist.

Beispiel $f(x) = 5x^2$
Die Parabel zu $f(x) = 5x^2$ ist gestreckt, weil $a = 5$ größer als 1 ist.

a) $f(x) = 3x^2$ b) $f(x) = 1{,}2x^2$ c) $f(x) = 0{,}2x^2$

3 An einer Parabel kannst du den Parameter a ablesen und die Funktionsgleichung aufstellen. Bestimme die Funktionsgleichung zu jeder Parabel.

Beispiel

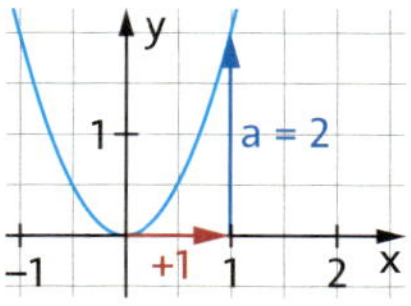

Gehe 1 Einheit nach rechts und 2 Einheiten nach oben: $a = 2$
$y = 2x^2$

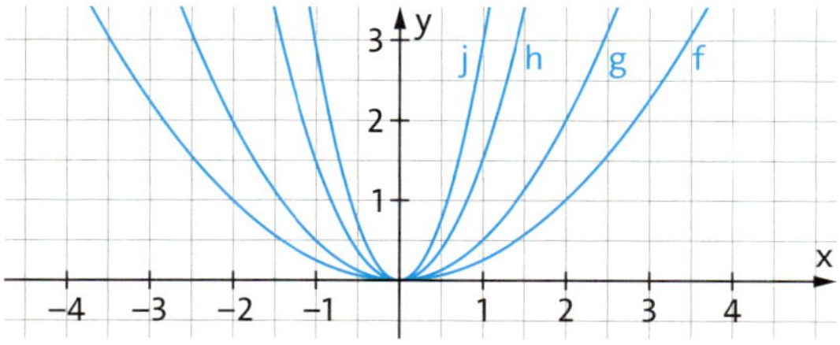

▸ 3 ☒

4 Gegeben sind vier Wertetabellen zu $f(x) = ax^2$.

①

x	0	1	2
y	0	3	12

②

x	0	1	2
y	0	0,2	0,8

③

x	−3	−2	−1
y	0,9	0,4	0,1

④

x	−3	−2	−1
y	13,5	6	1,5

a) Gehört die jeweilige Wertetabelle zu einer gestreckten oder gestauchten Parabel? Erstelle zuerst eine Wertetabelle zur Normalparabel $f(x) = x^2$. Vergleiche dann die y-Werte.

b) Erkläre, wie du in ① bis ④ den Parameter a ablesen kannst. Bestimme für ① bis ④ den Parameter a und die dazugehörige Funktionsgleichung.

5 Entscheide, ob die Parabel zu f gestreckt oder gestaucht ist und nach unten offen oder nach oben offen ist. Begründe.

Beispiel $f(x) = -0{,}2x^2$
Die Parabel zu f ist gestaucht und nach unten offen, weil $a = -0{,}2$ größer als −1 und kleiner als 0 ist.

a) $f(x) = -3x^2$ b) $f(x) = 3{,}5x^2$ c) $f(x) = -0{,}9x^2$

6 Notiere zu jeder Parabel eine Funktionsgleichung. Bestimme jeweils den Parameter a. Gehe so wie in Aufgabe 3 vor.

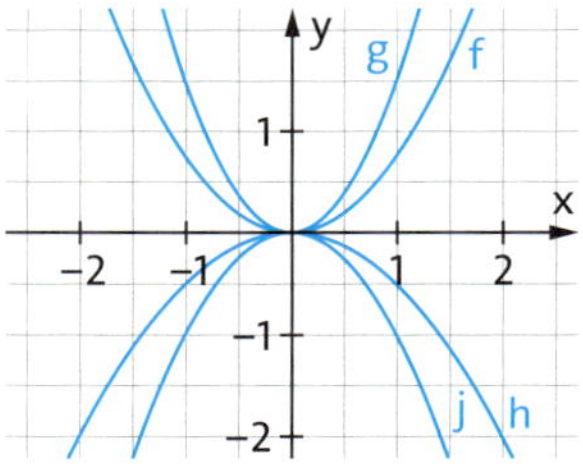

7 Eine Parabel mit der Funktionsgleichung $f(x) = ax^2$ verläuft durch $P(-3\,|\,-18)$. Vicky möchte den Parameter a berechnen und stellt die Gleichung auf: $-18 = a \cdot (-3)^2$

a) Erklärt euch Vickys Gleichung.

b) Führe Vickys Rechnung im Heft zu Ende.

c) Eine andere Parabel mit der Funktionsgleichung $g(x) = ax^2$ verläuft durch den Punkt $P(5\,|\,8{,}75)$. Berechne a. Notiere die Funktionsgleichung.

▸ 8 ☒

8 Gehört der Punkt P zur Funktion?

a) Überprüfe die Aussagen ① und ② rechnerisch. Setze dazu den x-Wert in die Funktionsgleichung ein.
① $P(-6\,|\,-5{,}4)$ gehört zu $f(x) = -0{,}15x^2$.
② $P(0{,}25\,|\,9)$ gehört zu $f(x) = 12x^2$.

b) Karlo sagt: „Der Punkt $P(-2\,|\,-4)$ liegt nicht auf der Normalparabel." Erkläre ohne Rechnung, warum Karlos Aussage richtig ist.

9 Das Stahlseil hat ungefähr die Form einer Parabel mit $f(x) = ax^2$.
Bestimme den Parameter a. Notiere dazu den x-Wert und den y-Wert von P. Setze den x-Wert und den y-Wert in $f(x) = ax^2$ ein.

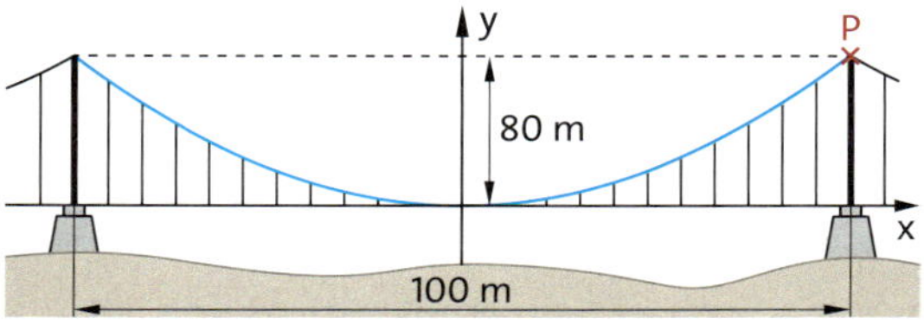

1 Erkläre, wie der Parameter a in der Funktionsgleichung $f(x) = ax^2$ die Form der Parabel verändert. Verwende Fachbegriffe und die Kärtchen.

$0 < a < 1$ | $a = 1$ | $a > 1$

2 Gegeben sind $f(x) = x^2$, $g(x) = 0{,}5x^2$, $h(x) = 3x^2$.
a) Zeichne die Parabeln mit Hilfe einer Wertetabelle in ein Koordinatensystem.
b) Beschreibe die Parabeln g und h aus a) im Vergleich zur Normalparabel f.
c) Polina sagt: „An einer Parabel zu $f(x) = ax^2$ kann man den Parameter a am y-Wert für $x = 1$ ablesen."
Überprüfe Polinas Aussage an den Parabeln g und h. Zeige rechnerisch, dass Polinas Aussage für alle Parabeln zu $f(x) = ax^2$ gilt.

3 Gegeben ist $f(x) = 0{,}15x^2$.
Entscheide, ob die Aussage wahr oder falsch ist. Korrigiere, wenn die Aussage falsch ist.
a) Die Parabel zu f ist schmaler als die Normalparabel.
b) Die Parabel zu f ist achsensymmetrisch zur y-Achse.
c) Der tiefste Punkt der Parabel ist $S(0|0)$.
d) Der Punkt $P(-2|-0{,}6)$ gehört zur Funktion.

4 Gegeben ist die Wertetabelle zu einer quadratischen Funktion.

x	−3	−2	−1	0	1	2	3
f(x)	13,5	6	1,5	0	1,5	6	13,5

a) Ist die dazugehörige Parabel gestreckt oder gestaucht? Begründe mit Hilfe der Wertetabelle.
b) Bestimme die Funktionsgleichung der Form $f(x) = ax^2$ passend zur Wertetabelle.
c) Notiere jeweils zwei Beispiele von Funktionsgleichungen für Parabeln, die …
① schmaler als f sind. ② breiter als f sind.

5 Gegeben ist $f(x) = 3x^2$. Kira berechnet den y-Wert für $x = 2$:
$y = f(2) = 3 \cdot 2^2 = 6^2 = 36$
Erkläre Kiras Fehler. Korrigiere im Heft.

6 Notiere jeweils zwei Funktionsgleichungen zu ① und ②.

① Die Parabel ist gestreckt und nach unten offen.

② Die Parabel ist gestaucht und an der x- Achse gespiegelt.

7 ▼ Gegeben ist $f(x) = ax^2$.
a) Der Punkt P liegt auf der Parabel zu f. Berechne a und notiere die dazugehörige Funktionsgleichung.
① $P(-2|-0{,}8)$ ② $P(5|87{,}5)$
b) Elmar sagt: „Ein Punkt A liegt auf der Parabel. Am Vorzeichen des y-Werts von A erkennt man, ob die Parabel nach oben offen oder nach unten offen ist."
Stimmt das? Begründe.

8 Gegeben sind die Parabeln f, g, h und j.

nach unten offen | nach oben offen | gestaucht | gestreckt | breiter | schmaler | an der x-Achse gespiegelt

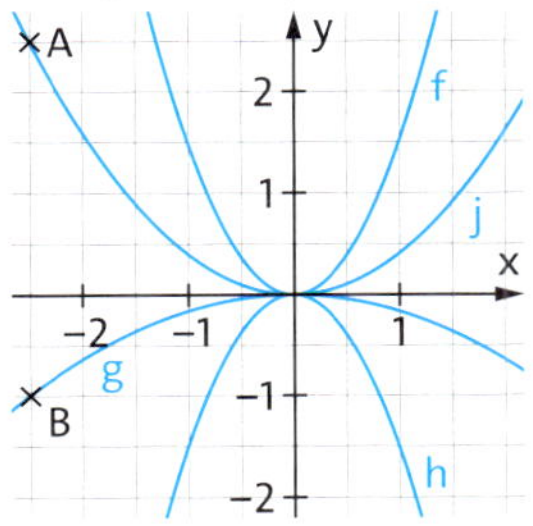

a) Beschreibe die Parabeln mit Hilfe der Kärtchen.
b) Notiere eine Funktionsgleichung zu f und h.
c) Fatma stellt die Funktionsgleichung zu j auf. Erkläre, warum Fatma so rechnet. Ergänze Fatmas Rechnung.

Fatma:
$A(-2{,}5|2{,}5)$
$2{,}5 = a \cdot (-2{,}5)^2 \quad |:\square$
$a = \square$
$j(x) = \square \cdot x^2$

d) Notiere mit Hilfe des Punktes B eine Funktionsgleichung zu g.

9 Bestimme die Funktionsgleichung, die den parabelförmigen Bogen einer Brücke modelliert. Erläutere deine Vorgehensweise.

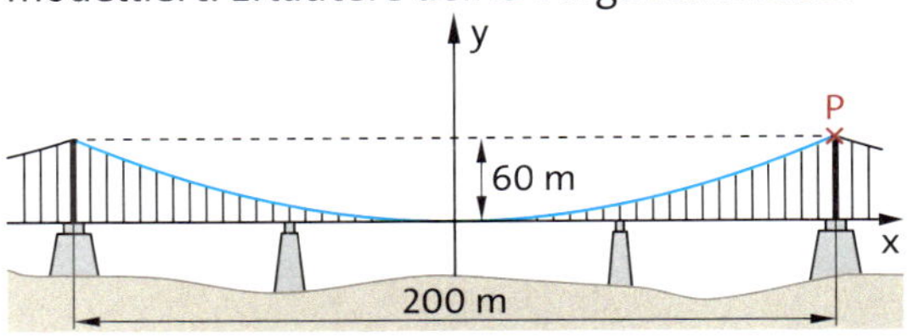

Sprachhilfe zu **7b**: Verwende: das Vorzeichen von a – quadrieren – Ergebnis immer positiv – multiplizieren mit a negativ – positiv – nach oben offen – nach unten offen

Nach oben oder nach unten verschobene Parabeln

Eine Normalparabel kann nach oben oder nach unten verschoben sein. Wie kannst du das an der Funktionsgleichung erkennen?

x	−2	−1	0	1	2
$f(x) = x^2$	4	1	0	1	4
$g(x) = x^2 + 2$	6	3	2	3	6

+ 2

Die Normalparabel ist um 2 Einheiten nach oben verschoben.

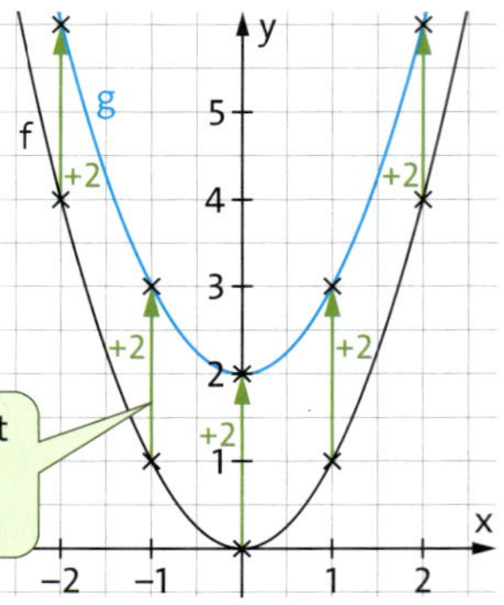

Anstelle von $f(x) = x^2 + e$ schreibt man auch $f(x) = x^2 + c$.

Die Parabel zu $f(x) = x^2 + e$ hat den Scheitelpunkt $S(0 \mid e)$.

W Die Normalparabel kann entlang der **y-Achse nach oben** oder **nach unten** verschoben werden. In der Funktionsgleichung $f(x) = x^2 + e$ erkennst du das am Parameter e.

e > 0

Der Parameter e ist größer als 0.
Die Normalparabel ist um e Einheiten **nach oben** verschoben.

$g(x) = x^2 + 2$
Die Normalparabel ist um 2 Einheiten **nach oben** verschoben.
Denn $e = 2$ ist größer als 0.

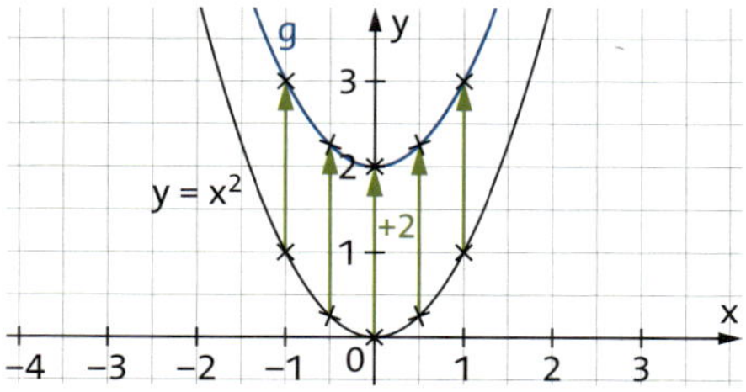

e < 0

Der Parameter e ist kleiner als 0.
Die Normalparabel ist um e Einheiten **nach unten** verschoben.

$h(x) = x^2 - 2$
Die Normalparabel ist um 2 Einheiten **nach unten** verschoben.
Denn $e = -2$ ist kleiner als 0.

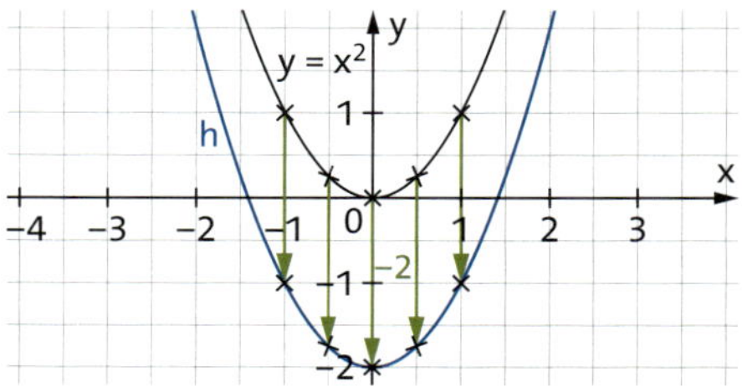

▶ **Aufgabe** Wird die Normalparabel nach unten oder nach oben verschoben? Begründe.
a) $f(x) = x^2 - 1$ b) $f(x) = x^2 + 3$ c) $f(x) = x^2 - 0{,}5$

▶ 1 ▶ 1 ▶ 1

Eine gestreckte oder gestauchte Parabel kann nach oben oder nach unten verschoben sein.

Alle Parabeln zu $f(x) = ax^2 + e$ sind achsensymmetrisch zur y-Achse. Der Scheitelpunkt ist $S(0 \mid e)$.

W In der Funktionsgleichung $f(x) = ax^2 + e$ erkennst du am Parameter …

- a, ob die Parabel **gestreckt** oder **gestaucht** sowie **nach oben offen** oder **nach unten offen** ist,
- e, ob die Parabel **nach oben** oder **nach unten** verschoben ist.

$f(x) = 0{,}5x^2 + 2$
Die Parabel f ist **gestaucht** und nach **oben offen**.
Denn $a = 0{,}5$ ist größer als 0 und kleiner als 1.

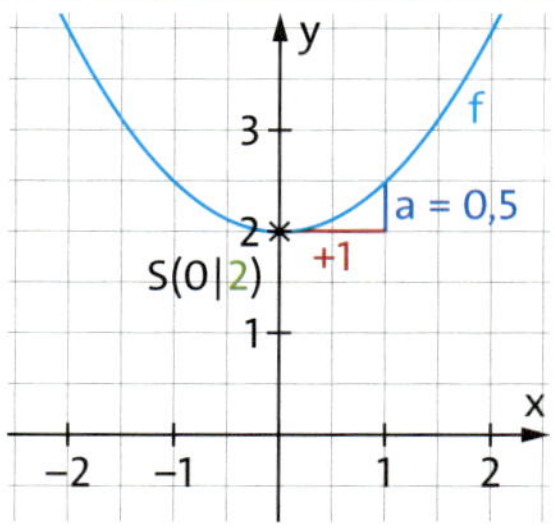

Die Parabel ist um 2 Einheiten **nach oben** verschoben. Denn $e = 2$ ist größer als 0.

▶ **Aufgabe** Beschreibe, wie die Parabel f zu $f(x) = -0{,}5x^2 + 5$ aus der Normalparabel entstanden ist.

▶ 5 ▶ 5 ▶ 5

1 Ordne jeder verschobenen Normalparabel den Scheitelpunkt und die Beschreibung passend zu.

① 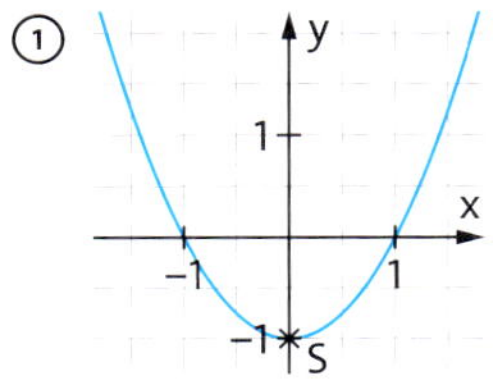

② 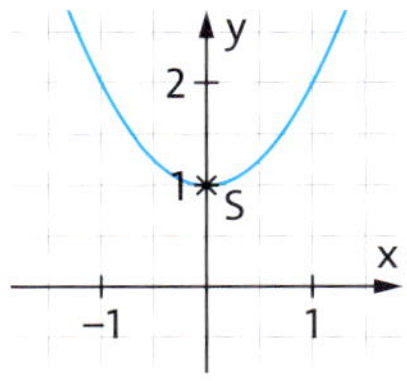

Die Normalparabel wird um 1 Einheit **nach unten** verschoben.

S(0|1)

S(0|−1)

Die Normalparabel wird um 1 Einheit **nach oben** verschoben.

2 Gegeben sind drei Parabeln.

a) Beschreibe, wie die Parabeln g und h aus der Normalparabel f entstanden sind. Bestimme dazu jeweils den Parameter e.

b) Notiere den Scheitelpunkt der Parabeln g und h.

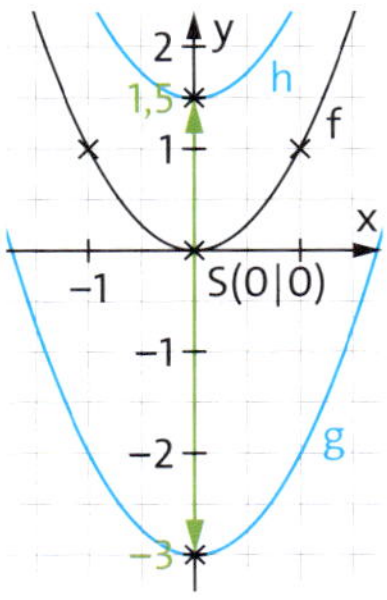

3 Ergänze die Lücken passend im Heft.

a) Die Normalparabel wird um 6 Einheiten **nach oben** verschoben. Der Scheitelpunkt ist S(0|□). Die Funktionsgleichung ist $f(x) = x^2 + \square$.

b) Die Normalparabel wird um 8 Einheiten **nach unten** verschoben. Der Scheitelpunkt ist S(□|−□). Die Funktionsgleichung ist $f(x) = \square^2 - \square$.

▸ 4

4 Zeichne die Wertepaare als Punkte in ein Koordinatensystem. Verbinde die Punkte zu einer verschobenen Normalparabel. Notiere den Scheitelpunkt und die Funktionsgleichung.

a)

x	−2	−1	0	1	2
f(x)	5	2	1	2	5

b)

x	−2	−1	0	1	2
f(x)	3	0	−1	0	3

c)

x	−2	−1	0	1	2
f(x)	1	−2	−3	−2	1

5 Bestimme den Scheitelpunkt. Ergänze dazu die Lücken passend im Heft.

a) $f(x) = 3x^2 - 5$
Der Scheitelpunkt ist S(□|−□).

b) $f(x) = -\frac{1}{4}x^2 + 7$
Der Scheitelpunkt ist S(□|□).

▸ 6

6 Erstelle eine Wertetabelle von −2 bis 2 mit Schrittweite 1. Zeichne die Parabel in ein Koordinatensystem. Beschreibe die Parabel.

a) $f(x) = 2x^2 + 1$ b) $f(x) = -0{,}5x^2 - 1$

7 Beschreibe die Parabel. Notiere den Scheitelpunkt und die Funktionsgleichung.

Beispiel
Die Parabel ist mit $a = -3$ gestreckt, nach unten offen und um 4 Einheiten nach oben verschoben.
Der Scheitelpunkt ist S(0|4) und
$f(x) = -3x^2 + 4$.

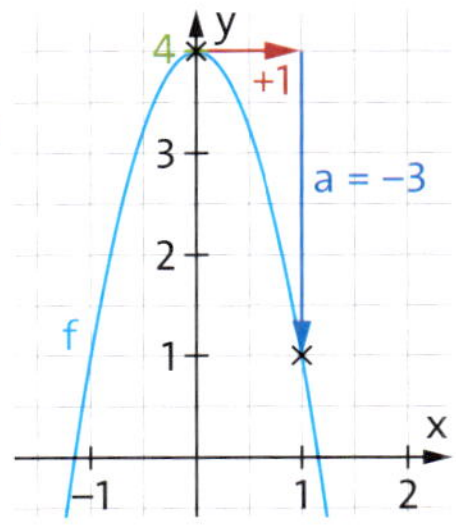

a) 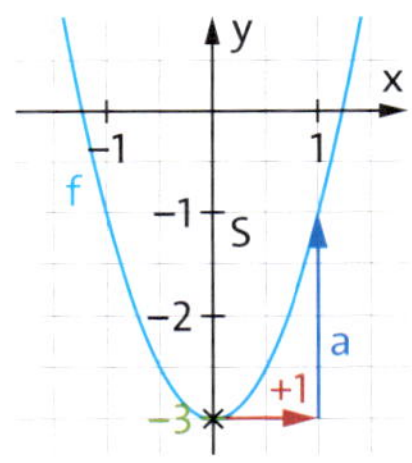

b) 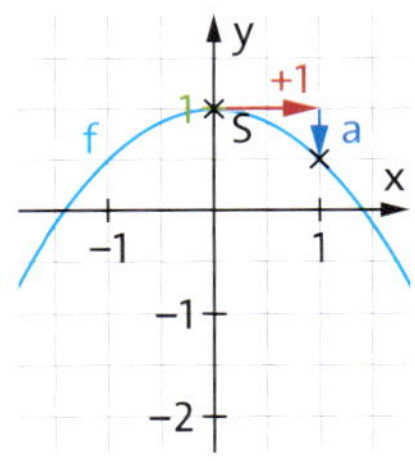

8 Notiere die Funktionsgleichung zu ① und ②.

① Die Normalparabel f wird mit a = 2 gestreckt und um 3 Einheiten nach oben verschoben.

② Die Normalparabel g wird mit a = −0,5 gestaucht und um 4 Einheiten nach unten verschoben.

9 Notiere die Funktionsgleichung. Erstelle dazu eine Wertetabelle und zeichne den Graphen.

a) Die Normalparabel wird mit $a = 2$ gestreckt. Der Scheitelpunkt ist S(0|−3).

b) Die Normalparabel wird an der x-Achse gespiegelt und um 4 Einheiten nach oben verschoben.

c) Überprüfe zeichnerisch, ob der Punkt P(1|2) auf der Parabel aus a) liegt.

1 Timo und Marja zeichnen eine nach unten oder nach oben verschobene Normalparabel. Beschreibe jeweils Timos Parabel g und Marjas Parabel h. Bestimme den Parameter e.

Timo:

① 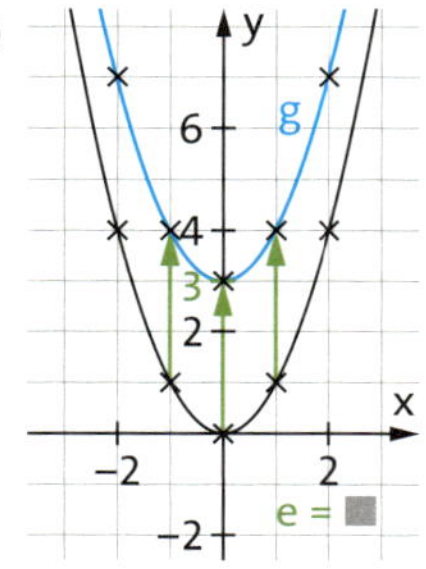

Marja:

② 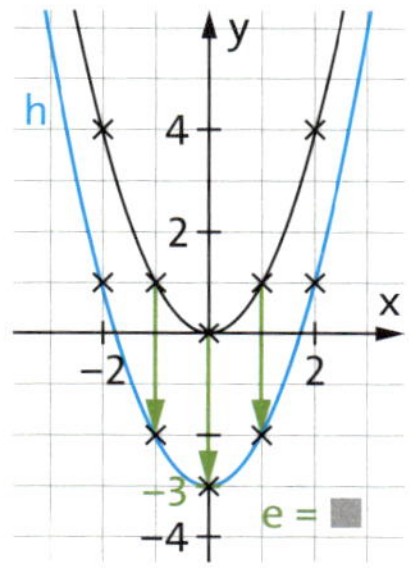

2 Notiere den Scheitelpunkt und die Funktionsgleichung zu jeder verschobenen Normalparabel.

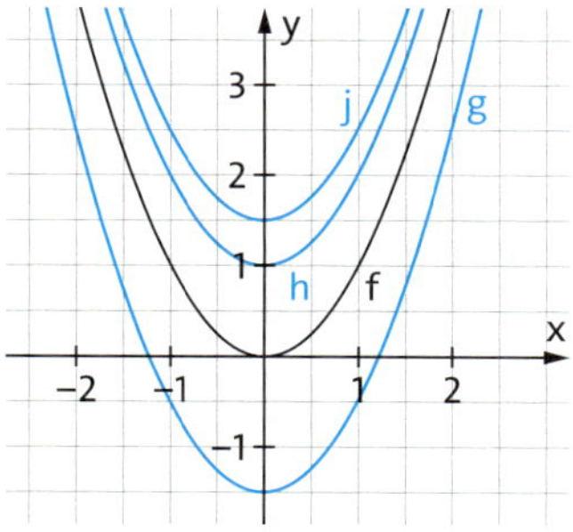

3 Notiere den Scheitelpunkt passend zur Funktionsgleichung. Beschreibe, wie die Normalparabel verschoben wird.

Beispiel $f(x) = x^2 - 5$
Der Scheitelpunkt ist $S(0|-5)$.
Die Normalparabel wird um 5 Einheiten nach unten verschoben.

a) $f(x) = x^2 - 7$ b) $f(x) = x^2 + 9$
c) $f(x) = x^2 + 5{,}5$ d) $f(x) = x^2 - 4{,}5$

► 4 ☒

4 Ergänze die Tabelle im Heft.

Funktionsgleichung	Scheitelpunkt	Verschiebe die Normalparabel um …
$y = x^2 + 5$	S(0|□)	□ Einheiten nach ______.
y = ______	S(□|□)	9 Einheiten nach oben.
$y = x^2 - 8$	S(□|−□)	□ Einheiten nach ______.

5 ▼ Erstelle eine Wertetabelle von −2 bis 2 mit Schrittweite 0,5. Zeichne dann die Parabel in ein Koordinatensystem. Beschreibe die Parabel.

a) $f(x) = 2x^2 - 3$ b) $f(x) = -0{,}5x^2 + 2\frac{1}{2}$

► 6 ☒

6 Ergänze die Tabelle im Heft.

f(x) = …	gestreckt	gestaucht	Öffnung	S
$3x^2 + 2$	ja	nein	oben offen	S(0|2)
$-2x^2 + 1$				
$\frac{1}{2}x^2 - 4$				
$-5x^2 - 9$				

7 ▼ Beschreibe die Parabel. Notiere den Scheitelpunkt und die Funktionsgleichung. Bestimme zuerst die Parameter a und e.

a) 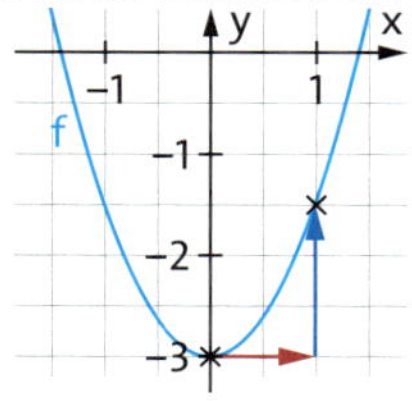

b) 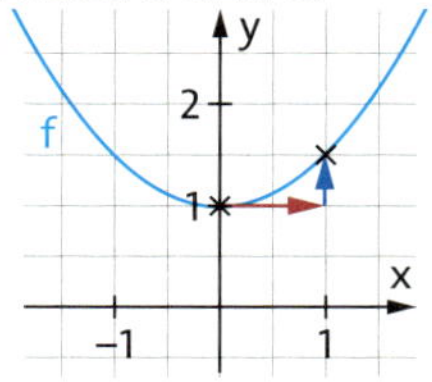

c) 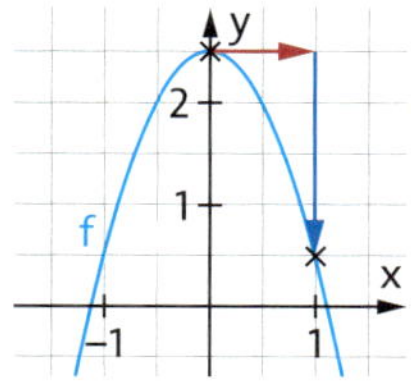

d) 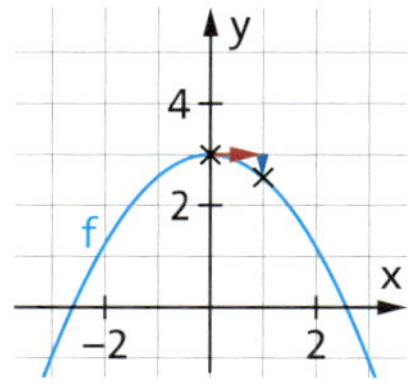

8 Notiere die Funktionsgleichung zu ① und ②.

① Die Normalparabel f wird mit a = 2,5 gestreckt und um 4 Einheiten nach oben verschoben.

② Die Normalparabel g wird mit a = − 0,2 gestaucht und um 12 Einheiten nach unten verschoben.

9 Eine Parabel hat den Scheitelpunkt S(0|8) und verläuft durch den Punkt P(2|0). Adem möchte die Funktionsgleichung zu der Parabel bestimmen. Adem notiert:

S(0|8) , also ist: $f(x) = a \cdot x^2 + 8$
P(2|0) einsetzen: $f(2) = a \cdot 2^2 + 8$
$0 = 4 \cdot a + 8$ ….

a) Führe Adems Rechenweg zu Ende. Berechne a. Notiere die Funktionsgleichung zu f.
b) Zeichne die Parabel f.
c) Überprüfe zeichnerisch, ob der Punkt Q(−1|6) auf der Parabel f liegt.

Sprachhilfe zu **5** und **7**: Verwende: mit ■ gestreckt / gestaucht – um ■ Einheiten nach unten / oben verschoben

1 Bestimme den Parameter e und notiere den Scheitelpunkt zu g.

a)

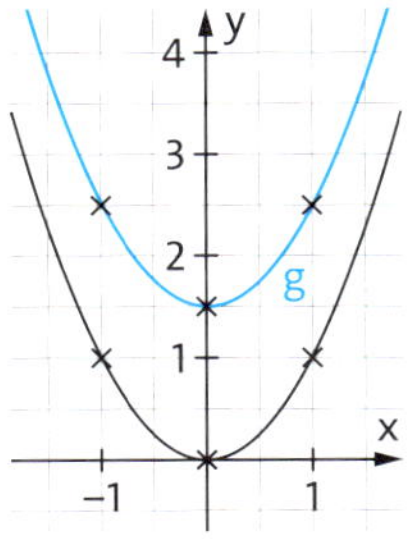

b)

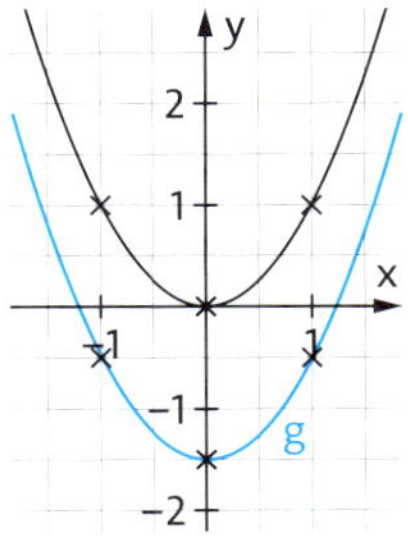

2 Notiere den Scheitelpunkt und die Funktionsgleichung zu jeder verschobenen Normalparabel.

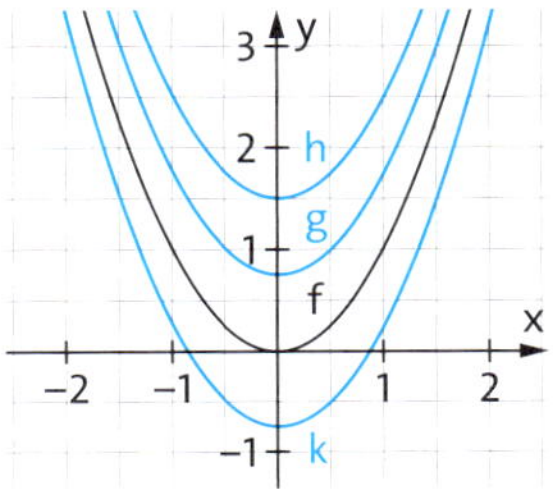

3 Richtig oder falsch? Begründe.

a) Antonia sagt: „Der Scheitelpunkt der Parabel zu $f(x) = x^2 + 3$ ist $S(3\,|\,0)$."

b) Marjan meint: „Der Graph zu $f(x) = x^2 - 3$ ist eine um 3 Einheiten nach unten verschobene Normalparabel."

c) Frederik sagt: „Wenn die Normalparabel um 2 Einheiten nach oben verschoben wird, dann ist $f(x) = 2x^2$."

4 Gegeben ist $f(x) = x^2 - 0{,}5$.

a) Notiere den Scheitelpunkt der Parabel f.

b) Überprüfe rechnerisch, ob $P\left(1\,\middle|\,\frac{1}{2}\right)$ und $Q\left(2\,\middle|\,4\frac{1}{2}\right)$ auf der Parabel liegen.

5 Erstelle eine Wertetabelle von –2 bis 2 mit Schrittweite 0,5. Zeichne dann die Parabel.

a) $f(x) = x^2 - 4$

b) $f(x) = x^2 + 3{,}5$

c) $f(x) = 2x^2 - \frac{1}{4}$

d) $f(x) = -\frac{1}{2}x^2 + 1{,}75$

6 Joline setzt –x in $f(x) = 3x^2 - 1$ ein und erhält:

$f(-x) = 3(-x)^2 - 1 = \dots = f(x)$.

Also ist die Parabel f achsensymmetrisch zur … .

a) Vervollständige Jolines Rechnung und den Satz im Heft.

b) Erklärt euch gegenseitig, warum Joline $f(-x) = f(x)$ zum Nachweis der Symmetrie zur y-Achse verwenden kann.

7 Lia soll die Parabel zu $f(x) = 2x^2 - 2{,}5$ zeichnen. Sie erstellt dazu folgende Wertetabelle:

x	0	0,5	1	1,5	2	2,5	3	3,5
f(x)	–2,5	–2	–0,5					

a) Ergänze Lias Tabelle im Heft.

b) Lia sagt: „Mit meiner Wertetabelle kann ich für positive und negative x-Werte die Parabel zeichnen." Erkläre, warum Lia so vorgehen kann.

c) Zeichne die dazugehörige Parabel.

d) Erstelle eine Wertetabelle wie Lia und zeichne die Parabel zu $h(x) = -0{,}5x^2 + 4$.

8 Richtig oder falsch? Begründe, wenn die Aussage richtig ist. Korrigiere, wenn die Aussage falsch ist.

a) Sercan sagt: „Die Parabel zu $f(x) = 3x^2 - 4$ ist um 4 Einheiten nach oben verschoben, nach unten offen und gestaucht."

b) Tanja meint: „Die Parabeln zu $g(x) = x^2 - 2$ und $h(x) = -x^2 - 2$ haben den gleichen Scheitelpunkt."

9 Beschreibe die Parabeln f und g. Notiere die Scheitelpunkte und die Funktionsgleichungen.

a)

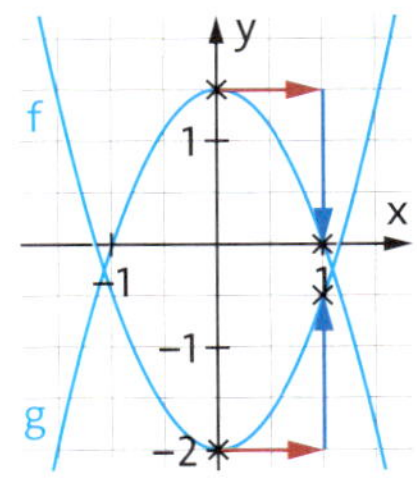

b)

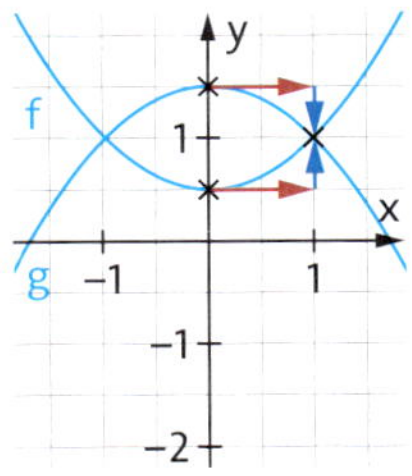

10 Notiere die Funktionsgleichung zu ① und ②.

① Die Normalparabel f wird mit $5\frac{1}{3}$ gestreckt und um 3 Einheiten nach unten verschoben.

② Die verschobene Normalparabel g wird mit –0,52 gestaucht. Der Scheitelpunkt ist $S(0\,|\,7{,}2)$.

11 Der Bogen der Wushan-Brücke in China hat ungefähr die Form einer Parabel. Zeige, dass für den Bogen $f(x) = -0{,}0025x^2 + 130$ gilt.

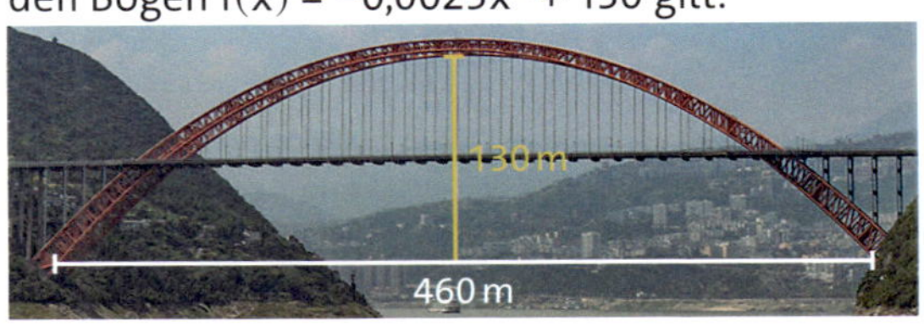

Nach rechts oder nach links verschobene Parabeln

Eine Normalparabel kann nach links oder nach rechts verschoben sein. Wie kannst du das an der Funktionsgleichung erkennen?

x	−2	−1	0	1	2	3
$f(x) = x^2$	4	1	0	1	4	9
$g(x) = (x - (+1))^2$	9	4	1	0	1	4

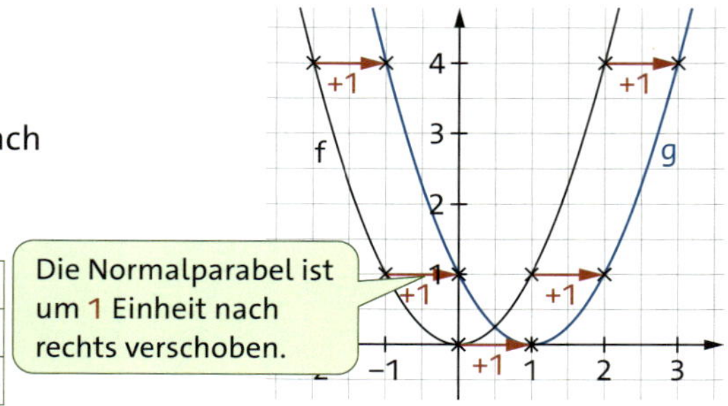

Wenn in der Funktionsgleichung …
- *− d steht, dann ist der Scheitelpunkt S(d | 0): Beispiel $f(x) = (x - 1)^2$ S(1 | 0)*
- *+ d steht, dann ist der Scheitelpunkt S(−d | 0): Beispiel $f(x) = (x + 1)^2$ S(−1 | 0)*

W Die Normalparabel kann entlang der **x-Achse nach rechts** oder **nach links** verschoben sein. In der Funktionsgleichung $\mathbf{f(x) = (x - d)^2}$ erkennst du das am Parameter d.

d > 0

Der Parameter d ist größer als 0.
Die Normalparabel ist um d Einheiten **nach rechts** verschoben.

$g(x) = (x - 1)^2$
Die Normalparabel ist um 1 Einheit **nach rechts** verschoben.
Denn $g(x) = (x - (+1))^2$,
also ist d = 1 größer als 0.

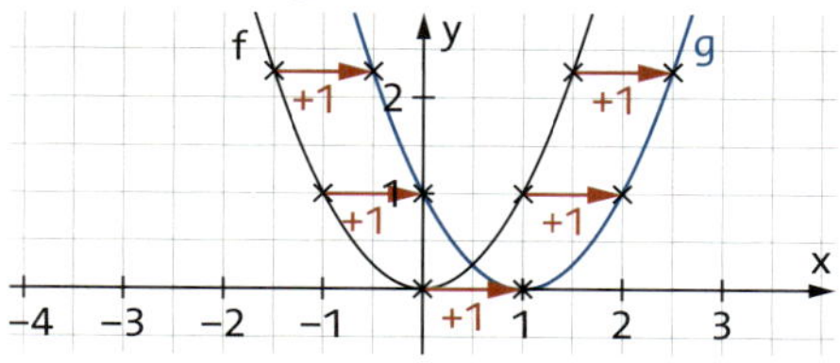

d < 0

Der Parameter d ist kleiner als 0.
Die Normalparabel ist um d Einheiten **nach links** verschoben.

$h(x) = (x + 1)^2$
Die Normalparabel ist um 1 Einheit **nach links** verschoben.
Denn $h(x) = (x - (-1))^2$,
also ist d = −1 kleiner als 0.

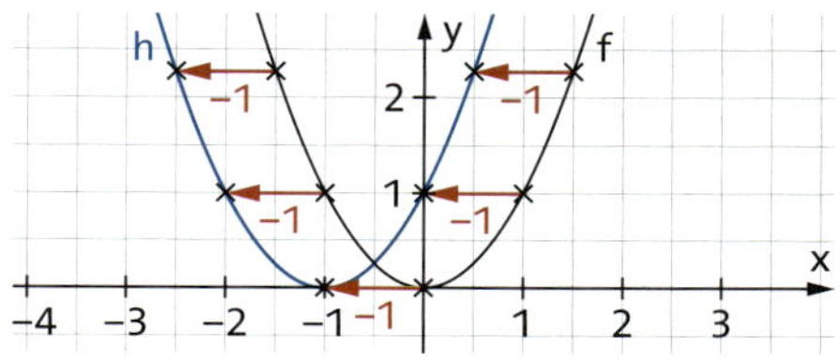

▶ **Aufgabe** Wird die Normalparabel nach links oder nach rechts verschoben? Begründe.
a) $f(x) = (x + 3)^2$ b) $f(x) = (x - 2)^2$ c) $f(x) = (x + 0{,}5)^2$

▶ 1 ▶ 1 ▶ 1

Auch eine gestreckte oder gestauchte Parabel kann sowohl nach oben oder nach unten, als auch nach links oder nach rechts verschoben sein.

*Streckung, Stauchung und Verschiebung sind Veränderungen der Normalparabel. Eine solche Veränderung nennt man **Transformation**.*

*Eine Funktionsgleichung der Form $f(x) = a(x - d)^2 + e$ heißt **Scheitelpunktform**. Du kannst den Scheitelpunkt S(d | e) direkt ablesen.*

W In der Funktionsgleichung $f(x) = a(x - d)^2 + e$ erkennst du am Parameter …

- a, ob die Parabel **gestreckt** oder **gestaucht**, **nach oben offen** oder **nach unten offen** ist,
- e, ob die Parabel **nach oben** oder **nach unten** verschoben ist,
- d, ob die Parabel **nach links** oder **nach rechts** verschoben ist.
  Der Scheitelpunkt ist S(d | e).

$f(x) = 0{,}5(x + 2)^2 + 1$
a = 0,5, d = −2, e = 1

Die Parabel f ist gestaucht, nach oben offen, um 1 Einheit nach oben und um 2 Einheiten nach links verschoben mit S(−2 | 1).

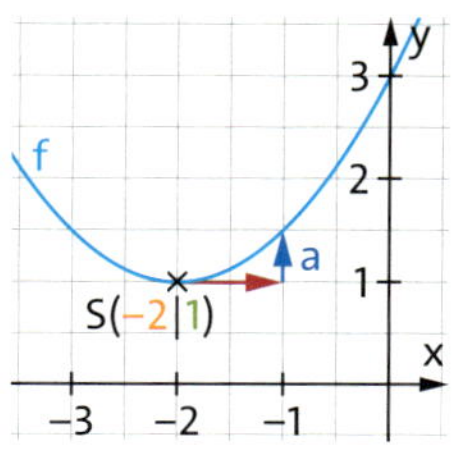

▶ **Aufgabe** Beschreibe die Parabel zu $f(x) = 2(x + 3)^2 + 1$.

▶ 6 ▶ 6 ▶ 6

1 Ordne jeder verschobenen Normalparabel den Scheitelpunkt und die Beschreibung passend zu.

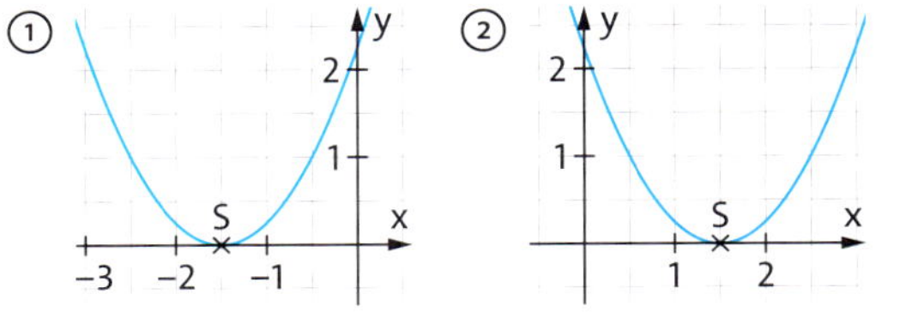

Die Normalparabel wird um 1,5 Einheiten **nach links** verschoben.

S(1,5 | 0)

S(−1,5 | 0)

Die Normalparabel wird um 1,5 Einheiten **nach rechts** verschoben.

2 Gegeben sind drei Parabeln.

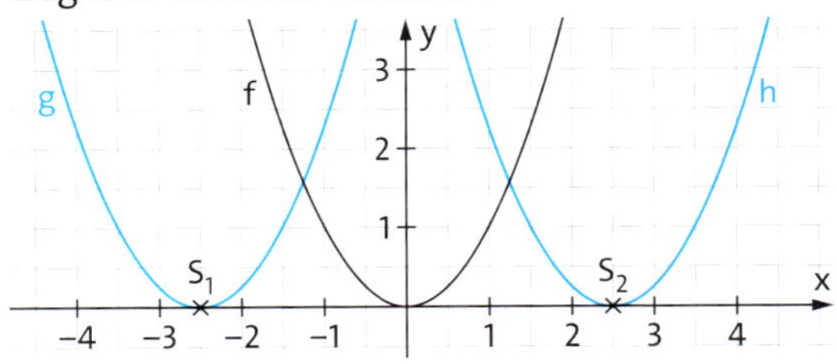

a) Wie musst du die Normalparabel f verschieben, damit die Parabel g oder die Parabel h entsteht? Beschreibe.

b) Notiere die Scheitelpunkte der Parabeln. ▸ 3

3 Ergänze die Sätze passend im Heft.

a) Die Normalparabel wird um 9 Einheiten **nach rechts** verschoben. Der Scheitelpunkt ist S(□ | 0). Die Funktionsgleichung ist $f(x) = (x - □)^2$.

b) Die Normalparabel wird um 7 Einheiten **nach links** verschoben. Der Scheitelpunkt ist S(−□ | □). Die Funktionsgleichung ist $f(x) = (□ + □)^2$.

4 Zeichne die Wertepaare als Punkte in ein Koordinatensystem. Verbinde die Punkte zu einer Parabel. Notiere den Scheitelpunkt und die Funktionsgleichung.

a)

x	0	1	2	3	4	5	6
f(x)	9	4	1	0	1	4	9

b)

x	−6	−5	−4	−3	−2	−1	0
f(x)	9	4	1	0	1	4	9

5 Erstelle eine Wertetabelle von −4 bis 4 mit Schrittweite 1 und zeichne dann die Parabel in ein Koordinatensystem.

a) $f(x) = (x + 2)^2$ b) $f(x) = (x - 2)^2$

6 Beschreibe, wie die Normalparabel verschoben wird. Notiere den Scheitelpunkt.

Beispiel $f(x) = (x - 3)^2 + 4$
Die Normalparabel wird um **3** Einheiten **nach rechts** und um 4 Einheiten nach oben verschoben. Der Scheitelpunkt ist S(**3** | 4).

a) $f(x) = (x - 6)^2 + 8$ b) $f(x) = (x + 4)^2 + 10$
c) $f(x) = (x + 3)^2 - 6$ d) $f(x) = (x - 5)^2 - 9$ ▸ 7

7 Ergänze den Scheitelpunkt S und dann die Wertetabelle im Heft. Zeichne die Parabel in ein Koordinatensystem. Beschreibe die Parabel.

a) $f(x) = (x - 1)^2 + 3$ S(1 | □)

x	−2	−1	0	1	2	3
f(x)	9					

b) $f(x) = 0{,}5(x + 1)^2 - 5$ S(□ | −5)

x	−3	−2	−1	0	1	2
f(x)	−3					

8 Beschreibe die Parabel. Notiere den Scheitelpunkt und die Funktionsgleichung in Scheitelpunktform.

Beispiel Die Parabel ist mit a = 2 gestreckt, nach oben offen, um **1** Einheit nach rechts und um 3 Einheiten nach unten verschoben. Der Scheitelpunkt ist S(**1** | −3). Die Scheitelpunktform ist $f(x) = 2(x - \mathbf{1})^2 - 3$.

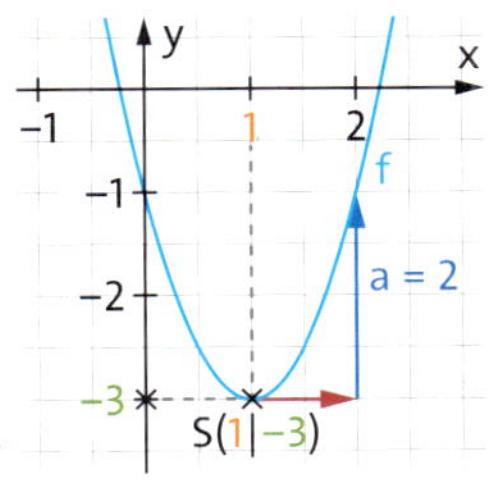

a)

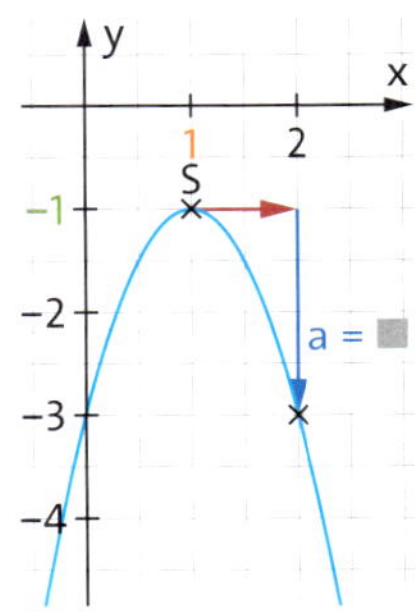

b)

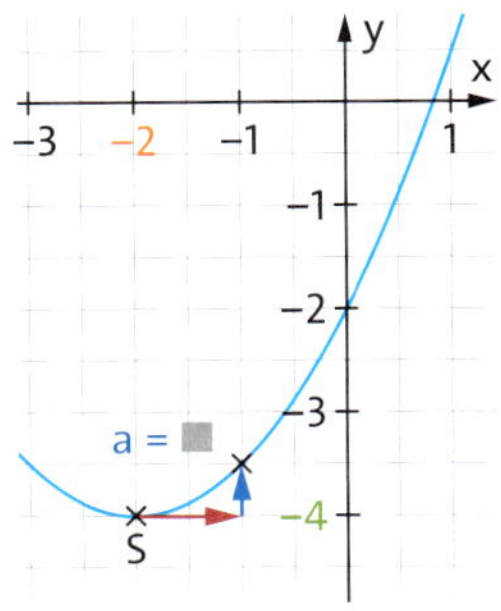

Tipp zu **2a**: Verwende: nach links – nach rechts – x-Koordinate des Scheitelpunkts – positiv – negativ

1 Beschreibe, wie die Parabeln g und h aus der Normalparabel entstanden sind. Bestimme dazu jeweils den Parameter d.

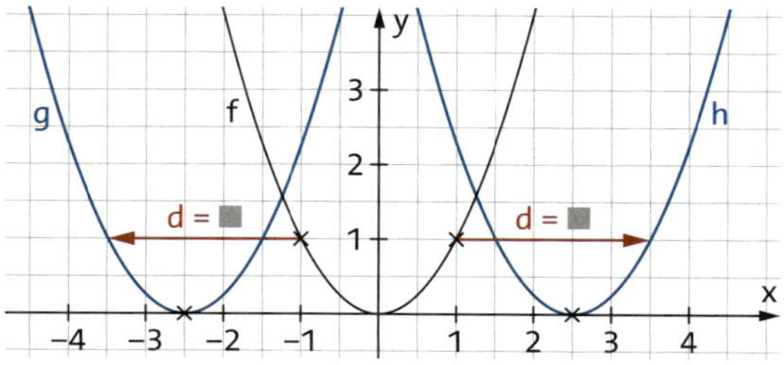

2 Notiere die beiden Scheitelpunkte der verschobenen Normalparabeln sowie die Funktionsgleichungen zu g und h.

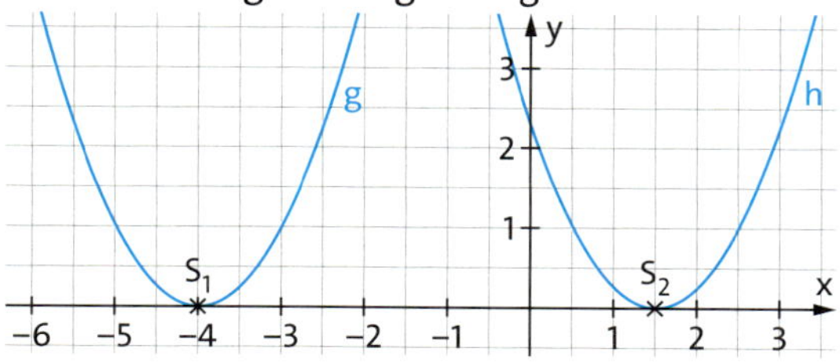

3 Notiere den Scheitelpunkt passend zur Funktionsgleichung.
Beschreibe, wie die Normalparabel verschoben wird.

Beispiel $f(x) = (x - 5)^2$
Der Scheitelpunkt ist S(5 | 0).
Die Normalparabel wird um 5 Einheiten nach rechts verschoben.

a) $f(x) = (x - 9)^2$ b) $f(x) = (x + 7)^2$
c) $f(x) = (x + 4{,}5)^2$ d) $f(x) = (x - 1{,}5)^2$

► 3 ☒

4 Ergänze die Tabelle im Heft.

Funktionsgleichung	Scheitelpunkt	Verschiebe die Normalparabel um …
$y = (x + 7)^2$	S(□ | 0)	□ Einheiten nach ______.
y = ______	S(10 | 0)	□ nach ______.
y = ______	S(□ | □)	5 Einheiten nach rechts.
$y = (x - 8)^2$	S(□ | □)	□ Einheiten nach ______.
y = ______	S(□ | □)	4,5 Einheiten nach links.

5 Erstelle eine Wertetabelle von −2,5 bis 2,5 mit Schrittweite 1 und zeichne dann die Parabel in ein Koordinatensystem.

a) $f(x) = (x + 0{,}5)^2$ b) $f(x) = (x - 0{,}5)^2$

6 Beschreibe, wie die Normalparabel verschoben wird. Notiere den Scheitelpunkt.

Beispiel $f(x) = (x + 2)^2 - 5$
Die Normalparabel wird um 2 Einheiten nach links und um 5 Einheiten nach unten verschoben.
Der Scheitelpunkt ist S(−2 | −5).

a) $f(x) = (x - 3)^2 + 5{,}5$ b) $f(x) = (x + 2)^2 + 10$
c) $f(x) = (x + 7)^2 - 2{,}5$ d) $f(x) = (x - 0{,}3)^2 - 9{,}2$

► 7 ☒

7 Ergänze die Tabelle im Heft.

f(x) = …	gestreckt	gestaucht	Öffnung	S
$3(x + 7)^2 + 8$	ja	nein	oben offen	(−7 | 8)
$-4(x - 5)^2 + 6$				
$0{,}5(x + 6)^2 - 2$				
$-0{,}4(x - 2)^2$				

8 Gegeben ist $f(x) = -2(x + 1)^2 + 4$.

a) Ergänze die Wertetabelle im Heft.

x	−3	−2,5	−2	−1,5	−1	−0,5
f(x)	−4					

b) Zeichne die Parabel in ein Koordinatensystem.
c) Beschreibe die Parabel.

9 Beschreibe die Parabel. Notiere den Scheitelpunkt und die Funktionsgleichung in Scheitelpunktform.

a)
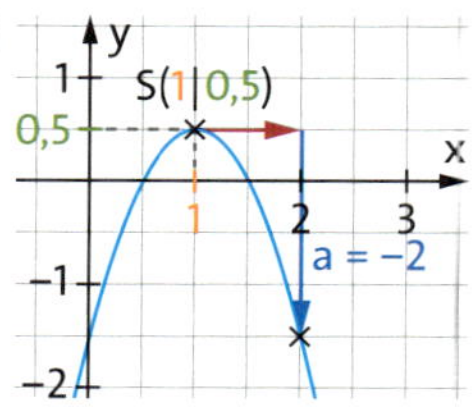

b)
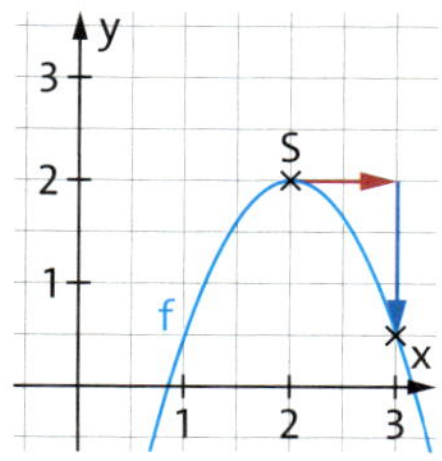

c)
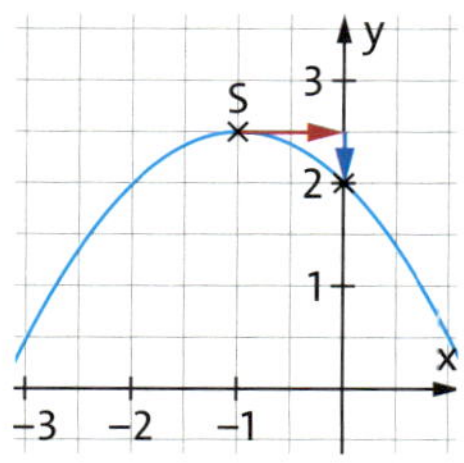

Tipp zu 8b: Zeichne die Symmetrieachse der Parabel durch den Scheitelpunkt und spiegle die Punkte.

1 Bestimme jeweils den Parameter d und notiere den Scheitelpunkt zu den verschobenen Normalparabeln f und g.

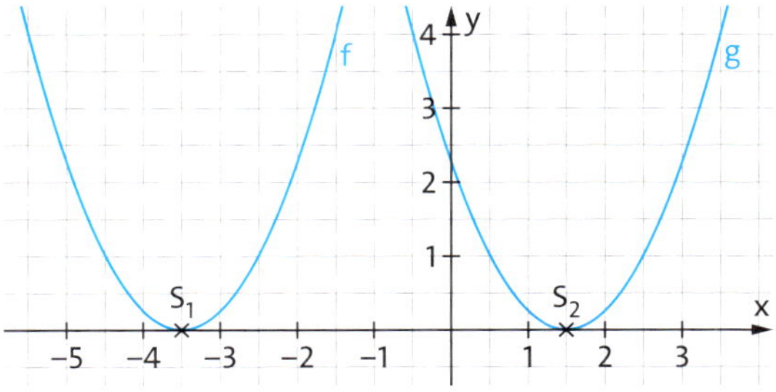

2 Notiere den Scheitelpunkt der verschobenen Normalparabel sowie die Funktionsgleichung.

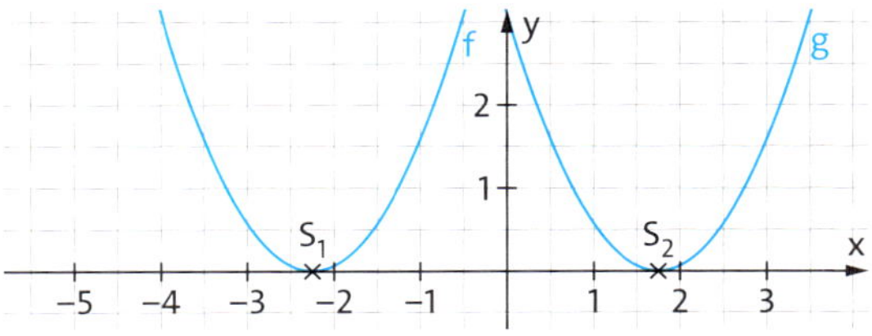

3 Richtig oder falsch? Begründe.

a) Samuel sagt: „Der Scheitelpunkt der Parabel zu $f(x) = (x + 3)^2$ ist $S(3\,|\,0)$."

b) Daniela meint: „Der Graph zu $f(x) = (x - 4)^2$ ist eine um 4 Einheiten nach rechts verschobene Normalparabel."

c) Franziska sagt: „Wenn die Normalparabel um 2 Einheiten nach links verschoben wird, dann ist die dazugehörige Funktionsgleichung $f(x) = -2x^2$."

4 Notiere den Scheitelpunkt.
Erstelle eine Wertetabelle und zeichne dann die Parabel in ein Koordinatensystem.

a) $f(x) = (x - 4{,}5)^2$ b) $f(x) = (x + 4)^2$
c) $f(x) = (x - 5{,}5)^2$ d) $f(x) = (x + 2{,}5)^2$

5 ▼ Eine verschobene Normalparabel hat die Funktionsgleichung $f(x) = (x - 3)^2$.

a) Notiere den Scheitelpunkt S der Parabel.

b) Zeige rechnerisch, dass die Punkte $P(2\,|\,1)$, $Q(4\,|\,1)$, $R(1\,|\,4)$ und $T(5\,|\,4)$ auf der Parabel liegen.

6 Beschreibe die Parabel und begründe.
Verwende dazu die Kärtchen.

gestreckt / gestaucht und nach oben / unten offen

um ☐ Einheiten nach oben / unten verschoben

um ☐ Einheiten nach rechts / links verschoben

Denn der Wert von a / d / e ist …

a) $f(x) = 3(x - 7)^2 + 9$ b) $f(x) = 0{,}3(x + 5)^2 - 3$

c) $f(x) = -(x + 0{,}5)^2 + 1$ d) $f(x) = -\frac{3}{4}(x + 1{,}5)^2 - 6$

7 Notiere den Scheitelpunkt. Erstelle eine passende Wertetabelle. Zeichne dann die dazugehörige Parabel in ein Koordinatensystem.

a) $f(x) = -(x - 1)^2 + 4$ b) $f(x) = (0{,}5x + 4)^2 + 0{,}5$

c) $f(x) = -\frac{1}{2}(x - 2)^2 - 6$

8 Notiere die Funktionsgleichung in Scheitelpunktform zu ① bis ④.

① Die verschobene Normalparabel f hat den Scheitelpunkt $S(2\,|\,3)$. Sie wird mit $a = 2$ gestreckt.

② Die Normalparabel g wird an der x-Achse gespiegelt, um 3 Einheiten nach links und um 4 Einheiten nach unten verschoben.

③ Die verschobene Normalparabel h wird mit $a = -\frac{1}{2}$ gestaucht. Der Scheitelpunkt ist $S(3\,|\,0)$.

④ Die verschobene Normalparabel j hat den Scheitelpunkt $S(-1\,|\,4)$ und verläuft durch $P(0\,|\,3)$.

9 Beschreibe die Parabeln.
Notiere jeweils den Scheitelpunkt und die Funktionsgleichung in Scheitelpunktform.

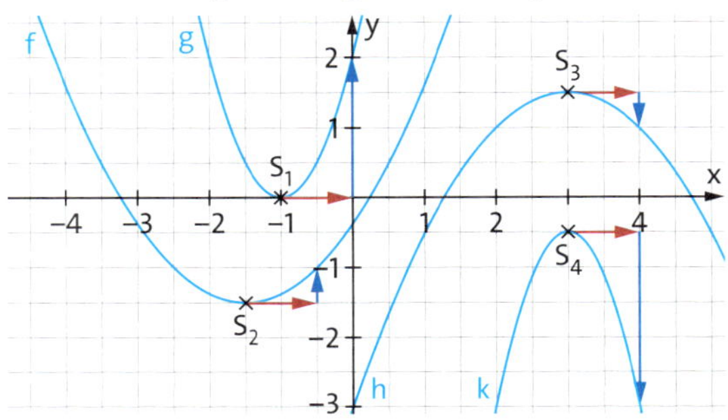

Tipp zu **5b**: Setze den x-Wert des Punkts in die Funktionsgleichung f ein und zeige, dass der y-Wert der Funktion mit dem y-Wert des Punkts übereinstimmt.

Quadratische Funktionen mit einer dynamischen Geometrie-Software erkunden

Mit einer dynamischen Geometrie-Software kannst du Parabeln zeichnen.
Wenn du in das Eingabefeld zum Beispiel **y = 2.5 x²** eingibst, zeichnet die Software die dazugehörige Parabel.

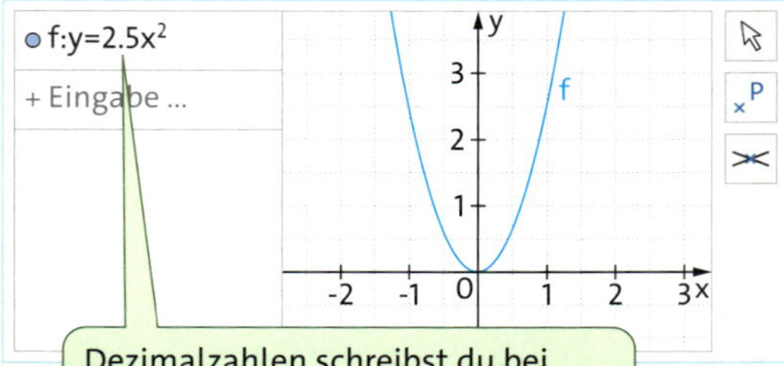

So gibst du **hoch** 2 ein: Drücke auf die **Hütchen-Taste** und dann auf die Taste mit der 2.

Dezimalzahlen schreibst du bei manchen DGS und Taschenrechnern mit Punkt statt mit Komma.

1 Manche Parabeln sind besonders schwer von Hand zu zeichnen. Entscheide, für welche Funktionsgleichungen du die dazugehörigen Parabeln mit einer DGS genauer zeichnen kannst. Begründe. Zeichne dann die Parabeln zu den Funktionsgleichungen deiner Wahl mit einer DGS.
① $f(x) = 2x^2 + 1$ ② $f(x) = -0{,}04x^2$ ③ $f(x) = 0{,}32x^2 + 1$ ④ $f(x) = 6x^2$ ⑤ $f(x) = -101x^2 + 1$

Mit einer DGS kannst du die Eigenschaften der Parabeln untersuchen:
Ist die Parabel ...
- gestreckt oder gestaucht
- nach unten offen oder nach oben offen,
- nach oben oder nach unten verschoben,
- nach links oder nach rechts verschoben?

Du untersuchst die Eigenschaften der Parabel mit Hilfe der Parameter a, d und e aus der Scheitelpunktform.
Ein wichtiges Werkzeug hierbei ist der **Schieberegler**.

Scheitelpunktform:
$f(x) = a(x - d)^2 + e$

2 Manchmal erstellen sich die Schieberegler automatisch. Du kannst die Schieberegler für die Parameter a, d und e aber auch selbst erstellen. Gehe so vor:
1. Klicke auf das Symbol „Erstelle Schieberegler":

Klicke dann einmal auf die Zeichenfläche. Es erscheint ein Menü.
2. Im Menü kannst du die gewünschten Einstellungen vornehmen: z. B. für den Namen, den Bereich oder die Schrittweite. Der erste Schieberegler hat automatisch den Namen a.
3. Klicke auf „Erstelle Schieberegler". Trage für den zweiten Schieberegler den Namen d ein.
4. Klicke auf „Erstelle Schieberegler". Trage für den dritten Schieberegler den Namen e ein.

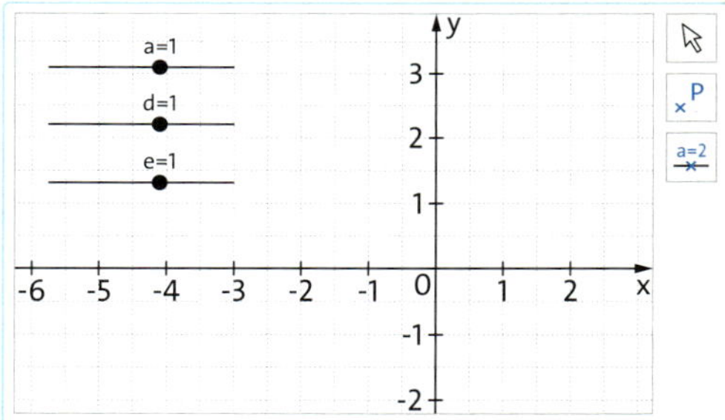

3 Nutze die drei Schieberegler aus Aufgabe 2. Gib dann die Funktionsgleichung $f(x) = a \cdot (x - d)^2 + e$ in das Eingabefeld ein und drücke auf die Enter-Taste.

Die Grundeinstellung der drei Schieberegler ist 1. Deshalb ist die Funktionsgleichung $f(x) = 1 \cdot (x - 1)^2 + 1$.
Verändere den Graphen mit Hilfe der drei Schieberegler.
Gehe so vor: Verschiebe den Kreis eines Schiebereglers mit der Maus jeweils nach links oder nach rechts.

4 Verwende die drei Schieberegler für die Parameter a, d und e sowie die Funktionsgleichung $f(x) = a \cdot (x - d)^2 + e$ aus Aufgabe 3.
Untersuche mit einer DGS, wie sich die Parabeln zu f für verschiedene Parameter a, d und e verändern.
Ergänze die Tabelle im Heft.

Parameter	Schieberegler	Beschreibung
$a > 0$	nach rechts verschieben	Die Parabel ist nach oben offen.
$a < 0$		
$d > 0$		
$d < 0$		
$e > 0$		
$e < 0$		

5 Überprüfe die Aussagen für die Parabeln zu $f(x) = a \cdot (x - d)^2 + e$ mit einer DGS.
Korrigiere falsche Aussagen im Heft.

① Wenn du den Schieberegler für d nach links verschiebst, verschiebt sich die nach oben offene Parabel nach links.

② Wenn alle Schieberregler auf null stehen, gibt es keine Parabel mehr.

③ Wenn du den Schieberegler für a zwischen 0 und 1 bewegst, sind die nach oben offenen Parabeln gestaucht.

④ Wenn du den Schieberegler für e nach links verschiebst, verschiebt sich die Parabel nach oben.

6 Erstelle die Schieberegler für die Parameter a, b und c.
Gib die Funktionsgleichung $g(x) = a \cdot x^2 + b \cdot x + c$ ein.

a) Untersuche mit einer DGS, wie sich die Parabeln zu g für verschiedene Parameter a, b und c verändern. Ergänze die Tabelle im Heft.

Parameter	Schieberegler	Beschreibung
$a > 0$	nach rechts verschieben	Die Parabel ist nach oben offen.
$a < 0$		
$b > 0$		
$b < 0$		
$c > 0$		
$c < 0$		

b) Vergleiche, wie die Parameter a, d und e in $f(x) = a \cdot (x - d)^2 + e$ und wie die Parameter a, b, c in $g(x) = a \cdot x^2 + b \cdot x + c$ die Parabeln verändern.
Vergleiche dazu die Tabelle aus a) mit der Tabelle aus Aufgabe 4.
Beschreibe Gemeinsamkeiten und Unterschiede.

c) Überprüfe mit einer DGS, welche Aussagen stimmen.
Korrigiere falsche Aussagen.

① Der Parameter c verschiebt die Parabel nach oben oder nach unten.

② Der Parameter b verschiebt die Parabel nur nach rechts.

③ Wenn der Schieberegler für a auf null steht, ist der Graph von g eine Gerade.

7 Erstelle einen Schieberegler für k. Gib die Funktionsgleichungen $f(x) = (x - k)^2 + k$ ein.

a) Verschiebe den Schieberegler für k. Beschreibe mit Hilfe einer DGS, wie sich die Parabeln zu f verändern.

b) Robert meint: „Alle Scheitelpunkte der Parabeln zu f liegen auf der Geraden zu $g(x) = x$."
Überprüfe Roberts Aussage mit einer DGS.

8 Erstelle einen Schieberegler für k mit $-1 < k < 1$.
Gib die Funktionsgleichungen $f(x) = (x - k)^2 + k^2$ und $g(x) = (x - k)^2 + 1 - k^2$ ein.

a) Überprüfe mit einer DGS, ob alle Scheitelpunkte von f auf der Parabel zu $h(x) = x^2$ liegen.

b) Alle Scheitelpunkte von g liegen auf einer Parabel. Stelle die Funktionsgleichung dieser Parabel auf.
Überprüfe die Funktionsgleichung mit einer DGS.

c) Die Parabeln zu f und g haben für zwei Werte von k die gleichen Scheitelpunkte.
Notiere diese beiden ungefähren Werte für k.

Zwischen der Scheitelpunktform und der allgemeinen Form wechseln

An der Scheitelpunktform $f(x) = a(x - d)^2 + e$ kannst du den Scheitelpunkt $S(d \mid e)$ und an der allgemeinen Form $f(x) = ax^2 + bx + c$ kannst du den y-Achsenabschnitt **c** direkt ablesen. Den Faktor a kannst du an beiden Formen direkt ablesen.

Erinnere dich:
1. binomische Formel:
$(a + b)^2 = a^2 + 2ab + b^2$
2. binomische Formel:
$(a - b)^2 = a^2 - 2ab + b^2$

W

Die Scheitelpunktform in die allgemeine Form umformen

① Löse die Klammer auf.
- Wende auf die Klammer die 1. oder 2. binomische Formel an.
- Wenn $a \neq 1$ ist, multipliziere den Faktor a mit jedem einzelnen Term in der Klammer.

② Fasse zusammen.

Wenn $a = 1$ in $f(x) = ax^2 + bx + c$ ist, dann heißt die allgemeine Form auch die Normalform.

$f(x) = (x - 3)^2 - 1$ (also $a = 1$)

① $= (x - 3)^2 - 1$
② $= x^2 - 6x + 9 - 1$
$= x^2 - 6x + 8$

$g(x) = 3(x + 1)^2 + 2$ (also $a = 3$)

① $= 3(x + 1)^2 + 2$
$= 3(x^2 + 2x + 1) + 2$
② $= 3 \cdot x^2 + 3 \cdot 2x + 3 \cdot 1 + 2$
$= 3x^2 + 6x + 3 + 2$
$= 3x^2 + 6x + 5$

▶ **Aufgabe** Forme $f(x) = (x - 2)^2 + 1$ in die allgemeine Form um.

Wenn du die allgemeine Form in die Scheitelpunktform umformst, dann wende die Umkehrung der 1. oder 2. binomischen Formel an.

W

Die allgemeine Form in die Scheitelpunktform umformen

Wenn $a = 1$ ist, führe die Schritte ① – ③ durch.
Wenn $a \neq 1$ ist, klammere den Faktor a aus. Führe dann die Schritte ① – ③ durch.

① Addiere und subtrahiere $\left(\frac{p}{2}\right)^2$. Diese Rechnung heißt die **quadratische Ergänzung**.
② Wende die Umkehrung der 1. oder 2. binomischen Formel an.
③ Wenn nötig, multipliziere die eckige Klammer aus. Fasse zusammen.

Du schreibst p für b durch a.

Durch die Ergänzung $+\left(\frac{p}{2}\right)^2 - \left(\frac{p}{2}\right)^2$ ändert sich der Wert des Funktionsterms nicht.

$f(x) = x^2 - 6x + 8$ (also $a = 1$)

① $= x^2 - 6x + \left(\frac{-6}{2}\right)^2 - \left(\frac{-6}{2}\right)^2 + 8$
② $= x^2 - 6x + \mathbf{9} - \mathbf{9} + 8$
③ $= (x - 3)^2 - 9 + 8$
$= (x - 3)^2 - 1$

$g(x) = 3x^2 + 6x + 5$ (also $a = 3$)
$= 3[x^2 + 2x] + 5$ (3 ausklammern)
① $= 3\left[x^2 + 2x + \left(\frac{2}{2}\right)^2 - \left(\frac{2}{2}\right)^2\right] + 5$
② $= 3[x^2 + 2x + \mathbf{1} - \mathbf{1}] + 5$
③ $= 3[(x + 1)^2 - 1] + 5$
$= 3(x + 1)^2 - 3 \cdot 1 + 5$
$= 3(x + 1)^2 - 3 + 5$
$= 3(x + 1)^2 + 2$

▶ **Aufgabe** Forme $f(x) = x^2 + 6x + 7$ in die Scheitelpunktform um.

1 Notiere den Scheitelpunkt der Parabel f.
Forme die Funktionsgleichung in die allgemeine Form um. Ergänze dazu die Lücken im Heft.
Notiere den y-Achsenabschnitt c.

Beispiel $f(x) = (x-6)^2 = x^2 - \square x + \square$
Der Scheitelpunkt ist $S(6\,|\,0)$.
$f(x) = (x-6)^2 = x^2 - 12x + 36$
Der y-Achsenabschnitt ist $c = 36$.

a) $f(x) = (x+3)^2 = x^2 + 6x + \square$
b) $f(x) = (x-5)^2 = x^2 - \square x + \square$
c) $f(x) = (x+4)^2 = \square^2 + \square x + 16$
d) $f(x) = (x-2)^2 = \square^2 - \square x + \square$

2 Notiere den Scheitelpunkt der Parabel f.
Forme die Funktionsgleichung in die allgemeine Form um. Notiere den y-Achsenabschnitt c.

Beispiel $f(x) = (x-3)^2 - 2$
Der Scheitelpunkt ist $S(3\,|\,-2)$.
$f(x) = (x-3)^2 - 2 = x^2 - 6x + 9 - 2 = x^2 - 6x + 7$
Der y-Achsenabschnitt ist $c = 7$.

a) $f(x) = (x+3)^2 - 5$ b) $f(x) = (x+6)^2 - 20$
c) $f(x) = (x-3)^2 + 2$ d) $f(x) = (x-4)^2 - 9$

▸ 3 ☒

3 ▼ Gegeben ist der Scheitelpunkt S einer verschobenen Normalparabel f.
① Bestimme die Parameter d und e.
② Bestimme $f(x) = (x-d)^2 + e$.
③ Forme die Funktionsgleichung aus ② in die **Normalform** um.
④ Notiere den y-Achsenabschnitt.

Beispiel $S(-3\,|\,2)$
① $d = -3$ und $e = 2$
② $f(x) = (x-(-3))^2 + 2 = (x+3)^2 + 2$
③ $f(x) = (x+3)^2 + 2 = x^2 + 6x + 9 + 2 = x^2 - 6x + 11$
④ Der y-Achsenabschnitt ist $c = 11$.

a) $S(5\,|\,3)$ b) $S(4\,|\,-1)$ c) $S(-2\,|\,-6)$

4 Forme die Funktionsgleichung in die allgemeine Form um.

Beispiel $f(x) = 2(x-1)^2 + 3$

$$\begin{aligned} f(x) &= 2(x-1)^2 + 3 = 2(x^2 - 2x + 1) + 3 \\ &= 2 \cdot x^2 - 2 \cdot 2x + 2 \cdot 1 + 3 \\ &= 2x^2 - 4x + 2 + 3 \\ &= 2x^2 - 4x + 5 \end{aligned}$$

a) $f(x) = 2(x+5)^2$ b) $f(x) = 4(x+1)^2 + 3$
c) $f(x) = 3(x-2)^2 + 5$ d) $f(x) = -(x-3)^2 + 7$

5 Ordne das passende Kärtchen zu. Ergänze die Lücken im Heft. Ein Kärtchen bleibt übrig.

a) $x^2 + 6x + \square = (x+3)^2$
b) $x^2 - \square x + 25 = (x - \square)^2$
c) $x^2 - 16x + \square = (x - \square)^2$
d) $x^2 + 8x + \square = (x + \square)^2$

8 5 4 10 6 9 64 16

6 ▼ Forme die **Normalform** in die Scheitelpunktform um. Ergänze die Lücken im Heft.

$$\begin{aligned} f(x) &= x^2 + 6x - 3 \qquad p = \square \\ &= x^2 + 6x + \left(\tfrac{\square}{2}\right)^2 - \left(\tfrac{\square}{2}\right)^2 - 3 \\ &= x^2 + 6x + \square - \square - 3 \\ &= (x + \square)^2 - \square - 3 \\ &= (x + \square)^2 - 12 \qquad S(\square\,|\,-12) \end{aligned}$$

▸ 6 ☒

7 Forme zuerst die allgemeine Form in die Scheitelpunktform um. Gehe so vor wie in Aufgabe 6.
Ordne dann den Scheitelpunkt passend zu.

$S(-5\,|\,-3)$ $S(6\,|\,-5)$ $S(-3\,|\,-1)$ $S(2\,|\,-5)$

a) $f(x) = x^2 + 6x + 8$ b) $f(x) = x^2 + 10x + 22$
c) $f(x) = x^2 - 4x - 1$ d) $f(x) = x^2 - 12x + 31$

8 Forme die Funktionsgleichung in die Scheitelpunktform um. Ergänze die Zahlen im Heft.

$$\begin{aligned} f(x) &= 2x^2 - 4x + 6 \\ &= 2[x^2 - \square x] + 6 \qquad p = -\square \\ &= 2\left[x^2 - \square x + \left(\tfrac{-\square}{2}\right)^2 - \left(\tfrac{-\square}{2}\right)^2\right] + 6 \\ &= 2[x^2 - \square x + \square - \square] + 6 \\ &= 2[(x - \square)^2 - \square] + 6 \\ &= 2(x - \square)^2 - 2 \cdot \square + 6 \\ &= 2(x - \square)^2 - \square + 6 \\ &= 2(x - \square)^2 + \square \end{aligned}$$

▸ 8 ☒

9 Forme zuerst die allgemeine Form in die Scheitelpunktform um.
Gehe so vor wie in Aufgabe 8.

a) $f(x) = 2x^2 + 20x + 52$ b) $f(x) = 5x^2 - 20x + 23$

10 Cem meint: „Zu $f(x) = -x^2 + 4x + 1$ gehört die Scheitelpunktform $f(x) = -(x-2)^2 + 3$."
Überprüfe Cems Aussage mit einer Rechnung.
Entscheide zuerst, welche Umformung schneller ist: von der Scheitelpunktform zur allgemeinen Form oder umgekehrt. Forme dann passend um.

Sprachhilfe zu **3** und **6**: Wenn $a = 1$ in $f(x) = ax^2 + bx + c$ ist, dann heißt die allgemeine Form auch die **Normalform**.

1 Forme die Funktionsgleichung in die allgemeine Form um. Notiere den y-Achsenabschnitt c.

Beispiel $f(x) = (x-3)^2$

$f(x) = (x-3)^2 = x^2 - 2 \cdot 3 \cdot x + 3^2 = x^2 - 6x + 9$

Der y-Achsenabschnitt ist $c = 9$.

a) $f(x) = (x+7)^2$ b) $f(x) = (x-6)^2$

c) $f(x) = \left(x + \frac{1}{2}\right)^2$ d) $f(x) = (x - 0{,}6)^2$

2 Kim bestimmt die allgemeine Form zu $f(x) = (x - 1{,}5)^2 - 0{,}25$. Kim notiert:

$f(x) = (x - 1{,}5)^2 - 0{,}5$

$= (x^2 - 2 \cdot 1{,}5 \cdot x + 1{,}5^2) - 0{,}5$

$= \ldots$

a) Erklärt euch Kims Rechnung und führt sie im Heft zu Ende.

b) Forme jeweils die Scheitelpunktform in die allgemeine Form um. Rechne dazu wie Kim.
① $f(x) = (x+4)^2 - 7$ ② $f(x) = (x+5)^2 + 6$
③ $f(x) = (x - 2{,}5)^2 - 3$ ④ $f(x) = (x - 0{,}5)^2 + 1{,}75$

c) Tauscht eure Hefte und kontrolliert gegenseitig eure Ergebnisse.

3 Gegeben sind drei verschobene Normalparabeln.

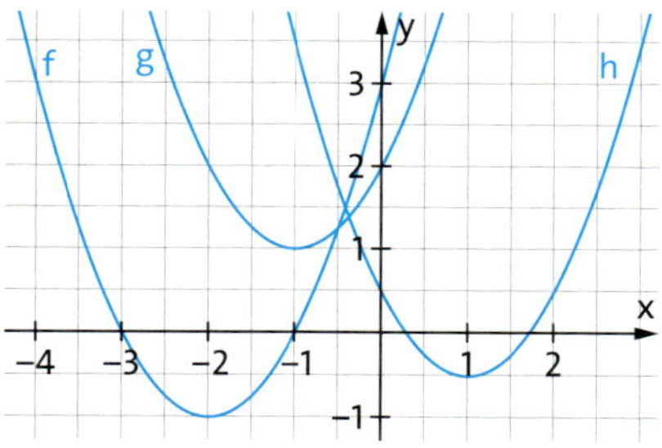

① Notiere zu den Parabeln jeweils den Scheitelpunkt und die Funktionsgleichung in Scheitelpunktform.

② Forme jede Scheitelpunktformen aus ① in die Normalform um.

③ Notiere jeweils den y-Achsenabschnitt. Überprüfe deine Ergebnisse an den Parabeln.

▶ 4 ⊠

4 Forme die Funktionsgleichung in die allgemeine Form um. Notiere den y-Achsenabschnitt c.

Beispiel $f(x) = -2(x+1)^2 - 3$

$f(x) = -2(x+1)^2 - 3 = -2(x^2 + 2x + 1) - 3$

$= -2 \cdot x^2 - 2 \cdot 2x - 2 \cdot 1 - 3 = -2x^2 - 4x - 2 - 3$

$= -2x^2 - 4x - 5$ y-Achsenabschnitt: $c = -5$

a) $f(x) = 4(x+2)^2 - 10$ b) $f(x) = -(x-1)^2 + 5$

c) $f(x) = \frac{1}{2}(x+6)^2 + 9$ d) $f(x) = -2(x-3)^2 + 14$

5 Ergänze die Lücken in den Termen im Heft.

a) $x^2 + 16x + \square = (x+8)^2$

b) $x^2 - \square x + 100 = (x - \square)^2$

c) $x^2 + 3x + \square = (x + \square)^2$

d) $x^2 - \frac{1}{2}x + \square = (x - \square)^2$

6 Forme die Funktionsgleichung in Normalform in die Scheitelpunktform um. Notiere zuerst p. Ergänze dann $+\left(\frac{p}{2}\right)^2 - \left(\frac{p}{2}\right)^2$ zum Funktionsterm.

a) $f(x) = x^2 + 6x + 1$ b) $f(x) = x^2 + 2x$

c) $f(x) = x^2 - x - 3{,}75$ d) $f(x) = x^2 + 5x + 6{,}25$

7 Forme die Funktionsgleichung in die Scheitelpunktform um. Notiere den Scheitelpunkt S.

Beispiel $f(x) = 2x^2 + 12x + 11$

$f(x) = 2x^2 + 12x + 11 = 2[x^2 + 6x] + 11$ $p = 6$

$= 2\left[x^2 + 6x + \left(\frac{6}{2}\right)^2 - \left(\frac{6}{2}\right)^2\right] + 11$

$= 2[(x+3)^2 - 9] + 11 = 2(x+3)^2 - 2 \cdot 9 + 11$

$= 2(x+3)^2 - 18 + 11$

$= 2(x+3)^2 - 7$ und $S(-3\,|\,-7)$

a) $f(x) = 2x^2 + 4x + 5$ b) $f(x) = 3x^2 - 12x + 8$

c) $f(x) = 8x^2 + 80x + 193$ d) $f(x) = 0{,}5x^2 - 4x + 9$

8 Der Bogen einer Brücke hat die Form einer Parabel mit $f(x) = -0{,}5x^2 + 3x$.

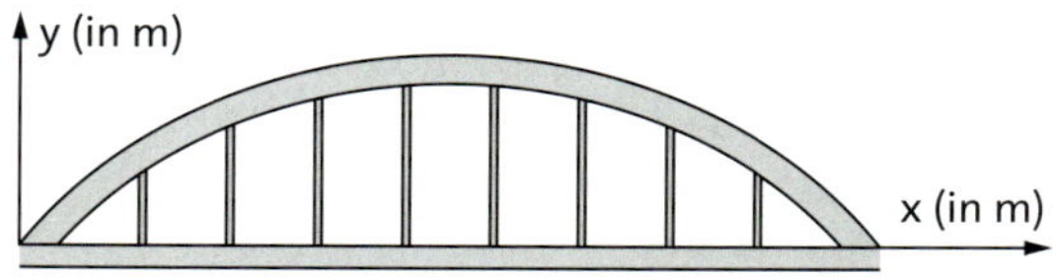

a) Notiere den Scheitelpunkt S. Forme dazu die Funktionsgleichung in die Scheitelpunktform um.

b) Erläutere die Bedeutung des Scheitelpunkts für den Bogen der Brücke.

▶ 8 ⊠

9 Der Verlauf eines Wasserstrahls kann ungefähr durch die Funktionsgleichung $f(x) = -0{,}3x^2 + 2{,}7x + 1{,}7$ beschrieben werden. x ist die Entfernung vom Austrittspunkt in m und f(x) ist die Höhe des Strahls über dem Boden in m.

a) Notiere den y-Achsenabschnitt. Erläutere dessen Bedeutung für den Verlauf des Strahls.

b) Welche maximale Höhe kann der Wasserstrahl erreichen? Forme dazu f in die Scheitelpunkform um.

1 Forme die Funktionsgleichung in die Normalform um. Notiere den y-Achsenabschnitt c.
a) $f(x) = (x - 4)^2$ b) $f(x) = (x + 3)^2 - 8$
c) $f(x) = (x - 5)^2 + 6$ d) $f(x) = \left(x - \frac{1}{2}\right)^2 + \frac{1}{4}$

2 Notiere den Scheitelpunkt der Parabel. Forme die Funktionsgleichung in die allgemeine Form um. Notiere den y-Achsenabschnitt c.
a) $f(x) = 2(x + 4)^2 - 5$ b) $f(x) = \frac{1}{4}(x - 2)^2 - 13$
c) $f(x) = -(x + 5)^2 + 18$ d) $f(x) = 0{,}5(x + 6)^2 + 2$

3 Gegeben sind vier Parabeln.

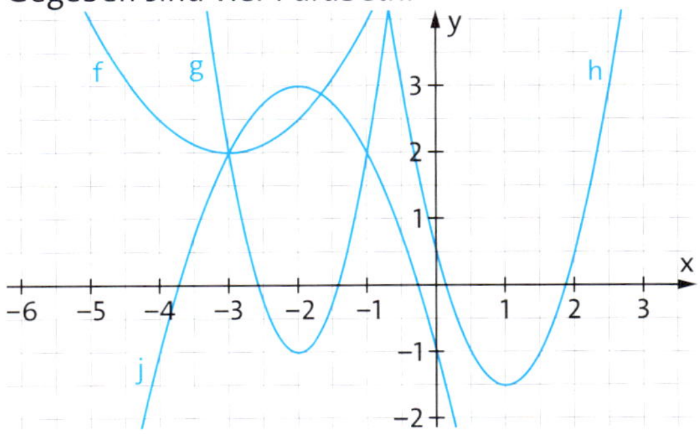

① Notiere jeweils den Scheitelpunkt und den Parameter a der Parabeln.
② Bestimme jeweils die Funktionsgleichung in Scheitelpunktform zu den Parabeln.
③ Forme jede Scheitelpunktform aus ② in die allgemeine Form um.

4 Mara formt $f(x) = x^2 + 6x + 7$ in die Scheitelpunktform um. Sie notiert:

$$f(x) = x^2 + 6x + \left(\frac{6}{2}\right)^2 - \left(\frac{6}{2}\right)^2 + 7 = x^2 + 6x + 9 - 9 + 7$$
$$= (x + 3)^2 - 9 + 7 = (x + 3)^2 - 2$$

Erklärt euch Maras Rechnung.
Verwendet dazu die Fachbegriffe.

die quadratische Ergänzung	die binomische Formel

5 Forme die Normalform in die Scheitelpunktform um. Notiere den Scheitelpunkt.
a) $f(x) = x^2 + 8x + 7$ b) $f(x) = x^2 - 10x + 17$
c) $f(x) = x^2 + x - 1\frac{1}{4}$ d) $f(x) = x^2 - 1{,}6x + 0{,}84$

6 Milan sagt: „Die Funktionsgleichung $f(x) = 2x^2 + 3$ beschreibt sowohl die allgemeine Form als auch die Scheitelpunktform von f."
Stimmt Milans Aussage? Begründe.

7 Forme die Funktionsgleichung in die Scheitelpunktform um. Notiere den Scheitelpunkt.
a) $f(x) = 3x^2 + 6x + 7$ b) $f(x) = 2x^2 - 12x + 13$
c) $f(x) = -x^2 + 8x - 7$ d) $f(x) = -\frac{1}{4}x^2 + \frac{3}{2}x + \frac{7}{4}$

8 Emma und Perin haben versucht die Funktionsgleichung $f(x) = 2x^2 - 4x + 7$ in die Scheitelpunktform umzuformen. Sie haben jedoch Fehler gemacht. Erkläre und korrigiere ihre Fehler im Heft. Notiere auch den Scheitelpunkt richtig im Heft.

Emma:

$f(x) = 2x^2 - 4x + 7$
$= 2[x^2 - 2x] + 7$
$= 2[x^2 - 2x + 1] + 7$
$= 2(x - 1)^2 + 7$

Perin:

$f(x) = 2x^2 - 4x + 7$
$= 2[x^2 - 2x] + 7$
$= 2[x^2 - 2x + 1 - 1] + 7$
$= 2[(x - 1)^2 - 1] + 7$
$= 2(x - 1)^2 - 1 + 7$
$= 2(x - 1)^2 + 6$

9 Raja stößt bei den Bundesjugendspielen eine Kugel. Die Flugbahn der Kugel kann ungefähr durch die Funktionsgleichung $f(x) = -0{,}1x^2 + 0{,}8x + 1{,}4$ x beschrieben werden. x ist die Entfernung der Kugel von Raja in Metern und f(x) ist die Höhe der Kugel über dem Boden in Metern.
① Forme f in die Scheitelpunktform um. Notiere den Scheitelpunkt.
② 4 Meter von Raja entfernt läuft Leon über die Kugelstoßanlage. Kann Rajas Kugel Leon treffen? Begründe.

10 Bestimme die Funktionsgleichungen zu ① und ② in Scheitelpunktform und in allgemeiner Form. Zwei verschobene Normalparabeln werden jeweils gestreckt oder gestaucht.

① Der Scheitelpunkt ist S(4 | −14) und der y-Achsenabschnitt ist c = 34.

② Die Symmetrieachse verläuft senkrecht zu x = −3. Der Graph schneidet die y-Achse in P(0 | −3,5). Der größte y-Wert des Graphen ist y = 1.

11 Eine Lichterkette ist jeweils an beiden Seiten in einer Höhe von 4,5 m zwischen zwei Bäumen befestigt. Der Verlauf der Lichterkette ist ungefähr durch $f(x) = 0{,}104x^2 - 1{,}04x + 4{,}5$ beschrieben. (f(x) und x sind in m.) Wie tief hängt die Lichterkette über dem Erdboden? Wie weit sind die zwei Bäume voneinander entfernt?

Eigenschaften von linearen und quadratischen Funktionen

Eine **Funktion** ist eine Zuordnung, die jedem **x**-Wert genau einen **y**-Wert zuordnet.

Der **Definitionsbereich D** einer Funktion gibt an, welche **x**-Werte du in die Funktionsgleichung einsetzen darfst. Der **Wertebereich W** einer Funktion gibt an, welche **y**-Werte die Funktion annimmt.

Den Graphen einer Funktion kannst du mit den folgenden Eigenschaften beschreiben.

Die **Monotonie** einer Funktion beschreibt den Verlauf des Graphen.
Stell dir vor, du bewegst dich von links nach rechts entlang des Graphen 🚲 →.
Die Funktion ist **monoton steigend**, wenn die y-Werte größer werden oder gleich bleiben.
Die Funktion ist **monoton fallend**, wenn die y-Werte kleiner werden oder gleich bleiben.
Manchmal beschreibt man die Monotonie für verschiedene Abschnitte des Definitionsbereichs.

Die **Symmetrie** einer Funktion beschreibt die Spiegel-Eigenschaften des Graphen.
Die Funktion ist **achsensymmetrisch**, wenn der Graph an der y-Achse gespiegelt ist.
Die Funktion ist **punktsymmetrisch**, wenn der Graph am Ursprung O(0 | 0) gespiegelt ist.

lineare Funktion: $f(x) = x$

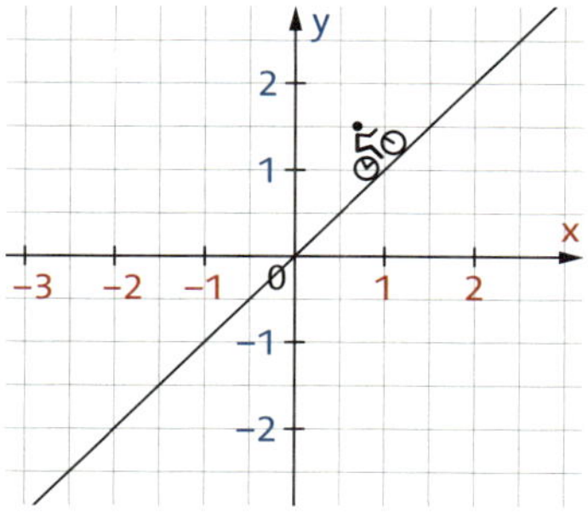

D = ℝ **W** = ℝ

Der Definitionsbereich D und der Wertebereich W enthalten alle reellen Zahlen.

Monotonie: f ist monoton steigend für alle **x**-Werte.

Symmetrie: f ist punktsymmetrisch zum Ursprung O(0 | 0).

quadratische Funktion: $f(x) = x^2$

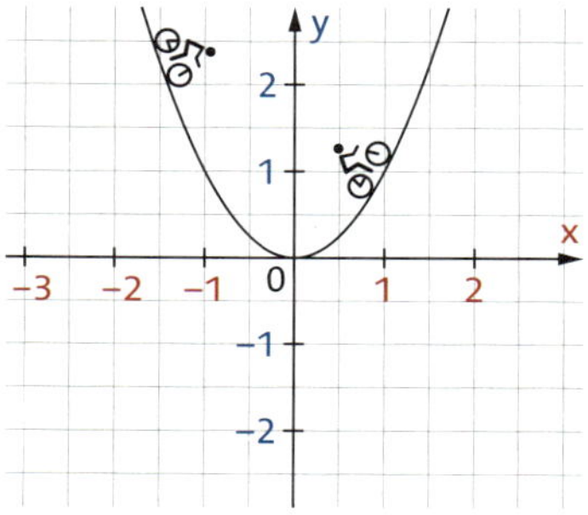

D = ℝ **W** = $\mathbb{R}_0^+$

Der Wertebereich W enthält alle positiven reellen Zahlen und die 0.

Monotonie: f ist...
- monoton fallend für **x** ≤ 0 und
- monoton steigend für **x** ≥ 0.

Symmetrie: f ist achsensymmetrisch zur y-Achse.

1 Ordne jeder Funktion zuerst den Definitionsbereich D und den Wertebereich W zu. Beschreibe dann den Graphen.

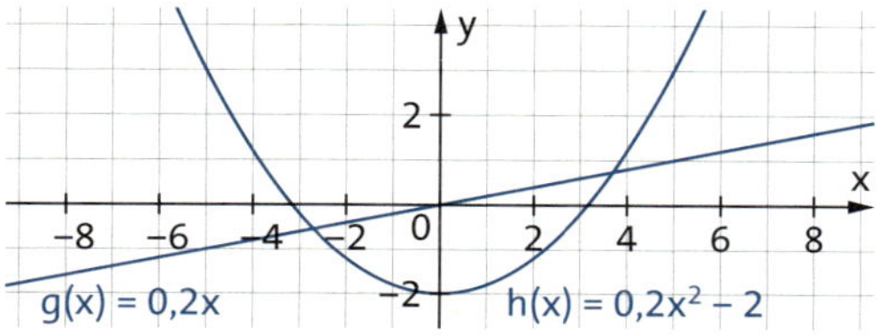

D = ℝ | W = ℝ | W = ℝ, mit y ≥ −2

monoton fallend für x ≤ 0
monoton steigend für x ≥ 0

monoton steigend für alle x

achsensymmetrisch zur y-Achse

punktsymmetrisch zum Ursprung O(0|0)

2 Überlegt zuerst, ob es sich um eine lineare Funktion oder um eine quadratische Funktion handelt. Notiert dann eine passende Funktionsgleichung.
Überprüft eure Lösung mit einer dynamischen Geometrie-Software (DGS).
a) **D** = ℝ; **W** = $\mathbb{R}^+$ f ist monoton steigend für alle x-Werte, f ist nicht symmetrisch.
b) **D** = ℝ; **W** = ℝ, mit $y \leq -4$ f ist monoton fallend für $x > 0$, f ist achsensymmetrisch.

3 Zeichne die Graphen der quadratischen Funktionen mit einer DGS.
① $f(x) = x^2$ ② $f(x) = x^2 - 1$ ③ $f(x) = 0{,}5 \cdot x^2$ ④ $f(x) = 0{,}5 \cdot (x + 1)^2$
a) Beschreibe die Symmetrie von f.
b) Zeichne die Funktion $f(-x)$. Was fällt dir auf? Beschreibe.
c) Formuliert eine allgemeine Regel zur Symmetrie von quadratischen Funktionen.

$f(x) = x^2$
$g(x) = f(-x)$
$= (-x)^2$

4 Zeichne die Graphen der linearen Funktionen mit einer DGS.
① $f(x) = 3 \cdot x$ ② $f(x) = 2 \cdot (x - 2) + 4$ ③ $f(x) = -0{,}5 \cdot x$ ④ $f(x) = 3 \cdot x + 1$
a) Beschreibe die Symmetrie von f.
b) Zeichne die Funktionen $f(-x)$ und $-f(x)$. Was fällt dir auf? Beschreibe.
c) Formuliert eine allgemeine Regel zur Symmetrie von linearen Funktionen.

$f(x) = 3x$
$g(x) = f(-x)$
$= 3(-x)$
$h(x) = -f(x)$
$= -(3x)$

5 Untersucht, wie der Parameter k den Graphen der Funktionen verändert.
Teilt euch in vier Gruppen auf und wählt eine Spalte mit beiden Funktionsgleichungen.

	unverändert	Gruppe A	Gruppe B	Gruppe C	Gruppe D
lineare Funktion	$f(x) = 2x$	$f(x) = 2x + k$	$f(x) = k \cdot 2x$	$f(x) = 2(x + k)$	$f(x) = 2\,(k \cdot x)$
quadratische Funktion	$g(x) = x^2$	$g(x) = x^2 + k$	$g(x) = k \cdot x^2$	$g(x) = (x + k)^2$	$g(x) = (k \cdot x)^2$

a) Beschreibt, wie eure Funktionsgleichungen verändert wurden.
b) Arbeitet mit einer DGS:
1. Gebt die unveränderte Funktionsgleichung ein.
2. Gebt im nächsten Feld die Funktionsgleichung mit dem Parameter k ein.
Es erscheint ein Schieberegler.
3. Bewegt den Schieberegler und beschreibt die Veränderung.

Beispiel Wenn $k > 0$ ist, dann ist der Graph von $f(x) = 2x + k$ um k Einheiten nach oben verschoben.
Wenn $k < 0$ ist, dann ist der Graph von $f(x) = 2x + k$ um k Einheiten nach unten verschoben.

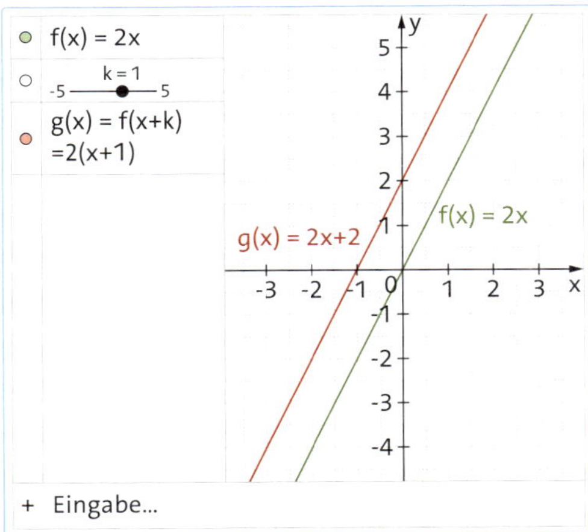

c) Stellt eure Ergebnisse in der Klasse vor und vergleicht.

6 Zeichne den Funktionsgraphen mit einer DGS.
Beschreibe die Monotonie von f.
a) $f(x) = 2x + 4$ b) $f(x) = -3x + 10$ c) $f(x) = 3{,}5x^2$ d) $f(x) = -0{,}5x^2 + 5$ e) $f(x) = 0{,}2x^2 - 4$

Hinweis zu **3**, **4** und **6**: Dezimalzahlen schreibst du bei manchen DGS und Taschenrechnern mit Punkt statt mit Komma.
Sprachhilfe zu **5**: gestreckt / gestaucht – steiler / flacher – gespiegelt – x-Achse / y-Achse – um k Einheiten – nach oben / nach unten – nach links / nach rechts – verschoben

Kompetenz	
1 Ich kann entscheiden und begründen, ob eine Funktion quadratisch ist. → Lies auf **Seite 130** nach.	**1** Entscheide, ob die Funktion quadratisch ist. Begründe. a) $f(x) = x^2 - 7$ b) 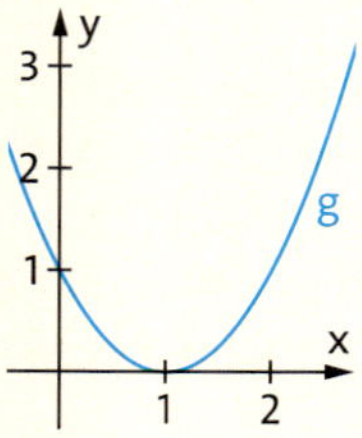 c) 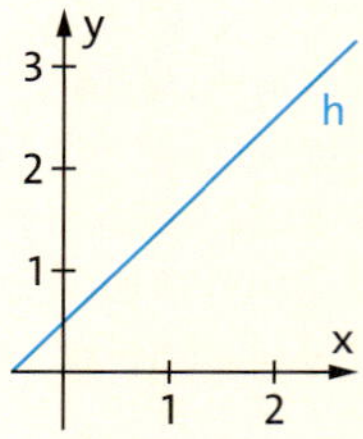
2 Ich kann eine Wertetabelle zu einer quadratischen Funktion erstellen und die dazugehörige Parabel zeichnen. → Lies auf **Seite 130** nach.	**2** Ergänze die Wertetabelle zu $f(x) = x^2 - 5$. Zeichne dann die dazugehörige Parabel. (Tabelle siehe unten)
3 Ich kann erkennen, ob eine Parabel gestreckt oder gestaucht sowie nach oben oder nach unten offen ist. → Lies auf **Seite 134** nach.	**3** Notiere, ob die Parabel gestreckt oder gestaucht, nach oben oder nach unten offen ist. a) $f(x) = 2x^2 - 4x$ b) $f(x) = -0{,}25x^2 - x$
4 Ich kann erkennen, ob die Parabel gestreckt oder gestaucht, nach oben oder nach unten offen ist und um wie viele Einheiten die Parabel verschoben ist. → Lies auf **Seite 138** und **142** nach.	**4** Notiere, ob die Parabel gestreckt oder gestaucht, nach oben oder nach unten offen ist und um wie viele Einheiten die Parabel verschoben ist. a) $f(x) = 3(x - 2)^2$ b) $f(x) = -2(x + 4)^2 - 3$
5 Ich kann den Scheitelpunkt einer Parabel an der Scheitelpunktform ablesen und notieren. → Lies auf **Seite 142** nach.	**5** Notiere den Scheitelpunkt der Parabel im Heft. a) $f(x) = (x + 3)^2$ b) $f(x) = (x - 8)^2 + 9$
6 Ich kann eine Funktionsgleichung in Scheitelpunktform in die allgemeine Form umformen. → Lies auf **Seite 148** nach.	**6** Forme die Funktionsgleichung in Scheitelpunktform in die allgemeine Form um. a) $f(x) = (x + 2)^2$ b) $f(x) = (x + 4)^2 + 2$
7 Ich kann eine Funktionsgleichung in allgemeiner Form in die Scheitelpunktform umformen. → Lies auf **Seite 148** nach.	**7** Forme die Funktionsgleichung in allgemeiner Form in die Scheitelpunktform um. a) $f(x) = x^2 - 4x + 4$ b) $f(x) = x^2 - 8x + 5$

Wertetabelle zu Aufgabe 2:

x	−3	−2	−1	0	1	2	3
f(x)	4						

→ Lösungen auf Seite 282

☒

1 Entscheide, ob die Funktion quadratisch ist. Begründe.

a) $f(x) = -x^3 + 5x^2 - 4$

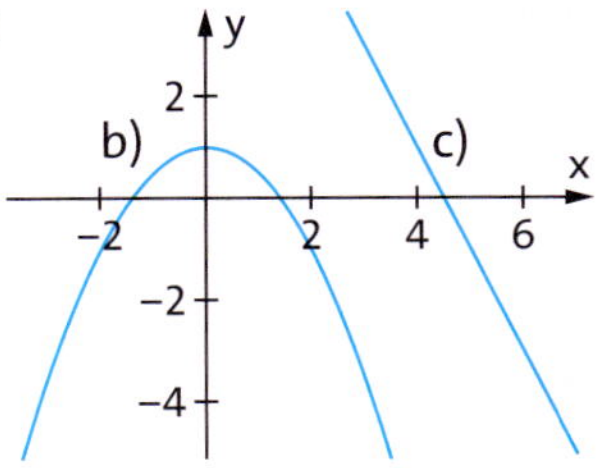

2 Ergänze die Wertetabelle zu $f(x) = x^2 - 4x - 7$. Zeichne dann die dazugehörige Parabel.

x	−2	−1	0	1	2	3	4
f(x)							

3 Notiere, ob die Parabel gestreckt oder gestaucht, nach oben oder nach unten offen ist.

a) $f(x) = -0{,}1x^2 + 10$ b) $f(x) = 1{,}25x^2 - 12{,}5$

4 Notiere, ob die Parabel gestreckt oder gestaucht, nach oben oder nach unten offen ist und um wie viele Einheiten die Parabel verschoben ist.

a) $f(x) = 4x^2 + 8{,}3$ b) $f(x) = -2(x + 0{,}4)^2 - 3$

5 Notiere den Scheitelpunkt der Parabel im Heft.

a) $f(x) = (x + 2{,}3)^2 - 1{,}5$ b) $f(x) = -x^2 + 1{,}25$

6 Forme die Funktionsgleichung in Scheitelpunktform in die allgemeine Form um.

a) $f(x) = (x - 3)^2 - 4$ b) $f(x) = 0{,}5(x - 2)^2 - 1$

7 Forme die Funktionsgleichung in allgemeiner Form in die Scheitelpunktform um.

a) $f(x) = x^2 - 6x + 4$ b) $f(x) = 3x^2 - 24x + 15$

☒

1 Entscheide, ob die Funktion quadratisch ist. Begründe.

a) $f(x) = -x^4 + \frac{3}{5}x^2$

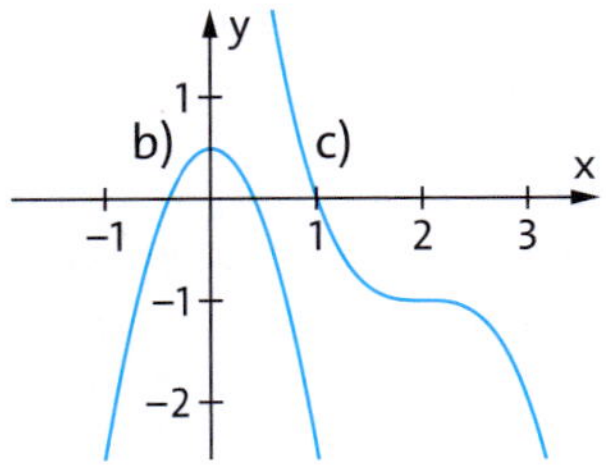

2 Erstelle eine Wertetabelle von −1 bis 4 mit Schrittweite 1 zu $f(x) = x^2 - 3x$. Zeichne dann die dazugehörige Parabel.

3 Notiere, ob die Parabel gestreckt oder gestaucht, nach oben oder nach unten offen ist.

a) $f(x) = -\frac{2}{3}x^2 + \frac{3}{2}x$ b) $f(x) = -0{,}1(x - 1)^2$

4 Notiere, ob die Parabel gestreckt oder gestaucht, nach oben oder nach unten offen ist und um wie viele Einheiten die Parabel verschoben ist.

a) $f(x) = \frac{2}{5}x^2 + \frac{9}{5}$ b) $f(x) = -\frac{1}{3}\left(x + \frac{1}{4}\right)^2 + 1$

5 Notiere den Scheitelpunkt der Parabel im Heft.

a) $f(x) = \frac{9}{17}\left(x - \frac{5}{2}\right)^2$ b) $f(x) = -0{,}2(x - 8)^2 + 9$

6 Forme die Funktionsgleichung in Scheitelpunktform in die allgemeine Form um.

a) $f(x) = \frac{1}{2}(x + 2)^2 + 1$ b) $f(x) = -(x + 1{,}5)^2 + 2$

7 Forme die Funktionsgleichung in allgemeiner Form in die Scheitelpunktform um.

a) $f(x) = -2x^2 + 8x - 6$ b) $f(x) = \frac{2}{5}x^2 + x + 1$

→ Lösungen auf Seite 282 und 283

Mit dem Fünf-Punkte-Verfahren Parabeln zeichnen

Mit dem Fünf-Punkte-Verfahren kannst du Parabeln zu Funktionsgleichungen in Scheitelpunktform zeichnen. Ausgehend vom Scheitelpunkt benötigst du 4 weitere Punkte, die auf der Parabel liegen.

Wenn du eine **verschobene Normalparabel** ($a = 1$) zeichnen sollst, gehe so vor:
Beispiel $f(x) = (x - 1)^2 - 2$

① Lies den Scheitelpunkt an der Scheitelpunktform ab. Zeichne den Scheitelpunkt in ein Koordinatensystem ein.

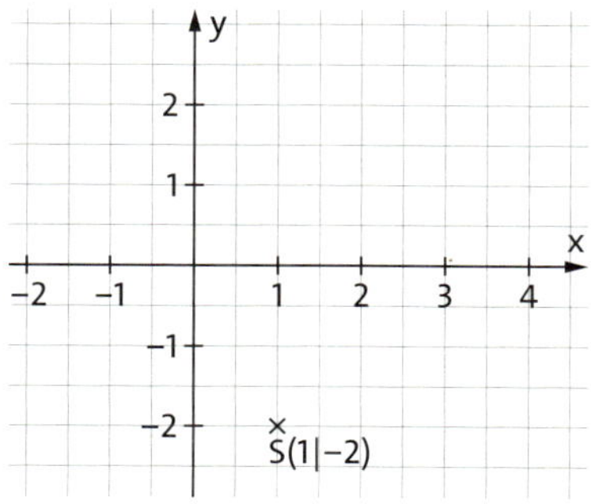

② Gehe vom Scheitelpunkt aus 1 Einheit nach rechts und 1 Einheit nach oben. Markiere den Punkt.

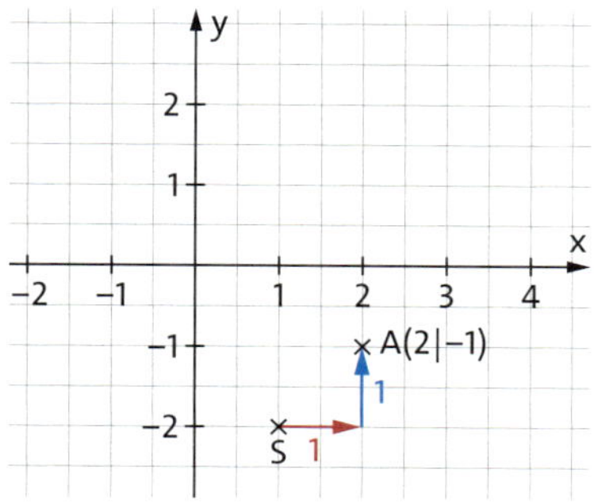

③ Gehe vom Scheitelpunkt aus 2 Einheiten nach rechts und 4 Einheiten nach oben. Markiere den Punkt.

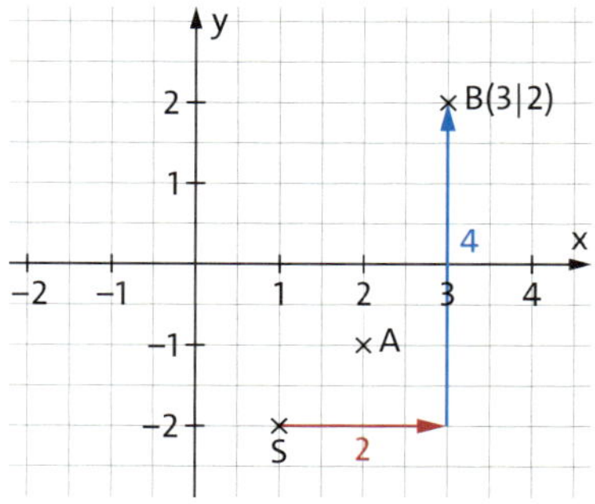

④ Zeichne die Symmetrieachse senkrecht durch den Scheitelpunkt.

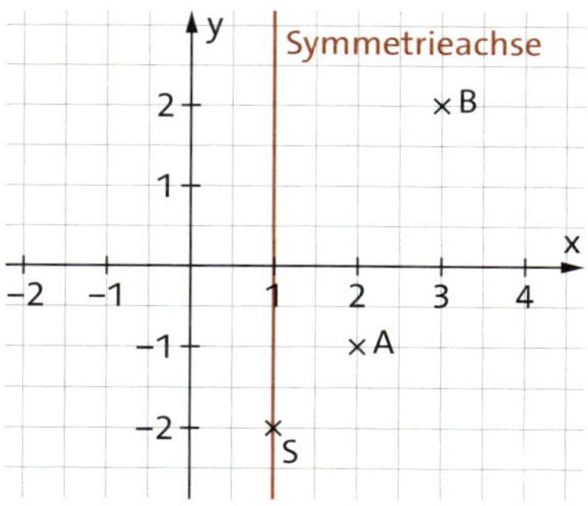

⑤ Spiegele die Punkte A und B an der Symmetrieachse. Du erhältst die Punkte A′ und B′.

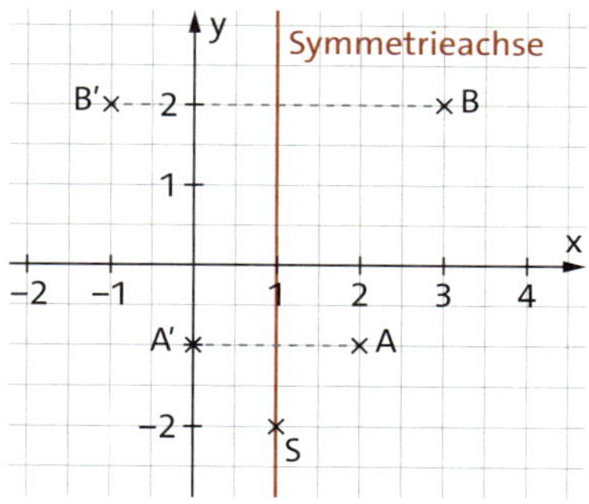

⑥ Verbinde die fünf Punkte zu einer verschobenen Normalparabel.

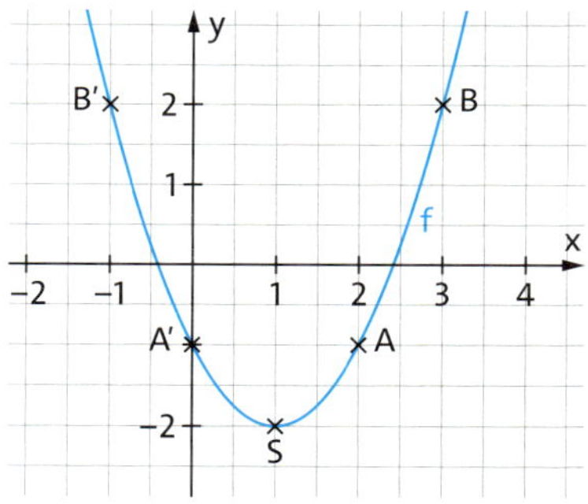

1 Erklärt euch gegenseitig das Vorgehen im Beispiel. Beantwortet dazu gemeinsam die beiden Fragen.

Ⓐ Wenn ich 1 Einheit vom Scheitelpunkt nach rechts gehe, warum muss ich dann 1 Einheit nach oben gehen?

Ⓑ Wenn ich 2 Einheiten vom Scheitelpunkt nach rechts gehe, warum muss ich dann 4 Einheiten nach oben gehen?

2 Zeichne wie im Beispiel die verschobene Normalparabel mit dem Fünf-Punkte-Verfahren.
a) $f(x) = (x + 2)^2 - 3$ b) $f(x) = (x - 4)^2 + 1$ c) $f(x) = x^2 - 3$ d) $f(x) = (x + 3)^2$

3 Gegeben ist $f(x) = -(x - 1)^2 - 2$. Der Graph zu f soll gezeichnet werden.
a) Überlegt euch, wie ihr das Vorgehen im Beispiel anpassen müsst.
b) Zeichnet nach unten offene und verschobene Normalparabeln zu den Funktionsgleichungen auf den Kärtchen. Präsentiert euer Vorgehen und eure Graphen in der Klasse.

$f(x) = -(x - 2)^2 + 3$ $f(x) = -(x - 5)^2 + 2$ $f(x) = -x^2 + 3$ $f(x) = -(x - 2)^2$

Wenn du eine **verschobene Parabel** ($a \neq 1$) zeichnen sollst, gehe so vor.
Beispiel $f(x) = 0{,}5(x + 1)^2 - 2{,}5$

① Lies den Scheitelpunkt an der Scheitelpunktform ab. Zeichne den Scheitelpunkt in ein Koordinatensystem ein.

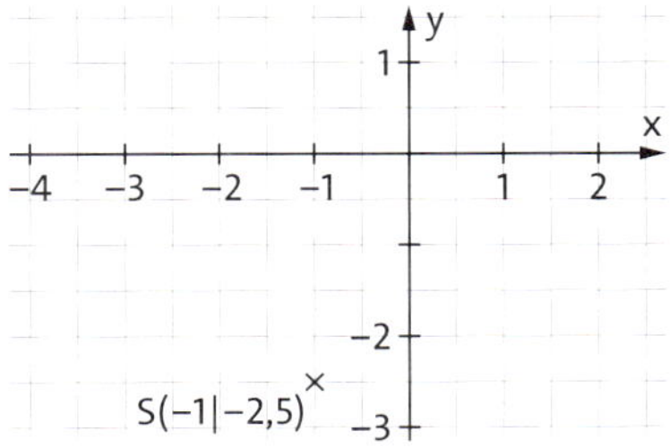

② Gehe vom Scheitelpunkt aus 1 Einheit nach rechts und a Einheiten nach oben. Markiere den Punkt A.

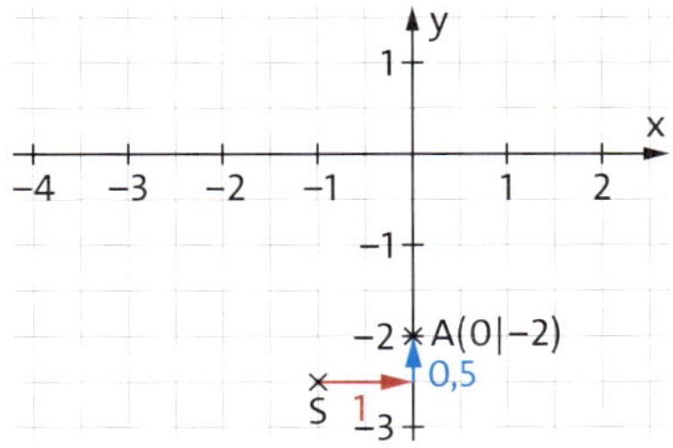

③ Gehe vom Scheitelpunkt aus 2 Einheiten nach rechts und a · 4 Einheiten nach oben. Markiere den Punkt B.

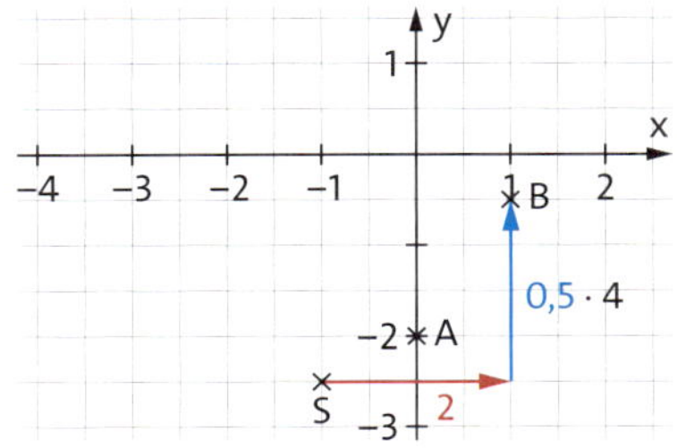

④ Zeichne die Symmetrieachse senkrecht durch den Scheitelpunkt.

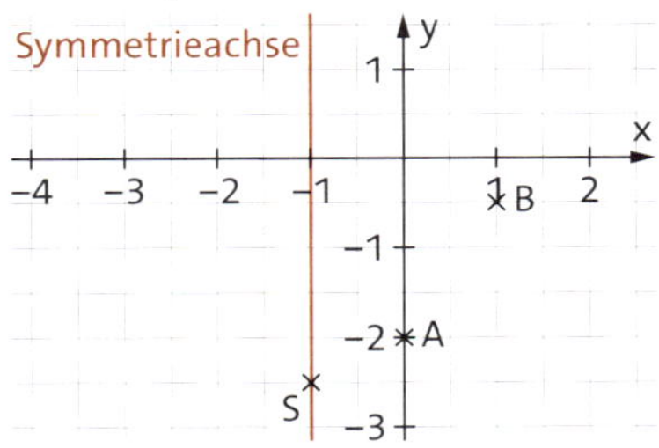

⑤ Spiegele die Punkte A und B an der Symmetrieachse. Du erhältst die Punkte A′ und B′.

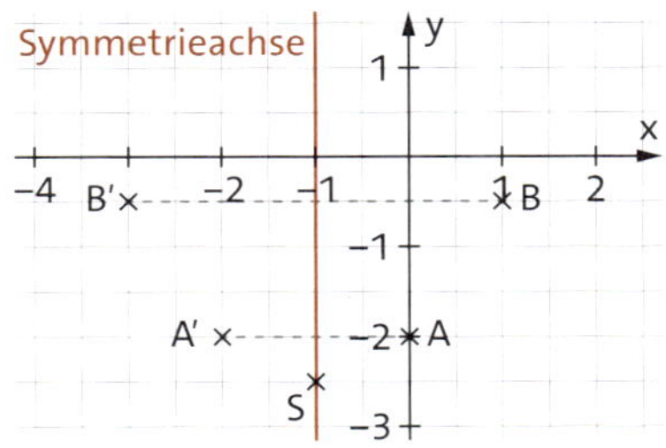

⑥ Verbinde die fünf Punkte zu einer Parabel.

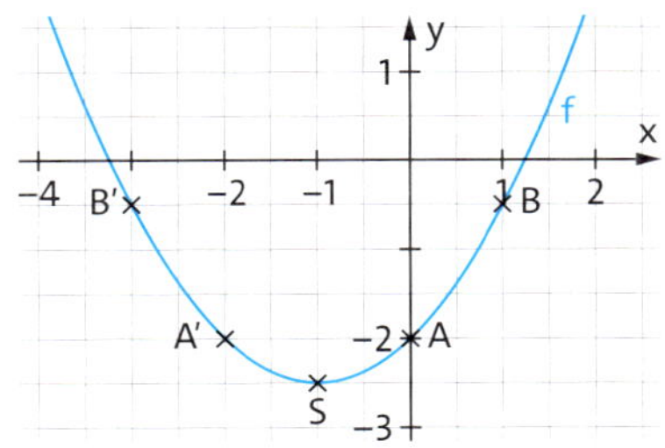

4 Erklärt euch gegenseitig das Vorgehen im Beispiel und die Aussagen auf den Kärtchen.

① Wenn ich 1 Einheit vom Scheitelpunkt nach rechts gehe, dann muss ich $a \cdot 1 = a$ Einheit nach oben gehen.

② Wenn ich 2 Einheiten vom Scheitelpunkt nach rechts gehe, dann muss ich $a \cdot x^2 = a \cdot 4$ Einheiten nach oben gehen.

5 Zeichne die Parabeln wie im Beispiel mit dem Fünf-Punkte-Verfahren.
a) $f(x) = 2x^2 + 3$ b) $f(x) = 3(x + 2)^2$ c) $f(x) = 1{,}5(x - 2)^2 - 3$ d) $f(x) = 0{,}5(x - 5)^2 - 2$

6 Gegeben ist $f(x) = -0{,}5(x + 1)^2 - 2{,}5$. Der Graph zu f soll gezeichnet werden.
a) Überlegt euch, wie ihr das Vorgehen im Beispiel anpassen müsst.
b) Zeichnet nach unten offene und verschobene Normalparabeln zu den Funktionsgleichungen auf den Kärtchen. Präsentiert euer Vorgehen und eure Graphen in der Klasse.

① $f(x) = -1{,}5\,(x + 1)^2 + 3$ ② $f(x) = -0{,}5(x - 1)^2 + 2$ ③ $f(x) = -1{,}5x^2 + 2$ ④ $f(x) = -0{,}5(x + 1)^2$

7 Gegeben ist $f(x) = a(x + 2)^2 - 1$.
Jana meint: „Wenn $a = \frac{1}{3}$ ist, dann ist das Vorgehen im Beispiel ungenau. Besser ist es, 3 Einheiten vom Scheitelpunkt nach rechts zu gehen und dann 3 Einheiten nach oben, dann 6 Einheiten nach rechts und 12 Einheiten nach oben.“
a) Warum ist das Vorgehen im Beispiel für $a = \frac{1}{3}$ ungenau? Diskutiert die Vorteile von Janas Aussage.
b) Finde geeignete Schrittweiten für ① $a = \frac{1}{8}$, ② $a = \frac{1}{5}$ und ③ $a = \frac{1}{6}$.
Notiere auch die Anzahl der Einheiten nach oben.

Die Anzahl der Nullstellen ermitteln

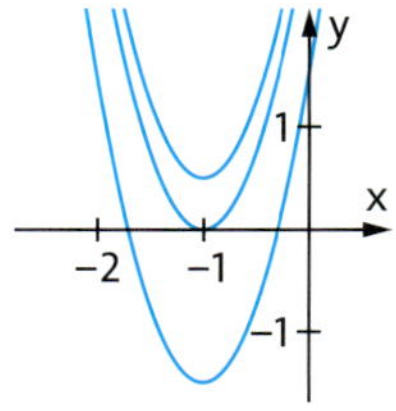

Jede Parabel schneidet die y-Achse genau 1-mal.
Die Anzahl der Schnittpunkte mit der x-Achse hängt von der Parabel ab.
Wie kann man feststellen, wie oft die Parabel die x-Achse schneidet?

Der x-Wert des Schnittpunkts eines Graphen mit der x-Achse heißt **Nullstelle**.
An dieser Stelle ist y = 0. Parabeln können **eine Nullstelle**, **zwei Nullstellen** oder **keine Nullstelle** haben.

- Die Parabel hat **eine Nullstelle**, wenn der Scheitelpunkt der Parabel auf der x-Achse liegt.

$f(x) = -(x-1)^2$
Es gibt **eine Nullstelle**.
Denn S(1 | 0) liegt auf der x-Achse.

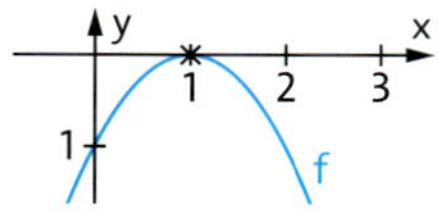

$g(x) = 3(x+1)^2$
Es gibt **eine Nullstelle**.
Denn S(−1 | 0) liegt auf der x-Achse.

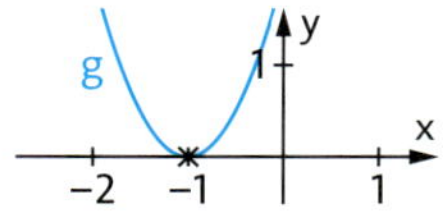

- Die Parabel hat **zwei Nullstellen**, wenn die Parabel …
  – nach oben verschoben und nach unten offen ist.
  – nach unten verschoben und nach oben offen ist.

$f(x) = -(x-1)^2 + 1{,}5$
Es gibt **zwei Nullstellen**.
Denn die Parabel ist nach oben verschoben und nach unten offen.

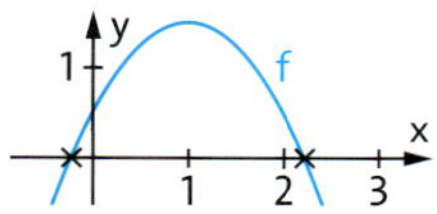

$g(x) = 3(x+1)^2 - 1{,}5$
Es gibt **zwei Nullstellen**.
Denn die Parabel ist nach unten verschoben und nach oben offen.

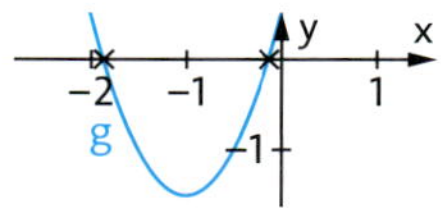

- Die Parabel hat **keine Nullstelle**, wenn die Parabel …
  – nach unten verschoben und nach unten offen ist.
  – nach oben verschoben und nach oben offen ist.

$f(x) = -(x-1)^2 - 0{,}5$
Es gibt **keine Nullstelle**.
Denn die Parabel ist nach unten verschoben und nach unten offen.

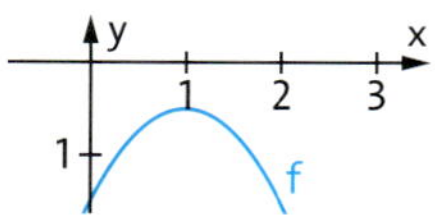

$g(x) = 3(x+1)^2 + 0{,}5$
Es gibt **keine Nullstelle**.
Denn die Parabel ist nach oben verschoben und nach oben offen.

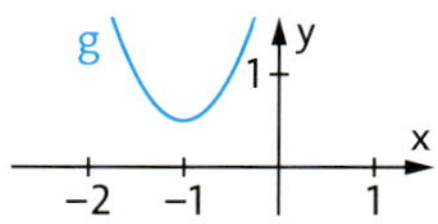

1 Ordne jeder Parabel eine Funktionsgleichung passend zu.
Begründe die Anzahl der Nullstellen.
Beispiel ① gehört zu $f(x) = 3(x+3)^2 + 1$.
Es gibt keine Nullstelle. Denn die Parabel ist um 1 Einheit nach oben verschoben und nach oben offen.

$f(x) = 3(x+3)^2 + 1$	$g(x) = -(x+2)^2 + 1$	$h(x) = (x-4)^2$
$j(x) = -2(x-5)^2 - 1$	$u(x) = -4(x-2)^2$	$v(x) = 2(x-1)^2 - 1$

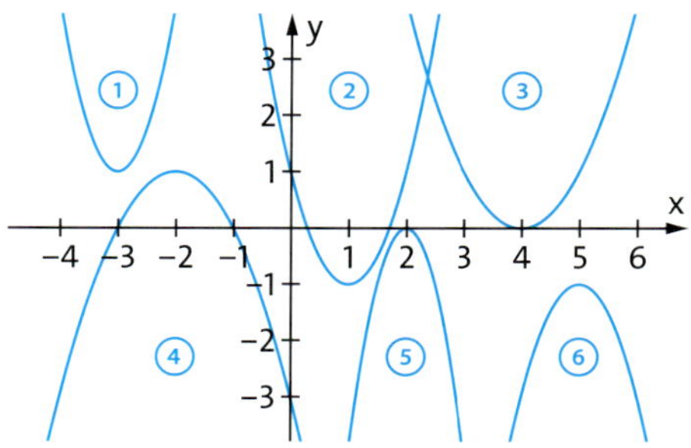

2 Beschreibe die Parabel f. Begründe, ob die Parabel f eine Nullstelle, zwei oder keine Nullstellen hat.
a) $f(x) = x^2 - 3$ b) $f(x) = -2(x+4)^2 - 6$ c) $f(x) = 3(x-4)^2$ d) $f(x) = 2(x+4)^2 + 5$ e) $f(x) = \frac{1}{2}x^2 + \frac{5}{2}$

1 Ordne jeder Parabel eine Funktionsgleichung und eine Wertetabelle passend zu. Ein Kärtchen bleibt übrig. Ergänze die Wertetabellen im Heft.

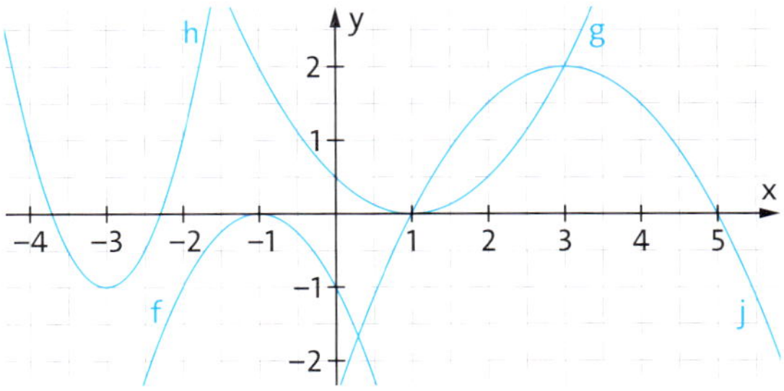

$y = 0{,}5(x-1)^2$ $y = 2(x+3)^2 - 1$ $y = -(x+1)^2$

$y = (x+3)^2 - 1$ $y = -0{,}5(x-3)^2 + 2$

②

x	−1	0	1	2	3
y			0	0,5	2

③

x	−5	−4	−3	−2	−1
y		1	−1	1	

①

x	−3	−2	−1	0	1
y	−4	−1	0		

④

x	1	2	3	4	5
y			2	1,5	0

2 Beschreibe die Parabel zu f. Verwende die Kärtchen.

nach oben / unten offen

um □ Einheiten nach rechts / links / oben / unten verschoben

gestreckt / gestaucht

a) $f(x) = -5(x+3)^2$ b) $f(x) = 0{,}2(x-1)^2 + 4$ ► 3

3 Eine Normalparabel f ist um 2 Einheiten nach rechts und um 1 Einheit nach unten verschoben. Till notiert: *$f(x) = (x+2)^2 - 1$*

a) Erkläre Tills Fehler und korrigiere im Heft.

b) Zeichne die verschobene Normalparabel.

4 Notiere die Scheitelpunktform.

a) Eine Parabel ist mit 0,3 gestaucht und um 2 Einheiten nach links verschoben.

b) Eine Parabel ist mit 4 gestreckt und der Scheitelpunkt ist S(−1 | −8).

5 Forme die Scheitelpunktform in die allgemeine Form um. Notiere zuerst den Scheitelpunkt.

a) $f(x) = (x-3)^2 + 5$ b) $3(x+3)^2 - 5$

6 Forme die allgemeine Form in die Scheitelpunktform um. Notiere dann den Scheitelpunkt.

a) $f(x) = x^2 + 2x + 5$ b) $f(x) = -x^2 - 4x - 1$

7 Gegeben sind $f(x) = (x-2)^2 - 2$, $g(x) = 0{,}5(x+2)^2 - 1$ und $h(x) = -0{,}25(x+1)^2 + 1$.

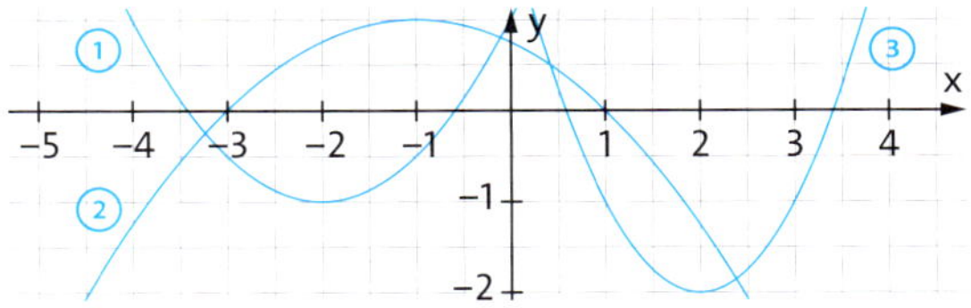

a) Ordne jeder Funktionsgleichung eine Parabel ① bis ③ passend zu.

b) Gegeben sind die Punkte A(−2 | −1), B(−4 | −1,25) und C(3 | −1). Stelle eine Vermutung mit Hilfe der Abbildung auf, welcher Punkt zu welcher Parabel gehört. Überprüfe rechnerisch deine Vermutung. ► 7

8 Eine Parabel verläuft durch den Punkt A(4 | 9). Bestimme den Parameter. Notiere die Funktionsgleichung.

Beispiel $f(x) = 2x^2 + e$

x = 4, y = 9 einsetzen: $9 = 2 \cdot 4^2 + e$

$9 = 32 + e \quad |-32$

$-23 = e$

Funktionsgleichung: $f(x) = 2x^2 - 23$

a) $f(x) = x^2 + e$ b) $f(x) = ax^2$ c) $f(x) = ax^2 + 7$

9 Der Bogen des Tunnels hat die Form einer Parabel mit $f(x) = -0{,}2(x-4)^2 + 3{,}2$. Löse ① bis ③ mit Hilfe eines passenden Kärtchens.

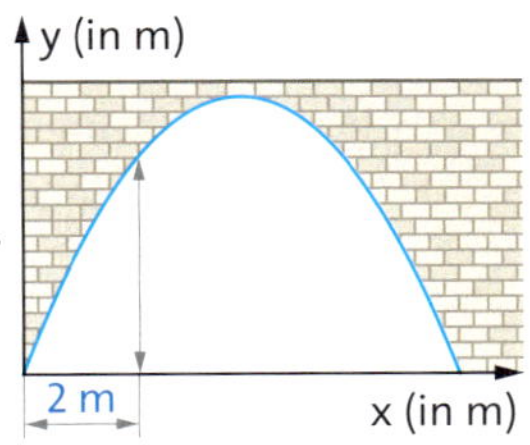

Setze x = □ in f ein und prüfe, ob f(□) = 0 ist.

Setze x = □ in f ein und berechne den dazugehörigen y-Wert.

Notiere den □-Wert des Scheitelpunkts.

① Ermittle die maximale Höhe des Tunnels.

② Berechne die Höhe des Tunnels 2 m vom Rand.

③ Zeige rechnerisch, dass der Bogen des Tunnels eine Breite von 8 m hat.

④ Leon ist 1,75 m groß. Leon läuft durch den Tunnel. Wie weit vom Rand muss Leon dabei mindestens entfernt sein, ohne sich den Kopf zu stoßen? Zeichne dazu die Parabel mit einer DGS.

Tipp für 7b: Setze den x-Wert des Punkts in die Funktionsgleichung f ein. Zeige, dass der y-Wert der Funktion mit dem y-Wert des Punkts übereinstimmt.

1 Ordne jeder Parabel eine Funktionsgleichung und eine Wertetabelle passend zu. Ergänze zuerst den Parameter a. Ein Kärtchen bleibt übrig. Ergänze die Wertetabellen im Heft.

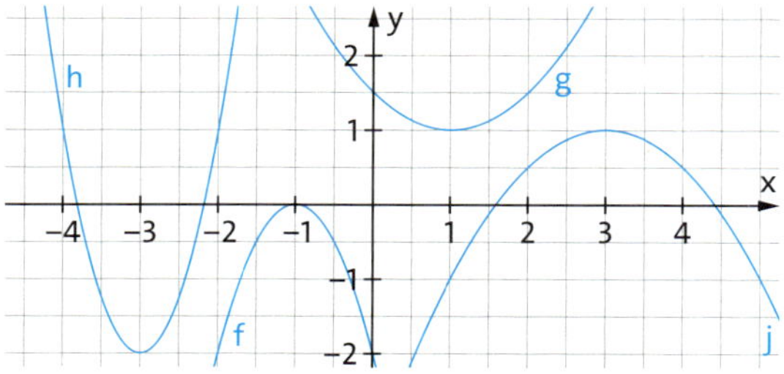

$y = a(x+3)^2 - 3$ | $y = a(x+3)^2 - 2$ | $y = a(x+1)^2$ | $y = a(x-1)^2 + 1$ | $y = a(x-3)^2 + 1$

①

x	−3	−2	−1	0	1
y		−2	0		

②

x	1		3		5
y		0,5		0,5	

③

x	−5	−4	−3	−2	−1
y		1		1	

④

x		0		2	
y		1,5	1	1,5	

2 Gegeben sind die Funktionsgleichungen $f(x) = 3(x-4)^2 + 7$, $g(x) = -2(x+3)^2 - 1$ und $h(x) = 0{,}05x^2 - 1$.

a) Beschreibe, wie die Graphen f, g und h aus der Normalparabel entstehen. Verwende die Kärtchen.

nach oben / unten offen | gestreckt / gestaucht | um ☐ Einheiten nach rechts / links / oben / unten verschoben

b) Zeichne die Graphen f, g und h.

▸ 3 ☒

3 Notiere zuerst die Scheitelpunktform. Forme dann in die allgemeine Form um.

a) Die Normparabel f wird mit $\frac{1}{4}$ gestaucht, um 2 Einheiten nach rechts und um 5 Einheiten nach unten verschoben.

b) Die verschobene Normalparabel g wird mit −7,5 gestreckt. Ihr Scheitelpunkt ist S(−2 | 6).

c) Vergleicht die beiden Formen und diskutiert, was ihr an welcher Form direkt ablesen könnt.

4 Forme die allgemeine Form in die Scheitelpunktform um. Notiere den Scheitelpunkt.

a) $f(x) = 2x^2 + 4x + 10$ b) $f(x) = 0{,}5x^2 - 2x + 2$
c) $f(x) = -x^2 - 2{,}2x - 1$ d) $f(x) = -2x^2 - 16x + 16$
e) $f(x) = -x^2 + 6x + 3{,}5$ f) $f(x) = 0{,}25x^2 + 1{,}2x$

5 Leon bestimmt den Scheitelpunkt. Korrigiere Leons Rechnung im Heft.

a) $f(x) = x^2 - 10x + 10$
$= x^2 - 10x + 5 - 5 + 10$
$= (x-5)^2 + 5$ *Also ist S(5 | 5).*

b) $f(x) = \frac{1}{2}x^2 - 20x + 160$
$= \frac{1}{2}[x^2 - 10x] + 160$
$= \frac{1}{2}[x^2 - 10x + 5^2 - 5^2] + 160$
$= \frac{1}{2}(x-5)^2 + 135$ *Also ist S(5 | 135).*

6 Eine Parabel hat die Funktionsgleichung $f(x) = 0{,}5x^2 - 2x + 1$.

a) Berechne den y-Wert so, dass A(−1 | y), B(3 | y) und C(6 | y) auf der Parabel f liegen.

b) Überprüfe rechnerisch, welche der Punkte D(1 | −0,5), E(4 | 1,5) oder F(5 | 3,5) auf der Parabel liegen.

▸ 6 ☒

7 Eine Parabel verläuft durch den Punkt A. Bestimme den Parameter. Notiere die Funktionsgleichung.

a) A(3 | 9), $f(x) = ax^2 + 18$
b) A(4 | −16), $f(x) = \frac{1}{2}x^2 + e$

8 Die Einfahrt zur Lagerhalle hat die Form einer Parabel mit $f(x) = -\frac{4}{9}x^2 + \frac{8}{3}x$.

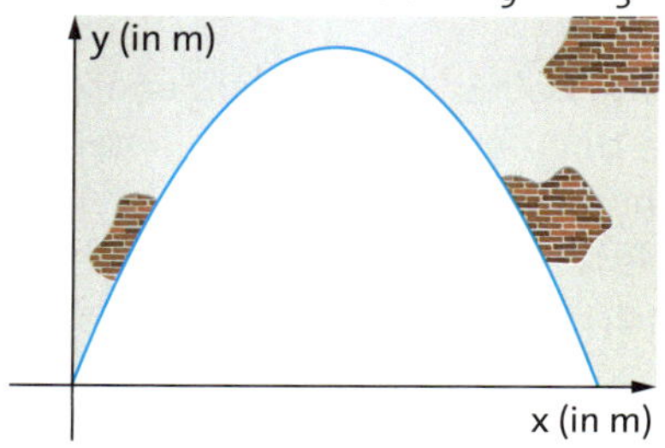

a) Berechne die Höhe der Einfahrt 1 m vom Rand.

b) Zeige rechnerisch, dass die Einfahrt eine Breite von 6 m hat.

c) Bestimme die maximale Höhe der Einfahrt.

d) Ein LKW hat ungefähr die Form eines Quaders. Er ist 2,5 m breit und seine Höhe beträgt 3,8 m. Zeige rechnerisch, dass der LKW nicht durch die Einfahrt fahren kann.

e) Die Einfahrt soll umgebaut werden. Passe die Funktionsgleichung $f(x) = -\frac{4}{9}x^2 + bx$ so an, dass der LKW mit den Maßen aus d) durch die Einfahrt mit einem horizontalen Sicherheitsabstand von mindestens 0,5 m fahren kann. Ermittle mit Hilfe einer DGS.

1 Notiere zu jeder Parabel die passende Funktionsgleichung in Scheitelpunktform.

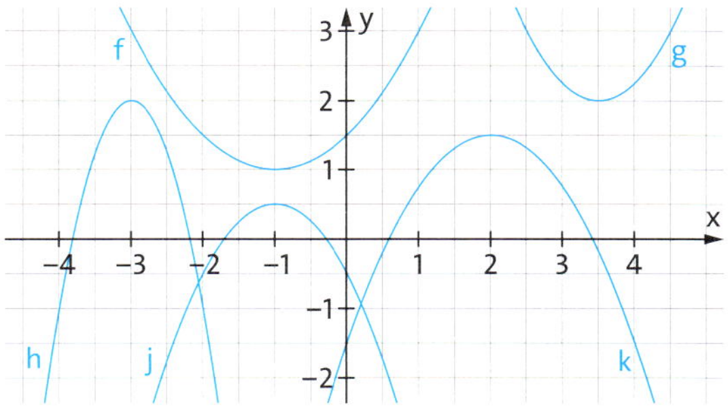

2 Gegeben ist eine Wertetabelle zu $f(x) = 0{,}5(x - d)^2 + e$.

x	−3	−2	−1	0	1	2
y		−3,5	−4	−3,5		

a) Bestimme die Parameter d und e.
b) Notiere die Funktionsgleichung.
c) Ergänze die Wertetabelle im Heft.

3 Gegeben sind die Beschreibungen ① bis ③.

① Die Normalparabel f wird mit 2 gestreckt, um 2 Einheiten nach links und 4 Einheiten nach unten verschoben.

② Die verschobene Normalparabel g wird mit 0,25 gestaucht und an der x-Achse gespiegelt. Ihr Scheitelpunkt liegt auf der x-Achse bei 4.

③ Die verschobene und nach unten offene Normalparabel h hat die Nullstellen $x_1 = -5$ und $x_2 = 3$. Ihr größter y-Wert ist $y = 16$.

a) Notiere die Scheitelpunktform zu ① bis ③.
b) Forme die Scheitelpunktform in die allgemeine Form um.
c) Denkt euch drei eigene Beschreibungen zu Parabeln aus und schreibt sie jeweils auf ein Blatt. Tauscht eure Blätter und erledigt dazu die Aufgabenstellungen aus a) und b). Überprüft gemeinsam eure Funktionsgleichungen.

4 Forme die allgemeine Form in die Scheitelpunktform um. Notiere den Scheitelpunkt und zeichne die Parabel.

a) $f(x) = \frac{2}{5}x^2 + 4x + 4$ b) $f(x) = 0{,}5x^2 - 2x + 2$
c) $f(x) = x^2 + x - \frac{5}{12}$ d) $f(x) = -5x^2 + 4x - \frac{29}{5}$

5 Igor bestimmt den Scheitelpunkt. Er notiert:

$f(x) = 2x^2 - 12x + 26$
$= 2[x^2 - 6x] + 26$
$= 2[x^2 - 6x + 3^2 - 3^2] + 26$
$= 2(x - 3)^2 - 9 + 26$
$= 2(x - 3)^2 + 15$ Also ist $S(3|15)$.

a) Erkläre und korrigiere Igors Fehler im Heft.
b) Beschreibe die Parabel zu f.

6 John meint: „Alle drei Funktionsgleichungen ① $y = x^2 - x - 6$, ② $y = (x - 0{,}5)^2 - 6{,}25$ und ③ $y = (x - 3)(x + 2)$ haben dieselbe Parabel f."

a) Überprüfe Johns Aussage. Forme dazu die Funktionsgleichungen in ② und ③ in die allgemeine Form um. Begründe.
b) Gegeben sind $A(0|-6)$, $B(0{,}5|-6{,}25)$, $C(3|0)$ und $D(-2|0)$. Erkläre ohne eine Rechnung oder Zeichnung, wie du erkennen kannst, dass A bis D auf der Parabel f liegen. Wähle dazu ① bis ③ passend aus.
c) An der faktorisierten Form in ③ kannst du die Nullstellen direkt ablesen. Bestimme zu $j(x) = x^2 - 4$ die faktorisierte Form.

7 Eine Parabel f mit Scheitelpunkt S verläuft durch den Punkt P. Bestimme die Funktionsgleichung f in Scheitelpunktform $f(x) = a(x-d)^2 + e$. Bestimme zuerst die Parameter d und e.

a) $S(2|5)$, $P(3|7)$ b) $S\left(\frac{1}{2}\middle|5\right)$, $P\left(2\middle|\frac{7}{2}\right)$

8 Der Boden eines Kanals hat im Querschnitt die Form einer Parabel mit $f(x) = 0{,}002x^2 - 0{,}2x$.

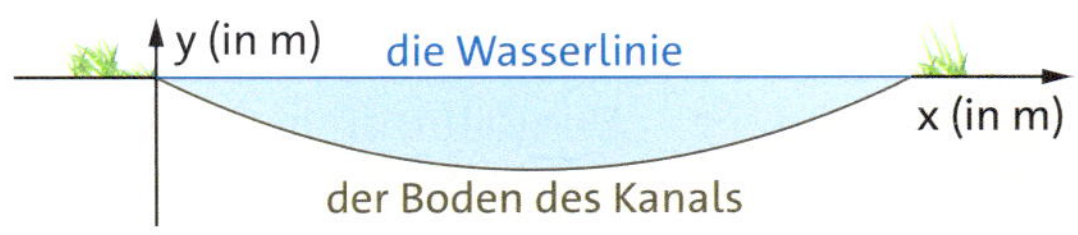

a) Zeige rechnerisch, dass der Kanal eine Breite von 100 m hat.
b) Berechne die Tiefe des Kanals 5 m vom Rand.
c) Bestimme die maximale Tiefe in m. Nach wie vielen Metern vom Rand ist die Tiefe maximal?
d) Zwei annähernd quaderförmige Fähren haben eine Breite von jeweils 13 m und einen Tiefgang von 4 m. Können die zwei Fähren aneinander vorbeifahren, wenn sie einen Sicherheitsabstand von 20 m einhalten? Zeichne zuerst eine Skizze.
e) Erfindet eigene Textaufgaben zu Parabeln. Erstellt Abbildungen dazu mit einer DGS. Löst und präsentiert sie in der Klasse.

Parabeln im Sport

Jana, Pete, Lea und Serkan trainieren in einem Sportverein.
Jana spielt Fußball, Pete spielt Schlagball,
Lea spielt Basketball und Serkan spielt Baseball.

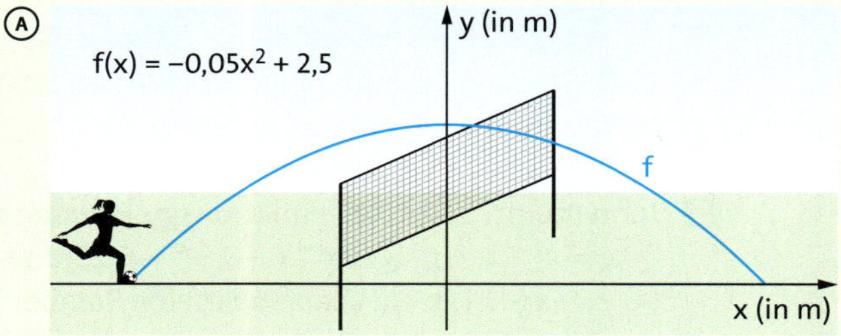

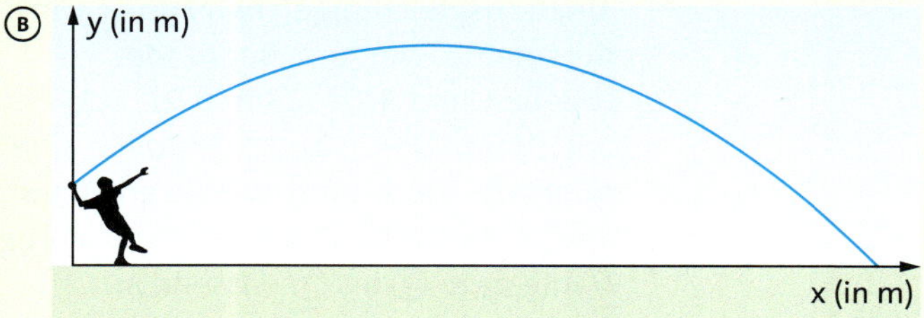

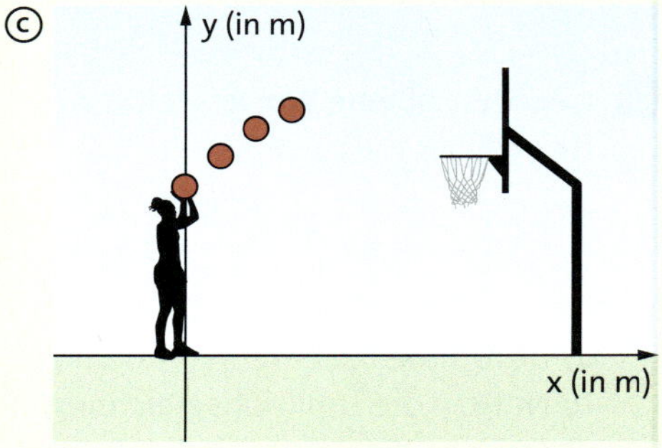

A Jana schießt einen Fußball über ein Volleyballnetz. Beschreibe die Flugbahn des Balls in Ⓐ.
Beantworte dazu folgende Fragen:
① Ist die Parabel gestreckt oder gestaucht?
② Ist die Parabel nach oben offen oder nach unten offen?
③ Notiere den Scheitelpunkt und die Symmetrieachse.

B Pete wirft beim Training einen Schlagball.
Der Schlagball in Ⓑ bewegt sich ungefähr auf der Parabel zu $f(x) = -0{,}05x^2 + 0{,}8x + 1{,}8$.
① In welcher Höhe wirft Pete den Ball ab?
② In welcher Entfernung von Pete erreicht der Ball die maximale Höhe?
③ Pete sagt: „Der Ball trifft in 20 m vom Abwurfpunkt entfernt auf dem Boden." Stimmt das?
Beantworte ① bis ③. Verwende das passende Kärtchen.

Bestimme den x-Wert des Scheitelpunkts mit Hilfe der Scheitelpunktform.

Prüfe, ob $f(20) = 0$.

Notiere den y-Achsenabschnitt.

C Lea wirft einen Basketball aus einer Höhe von 1,8 m.
Der Ball erreicht nach 2,4 m vom Abwurfpunkt entfernt seine maximale Höhe von 4 m.
a) Welche Funktionsgleichung passt zur parabelförmigen Flugbahn des Basketballs?
① $f(x) = -0{,}25(x - 2{,}4)^2 + 4$
② $f(x) = -0{,}25(x - 2{,}4)^2 + 1{,}8$
b) Der Korb ist 5 m vom Abwurfpunkt entfernt.
Der Korb hängt 3,05 m über dem Boden. Trifft Lea den Korb?

D Beim Baseball wirft Serkan den Ball in einer Höhe von 2 m ab.
Serkans Ball bewegt sich auf einer parabelförmigen Flugbahn.
Der Ball erreicht 25 m vom Abwurfpunkt entfernt seine maximale Höhe von 8,25 m.
a) Bestimme die Funktionsgleichung für die Flugbahn des Balls.
b) Schafft es Serkan, den Ball 55 m weit zu werfen? Begründe.
c) Überprüfe deine Ergebnisse aus a) und b) mit einer DGS.

1 Ergänze die Wertetabelle zu $f(x) = x^2 - 4x$ im Heft. Zeichne die Parabel f.

x	−3	−2	−1	0	1	2	3
y			5	0			

2 Notiere, ob die Parabel gestreckt oder gestaucht, nach oben oder nach unten offen ist.
a) $f(x) = 2x^2 - 0{,}4$
b) $f(x) = 0{,}2x^2 + 4$

3 Beschreibe, wie die Normalparabel f verschoben ist. Notiere den Scheitelpunkt.
a) $f(x) = (x - 4)^2 + 7$
b) $f(x) = (x + 3)^2 - 9$

4 Forme $f(x) = (x + 2)^2 - 2$ in die allgemeine Form um.

5 Forme $f(x) = x^2 + 4x + 2$ in die Scheitelpunktform um. Notiere den Scheitelpunkt.

6 Überprüfe rechnerisch, ob die Punkte A(2 | 5) und B(3 | 9) auf der Parabel zu $f(x) = 0{,}5x^2 + 2x - 1$ liegen.

7 Svenja wirft einen Ball. Die Flugbahn des Balls hat ungefähr die Form einer Parabel mit $f(x) = -0{,}6(x - 2)^2 + 4$.

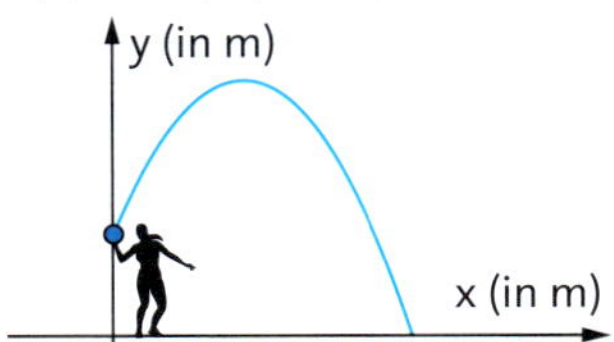

a) In welcher Höhe wirft Svenja den Ball ab? Setze x = 0 in f ein.
b) Notiere die maximale Höhe des Balls.

---

1 Gegeben ist $f(x) = x^2 + 2x$. Erstelle dazu eine Wertetabelle von − 4 bis 2 mit Schrittweite 1. Zeichne die Parabel f und markiere den Scheitelpunkt.

2 Notiere, ob die Parabel gestreckt oder gestaucht, nach oben oder nach unten offen ist.
a) $f(x) = -2{,}2x^2 + 0{,}4x$
b) $f(x) = \frac{1}{8}x^2 + 4x$

3 Beschreibe die Parabel f. Notiere den Scheitelpunkt.
a) $f(x) = 2{,}5(x - 2)^2 + 5$
b) $f(x) = -(x + 4)^2 - 1{,}2$

4 Forme $f(x) = 2(x - 8)^2 + 5$ in die allgemeine Form um.

5 Forme $f(x) = -x^2 + 4x + 5$ in die Scheitelpunktform um. Notiere den Scheitelpunkt.

6 Die Parabel zu $f(x) = 2x^2 - b$ verläuft durch P(3 | 8). Berechne b und notiere die Funktionsgleichung.

7 Die Flugbahn eines Basketballs erfüllt annähernd $f(x) = -\frac{1}{3}x^2 + 2x + 1$.

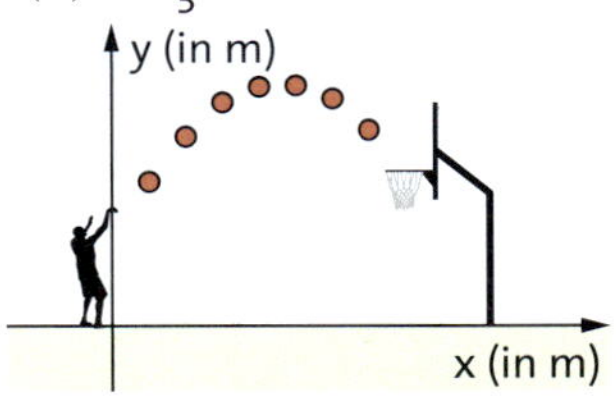

a) Wie hoch ist der Ball in 2 Metern Entfernung? Berechne.
b) Bestimme die maximale Höhe. In welcher Entfernung erreicht der Ball die maximale Höhe?

---

1 Zeichne die Parabel zu $f(x) = 0{,}5(x + 1)^2 - 2$. Verwende das Fünf-Punkte-Verfahren oder erstelle eine passende Wertetabelle.

2 Notiere, ob die Parabel gestreckt oder gestaucht, nach oben oder nach unten offen ist.
a) $f(x) = \frac{3}{5}x^2 - \frac{4}{3}x + 5$
b) $f(x) = -\frac{5}{3}x^2 + \frac{3}{4}x - 5$

3 Beschreibe die Parabel f. Notiere den Scheitelpunkt.
a) $f(x) = \frac{2}{5}(x - 2{,}5)^2 + 7{,}5$
b) $f(x) = -\frac{1}{3}(x + 3)^2$

4 Forme $f(x) = \frac{5}{3}(x - 3)^2 + 9$ in die allgemeine Form um.

5 Forme $f(x) = -\frac{1}{2}x^2 + 3x + \frac{4}{5}$ in die Scheitelpunktform um. Notiere den Scheitelpunkt.

6 Die Parabel zu $f(x) = ax^2 + 2x - 3$ verläuft durch P(2 | 7). Berechne a und notiere die Funktionsgleichung.

7 Raj wirft in einer Entfernung von 2,7 m vor einer Mauer einen Ball ab. Die Flugbahn des Balls erfüllt annähernd $f(x) = -\frac{3}{5}x^2 + 4\frac{4}{5}x + 1{,}9$ mit x als Entfernung in m und f(x) als Höhe in m.
a) Notiere, in welcher Höhe Raj den Ball abwirft.
b) Die Mauer ist 10 m hoch. Wird Rajs Ball über die Mauer fliegen? Berechne.
c) Erkläre, wie du ermitteln kannst, wie weit der Ball fliegt.

→ Lösungen auf Seite 283 bis 285

Zusammenfassung

Quadratische Funktionen und ihre Graphen → Seite 130

Eine quadratische Funktion enthält den Term x^2 und hat die **allgemeine Form $f(x) = ax^2 + bx + c$** mit $a \neq 0$. Der höchste Exponent von x ist 2.
Der Graph heißt Parabel. Die Parabel ist **nach oben offen** oder **nach unten offen**.
Der tiefste oder der höchste Punkt einer Parabel heißt **Scheitelpunkt S**.
Die **Symmetrieachse** verläuft senkrecht zur x-Achse durch den Scheitelpunkt.

$f(x) = 4x^2 - 8x + 1$
f ist eine quadratische Funktion. Denn der höchste Exponent von x ist 2.

Die Parabel ist **nach oben offen**.

Der Scheitelpunkt ist $S(1|-3)$.

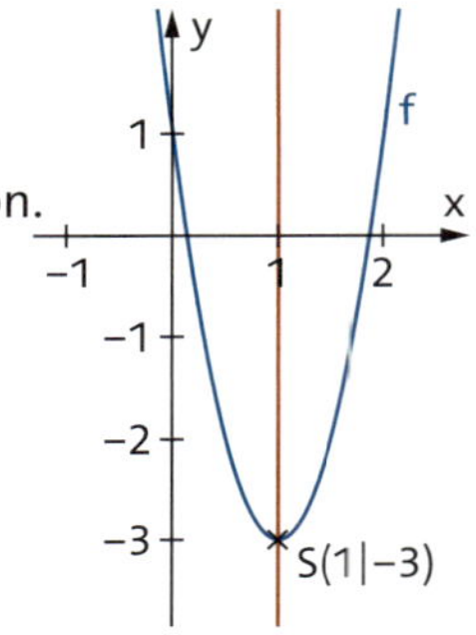

Normalparabel, gestreckte Parabel und gestauchte Parabel → Seite 134

Eine Parabel kann **gestreckt** oder **gestaucht** und **nach oben** oder **nach unten offen** sein.
In der Funktionsgleichung $\mathbf{f(x) = ax^2}$ erkennst du das am Parameter **a**. Die Parabel ist für …

- $a > 1$ **gestreckt** und **nach oben offen**,
- $a < -1$ **gestreckt** und **nach unten offen**,
- $0 < a < 1$ **gestaucht** und **nach oben offen**,
- $-1 < a < 0$ **gestaucht** und **nach unten offen**.

Die Parabel für $a = 1$ heißt **Normalparabel**.

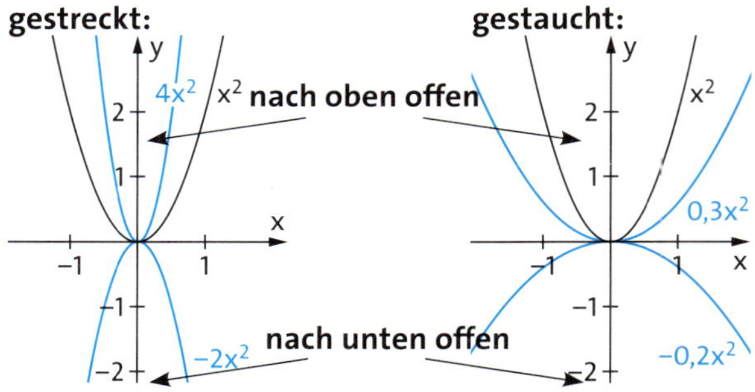

Nach oben oder nach unten, nach rechts oder nach links verschobene Parabeln → Seite 138 und 142

Die Normalparabel kann entlang der **y-Achse nach oben** oder **nach unten** verschoben sein.
In der Funktionsgleichung $\mathbf{f(x) = x^2 + e}$ erkennst du das am Parameter **e**. Die Parabel ist für …

- **$e > 0$** um e Einheiten **nach oben** verschoben,
- **$e < 0$** um e Einheiten **nach unten** verschoben.

nach oben verschoben:

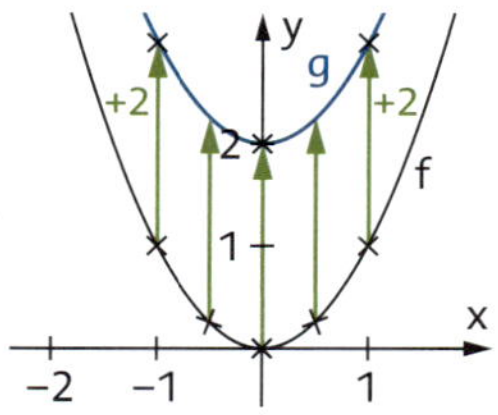

nach unten verschoben:

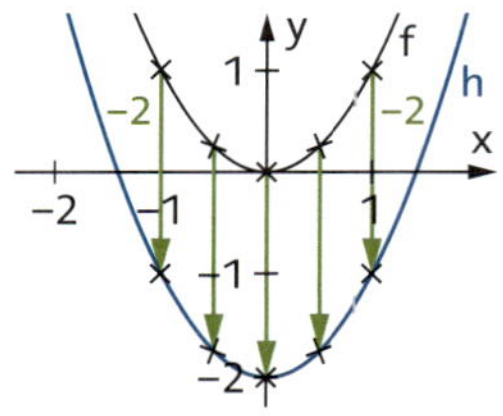

In der Funktionsgleichung $\mathbf{f(x) = (x - d)^2}$ erkennst du am Wert von d, ob die Parabel für …

- **$d > 0$** um d Einheiten **nach rechts** verschoben ist,
- **$d < 0$** um d Einheiten **nach links** verschoben ist.

nach rechts verschoben:

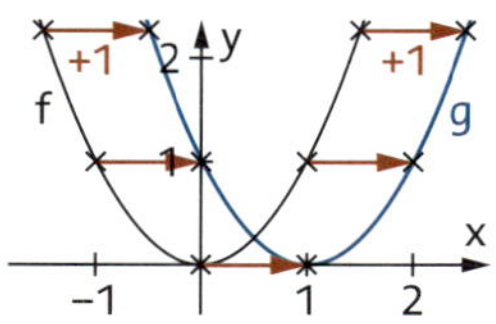

nach links verschoben:

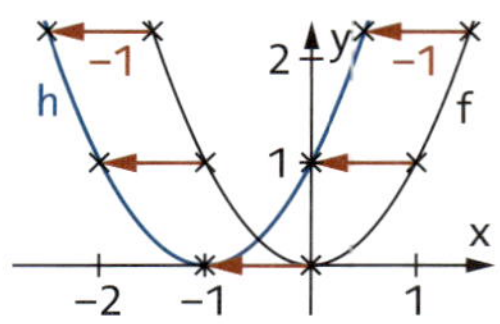

$\mathbf{f(x) = a(x - d)^2 + e}$ heißt die **Scheitelpunktform**.
Der Scheitelpunkt ist $S(d|e)$.
Streckung, Stauchung und Verschiebung sind Veränderungen der Normalparabel.
Eine solche Veränderung nennt man **Transformation**.

Zwischen der Scheitelpunktform und der allgemeinen Form wechseln → Seite 148

Du kannst jede quadratische Funktionsgleichung in Scheitelpunktform $f(x) = a(x - d)^2 + e$ in die allgemeine Form $f(x) = ax^2 + bx + c$ umformen und umgekehrt.

$$\begin{aligned} f(x) &= (x + 1)^2 + 2 \\ &= x^2 + 2x + 1 + 2 \\ &= x^2 + 2x + 3 \end{aligned}$$

$$\begin{aligned} f(x) &= x^2 + 2x + 3 \\ &= x^2 + 2x + \left(\tfrac{2}{2}\right)^2 - \left(\tfrac{2}{2}\right)^2 + 3 \quad \mid \textit{quadratische Ergänzung} \\ &= (x + 1)^2 - 1 + 3 \\ &= (x + 1)^2 + 2 \end{aligned}$$

Quadratische Gleichungen

6

► Letice und ihre Freunde Timo, Saskia, Ben und Christina nehmen als Team am Sportfest der Europaschule teil.
Letice übt den Weitsprung.
Welche Form hat die Sprungkurve?

Wie weit springt Letice ungefähr?
Welchen y-Wert hat die Stelle, an der Letice landet und wie nennt man diese Stelle?

In diesem Kapitel lernst du, …

- rein quadratische Gleichungen zu lösen,
- allgemein quadratische Gleichungen zu lösen,
- die Anzahl der Lösungen einer quadratischen Gleichung zu bestimmen,
- Lösungen von allgemein quadratischen Gleichungen mit einer Formel zu berechnen.

Kompetenz	Aufgabe	Lies und übe:
1 Ich kenne die Fachbegriffe beim Quadrieren und Ziehen der Wurzel.	**1** Übertrage die Rechnungen ① und ② ins Heft: ① $\sqrt{25} = 5$ ② $1{,}5^2 = 2{,}25$ Ordne die Fachbegriffe passend zu: die Wurzel ziehen, quadrieren, Radikand, Basis, Exponent, Wert der Quadratwurzel, Wert der Potenz.	→ Seite 247
2 Ich kann eine Zahl und ihre Gegenzahl quadrieren.	**2** Ordne jeder Zahl und ihrer Gegenzahl ihr Quadrat passend zu. Verwende die Kärtchen. Notiere wie im Beispiel. **Beispiel** $2^2 = 4$ und $(-2)^2 = 4$ 2 | −2 | 9 | −9 | 1,1 | −1,1 5 | −5 | 0,5 | −0,5 | 7 | −7 4 | 49 | 25 | 1,21 | 81 | 0,25	→ Seite 247 Nr. 34
3 Ich kann den Wert von Quadratwurzeln bestimmen.	**3** Berechne das Ergebnis ohne Taschenrechner. a) $\sqrt{25}$ b) $\sqrt{9}$ c) $\sqrt{100}$ d) $\sqrt{144}$ e) $\sqrt{6{,}25}$ f) $\sqrt{\frac{4}{9}}$	→ Seite 247 Nr. 34
4 Ich kann Klammern auflösen.	**4** Löse die Klammer auf. a) $3 \cdot (5 + 4x)$ b) $-2a \cdot (8 - 3a)$ c) $-6 \cdot (x + 2x - 3x)$ d) $-3x \cdot (x - 7x)$	→ Seite 249 Nr. 44
5 Ich kann gemeinsame Faktoren ausklammern.	**5** Klammere den gemeinsamen Faktor aus. a) $4x + 8y$ b) $5x - 3xy$ c) $2x^2 + 3x$	→ Seite 249 Nr. 46, 47
6 Ich kann Terme mit Summen und Differenzen ausmultiplizieren.	**6** Multipliziere aus. Vereinfache den Term. **Beispiel** $(x - 7) \cdot (4x + 3) = x \cdot 4x + x \cdot 3 - 7 \cdot 4x - 7 \cdot 3$ $= 4x^2 + 3x - 28x - 21$ $= 4x^2 - 25x - 21$ a) $(x + 7) \cdot (4x + 3)$ b) $(x - 3) \cdot (2x - 6)$ c) $(2x - 5) \cdot (5 + 3x)$ d) $(0{,}5a - 7) \cdot (-4a - 1)$	→ Seite 249 Nr. 45
7 Ich kann die binomischen Formeln anwenden.	**7** Gegeben sind Terme. a) Wende die 1. binomische Formel an. ① $(x + 1)^2$ ② $(2x + 1)^2$ ③ $(3x + 4)^2$ b) Wende die 2. binomische Formel an. ① $(x - 1)^2$ ② $(x - y)^2$ ③ $(2a - 3)^2$ c) Wende die 3. binomische Formel an. ① $(x + 1)(x - 1)$ ② $(x + 5)(x - 5)$	→ Seite 249 Nr. 48–50

Kompetenz	Aufgabe	Lies und übe:
8 Ich kann Gleichungen durch Äquivalenzumformungen lösen und die Probe durchführen.	**8** Löse die Gleichung durch Äquivalenzumformungen. Überprüfe deine Lösung mit Hilfe einer Probe. **Beispiel** $4x - 18 = -3x + 17 \quad \vert +18 \quad \vert +3x$ $7x = 35 \quad \vert :7$ $x = 5 \quad L = \{5\}$ Probe: $4 \cdot 5 - 18 = -3 \cdot 5 + 17$ $2 = 2$ ✓ a) $7x - 8 = 2x + 7$ b) $9x + 12 = 4x + 52$	→ Seite 249 Nr. 52
9 Ich kann die Nullstelle einer linearen Funktion berechnen.	**9** Berechne die Nullstelle der linearen Funktion. **Beispiel** $f(x) = -5x + 10$ Löse die Gleichung $f(x) = 0$ $-5x + 10 = 0 \quad \vert +5x$ $10 = 5x \quad \vert :5$ $2 = x$ Nullstelle: $x = 2$ a) $f(x) = 2x - 8$ b) $f(x) = 0{,}5x + 1$	→ Seite 252 Nr. 61
10 Ich kann zu einer Parabel den Scheitelpunkt und die Funktionsgleichung in Scheitelpunktform notieren.	**10** Notiere den Scheitelpunkt und die Funktionsgleichung in Scheitelpunktform. a) 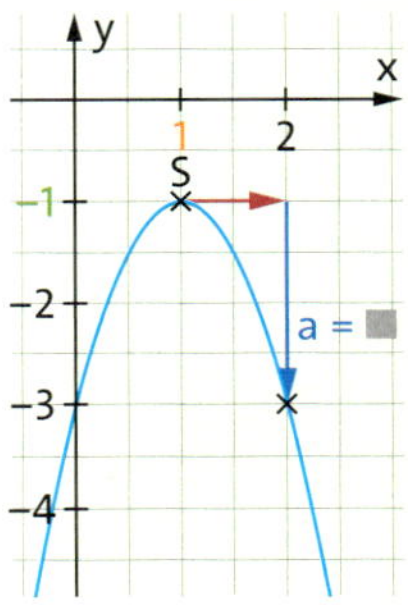 b) 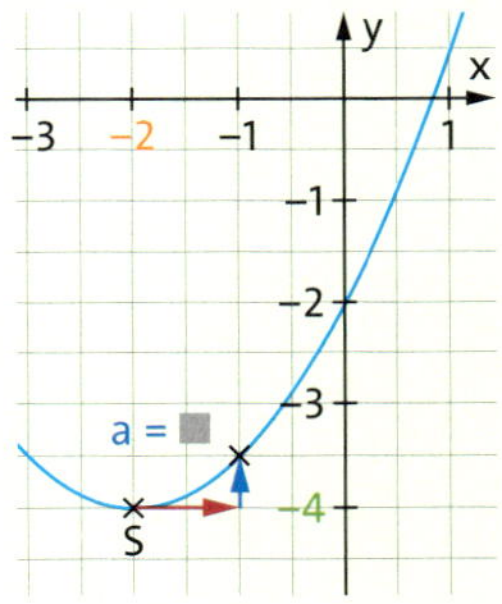	→ Seite 148 → Seite 150 Nr. 3
11 Ich kann eine Funktionsgleichung in Scheitelpunktform in die allgemeine Form umformen und umgekehrt.	**11** Forme die Funktionsgleichungen von … a) der Scheitelpunktform in die allgemeine Form um: ① $f(x) = (x + 5)^2 + 9$ ② $g(x) = 2(x - 4)^2 - 6$ b) der allgemeinen Form in die Scheitelpunktform um: ① $f(x) = x^2 + 8x + 12$ ② $g(x) = 7x^2 - 14x + 56$	→ Seite 148 → Seite 149 Nr. 2, 4
12 Ich kann Sachaufgaben zu quadratischen Funktionen lösen.	**12** Nino wirft einen Ball. Die Flugbahn des Balls hat ungefähr die Form einer Parabel mit $f(x) = -0{,}7(x - 2)^2 + 4{,}5$. Berechne, aus welcher Höhe Nino den Ball abwirft. 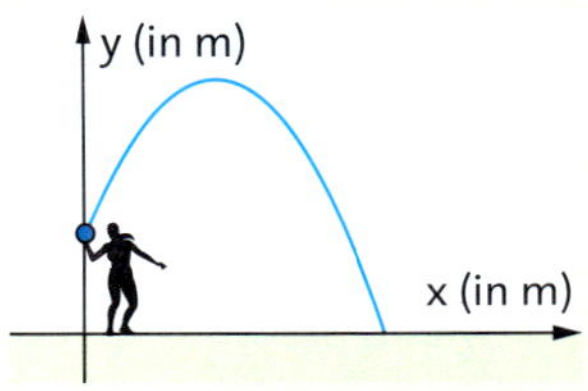 Setze x = 0 in die Funktionsgleichung ein.	→ Seite 250 Nr. 55

→ Lösungen auf Seite 285 und 286

Nullstellen von quadratischen Funktionen zeichnerisch bestimmen (Wdh.)

Schneidet der Graph die x-Achse, dann ist dort ein Schnittpunkt mit der x-Achse.
Der x-Wert des Schnittpunkts heißt **Nullstelle**. An dieser Stelle ist y = 0.
Der Graph einer quadratischen Funktion heißt **Parabel**.
Parabeln können **eine Nullstelle**, **zwei Nullstellen** oder **keine Nullstelle** haben.
Mit dem Fünf-Punkte-Verfahren kannst du Nullstellen von Parabeln zeichnerisch bestimmen. → Seite 156

1 Lies alle Nullstellen der Parabel ab. Notiere und beschreibe wie im Beispiel.

Beispiel
Die Parabel f schneidet die x-Achse zweimal.
Also gibt es zwei Nullstellen $x_1 = -1$ und $x_2 = 1$.

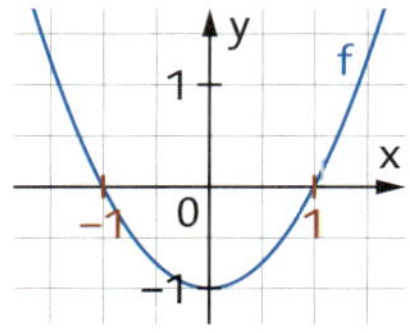

a)
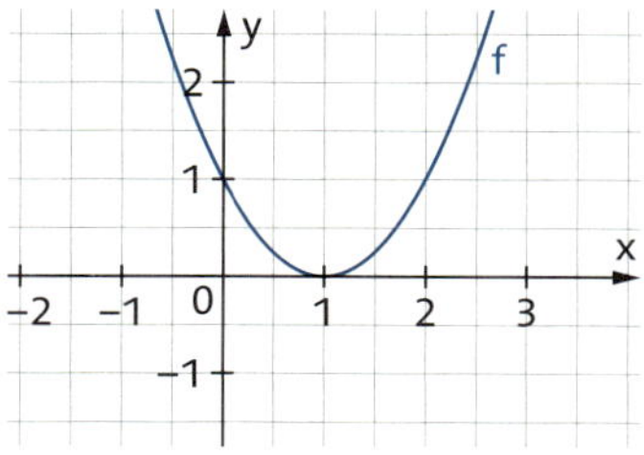

b)
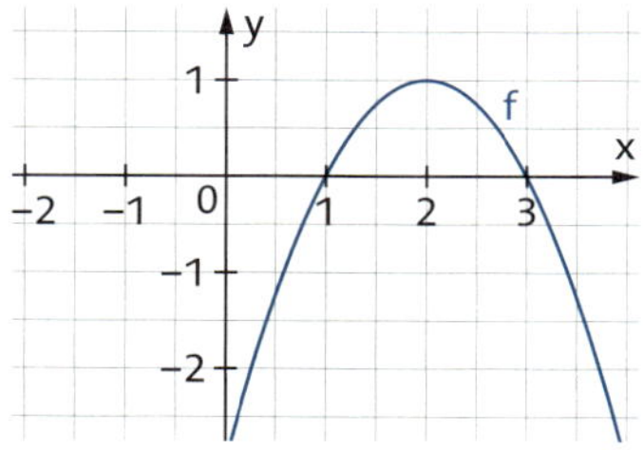

c)
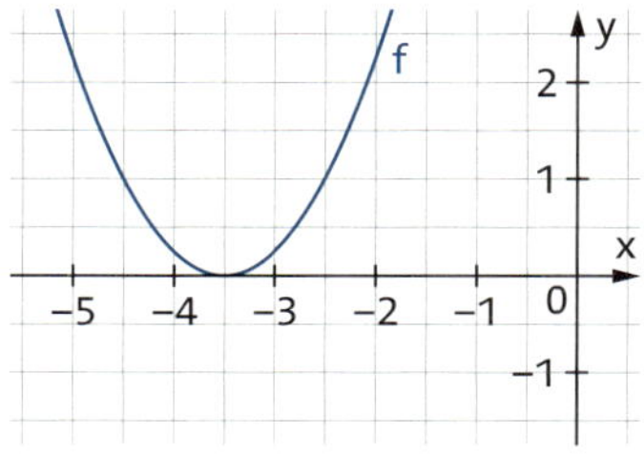

d)
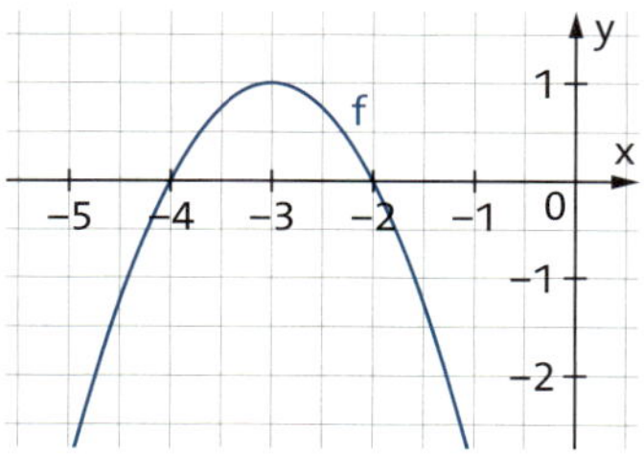

e)
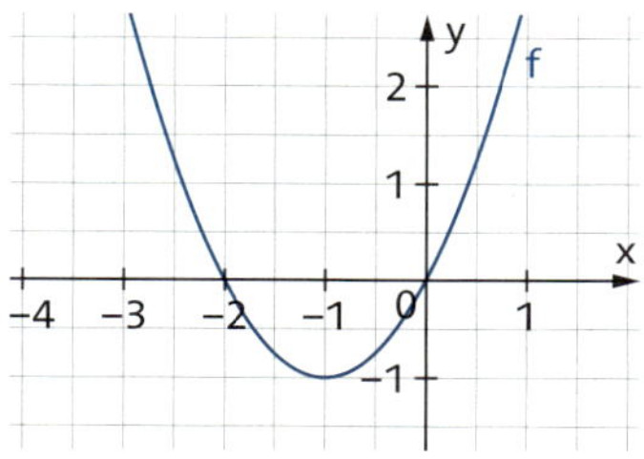

f)
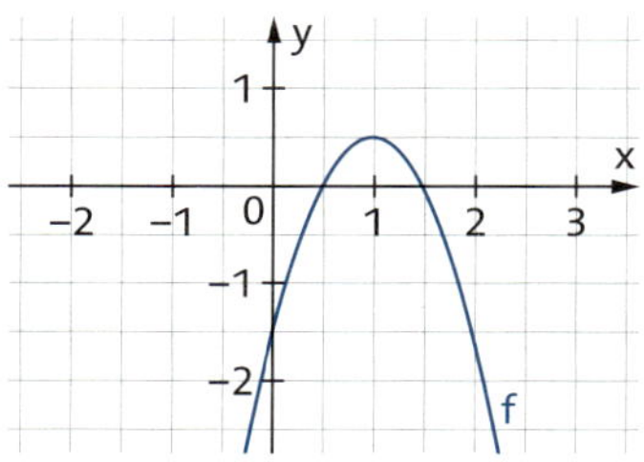

2 Zeichne zwei Parabeln, die keine Nullstellen haben. Beschreibe dein Vorgehen.

3 Lies den Scheitelpunkt an der Scheitelpunktform ab und notiere den Scheitelpunkt im Heft.
Zeichne die Parabel mit dem Fünf-Punkte-Verfahren.
Lies alle Nullstellen ab. Notiere die Nullstellen im Heft.

Beispiel $f(x) = (x + 2)^2 - 1$ Der Scheitelpunkt ist S(−2 | −1).
Zeichne die Parabel mit dem Fünf-Punkte-Verfahren.
Nullstellen: $x_1 = -3$, $x_2 = -1$

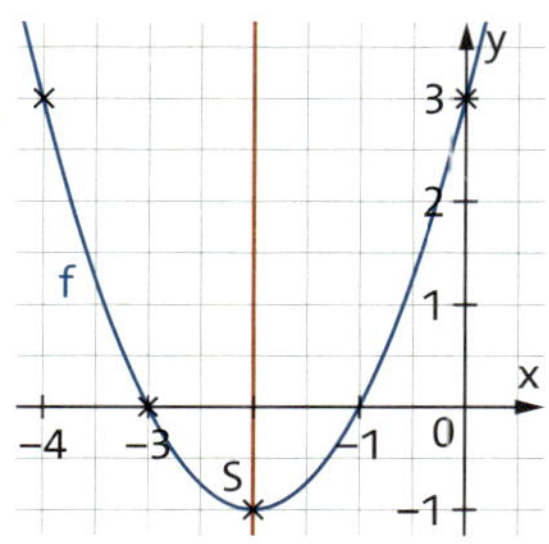

a) $f(x) = (x - 2)^2 - 1$
b) $f(x) = (x - 2)^2 - 4$
c) $f(x) = (x - 3)^2 - 4$
d) $f(x) = (x + 4)^2$
e) $f(x) = 0{,}5(x + 1)^2$
f) $f(x) = 2(x - 0{,}5)^2 + 2$

4 In Aufgabe 3 ist jede Parabel nach oben offen.
Ändere die jeweilige Funktionsgleichung so, dass die Parabel nach unten offen ist und die Nullstellen gleich bleiben.
a) Beschreibe, was du in der Funktionsgleichung geändert hast.
b) Notiere den Scheitelpunkt in deinem Heft.
Zeichne die dazugehörige Parabel mit dem Fünf-Punkte-Verfahren.

Nullstellen von quadratischen Funktionen mit einer DGS bestimmen

Manche Parabeln sind besonders schwer von Hand zu zeichnen und die Nullstellen lassen sich nicht genau ablesen. Dann kannst du die Parabel mit einer dynamischen Geometrie-Software (DGS) zeichnen.

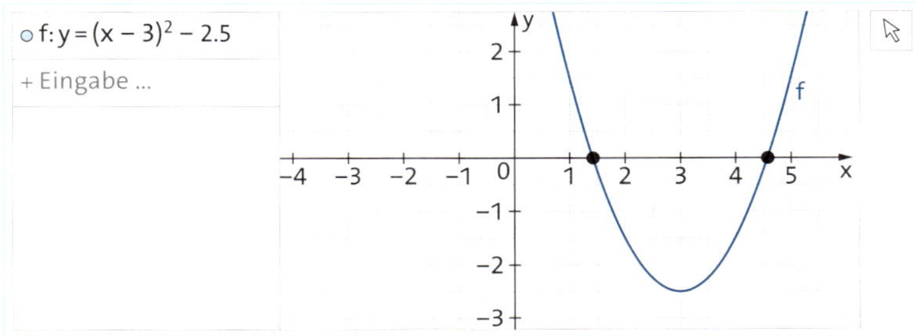

Wenn du in das Eingabefeld zum Beispiel $f(x) = (x-3)^2 - 2.5$ eingibst, zeichnet die Software die dazugehörige Parabel.
Eine Nullstelle erkennst du an der Markierung • auf der x-Achse.

Klicke nacheinander auf die beiden Nullstellen. Die DGS zeigt dir jeweils ein Wertepaar an.
Zum Beispiel sieht das Wertepaar (1,4188611699158 | 0) in einer DGS so aus: (1.4188611699158, 0).

①
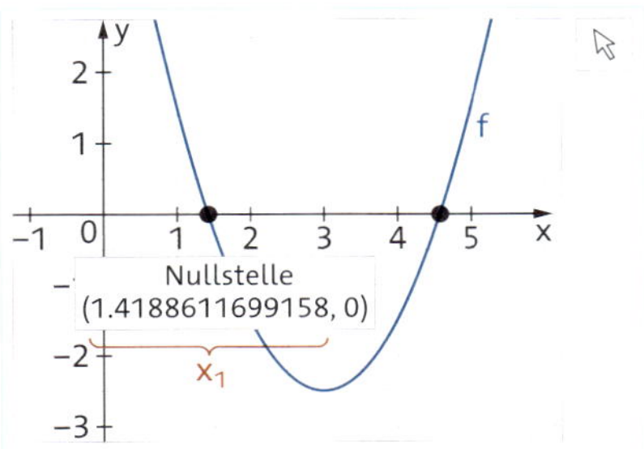

②
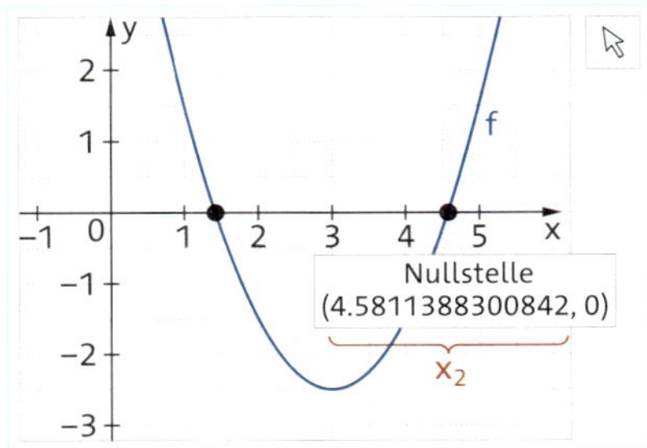

Der erste Wert in der Klammer ist der x-Wert und steht für die jeweilige Nullstelle.
Die beiden Nullstellen kannst du auf die zweite Nachkommastelle runden, also $x_1 \approx 1{,}42$ und $x_2 \approx 4{,}58$.

1 Wenn du eine Parabel nur schwer von Hand zeichnen kannst, dann lassen sich oftmals auch die Nullstellen nicht genau ablesen. Du benötigst eine DGS.
a) Für welche Funktionsgleichungen wählst du eine DGS? Begründe deine Entscheidung.
① $f(x) = (x - 0{,}01)^2 - 3$ ② $h(x) = 0{,}02x^2$ ③ $h(x) = 0{,}5x^2$ ④ $j(x) = 0{,}54x^2 - 2$ ⑤ $k(x) = x^2 - 0{,}2$
b) Zeichne zu den gewählten Funktionsgleichungen aus a) die Parabeln mit einer DGS. Lass dir dann die Nullstellen anzeigen. Notiere die Nullstellen in dein Heft. Runde auf die zweite Nachkommastelle.

2 Bestimme die Nullstellen mit einer DGS. Zeichne zuerst die Parabel mit einer DGS. Notiere die Nullstellen in dein Heft. Runde auf die zweite Nachkommastelle.
a) $f(x) = -(x-1)^2 + 2$ b) $f(x) = -0{,}5(x-1{,}5)^2 + 3$ c) $f(x) = 0{,}5(x-2)^2 - 3$
d) $f(x) = 1{,}2(x-3)^2 - 0{,}5$ e) $f(x) = -0{,}3(x+1{,}2)^2 + 10{,}2$ f) $f(x) = 10(x+0{,}5)^2 - 3{,}05$

3 Bestimme die Nullstellen der Parabel f mit einer DGS.
Der Scheitelpunkt der Parabel f ist S(3 | –2).
Stelle zuerst die Funktionsgleichung in der Scheitelpunktform $f(x) = a(x-d)^2 + e$ auf.
a) $a = 1$ b) $a = 0{,}2$ c) $a = 1{,}5$ d) $a = 2{,}1$

4 Madara sagt: „Die Nullstellen der quadratischen Funktion $f(x) = 2x^2 - 8$ kann ich so berechnen: Ich schreibe anstelle von f(x) die Null. Die Lösungen der Gleichung $0 = 2x^2 - 8$ sind die Nullstellen der Funktion.“ Begründe, warum Madaras Aussage stimmt.

Rein quadratische Gleichungen lösen

Mey hat die Parabel zu $f(x) = 2x^2 - 2$ gezeichnet.
Sie kann die Nullstellen ablesen.
Wie kann Mey die Nullstellen der Parabel f berechnen?

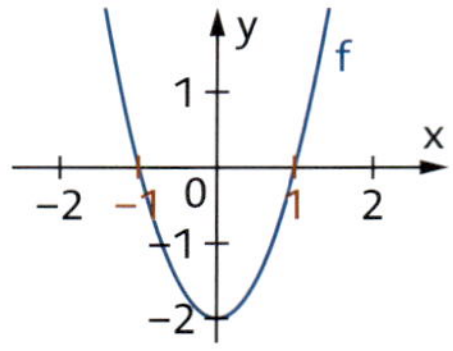

Bei einer Nullstelle ist der y-Wert immer null.

W

Die Nullstellen einer Parabel zu $f(x) = ax^2 + e$ sind die Lösungen der Gleichung $\mathbf{ax^2 + e = 0}$.

Wenn die Variable x nur als x^2 vorkommt, heißt die Gleichung $\mathbf{ax^2 + e = 0}$ **rein quadratische Gleichung**.

So löst du eine rein quadratische Gleichung:

1. Forme die rein quadratische Gleichung so um, dass $\mathbf{x^2}$ allein auf einer Seite der Gleichung steht.
2. Ziehe, wenn möglich, auf beiden Seiten die Wurzel. Berechne alle Lösungen.
3. Notiere die Lösungsmenge L. Ordne x_1 und x_2 in L der Größe nach. Beginne mit der kleinsten Zahl.

$f(x) = 2x^2 - 2$

Die Gleichung $2x^2 - 2 = 0$ ist eine rein quadratische Gleichung, weil die Variable x nur als x^2 vorkommt.

$2x^2 - 2 = 0 \quad | +2$
$2x^2 = 2 \quad | :2$
$x^2 = 1 \quad | \sqrt{\ }$
$x_1 = \sqrt{1} \qquad x_2 = -\sqrt{1}$
$x_1 = 1 \qquad x_2 = -1$
$L = \{-1; 1\}$

Also sind die Nullstellen der Parabel $x_1 = 1$ und $x_2 = -1$.

Für $x_1 = \sqrt{1}$ und $x_2 = -\sqrt{1}$ kannst du auch kurz $x_{1/2} = \pm\sqrt{1}$ schreiben.

▶ **Aufgabe** Löse die rein quadratische Gleichung $2x^2 - 8 = 0$.

▶ 1 ▶ 1 ▶ 1

Mey will die Anzahl der Lösungen einer rein quadratischen Gleichung einfach ermitteln.

W

Wenn in der Gleichung x^2 = Zahl gilt:

Die Zahl ist positiv, dann gibt es **zwei Lösungen**.

Die Parabel zu $f(x) = x^2 - 1$ hat **zwei Nullstellen**:

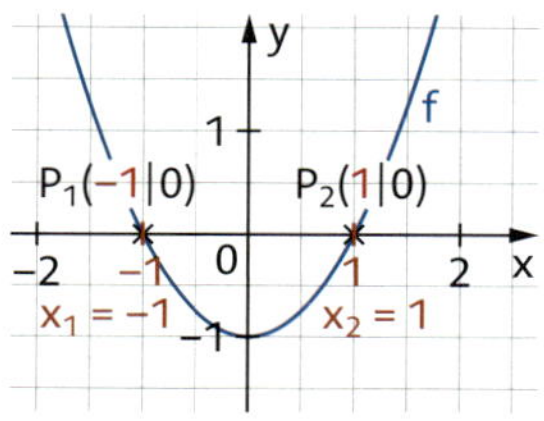

$x^2 - 1 = 0 \quad | +1$
$x^2 = 1 \quad | \sqrt{\ }$
$x_1 = \sqrt{1} = 1 \qquad x_2 = -\sqrt{1} = -1$

Die Gleichung $x^2 - 1 = 0$ hat **zwei Lösungen**: $L = \{-1; 1\}$.

Die Zahl ist null, dann gibt es **eine Lösung**.

Die Parabel zu $f(x) = x^2$ hat **eine Nullstelle**:

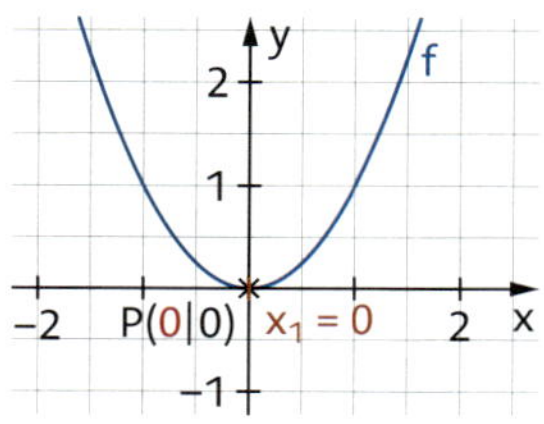

$x^2 = 0 \quad | \sqrt{\ }$
$x_1 = \sqrt{0} = 0 \qquad x_2 = -\sqrt{0} = 0$

Die Gleichung $x^2 = 0$ hat **eine Lösung**: $L = \{0\}$.

Die Zahl ist negativ, dann gibt es **keine Lösung**.

Die Parabel zu $f(x) = x^2 + 1$ hat **keine Nullstelle**:

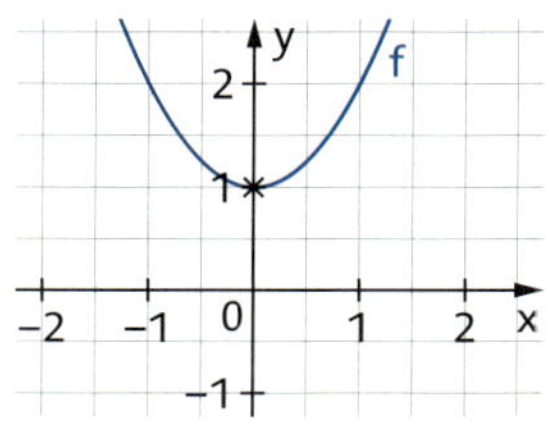

$x^2 + 1 = 0 \quad | -1$
$x^2 = -1 \quad | \sqrt{\ }$

Die Gleichung $x^2 + 1 = 0$ hat **keine Lösung**: $L = \{\ \}$.

▶ **Aufgabe** Notiere ohne zu rechnen, wie viele Lösungen die Gleichungen ① bis ④ haben.
① $x^2 = 9$ ② $x^2 = -4$ ③ $x^2 = 0$ ④ $x^2 - 0{,}5 = 0$

▶ 5 ▶ 6 ▶ 5

1 Ist die Gleichung eine rein quadratische Gleichung? Begründe.

a) $2x^2 + 8 = 0$ b) $2x - 10 = 8$
c) $0{,}5x^2 = 50$ d) $3x^2 + 4x - 2 = 0$

2 Überprüfe mit Hilfe einer Probe, ob x_1 und x_2 die Lösungen der Gleichung sind. Ergänze die Lücken mit passenden Zahlen im Heft.

a) $3x^2 - 12 = 0$ Lösungen: $x_1 = 2$, $x_2 = -2$
Probe für $x_1 = 2$: $3 \cdot \square^2 - 12 = 0$; $\square = 0$ ✓
Probe für $x_2 = -2$: $3 \cdot (-\square)^2 - 12 = 0$; $\square = 0$ ✓

b) $4x^2 - 4 = 0$ Lösungen: $x_1 = 1$, $x_2 = -1$
Probe für $x_1 = 1$: $4 \cdot \square^2 - \square = 0$; $\square = 0$ ✓
Probe für $x_2 = -1$: $4 \cdot (-\square)^2 - \square = 0$; $\square = 0$ ✓

c) $5x^2 - 45 = 0$ Lösungen: $x_1 = 3$, $x_2 = -3$
Probe für $x_1 = 3$: $\square \cdot \square^2 - \square = 0$; $\square = 0$ ✓
Probe für $x_2 = -3$: $\square \cdot (-\square)^2 - \square = 0$; $\square = 0$ ✓

3 Löse die Gleichung ohne Taschenrechner. Erkläre deine Vorgehensweise.

Beispiel $x^2 = 1{,}96 \quad |\sqrt{\ }$
$x_1 = \sqrt{1{,}96}$ und $x_2 = -\sqrt{1{,}96}$
$x_1 = 1{,}4$ und $x_2 = -1{,}4$

a) $x^2 = 64$ b) $x^2 = 100$
c) $x^2 = 169$ d) $x^2 = 1{,}21$
e) $x^2 = 1{,}44$ f) $x^2 = 0{,}04$

► 4

4 Forme die Gleichung zuerst um. Löse die Gleichung. Führe die Probe durch. Notiere auch die Lösungsmenge.

Beispiel $3x^2 = 147 \quad |:3$
$x^2 = 49 \quad |\sqrt{\ }$
$x_1 = \sqrt{49}$ und $x_2 = -\sqrt{49}$
$x_1 = 7$ und $x_2 = -7$
Probe für $x_1 = 7$ und $x_2 = -7$:
$3 \cdot 7^2 = 147$ $\quad 3 \cdot (-7)^2 = 147$
$3 \cdot 49 = 147$ $\quad 3 \cdot 49 = 147$
$147 = 147$ ✓ $\quad 147 = 147$ ✓ $\quad L = \{-7; 7\}$

a) $4x^2 = 900$ b) $6x^2 = 486$
c) $2x^2 = 512$ d) $2{,}1x^2 = 758{,}1$
e) $-3x^2 = -363$ f) $-x^2 = -0{,}81$
g) $\frac{1}{2}x^2 = 72$ h) $\frac{7}{4}x^2 = 63$

5 Welche quadratische Gleichung hat zwei Lösungen, eine Lösung, keine Lösung? Forme die Gleichung wie im Beispiel um. Formuliere einen passenden Satz.

Beispiel $5x^2 + 15 = 0 \quad |:5$
$x^2 + 3 = 0 \quad |-3$
$x^2 = -3 \quad |\sqrt{\ }$
Die Gleichung $5x^2 + 15 = 0$ hat keine Lösung.

a) $x^2 + 2 = 0$ b) $x^2 - 1 = 0$
c) $0{,}6x^2 = 0$ d) $x^2 - 9 = 0$
e) $4x^2 - 16 = 0$ f) $x^2 + 25 = 0$

► 6

6 Löse die Gleichung. Führe die Probe durch. Notiere die Lösungsmenge.

a) $x^2 - 44 = 125$ b) $x^2 + 39 = 264$
c) $x^2 + 31 = 152$ d) $2x^2 + 128 = 520$
e) $-3x^2 - 302 = -545$ f) $2{,}5x^2 - 286 = 714$

7 Vereinfache die Terme. Löse die Gleichung. Runde auf die zweite Nachkommastelle. Ordne die Lösungsmenge passend zu.

Beispiel $-3x^2 + 2 - 4x^2 = -18 + 6$
$-7x^2 + 2 = -12 \quad |-2$
$-7x^2 = -14 \quad |:(-7)$
$x^2 = 2 \quad |\sqrt{\ }$
$x_1 \approx 1{,}41$ und $x_2 \approx -1{,}41$
$L = \{-1{,}41; 1{,}41\}$

a) $3{,}6x^2 - 6 - 4 = -1$
b) $-3x^2 + 4 - 2x^2 = -14$
c) $-2x^2 - 2x^2 - 5{,}8 = -12 - 1$
d) $11x^2 - 10 + 7x^2 - 17 = -47 + 110$

$L = \{-2{,}24; 2{,}24\}$	$L = \{-1{,}34; 1{,}34\}$
$L = \{-1{,}90; 1{,}90\}$	$L = \{-1{,}58; 1{,}58\}$

► 8

8 Merle berechnet die Nullstellen von $f(x) = 0{,}5x^2 - 2$.
Sie notiert: $0{,}5x^2 - 2 = 0 \quad |+2$
...

a) Erklärt euch Merles Rechnung und führt sie im Heft zu Ende.
b) Berechne wie Merle die Nullstellen der quadratischen Funktionen.
① $f(x) = x^2 - 49$ ② $g(x) = 3x^2 - 12$
③ $h(x) = 10x^2 - 90$ ④ $j(x) = -0{,}25x^2 + 9$

Sprachhilfe zu **1**: Verwende: ist **eine/keine** rein quadratische Gleichung – die Variable x nur als x^2\x vorkommt
Hinweis zu **7**: Verwende bei gerundeten Zahlen das Ungefährzeichen ≈ statt des Gleichheitszeichens =.

1 Ist die Gleichung eine rein quadratische Gleichung? Begründe.

a) $\frac{1}{4}x^2 - 5 = 0$ b) $2x - 8 = -9$
c) $3x + 7 - 4x = 12$ d) $4x^2 - 16x = -1$

2 Überprüfe mit Hilfe einer Probe, ob x_1 und x_2 die Lösungen der Gleichung sind.

Beispiel $4x^2 - 4 = 0$ $x_1 = 1$; $x_2 = -1$

Probe für $x_1 = 1$: $4 \cdot 1^2 - 4 = 0$; $4 - 4 = 0$; $0 = 0$ ✓
Probe für $x_2 = -1$: $4 \cdot (-1)^2 - 4 = 0$; $4 - 4 = 0$; $0 = 0$ ✓

a) $2x^2 - 0{,}5 = 0$ $x_1 = 0{,}5$; $x_2 = -0{,}5$
b) $2x^2 - 32 = 0$ $x_1 = 4$; $x_2 = -4$
c) $4x^2 - 9 = 0$ $x_1 = 1{,}5$; $x_2 = -1{,}5$

▸ 3 ⊠

3 Löse die Gleichung ohne Taschenrechner.

Beispiel $x^2 = \frac{4}{25}$ $|\sqrt{\ }$

$x_1 = \sqrt{\frac{4}{25}} = \frac{2}{5}$; $x_2 = -\sqrt{\frac{4}{25}} = -\frac{2}{5}$

a) $x^2 = 81$ b) $x^2 = 196$ c) $x^2 = 0{,}09$
d) $x^2 = 0{,}16$ e) $x^2 = \frac{1}{4}$ f) $x^2 = \frac{81}{256}$

4 Forme die Gleichung zuerst um.
Löse die Gleichung ohne Taschenrechner.

Beispiel $-3x^2 = -48$ $|:(-3)$
$x^2 = 16$ $|\sqrt{\ }$
…

a) $4x^2 = 400$ b) $5x^2 = 605$
c) $x^2 - 289 = 0$ d) $-x^2 = -0{,}01$
e) $10x^2 - 16{,}9 = 0$ f) $-\frac{1}{2}x^2 + 72 = 0$

▸ 5 ⊠

5 Forme die Gleichung zuerst um.
Löse die Gleichung. Führe die Probe durch.
Notiere die Lösungsmenge.

Beispiel $0{,}5x^2 - 50 = 150$ $|+50$
$0{,}5x^2 = 200$ $|:0{,}5$
$x^2 = 400$ $|\sqrt{\ }$
…

a) $4x^2 - 49 = 0$ b) $2x^2 - 882 = 0$
c) $2x^2 + 8 = 520$ d) $-3x^2 - 30 = -1617$
e) $3x^2 + 2{,}48 = 17$ f) $-2x^2 - 4{,}48 = -24{,}96$

6 Notiere, welche Gleichungen keine Lösung haben. Begründe deine Entscheidung.

① $x^2 = 36$ ② $x^2 = -81$ ③ $x^2 + 6 = 0$

7 Überprüfe rechnerisch, ob die quadratische Gleichung zwei Lösungen, eine oder keine Lösung hat. Notiere die Lösungsmenge.

L = {□; □} L = {0} L = { }

a) $x^2 - 289 = 0$ b) $3x^2 - 15 = -15$
c) $x^2 - 265 = -264$ d) $2x^2 - 80{,}5 = -40$

▸ 7 ⊠

8 Vereinfache die Terme. Löse die Gleichung. Runde auf die zweite Nachkommastelle.

Beispiel $14x^2 - 17{,}5x^2 = 4{,}5x^2 - 3{,}6$
$-3{,}5x^2 = 4{,}5x^2 - 3{,}6$ $|-4{,}5x^2$
…

a) $17x^2 - 21{,}2 - 12{,}5x^2 = 2{,}5x^2$
b) $-5x^2 + 50 - 7x^2 - 2{,}6 = -9x^2$
c) $-12{,}8 + 12{,}6x^2 - 15{,}7 = -2{,}2x^2 - 5 + 12{,}5x^2$

9 Kian zeichnet die Parabel zu $f(x) = 0{,}25x^2 - 1$.

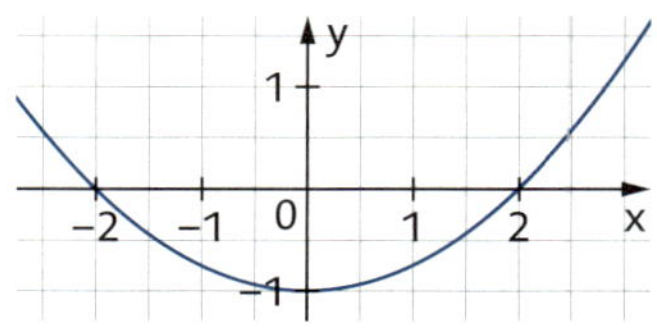

a) Lies alle Nullstellen ab.
Notiere die Nullstellen im Heft.
b) Kian berechnet die Nullstellen der Parabel f mit der Gleichung $0{,}25x^2 - 1 = 0$.
① Führe die Rechnung von Kian zu Ende.
② Erkläre den Zusammenhang zwischen der Anzahl der Lösungen der quadratischen Gleichung und den Nullstellen der Parabel.
c) Finde zeichnerisch jeweils eine rein quadratische Gleichung mit …

Ⓐ Lösungen: −1 und 1 Ⓑ keiner Lösung

10 Berechne die Nullstellen der Funktion.

a) $f(x) = 0{,}3x^2 - 4{,}8$ b) $f(x) = 2{,}5x^2 - 0{,}625$
c) $f(x) = -0{,}01x^2 + 4$ d) $f(x) = -5x^2 + 0{,}3125$

11 Ordne ① und ② jeweils eine Gleichung passend zu. Löse die Gleichungen.

① Quadriere die Zahl x und addiere 12. Du erhältst 208.
② Vervierfache das Quadrat der Zahl x und addiere 12. Du erhältst 208.

$4x^2 + 12 = 208$ $x^2 + 12 = 208$ $2x^2 - 12 = 208$

Sprachhilfe zu **1**: Die Gleichung ist eine/keine rein quadratische Gleichung, weil die Variable x nur als x^2 / x vorkommt.
Sprachhilfe zu **6**: Verwende die Wörter: Wert unter der Wurzel – negativ – keine Lösung

1 Ist die Gleichung eine rein quadratische Gleichung, eine lineare Gleichung oder keins von beidem? Begründe.

a) $-2x^2 + 4 = -1$ b) $4x - 8 = 3x$
c) $0{,}5x^2 + 2 = 0{,}5x^2 - 2x$ d) $3x^2 + 3x = -0{,}5$

2 ▼ Die Nullstellen einer Parabel kannst du mit einer quadratischen Gleichung berechnen.

a) Ordne jeder Parabel f eine quadratische Gleichung passend zu.
b) Lies die Nullstellen an der Parabel f ab. Überprüfe mit der Probe, ob die Nullstellen als Lösungen der Gleichung richtig sind.

① 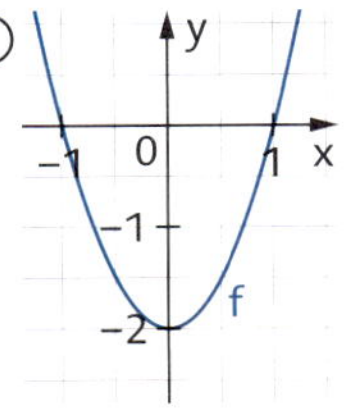

② 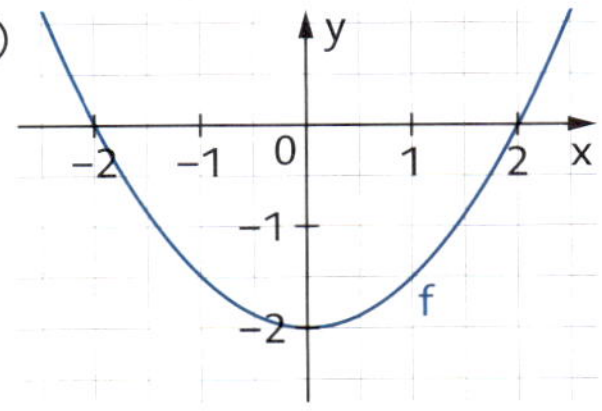

③ 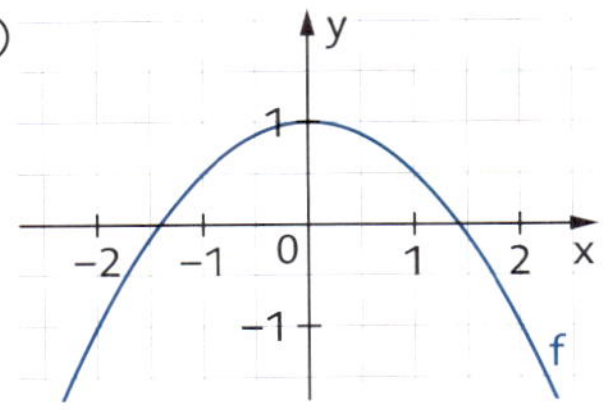

Ⓐ $0{,}5x^2 - 2 = 0$

Ⓑ $-0{,}5x^2 + 1 = 0$

Ⓒ $2x^2 - 2 = 0$

3 Forme die Gleichung zuerst um.
Löse die Gleichung ohne Taschenrechner.

a) $x^2 - 225 = 0$ b) $3x^2 - 0{,}03 = 0$
c) $2x^2 - 648 = 0$ d) $-0{,}5x^2 + 34 = -38$
e) $-x^2 + \frac{289}{324} = 0$ f) $-1{,}5x^2 + 19 = 0{,}5x^2 + 1$

4 Denkt euch jeweils 5 rein quadratische Gleichungen aus und schreibt sie auf ein Blatt Papier. Tauscht die Blätter.
Löst die Gleichungen.
Überprüft gemeinsam eure Lösungen.

5 Ivo sagt: „Eine quadratische Gleichung hat zwei Lösungen, eine oder keine Lösung."

a) Hat Ivo Recht? Begründe.
b) Zeichne zu Ivos Aussage drei passende Parabeln. Notiere die dazugehörigen quadratischen Gleichungen.

6 ▼ Ayla und Neo lösen $x^2 - 256 = 0$.

Ayla: $x^2 - 256 = 0$ | $+256$
$x^2 = 256$ | $\sqrt{\ }$
$x_1 = 16$ $x_2 = -16$ $L = \{-16;\ 16\}$

Neo: $x^2 - 256 = 0$ | 3. binomische Formel
$(x - 16) \cdot (x + 16) = 0$
$x_1 - 16 = 0$ | $+16$ $x_2 + 16 = 0$ | -16
$x_1 = 16$ $x_2 = -16$ $L = \{-16;\ 16\}$

a) Vergleicht die beiden Rechenwege.
b) Beschreibt euch gegenseitig Neos Vorgehensweise. Verwendet Fachbegriffe.
c) Löst jeweils wie Neo die Gleichungen.
① $x^2 - 81 = 0$ ② $x^2 - 361 = 0$
③ $4x^2 - 169 = 0$ ④ $0{,}25x^2 - 0{,}0121 = 0$

7 Lies direkt aus der Gleichung ab, wie viele Lösungen die Gleichung hat. Begründe.
Notiere die Lösungsmenge.

a) $x^2 = 25$ b) $-x^2 = 100$
c) $(x - 3) \cdot (x + 3) = 0$ d) $-4x^2 = -1$

8 Löse die Gleichung.
Runde auf die zweite Nachkommastelle.

a) $-12x^2 + 7 = -8 + 15x^2 + 11$
b) $8{,}5x^2 - 3 - 2{,}5x^2 + 5 = 3x^2 + 4 - 6{,}5x^2$
c) $-\frac{3}{5}x^2 + \frac{3}{4} + \frac{7}{10}x^2 = -\frac{7}{5} + x^2$

9 Gegeben sind die Nullstellen einer nach oben oder unten verschobenen Normalparabel f.
Notiere eine passende quadratische Gleichung.

a) $x_1 = -2;\ x_2 = 2$ b) $x_1 = -0{,}5;\ x_2 = 0{,}5$
c) $x_1 = -\frac{1}{8};\ x_2 = \frac{1}{8}$ d) $x_1 = -\sqrt{2};\ x_2 = \sqrt{2}$

10 Zoe springt von einem Sprungturm ins Wasser.
Ihr Sprung wird ungefähr durch
$f(x) = -\frac{500}{841}x^2 + 5$
beschrieben.
Berechne, wie weit Zoe vom Rand entfernt ins Wasser eintaucht.

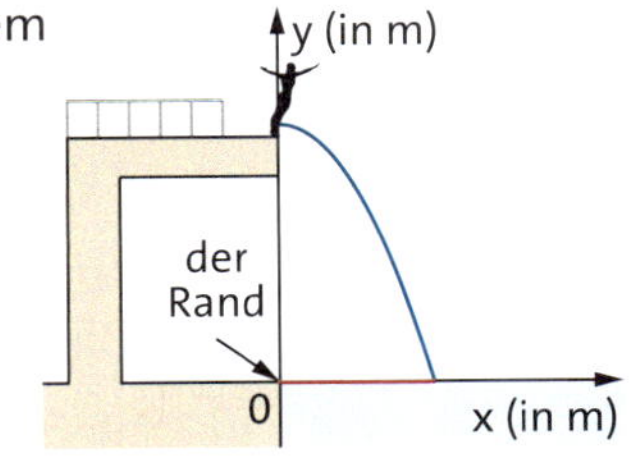

Sprachhilfe zu **2**: Setze jeweils die abgelesenen Nullstellen x_1 und x_2 für x in die quadratische Gleichung ein. Überprüfe, ob die beiden Seiten den gleichen Wert haben.

Sprachhilfe zu **6**: Ein Produkt ist genau dann 0, wenn einer der Faktoren 0 ist.

Allgemein quadratische Gleichungen lösen

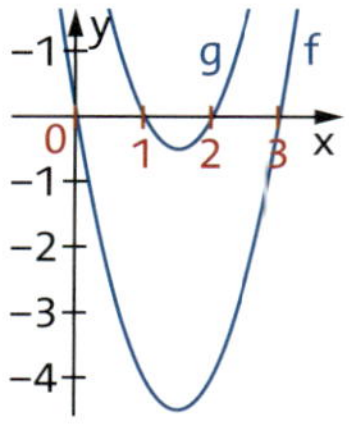

Mateo soll die Nullstellen der Parabeln f und g berechnen.
Gegeben sind $f(x) = 2x^2 - 6x$ und $g(x) = 2x^2 - 6x + 4$.
Mateo stellt die beiden Gleichungen auf:
$2x^2 - 6x = 0$ und $2x^2 - 6x + 4 = 0$.
Wie kann Mateo Gleichungen lösen, in denen neben x^2 auch x vorkommt?

*Ein Produkt ist 0, wenn ein Faktor 0 ist. Dieser Satz heißt auch **Satz vom Nullprodukt**.*

W

Gleichungen der Form $\mathbf{ax^2 + bx + c = 0}$ heißen **allgemein quadratische Gleichungen**.
In einer allgemein quadratischen Gleichung kann **c = 0** oder **c ≠ 0** sein.
Wenn **c = 0**, kannst du in der Gleichung $ax^2 + bx = 0$ das **x ausklammern**:

1. Klammere x in der Gleichung $ax^2 + bx = 0$ aus.
   Du erhältst ein Produkt aus 2 Faktoren: $\underbrace{x}_{\text{1. Faktor}} \cdot \underbrace{(ax + b)}_{\text{2. Faktor}} = 0$
2. Verwende: Ein Produkt ist 0, wenn ein Faktor 0 ist.
   Setze dazu die beiden Faktoren gleich 0.
   Du erhältst 2 Gleichungen: $x_1 = 0$ und $ax_2 + b = 0$.
3. Stelle die zweite Gleichungen nach x_2 um.
   Berechne die Lösung.
4. Notiere die Lösungsmenge L.

$2x^2 - 6x = 0 \quad |$ *x ausklammern*
$x \cdot (2x - 6) = 0$

$x_1 = 0 \qquad 2x_2 - 6 = 0 \quad | +6$
$2x_2 = 6 \quad | :2$
$x_2 = 3$

$L = \{0; 3\}$

▶ **Aufgabe** Klammere x aus und löse die Gleichung $2x^2 - 8x = 0$.

▶ 1 ▶ 1 ▶ 1

In der allgemein quadratischen Gleichung $2x^2 - 6x + 4 = 0$ ist $c = 4$.
Also ist c ungleich null. Wie kann Mateo eine solche Gleichung lösen?

Die Gleichung in der Form $\mathbf{x^2 + px + q = 0}$ *heißt die **Normalform**.*

W

Wenn in einer allgemein quadratischen Gleichung **c ≠ 0** ist,
kannst du die Gleichung $ax^2 + bx + c = 0$ mit einer **quadratischen Ergänzung** lösen:

1. Dividiere durch a, falls nötig.
   Du erhältst $x^2 + px + q = 0$.
2. Addiere und subtrahiere $\left(\frac{p}{2}\right)^2$.
3. Wende die Umkehrung der 1. oder 2. binomischen Formel an.
   Fasse zusammen, falls nötig.
4. Forme die Gleichung um.
   Ziehe die Wurzel.
5. Berechne die Lösungen x_1 und x_2.
6. Notiere die Lösungsmenge L.

$2x^2 - 6x + 4 = 0 \quad | :2$
$x^2 - 3x + 2 = 0 \quad |$ *quadratische Ergänzung*
$x^2 - 3x + \left(\frac{-3}{2}\right)^2 - \left(\frac{-3}{2}\right)^2 + 2 = 0$
$\underbrace{x^2 - 3x + \mathbf{2{,}25}}\ \underbrace{\mathbf{- 2{,}25} + 2} = 0$
$(x - 1{,}5)^2 - 0{,}25 = 0 \quad | +0{,}25$
$(x - 1{,}5)^2 = 0{,}25 \quad | \sqrt{\ }$

$x_1 - 1{,}5 = 0{,}5 \quad | +1{,}5 \qquad x_2 - 1{,}5 = -0{,}5 \quad | +1{,}5$
$x_1 = 2 \qquad x_2 = 1$

$L = \{1; 2\}$

▶ **Aufgabe** Löse die Gleichung $2x^2 - 8x + 6 = 0$ mit einer quadratischen Ergänzung.

▶ 5 ▶ 6 ▶ 6

1 Cem sagt: „In der allgemein quadratischen Gleichung $4x^2 + 5x = 0$ ist c gleich 0, also kann ich x ausklammern und die Gleichung lösen."

a) Hat Cem Recht? Erkläre.

b) Kannst du die quadratischen Gleichungen durch Ausklammern lösen?
Formuliere jeweils einen Satz im Heft.

① $3x^2 + 5x - 8 = 0$ ② $-0{,}5x^2 + 2x = 0$
③ $x^2 - 7x = 0$ ④ $-x^2 + x + 0{,}5 = 0$

2 Ordne der Gleichung ein Kärtchen passend zu. Klammere dazu x aus.

a) $4x^2 + 5x = 0$ b) $3x^2 - 4x = 0$
c) $x^2 + 2x = 0$ d) $4x^2 + 3x = 0$

① $x \cdot (x + 2) = 0$ ② $x \cdot (3x - 4) = 0$
③ $x \cdot (4x + 3) = 0$ ④ $x \cdot (4x + 5) = 0$

3 Klammere x aus und löse die Gleichung.

Beispiel $2x^2 - 5x = 0$ | *x ausklammern*
$x \cdot (2x - 5) = 0$
$x_1 = 0$ $2x_2 - 5 = 0$ | $+5$
$2x_2 = 5$ | $:2$
$x_2 = 2{,}5$ $L = \{0; 2{,}5\}$

a) $x^2 - 5x = 0$ b) $2x^2 + 7x = 0$

4 Forme zuerst die Gleichung so um, dass du x ausklammern kannst. Löse dann die Gleichung. Notiere auch die Lösungsmenge.

Beispiel $3x^2 = 3x$ | $-3x$
$3x^2 - 3x = 0$ | *x ausklammern*
$x \cdot (3x - 3) = 0$
...

a) $4x^2 = 8x$ b) $5x^2 = 15x$
c) $2{,}4x^2 = 12x$ d) $0{,}2x^2 = 0{,}6x$

▶ 4

5 Wende zuerst die Umkehrung der 1. oder 2. binomischen Formel an.
Ziehe dann die Wurzel. Löse die Gleichung.

Beispiel $x^2 - 6x + 9 = 0$
$(x - 3)^2 = 0$ | $\sqrt{\ }$
$x - 3 = 0$ | $+3$
$x = 3$ $L = \{3\}$

a) $x^2 - 10x + 25 = 0$ b) $x^2 + 24x + 144 = 0$

6 Bo löst die Gleichung $x^2 - 6x - 7 = 0$.

$x^2 - 6x - 7 = 0$ | *quadratische Ergänzung*
$x^2 - 6x + \left(\frac{-6}{2}\right)^2 - \left(\frac{-6}{2}\right)^2 - 7 = 0$
$x^2 - 6x + \mathbf{9} - \mathbf{9} - 7 = 0$
$(x - 3)^2 - 16 = 0$ | $+16$
$(x - 3)^2 = 16$ | $\sqrt{\ }$
$x_1 - 3 = 4$ | $+3$ $x_2 - 3 = -4$ | $+3$
$x_1 = 7$ $x_2 = -1$ $L = \{-1; 7\}$

a) Erklärt euch gegenseitig Bos Rechenschritte.

b) Löst jeweils die Gleichungen ① bis ④ wie Bo. Überprüft eure Lösungen.

① $x^2 + 6x + 8 = 0$ ② $x^2 + 4x - 12 = 0$
③ $x^2 - 8x + 12 = 0$ ③ $x^2 + 10x + 9 = 0$

7 Löse die Gleichung mit einer quadratischen Ergänzung. Notiere die Lösungsmenge.
Runde auf die zweite Nachkommastelle.

Beispiel $2x^2 + 16x + 10 = 0$ | $:2$
$x^2 + 8x + 5 = 0$ | *quadratische Ergänzung*
$x^2 + 8x + \left(\frac{8}{2}\right)^2 - \left(\frac{8}{2}\right)^2 + 5 = 0$
...

a) $2x^2 + 4x - 8 = 0$ b) $3x^2 + 12x + 9 = 0$
c) $6x^2 + 18x - 6 = 0$ d) $4x^2 - 12x - 8 = 0$

8 Gegeben sind die Parabeln f und g mit $f(x) = x^2 - 3x$ und $g(x) = x^2 + 2x - 3$.

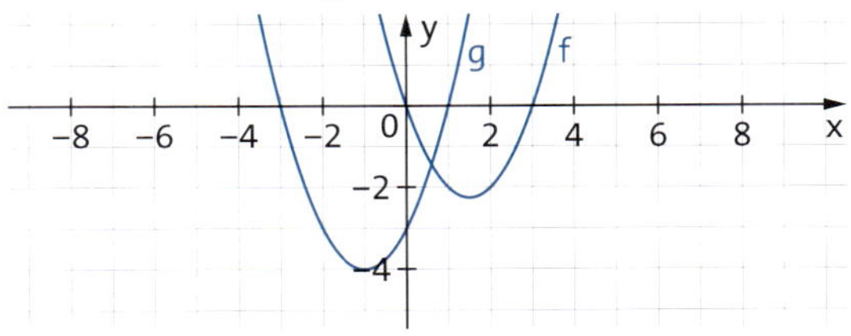

a) Notiere die Nullstellen der Parabeln f und g.

b) Überprüfe rechnerisch, ob die Nullstellen richtig sind. Stelle dazu die passende Gleichung auf. Führe dann die Probe durch.

▶ 8

9 Berechne die Nullstellen der Funktion.

a) $f(x) = x^2 - 2x$ b) $f(x) = x^2 - 6x + 5$

c) Überprüfe graphisch deine Lösungen. Zeichne dazu die Parabel zu f aus a) und b). Lies die Nullstellen ab.

Sprachhilfe zu **1**: Verwende: c ist gleich/nicht gleich null. – Ich kann/Ich kann nicht – die Gleichung – ausklammern

Sprachhilfe zu **6**: Verwende: die quadratische Ergänzung – die Umkehrung der binomischen Formel – die Wurzel ziehen – zusammenfassen

1 Welche quadratische Gleichung kannst du durch Ausklammern lösen? Begründe.

a) $3x^2 + 5x - 2 = 0$ b) $-3x^2 + 0{,}4x = 0$
c) $4 + 3x - 0{,}5x^2 = 0$ d) $8x - 2x^2 = 0$

2 Löse die quadratische Gleichung durch Ausklammern. Ergänze die Lücken mit passenden Zahlen im Heft.

a) $x^2 - 3x = 0$ | *x ausklammern*
$x \cdot (x - \square) = \square$
$x_1 = \square$ $x_2 - \square = 0$ | +3
$x_2 = \square$ $L = \{0; \square\}$

b) $2x^2 + 8x = 0$ | □ *ausklammern*
$x \cdot (2x + \square) = 0$
$x_1 = \square$ $\square x_2 + 8 = 0$ | −8
$\square x_2 = -\square$ | : 2
$x_2 = -\square$ $L = \{\square; \square\}$

3 Löse die quadratische Gleichung. Klammere zuerst x aus. Notiere die Lösungsmenge.

a) $x^2 - 11x = 0$ b) $x^2 + 3{,}4x = 0$
c) $-7x + x^2 = 0$ d) $2{,}1x + x^2 = 0$

4 Löse die Gleichung wie im Beispiel.

Beispiel $5x^2 - 17x = -7x$ | +7x
$5x^2 - 10x = 0$ | *x ausklammern*
$x \cdot (5x - 10) = 0$
$x_1 = 0$ $5x_2 - 10 = 0$ | +10 | : 5
$x_2 = 2$ $L = \{0; 2\}$

a) $6x^2 + 24x = -6x$ b) $-12x + 3x^2 = 9x^2$
c) $-7x^2 - 8x = -29x$ d) $8{,}5x + 2x^2 = 1{,}5x^2$

► 4 ☒

5 Ordne jeder Gleichung ① bis ④ den passenden Graphen zu. Notiere die Lösungsmenge. Beschreibe deine Vorgehensweise.

① $x^2 + 1{,}5x = 0$ ② $x \cdot (x - 1) = 0$
③ $x^2 + 2x = 0$ ④ $x \cdot (x - 2) = 0$

Ⓐ
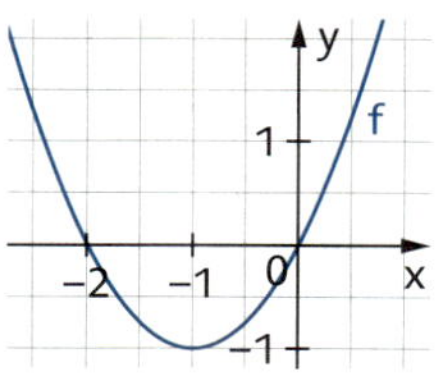

Ⓑ
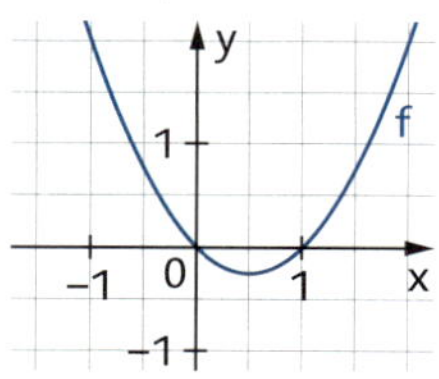

Ⓒ
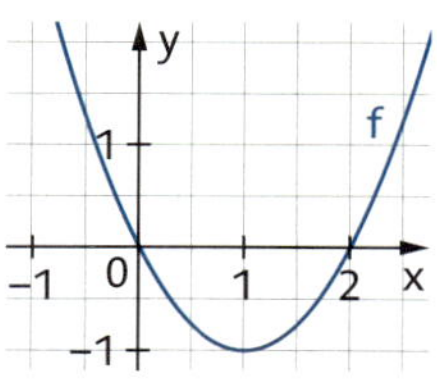

Ⓓ
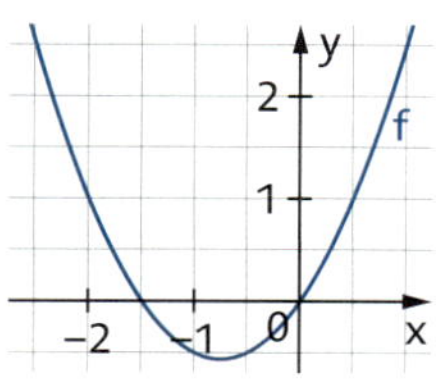

6 Die allgemein quadratische Gleichung $3x^2 + 18x - 21 = 0$ kannst du mit einer quadratischen Ergänzung lösen.

a) Ergänze zuerst die Lücken mit passenden Zahlen. Führe dann die Rechnung zu Ende.
$3x^2 + 18x - 21 = 0$ | : □
$x^2 + \square x - \square = 0$ | *quadratische Ergänzung*
$x^2 + \square x + \left(\frac{6}{2}\right)^2 - \left(\frac{\square}{2}\right)^2 - 7 = 0$
$(x + \square)^2 \quad -16 = 0$ | + 16
$(x + \square)^2 = 16$ | $\sqrt{\ }$
$x_1 + \square = 4$ $x_2 + \square = -4$
…

b) 👥 Überprüft mit einer Probe, ob x_1 und x_2 aus a) die Lösungen der Gleichung sind.

c) 👥 Erklärt euch gegenseitig die Rechenschritte aus a). Verwendet Fachbegriffe.

d) 👥 Löst jeweils die Gleichungen. Überprüft eure Ergebnisse.
① $x^2 + 8x - 65 = 0$ ② $x^2 + 14x + 13 = 0$

► 7 ☒

7 Löse mit einer quadratischen Ergänzung. Forme zuerst in die Normalform $x^2 + px + q = 0$ um. Führe die Probe durch.

a) $2x^2 + 12x + 10 = 0$ b) $3x^2 + 30x + 27 = 0$
c) $2x^2 + 8x - 24 = 0$ d) $-3x^2 - 24x - 45 = 0$

8 Hannes löst die Gleichung $-0{,}5x^2 - 2x = -16$.

$-0{,}5x^2 - 2x = -16$ | + 16
$-0{,}5x^2 - 2x + 16 = 0$ | : (−0,5)
$x^2 + 4x - 32 = 0$ | *quadratische Ergänzung*

a) Erkläre Hannes Rechenschritte. Führe seine Rechnung zu Ende.

b) Löse die Gleichungen wie Hannes.
① $6x^2 - 21x = -18$ ② $0{,}25x^2 - x = 8$

► 9 ☒

9 Löse die Zahlenrätsel ① und ②. Stelle jeweils eine quadratische Gleichung auf und berechne x. Führe die Probe durch.

① Quadriere die gesuchte Zahl x und addiere dazu das Vierfache dieser Zahl. Du erhältst null.

② Addiere zum Quadrat der gesuchten Zahl x ihr Doppeltes. Du erhältst 8.

10 👥 Überlegt euch einzeln drei allgemeine quadratische Gleichungen. Notiert dazu jeweils ein passendes Zahlenrätsel. Tauscht eure Blätter und löst die Zahlenrätsel. Überprüft gemeinsam eure Lösungen.

1 Gegeben sind 4 quadratische Gleichungen.

① $3x^2 + 4x = -9$ ② $-x^2 + 2x + 4 = -5x + 4$

③ $-3x(x + 2) = 1$ ④ $(x + 3)(x - 2) = -6$

a) Forme ① bis ④ in die Normalform $ax^2 + bx + c = 0$ um.

b) Welche der Gleichungen ① bis ④ kannst du durch Ausklammern lösen? Begründe.

2 Löse die quadratische Gleichung. Klammere x aus. Notiere die Lösungsmenge.

Beispiel $3x^2 = 8x$ $| -8x$

$3x^2 - 8x = 0$ | x *ausklammern*

$x \cdot (3x - 8) = 0$

$x_1 = 0$ $3x_2 - 8 = 0$ $| +8$ $| :3$

$x_2 = \frac{8}{3}$ $L = \left\{0; \frac{8}{3}\right\}$

a) $x^2 = 5{,}5x$ b) $-7x = 2x^2$

c) $3x - 6x^2 = 5x$ d) $2x^2 - 6x = -4x^2$

e) $-3{,}5x^2 + 4x = 12x + 2{,}5x^2 - 3x$

3 Beschreibe und korrigiere den Fehler im Heft.

$\frac{1}{2}x^2 = 5x$ $| -5x$

$\frac{1}{2}x^2 - 5x = 0$ $| :2$

$x^2 - 2{,}5x = 0$ | x *ausklammern*

$x \cdot (x - 2{,}5) = 0$

$x_1 = 0$ $x_2 - 2{,}5 = 0$ $| +2{,}5$

$x_2 = 2{,}5$ $L = \{0; 2{,}5\}$

4 Evi und Joris lösen die Gleichung $3x^2 - 9x = 0$.

Evis Rechenweg:

$3x^2 - 9x = 0$

$3x \cdot (x - 3) = 0$

$3x_1 = 0$ $x_2 - 3 = 0$

$x_1 = 0$ $x_2 = 3$

Joris Rechenweg:

$3x^2 - 9x = 0$ $| :3$

$x^2 - 3x = 0$

$x \cdot (x - 3) = 0$

$x_1 = 0$ $x_2 - 3 = 0$

$x_2 = 3$

a) Vergleiche beide Rechenwege. Beschreibe Unterschiede und Gemeinsamkeiten.

b) Löse die Gleichungen wie Joris. Forme zuerst um, falls nötig.

① $7x^2 - 35x = 0$ ② $3{,}3x^2 + 16{,}5x = 0$

③ $0{,}1x^2 = 6x$ ④ $\frac{1}{3}x^2 - \frac{2}{3}x = 0$

⑤ $\frac{1}{5}x^2 = \frac{3}{5}x$ ⑥ $0{,}75x^2 + 8x = -2x + x^2$

5 Löse die Klammer auf und fasse zusammen. Löse die quadratische Gleichung. Führe die Probe durch.

a) $2x^2 - 7x - 30 = (x - 5) \cdot (x + 6)$

b) $(x - 4) \cdot (x + 4) = 2x \cdot (x - 2) - 16$

c) $(x + 3)^2 = 3 \cdot (x^2 + 4) - 3$

6 Forme die Gleichung mit der 1. oder 2. binomischen Formel um. Löse die Gleichung.

Beispiel $x^2 + 12x + 36 = 25$

$(x + 6)^2 = 25$ $| \sqrt{\ }$

$x_1 + 6 = 5$ $| -6$ $x_2 + 6 = -5$ $| -6$

$x_1 = -1$ $x_2 = -11$

$L = \{-11; -1\}$

a) $x^2 + 8x + 16 = 81$ b) $x^2 - 10x + 25 = 196$

c) $x^2 - 26x + 169 = 0{,}09$ d) $x^2 + 6x + 6 = -3$

7 Yasin sagt: „Die allgemein quadratische Gleichung $x^2 + 2x - 15 = 0$ kann ich mit einer quadratischen Ergänzung lösen.“

a) Erklärt, warum Yasin Recht hat.

b) Löst jeweils die Gleichung. Beschreibt euch gegenseitig euer Vorgehen.

c) Löst jeweils die quadratischen Gleichungen. Überprüft gemeinsam eure Ergebnisse.

① $x^2 - 5x + 4 = 0$ ② $x^2 - 4x - 285 = 0$

8 Löse die Gleichung mit einer quadratischen Ergänzung. Forme erst in die Normalform um.

a) $3x^2 - 36x + 33 = 0$ b) $-2x^2 + 6{,}2x + 6{,}24 = 0$

c) $\frac{1}{2}x^2 + 5x - 19{,}5 = 0$ d) $\frac{1}{4}x^2 + 8x - 57 = 0$

9 Entscheide, ob die Aussage wahr oder falsch ist. Korrigiere falsche Aussagen.

a) Amal sagt: „Die Gleichung $x^2 + x = 0$ hat nur die Lösung $x = 0$.“

b) Ruby meint: „Die Gleichung $(x + 1)(x - 4) = 5$ hat die Lösungen $x_1 = -1$ und $x_2 = 4$.“

c) Pia sagt: „Jede quadratische Gleichung der Form $ax^2 + bx = 0$ hat immer zwei Lösungen $x_1 = 0$ und $x_2 = -\frac{b}{a}$.“

10 Der Sprung eines Kängurus wird ungefähr durch $f(x) = -0{,}2x^2 + 1{,}2x$ beschrieben. x ist die Sprungweite in m, f(x) ist die Sprunghöhe in m.

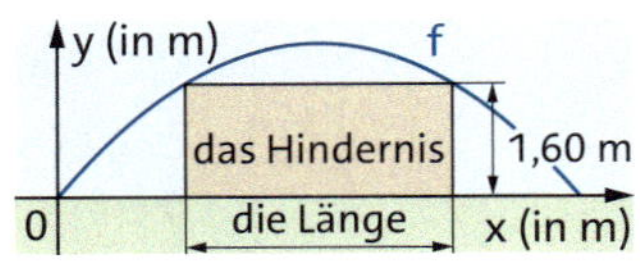

a) Wie weit springt das Känguru mit einem Sprung? Berechne.

b) Das Känguru springt über ein Hindernis. Das Hindernis hat eine Höhe von 1,60 m. Berechne, wie lang das Hindernis maximal sein kann.

Quadratische Gleichungen mit der p-q-Formel lösen

Phil löst die quadratische Gleichung $2x^2 + 4x - 6 = 0$ mit einer quadratischen Ergänzung.
Er notiert: $2x^2 + 4x - 6 = 0 \quad |:2$

$x^2 + 2x - 3 = 0$

$x^2 + 2x + \left(\frac{2}{2}\right)^2 - \left(\frac{2}{2}\right)^2 - 3 = 0$

$(x + 1)^2 - 4 = 0 \quad | + 4 \ldots$

Malia sagt: „Es gibt auch eine Formel, mit der du quadratische Gleichungen lösen kannst."
Wie können Malia und Phil diese Formel anwenden?

Für $x^2 + p \cdot x + q = 0$ gilt die **p-q-Formel**:
$x_{1/2} = -\frac{p}{2} \pm \sqrt{\left(\frac{p}{2}\right)^2 - q}$

*In der Aufgabe 8 auf Seite 181 kannst du die **p-q-Formel** herleiten.*

W

Jede **allgemein quadratische Gleichung** $ax^2 + bx + c = 0$ kannst du in die **Normalform** $x^2 + px + q = 0$ umformen.
Dann kannst du die Lösungen mit der **p-q-Formel** $x_{1/2} = -\frac{p}{2} \pm \sqrt{\left(\frac{p}{2}\right)^2 - q}$ berechnen:

1. Dividiere $ax^2 + bx + c = 0$ durch a, falls nötig. Du erhältst $x^2 + px + q = 0$. — $2x^2 + 4x - 6 = 0 \quad |:2$; $x^2 + 2x - 3 = 0$
2. Notiere den Wert von p und den Wert von q. Achte dabei auf die Vorzeichen. — $p = 2;\ q = -3$
3. Setze die Werte für p und q in die p-q-Formel ein. $x_{1/2} = -\frac{p}{2} \pm \sqrt{\left(\frac{p}{2}\right)^2 - q}$ — $x_{1/2} = -\frac{2}{2} \pm \sqrt{\left(\frac{2}{2}\right)^2 - (-3)} = -1 \pm \sqrt{4}$
4. Berechne die Lösungen. — $x_1 = -1 + 2$, $x_2 = -1 - 2$; $x_1 = 1$, $x_2 = -3$
5. Notiere die Lösungsmenge L. — $L = \{-3; 1\}$

► **Aufgabe** Löse die Gleichung mit der p-q-Formel.
a) $x^2 + 6x + 8 = 0$ b) $x^2 - 2x - 3 = 0$ c) $2x^2 + 12x + 10 = 0$

► 1 ► 1 ► 1

Wie kann Phil in der p-q-Formel ablesen, wie viele Lösungen die Gleichung hat?

W

In der **p-q-Formel** heißt der Wert unter der Wurzel **die Diskriminante** $D = \left(\frac{p}{2}\right)^2 - q$.
Berechne die Diskriminante. Dann kannst du die Anzahl der Lösungen einer quadratischen Gleichung ablesen.

Es gibt drei Fälle:

D ist positiv (**D > 0**).	D ist null (**D = 0**).	D ist negativ (**D < 0**).
$x^2 + 2x - 3 = 0$	$x^2 + 2x + 1 = 0$	$x^2 + 2x + 3 = 0$
$p = 2 \quad q = -3$	$p = 2 \quad q = 1$	$p = 2 \quad q = 3$
$D = \left(\frac{2}{2}\right)^2 - (-3)$	$D = \left(\frac{2}{2}\right)^2 - 1$	$D = \left(\frac{2}{2}\right)^2 - 3$
$= 1 + 3 = 4 > \mathbf{0}$	$= 1 - 1 = \mathbf{0}$	$= 1 - 3 = -2 < \mathbf{0}$
Also gibt es **zwei** Lösungen.	Also gibt es **eine** Lösung.	Also gibt es **keine** Lösung.

► **Aufgabe** Berechne die Diskriminante. Notiere die Anzahl der Lösungen der Gleichung.
a) $x^2 + 6x + 9 = 0$ a) $x^2 - 2x - 5 = 0$ b) $x^2 - 2x + 2 = 0$

► 5 ► 5 ► 5

1 Gegeben ist eine quadratische Gleichung in der Normalform $x^2 + px + q = 0$.
Notiere den Wert von p und den Wert von q.
Beispiel $x^2 - 6x - 9 = 0$
$p = -6$ und $q = -9$
a) $x^2 + 9x + 12 = 0$ b) $x^2 - 20x + 18 = 0$
c) $x^2 - 10x + 8 = 0$ d) $x^2 - 0{,}2x - 3 = 0$

2 Löse die quadratische Gleichung mit der p-q-Formel. Ergänze die Lücken mit passenden Zahlen im Heft.
a) $x^2 + 6x + 5 = 0$ $p = \square;\ q = 5$

$x_{1/2} = -\frac{\square}{2} \pm \sqrt{\left(\frac{\square}{2}\right)^2 - 5}$
$= -\square \pm \sqrt{\square}$

$x_1 = -\square + 2$ $x_2 = -\square - 2$
$x_1 = -1$ $x_2 = -5$

b) $x^2 - x - 12 = 0$ $p = -1;\ q = -\square$

$x_{1/2} = -\frac{(-\square)}{2} \pm \sqrt{\left(\frac{-\square}{2}\right)^2 - (-\square)}$
$= \square \pm \sqrt{12{,}25}$

$x_1 = \square + 3{,}5$ $x_2 = 0{,}5 - \square$
$x_1 = 4$ $x_2 = -\square$

3 Löse die Gleichung mit der p-q- Formel.
Führe die Probe durch.
Notiere die Lösungsmenge.

$x_{1/2} = -\frac{p}{2} \pm \sqrt{\left(\frac{p}{2}\right)^2 - q}$

Beispiel $x^2 + 4 - 21 = 0$ $p = 4;\ q = -21$
$x_{1/2} = -\frac{4}{2} \pm \sqrt{\left(\frac{4}{2}\right)^2 - (-21)}$
$= -2 \pm \sqrt{25}$ ...

a) $x^2 + 6x + 5 = 0$ b) $x^2 + 4x - 5 = 0$
c) $x^2 - 4x - 12 = 0$ d) $x^2 - 3x - 18 = 0$
e) $0 = x^2 - 5x - 6$ f) $0 = x^2 + 10x - 11$ ▸ 3

4 Forme zuerst in die Normalform um.
Löse dann die Gleichung mit der p-q-Formel.
Führe die Probe durch.
Notiere die Lösungsmenge.
Beispiel zu a) $2x^2 - 4x - 16 = 0$ $|:2$
↓ :2 ↓ :2 ↓ :2 ↓ :2
$1 \cdot x^2 - 2x - 8 = 0$ $p = -2;\ q = -8$
...

a) $2x^2 - 4x - 16 = 0$ b) $3x^2 + 9x + 6 = 0$
c) $0{,}5x^2 + 3x - 8 = 0$ d) $1{,}5x^2 + 6x - 18 = 0$

5 Gegeben ist die Diskriminante D einer quadratischen Gleichung.
Notiere die Anzahl der Lösungen.
Beispiel $D = 7$
Die Diskriminante D ist positiv.
Also gibt es zwei Lösungen.
a) $D = -4$ b) $D = 23$ c) $D = 24$
d) $D = 12$ e) $D = -14$ f) $D = 0$

6 Berechne die Diskriminante.
Notiere die Anzahl der Lösungen.
Beispiel $x^2 - 6x - 10 = 0$
$p = -6;\ q = -10$
$D = \left(\frac{p}{2}\right)^2 - q$
$= \left(\frac{-6}{2}\right)^2 - (-10)$
$= 9 + 10 = 19 > 0$
Die Diskriminante ist positiv.
Also gibt es zwei Lösungen.
a) $x^2 + 2x + 12 = 0$ b) $x^2 - 3x - 3 = 0$
c) $x^2 - 8x + 16 = 0$ d) $x^2 - 4x + 3 = 0$ ▸ 6

7 Ben berechnet die Anzahl der Lösungen der quadratischen Gleichung $x^2 + 2x - 3 = 0$.
Ben notiert:
$p = 2;\ q = -3$
$D = \left(\frac{p}{2}\right)^2 - q = \left(\frac{2}{2}\right)^2 - 3 = 1 - 3 = -2$
Die Diskriminante ist negativ.
Also gibt es keine Lösungen.
Beschreibe und korrigiere Bens Fehler. ▸ 8

8 Delia sagt: „Wenn ich die quadratische Gleichung $x^2 - 8x = 20$ mit der p-q-Formel löse, muss ich die Gleichung erst in die Normalform $x^2 + px + q = 0$ umformen.
a) Erkläre, warum Delia Recht hat.
b) Delia löst die Gleichung so:
$x^2 - 8x = 20$ $|-20$
$x^2 - 8x - 20 = 0$ $p = -8;\ q = -20$
...
Führe Delias Rechnung im Heft zu Ende.
c) Forme die Gleichungen so um, dass du die p-q-Formel anwenden kannst.
Berechne dann die Lösungen.
① $x^2 - x = 72$ ② $x^2 = 13x - 42$
③ $5x^2 + 7{,}5x = 5$ ④ $192 - 8x = 4x^2$

Sprachhilfe zu **5** und **6**: Die Diskriminante ist positiv/gleich null/negativ. Also gibt es ...

1 Forme die allgemein quadratische Gleichung in die Normalform $x^2 + px + q = 0$ um. Notiere den Wert von p und den Wert von q.

Beispiel $3x^2 - 6x - 21 = 0 \quad |:3$

Normalform: $x^2 - 2x - 7 = 0$

$p = -2;\ q = -7$

a) $4x^2 - 16x - 128 = 0$ b) $-4x - 4x^2 + 8 = 0$
c) $-8 + 0{,}5x^2 + 6x = 0$ d) $\frac{3}{2}x^2 + 4{,}5x - 9 = 0$

2 Löse die Gleichung mit der p-q-Formel. Notiere die Lösungsmenge.

Beispiel $x^2 - 3x - 18 = 0 \quad p = -3;\ q = -18$

$x_{1/2} = -\frac{(-3)}{2} \pm \sqrt{\left(\frac{-3}{2}\right)^2 - (-18)}$

$= 1{,}5 \pm \sqrt{20{,}25}$

$x_1 = 1{,}5 + 4{,}5 \quad x_2 = 1{,}5 - 4{,}5$

$x_1 = 6 \quad x_2 = -3 \quad L = \{-3;\ 6\}$

a) $x^2 - 5x - 36 = 0$ b) $0 = x^2 - 4x - 12$
c) $x^2 + x - 0{,}75 = 0$ d) $x^2 - 8x + 13{,}75 = 0$
e) $x^2 + \frac{1}{4}x - \frac{1}{8} = 0$ f) $x^2 - 20{,}5x - 10{,}5 = 0$

3 Forme zuerst in die Normalform um. Löse dann die Gleichung mit der p-q-Formel. Führe die Probe durch.

a) $2x^2 + 6x - 20 = 0$ b) $0{,}5x^2 + 2x - 16 = 0$
c) $3{,}5x^2 + 15{,}75x + 7 = 0$ d) $\frac{1}{5}x^2 + \frac{2}{5}x - 24 = 0$

4 Lilya wendet für die Gleichungen ① und ② die p-q-Formel falsch an.

① $x^2 - 6x - 8 = 0 \quad p = -6,\ q = -8$

$x_{1/2} = -\frac{(-6)}{2} \pm \sqrt{\left(\frac{-6}{2}\right)^2 - 8}$

② $-2x^2 + 3x - 1 = 0 \quad p = 3,\ q = -1$

$x_{1/2} = -\frac{3}{2} \pm \sqrt{\left(\frac{-3}{2}\right)^2 - (-1)}$

a) Beschreibe und korrigiere die Fehler.
b) Löse die Gleichungen richtig zu Ende.

▶ 4 ☒

5 Berechne die Diskriminante. Notiere die Anzahl der Lösungen.

Beispiel $x^2 - 12x + 37 = 0 \quad p = -12,\ q = 37$

$D = \left(\frac{p}{2}\right)^2 - q = \left(\frac{-12}{2}\right)^2 - 37 = -1 < 0$

Die Diskriminante ist negativ.
Also gibt es keine Lösung.

a) $x^2 - 12x - 36 = 0$ b) $x^2 - 3x + 2{,}5 = 0$
c) $x^2 - 7x + 12{,}25 = 0$ d) $x^2 - 0{,}2x - 0{,}01 = 0$

6 Daniil soll für die quadratische Gleichung $x^2 + 6x + q = 0$ den Wert für q so bestimmen, dass die Gleichung nur eine Lösung hat:

Für eine Lösung ist D = 0: $\left(\frac{6}{2}\right)^2 - q = 0 \quad | + q$

a) Erklärt euch Daniils Vorgehen. Führt seine Rechnung im Heft zu Ende.
b) Berechnet die Werte für q so, dass die Gleichungen jeweils nur eine Lösung haben. Überprüft gemeinsam eure Ergebnisse.
① $x^2 - 8x + q = 0$ ② $x^2 - 10x + q = 0$

7 Forme die quadratische Gleichung so um, dass du die p-q-Formel anwenden kannst. Berechne die Lösungen. Führe die Probe durch.

Beispiel zu a) $x^2 - 12x = 108 \quad | - 108$

$x^2 - 12x - 108 = 0$

$p = -12;\ q = -108\ ...$

a) $x^2 - 12x = 108$ b) $0{,}4x^2 = -0{,}96x + 0{,}72$
c) $-\frac{1}{8}x^2 - 8 = -2x$ d) $-0{,}27 = 0{,}81x - 0{,}3x^2$
e) $-x^2 + 20x + 8 = 5x - 12 + 4x^2$

▶ 8 ☒

8 Begründe, ob die Aussage wahr oder falsch ist.

a) $x_1 = 2$ und $x_2 = 2{,}5$ sind die Lösungen der quadratischen Gleichung $x^2 - 4{,}5x + 5 = 0$.
b) Die Lösungen der Gleichung $-x^2 + 2x + 3 = 0$ sind die Nullstellen der Parabel f mit $f(x) = -x^2 + 2x + 3$.
c) Alle quadratischen Gleichungen der Form $x^2 + px + q = 0$ haben genau zwei Lösungen.

9 Gegeben ist $f(x) = -x^2 - 4x + 5$. Löse ① bis ③:

① Berechne die Nullstellen von f.
② Berechne den y-Wert von f für $x = -7$.
③ Berechne die x-Werte von f für $y = -7$.

Verwende das passende Kärtchen.

Berechne $f(-7)$.

Löse die Gleichung $f(x) = 0$.

Löse die Gleichung $f(x) = -7$.

10 ▼ Der Bogen einer Brücke hat die Form einer Parabel mit $f(x) = -0{,}1x^2 + x + 1{,}1$. Welche Breite hat der Bogen? Berechne.

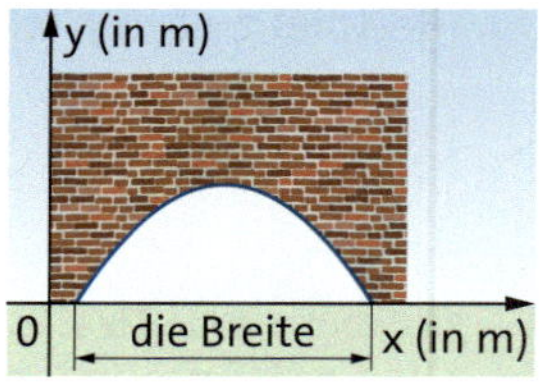

Tipp zu **10**: Berechne zuerst die Nullstellen x_1 und x_2 von f. Berechne dann die Breite mit $x_2 - x_1$.

1 Forme die quadratische Gleichung so um, dass du die p-q-Formel anwenden kannst. Notiere den Wert von p und den Wert von q.

a) $\frac{1}{3}x^2 - 2x - 3 = 0$ b) $1{,}5x^2 - 3x = 6$

c) $\frac{1}{10}x^2 = 1{,}5x - 1$ d) $-\frac{2}{5}x - \frac{3}{4} = \frac{1}{5}x^2$

2 Forme die quadratischen Gleichungen in die Normalform $x^2 + px + q = 0$ um, falls nötig. Löse die Gleichung mit der p-q-Formel.

a) $x^2 - x - 3{,}75 = 0$ b) $x^2 + 1{,}2x - 8{,}64 = 0$

c) $-x^2 + 1{,}6x + 0{,}8 = 0$ d) $3x^2 - 10{,}5x = 22{,}5$

e) $\frac{1}{6}x^2 = -\frac{1}{4}x + \frac{1}{6}$ f) $-1{,}5x^2 = -4{,}5 + 8{,}25x$

3 Löse die Klammern auf und fasse zusammen. Löse dann die Gleichung mit der p-q-Formel.

a) $x(x + 14) = 15$

b) $-2x(x - 3) = -9 + x^2$

c) $4x(x + 5) = 6(2x + 2)$

d) $(x + 5)^2 = 6(x + 6) + 1$

4 ▼ Nilay und Jannis lösen die gleiche Gleichung.

Nilays Rechenweg:

$(x - 6)(x + 4) = 0$
ausmultiplizieren
$x^2 - 2x - 24 = 0$
p-q-Formel:
$x_{1/2} = -\frac{(-2)}{2} \pm \sqrt{25}$
$x_1 = 1 + 5 = 6$
$x_2 = 1 - 5 = -4$
$L = \{-4; 6\}$

Jannis Rechenweg:

$(x - 6)(x + 4) = 0$
Satz vom Nullprodukt
$x_1 - 6 = 0 \quad | +6$
$x_1 = 6$
$x_2 + 4 = 0 \quad | -4$
$x_2 = -4$
$L = \{-4; 6\}$

a) Vergleicht die beiden Rechenwege. Welcher Rechenweg gefällt euch besser? Begründet.

b) Erklärt euch gegenseitig, warum ihr die Gleichung $(x + 3)(x + 1) = 2$ nicht wie Jannis lösen könnt.

c) Löst die Gleichungen wie Jannis. Überprüft gemeinsam eure Ergebnisse.

① $(x - 1)(x + 0{,}5) = 0$ ② $(x - 3)(x + 4) = 0$

③ $(x + 1)(x + 0{,}5) = 0$ ④ $(2x + 3)(x - 2) = 0$

5 Erklärt euch gegenseitig, wie ihr an der p-q-Formel erkennen könnt, wie viele Lösungen eine quadratische Gleichung hat. Verwendet Fachbegriffe.

6 Berechne die Diskriminante. Notiere die Anzahl der Lösungen. Wenn es eine Lösung oder zwei Lösungen gibt, löse die Gleichung.

a) $x^2 - 15x + 54 = 0$ b) $x^2 - 3x + 10 = 0$

c) $0{,}5x^2 + 2x - 48 = 0$ d) $x^2 - 8x + 16 = 0$

e) $-x^2 + x - 1 = 0$ f) $4x^2 - 20x + 25 = 0$

7 Untersuche, für welche Werte von k die quadratische Gleichung keine Lösung, genau eine Lösung oder zwei Lösungen hat.

Beispiel zu a) $x^2 - 8x + k = 0$

keine Lösung, also $D < 0$: $\left(\frac{8}{2}\right)^2 - k < 0$

$16 - k < 0 \quad | +k$

$16 < k$

Die Gleichung hat für alle k größer als 16 keine Lösung …

a) $x^2 - 8x + k = 0$ b) $x^2 + 6x + k = 0$

c) $x^2 - kx + 36 = 0$ d) $x^2 - kx + 49 = 0$

8 Olivia sagt: „Wenn ich eine quadratische Gleichung in Normalform $x^2 + px + q = 0$ mit der quadratischen Ergänzung umforme, kann ich die p-q-Formel herleiten.“ Zeige, dass die Aussage von Olivia stimmt. Schreibe dafür die Kärtchen in der richtigen Reihenfolge ins Heft. Ergänze die Rechenschritte: *quadratische Ergänzung, radizieren, Umkehrung der binomischen Formel, umformen*

① $x^2 + px + \left(\frac{p}{2}\right)^2 - \left(\frac{p}{2}\right)^2 + q = 0 \quad | + \left(\frac{p}{2}\right)^2 - q$

② $x^2 + px + q = 0$

③ $x_{1/2} = -\frac{p}{2} \pm \sqrt{\left(\frac{p}{2}\right)^2 - q}$

④ $x^2 + px + \left(\frac{p}{2}\right)^2 = \left(\frac{p}{2}\right)^2 - q$

⑤ $\left(x + \frac{p}{2}\right)^2 = \left(\frac{p}{2}\right)^2 - q$

⑥ $x_{1/2} + \frac{p}{2} = \pm\sqrt{\left(\frac{p}{2}\right)^2 - q} \quad | -\frac{p}{2}$

9 Die Flugbahn eines Balls wird ungefähr durch folgende Funktionsgleichung beschrieben: $f(x) = -\frac{1}{12}x^2 + \frac{5}{6}x + 2$ mit x als Entfernung in m und f(x) als Höhe in m. Der Abwurf des Balls ist bei $x = 0$.

a) Wie weit fliegt der Ball? Berechne.

b) Berechne, nach wie vielen Metern der Ball erstmals nach dem Abwurf eine Höhe von 3,75 m über dem Boden erreicht.

Sprachhilfe zu **4**: Satz vom Nullprodukt: Ein Produkt ist 0, wenn ein Faktor 0 ist.

Sachaufgaben mit quadratischen Gleichungen lösen

Ayla und Nino erneuern ihr quadratisches Beet.
Ayla verlängert eine Seite des Beets um 6 m.
Nino verkürzt die andere Seite des Beets um 3 m.
Es entsteht ein rechteckiges Beet mit einem Flächeninhalt von 90 m².
Welche Seitenlänge hatte das quadratische Beet? Um wie viel m² ist das neue rechteckige Beet größer?

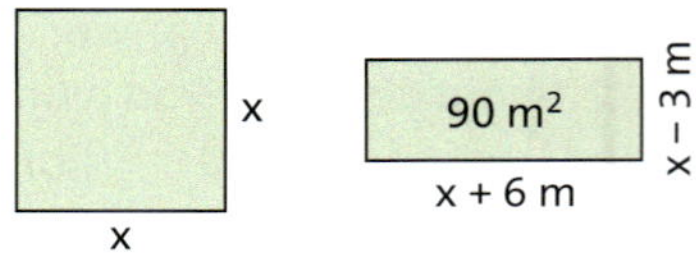

Sachaufgaben lösen
Lies den Text genau.
- Was ist gegeben?
- Was ist gesucht?

gegeben: Ayla verlängert eine Seite um 6 m, Nino verkürzt die andere Seite um 3 m, Flächeninhalt des Rechtecks 90 m²
gesucht: Seitenlänge des Quadrats

Mit dem Sechs-Schritte-Verfahren lösen:

1. Schritt: Die Variable festlegen

x (in m) steht für die Seitenlänge des quadratischen Beets

2. Schritt: Die Terme aufstellen
Stelle die Terme ohne Einheiten auf.

verlängerte Seite: $x + 6$; verkürzte Seite: $x - 3$

3. Schritt: Die quadratische Gleichung aufstellen
Stelle mit Hilfe der Terme eine Gleichung auf.

$$A_{Rechteck} = 90$$
$$(x + 6) \cdot (x - 3) = 90$$

4. Schritt: Die Gleichung lösen
Löse die quadratische Gleichung.

$$x^2 + 6x - 3x - 18 = 90 \quad | -90$$
$$x^2 + 3x - 108 = 0 \quad p = 3, \quad q = -108$$
$$x_{1/2} = -\frac{3}{2} \pm \sqrt{\left(\frac{3}{2}\right)^2 - (-108)}$$
$$= -1{,}5 \pm \sqrt{2{,}25 + 108}$$
$$= -1{,}5 \pm \sqrt{110{,}25}$$
$$= -1{,}5 \pm 10{,}5$$
$$x_1 = -12 \quad x_2 = 9$$

Entscheide passend zum Zusammenhang, ob der positive oder der negative Wert oder beide Werte für die Lösung möglich sind.

Die Seitenlänge ist immer ein positiver Wert. Also ist $x_2 = 9$ (in m) für die Lösung möglich.

5. Schritt: Die Lösung überprüfen
Führe die Probe durch.
Notiere die Lösungsmenge L.

Probe: $(9 + 6) \cdot (9 - 3) = 90$
$15 \cdot 6 = 90$
$90 = 90$ ✓ $\quad L = \{9\}$

6. Schritt: Antwort formulieren
Achte auf die Einheit im Ergebnis.
Verwende die Wörter aus der Frage.

Das quadratische Beet hatte eine Seitenlänge von 9 m und einen Flächeninhalt von 9 m · 9 m = 81 m². Somit ist das neue rechteckige Beet um 9 m² größer.

1 Svenja möchte für ihr Kaninchen die Fläche des rechteckigen Auslaufs verdoppeln. Dafür vergrößert Svenja beide Seiten a und b um die gleiche Länge.
Wie lang und wie breit ist der neue Auslauf?
a) Fertige eine beschriftete Skizze für den neuen rechteckigen Auslauf an.
b) Stelle die quadratische Gleichung auf und löse die Gleichung.
c) Erkläre, warum nur eine Lösung für die Aufgabe sinnvoll ist.

der alte Auslauf

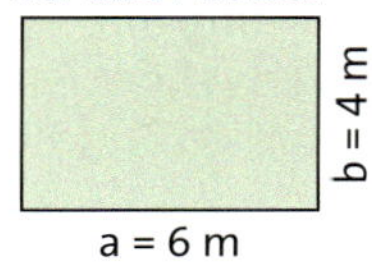

2 Ein quaderförmiges Aquarium hat ein Volumen von $15\,m^3$ und eine Höhe von $1{,}5\,m$.
Die Breite ist 3 m kürzer als die Länge.
Berechne die Länge und Breite des Aquariums.
Stelle zuerst eine quadratische Gleichung auf.
Löse dann die Gleichung.

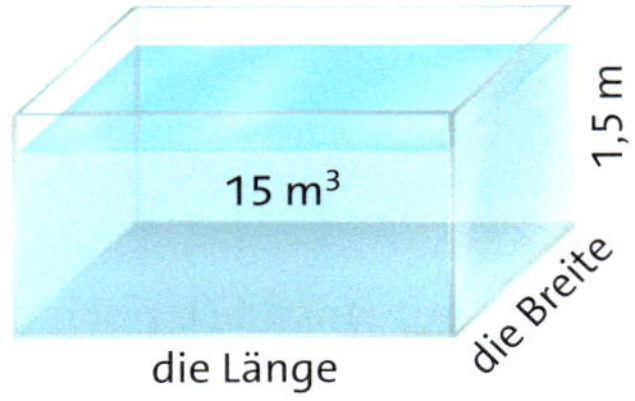

3 Frau Arslan besitzt eine rechteckige Pferdeweide mit einem Flächeninhalt von $1248\,m^2$. Frau Arslan möchte ihre Weide einzäunen.
Dafür braucht sie 152 m Draht.
Berechne die Länge und Breite der Pferdeweide.
Stelle zuerst eine quadratische Gleichung auf.
Bringe dazu die Kärtchen ① bis ④ in die richtige Reihenfolge.
Ordne dann die passenden Kärtchen Ⓐ bis Ⓓ zu.

① Die Gleichung für A aufstellen

② Die Gleichung für u nach a umstellen

③ Die Gleichung für u aufstellen

④ Den Term für a in die Gleichung für A einsetzen

Ⓐ $a \cdot b = \square$

Ⓑ $2a + 2b = \square$

Ⓒ $(\square - \square) \cdot b = 1248$

Ⓓ $2a + 2b = \square \quad | -2b$
$2a = \square - 2b \quad | : \square$
$a = \square - \square$

4 Der Umfang einer rechteckigen Metallplatte beträgt 206 cm. Die Diagonale ist 73 cm lang.
Berechne die Seitenlängen der Metallplatte. Fertige zuerst eine Skizze an. Nutze den Satz des Pythagoras.
Tipp: Stelle die Gleichung für den Umfang auf und löse nach a auf.

5 Familie Wang möchte auf der Rasenfläche in ihrem Garten eine Hecke pflanzen. Ihr Garten hat insgesamt einen Flächeninhalt von $27\,m^2$.
Nachdem Familie Wang ihre Hecke gepflanzt hat, ist die Rasenfläche nur noch 5 m lang und 4 m breit.
a) Wie breit ist die Hecke? Berechne x.
b) Berechne, wie viel m^2 Hecke Familie Wang benötigt.
c) $1\,m^2$ Hecke kostet 18,50 €.
Wie viel muss Familie Wang für die Hecke bezahlen?

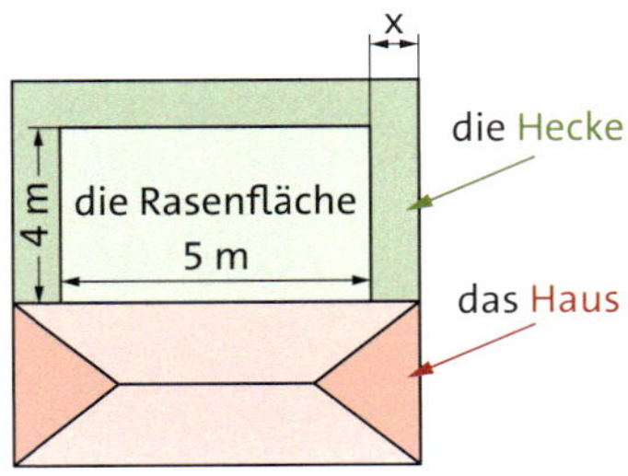

6 Der Bogen einer Eisenbahnbrücke hat ungefähr die Form einer Parabel.
Der Scheitelpunkt der Parabel ist S(0 | 54).
Der Stützpfeiler p_4 ist im Punkt P(20 | 48) am Bogen befestigt.
a) Bestimme die Funktionsgleichung der Form $f(x) = ax^2 + c$ für den Bogen der Eisenbahnbrücke.
b) Berechne den Abstand zwischen den Stützpfeilern p_1 und p_6.
Notiere zuerst eine quadratische Gleichung.
c) Der Abstand des Stützpfeilers p_5 zu den Stützpfeilern p_4 und p_6 ist gleich. Wie lang ist der Stützpfeiler p_5? Berechne.

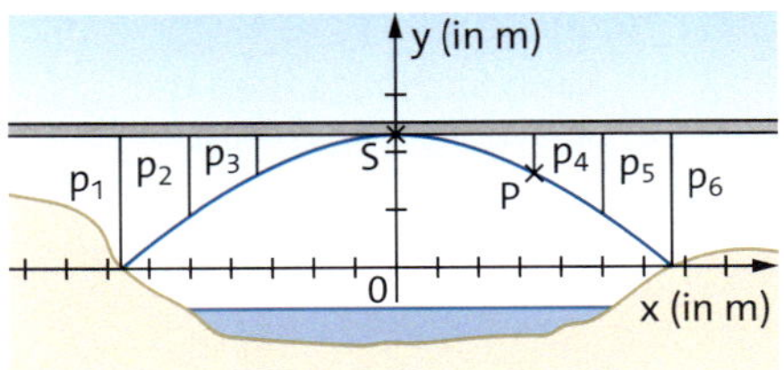

7 Yuri ist 15 Jahre alt.
Yuri und sein Vater unterhalten sich.
Überprüfe, ob Yuris Vermutung stimmt.

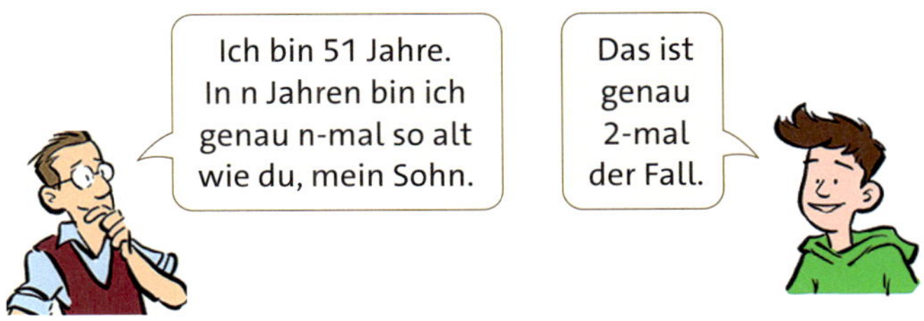

Zwischentest

Kompetenz	
1 Ich kann rein quadratische Gleichungen lösen. → Lies auf **Seite 170** nach.	**1** Löse die rein quadratische Gleichung. a) $5x^2 = 720$ b) $3x^2 = 243$ c) $\frac{1}{2}x^2 = 128$
2 Ich kann allgemein quadratische Gleichungen durch Ausklammern lösen. → Lies auf **Seite 174** nach.	**2** Klammere x aus und löse die Gleichung. a) $x^2 - 9x = 0$ b) $8x^2 + 32x = 0$ c) $x^2 = -2x$
3 Ich kann allgemein quadratische Gleichungen mit einer quadratischen Ergänzung lösen. → Lies auf **Seite 174** nach.	**3** Löse die Gleichung mit einer quadratischen Ergänzung. a) $x^2 + 6x - 16 = 0$ b) $x^2 - 4x - 5 = 0$ c) $x^2 + 10x + 9 = 0$
4 Ich kann allgemein quadratische Gleichungen mit der p-q-Formel lösen. → Lies auf **Seite 178** nach.	**4** Löse die Gleichung mit der p-q-Formel. a) $x^2 + 10x + 24 = 0$ b) $x^2 + 4x - 60 = 0$ c) $x^2 - 16x - 80 = 0$
5 Ich kann die Diskriminante einer allgemein quadratischen Funktion berechnen und die Anzahl der Lösungen notieren. → Lies auf **Seite 178** nach.	**5** Berechne die Diskriminante. Notiere dann die Anzahl der Lösungen. a) $x^2 + 2x + 2 = 0$ b) $x^2 + 6x - 7 = 0$ c) $x^2 + 8x + 16 = 0$
6 Ich kann die Nullstellen einer quadratischen Funktion berechnen. → Lies auf **Seite 170, 174 und 178** nach.	**6** Berechne die Nullstellen der quadratischen Funktion. a) $f(x) = 8x^2 - 8$ b) $f(x) = x^2 + x - 6$
7 Ich kann Sachaufgaben mit quadratischen Gleichungen lösen. → Lies auf **Seite 182 und 183** nach.	**7** Sandra schießt den Fußball. Die Flugbahn des Fußballs hat ungefähr die Form einer Parabel. Wie weit schießt Sandra den Fußball?

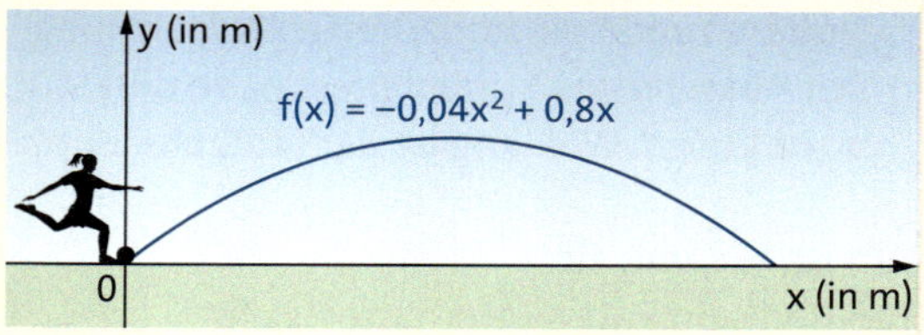

→ Lösungen auf Seite 286 und 287

1 Löse die rein quadratische Gleichung.
a) $4x^2 = 2304$ b) $2x^2 - 16 = 34$
c) $\frac{1}{6}x^2 = 1014$

2 Klammere x aus und löse die Gleichung.
a) $x^2 - 4{,}5x = 0$
b) $-2x^2 - 6x = 0$
c) $x^2 = -18x$

3 Löse die Gleichung mit einer quadratischen Ergänzung.
a) $x^2 + 16x + 63 = 0$
b) $x^2 - 4x - 12 = 0$
c) $4x^2 - 24x + 20 = 0$

4 Löse die Gleichung mit der p-q-Formel.
Forme die Gleichung zuerst in die Normalform um.
a) $2x^2 + 8x - 42 = 0$
b) $-2x^2 + 28x - 80 = 0$
c) $7x^2 - 70 = 21x$

5 Berechne die Diskriminante.
Notiere dann die Anzahl der Lösungen.
a) $x^2 + 10x - 7 = 0$
b) $x^2 + 14x + 49 = 0$
c) $x^2 - 5x + 9 = 0$

6 Berechne die Nullstellen der quadratischen Funktion.
a) $f(x) = 12x^2 - 20{,}28$ b) $f(x) = x^2 - 1{,}5x - 13{,}5$

7 Jan schlägt einen Golfball auf einer 2 m hohen Plattform ab. Die Flugbahn des Golfballs hat ungefähr die Form einer Parabel.
75 m von der Plattform entfernt ist das Golfloch. Wird Jan das Golfloch treffen?

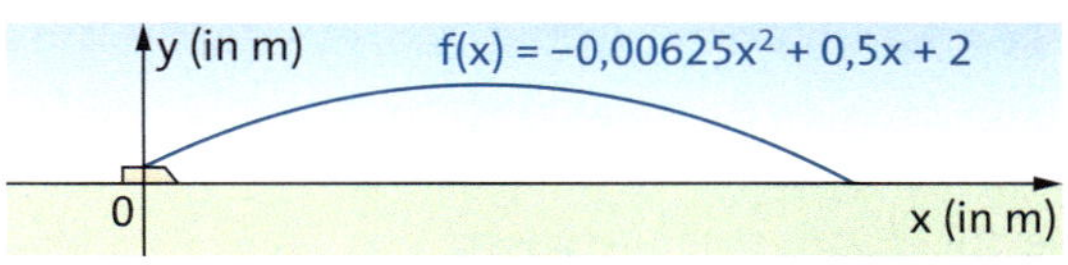

1 Löse die rein quadratische Gleichung.
a) $3x^2 = 3072$ b) $\frac{1}{12}x^2 = 20{,}28$
c) $\frac{1}{7}x^2 - 73 = 1502$

2 Klammere x aus und löse die Gleichung.
a) $x^2 - \frac{1}{7}x = 0$
b) $-7x^2 + 56x = 0$
c) $x^2 = \frac{1}{2}x$

3 Löse die Gleichung mit einer quadratischen Ergänzung.
a) $x^2 + x - 6 = 0$
b) $x^2 - 5x + 4 = 0$
c) $7x^2 - 14x - 56 = 0$

4 Löse die Gleichung mit der p-q-Formel.
Forme die Gleichung zuerst in die Normalform um.
a) $x^2 - 5{,}2x + 1 = 0$
b) $23 - 6x^2 = 48x + 65$
c) $7(2x - 3) = x(18 - x)$

5 Berechne die Diskriminante.
Notiere dann die Anzahl der Lösungen.
a) $x^2 - 12x + 40 = 0$
b) $x^2 + 3x - 2{,}5 = 0$
c) $3x^2 - 6x + 3 = 0$

6 Berechne die Nullstellen der quadratischen Funktion.
a) $f(x) = 0{,}5x^2 - 144{,}5$ b) $f(x) = \frac{9}{2}x^2 + 0{,}9x - 5{,}4$

7 Laura übt Kugelstoßen.
Die Flugbahn der Kugel hat ungefähr die Form einer Parabel. Wie weit stößt Laura die Kugel?

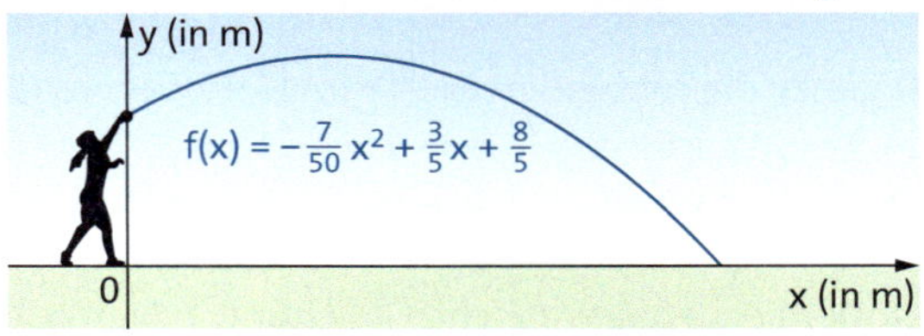

→ Lösungen auf Seite 287 und 288

Der Satz von Vieta

François Viète oder Franciscus Vieta (geboren 1540, gestorben 1603) war ein Jurist und Mathematiker. Er führte in der Mathematik die Bezeichnung von Variablen mit Buchstaben ein.
Berühmt ist er für den Satz von Vieta.
Der Satz von Vieta beschreibt bei quadratischen Gleichungen der Form $x^2 + px + q = 0$ einen Zusammenhang zwischen p und q und den Lösungen x_1 und x_2.

1 Löse zuerst die Gleichungen. Ergänze die Tabelle im Heft. Beschreibe, was dir auffällt.

Gleichung	p	q	x_1	x_2	$x_1 + x_2$	$x_1 \cdot x_2$
① $x^2 - 4x + 3 = 0$	-4	3				
② $x^2 - 2x - 8 = 0$						
③ $x^2 + 6x + 5 = 0$						
④ $x^2 + 8x - 9 = 0$						

Mit dem **Satz von Vieta** kannst du prüfen, ob die Lösungen einer quadratischen Gleichung richtig sind.

Wenn x_1 und x_2 die Lösungen der quadratischen Gleichung in Normalform $x^2 + px + q = 0$ sind, dann gilt:
$x_1 + x_2 = -p$ und $x_1 \cdot x_2 = q$

Achte auf das Vorzeichen!

$x^2 - 2x - 8 = 0$ mit $p = -2$ und $q = -8$
Sind $x_1 = -2$ und $x_2 = 4$ die Lösungen der Gleichung?

$x_1 + x_2 = -p$	$x_1 \cdot x_2 = q$
$-2 + 4 = -(-2)$	$(-2) \cdot 4 = -8$
$2 = 2$ ✓	$-8 = -8$ ✓

Also sind $x_1 = -2$ und $x_2 = 4$ die Lösungen der Gleichung.

2 Überprüfe die Lösungen der quadratischen Gleichung mit dem Satz von Vieta.
a) $x^2 - 4x - 12 = 0$ $x_1 = -2$, $x_2 = 6$
b) $x^2 - 6x + 5 = 0$ $x_1 = 1$, $x_2 = 6$
c) $x^2 + 3x - 4 = 0$ $x_1 = -4$, $x_2 = -1$
d) $x^2 + 2x + 1 = 0$ $x_1 = -1$, $x_2 = -1$
e) $x^2 - x - 6 = 0$ $x_1 = -2$, $x_2 = 3$
f) $x^2 + 7x + 6 = 0$ $x_1 = -6$, $x_2 = 2$

3 Ordne den Lösungen eine quadratische Gleichung zu. Verwende den Satz von Vieta. Zwei Gleichungen bleiben übrig.

$x_1 = -4, x_2 = 1$ $x_1 = 2, x_2 = 4$ $x_1 = -1, x_2 = 4$ $x_1 = -4, x_2 = -2$

$x^2 - 3x - 4 = 0$ $x^2 + 3x - 4 = 0$
$x^2 - 6x + 8 = 0$ $x^2 - 6x - 8 = 0$
$x^2 + 3x + 4 = 0$ $x^2 + 6x + 8 = 0$

4 Ergänze die fehlenden Werte im Heft. Verwende den Satz von Vieta.
a) $x^2 - \square x + 6 = 0$ $x_1 = 2$, $x_2 = \square$
b) $x^2 - 3x - \square = 0$ $x_1 = \square$, $x_2 = 5$
c) $x^2 + \square x + 6 = 0$ $x_1 = \square$, $x_2 = -1$
d) $x^2 + 2x - \square = 0$ $x_1 = -3$, $x_2 = \square$

5 Notiere eine quadratische Gleichung in Normalform, die zur Lösungsmenge passt.
a) $L = \{2; 8\}$ b) $L = \{-1; 1\}$ c) $L = \{0\}$ d) $L = \{3; 9\}$ e) $L = \{-6; 3\}$ f) $L = \{6\}$

Vermischte Übungen

1 Erstellt gemeinsam eine Mind-Map zu quadratischen Gleichungen. Startet so:

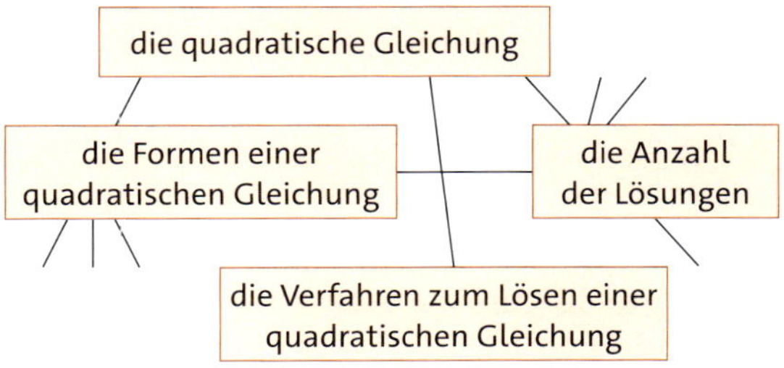

Präsentiert eure Mind-Maps in der Klasse.

2 Überprüfe durch Einsetzen, ob die Zahlen $-2, \frac{1}{2}$ und 3 Lösungen der Gleichung sind.

a) $x^2 - 5x + 6 = 0$ b) $8x^2 + 0{,}5x = 31$
c) $(x + 7)\cdot(x - 2) = 10$ d) $(x - 5)^2 = 20{,}25$

3 Wie viele Lösungen hat die quadratische Gleichung? Löse dazu zuerst die Gleichung. Notiere dann die Lösungsmenge.

Beispiel $-x^2 = 4 \quad |:(-1)$
$x = -4 \quad |\sqrt{\ }$
Die Gleichung hat keine Lösung: L = { }.

a) $x^2 - 289 = 0$ b) $5x^2 = 45$
c) $3x^2 - 12 = -9$ d) $4x^2 + 12 = 3x^2 + 6$
e) $0{,}5x^2 + 6 = 2 - 0{,}5x^2 + 4$

► 3

4 Ist die Aussage richtig oder falsch? Korrigiere falsche Aussagen im Heft.

a) $x_1 = -10$ und $x_2 = 10$ sind die Lösungen der Gleichung $x^2 = -100$.
b) Die Lösungsmenge der quadratischen Gleichung $x\cdot(5x - 10) = 0$ ist $L = \{-2; 0\}$.
c) Die Lösungen der Gleichung $(x - 5)^2 = 25$ sind $x_1 = 0$ und $x_2 = 30$.
d) Wenn du die Gleichung $2x^2 + 4x = 0$ löst, dann klammerst du zuerst 2x aus. Dann löst du die Gleichung $2x\cdot(x + 2) = 0$.

5 ▼ Charlie notiert:

$-9x^2 = -27 \quad |:(-9)$
$x^2 = 3 \quad |\sqrt{\ }$
$x_1 \approx -1{,}73 \quad x_2 \approx 1{,}73$

Überprüfe Charlies Lösungen mit einer Probe. Was fällt dir auf? Beschreibe.

6 Chloe und Joshua lösen die quadratische Gleichung $x^2 + 10x + 21 = 0$.

Chloe: $x^2 + 10x + 21 = 0$ mit $p = 10;\ q = 21$
$x_{1/2} = -\frac{10}{2} \pm \sqrt{\left(\frac{10}{2}\right)^2 - 21}$ ...

Joshua: $x^2 + 10x + 21 = 0$
$x^2 + 10x + \left(\frac{10}{2}\right)^2 - \left(\frac{10}{2}\right)^2 + 21 = 0$
$(x + 5)^2 - 4 = 0 \quad | + 4$ ...

a) Beschreibt, mit welchen Verfahren Chloe und Joshua die Gleichungen lösen. Erklärt euch beide Rechenwege.
b) Führt beide Rechenwege im Heft zu Ende.
c) Löst die Gleichungen mit dem Verfahren eurer Wahl. Überprüft gemeinsam eure Lösungen.
① $x^2 - 8x - 20 = 0$ ② $x^2 + 2x - 63 = 0$
③ $x^2 - 4x = 45$ ④ $x^2 = -2x + 1{,}25$

► 6

7 Löse die Gleichung. Überlege zuerst, mit welchem Verfahren du die Gleichung am schnellsten lösen kannst.

x ausklammern | die p-q-Formel | die quadratische Ergänzung

a) $x^2 + 11x = 0$ b) $5x^2 - 15x = 0$
c) $x^2 + 12x = -27$ d) $x^2 - 4x = -3{,}75$
e) $0{,}5x^2 = 8x$ f) $16 = x^2 + 10x + 25$

8 ▼ Der Flächeninhalt A eines Dreiecks beträgt $24\,\text{cm}^2$. Die Höhe h des Dreiecks ist 2 cm länger als die Grundseite g. Wie lang ist die Grundseite g und wie lang ist die Höhe h? Berechne. Stelle zuerst eine quadratische Gleichung auf.

9 Ben lässt einen Ball aus 122,5 m Höhe senkrecht nach unten fallen. Für den zurückgelegten Weg gilt ungefähr: $s(t) = 4{,}9\,t^2$. t ist die Fallzeit in Sekunden (in s) und s(t) ist der zurückgelegte Weg in m.

a) Berechne, welchen Weg der Ball in 1,5 s; 3 s und 4,5 s zurücklegt.
b) Berechne die Fallzeit des Balls.
c) Recherchiere im Internet die Höhe von Burj Khalifa. Wie lange fällt ein Ball vom höchsten Punkt des Turms?

Sprachhilfe zu **5**: Verwende: die Lösungen – auf 2 Nachkommastellen gerundet – beide Seiten der Gleichung – ungleich
Hinweis zu **8**: Verwende die Formel $A = \frac{1}{2}\cdot g\cdot h$.

1 Erstellt ein Plakat zum Thema quadratische Gleichungen. Beantwortet dazu die Fragen auf den Kärtchen.

Woran erkennst du eine quadratische Gleichung?	Woran erkennst du die Anzahl der Lösungen?
Wie viele Lösungen kann eine quadratische Gleichung haben?	Wie löst du eine quadratische Gleichung?

Notiert passende Rechenbeispiele, bei denen die Anwendung des Lösungsverfahrens sinnvoll ist. Präsentiert euer Plakat.

2 Löse die quadratische Gleichung durch systematisches Probieren. Die Lösungen liegen zwischen den ganzen Zahlen −3 und 6.

a) $x^2 = x$ b) $(x-3)(x-2) = 6$
c) $(x-2)^2 - 2 = -1$ d) $x^2 + 4x = -4$

► 2 ☒

3 Richtig oder falsch? Begründe, wenn die Aussage richtig ist. Notiere ein Gegenbeispiel, wenn die Aussage falsch ist.

a) Kira sagt: „Jede rein quadratische Gleichung hat genau eine Lösung."
b) Louis meint: „Wenn eine quadratische Funktion keine Nullstelle hat, dann hat auch die dazugehörige quadratische Gleichung keine Lösung."
c) Chang sagt: „Wenn die Diskriminante kleiner als null ist, dann schneidet die dazugehörige Parabel die x-Achse nicht."

4 Leni und Hakan lösen die gleiche Gleichung.

Lenis Rechenweg

$2x^2 + 12x + 16 = 0 \quad | :2$
$x^2 + 12x + 16 = 0$
$x_{1/2} = -\frac{12}{2} \pm \sqrt{\left(\frac{12}{2}\right)^2 - 16}$
$x_{1/2} = -6 \pm \sqrt{20}$
$x_1 = -6 + \sqrt{20} \approx -1{,}53$
$x_2 = -6 - \sqrt{20} \approx -10{,}47$

Hakans Rechenweg

$2x^2 + 12x + 16 = 0 \quad | :2$
$x^2 + 6x + 8 = 0$
$x^2 + 6x + \left(\frac{6}{2}\right)^2 - \left(\frac{6}{2}\right)^2 = 0$
$x^2 + 6x + 9 - 9 = 0 \quad | +9$
$x^2 + 6x + 9 = 9$
$(x+3)^2 = 9 \quad | \sqrt{\ }$
$x_1 + 3 = 3 \qquad x_2 + 3 = -3$
$x_1 = 6 \qquad x_2 = -6$

a) Erkläre und korrigiere die Fehler im Heft.
b) Beschreibe den Unterschied in den Rechenwegen. Welchen Rechenweg würdest du hier wählen? Begründe.

5 Löse die Gleichung mit einem Verfahren deiner Wahl. Notiere die Lösungsmenge.

a) $3x(x-9) = -42$
b) $(x-4)(x-12) = -12$
c) $4x(x+5) = 6(2x+2)$
d) $2x(x+3) = (x+2)(x-4) + 1$

6 Wie viele Lösungen hat die Gleichung? Begründe. Löse die Gleichung, falls möglich.

a) $x^2 - 6{,}5x + 10 = 0$ b) $(x-5)^2 = -16$
c) $0{,}5x^2 - 0{,}5x - 6 = 0$ d) $-4x^2 - 8x + 32 = 0$

► 6 ☒

7 ▼ In einem rechtwinkligen Dreieck ist die Länge der Hypotenuse 10 cm. Die Längen der beiden Katheten unterscheiden sich um 2 cm. Berechne die Längen der Katheten. Stelle zuerst eine quadratische Gleichung auf.

8 Klea und Arian sollen die Gleichung $x^2 - 3x + 2 = 0$ graphisch lösen. Klea sagt: „Ich zeichne die Parabel $f(x) = x^2 - 3x + 2$ und lese die Nullstellen ab."
Arian meint: „Ich forme zuerst um: $x^2 = 3x - 2$. Dann zeichne ich die Normalparabel $f(x) = x^2$ und die Gerade $g(x) = 3x - 2$. Die x-Werte der Schnittpunkte sind die gesuchten Lösungen."

a) Überprüfe die beiden Aussagen graphisch.
b) Nenne Vorteile und Nachteile der beiden Lösungswege.
c) Löse die Gleichungen ① bis ④ wie Arian.

① $x^2 - 2x - 3 = 0$
② $x^2 + 3x = 0$
③ $x^2 + 2{,}5x + 1 = 0$
④ $x^2 - 0{,}5x - 3 = 0$

9 Die Fahrbahn einer Halfpipe für Skater wird ungefähr durch $f(x) = \frac{1}{12}x^2 - x + 3$ beschrieben.

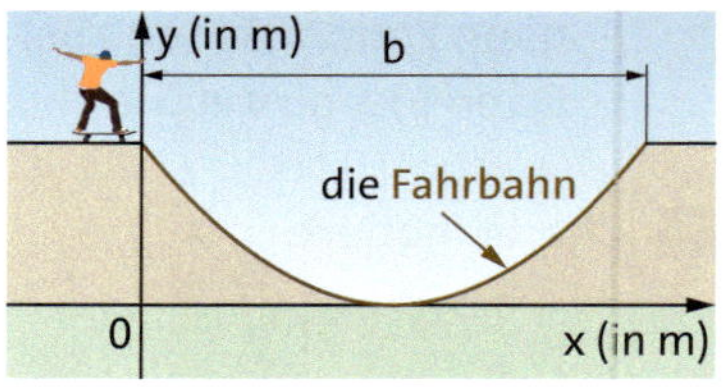

a) Ermittle die Höhe der Halfpipe in Metern.
b) Berechne die Breite b der Halfpipe in Metern. Stelle zuerst eine quadratische Gleichung auf.

Tipp zu **7**: Stelle eine quadratische Gleichung mit dem Satz des Pythagoras auf.

Vermischte Übungen

1 Erstellt ein Plakat zum Thema quadratische Gleichungen und den Nullstellen quadratischer Funktionen. Welches Lösungsverfahren eignet sich für welche Form einer quadratischen Gleichung? Präsentiert eure Plakate in der Klasse.

2 Notiere, ob ① bis ⑥ rein quadratische Gleichungen oder allgemein quadratische Gleichungen sind. Begründe. Löse dann die Gleichung mit einem Verfahren deiner Wahl.

① $2x(x-2)=2$
② $2(7x-4)=-4x^2$
③ $2(x+6)^2=25$
④ $3x^2-1=x^2+17$
⑤ $4x^2+5x+2=3x^2+2$
⑥ $6x^2=66x$

3 Richtig oder falsch? Begründe und notiere ein Beispiel oder ein Gegenbeispiel.
a) Eine quadratische Gleichung der Form $ax^2+c=0$ hat keine Lösung.
b) Eine quadratische Gleichung der Form $(x+b)^2=c$ hat immer eine Lösung.
c) Die quadratischen Gleichungen $x^2-b^2=c$ und $(x+b)(x-b)=c$ sind äquivalent.
d) Wenn die beiden Nullstellen einer Parabel bekannt sind, dann lässt sich der x-Wert des Scheitelpunktes berechnen mit $(x_2-x_1):2$.

4 Ida, Alex und Levi lösen $x^2-6x+9=1$ mit der p-q-Formel.

Ida: $x_{1/2}=\frac{6}{2}\pm\sqrt{\left(\frac{-6}{2}\right)^2-9}$

Levi: $x_{1/2}=-\frac{6}{2}\pm\sqrt{\left(\frac{-6}{2}\right)^2-8}$

a) Erkläre und korrigiere die Fehler im Heft. Löse die Gleichung richtig.
b) Alex meint: „Wenn ich die Gleichung zuerst mit der 2. binomischen Formel umforme, kann ich die Wurzel ziehen und die Gleichung lösen.“
Alex notiert: $(x-3)^2=1 \quad |\sqrt{\ }$
Überprüfe, ob Alex Aussage stimmt.
c) Löse die Gleichungen wie Alex.
① $x^2-5x+6{,}25=9$ ② $x^2+x+0{,}25=25$
③ $4x^2+8x+4=4$ ④ $0{,}5x^2-7x+24{,}5=2$

5 Löse die Gleichung mit einem geeigneten Verfahren deiner Wahl. Begründe deine Wahl.
a) $-3(x-4)^2=-27$ b) $(x-5)(x+9)-2=-2$
c) $-x^2+60=4x$ d) $x^2+8x+16=81$
e) $(x+2)(5x+4)=x^2-10x+168$
f) $3x(x-4)+7=2(x^2-6x)+56$

6 Mai-Lin und Luca stellen für die Lösungen $x_1=3$ und $x_2=-1$ eine Gleichung auf.
Mai-Lin notiert: $(x-3)\cdot(x+1)=0$
Luca notiert: $2\cdot(x-3)\cdot(x+1)=0$
a) Erkläre Mai-Lins und Lucas Vorgehen. Begründe, dass beide Gleichungen stimmen.
b) Forme die Gleichungen von Mai-Lin und Luca in die allgemeine Form um.
c) Notiere jeweils drei Gleichungen für:
① $x_1=-2;\ x_2=5$ ② $x_1=-0{,}5;\ x_2=-5$

7 Selma hat die Gleichung $x^2-0{,}5x-0{,}5=0$ graphisch gelöst. Sie sagt: „Die Lösungen sind $x_1=-0{,}5$ und $x_2=1$.“

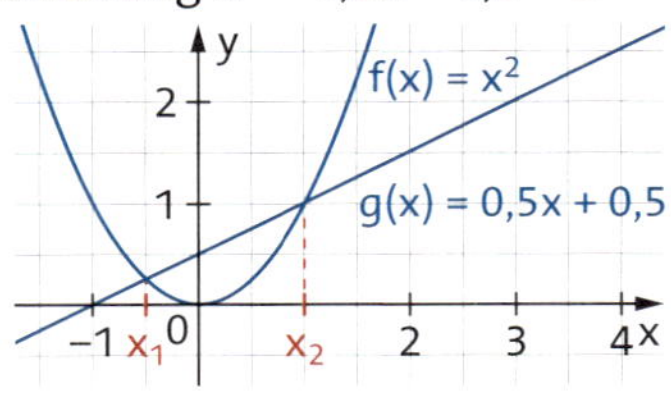

a) Erklärt euch gegenseitig ihr Vorgehen.
b) Notiert für das graphische Lösungsverfahren von Selma einen Merksatz.
c) Beschreibt euch gegenseitig, wie ihr bei diesem Verfahren erkennen könnt, wie viele Lösungen es gibt. Zeichnet jeweils ein Beispiel und notiert die dazugehörige Gleichung.
d) Löst die Gleichungen ① und ② wie Selma.
① $x^2+4x+4=0$ ② $2x^2-3x+1=0$

8 Der Sprung eines Delphins hat ungefähr die Form einer Parabel. Ein Delphin springt maximal 7 m hoch und 8 m weit.

a) Lege ein geeignetes Koordinatensystem fest. Stelle eine passende Funktionsgleichung auf.
b) Recherchiere zuerst, welche Tiere parabelförmig springen. Denke dir dann eigene Aufgaben dazu aus.
c) Präsentiere deine Aufgaben in der Klasse.

Sprachhilfe zu **3**: Zwei Gleichungen sind äquivalent, wenn sie dieselbe Lösungsmenge haben.
Sprachhilfe zu **6**: Eine quadratische Gleichung der Form $(x-x_1)(x-x_2)=0$ heißt Gleichung in faktorisierter Form.

Jugend trainiert für das Sportfest

Letice und ihre Freunde Timo, Saskia, Ben und Christina trainieren für das Sportfest. Sie haben unter anderem folgende Disziplinen zur Auswahl: Sprung vom Zehn-Meter-Turm, Speerwurf, Ballwurf, Kugelstoßen oder Weitsprung.

Weitsprung von ...	Parameter a	Parameter b
Letice	– 0,16	0,7
Saskia	– 0,17	0,7
Christina	– 0,17	0,8

A Ben springt von einem Zehn-Meter-Turm. Die Funktionsgleichung $f(x) = -2x^2 + 10$ beschreibt ungefähr die Flugbahn seines Sprungs.
x ist Bens Fallzeit in s und
f(x) ist Bens Höhe in m.
Berechne die Dauer in s, bis Ben im Wasser landet.

B Timo wirft den Ball.
Die Funktionsgleichung $f(x) = -0{,}0009x^2 + 1{,}9$ beschreibt ungefähr die Flugbahn des Balls.
x ist die Entfernung vom Abwurfpunkt in m und f(x) ist die Flughöhe in m.
a) Berechne, in wie viel Metern Entfernung der Ball auf dem Boden aufkommt.
b) Berechne, in welcher Entfernung der Ball 1,09 m über dem Boden ist.
Löse dazu die Gleichung $1{,}09 = -0{,}0009x^2 + 1{,}9$.

C Saskia wirft den Speer. Die Flugbahn des Speers kann ungefähr durch $f(x) = -0{,}01x^2 + 0{,}7x + 1{,}8$ beschrieben werden.
x ist die Entfernung vom Abwurfpunkt in m und f(x) ist die Flughöhe in m.
Berechne, wie weit der Speer fliegt. Stelle dazu eine quadratische Gleichung auf.
Löse die Gleichung mit der p-q-Formel.

D Letice, Saskia und Christina üben Weitsprung. Die Funktionsgleichung für den jeweiligen Weitsprung hat die Form $f(x) = ax^2 + bx$. Wer ist am weitesten gesprungen?
a) Stelle eine Vermutung mit Hilfe der oberen Tabelle auf.
b) Überprüfe deine Vermutung aus a). Stelle zuerst die Gleichungen auf.
Nutze dafür die Werte für a und b aus der oberen Tabelle.
Berechne in m, wie weit Letice, Saskia und Christina gesprungen sind.

E Christina stößt die Kugel im Punkt $P(0 \mid 1{,}5)$ ab. Die Flugbahn der Kugel ist ungefähr eine Parabel. Im Punkt $(5 \mid 2{,}5)$ erreicht die Kugel ihre maximale Höhe.
a) Stelle die passende Funktionsgleichung in Scheitelpunktform $f(x) = a(x - d)^2 + e$ auf.
b) Forme die Funktionsgleichung in die allgemeine Form um.
c) Berechne, wie weit Christinas Kugel fliegt.

Abschlusstest

1 Löse die Gleichung.
a) $x^2 = 36$ b) $3x^2 = 48$

2 Klammere x aus und löse die Gleichung.
a) $x^2 + 6x = 0$
b) $x^2 = -4x$

3 Löse die Gleichung mit einer quadratischen Ergänzung. Forme zuerst um, falls nötig.
a) $x^2 + 18x + 56 = 0$
b) $x^2 + 16x = -48$

4 Berechne die Diskriminante. Notiere die Anzahl der Lösungen.
a) $x^2 - 6x = 0$
b) $2x^2 + 8x + 10 = 0$
c) $x^2 + 8x + 16 = 0$

5 Löse die Gleichung mit der p-q-Formel.
a) $x^2 + 8x + 7 = 0$
b) $x^2 - 16 = -6x$
c) $x^2 - 4x = 12$

6 Berechne die Nullstellen von f.
a) $f(x) = 2x^2 - 288$
b) $f(x) = x^2 - 3x$
c) $f(x) = x^2 + 8x + 7$
d) $f(x) = x^2 + 7x + 12$

7 In einem Jugendclub bauen die Jugendlichen eine quadratische Sitzfläche um. Sie verkürzen eine Seitenlänge um 1 m und verlängern die andere um 2 m. Berechne die Seitenlänge der ursprünglichen Sitzfläche.

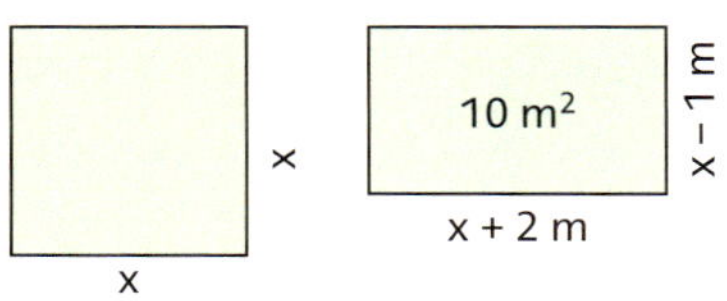

---

1 Löse die Gleichung.
a) $x^2 = \frac{4}{9}$ b) $5x^2 = 1{,}25$

2 Klammere aus und löse die Gleichung.
a) $x^2 - 16x = 0$
b) $8x^2 - 3x = 7x^2 - x$

3 Löse die Gleichung mit einer quadratischen Ergänzung. Forme zuerst um, falls nötig.
a) $x^2 + 5x = 6$
b) $x(x + 4) + 12 = 24$

4 Berechne die Diskriminante. Notiere die Anzahl der Lösungen.
a) $x^2 - 12x = -36$
b) $3x^2 - 6x = -6$
c) $2x^2 - 28x - 46 = 0$

5 Löse die Gleichung mit der p-q-Formel.
a) $3x^2 + 30x + 75 = 0$
b) $4x^2 + 18x = -20$
c) $-x^2 - 4x + 60 = 0$

6 Berechne die Nullstellen von f.
a) $f(x) = -4x^2 + 676$
b) $f(x) = x^2 - 6x$
c) $f(x) = x^2 + 10x + 9$
d) $f(x) = x^2 + 15x + 50$

7 Von der Fläche mit einer Breite von 20 m und einer Länge von 30 m sollen $\frac{1}{3}$ zum Bau des Pools verwendet werden. Um den Pool herum soll gleich viel Rand bleiben. Berechne die Breite und die Länge des Pools.

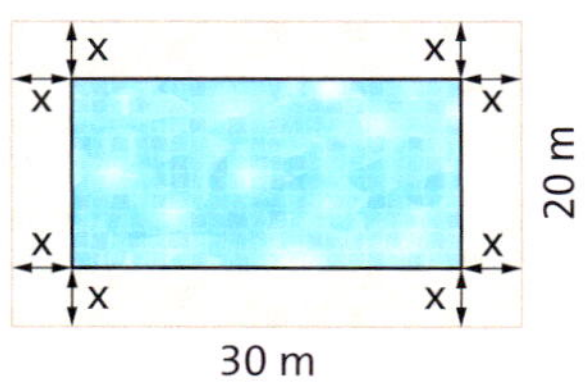

---

1 Löse die Gleichung.
a) $0{,}2x^2 = 9{,}8$ b) $\frac{5}{2}x^2 = 722{,}5$

2 Klammere aus und löse die Gleichung.
a) $2{,}5x^2 = 20x$
b) $x^2 + (x - 5)^2 = (x + 5)^2$

3 Löse die Gleichung mit einer quadratischen Ergänzung. Forme zuerst um, falls nötig.
a) $12x^2 - 96x - 240 = 0$
b) $3x(x + 2) = 16 + 2x^2$

4 Berechne die Diskriminante. Notiere die Anzahl der Lösungen.
a) $7x^2 + 14x = -7$
b) $4x^2 + 6x = 2x^2 - 8$
c) $(x + 0)^2 = 1$

5 Löse die Gleichung mit der p-q-Formel.
a) $12x - 4(x - 5) = x^2$
b) $x(x - 3) = 2x(x - 1) - 2$
c) $\frac{1}{2}x^2 - x - 4 = 0$

6 Berechne die Nullstellen von f.
a) $f(x) = -0{,}04x^2 + 14{,}44$
b) $f(x) = -x^2 + 0{,}1x$
c) $f(x) = x^2 + 12x + 11$
d) $f(x) = x^2 + 25x + 156$

7 Aus einer quadratischen Holzplatte soll ein gleichseitiges Dreieck herausgesägt werden.
a) Berechne die Länge x und die Seitenlänge a. Nutze zweimal den Satz des Pythagoras.
b) Wie viel cm^2 Holz bleiben übrig?

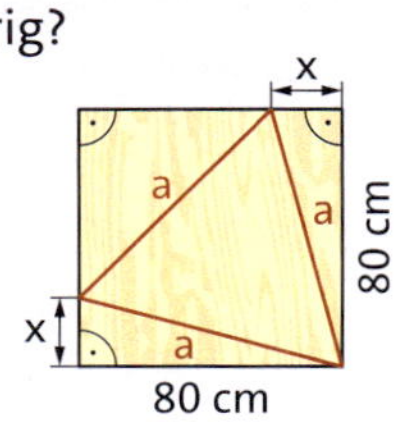

→ Lösungen auf Seite 289 bis 291

Rein quadratische Gleichungen lösen → Seite 170

Die Nullstellen einer Parabel zu $f(x) = ax^2 + e$ sind die Lösungen der Gleichung $\mathbf{ax^2 + e = 0}$.

Wenn die Variable x nur als x^2 vorkommt, heißt die Gleichung **rein quadratische Gleichung**.

So löst du eine rein quadratische Gleichung:
1. Forme die Gleichung so um, dass $\mathbf{x^2}$ allein auf einer Seite steht.
2. Ziehe, wenn möglich, auf beiden Seiten die Wurzel. Berechne alle Lösungen.
3. Notiere die Lösungsmenge L.

$f(x) = 2x^2 - 2$

Die Gleichung $2x^2 - 2 = 0$ ist eine rein quadratische Gleichung, weil die Variable x nur als x^2 vorkommt.

$$2x^2 - 2 = 0 \quad |+2$$
$$2x^2 = 2 \quad |:2$$
$$x^2 = 1 \quad |\sqrt{\ }$$
$$x_1 = \sqrt{1} \qquad x_2 = -\sqrt{1}$$
$$x_1 = 1 \qquad x_2 = -1 \qquad L = \{-1; 1\}$$

Eine Parabel kann **zwei Nullstellen**, **eine** oder **keine Nullstelle** haben.
Somit kann eine rein quadratische Gleichung **zwei Lösungen**, **eine** oder **keine Lösung** haben.

Allgemein quadratische Gleichungen lösen → Seite 174

Gleichungen der Form $\mathbf{ax^2 + bx + c = 0}$ mit $a \neq 0$ heißen **allgemein quadratische Gleichungen**.

Wenn in einer allgemein quadratischen Gleichung **c gleich 0** (**c = 0**) ist, kannst du **x ausklammern** und die Gleichung lösen.

$$2x^2 - 6x = 0 \quad |\ x \text{ ausklammern}$$
$$x \cdot (2x - 6) = 0$$
$$x_1 = 0 \qquad 2x_2 - 6 = 0 \quad |+6$$
$$2x_2 = 6 \quad |:2$$
$$x_2 = 3 \qquad L = \{0; 3\}$$

Wenn in einer allgemein quadratischen Gleichung **c ungleich 0** (**c ≠ 0**) ist, kannst du die Gleichung mit einer **quadratischen Ergänzung** lösen.

$$x^2 - 6x + 5 = 0 \quad |\ \text{quadratische Ergänzung}$$
$$x^2 - 6x + \left(\tfrac{-6}{2}\right)^2 - \left(\tfrac{-6}{2}\right)^2 + 5 = 0$$
$$\underbrace{x^2 - 6x + 9}\ \underbrace{- 9 + 5} = 0$$
$$(x-3)^2 - 4 = 0 \quad |+4$$
$$(x-3)^2 = 4 \quad |\sqrt{\ }$$
$$x_1 - 3 = 2 \quad |+3 \qquad x_2 - 3 = -2 \quad |+3$$
$$x_1 = 5 \qquad x_2 = 1 \qquad L = \{1; 5\}$$

Quadratische Gleichungen mit der p-q-Formel lösen → Seite 178

Jede **quadratische Gleichung** $ax^2 + bx + c = 0$ kannst du in die **Normalform** $x^2 + px + q = 0$ umformen. Dividiere dazu die Gleichung durch $a \neq 0$, falls nötig.
Dann kannst du die Lösungen mit der **p-q-Formel** $\mathbf{x_{1/2}} = -\frac{p}{2} \pm \sqrt{\left(\frac{p}{2}\right)^2 - q}$ berechnen.

$$2x^2 + 4x - 6 = 0 \quad |:2$$
$$x^2 + 2x - 3 = 0$$

$p = 2;\ q = -3$

$$x_{1/2} = -\frac{2}{2} \pm \sqrt{\left(\frac{2}{2}\right)^2 - (-3)}$$
$$= -1 \pm \sqrt{4}$$
$$x_1 = 1 \qquad x_2 = -3 \qquad L = \{-3; 1\}$$

Datenerhebungen hinterfragen

7

▶ Eine Tageszeitung veröffentlicht das Ergebnis einer Umfrage unter den Jugendlichen der 10. Klassen.

Beschreibe das Diagramm.
Worum geht es?
Wie ist die y-Achse beschriftet?
Was wollen die meisten Jugendlichen nach der 10. Klasse machen?
Wie groß ist der Anteil der Jugendlichen, die eine betriebliche Ausbildung machen wollen?
Werden die Unterschiede zwischen den Anteilen richtig dargestellt?
In welcher Art von Diagramm kannst du die Anteile noch darstellen?
Beschreibe Vorteile und Nachteile.

Dienstag — Ausgabe 48

NACHRICHTEN VON HEUTE

Die betriebliche Ausbildung ist bei den Jugendlichen der 10. Klassen sehr beliebt.

Wege nach der 10. Klasse

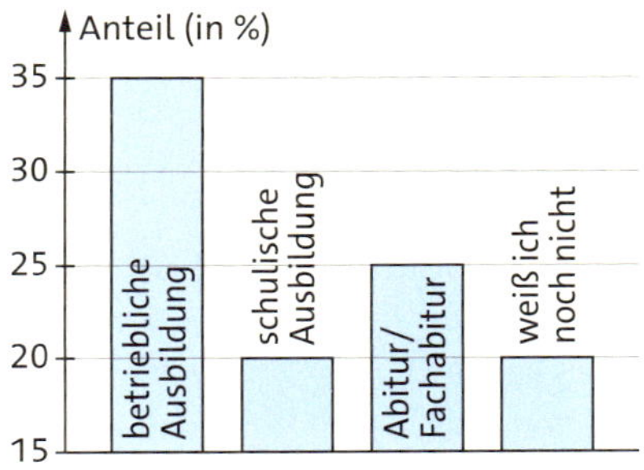

In diesem Kapitel lernst du, …

- Daten auszuwerten, zu erheben und darzustellen,
- Manipulationen bei dem Erheben von Daten zu erkennen,
- Manipulationen bei der Darstellung von Daten zu erkennen.

Kompetenz	Aufgabe	Lies und übe:

1 Ich kann Daten in einer Strichliste und in einer Häufigkeitstabelle darstellen.

1 Anja hat eine Umfrage gemacht. Ermittle die absolute Häufigkeit für jede Antwort. Stelle dazu die Daten in einer Strichliste dar und berechne die Summe.

Beispiel

Wie alt bist du?
15, 15, 16, 15, 15, 16, 16, 15, 15, 15, 16, 16, 15

Wie alt bist du?	Absolute Häufigkeit	
	Strichliste	Summe
15	𝍸 ||	7
16	𝍸	5

a) *Schaust du gerne Serien?*
ja, manchmal, ja, ja, ja, ja, manchmal, ja, ja, ja, manchmal, ja, manchmal, nein, ja, ja

b) *Wie lange am Tag schaust du Serien (in Minuten)?*
0, 60, 0, 30, 60, 90, 120, 30, 60, 90, 30, 60

→ Seite 241 Nr. 1, 2

---

2 Ich kann absolute und relative Häufigkeiten angeben und unterscheiden.

2 Drei Mäuse verstecken sich in einem Holzstapel.
Vor dem Holzstapel warten zwei Katzen.
Nach einer Stunde kommen die drei Mäuse heraus.
Glück gehabt: Die zwei Katzen sind weg.

a) Gib die absolute Häufigkeit der Mäuse und der Katzen in der Geschichte an.
b) Der Text oben besteht aus 142 Buchstaben.
Gib die absolute Häufigkeit und die relative Häufigkeit für den Buchstaben „t" an.

→ Seite 244 Nr. 14, 15

---

3 Ich kann Brüche, Dezimalzahlen und Prozentzahlen ineinander umrechnen.

3 Rechne jeweils den Bruch, die Dezimalzahl und die Prozentzahl in die beiden anderen Schreibweisen um.

Beispiel $\frac{1}{20} = 0{,}05 = 5\,\%$

a) $\frac{7}{10}$; $\frac{1}{4}$; $\frac{4}{5}$ b) 0,1; 0,6; 0,375 c) 50 %; 1 %; 75 %

→ Seite 243 Nr. 7, 8
→ Seite 244 Nr. 11-13

---

4 Ich kann den Flächeninhalt von Kreisen berechnen.

4 Miss den Radius des Kreises.
Berechne dann den Flächeninhalt.

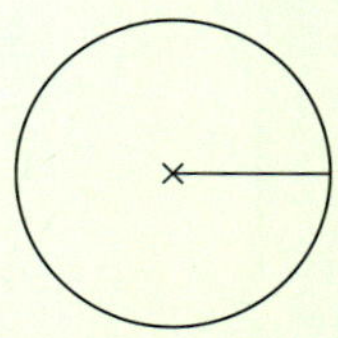

→ Seite 254 Nr. 70

---

5 Ich kann das Volumen von Quadern und Würfeln berechnen.

5 Miss die Kantenlängen des Quaders.
Berechne dann das Volumen.
Tipp: In einem Schrägbild zeichnest du die Hälfte der Breite schräg nach hinten.

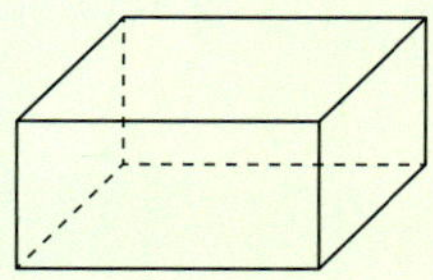

→ Seite 257 Nr. 79

Kompetenz	Aufgabe	Lies und übe:

6 Ich kann Werte aus einem Säulendiagramm ablesen.

6 Gegeben ist ein Säulendiagramm.

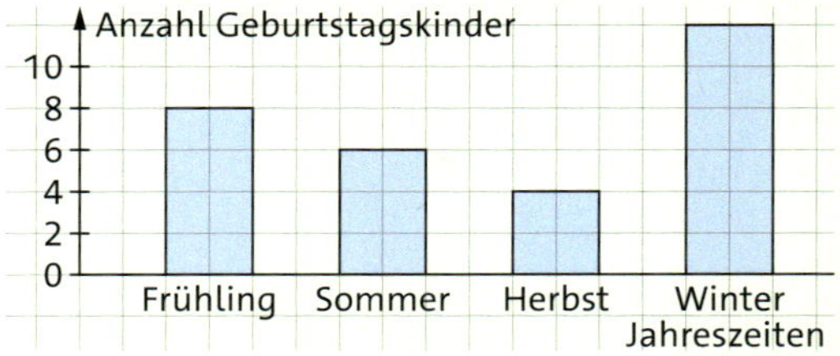

a) Beschreibe das Säulendiagramm. Worum geht es?
b) Wann haben die meisten Personen Geburtstag?
c) Wie viele Personen sind insgesamt in der Klasse?
d) Alicia sagt: „Im Frühling haben doppelt so viele Geburtstag wie im Herbst." Stimmt das? Begründe.

→ Seite 243

---

7 Ich kann Werte aus einem Liniendiagramm ablesen.

7 Gegeben ist ein Liniendiagramm.

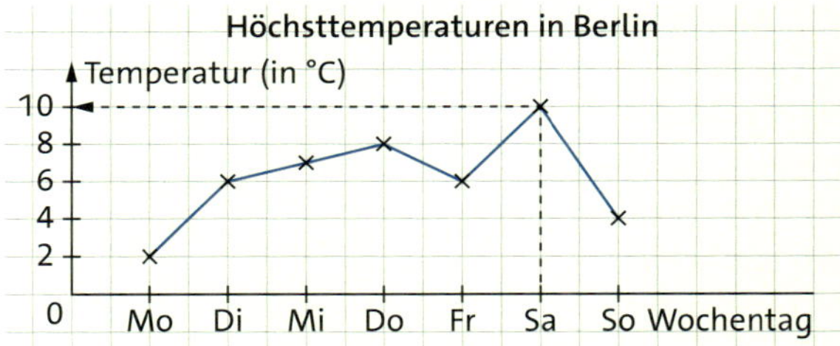

a) Beschreibe das Liniendiagramm. Worum geht es?
b) Wann wurde die niedrigste Temperatur gemessen?
c) An wie vielen Tagen wurde die Temperatur gemessen?
d) An welchen zwei Tagen wurde die gleiche Temperatur gemessen?

→ Seite 242 Nr. 3

---

8 Ich kann ein Säulendiagramm zeichnen.

8 Zeichne ein Säulendiagramm zu den Noten der letzten Mathearbeit.

Note	1	2	3	4	5	6
Anzahl	2	4	12	6	5	1

→ Seite 243 Nr. 5, 6

---

9 Ich kann Informationen aus einem Text entnehmen und die Sachaufgabe lösen.

9 In einem Test konnte man maximal 40 Punkte erreichen. Wenn man mindestens 20 Punkte erreicht, dann bekommt man mindestens die Note 3. Wenn man 90 % oder mehr der maximalen Punktezahl erreicht, dann bekommt man die Note 1.

Die erreichten Punktezahlen:
36, 24, 22, 38, 40, 28, 24, 35, 7, 26, 21, 30, 31, 5, 29, 20, 13, 19, 25, 20, 3, 27, 10, 26, 17, 11, 15, 15, 22, 22, 8

a) Wie viele Personen bekommen die Note 1, 2 oder 3?
b) Wie viele Personen bekommen die Note 1?

→ Seite 250 Nr. 53–55

→ Lösungen auf Seite 292

Säulendiagramme und Kreisdiagramme (Wdh.)

Bülent und Leonie befragen 10 zufällig ausgewählte Personen.

Bülent: Welche Plattform für soziale Medien nutzt du regelmäßig? ○ NikNik ○ dot ○ white
Du kannst mehrere Antworten ankreuzen.

Antworten: NikNik: **8** dot: **5** white: **3**

Leonie: Wie viele Stunden am Tag nutzt du eine Plattform für soziale Medien?

Antworten: 2h, 1h, 3,5h, 4h, 1,5h, 4h, 2h, 1,5h, 1h, 2,5h

In einem **Säulendiagramm** kannst du Daten darstellen,
wenn die prozentualen Anteile zusammen genau 100 % oder mehr als 100 % ergeben.
In einem **Kreisdiagramm** kannst du Daten darstellen,
wenn die prozentualen Anteile zusammen genau 100 % ergeben.

Auf Bülents Frage konnten die Personen mehrere Antworten geben. Die Gesamtanzahl der Antworten ist **8** + **5** + **3** = **16**. Das ist größer als die Anzahl der Personen insgesamt: 10. Die prozentualen Anteile ergeben zusammen mehr als 100 %. Bülent zeichnet ein Säulendiagramm. Bülent zeichnet die y-Achse etwas höher als den größten Wert. Er wählt eine passende und gleichmäßige Einteilung für die Achsen.

Säulendiagramm:

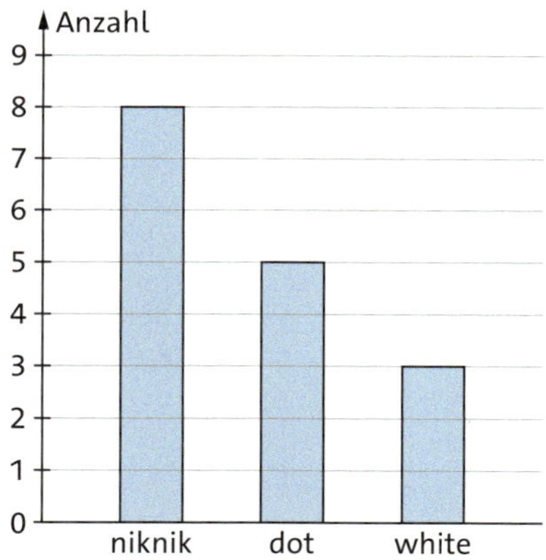

Bei Leonies Frage gaben die Personen nur eine Antwort. Die Anzahl der Antworten ist genau 10. Die Daten ergeben also genau 100 %. Die Antworten teilt Leonie in drei Klassen ein. Leonie zeichnet das passende Kreisdiagramm.

Dauer	weniger als 1,5 h	zwischen 1,5 h und 3 h	mehr als 3 h
Anzahl	2	5	3
Anteil	$\frac{2}{10} = 20\,\%$	$\frac{5}{10} = 50\,\%$	$\frac{3}{10} = 30\,\%$
Winkelgröße	$\frac{2}{10} \cdot 360° = 72°$	$\frac{5}{10} \cdot 360° = 180°$	$\frac{3}{10} \cdot 360° = 108°$

Kreisdiagramm:

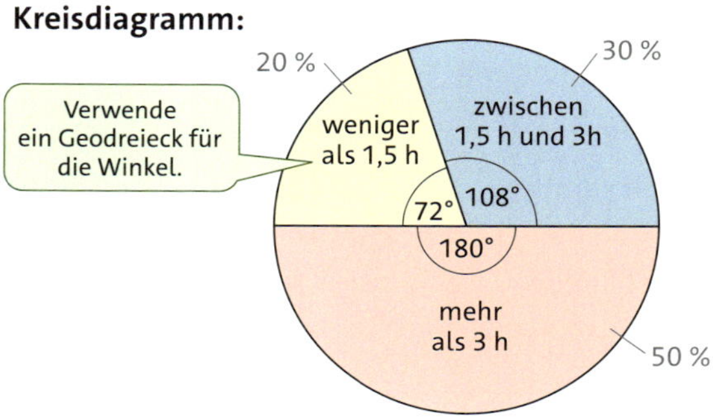

1 Bülent und Leonie befragen die Personen noch einmal.

Bülent: Welche App für Fotos verwendest du? ○ Picmania ○ Pixy ○ Fotostyle

Antworten: Picmania: **6**; Pixy: **9**; Fotostyle: **4**

Leonie: Wie viele Minuten benötigst du, um ein Bild zu bearbeiten?

Antworten: 5 min, 8 min, 35 min, 7 min, 15 min, 20 min, 5 min, 12 min, 30 min, 25 min

a) Stelle das Ergebnis von Bülents Umfrage in einem Säulendiagramm dar.

b) Ordne die Daten von Leonies Umfrage nach der Anzahl der Minuten in folgende Bereiche ein:
1 min bis 9 min **10 min bis 19 min** **20 min und mehr**
Zeichne dann das passende Kreisdiagramm.

2 Ines würfelt 20-mal einen Würfel.
Der Würfel hat die drei Farben Rot, Blau und Gelb.
Sie notiert das Ergebnis in der Tabelle.

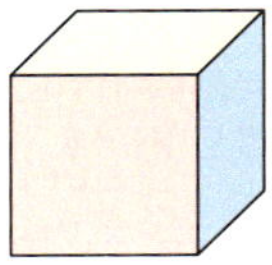

Farbe	Rot	Blau	Gelb
Anzahl	10	6	4
Anteil	$\frac{10}{20} = 0{,}5$ $= 50\,\%$		

a) Ergänze die Tabelle im Heft.
Begründe, dass man zu den Daten, sowohl ein Säulendiagramm, als auch ein Kreisdiagramm zeichnen kann.
b) Zeichne beide Diagramme.
c) Nennt euch gegenseitig Vorteile und Nachteile für die beiden Diagrammarten.

3 Formuliert einen Merksatz, wie ihr anhand der Frage einer Umfrage erkennen könnt, mit welcher Diagrammart ihr die Ergebnisse der Umfrage darstellen könnt.

4 Svenja führt eine Umfrage für die Schulzeitung durch.
Svenjas Frage lautet: Wie treibst du am liebsten Sport?
Antworten: in einer Mannschaft: **40 %**
zu zweit: **15 %**
allein: **35 %**
gar nicht: **10 %**

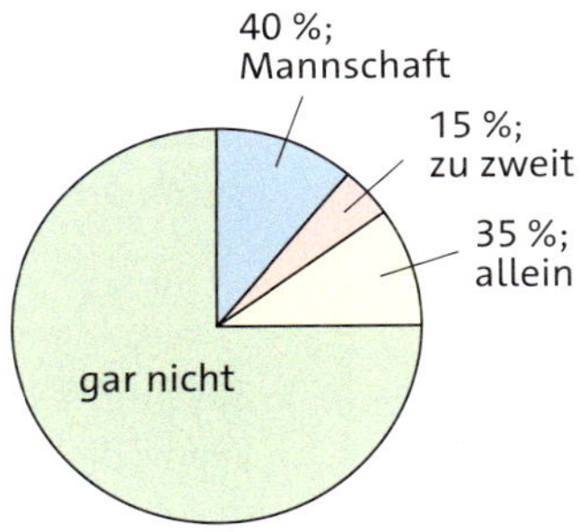

a) Svenja zeichnet ein Kreisdiagramm.
Begründe, dass das Kreisdiagramm falsch ist.
Überlege, was Svenja nicht beachtet hat.
b) Stelle das Ergebnis der Umfrage in einem Kreisdiagramm richtig dar.

5 Zeichne zu dem Kreisdiagramm ein passendes Säulendiagramm.
Übertrage dazu die Daten aus dem Diagramm in ein Säulendiagramm.
Miss zuerst die Winkelgrößen im Kreisdiagramm.
Berechne dann zu jeder gemessenen Winkelgröße den Prozentsatz wie im Beispiel.
Beispiel 54° : 360 ° · 100 % = 15 %

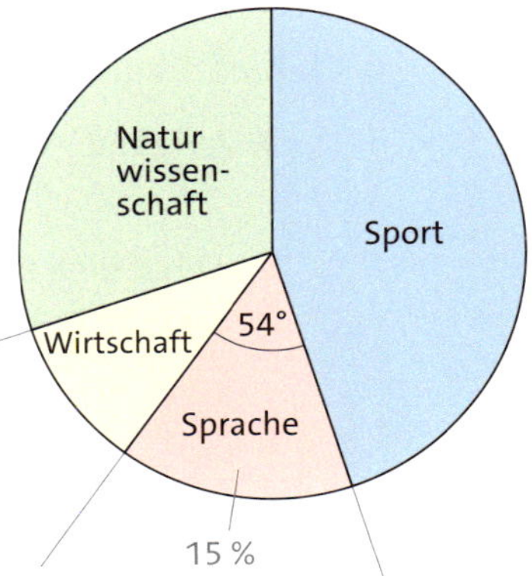

6 Führt eigene Umfragen in der Klasse durch, zum Beispiel:

Was ist dein Lieblingsessen?
○ Pizza ○ Nudeln ○ Burger ○ Pommes ○ Salat.
Du kannst mehrere Antworten ankreuzen.

Wie viele Stunden am Tag verbringst du mit deinen Freunden?

Präsentiert eure Diagramme in der Klasse.

7 Recherchiert im Internet nach Zeitungsartikeln mit Daten.
Überlegt zuerst, welche Diagrammart für die Daten geeignet ist.
Zeichnet ein Säulendiagramm oder ein Kreisdiagramm.
Präsentiert eure Diagramme in der Klasse.

Sprachhilfe zu **2**: Die prozentualen Anteile – insgesamt - 100% - ergeben. Deshalb – beide Diagrammarten – möglich – sind.

Sprachhilfe zu **3**: Wenn man die Frage mit nur einer Antwortmöglichkeit beantworten kann, dann lassen sich die Daten in einem ______ darstellen. Wenn man mehrere Antwortmöglichkeiten hat, dann ...

Daten auswerten (Wdh.)

Toni, Deniz und Sofia vergleichen verschiedene **Ausbildungsvergütungen**:
650 €, 750 €, 1050 €, 960 €, 850 €, 1100 €, 830 €, 990 €, 780 €, 1160 €, 960 €, 660 €

W

So kannst du **Daten auswerten**:

- Ordne alle Werte von klein nach groß. Der kleinste Wert heißt das **Minimum**. Der größte Wert heißt das **Maximum**. Der häufigste Wert heißt der **Modalwert**.

  die geordnete Datenreihe:
  650 €, 660 €, 750 €, 780 €, 830 €, 850 €, 960 €, 960 €, 990 €, 1050 €, 1100 €, **1160 €**
  der **Modalwert:** 960 €

- Berechne die **Spannweite**. Ziehe vom Maximum das Minimum ab.

  die **Spannweite**: 1160 € – 650 € = 510 €

- Berechne das **arithmetische Mittel**. Addiere alle Werte. Teile das Ergebnis durch die Anzahl der Werte.

  das **arithmetische Mittel**:
  650 € + 750 € + 1050 € + 960 € + 850 € + 1100 € + 830 € + 990 € + 780 € + 1160 € + 960 € + 660 € = 10720 €
  10740 € : 12 = **895 €**

- Bestimme den **Median**. Wenn die Anzahl der Werte gerade ist, dann bilde das arithmetische Mittel der beiden Werte in der Mitte.

  der **Median**:
  650 €, 660 €, 750 €, 780 €, 830 €, **850 €**, **960 €**, 960 €, 990 €, 1050 €, 1100 €, 1160 €
  850 € + 960 € = 1810 €
  1810 € : 2 = 905 €

*Das **arithmetische Mittel** nennt man auch den **Durchschnitt** oder **Mittelwert**.*

▶ **Aufgabe** Werte die Daten zu Vergütungen in Maurer/-innen Ausbildungen aus:
880 €, 915 €, 900 €, 910 €, 895 €, 910 €, 930 €, 935 €.

▶ 1 ▶ 1 ▶ 1

Klara hat eine anonyme Umfrage zum monatlichen Taschengeld gemacht.
Sie will die Antworten in einem Boxplot übersichtlich darstellen.

10 € 18 € 19 € 50 € 15 € 40 € 25 € 30 € 25 € 10 € 35 € 15 € 10 € 21 €

W

Um Daten in einem Boxplot darzustellen, benötigst du fünf Kenngrößen.

Das Minimum ist der kleinste Wert.

Der Median ist der Wert in der Mitte der Datenreihe.

Das Maximum ist der größte Wert.

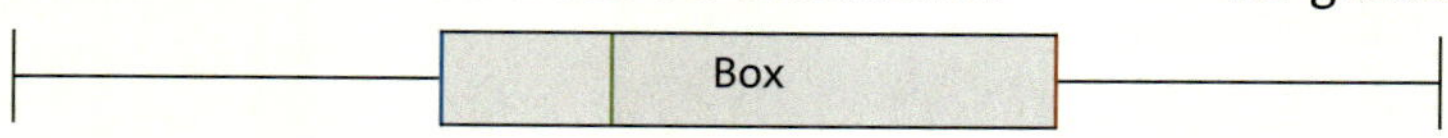

Das untere Quartil ist der Wert in der Mitte der unteren Hälfte.

Das obere Quartil ist der Wert in der Mitte der oberen Hälfte.

Für die Werte der Kenngrößen musst du die Datenreihe der Größe nach ordnen:

10 10 10 15 15 18 19 21 25 25 30 35 40 50

Minimum: 10 — Median: 20 — Maximum: 50

untere Hälfte (7 Werte):
10 10 10 15 15 18 19
unteres Quartil: 15

obere Hälfte (7 Werte):
21 25 25 30 35 40 50
oberes Quartil: 30

▶ **Aufgabe** Bestimme die Kenngrößen für Klaras Werte. Ordne die Daten zunächst der Größe nach. Zeichne einen Boxplot.

▶ 7 ▶ 7 ▶ 6

1 Die Klasse 9 a arbeitet mit Tablets. Die Schülerinnen und Schüler schreiben die Akkustände ihrer Tablets an die Tafel.

17 %	54 %	33 %	24 %	100 %
99 %	81 %	46 %	42 %	9 %

a) Notiere die Ergebnisse in einer Reihe.
b) Ordne die Ergebnisse der Größe nach. Beginne mit dem kleinsten Wert.
c) Bestimme das Minimum, das Maximum und die Spannweite.

2 ▼ Berechne das arithmetische Mittel.

Beispiel 2 h, 1 h, 1 h, 4 h, 3 h, 1 h

Es sind 6 Werte.
2 h + 1 h + 1 h + 4 h + 3 h + 1 h = 12 h
12 h : 6 = 2 h

a) 10 min, 5 min, 15 min, 10 min
b) 5 kg, 2 kg, 4 kg, 6 kg, 3 kg

► 3 ☒

3 ▼ Kira hat die Jugendlichen in den Klassen 9 a und 9 b befragt: Wie viel Geld gibst du pro Woche für Süßigkeiten aus?
9 a: 2 €, 5 €, 2 €, 3 €, 4 €, 2 €, 9 €, 5 €
9 b: 3 €, 1 €, 4 €, 2 €, 2 €, 6 €, 5 €, 1 €, 2 €, 4 €

a) Kira berechnet das arithmetische Mittel für die Klasse 9 a.
Sie gibt in den Taschenrechner ein:
2 + 5 + 2 + 3 + 4 + 2 + 9 + 5 : 8 = 27,625
Beschreibe, was Kira falsch gemacht hat.
Rechne richtig in deinem Heft.
b) Berechne das arithmetische Mittel für die 9 b. Vergleiche mit der 9 a.

4 Der Preis für Kopfhörer ändert sich im Internet jeden Tag. Berechne die Spannweite, den Median und das arithmetische Mittel.

Montag: 13 €
Dienstag: 11 €
Mittwoch: 15 €
Donnerstag: 15 €
Freitag: 16 €

► 5 ☒

5 Taros Oma schreibt jeden Tag auf, wie viel Wasser sie pro Tag trinkt.
1,2 ℓ 0,9 ℓ 1 ℓ 0,5 ℓ 1,5 ℓ 0,8 ℓ 1,1 ℓ
Taro behauptet: „Der Median ist 0,5 ℓ“.
a) Beschreibe Taros Fehler. Vervollständige den Antwortsatz: Taro hat vergessen, zuerst …
b) Bestimme den Median richtig.

6 Für die letzten fünf Saisons hat die Fußballspielerin Fatima notiert, wie viele Tore sie jeweils in der Saison geschossen hat. In der 3. Saison war Fatima verletzt.

a) Berechne das arithmetische Mittel.
b) Bestimme den Median.
c) Vergleiche das arithmetische Mittel und den Median.
Beschreibe, wie sich die 6 Tore aus der 3. Saison auf das arithmetische Mittel auswirken.

7 Nina fragt ihre Mitschülerinnen, wie viele Paar Schuhe sie haben.

Sie bestimmt die Werte für einen Boxplot:
Minimum: 3
unteres Quartil: 5
Median: 7
oberes Quartil: 10
Maximum: 14
Zeichne den Boxplot. Wähle 1 cm für 1 Paar.

► 9 ☒

8 Florian vergleicht die Preise für ein Handy in Online-Shops. Er notiert dafür die Preise.

489 € 499 € 491 €
482 € 479 € 482 €
499 € 484 € 485 €

a) Bestimme die Werte für einen Boxplot.
b) Zeichne den Boxplot.
c) Florian sagt, dass die Spannweite der Preise 20 € beträgt. Überprüfe.

Tipp zu **2**: Gehe so vor: ① Bestimme die Anzahl der Werte. ② Addiere alle Werte. ③ Dividiere die Summe der Werte durch die Anzahl.

Sprachhilfe zu **3**: Die Ausgaben für Süßigkeiten sind in der Klasse ______ im arithmetischen Mittel um ______ € höher als in der Klasse ______.

1 Noura fragt ihre Mitschülerinnen und Mitschüler, wie viel Geld sie im Kiosk ausgeben.

0,40 € 3,40 € 1,80 € 0,50 €
1,20 € 0,70 € 1,50 € 1,30 € 2,10 €

a) Ordne die Werte der Größe nach.
b) Bestimme das Minimum und das Maximum.

2 Die Werte auf den Kärtchen gehören zu den Fachbegriffen.

4 m 3,1 m 4,9 m 3,6 m

Fachbegriffe:
Minimum,
Maximum,
Median,
arithmetisches Mittel

a) Ordne jedem Wert den richtigen Fachbegriff zu.
Die Datenreihe besteht aus 3 Werten.
b) Erkläre, wie du vorgegangen bist.

► 2 ⊠

3 Dies ist das Ergebnis einer Klassenarbeit:

Note	1	2	3	4	5	6
Anzahl	2	4	5	6	2	1

Emilie berechnet das arithmetische Mittel so:
$(2 \cdot 1 + 4 \cdot 2 + 5 \cdot 3 + 6 \cdot 4 + 2 \cdot 5 + 1 \cdot 6) : 20$

a) Erkläre die Rechnung von Emilie.
b) Berechne das arithmetische Mittel wie Emilie.

4 Werte die Daten aus. Ermittle dafür das Minimum, das Maximum, die Spannweite, den Median und das arithmetische Mittel.

a) 50 cm, 15 cm, 90 cm, 25 cm, 5 cm, 6,5 cm, 22,7 cm
b) 71 kg, 60 kg, 81 kg, 64 kg, 56 kg, 69 kg, 50 kg, 75 kg, 68 kg, 62 kg

► 3 ⊠

5 Artur und Paul haben 5 Tage hintereinander notiert, wie lange sie sich sportlich bewegt haben. Gesund ist es, sich 30 Minuten am Tag zu bewegen. Haben Artur und Paul das im Durchschnitt geschafft?
Artur: 40 min, 20 min, 25 min, 60 min, 15 min
Paul: 35 min, 50 min, 10 min, 40 min, 45 min

a) Berechne für beide Jungen das arithmetische Mittel.
b) Paul sagt: „Mein Median ist nur 10 min.“ Erkläre, was Paul falsch gemacht hat.
c) Bestimme für beide Jungen den Median.

6 Die Klassen 9 a und 9 b backen Kekse und verpacken sie in Tüten. In welcher Klasse ist der Unterschied zwischen den Gewichten der Tüten am größten? Iwan wiegt die Tüten:

10 a: 180 g, 220 g, 190 g, 230 g, 170 g, 210 g, 190 g, 200 g, 170 g, 160 g
10 b: 220 g, 210 g, 160 g, 190 g, 210 g, 220 g, 200 g, 190 g, 200 g, 230 g

a) Bestimme jeweils die Spannweite.
b) Bestimme jeweils das arithmetische Mittel und den Median.
c) Vergleiche die Werte der Klassen.

7 Lea befragt ihre Mitschülerinnen und Mitschüler nach der Zeit, die sie morgens im Badezimmer verbringen.
Mädchen: 5 min; 30 min; 25 min; 8 min; 15 min; 20 min; 15 min; 20 min; 18 min
Jungen: 10 min; 5 min; 12 min; 20 min; 2 min; 7 min, 10 min, 18 min

a) Bestimme jeweils die Werte für einen Boxplot. Ordne zuerst die Datenreihe.
b) Zeichne jeweils einen Boxplot für die Zeiten der Mädchen und der Jungen.

8 Die Klasse 8b backt Kekse und verpackt sie in Tüten. Iwan wiegt die ersten Tüten:

180 g; 220 g; 190 g; 230 g; 170 g; 210 g; 190 g; 200 g; 170 g; 160 g

a) Zeichne den Boxplot.
b) Bestimme die Spannweite der Werte.
c) Iwan behauptet: „Das untere Quartil liegt bei 190 g und das obere Quartil bei 200 g.“ Erkläre Iwans Fehler.

► 7 ⊠

9 Sams Eltern finden, dass er zu viele Nachrichten an seine Freunde verschickt. Deshalb notiert Sam die Anzahl seiner Nachrichten pro Tag. Nach einem Monat erstellt er einen Boxplot.

Minimum:	30	unteres Quartil:	35
Maximum:	49	oberes Quartil:	46
Median:	43		

Erkläre, was Sam falsch gemacht hat.

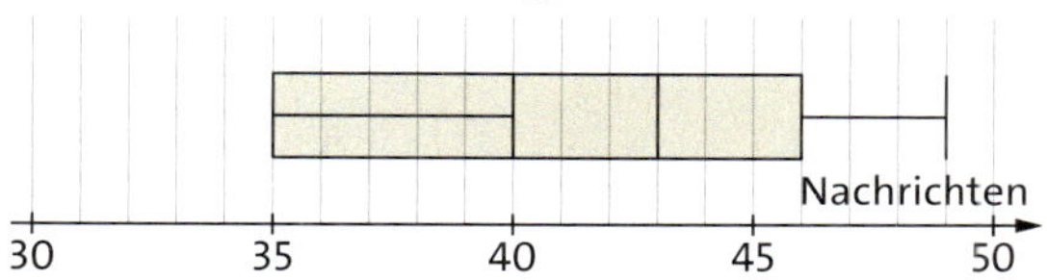

1 Yusuf hat ein Hochbeet. Jeden Abend nimmt er Schnecken von den Salatblättern, damit sie den Salat nicht auffressen. Danach notiert er die Anzahl der Schnecken.

Schnecken:
12, 8, 7,
9, 5, 13,
11, 5, 7,
6, 8, 14

a) Ordne die Ergebnisse von Yusuf.
b) Bestimme das Minimum, das Maximum, die Spannweite, den Median und das arithmetische Mittel.

2 Du siehst verschiedene Datenreihen.
① 2,6 kg, 3,1 kg, 3,8 kg, 4,0 kg, 2,2 kg, 2,9 kg, 3,6 kg, 3,2 kg, 2,8 kg
② 1,1 kg, 0,5 kg, 1,5 kg, 0,9 kg, 1,0 kg, 1,1 kg, 0,4 kg
③ 7,2 kg, 3,6 kg, 4,3 kg, 5,1 kg, 6,7 kg, 8,2 kg, 6,5 kg, 7,4 kg
a) Bestimme das Minimum, das Maximum, die Spannweite, den Median und das arithmetische Mittel für jede Datenreihe.
b) Ordne jedem Bild eine Datenreihe zu. Eine Datenreihe gehört zum Beispiel zu unterschiedlich schweren Broten. Erkläre, auf welche Werte du bei der Zuordnung geachtet hast.

3 Esra und Jule notieren, wie viele Minuten pro Tag sie Videos im Internet schauen.

	Mo	Di	Mi	Do	Fr	Sa
Mara	60	80	30	60	90	180
Jule	120	150	10	90	110	120

a) Berechne jeweils für Esra und für Jule das arithmetische Mittel.
b) Bestimme jeweils für Esra und für Jule den Median.
c) Streiche bei Esra und bei Jule jeweils den größten und den kleinsten Wert. Bestimme erneut jeweils das arithmetische Mittel und den Median. Vergleiche mit den Ergebnissen aus a) und b). Was fällt dir auf?

4 Das sind die Ergebnisse einer Mathearbeit in der 9 a und 9 b, bei der es insgesamt 30 Punkte gab:
9 a: 30, 4, 17, 18, 16, 19, 18, 3, 9, 24, 15, 20, 23, 21
9 b: 0, 4, 17, 8, 16, 29, 18, 30, 9, 4, 15, 27, 3, 10
a) Bestimme jeweils die Spannweite.
b) Bestimme für beide Klassen das arithmetische Mittel und den Median.
c) Osman sagt: „Wenn das arithmetische Mittel und der Median weit auseinanderliegen, dann liegen auch die Werte weit auseinander." Überprüfe die Aussage von Osman. Erkläre.

5 Hana, Jola und Zuri trainieren für einen Wettkampf im 50-m-Brustschwimmen. Die Trainerin hat in den letzten Wochen notiert, wie oft sie schneller als 45 Sekunden waren.

	Hana	Jola	Zuri
Schneller als 45 s	9	9	9
Anzahl der Versuche	15	12	10

Hana meint, dass alle drei gleich gut waren.
a) Erkläre Hana, was sie nicht beachtet hat.
b) Begründe, wer am zuverlässigsten schneller als 45 s schwimmt.

6 Bei einer Untersuchung der Bildschirmzeiten von Jugendlichen pro Tag beträgt das Minimum 10 min, das untere Quartil 120 min, der Median 150 min, das obere Quartil 180 min und das Maximum 360 min.
Zeichne den Boxplot. (Wähle 1 cm für 20 min.)

7 Nils fragt seine Freunde, wie weit sie von der Schule entfernt wohnen.
Das sind ihre Antworten:
3 km; 9 km; 18 km; 1 km; 20 km; 9 km
Nils zeichnet zwei Boxplots.

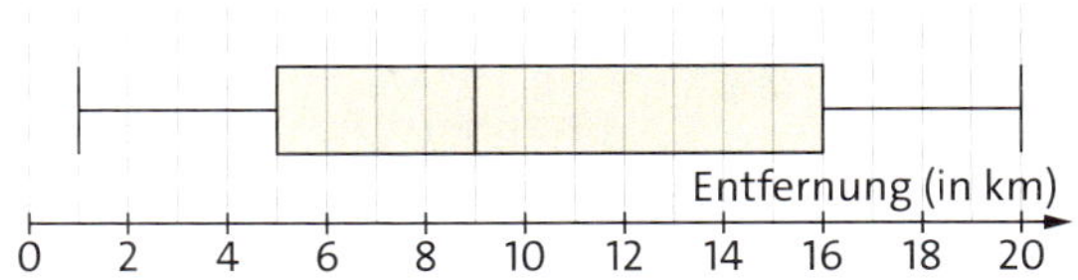

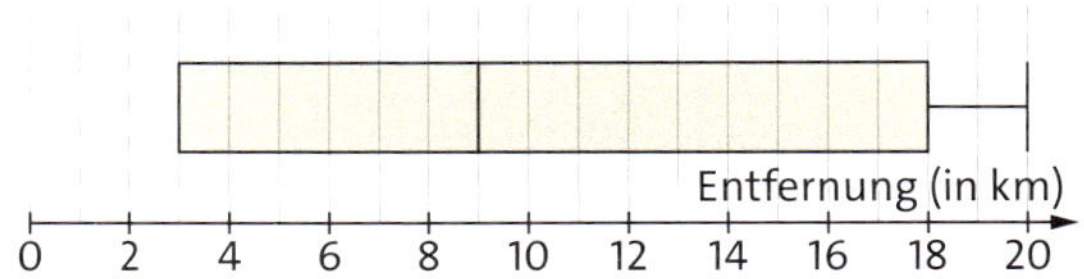

a) Überprüfe beide Boxplots. Erkläre, was Nils jeweils falsch gemacht hat.
b) Zeichne den Boxplot richtig.

Daten erheben und manipulieren

● Erik und ★ Ava möchten wissen, ob die Schülerschaft mit dem Angebot des Schulkiosks zufrieden ist. Erik und Ava machen beide eine Umfrage. Die Ergebnisse der Umfragen unterscheiden sich. Woran kann das liegen?

● Eriks Ergebnis		
😊😊	𝍸 𝍸 𝍸 𝍸 𝍸 𝍸 𝍸 𝍸 𝍸	30 %
😊	𝍸 𝍸 𝍸 𝍸 𝍸 𝍸 𝍸 𝍸 𝍸 𝍸 𝍸 𝍸	40 %
☹	𝍸 𝍸 𝍸 𝍸 𝍸 𝍸	20 %
☹☹	𝍸 𝍸 𝍸	10 %

★ Avas Ergebnis		
😊😊	𝍷𝍷𝍷	60 %
😊	𝍷𝍷	40 %
☹		0 %

die Erhebung – (Daten) erheben, Daten sammeln

W

Eine **statistische Erhebung** ist eine Sammlung von **Daten** zu einer Fragestellung. **Daten** können Zahlen oder Merkmale sein. Daten gewinnt man durch eine **Umfrage**, eine **Zählung** oder eine **Messung**.

Überlege, welche Gruppe du befragen solltest. Triff im Fall einer großen Gruppe eine Auswahl. Diese Auswahl heißt **Stichprobe**.

Die Schülerschaft ist eine große Gruppe.
● Erik wählt zufällig 5 Personen pro Klasse.
★ Ava wählt gezielt 5 Personen aus der Schulkiosk-AG.

*Von einer **repräsentativen Stichprobe** kannst du auf die gesamte Gruppe schließen.*

Eine Stichprobe ist **repräsentativ**, wenn sie ausreichend groß ist *und* wenn die Auswahl zufällig ist. Eine nicht-repräsentative Stichprobe beeinflusst das Ergebnis einer Umfrage. Man sagt dann: Das Ergebnis ist **manipuliert**.

● Eriks Stichprobe ist ausreichend groß und seine Auswahl ist zufällig. Eriks Stichprobe ist repräsentativ.
★ Avas Stichprobe ist zu klein und ihre Auswahl ist nicht zufällig. Avas Stichprobe ist nicht repräsentativ. Also ist Avas Ergebnis manipuliert.

▶ **Aufgabe** Erik möchte wissen, ob die Schülerschaft mit der digitalen Ausstattung der Schule zufrieden ist.
Beschreibe eine repräsentative Stichprobe für Eriks Umfrage. ▶ 1 ▶ 1 ▶ 1

Einen Fragebogen mit vorgegebenen Antwortmöglichkeiten kann man gut auswerten. ● Erik und ★ Ava vergleichen ihre Fragebögen.

● Wie zufrieden bist du mit dem Angebot des Schulkiosks?
□ 😊😊 □ 😊 □ ☹ □ ☹☹

★ Viele kaufen bei uns jeden Tag leckere Dinge. Wie zufrieden bist du mit dem tollen Angebot des Schulkiosks? □ 😊😊 □ 😊 □ ☹

*Ein **Fragebogen** ist **nicht neutral**, wenn die Frage eine Meinung enthält oder die Anzahl der Antwortmöglichkeiten ungleich verteilt ist.*

W

Daten mit einem Fragebogen erheben
Formuliere die Fragen und die Antwortmöglichkeiten neutral.

● Eriks Fragebogen enthält eine neutrale Frage mit der gleichen Anzahl von Antwortmöglichkeiten für „zufrieden" und „unzufrieden".

Ein nicht-neutraler Fragebogen beeinflusst die Antworten. Man sagt dann: Das Ergebnis ist **manipuliert**.

★ Avas Fragebogen enthält ihre Meinung. Die Anzahl der Antwortmöglichkeiten für „zufrieden" ist größer als für „unzufrieden".

▶ **Aufgabe** Erstelle einen neutralen Fragebogen zu der Frage, ob die Schülerschaft mit der digitalen Ausstattung der Schule zufrieden ist. ▶ 5 ▶ 4 ▶ 4

1 Mira hat ein Café. Sie möchte eine Umfrage zur Zufriedenheit ihrer Kundschaft durchführen. Welche Gruppe von Personen eignet sich für die Umfrage von Mira am besten? Begründe.

- Personen, die jede Woche zum Frühstücken in ihr Café kommen
- Personen, die auf der Straße an ihrem Café vorbeilaufen
- Personen, die Mira zufällig aus der gesamten Kundschaft auswählt

2 Ole hat ein Fitnessstudio. Er möchte eine Umfrage zur Zufriedenheit seiner Kundschaft durchführen. Er hat zehn männliche Kunden befragt, mit denen er befreundet ist.
Ist die Stichprobe repräsentativ? Begründe.

3 Alia möchte herausfinden, was Jugendliche am liebsten essen. Sie hat 10 Jugendliche in einer Pizzeria befragt: „Was ist dein Lieblingsessen?“

Ihr Ergebnis lautet: Pizza: 40 %, Nudeln: 40 %, Döner: 10 %, Burger: 10 %
Begründe, warum das Ergebnis von Alia nicht repräsentativ ist.

▸ 3 ☒

4 Ava hat einen Beutel mit insgesamt 20 Münzen. Sie zieht eine 2-Euro-Münze aus dem Beutel und zeigt sie Nia. Ava sagt: „Für 30 Euro gehören dir der Beutel und die Münzen.“
Ist die 2-Euro-Münze eine repräsentative Stichprobe für den Inhalt von Avas Beutel? Diskutiert, ob Nia das Angebot annehmen oder ablehnen sollte.

5 Lena möchte wissen, wie die Schülerinnen und Schüler ihrer Klasse am liebsten ihre Freizeit verbringen. Lena erstellt einen Fragebogen.
Entscheide, ob die Frage neutral formuliert ist. Begründe.

a) Fernsehen in der Freizeit ist Zeitverschwendung. Stimmst du zu?
b) Was machst du am liebsten in deiner Freizeit?
c) Wie oft gehst du ins Kino?

▸ 5 ☒

6 Mio braucht gute Rückmeldungen zu seiner Präsentation. Er erstellt einen Fragebogen für seine Mitschülerinnen und Mitschüler.

① Ich habe mir große Mühe gegeben, dir Windkraftwerke zu erklären.
Wie gut hast du das Thema verstanden?
O sehr gut O gut O weniger gut

② Gefällt dir das Design der Präsentation genauso gut wie mir?
O absolut O gefällt mir O naja

a) Erkläre, warum Mios Fragebogen nicht neutral ist.
b) Korrigiere Mios Fragebogen so, dass die Fragen und Antwortmöglichkeiten neutral formuliert sind.

7 Bei der Klassensprecherwahl soll jede Person genau einen Zettel mit einer Stimme in einen Hut werfen.
Die Klassenlehrerin Frau Weingärtner notiert die Stimmen an der Tafel in einer Strichliste.

Cem	卌 II	Tom	III
Maik	卌 I	Mia	II
Carolin	卌 II	Jacob	卌 IIII
Jan	卌 卌 卌 卌 卌 卌 卌 卌 卌		

Frau Weingärtner lässt die Wahl wiederholen.
a) Erklärt euch Frau Weingärtners Entscheidung.
b) Überlegt gemeinsam, was die Klasse und Frau Weingärtner bei der Wiederholung der geheimen Wahl anders machen können.

Sprachhilfe zu **3**: der Ort – die Gruppe von Personen – zufällig/nicht zufällig – die Stichprobe – zu klein/zu groß
Tipp zu **4**: Man kann eine Stichprobe auch bei einer Überprüfung auswählen. Du wählst dann Dinge statt Personen aus.
Sprachhilfe zu **5**: die Frage – geeignet/nicht geeignet – neutral – etwas vorgeben – die Freizeitaktivität
Sprachhilfe zu **6**: zeigt – gibt ... an – in der Frage – mehr/weniger – Auswahlmöglichkeiten – seine Meinung – für ... als für ...

1 Nenne eine Gruppe von Personen, die sich für die Umfrage eignet. Begründe deine Auswahl.
a) Bist du mit dem Zustand der Mädchentoiletten zufrieden?
b) Brauchen wir mehr Fahrradständer an der Schule?
c) Brauchen wir mehr vegetarische Gerichte in der Mensa?

2 Sven hat 100 zufällig ausgewählte Jugendliche in einem Elektromarkt zum Thema „Hast du einen eigenen Computer?“ befragt. Als Ergebnis schreibt er in der Schülerzeitung: „90 % der Jugendlichen haben einen eigenen Computer.“ Was meinst du zu Svens Befragung? Begründe.

3 Eine Maschine sortiert 190 000 Eier pro Stunde. Dabei sortiert die Maschine 38 000 beschädigte Eier aus. Wie viele beschädigte Eier sind bei 1 520 000 Eiern zu erwarten?

▸ 4 ☒

4 Formuliere vier Antwortmöglichkeiten zu der Frage. Gib gleich viele Auswahlmöglichkeiten für „hilfreich“ und „nicht hilfreich“ an.

Wie hilfreich findest du eine Formelsammlung in Mathematik-Klassenarbeiten?
☐ ...

5 Tüley hält ein Referat. Danach möchte sie wissen, was gut gelaufen ist und was sie beim nächsten Mal besser machen kann. Formuliere für Tüleys Fragebogen drei Fragen und gib jeweils pro Frage vier Antwortmöglichkeiten an. Formuliere neutral.

6 Entscheide, ob der Fragebogen neutral ist oder nicht. Falls nicht, erkläre warum.

Ⓐ Wir sollten uns alle mehr für die Umwelt einsetzen. Wie häufig kaufst du neue Kleidung?
☐ nie ☐ eher selten
☐ fast nie ☐ manchmal
☐ selten ☐ häufig

Ⓑ Was ist dein Lieblingsfach?
☐ Mathematik
☐ Physik
☐ Chemie
☐ Informatik
☐ Sport
☐ Deutsch

▸ 8 ☒

7 Herr Stein wählt aus jeder Schul-AG zufällig 10 Jugendliche aus und fragt sie, welche Note sie auf dem letzten Zeugnis in Mathematik hatten.

	Note in Mathematik					
	1	2	3	4	5	6
Schulchor	II	III	III	II		
Basketball-AG	I	III	IIII	II		
Physik-AG	IIII	卌	I			

a) Berechne den Median und das arithmetische Mittel der Note in Mathematik für jede Gruppe.
b) Entscheide, ob die Note in Mathematik einen Einfluss auf die Wahl der Schul-AG hat oder nicht. Begründe deine Entscheidung.
c) Führt eine Umfrage dieser Art an eurer Schule durch. Präsentiert euer Ergebnis vor der Klasse.

8 Leo spielt mit seiner Mannschaft FC Wacker gegen den SC Lokomotive. Leos Vater ist Schiedsrichter und pfeift das Spiel.

FC Wacker		*SC Lokomotive*
4	*Tore*	*1*
8	*Ecken*	*2*
2	*Elfmeter*	*0*
1	*gelbe Karten*	*6*
0	*rote Karten*	*1*
5	*gepfiffene Fouls*	*25*

Die Spieler des SC Lokomotive beschweren sich nach dem Spiel: „Mit einem anderen Schiedsrichter hätten wir das Spiel sicher nicht verloren.“ Diskutiert die Aussage der Spieler.

1 Eine Gruppe von Personen wird befragt. Nenne eine Umfrage, für die die folgende Gruppe eine geeignete Gruppe ist. Personen, die ...
a) im Sommer in den Urlaub fliegen.
b) regelmäßig mit der Bahn fahren.

2 Frau Kant will wissen, was Jugendliche bei einem Riss im Display ihres Smartphones tun. Sie befragt 10 Jugendliche in einer Reparatur-Werkstatt. Sie erhält als Ergebnis, dass 9 von 10 das Display in einer Werkstatt ersetzen lassen. Sie hat ein anderes Ergebnis erwartet. Erkläre, was Frau Kant bei einer erneuten Befragung anders machen sollte.

3 Serkan fragt 20 seiner Freunde: „Welches Fastfood isst du am liebsten?“ Begründe, ob das Ergebnis für seinen Freundeskreis repräsentativ sein wird.

4 Beschreibe einen möglichen Ort der Befragung, damit die erste Antwortmöglichkeit besonders viel Zustimmung erhält.

a) *Was ist dein Lieblingsessen?*
☐ *Döner* ☐ *Pommes*
☐ *Pizza* ☐ *Gyros*

b) *Was ist für dich die schönste Form der Reise, um ein neues Land kennenzulernen?*
☐ *Kreuzfahrt* ☐ *mit dem Rad*
☐ *mit der Bahn* ☐ ________

5 Mia wettet mit Tom: „Mit geschlossenen Augen kannst du das Markenprodukt nicht von der Eigenmarke des Supermarktes unterscheiden.“ Tom wettet dagegen. Bei den ersten beiden Produkten ordnet Tom die Marken richtig zu. Er sagt: „Meine Trefferquote liegt bei 100 %. Ich kann das Markenprodukt immer von der Eigenmarke unterscheiden.“ Was meinst du? Begründe.

6 Beim Skispringen gibt es fünf Punktrichter, die die Haltung der Sprünge bewerten. Ein perfekter Sprung bringt 20 Punkte. Bei Fehlern in der Haltung gibt es Punktabzug.

	Punktrichter kommt aus ...				
	DEU	AUT	CH	FIN	NOR
Springer (DEU)	~~19,5~~	~~18,5~~	19,0	19,0	19,0
Springer (CH)	19,0	19,5	19,5	18,5	18,5
Springer (FIN)	19,5	19,5	20,0	20,0	19,0
Springer (NOR)	18,0	18,5	18,0	18,0	18,5

a) Berechne die Haltungsnoten. Streiche dafür die beste und die schlechteste Haltungsnote. Bilde aus den drei übrigen Noten das arithmetische Mittel.
Beispiel Der deutsche Springer erhält eine Haltungsnote von 19,0 Punkten, denn $(19 + 19 + 19) : 3 = 19$.
b) Bei internationalen Wettkämpfen kommen die Punktrichter nicht alle aus demselben Land. Woran könnte das liegen? Erkläre.

7 Entscheide, ob der Fragebogen neutral ist oder nicht. Falls nicht, erkläre warum.

Ⓐ Sollten wenig erfahrene Jugendliche wirklich bereits ab 16 Jahren wählen dürfen?
☐ nein
☐ eher nein
☐ ja
☐ weiß nicht

Ⓑ Wo machst du am liebsten Sommerurlaub?
☐ in Deutschland
☐ im Ausland
genauer:
☐ am Strand
☐ in den Bergen
☐ in der Stadt
☐ ________

8 Erstelle einen Fragebogen mit drei Fragen und jeweils vier Antwortmöglichkeiten zum Thema Schuluniformen.
a) Entwirf die Fragen und die Antwortmöglichkeiten neutral.
b) Entwirf die Fragen und die Antwortmöglichkeiten nicht neutral, sodass die Schule eine Entscheidung für Schuluniformen trifft.

Daten in Klassen einteilen und darstellen

Die Jugendlichen in Majas Mannschaft sind unterschiedlich groß. Maja möchte die Daten übersichtlich in einem Diagramm darstellen.

168 cm	155 cm	168 cm	173 cm	163 cm	172 cm	158 cm
166 cm	167 cm	167 cm	161 cm	172 cm	161 cm	175 cm
172 cm	162 cm	164 cm	169 cm	157 cm	175 cm	

Wenn du viele Daten übersichtlich darstellen möchtest,
dann teile die Daten in **Klassen** (*oder* **Gruppen**) ein. Eine Klasse hat eine **Klassenbreite**.
Du kannst entscheiden, in wie viele Klassen mit welcher Klassenbreite du die Daten einteilst.
Klassen haben oft die gleiche Klassenbreite. So sind Klassen vergleichbar.
Die Daten aus deiner Klasseneinteilung kannst du in einem Diagramm darstellen.

Maja teilt die Körpergrößen in vier Klassen ein: Klasse 1 bis 4.
Dann zählt Maja die absoluten Häufigkeiten für jede Klasse
und berechnet dazu die relativen Häufigkeiten.
Sie fasst die Werte in einer Tabelle zusammen und zeichnet dazu ein Kreisdiagramm:

Klasseneinteilung	**Klasse 1:** 155 cm bis 160 cm	**Klasse 2:** 161 cm bis 166 cm	**Klasse 3:** 166 cm bis 171 cm	**Klasse 4:** 172 cm bis 176 cm
absolute Häufigkeit	3	5	6	6
relative Häufigkeit	$\frac{3}{20} = 0{,}15 = 15\,\%$	$\frac{5}{20} = 0{,}25 = 25\,\%$	$\frac{6}{20} = 0{,}3 = 30\,\%$	$\frac{6}{20} = 0{,}3 = 30\,\%$
Winkelgröße	$\frac{3}{20} \cdot 360° = 54°$	$\frac{5}{20} \cdot 360° = 90°$	$\frac{6}{20} \cdot 360° = 108°$	$\frac{6}{20} \cdot 360° = 108°$

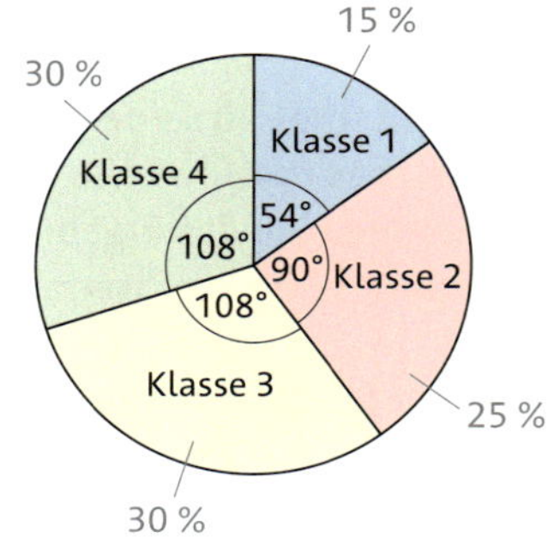

1 In Danis Sport-Club spielen 20 Jugendliche Basketball.
Die Jugendlichen sind unterschiedlich groß.
Dani teilt die Daten in fünf Klassen mit gleicher Klassenbreite ein:
Klasse 1: ***160 cm bis 167 cm*** *Klasse 2:* ***168 cm bis 175 cm …***

170 cm	188 cm	195 cm	181 cm	163 cm
169 cm	171 cm	185 cm	166 cm	175 cm
187 cm	197 cm	178 cm	177 cm	165 cm
174 cm	176 cm	171 cm	182 cm	184 cm

a) Vervollständige Danis Klasseneinteilung im Heft.
b) Bestimme die absolute Häufigkeit für jede Klasse.
Berechne die relative Häufigkeit und gib sie in Prozent an.
c) Stelle die Daten in einem Säulendiagramm dar.

2 An der Nordsee ändert sich regelmäßig die Wasserhöhe durch Ebbe und Flut. Wenn das Wasser höher als der Durchschnitt steigt, dann wird die Bevölkerung vor einer Sturmflut gewarnt.
Es gibt vier Klassen: **keine Sturmflut:** unter 1,5 m
Sturmflut: 1,5 m bis 2,4 m:
schwere Sturmflut: ab 2,5 m bis 3,5 m:
sehr schwere Sturmflut: über 3,5 m:
a) Ordne die Daten aus Bremen in die Klassen ein.
b) Zeichne ein Kreisdiagramm.
c) Jane sagt: „Die Bevölkerung in Bremen musste bei einem Drittel dieser Fluten gewarnt werden." Hat sie recht? Begründe.

Daten aus Bremen im Monat Dezember:

1,2 m	1,8 m	0,9 m	1,1 m	1,6 m	0,8 m
0,3 m	0,5 m	0,9 m	1,5 m	1,8 m	2,7 m
1,7 m	1,4 m	1,6 m	1,1 m	1,0 m	0,7 m
0,8 m	2,5 m	3,2 m	1,3 m	0,8 m	0,7 m
3,3 m	3,8 m	4,1 m	3,5 m	3,4 m	3,9 m

3 In der Mathearbeit hat Said 24 Punkte erreicht.
Die Ergebnisse der Mathearbeit teilt Said in drei Klassen ein:
weniger als 24 Punkte, 24 Punkte, mehr als 24 Punkte.

a) Wie viele Personen haben ebenfalls 24 Punkte erreicht? Notiere im Heft.

b) Was möchte Said mit dem Säulendiagramm herausfinden? Erkläre.

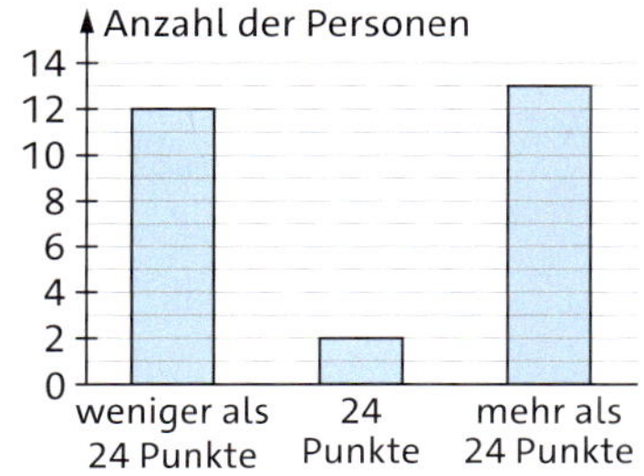

4 Im Internet vergleicht Martin Preise für einen Laptop.
Zeichne ein passendes Säulendiagramm.
Teile dazu zuerst die Daten wie folgt ein:
zwischen weniger als 850 €, zwischen 850 € und 900 €,
zwischen 900 € und 950 €, mehr als 950 €

899 €	990 €	956 €	879 €
825 €	909 €	889 €	989 €
949 €	799 €	883 €	801 €
941 €	890 €	915 €	920 €

5 Pia und Phil trainieren für einen Lauf. Dabei messen sie ihre Herzfrequenz. Die Herzfrequenz gibt man in Herzschlägen pro Minute an.

Herzfrequenz	Belastungszone
95 – 115	Regeneration
116 – 135	Fettverbrennung
136 – 155	aerobe Zone
156 – 175	anaerobe Zone
176 – 195	Ausdauer

a) Begründe, dass es bei der Einteilung der Klassen für die Herzfrequenz sinnvoll ist, 95 als kleinsten und 195 als größten Wert zu wählen.

b) Phil notiert jedes Mal nach dem Training seine Herzfrequenz.

156	154	149	162	134	180	172
157	153	145	115	178	160	159
135	170	179	163	152	158	

Ordne Phils Daten in die 5 Belastungszonen ein und zeichne dazu ein Kreisdiagramm.

c) Pia schaut sich am Computer das Kreisdiagramm für ihre durchschnittlichen Herzfrequenzen in den letzten 20 Läufen an. Notiert einzeln 20 Herzfrequenzen passend zum Kreisdiagramm Vergleicht eure Ergebnisse und beschreibt euch euer Vorgehen.

Beispiel Fettverbrennung 20% = $\frac{20}{100} = \frac{4}{20}$. Also sind es 4 für diese Zone, zum Beispiel: 117, 120, 130, 134

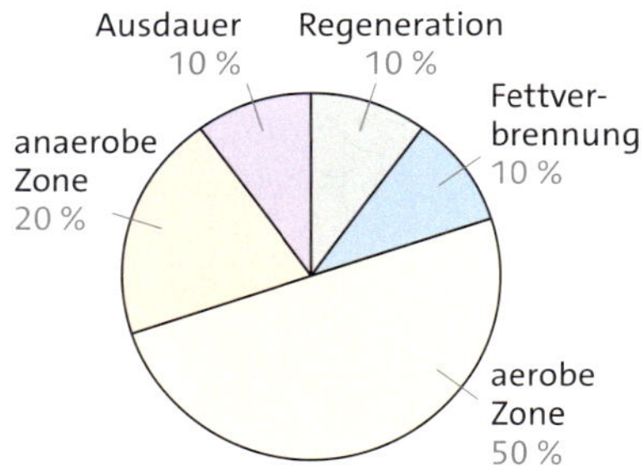

6 Andreas macht ein Praktikum in einem Indoor-Spielplatz. Er teilt die durchschnittliche Anzahl der Besucher in drei Altersklassen ein.
Formuliere eine Aussage passend zum Diagramm.

Beispiel „Durchschnittlich kommen 35 Kleinkinder in den Indoor-Spielplatz."

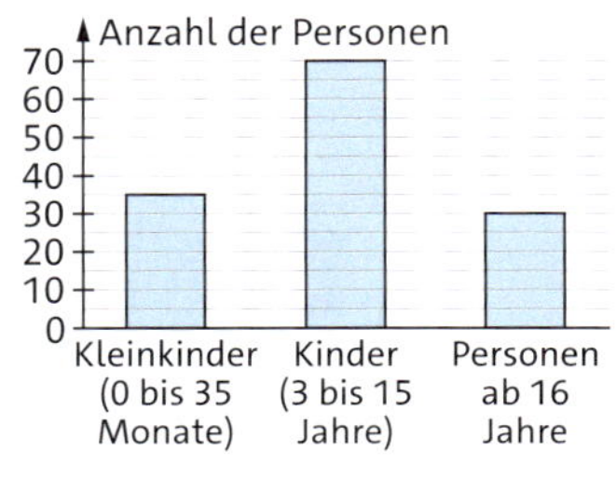

7 Das Säulendiagramm zeigt das Alter von 100 Personen, wann sie geheiratet haben.

a) Lies aus dem Diagramm die absoluten Häufigkeiten für alle fünf Klassen ab: 18 Jahre bis unter 28 Jahre, 28 Jahre bis unter 38 Jahre, ...

b) Berechne die relative Häufigkeit für jede Klasse.

c) Im Durchschnitt ist eine Person in Deutschland 34 Jahre, wenn sie heiratet. Berechne das Durchschnittsalter für die Daten aus dem Säulendiagramm. Wähle für jede Klasse den **mittleren Wert**.
Ergänze: $(23 \cdot 20 + 33 \cdot 35 + 43 \cdot ■ + 53 \cdot ■ + 63 \cdot ■) : 100 = ■$
Vergleiche die beiden Durchschnitte miteinander? Erkläre, wie der Unterschied entsteht.

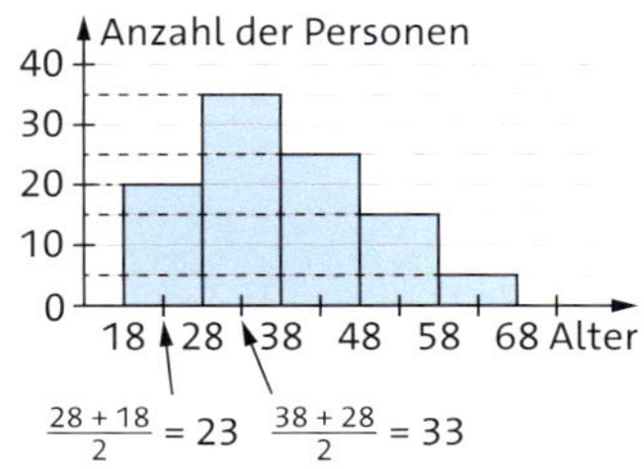

Daten darstellen und manipulieren

Zufriedenheit mit dem Schulkiosk				
Antwort	☺☺	☺	☹	☹☹
Anteil	30 %	40 %	20 %	10 %

● Erik und ★ Ava stellen das Ergebnis der Umfrage in einem Säulendiagramm dar. Beide Säulendiagramme wirken unterschiedlich. Woran liegt das?

Zufriedenheit mit dem Schulkiosk

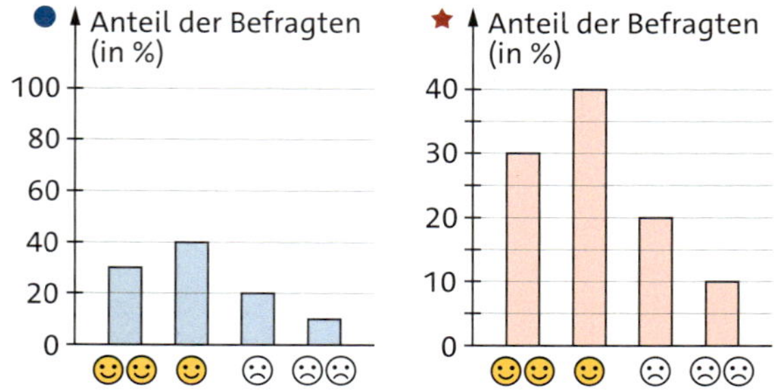

Eriks und Avas Säulendiagramme sind beide richtig. Avas Einteilung der y-Achse führt zu einer besseren Lesbarkeit.

W Du kannst Daten in einem Diagramm mit y-Achse auf verschiedene Weise darstellen. Das Diagramm wirkt anders, je nachdem, ...
- bei welchem Wert die y-Achse beginnt,
- wie du die Achsen einteilst,
- ob du einen Teil oder alle Daten darstellst.

Die Unterschiede zwischen den Werten wirken in ★ Avas Diagramm größer als in ● Eriks Diagramm. ● Erik hat die y-Achse anders eingeteilt als ★ Ava. ● Erik hat die y-Achse in 20er-Schritten eingeteilt und das Maximum auf 100 % festgelegt.

▶ **Aufgabe** Beschreibe, wie ★ Ava die y-Achse eingeteilt hat. ▸1 ▸1 ▸1

■ Tom und ▲ Miu ermitteln pro Klassenstufe, wie viele der befragten Personen mit dem Angebot zufrieden sind. Sie stellen die Daten in zwei verschiedenen Diagrammen dar. Beschreibe, welche Fehler sie bei der Darstellung gemacht haben.

__Piktogramme__ sind __Bilddiagramme__, bei denen die Unterschiede durch die Größe der Flächeninhalte oder der Volumen dargestellt werden.

Kl.	■ Anteil	▲ Anzahl
5	96 %	24
6	92 %	23
7	92 %	23
8	40 %	10
9	60 %	15
10	40 %	10

■ Toms Kreisdiagramm

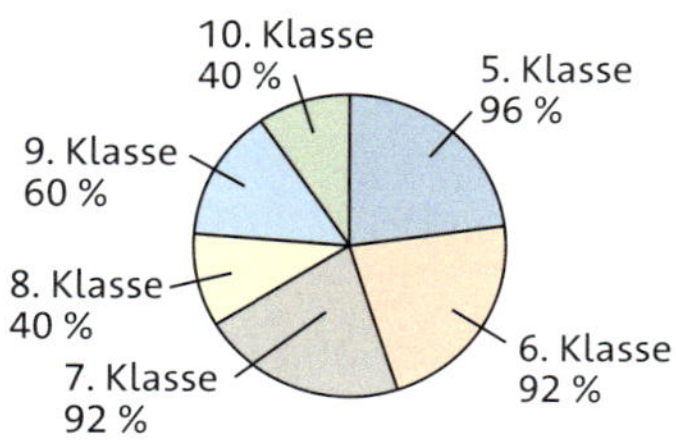

▲ Mius Piktogramm

W Daten in Diagrammen sind fehlerhaft dargestellt, wenn zum Beispiel ...
- eine Diagrammart nicht geeignet ist,
- die Flächen oder die Körper nicht im richtigen Verhältnis dargestellt sind,
- ein Teil der Daten fehlt.

Die Fehler beeinflussen die Wirkung des Diagramms.
Man sagt: Die Darstellung der Daten ist **manipuliert**.

■ Tom: Ein Kreisdiagramm ist für die Daten nicht geeignet, weil die Anteile zusammen mehr als 100 % ergeben.

▲ Miu: Der Flächeninhalt des großen Quadrats ist 4-mal so groß wie der Flächeninhalt des kleinen Quadrats. In den Klassen 5-7 gibt es aber nur 2-mal so viele zufriedene Personen wie in den Klassen 8–10.
Der Unterschied wirkt größer, als er ist.

▶ **Aufgabe** Korrigiere Toms Darstellung. Stelle dazu die Daten von ■ Tom aus der Tabelle in einem Säulendiagramm dar. ▸5 ▸4 ▸4

1 Vergleiche die beiden Diagramme. Gehe so vor:
① Beschreibe die Diagramme. Worum geht es?
② Beschreibe, wie die y-Achsen eingeteilt sind.
③ Lies die Daten aus den Diagrammen ab.
④ Beschreibe die Wirkung der Diagramme.

Wie lange brauchst du für die Hausaufgaben?

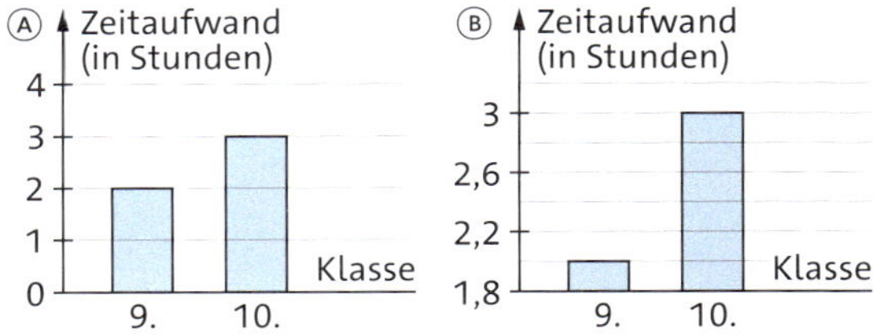

2 Der Vorstand des SC Wacker sagt: „Die Anzahl der Mitglieder sinkt seit Jahren sehr stark.“ Hat der Vorstand recht? Werte das Liniendiagramm aus.

Mitgliederzahlen des Fußballvereins „SC Wacker“

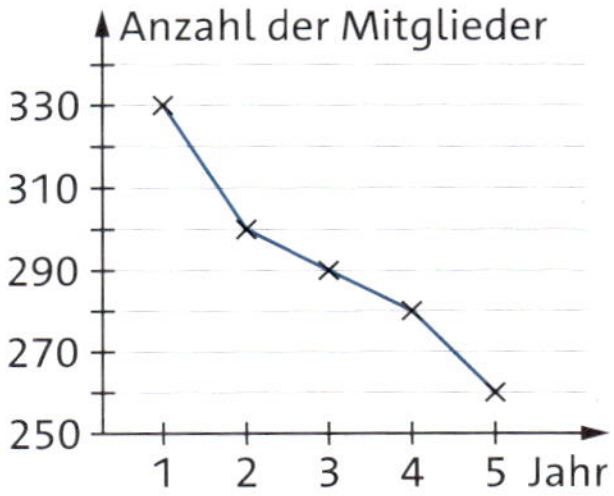

Gehe so vor:
① Beschreibe das Diagramm. Worum geht es?
② Lies die Daten aus dem Diagramm ab.
③ Beschreibe, wie die y-Achse eingeteilt ist.
④ Beschreibe die Wirkung des Diagramms.
⑤ Berechne, wie stark die Mitgliederzahl von Jahr 1 bis Jahr 5 gesunken ist.
⑥ Beurteile die Aussage des Vorstands.

▸ 3

3 Die Leiterin eines großen Supermarktes möchte zeigen, dass der Gemüse-Umsatz in den letzten Jahren deutlich gestiegen ist.
Welches Diagramm unterstützt sie dabei? Vergleiche die beiden Diagramme. Begründe.

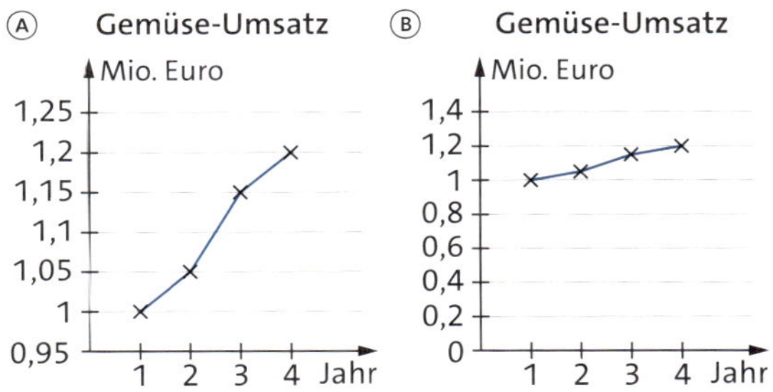

4 Jahr für Jahr verkauft Taner in seinem Fahrradladen mehr **E-Bikes**.

Zeitraum	Jahr 1	Jahr 2	Jahr 3
Anzahl der E-Bikes	1800	2000	2200

a) Erstelle ein Säulendiagramm. Wähle auf der y-Achse die Einteilung 1 cm für 400 E-Bikes.
b) Erstelle ein zweites Säulendiagramm. Wähle auf der y-Achse die Einteilung 1 cm für 100 E-Bikes. Beginne bei 1700 E-Bikes.
c) Mia sagt: „Die Anzahl der verkauften E-Bikes ist stark gestiegen.“ Welches Diagramm unterstützt Mias Aussage? Begründe.

▸ 5

5 Marvin fragt eine repräsentative Gruppe aus den Klassenstufen 5 bis 13, ob sie regelmäßig Sport treiben. Die Ergebnisse stellt Marvin in einem Kreisdiagramm dar. Beschreibe den Fehler, den Marvin bei der Darstellung gemacht hat.

Klassenstufe	**Anteil der Ja-Antworten**
5–7	60 %
8–10	70 %
11–13	50 %

Treibst du regelmäßig Sport?

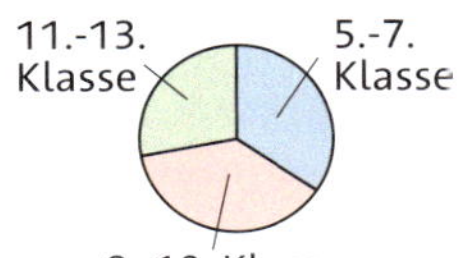

6 „Die Anzahl der gedruckten Zeitungen hat sich in den letzten 10 Jahren halbiert.“
Miss nach und entscheide, ob das Piktogramm in ① oder in ② diese Änderung richtig darstellt. Begründe. Berechne dafür die Flächeninhalte der Rechtecke. Vergleiche die Flächeninhalte.

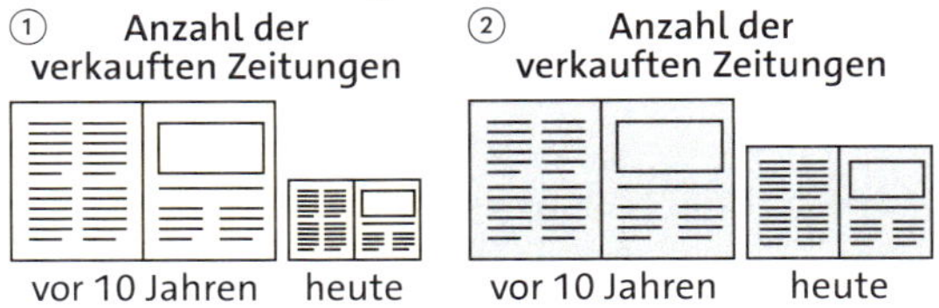

7 Eine Firma wirbt für einen Lippenbalsam mit dem Werbespruch: „Der Lippenbalsam mit nur 3 Zutaten!“ Begründe, dass das Kreisdiagramm manipuliert ist.

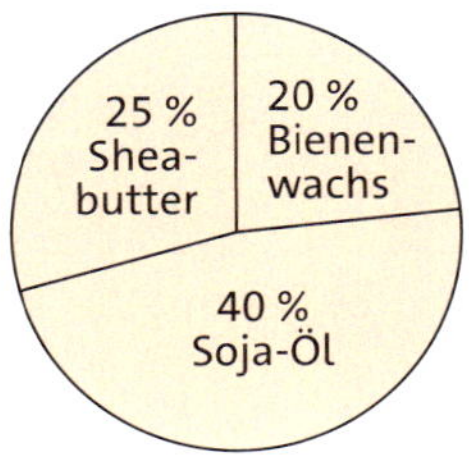

Sprachhilfe zu **1**: ④ Im Diagramm ■ wirkt es so, als ob … deutlich mehr/ähnlich viel Zeit für … brauchen als … .
Sprachhilfe zu **4**: Ein **E-Bike** ist ein Fahrrad mit einem Elektromotor.

1 Vergleiche die beiden Diagramme. Gehe so vor:
① Beschreibe die Diagramme. Worum geht es?
② Beschreibe, wie die y-Achsen eingeteilt sind.
③ Lies die Daten aus den Diagrammen ab.
④ Beschreibe die Wirkung der Diagramme.

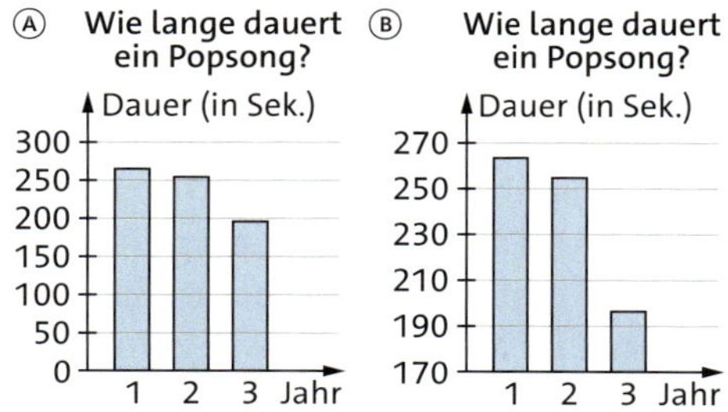

► 2 ☒

2 Eine Zeitung titelt: „Die Zahl der Jugendlichen sinkt seit ein paar Jahren drastisch." Erklärt euch gegenseitig, wie dieser Eindruck entsteht.

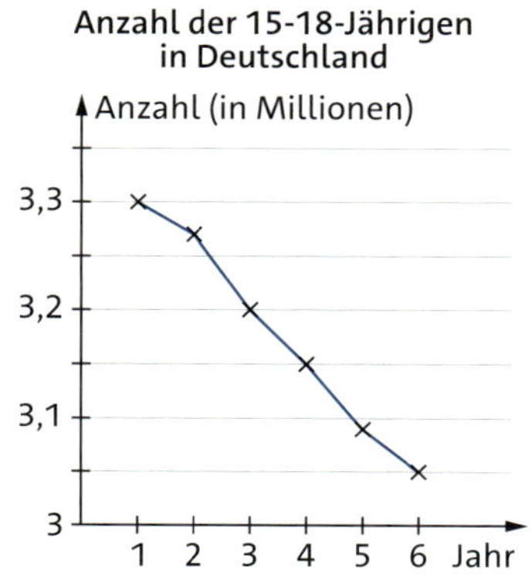

3 In Europa entsteht unterschiedlich viel Plastikmüll in einem Jahr pro Einwohner.

Land	Plastikmüll pro Einwohner
Belgien	32 kg
Frankreich	36 kg
Deutschland	40 kg
Polen	34 kg

a) Erstelle jeweils ein Säulendiagramm, das die Aussagen ① und ② unterstützt.

① Deutschland erzeugt mit Abstand am meisten Plastikmüll pro Einwohner.

② In Belgien, Frankreich, Deutschland und Polen entsteht nahezu gleich viel Plastikmüll pro Einwohner.

b) Beschreibe, wie du vorgegangen bist.

4 Merle fragt 28 Jugendliche in ihrer Klasse, mit wem sie Eis essen gehen. Die Jugendlichen konnten mehrere Antworten geben. Die Ergebnisse stellt Merle in einem Kreisdiagramm dar.

Personen	Anzahl	Anteil
Freunde	22	≈ 79 %
Eltern	12	≈ 43 %
Groß-eltern	5	≈ 18 %
andere	14	50 %
allein	6	≈ 21 %

a) Beschreibe Merles Fehler bei der Darstellung.
b) Korrigiere Merles Darstellung. Stelle dazu die Daten in einem Säulendiagramm dar.

► 5 ☒

5 ▼ Ein Stromanbieter bewirbt seinen Strom-Mix auf einem Flyer. Ist die Darstellung manipuliert? Begründe.

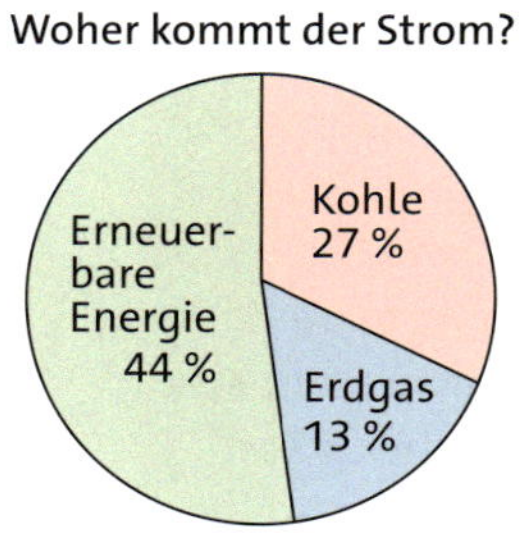

6 ▼ Levkes Fußballverein hat heute doppelt so viele Mitglieder wie vor 10 Jahren. Levke stellt die Veränderung in einem Piktogramm dar.

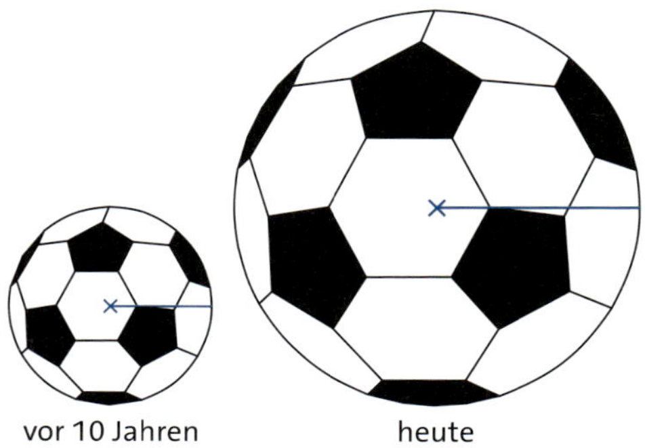

a) Begründe, dass die Darstellung von Levke nicht stimmt. Gib die Veränderung der Mitgliederzahl an, die Levke gezeichnet hat.
b) Zeige an zwei Beispielen: Levke muss den Radius um den Faktor 1,41 vergrößern, damit der Flächeninhalt verdoppelt wird.

Sprachhilfe zu **5**: **Erneuerbare Energien** sind zum Beispiel die Energieträger Wind, Wasser und Sonne.
Tipp zu **6a**: Den Flächeninhalt von einem Kreis berechnest du mit $A = \pi \cdot r^2$.
Hilfe zu **6b**: Wähle selbst einen Radius und multipliziere ihn mit 1,41. Berechne dann die beiden Flächeninhalte.

1 Vergleiche die beiden Diagramme. Achte auf das Thema, die Daten, die Achsen und die Wirkung.

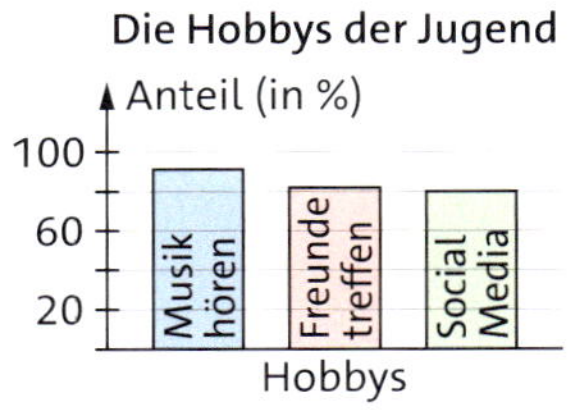

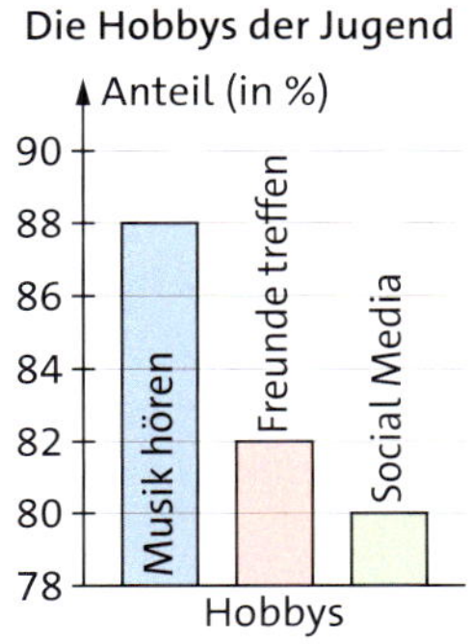

2 Eine Studie untersucht die Investitionen der zehnt größten Unternehmen Deutschlands in den Klimaschutz.

Zeitraum	Investitionen
vorvorletztes Jahr	8,5 Mio. €
vorletztes Jahr	10,5 Mio. €
letztes Jahr	11,5 Mio. €
dieses Jahr	12 Mio. €

Erstelle jeweils ein Säulendiagramm zu den Aussagen ① und ②. Erläutere dein Vorgehen.

① Die Investitionen in den Klimaschutz sind konstant niedrig.

② Die Investitionen in den Klimaschutz sind in den letzten Jahren stark gestiegen und aktuell auf einem sehr hohen Niveau.

3 ▼ Das Säulendiagramm und das Histogramm zeigen die gleichen Daten.

Verteilung der Theater-AG-Mitglieder nach Alter

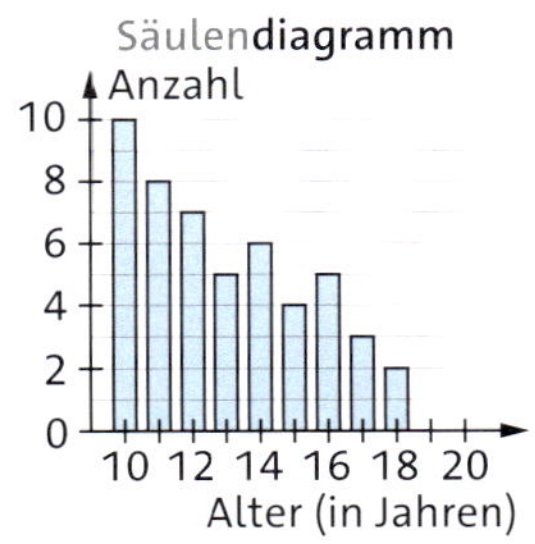

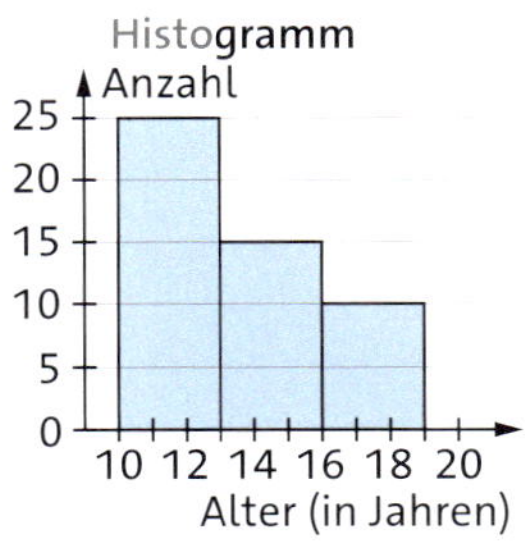

Vergleiche die beiden Diagramme miteinander.

a) Erkläre für das Histogramm, wie die Breiten der Säulen zustande kommen.

b) Erkläre für das Histogramm, wie die Höhen der Säulen zustande kommen.

c) Beschreibe Vorteile und Nachteile der beiden Darstellungen.

4 ▼ Sind die Verhältnisse im Piktogramm richtig dargestellt? Begründe.

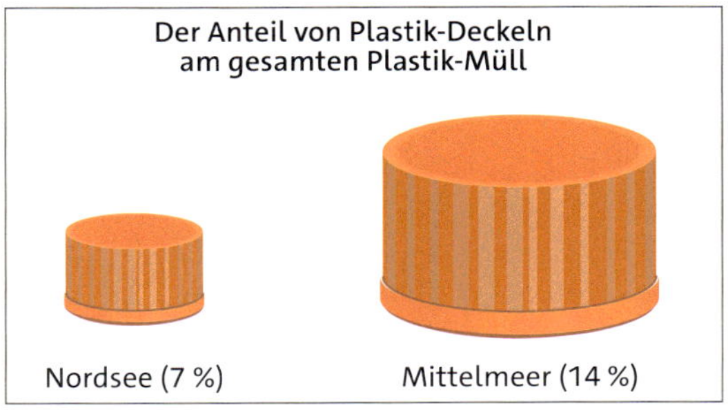

5 Milena sagt: „Wenn ich relative Häufigkeiten gegeben habe, dann kann ich nur ein Kreisdiagramm zeichnen."
Yasmin meint: „Das stimmt nicht. Aber ich kann in einem Kreisdiagramm nur relative und keine absoluten Häufigkeiten darstellen."
Wer hat recht? Begründe.

6 Diego möchte in einem rechteckigen Piktogramm eine Verdreifachung darstellen.
Um den Streckfaktor k für die Länge und die Breite des zweiten Rechtecks zu berechnen, hat er so begonnen:

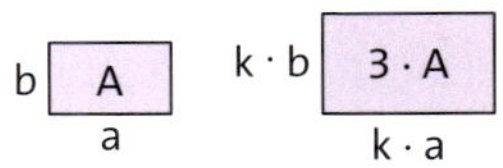

$3 \cdot A = k \cdot a \cdot k \cdot b$
$3 \cdot A = k^2 \cdot a \cdot b$
...

a) Weise nach, dass der Streckfaktor ungefähr 1,73 ist, indem du die Rechnung von Diego zu Ende führst.

b) „Die Anzahl der Kartenzahlungen hat sich in den letzten 10 Jahren verdreifacht."

Zeichne ein Piktogramm zu dieser Aussage. Wähle dazu dein eigenes Beispiel für eine Kreditkarte in Form eines Rechtecks mit den jeweiligen Maßen.

7 Recherchiert Beispiele für fehlerhafte oder nicht neutrale Darstellungen von Daten in den Medien.
Diskutiert die Wirkung und die mögliche Absicht der Darstellungen.

Tipp zu **3**: Schau dir die x-Werte pro Säule an.
Tipp zu **4**: Das Volumen eines Zylinders berechnest du mit $V = \pi \cdot r^2 \cdot h_K$.

Kompetenz	

1 Ich kann Daten auswerten.

→ Lies auf **Seite 198** nach.

1 Anna misst an 7 Tagen, wie lange sie für ihren Heimweg braucht.
Ihre Zeiten in Minuten: 12, 15, 15, 18, 24, 10, 20.
Ordne die Daten der Größe nach.
Bestimme das Minimum und das Maximum.
Berechne die Spannweite.
Bestimme den Median.

---

2 Ich kann einen Boxplot zeichnen.

→ Lies auf **Seite 198** nach.

2 Cillian hat die Schuhgrößen in seiner Groß-Familie untersucht. Er hat die Werte für die Kenngrößen bestimmt. Zeichne den Boxplot.
Minimum: 20
Maximum: 45
Median: 40
unteres Quartil: 35
oberes Quartil: 42

---

3 Ich kann erkennen, ob ein Fragebogen neutral formuliert ist.

→ Lies auf **Seite 202** nach.

3 Der Fragebogen von Mei ist nicht neutral. Erkläre.

Welchen Pausensnack magst du am liebsten?
O Schokoriegel
O Schokobonbon
O Schokolinsen

---

4 Ich kann erkennen, ob das Ergebnis einer statistischen Erhebung manipuliert ist.

→ Lies auf **Seite 202** nach.

4 Niklas fragt seine Freunde, wie gut sie sein Referat fanden. Begründe, warum das Ergebnis seiner Umfrage manipuliert ist.

Wie fandest du mein Referat?	
sehr gut	5
gut	2

---

5 Ich kann Diagramme kritisch beurteilen.

→ Lies auf **Seite 208** nach.

5 Milan sagt: „Am Freitag wurden doppelt so viele Brezeln verkauft wie am Donnerstag." Erkläre Milan, warum er nicht recht hat.

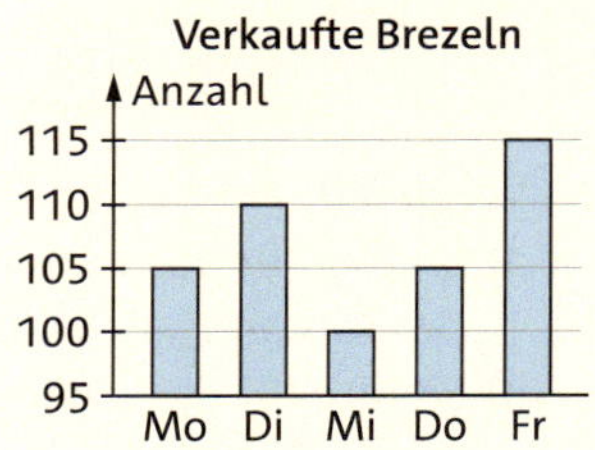

→ Lösungen auf Seite 292 und 293

1 Filip postet im Internet regelmäßig Bilder von seiner Katze.
Er notiert die Anzahl der Herzen, die er pro Bild erhält: 53 ♥ 82 ♥ 46 ♥ 29 ♥ 57 ♥ 97 ♥ 65 ♥
Bestimme das Minimum und das Maximum.
Berechne die Spannweite.
Bestimme den Median.

2 Die erreichte Punktzahl in einem Test schreibt Frau Mai bereits geordnet auf:
1; 3; 3; 4; 4; 5; 6; 6; 6; 6; 7; 7; 8; 8; 9; 9; 9; 10; 10
Zeichne einen Boxplot.

3 Erhältst du mit dem Fragebogen ein manipuliertes Ergebnis? Begründe.

Fußball ist die beliebteste Sportart in Deutschland. Welche Sportart magst du am liebsten?
○ Fußball ○ andere

4 Hannes fragt seine Fußballfreunde, wie sie die Leistung ihrer Lieblingsmannschaft beurteilen. Ist das Ergebnis manipuliert? Begründe.

Wie zufrieden warst du mit dem Spiel?	
mega gut	3
stabil	9
gut	5
weniger gut	3

5 Beide Diagramme nutzen die gleichen Daten. Begründe, dass das Diagramm ① manipuliert ist.

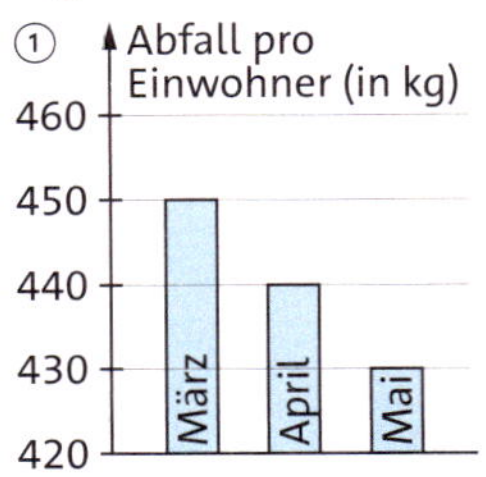

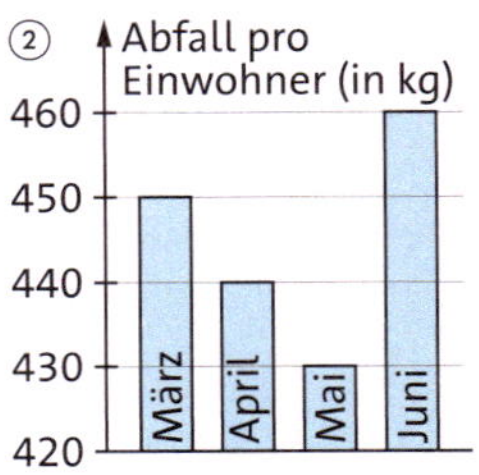

1 Lena arbeitet auf einem Reiterhof. Sie kauft einmal im Monat Futter für die Pferde. Lena notiert in jedem Monat den Preis:
270 €; 310 €; 380 €; 320 €; 290 €; 340 €
Bestimme das Minimum und das Maximum.
Berechne die Spannweite.
Bestimme den Median.
Berechne das arithmetische Mittel.

2 Alexandra notiert, wie oft sie sich im Unterricht meldet:
3; 6; 7; 0; 2; 3; 9; 4; 5
Zeichne einen Boxplot.

3 Begründe, ob du mit dem Fragebogen ein manipuliertes Ergebnis erhältst. Wenn ja, korrigiere den Fragebogen.

Findest du die Pausen auch viel zu kurz?
○ Ja, viel zu kurz
○ Könnten länger sein
○ Passt so

4 Lea hat für die Umfrage aus jeder Klasse zufällig fünf Jugendliche ausgewählt. Ist das Ergebnis manipuliert? Begründe.

Bist du mit den Mädchentoiletten auch unzufrieden?	
ja	63
teils / teils	47
keine Angabe	120

5 Ein Blog berichtet: „Die Abholzung des Regenwalds in Brasilien ist auf ein Drittel gesunken im Vergleich zum Vorjahr.“ Nimm an, die Daten im Säulendiagramm sind richtig. Stimmt dann die Aussage? Erkläre.

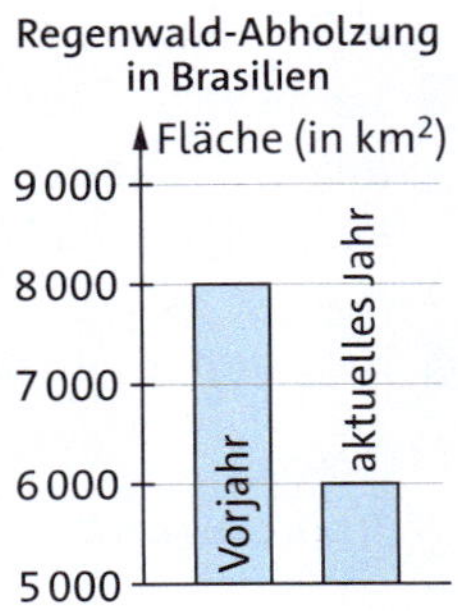

→ Lösungen auf Seite 293

Diagramme mit dem Computer manipulieren

Du kannst Diagramme auch mit einer **Tabellenkalkulation** am Computer manipulieren.
Jan hat drei Freunde zu ihrem Taschengeld befragt und will ein Säulendiagramm erstellen.
So manipulierst du die **y-Achse** von dem **Säulendiagramm**.

Die Tabelle anlegen

① Beschrifte dein Tabellenblatt und trage die Werte ein.

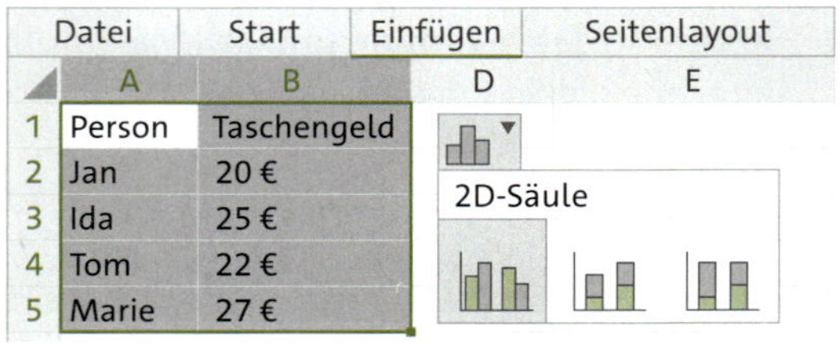

Das Diagramm erstellen

② Erstelle ein Säulendiagramm. Markiere dafür deine Tabelle. Klicke im Menüband auf „Einfügen“ und dann auf das Symbol für ein Säulendiagramm.

Das Diagramm manipulieren

③ Klicke mit der rechten Maustaste auf die Zahlen an der y-Achse.

④ Klicke auf „Achse formatieren …“. Am rechten Bildschirmrand öffnet sich der Bereich „Achse formatieren“ und dort der Bereich „Achsenoptionen“.

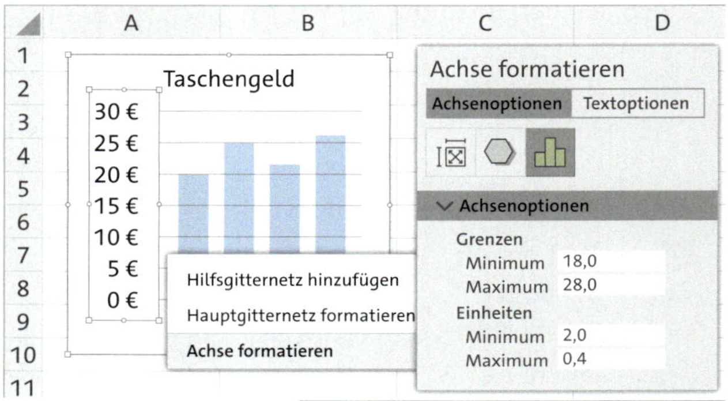

⑤ Falls noch nicht geschehen: Klicke auf das Symbol für drei Säulen und klappe den Bereich „Achsenoptionen“ aus.

⑥ Ändere die Grenzen (Maximum und Minimum) und die Einheiten (Hauptstriche und Teilstriche) so, dass du die gewünschte Wirkung erzielst.

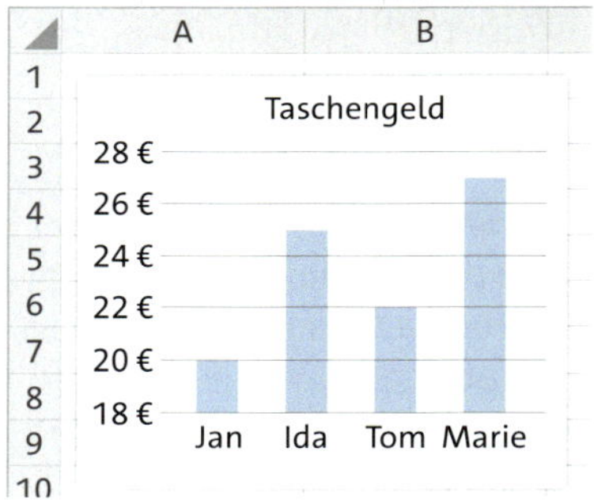

1 Jan möchte mehr Taschengeld bekommen.
Er sagt zu seiner Mutter:
„Meine Freunde bekommen viel mehr Taschengeld als ich.“
Erstelle ein Diagramm, das die Aussage von Jan stützt.
Führe dafür die Schritte ① bis ⑥ aus. Wähle die Werte von oben für die Grenzen und die Einheiten.

2 Jans Mutter sagt: „Du bekommst fast genauso viel Taschengeld wie die anderen. Der Unterschied zu deinen Freunden ist gering.“ Erstelle ein Diagramm, das die Aussage von Jans Mutter stützt.
Führe dafür die Schritte ① bis ⑥ aus. Wähle andere Werte für die Grenzen und die Einheiten.

3 Alex und Josi haben einen Verkaufsstand auf dem Flohmarkt.

Monat	Jan	Feb	Mär	Apr	Mai	Jun	Jul	Aug	Sep	Okt	Nov	Dez
Einnahmen in €	85	90	80	75	75	45	40	40	50	75	80	95

Alex ist der Meinung, dass sich der Verkauf auf dem Flohmarkt im Sommer nicht lohnt.
Josi meint, der Verkauf lohnt sich das ganze Jahr.
a) Erstelle ein Diagramm, das die Aussage von Alex stützt.
b) Erstelle ein Diagramm, das die Aussage von Josi stützt.
c) Begründe, welches der beiden Diagramme dich mehr überzeugt.

Vermischte Übungen

1 Cynthia fragt alle Mädchen aus ihrer Klasse nach ihrer Lieblingssportart. Am häufigsten wird Turnen, Tanzen und Volleyball genannt. Das Ergebnis kannst du nicht auf die gesamte Klasse von Cynthia übertragen. Begründe.

2 Lotta und Kim aus der 10b helfen der Klasse 7a beim Winkel-Messen. Sie kontrollieren die Ergebnisse zu einer Aufgabe:
45°; 48°; 42°; 45°; 46°; 40°; 42°; 44°;
46°; 44°; 45°; 47°

a) Ordne die Daten der Größe nach.
b) Bestimme die Werte für einen Boxplot: das Minimum, das Maximum, den Median, das untere Quartil und das obere Quartil.
c) Zeichne den Boxplot.

3 Sasha zählt, wie oft er sich heute in jeder Stunde gemeldet hat:

	D	Eng	Eng	Ma	Ma	Mu
Anzahl	2	12	3	5	9	5

a) Berechne das arithmetische Mittel.
b) Bestimme den Median.
c) Sasha will seinen Eltern zeigen, dass er sich ganz oft meldet. Sollte Sasha das arithmetische Mittel oder den Median nennen?

4 Ari findet zwei Diagramme im Internet. Ari sagt: „In bewachten Gewässern ertrinken genauso viele unter 50-Jährige wie in unbewachten Gewässern." Hat Ari recht?

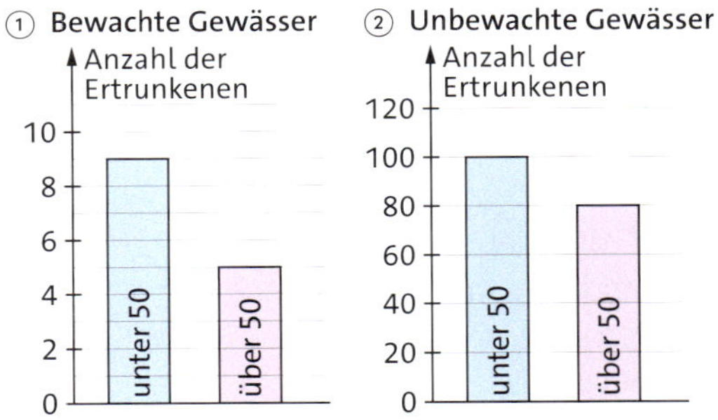

a) Beschreibe, worum es im Diagramm geht.
b) Lies, was an den y-Achsen steht.
c) Lies die Daten aus den Diagrammen ab. Wie viele unter 50-Jährige ertrinken
① in bewachten Gewässern?
② in unbewachten Gewässern?

▸ 4

5 Ben sieht im Internet ein Kreisdiagramm zu den beliebtesten Pizzasorten in Deutschland. Er sagt: „Mehr als ein Drittel der Deutschen isst am liebsten Salamipizza."

a) Hat Ben recht? Lies, was im Diagramm steht.
b) Was hat Ben nicht beachtet? Beschreibe den Fehler im Kreisdiagramm.

▸ 6

6 Der Fragebogen ist nicht neutral formuliert. Korrigiere den Fragebogen.

Wie viele Stunden verschwendest du täglich mit sozialen Medien?
○ 2–3 Stunden
○ 4–5 Stunden
○ mehr als 5 Stunden

7 ▼ Noemi hat eine Bäckerei. Sie stellt Simit (Sesamringe) her. Sie hat den Preis für ein Simit bei verschiedenen Bäckereien in einer Tabelle notiert.

Bäckerei	Noemi	Dilara	Azeez
Preis	1,20 €	1,60 €	1,50 €

a) Zeichne zu den Preisen ein Säulendiagramm. Wähle für die y-Achse 1 cm für 0,20 €.
b) Zeichne dazu ein zweites Säulendiagramm. Wähle für die y-Achse 1 cm für 1 €.
c) Noemi möchte mit einem Diagramm zeigen, dass der Preis für ein Simit bei ihr sehr klein ist. Welches Diagramm sollte Noemi wählen? Begründe.

Sprachhilfe zu **7**: Im Diagramm aus ■ wirken die Säulen ______. Im Diagramm aus ■ wirkt die Säule für den Preis bei Noemi ______. Noemi sollte das Diagramm aus ■ wählen. ähnlich groß – deutlich kleiner

1 Milo fragt alle Personen in seinem Sportclub, ob sie gerne Sport machen und ob sie gerne Sport schauen. Das Ergebnis von Milos Befragung kannst du nicht auf die gesamte Bevölkerung übertragen. Begründe.

2 Amelie installiert eine App, die aufzeichnet, wie lange pro Tag sie ihr Smartphone nutzt. Das sind die Ergebnisse: 4 h; 3 h; 1,5 h; 1 h; 2 h; 12 h; 6,5 h; 7 h; 4 h; 3 h; 2 h; 4 h; 5,5 h; 7 h; 8 h

a) Bestimme die Werte für einen Boxplot.
b) Zeichne den Boxplot.
c) In einer Studie geben 75 % der Jugendlichen an, täglich höchstens 4 Stunden das Smartphone zu nutzen. Gehört Amelie dazu? Begründe.

▶ 5

3 Die Jungen der Klasse 9 b trainieren Weitsprung. Das sind die Werte der Schüler:

2,30 m	4,30 m	3,80 m	4,50 m
3,50 m	3,60 m	4,20 m	4,00 m
2,80 m	2,50 m	3,20 m	3,30 m
3,00 m	4,20 m	2,60 m	3,50 m

a) Bestimme die Kenngrößen für einen Boxplot.
b) Entscheide, welcher Boxplot zu den Daten gehört. Begründe deine Entscheidung.

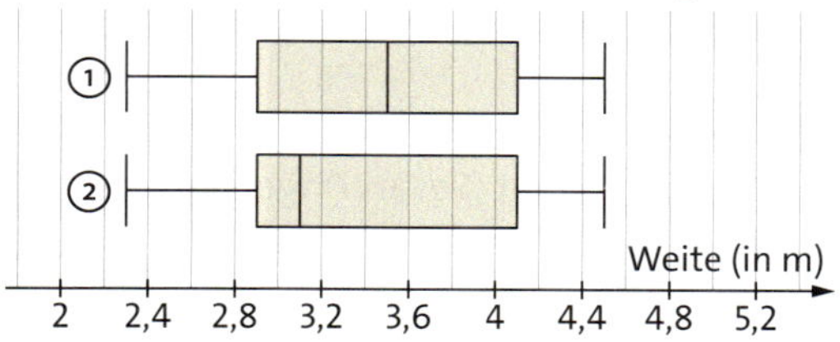

c) Bei „Jugend trainiert für Olympia" erhält ein Junge 400 Punkte, wenn er mindestens 4,10 m weit springt. Bestimme den Prozentsatz der Jungen, die 400 Punkte oder mehr erhalten. Erkläre dein Vorgehen.

▶ 4

4 Asa, Ben, Can und Don spielen Fußball in einer Mannschaft. Sie notieren ihre Tore aus der letzten Saison. Cem sagt: „Wir sind alle ungefähr gleich gut."

Name des Spielers	Asa	Ben	Can	Don
Anzahl der Tore	15	11	10	13

Zeichne ein Säulendiagramm, das Cans Aussage stützt.

5 Ein Kinoticket kostet heute 6-mal mehr als vor 25 Jahren. Der Grund dafür ist die Inflation. Levke zeichnet für den Preis von vor 25 Jahren ein Rechteck.

Erkläre, welches der Rechtecke ①–③ den Preis von heute passend zu Levkes Rechteck darstellt.

▶ 6

6 Tobis Freunde antworteten auf die Frage: „Wie lange spielst du täglich am Computer?"
30 min, 70 min, 60 min, 45 min, 120 min, 45 min, 140 min, 60 min, 30 min, 90 min
Ein Online-Portal schreibt: „Jugendliche sollen nicht länger als eine Stunde am Tag am Computer spielen."

a) Prüfe, ob diese Vorgabe im Durchschnitt eingehalten wird.
b) Wie viele der Freunde spielen länger als empfohlen? Ergänze die Wertetabelle in deinem Heft.

Spielzeit	bis zu 1 h	mehr als 1 h
Anzahl		
Anteil		

7 Wie viel Zeit verbringen Jugendliche mit sozialen Medien? Macht eine Umfrage zu dem Thema. Geht so vor:

① Einigt euch auf eine geeignete Stichprobe.
② Erstellt einen Fragebogen mit geeigneten Auswahlmöglichkeiten.
③ Kopiert eine ausreichende Anzahl von eurem Fragebogen und führt die Umfrage durch.
④ Tragt die Daten in einer Tabellenkalkulation ein. Erstellt ein Säulendiagramm, das die Daten neutral darstellt.
⑤ Präsentiert eure Ergebnisse vor der Klasse.

1 Eine Firma stellt eine Handcreme her. Sie wirbt mit dem Spruch „Die Handcreme mit nur 3 Inhaltsstoffen!“. Auf der Verpackung sind die Inhaltsstoffe abgedruckt. Inhalt: 43 % Kakaobutter, 20 % Mandelöl, 25 % Kokosöl. Begründe, dass die Firma die Käufer und Käuferinnen gezielt täuscht.

2 Ceylin und Mehmet sind nicht einer Meinung.

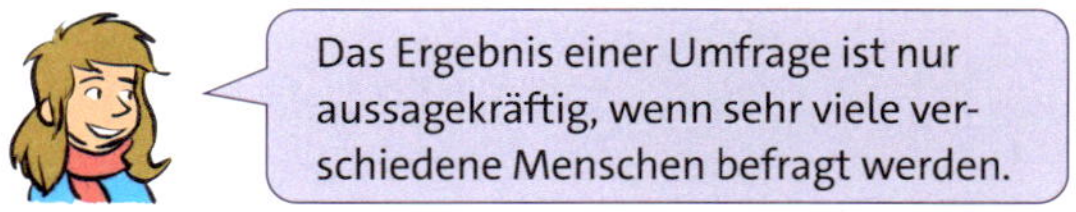

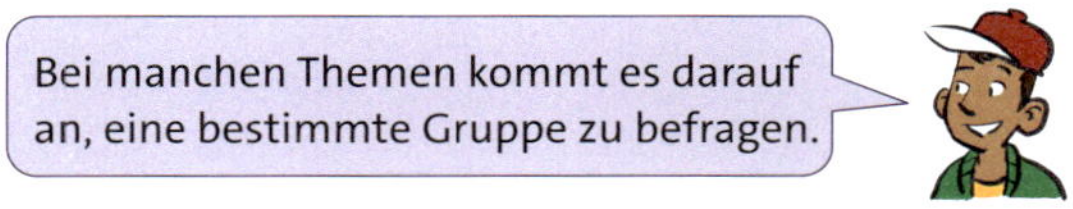

In manchen Fällen hat Ceylin recht, in anderen Fällen hat Mehmet recht. Nenne jeweils ein Beispiel für Ceylins und für Mehmets Aussage. Begründe.

3 Die 9 a und 9 b haben an einer Müll-Sammel-Aktion teilgenommen. Am Ende wiegen sie ihre Müllsäcke und werten die Daten aus. Ordne die richtige Datenreihe zu. Begründe. Zwei Kärtchen passen zu keiner Datenreihe.

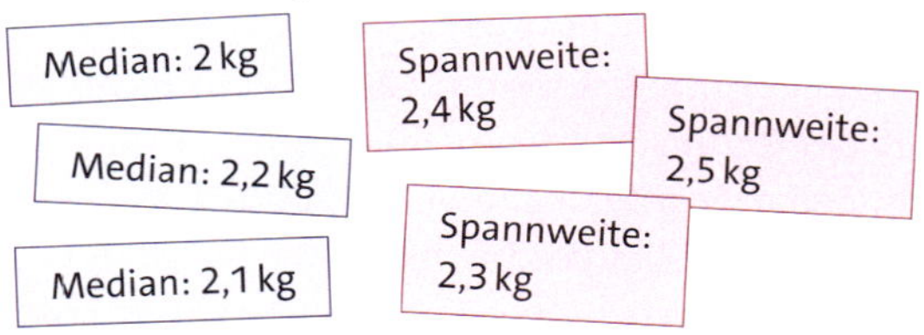

① 1,8 kg; 2,1 kg; 3 kg; 1,4 kg; 2,2 kg; 3,2 kg; 0,7 kg; 2,5 kg; 2,5 kg; 1,6 kg; 2,4 kg;
② 1,8 kg; 2,1 kg; 3 kg; 1,4 kg; 2,2 kg; 3,5 kg; 1,1 kg; 2,5 kg; 1,9 kg; 1,4 kg; 2,4 kg; 1,9 kg;

4 In der Zeitung ist im Artikel zum Thema „steigende Preise“ ein Piktogramm abgedruckt. Passt das Piktogramm zur Überschrift? Begründe. Berechne dazu jeweils das Volumen.

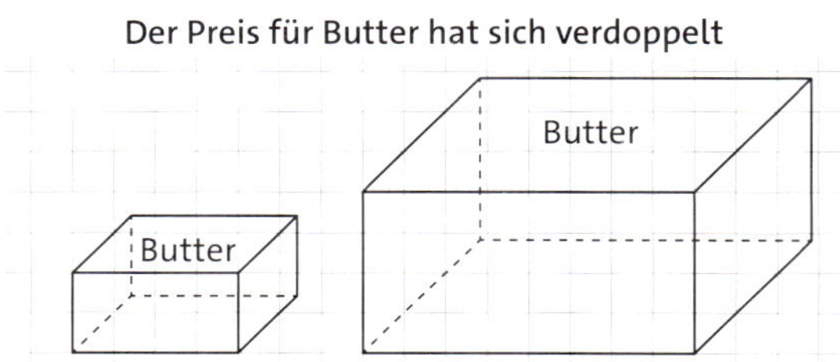

5 Zeynep will herausfinden, wie weit ihre Verwandten von ihr entfernt wohnen. Sie ermittelt die Entfernungen mit einer App:
3700 km; 3600 km; 1500 km; 2100 km; 1300 km; 2700 km; 500 km; 3600 km; 2800 km; 1500 km; 2600 km
a) Bestimme die Werte für einen Boxplot.
b) Zeichne den Boxplot.
c) Zeynep fällt auf, dass sie ihren Onkel Ahmad aus Mossul (Irak) in der Liste vergessen hat. Er wohnt 4000 km entfernt. Zeynep behauptet: „In meinem Boxplot muss ich nur das Maximum verändern.“ Begründe, warum Zeynep nicht Recht hat.

6 Ein Politiker veröffentlicht kurz vor den Wahlen einen Post in den sozialen Netzwerken. Beurteile den Post kritisch. Beschreibe das Liniendiagramm und seine Wirkung. Erkläre die Darstellung mit der möglichen Absicht des Politikers.

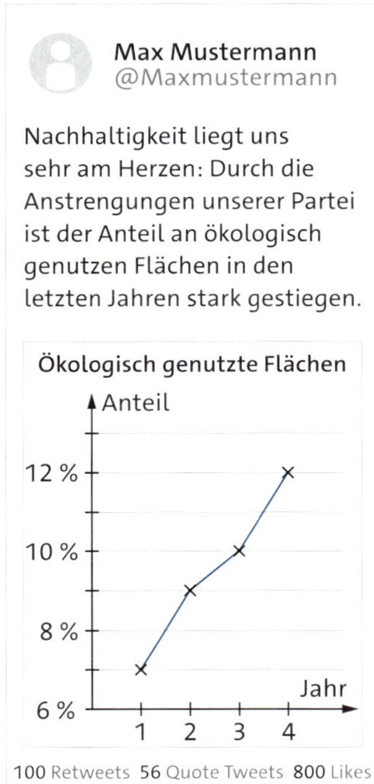
Max Mustermann
@Maxmustermann

Nachhaltigkeit liegt uns sehr am Herzen: Durch die Anstrengungen unserer Partei ist der Anteil an ökologisch genutzen Flächen in den letzten Jahren stark gestiegen.

100 Retweets 56 Quote Tweets 800 Likes

7 Führt eine Umfrage zu einem selbstgewählten Thema durch. Erfasst die Daten mit einer Tabellenkalkulation. Erstellt damit ein Diagramm, das die Daten neutral darstellt. Präsentiert eure Ergebnisse der Klasse.

Berufsausbildung in Deutschland

In Deutschland gibt es viele verschiedene Möglichkeiten für eine Berufsausbildung. Dein Schulabschluss ist dabei ein wichtiger Schritt auf dem Weg in einen Beruf.

① *Was machst du nach der 10. Klasse?*
Berufliche Ausbildung: 𝍸 𝍸 𝍸 ||
Schulische Ausbildung: 𝍸 ||||
Oberstufe (Schule): 𝍸 𝍸 |||
Weiß ich noch nicht: 𝍸 𝍸 |

② Du hast eine Absage für einen Ausbildungsplatz bekommen?

Daran könnte es liegen: 40 % der Unternehmen nannten schlechte Mathe- oder Deutschnoten als Grund für eine Absage. 30 % gaben schlechte Sport- oder Kunstnoten als Grund an. Fehler in der Bewerbung waren mit 40 % ein weiterer Grund ...

Gründe für eine Absage

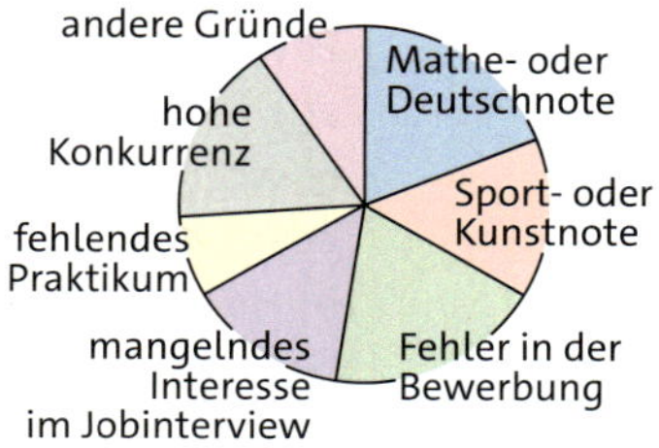

③ InnoByte Systems
4,8 ★★★★★
298 Bewertungen
5100 Mitarbeiter

④ TechNovus Solutions
4,2 ★★★★☆
1.375 Bewertungen
5100 Mitarbeiter

⑤ Wege nach der 10. Klasse

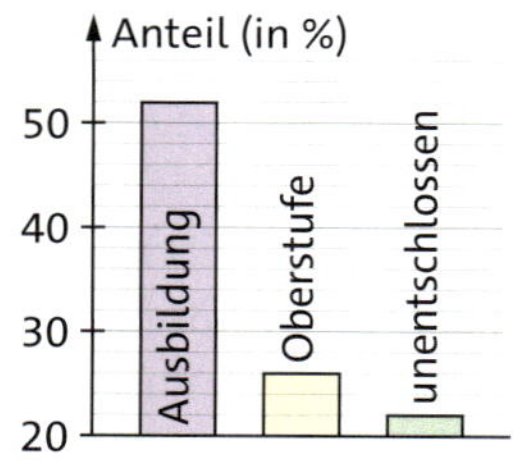

⑥ Gehälter von Zerspanungsmechanikern/ Zerspanungsmechanikerinnen
2600 €, 3400 €, 3000 €, 4500 €, 2900 €, 3700 €, 4000 €, 3300 €

⑦ Gehälter von Altenpflegern/ Altenpflegerinnen
3310 €, 4000 €, 3490 €, 3900 €, 4400 €, 3700 €, 3850 €, 4200 €, 3620 €

⑧ Gehälter von Bürokauffrauen/ Bürokaufmännern
2500 €, 3800 €, 3200 €, 3100 €, 3060 €, 2780 €, 2800 €, 3500 €

A Wofür entscheiden sich die Schülerinnen und Schüler nach der 10. Klasse? Zeichne zu den Daten aus der Umfrage ① ein Säulendiagramm.

B Bei der Berufswahl spielt auch das Gehalt eine Rolle. In welchem der Berufe ⑥, ⑦ und ⑧ ...
a) liegt das Gehalt in allen Fällen über 2800 €?
b) liegt das Gehalt höchstens bei 3800 €?
c) ist die Spanne zwischen den Gehältern am größten?
d) hat man durchschnittlich das beste Gehalt?
e) würdest du eine Ausbildung machen, wenn für deine Entscheidung nur das Gehalt wichtig wäre. Begründe.

C Du möchtest eine Ausbildung machen. Im Internet findest du die Bewertungen der Unternehmen InnoByte Systems ③ und TechNovus Solutions ④. Welche Bewertung ist aussagekräftiger? Begründe.

D Wenn du die Prozentsätze in ② summierst, dann kommst du auf mehr als 100 %.
a) Erkläre, warum die Daten trotzdem richtig sein können.
b) Ist das Kreisdiagramm für die Darstellung der Daten geeignet? Begründe.

1 Prija fragt in ihrer Klasse: „Wie zufrieden bist du mit deiner Mathenote?“
Welche Stichprobe ist geeignet?
① 15 zufällige Personen
② nur Personen mit der Note 1

2 Der Fragebogen ist nicht neutral formuliert.
Korrigiere den Fragebogen.

> Wir sollten für die Umwelt unseren Müll trennen.
> Trennst du deinen Müll?
> ☐ ja ☐ nein

3 Huong meint: „Im Oktober hat es doppelt so viel geregnet wie im September.“
Erkläre, warum Huong nicht recht hat.

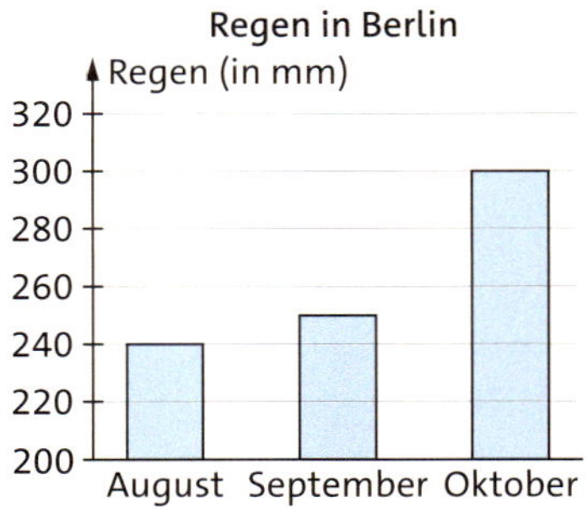

4 Ein **Mikrochip** funktioniert wie ein Gehirn für dein Handy.
Passt das Piktogramm zu der Aussage? Entscheide.
Aussage: „Heute können Mikrochips doppelt so viel speichern wie vor 2 Jahren.“

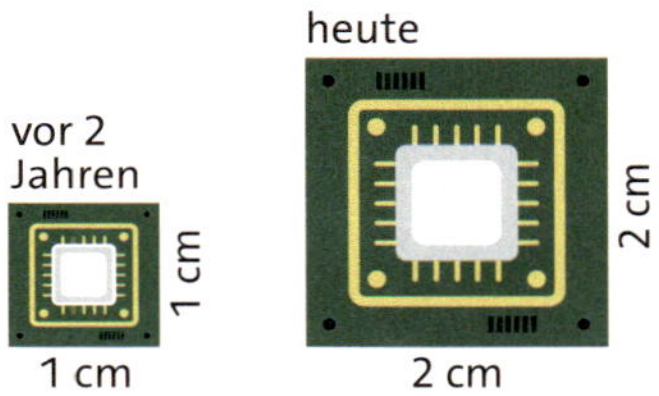

1 Nenne eine geeignete Stichprobe für die Umfrage: „Wie viel Taschengeld bekommst du im Monat?“
Begründe.

2 Beschreibe den Fehler.
Korrigiere den Fragebogen.

> Bewegung ist wichtig für einen gesunden Körper. Wie oft in der Woche machst du Sport?
> ☐ 1-mal ☐ 2-mal
> ☐ öfter als 2-mal

3 Idris vergleicht zwei Diagramme zu den Fettanteilen von Käse ① und Käse ②.
Sie sagt: „Der Fettanteil von Käse ① und Käse ② ist gleich.“
Begründe, warum das falsch ist.

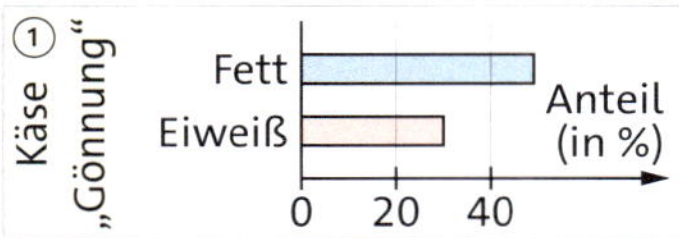

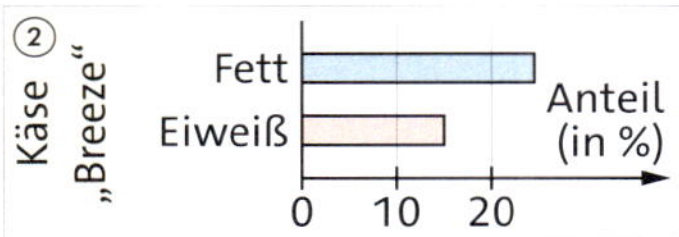

4 In einer Zeitung steht: „Heute nutzen doppelt so viele Personen ein Tablet wie vor 5 Jahren.“
Erkläre, ob das Piktogramm zur Aussage passt.

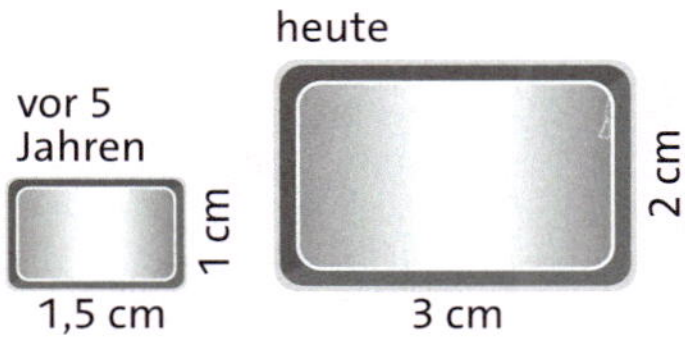

1 Nenne eine geeignete Stichprobe für die Umfragen.
Begründe.
a) „Wie lang ist dein Schulweg?“
b) „Bist du in einem Verein?“

2 Begründe, warum du mit dem Fragebogen ein manipuliertes Ergebnis erhältst.
Korrigiere den Fragebogen.

> Bubble-Tea ist ungesund.
> Wie oft trinkst du Bubble-Tea?
> ☐ oft ☐ selten ☐ nie

3 Larissa möchte mit der Zunahme ihrer Reichweite ihre Freunde beeindrucken.
Erkläre, wie Larissa das Diagramm manipuliert hat.

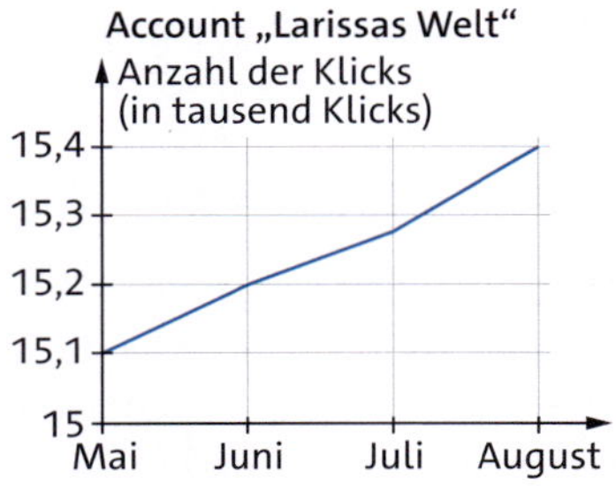

4 Aylin sagt: „In unserer Bäckerei wurden im November doppelt so viele Zimtrollen verkauft wie im Mai.“
Prüfe, ob das Piktogramm zur Aussage passt. Begründe.

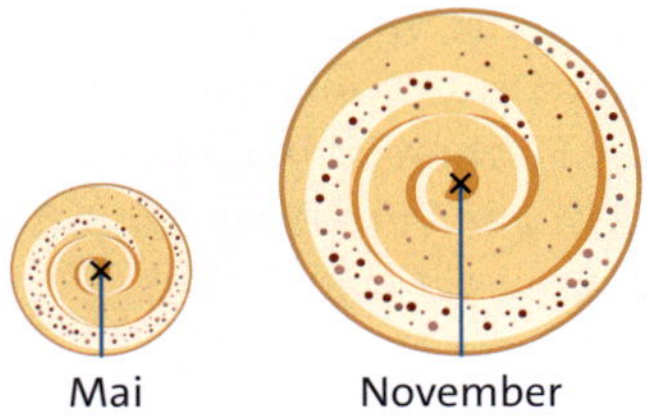

→ Lösungen auf Seite 293 und 294

Daten erheben und manipulieren → Seite 202

Eine **statistische Erhebung** ist eine Sammlung von **Daten**, die du durch eine **Umfrage**, eine **Zählung** oder eine **Messung** erhebst.

Überlege bei einer Umfrage, welche Gruppe du befragen solltest. Wähle dann eine **Stichprobe** aus. Eine Stichprobe ist **repräsentativ**, wenn sie groß genug ist und wenn die Auswahl zufällig ist.

Eine nicht-repräsentative Stichprobe beeinflusst das Ergebnis einer Umfrage.
Man sagt dann: Das Ergebnis ist **manipuliert**.

Einen Fragebogen mit vorgegebenen Antwortmöglichkeiten kann man gut auswerten. Formuliere die Fragen und die Antwortmöglichkeiten neutral. Achte darauf, gleich viele positive wie negative Antwortmöglichkeiten zu nennen.

Ein nicht-neutraler Fragebogen beeinflusst die Antworten.
Man sagt dann: Das Ergebnis ist **manipuliert**.

Umfrage: „Zufriedenheit mit dem Schulkiosk“

Die gesamte Schülerschaft ist eine große Gruppe.
● Erik wählt zufällig 5 Personen pro Klasse aus.

● Wie zufrieden bist du mit dem Angebot des Schulkiosks?
□ 😊😊 □ ☹
□ 😊 □ ☹☹

enthält keine Meinung
gleich viele Antwortmöglichkeiten für positiv und negativ

● Erik hat alles beachtet.
Sein Ergebnis ist nicht manipuliert.

★ Ava wählt gezielt 5 Personen aus der Schulkiosk-AG aus

★ Wie zufrieden bist du mit dem tollen Angebot des Schulkiosks?
□ 😊😊 □ 😊 □ ☹

enthält Avas Meinung
nicht gleich viele Antwortmöglichkeiten für positiv und negativ

★ Ava hat nicht alles beachtet.
Ihr Ergebnis ist manipuliert.

Daten darstellen und manipulieren → Seite 208

Du kannst Daten in einem Diagramm mit y-Achse auf verschiedene Weise darstellen.
Das Diagramm wirkt anders, je nachdem …
- ab welchem Wert die y-Achse beginnt,
- wie du die Achsen einteilst,
- ob du einen Teil der Daten oder alle Daten darstellst.

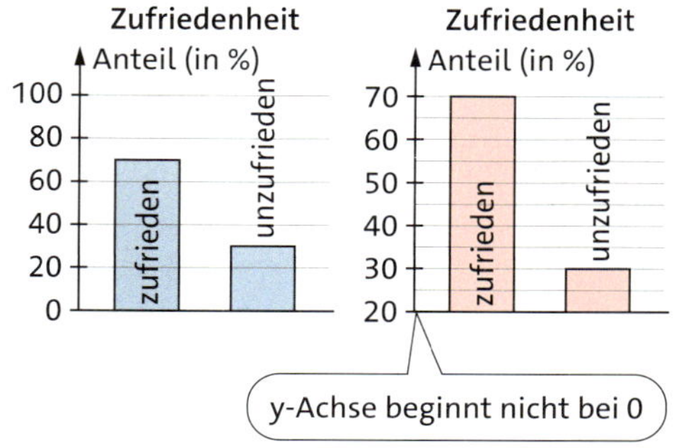

Daten in Diagrammen sind fehlerhaft dargestellt, wenn zum Beispiel …
- eine **Diagrammart** nicht geeignet ist,
- die Flächen oder die Körper nicht im richtigen Verhältnis dargestellt sind,
- ein Teil der Daten fehlt.

Die Fehler beeinflussen die Wirkung des Diagramms.
Man sagt: Die Darstellung der Daten ist **manipuliert**.

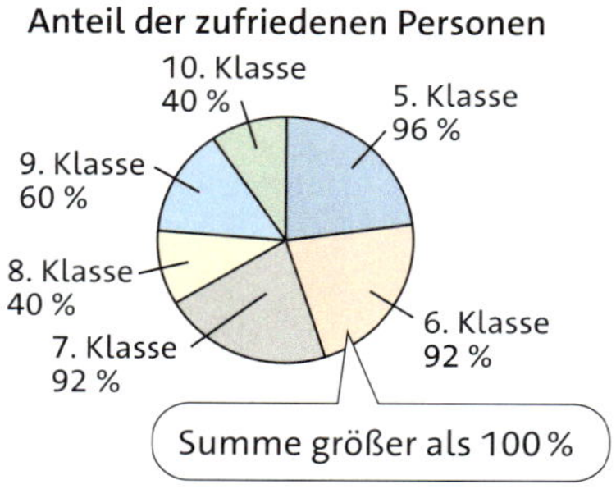

Mathematik im Beruf

► Wie kannst du dich auf deine Abschlussprüfungen vorbereiten?
Welche Aufgaben kommen häufig in Einstellungstests vor?
Welcher Beruf passt zu dir?
Bist du handwerklich oder eher kaufmännisch interessiert?
Wäre ein sozialer Beruf etwas für dich oder besser ein technischer Beruf?

In diesem Kapitel lernst du, …

- dich auf Prüfungen vorzubereiten,
- dich auf typische Aufgaben aus Einstellungstests vorzubereiten,
- welche Berufe es gibt,
- was du für bestimmte Berufe können musst.

Auf dem Weg in die Berufswelt

Häufig bewerben sich mehrere Personen auf denselben Ausbildungs**platz**. Es sind oft so viele Bewerber und Bewerberinnen, dass das Unternehmen nicht alle zu einem Bewerbungs**gespräch** einladen kann. Deshalb laden große Unternehmen die Bewerberinnen und Bewerber vorab zu verschiedenen Tests ein.

Die Tests finden entweder schriftlich oder am Computer statt. Die Unternehmen überprüfen mit den Tests dein Wissen und Können in verschiedenen Bereichen.
Vor allem überprüfen sie dein Allgemein**wissen** und deine Kenntnisse in Mathematik sowie in Deutsch. Aber auch dein technisches Verständnis und deine Konzentrations**fähigkeit** werden getestet. Die Inhalte der Tests sind abhängig vom Ausbildungs**beruf**.

Auf der nächsten Seite stehen Tipps für die Bewerbung auf einen Ausbildungsplatz und die Vorbereitung auf den Test. Dann folgt ein Test, mit dem du deinen Kenntnis**stand** überprüfen kannst. Damit kannst du feststellen, wo deine Stärken und Schwächen in der Mathematik liegen. Auf den Seiten danach kannst du weiter üben und trainieren. Abschließend folgt ein Test, mit dem du eine Test**situation** nachstellen kannst. Danach folgen Informationen und Aufgaben zu ein paar einzelnen Berufen.

Das Begriffs**netz** gibt einen Überblick über mögliche mathematische Themen. Zu jedem dieser Themen findest du auf den folgenden Seiten Aufgaben.

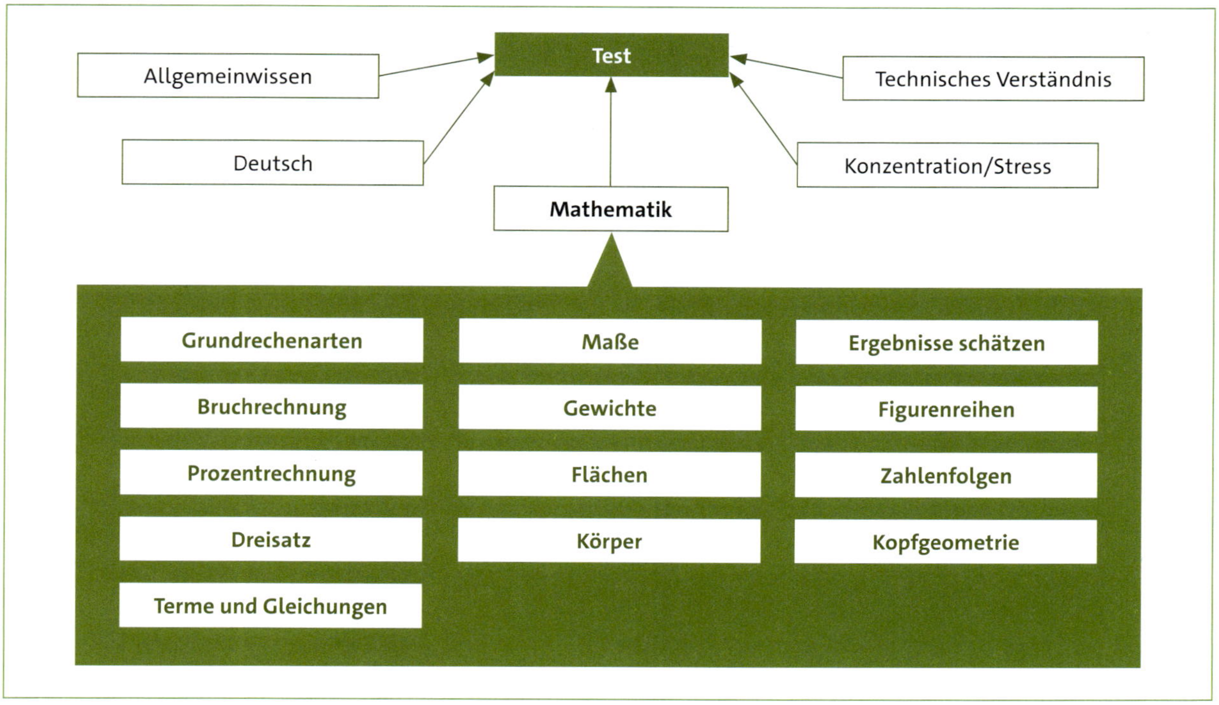

Auf dem Weg in die Berufswelt: Tipps

1 Die Bewerbung auf eine Ausbildung

Schätze deine Stärken, Schwächen und Interessen möglichst gut ein, bevor du dich auf einen Ausbildungsplatz bewirbst. Folgende Fragen kannst du dir dabei stellen:

- Wofür interessiere ich mich besonders?
- Was macht mir Spaß?
- Was sind meine Stärken?
- Welche Erfahrungen habe ich bereits gesammelt?
- Was fällt mir eher schwer? Was fällt mir eher leicht?
- Wie sieht mein Wunsch-Arbeitsplatz aus (Arbeitszeiten, Arbeitsort, ...)?
- Welches Berufsfeld kommt für mich in Frage?

Bitte deine Freunde und deine Familie bei deiner Selbst**einschätzung** um Hilfe. Außerdem kannst du dir bei der Berufs**beratung** Hilfe holen.

Dein Bewerbungs**schreiben** gibt deinem Arbeitgeber oder deiner Arbeitgeberin den ersten Eindruck von dir. Achte darauf, dass dein Schreiben keine sprachlichen oder inhaltlichen Fehler enthält. Informiere dich genau, wie deine Bewerbung aussehen muss. Lass außerdem dein Schreiben von einer anderen Person Korrektur lesen, bevor du deine Bewerbung abschickst.

2 Der Einstellungstest

Häufig bewerben sich mehrere Personen auf denselben Ausbildungs**platz**. Es sind oft so viele Bewerber und Bewerberinnen, dass das Unternehmen nicht alle zu einem Bewerbungs**gespräch** einladen kann. Deshalb laden große Unternehmen die Bewerberinnen und Bewerber vorab zu verschiedenen Tests ein.

Der mathematische Teil der Tests enthält hauptsächlich Inhalte aus der Schule. Du kannst dich deshalb sehr gut mit den Materialien aus dem Unterricht auf die Tests vorbereiten.
Je nach Ausbildungs**beruf** können auch weitere Kenntnisse und Fähigkeiten getestet werden, wie zum Beispiel dein logisches und räumliches Denken, dein technisches Verständnis oder deine Konzentrationsfähigkeit.
Deshalb gibt es in Einstellungstests häufig auch Aufgabentypen, die du aus der Schule nicht kennst. Das sind zum Beispiel Zahlenfolgen, Figurenreihen oder Aufgaben zur Kopfgeometrie.

Diese Aufgabentypen lernst du auf den folgenden Seiten kennen.
Besorge dir weitere Musteraufgaben, zum Beispiel von der Agentur für Arbeit. Damit kannst du deinen Stand besser einschätzen und dich gezielt auf die Tests vorbereiten.

Auf alle Aufgabentypen aus dem mathematischen Teil der Tests kannst du dich mit viel Übung gut vorbereiten.

Der Test zum Kenntnisstand

Löse die folgenden Aufgaben ganz in Ruhe in deinem Heft.
Löse die Aufgaben ohne Taschenrechner und Formelsammlung.

Grundrechenarten

1 Berechne.
a) $308 + 930$
b) $704 - 187$
c) $409 \cdot 814$
d) $4856 : 8$
e) $34 + 66 \cdot 2$
f) $(462 - 228) : 26$
g) $4224 : 32 - 44 \cdot 3$

Maße und Gewichte

2 Rechne in die gesuchte Einheit um.
a) 30 mm = □ cm
b) 0,6 km = □ m
c) 7 kg 500 g = □ kg
d) 350 kg = □ t
e) 2 h 10 min = □ min
f) 2,5 m^2 = □ cm^2
g) 2 cm^3 = □ mm^3

3 Gib die Maßeinheit an.
a) Die Handfläche beträgt ungefähr 1 □.
b) Eine Seitenfläche eines normalen Spielwürfels beträgt ungefähr 2 □.

Bruchrechnung

4 Wandle um.
a) Wandle 0,25 in einen Bruch um.
b) Wandle $\frac{7}{25}$ in einen Dezimalbruch um.

5 Berechne.
a) $\frac{2}{3} + \frac{2}{9}$
b) $2{,}35 - 1\frac{2}{5}$
c) $\frac{4}{15} \cdot \frac{5}{8}$
d) $1{,}988 : 0{,}7$
e) $2{,}5 + 3\frac{1}{4} \cdot 5{,}8$
f) $\frac{23}{30} - \frac{3}{5}$
g) $1{,}5 : \frac{1}{4} - \frac{6}{2}$
h) $0{,}08 \cdot 0{,}5 \cdot \frac{5}{25}$

Prozentrechnung

6 Wandle um.
a) Wandle 8 % in eine Dezimalzahl um.
b) Wandle 0,3 in eine Prozentzahl um.
c) Wandle $\frac{8}{10}$ in eine Prozentzahl um.

7 Berechne ...
a) 7 % von 800 €.
b) 20 % von 600 kg.
c) 7 von 25 als Prozentsatz.
d) den Grundwert, wenn 6 % einer Anzahl von 240 entsprechen.
e) den ursprünglichen Preis. Nach einer Reduzierung um 20 % kostet ein Spiel 12 €.
f) den Zinssatz. 120 € werden angelegt. Nach einem Jahr sind es 126 €.

Zweisatz und Dreisatz

8 Ein Heft kostet 0,39 €. Berechne den Preis für sechs Hefte.

9 Drei Zitronen kosten 1,50 €. Berechne den Preis für neun Zitronen.

10 Eine Malerin benötigt 8 Stunden für eine Arbeit. Wie viele Stunden benötigen zwei Malerinnen?

11 Bei einer Geschwindigkeit von 120 $\frac{km}{h}$ benötigt ein Auto 4 h für eine Strecke.
Wie lange benötigt ein LKW mit 80 $\frac{km}{h}$ für die gleiche Strecke?

12 Für einen Ausflug zahlen 26 Reisende je 15 €.
Wie viel zahlt jede Person, wenn nur 25 Reisende mitfahren?
Die Gesamtkosten für den Ausflug bleiben unverändert.

13 Ein Teich wird mit vier Pumpen in $3\frac{1}{2}$ Stunden leer gepumpt. Wie lange dauert es, wenn fünf Pumpen im Einsatz sind?
Gib die Zeit in Minuten an.

Flächen und Körper

14 Der Flächeninhalt eines Rechtecks beträgt $51\,cm^2$. Seite a ist 6 cm lang. Berechne die Länge der Seite b.

15 ▼ Berechne den Umfang eines Kreises mit r = 3 cm.

16 Ein Quader mit den Seitenlängen a = 4 cm und b = 7 cm hat ein Volumen von $140\,cm^3$. Berechne die Seitenlänge c des Quaders.

17 Berechne den Oberflächeninhalt eines Würfels mit der Kantenlänge a = 10 cm.

18 Die Kantenlänge eines Würfels wird verdoppelt. Wie ändert sich sein Volumen?

19 Ein gleichseitiges Dreieck hat einen Umfang von 12 cm. Berechne den Flächeninhalt.

Terme und Gleichungen

20 Vereinfache den Term.
a) $3a + 8b + 7a - 5b$
b) $7 \cdot (2x + 5) - (6 - 3x)$

21 Löse die Gleichung nach x auf.
a) $3x + 5 = 5x - 9$
b) $5x - 13 = 5 - 4x$
c) $\frac{3}{8}x + 2 = \frac{1}{4}x - 6$
d) $1{,}5x - 7 = 0{,}5x - 2$

22 Jana ist doppelt so alt wie Hoa. Zusammen sind sie 27 Jahre alt. Stelle eine Gleichung auf und löse sie.

23 Die Differenz aus dem Fünffachen einer Zahl und 87 ist 43. Bestimme die Zahl. Stell eine Gleichung auf und löse sie.

24 Es gibt in einer Bäckerei einen Rabatt von 2,50 € auf den gesamten Einkauf. Ein Stück Kuchen kostet 3,20 €. Stelle den Term für den Preis für beliebig viele Stücke Kuchen einschließlich Rabatt auf. Berechne dann den Preis für 5 Stück Kuchen.

Tipp zu **15**: $\pi \approx 3{,}14$

Ergebnisse schätzen

25 Schätze das Ergebnis. Entscheide, ob ①, ②, ③ oder ④ das richtige Ergebnis ist.
a) 7541 + 5823 + 8751
① 22 089 ② 22 115 ③ 19 115 ④ 25 085
b) $2 \cdot 3 \cdot 4 \cdot 5$
① 12 ② 120 ③ 234 ④ 2345
c) $38 \cdot 125 + 19 \cdot 125 + 43 \cdot 125$
① 1250 ② 12 500 ③ 38 125 ④ 38 194
d) 15 Jahre in Stunden
① 131 h ② 1314 h ③ 13 140 h ④ 131 400 h

Zahlenfolgen und Figurenreihen

26 Ergänze um drei Zahlen bzw. Figuren
a) 2, 5, 8, 11, □, □, □,
b) 45, 43, 49, 47, 53, □, □, □
c) 2, 5 ,7, 12, 19, □, □, □
d) 4, 12, 7, 21, 16, 48, □, □, □
e)
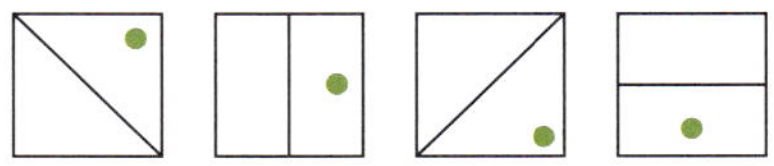

27 Welches der fünf Bilder passt nicht in die Folge?
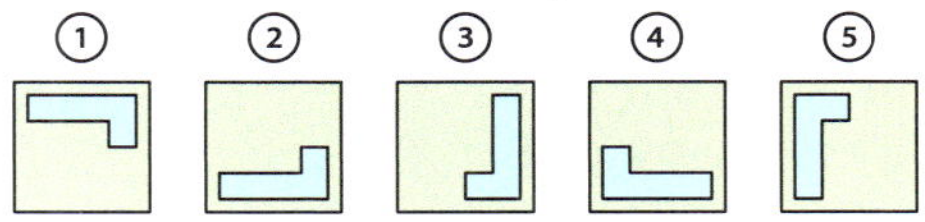

Kopfgeometrie

28 Welcher der vier Körper links kann aus der Faltvorlage rechts gebildet werden?
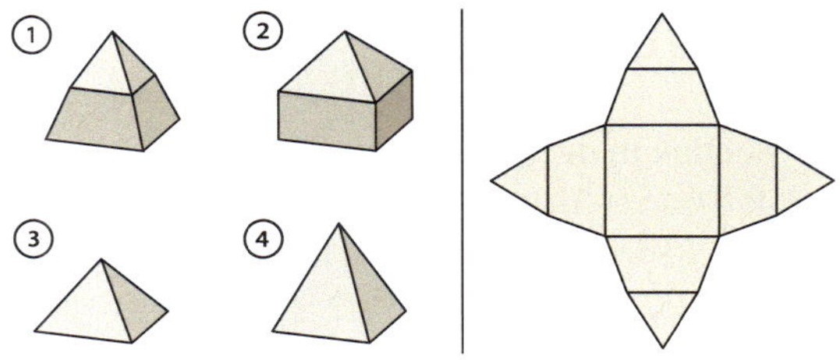

29 Wie viele Flächen hat der Körper insgesamt?
a) b)
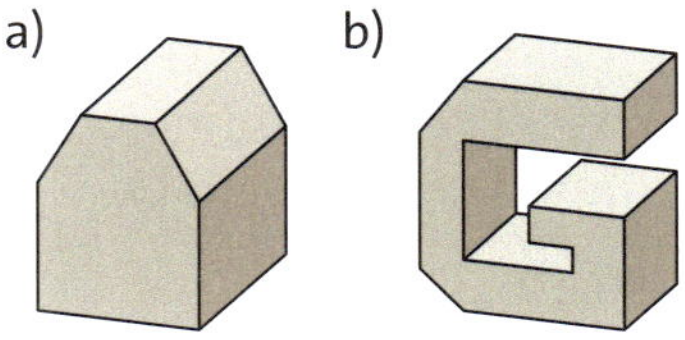

Das Training

Grundrechenarten

1 Berechne.
a) $7546 + 53\,805 + 1929$
b) $18\,024 + 256 + 20\,147 + 2308$
c) $15\,748 - 8952$
d) $205\,801 - 58\,942$
e) $14\,987 - 2547 - 8835$

2 Berechne.
a) $7294 \cdot 917$ b) $40\,802 \cdot 5810$
c) $45\,027 \cdot 2065$ d) $3024 : 4$
e) $14\,399 : 7$ f) $78\,012 : 12$

3 Berechne. Beachte die Rechenregeln.
a) $1364 : 31 - 225 \cdot 4$
b) $655 - 14 \cdot (37 + 85) + 216 : (199 - 187)$
c) $(132 + 68) \cdot 17 + 21 \cdot (437 - 77) - 230$

4 Berechne. Rechne vorteilhaft.
a) $86 + 573 + 207 - 36$ b) $25 \cdot 7 \cdot 4 \cdot 5$
c) $277 : 7 - 137 : 7$ d) $27 \cdot 24 + 27 \cdot 76$

5 Berechne. Beachte genau die Reihenfolge der Rechenschritte.
a) $147 + 105 \cdot 23 + 64$
b) $(147 + 105) \cdot 23 + 64$
c) $147 + 105 \cdot (23 + 64)$
d) $(147 + 105) \cdot (23 + 64)$
e) $678 - 246 : 6 - 38$
f) $(678 - 246) : (6 - 38)$

Maße und Gewichte

6 Rechne in die angegebene Einheit um.
a) 14 dm (cm) b) 14,6 m (dm)
c) 7,8 km (m) d) 54 mm (dm)
e) 8500 g (kg) f) 2,8 t (kg)
g) 4 kg 50 g (g) h) 460 kg (t)

7 Rechne in die angegebene Einheit um.
a) 2 h (min) b) 12 min (s)
c) $2\frac{1}{4}$ h (min) d) 2520 s (min)
e) 24 000 min (h) f) 144 000 s (h)

8 ▼ Rechne in die angegebene Einheit um.
a) 2 m² (dm^2) → a) $2\,m^2$ (dm^2) b) $6000\,mm^2$ (cm^2)
c) $0{,}5\,km^2$ (m^2) d) 5 ha (m^2)
e) $3\,m^3$ (dm^3) f) $2\,m^3\ 50\,dm^3$ (m^3)
g) $1280\,cm^3$ (ℓ) h) $0{,}3\,m^3$ (ℓ)

Bruchrechnung

9 Wandle in eine Dezimalzahl um.
a) $\frac{7}{10}$ b) $\frac{47}{100}$ c) $\frac{33}{1000}$
d) $\frac{1}{2}$ e) $\frac{3}{5}$ f) $5\frac{12}{2}$
g) $\frac{17}{20}$ h) $3\frac{7}{50}$ i) $12\frac{3}{8}$

10 Berechne.
a) $0{,}3 + 2{,}4$ b) $3{,}9 + 4{,}71$
c) $5{,}1 - 3{,}8$ d) $2{,}05 - 0{,}5$
e) $8{,}6 \cdot 6{,}3$ f) $0{,}9 \cdot 6$
g) $21{,}44 : 8$ h) $1{,}9 : 0{,}5$
i) $3{,}0228 : 0{,}12$ j) $9 : 3{,}6 + 4{,}8$
k) $2{,}6 + 3{,}4 \cdot 0{,}8$ l) $1{,}44 : (0{,}9 + 0{,}3) : 0{,}6$

11 Berechne. Kürze das Ergebnis, falls möglich.
a) $\frac{2}{7} + \frac{4}{7}$ b) $\frac{1}{9} + \frac{5}{9}$
c) $\frac{2}{5} + \frac{2}{10}$ d) $\frac{3}{4} + \frac{1}{5}$
e) $\frac{5}{9} + \frac{1}{12}$ f) $1\frac{1}{2} + 3\frac{5}{8}$
g) $\frac{7}{8} - \frac{5}{8}$ h) $\frac{5}{12} - \frac{1}{4}$
i) $\frac{4}{9} - \frac{5}{18}$ j) $\frac{7}{15} - \frac{1}{6}$
k) $5\frac{7}{8} - 3\frac{1}{6}$ l) $7\frac{1}{2} - 3\frac{5}{6}$

12 Berechne. Kürze, falls möglich.
a) $\frac{2}{7} \cdot \frac{3}{5}$ b) $\frac{3}{8} \cdot \frac{4}{5}$
c) $\frac{5}{6} \cdot \frac{9}{10}$ d) $1\frac{1}{4} \cdot 6$
e) $2\frac{1}{2} \cdot 3\frac{1}{4}$ f) $3\frac{3}{4} \cdot 4\frac{3}{5}$

13 Berechne. Kürze, falls möglich.
a) $\frac{1}{3} : \frac{1}{6}$ b) $\frac{4}{9} : \frac{5}{18}$
c) $\frac{2}{5} : \frac{3}{7}$ d) $1\frac{2}{5} : \frac{3}{19}$
e) $1\frac{4}{5} : 2\frac{1}{2}$ f) $\frac{15}{16} : 27$

14 Berechne. Kürze, falls möglich.
a) $\frac{3}{4} - \frac{1}{5} \cdot \frac{3}{4}$ b) $\frac{3}{4} \cdot \frac{2}{3} + \frac{1}{4} \cdot \frac{2}{3}$
c) $\left(\frac{2}{3} + \frac{5}{6}\right) : \frac{5}{12}$ d) $7 : \left(\frac{7}{5} - \frac{21}{25}\right)$

Tipp zu **8**: $1\,ℓ = 1\,dm^3$

Prozentrechnung

15 Berechne den Prozentwert.
a) 8 % von 200 kg
b) 25 % von 120 m
c) 20 % von 15 000 Stimmen
d) 15 % von 1200 Kindern
e) 4,75 % von 5000 €
f) 135 % von 2540 ℓ

16 Berechne den Prozentsatz.
a) 38 Aufgaben von 50 Aufgaben
b) 8 m von 25 m
c) 138 Punkte von 200 Punkten
d) 45 kg von 375 kg
e) 12 Minuten von einer Stunde
f) 9 von 24 Nüssen

17 Berechne den Grundwert.
a) 25 % sind 8 kg
b) 16 % sind 32 m
c) 8 % sind 14 Punkte
d) 23 % sind 184 Nüsse
e) 37,5 % sind 937,5 €

18 Bei einer Produktion sind 3 % der Lampen beschädigt. Berechne, wie viele von 6400 Lampen das sind.

19 Priya will sich ein Fahrrad für 300 € kaufen. Es fehlen ihr noch 240 € an der Gesamtsumme. Berechne, wie viel Prozent das sind.

20 Eine Versicherung zahlt bei einem Unfallschaden von insgesamt 1800 € einen Anteil von 85 %.
a) Berechne, wie viel Euro die Versicherung zahlt.
b) Berechne, wie viel Euro noch selbst bezahlt werden.

21 Der Preis für einen Tisch wurde von 255 € auf 224,40 € reduziert.
a) Berechne, auf wie viel Prozent der Preis des Tisches gesenkt wurde.
b) Bestimme, um wie viel Prozent der Preis gefallen ist.

22 Eine Sportlerin hat ihren Wettkampf mit 5123 Punkten beendet. Das sind 94 % der Höchstpunktzahl. Wie viele Punkte waren zu erreichen?

23 Eine Reparatur kostet 470 €. Auf diese Kosten werden 19 % Mehrwertsteuer erhoben.
a) Wie viel Euro entspricht die Mehrwertsteuer?
b) Wie viel Euro kostet die Reparatur einschließlich Mehrwertsteuer?

24 Nach einer 7%igen Mieterhöhung müssen 660,19 € Miete gezahlt werden. Wie viel Miete musste vor der Erhöhung bezahlt werden?

25 Robin bekommt beim Kauf eines Mantels 6 % Rabatt. Er zahlt jetzt für den Mantel noch 219,02 €. Wie viel hat der Mantel vorher gekostet?

26 Marzia erhält für ihr Sparguthaben, das mit 3,5 % verzinst wurde, 7 € Zinsen. Wie hoch war das Sparguthaben?

27 Wie viel Zinsen bringt ein Kapital von 4000 € bei einem Zinssatz von 4,5 % in 9 Monaten?

Zuordnungen

28 Bestimme, welche der folgenden Zuordnungen proportional oder antiproportional sind. Begründe. Gib Bedingungen an, wenn es notwendig ist.
a) *Alter eines Baumes → Baumhöhe*
b) *Schriftgröße → Zeilen pro Seite*
c) *Anzahl der Eiskugeln → Preis*
d) *Anzahl der LKW → Zeit, um 50 m³ Sand zu liefern*
e) *Anzahl der 1-Euro-Stücke → Masse*
f) *Anzahl der Colaflaschen → Zuckergehalt*
g) *Anzahl der Rasenmäher → Zeit, um einen Rasenplatz zu mähen*
h) *Seitenlänge eines Quadrats → Umfang*
i) *Geschwindigkeit → Dauer einer Fahrt*

29 Gib Beispiele aus dem Alltag an.

a) Je größer ________, desto größer ________.
b) Je größer ________, desto kleiner ________.
c) Verdoppelt sich ________, so verdoppelt sich auch ________.
d) Wenn sich ________ halbiert, so verdoppelt sich ________.

30 Bestimme, welche der folgenden Zuordnungen proportional oder antiproportional sind.

a)

x	0	1	2	3	4
y	0	4	8	12	16

b)

x	0	1	2	3	4
y	2	3	4	5	6

c)

x	1	2	3	4	5
y	2	5	8	11	14

d)

x	1	2	3	4	6
y	24	12	8	6	4

e)

x	2	4	5	12	15
y	1	2	$2\frac{1}{2}$	6	$7\frac{1}{2}$

31 Sind die Aussagen richtig oder falsch? Entscheide.

a) Proportionale Zuordnungen sind produktgleich.
b) Antiproportionale Zuordnungen sind quotientengleich.
c) Bei proportionalen Zuordnungen gehört zum Doppelten der Ausgangsgröße das Doppelte der zugeordneten Größe.
d) Der Graph einer proportionalen Zuordnung geht durch den Ursprung.

32 Ergänze die Tabellen im Heft so, dass eine proportionale Zuordnung vorliegt.

a)

x	1	2	3	4	5
y	6				

b)

x	1	2	3	4	5
y		1,5			

c)

x	$\frac{1}{2}$	1	$1\frac{1}{2}$	2	$2\frac{1}{2}$
y		8			

33 Ergänze die Tabellen im Heft so, dass eine antiproportionale Zuordnung vorliegt.

a)

x	1	2	3	4	5
y	180				

b)

x	1	2	3	4	5
y		30			

c)

x	1	2	4	5	8
y				16	

34 125 g Obst kosten 0,72 €. Gib den Preis für 1 kg Obst an.

35 Ein Pkw verbraucht auf einer Strecke von 45 km 3,6 ℓ Benzin. Wie viel ℓ verbraucht der Pkw auf 100 km?

36 Ein Hirsch benötigt bei einer Schrittlänge von 70 cm für einen Weg 615 Schritte.
Wie groß ist die Schrittlänge eines Rehs, das für die gleiche Strecke 861 Schritte benötigt?

37 Für 20 m^3 Wasser einschließlich Nebenkosten müssen 46 € bezahlt werden.
Wie viel müssen für 25 m^3 Wasser bezahlt werden?

38 Bei einer Durchschnittsgeschwindigkeit von 120 $\frac{km}{h}$ werden für die Strecke Nürnberg – Lübeck $5\frac{1}{2}$ Stunden benötigt.
Wie lange benötigt ein LKW mit einer Durchschnittsgeschwindigkeit von 80 $\frac{km}{h}$ für die gleiche Strecke?

39 Für 15 m^2 Wandfläche in einem Bad wurden insgesamt 675 Kacheln benötigt.
Die Wandfläche der Küche ist 4 m^2 groß.
Berechne die Anzahl der benötigten Kacheln für die ganze Wandfläche der Küche.

40 150 Taschenrechner kosten 1723,50 €.
Berechne den Preis für 28 Taschenrechner.

41 Der Vorrat an Futter eines Hundehotels reicht 21 Tage für 15 Hunde. Berechne, wie viele Tage der Vorrat für 18 Hunde reicht.

Flächen und Körper

42 Ein Rechteck ist 90 m lang und 55 m breit. Berechne den Umfang und den Flächeninhalt.

43 Der Umfang eines Rechtecks beträgt 28 cm und die Breite 6 cm. Berechne die Länge und den Flächeninhalt des Rechtecks.

44 Eine quadratische Fläche hat einen Flächeninhalt von 4 ha.
a) Rechne den Flächeninhalt in m^2 um.
b) Berechne die Seitenlänge. Gib sie in m an.

45 Eine rechteckige Fläche, die 3,5 m lang und 2,8 m breit ist, soll mit quadratischen Fliesen ausgelegt werden.
a) Berechne den Flächeninhalt. Gib den Flächeninhalt in cm^2 an.
b) Wie viele Fliesen braucht man, wenn jede Fliese 49 cm^2 groß ist? Berechne.

46 Ein Kreis hat einen Radius von 3 cm. Berechne den Umfang und den Flächeninhalt des Kreises.

47 Ein 5 m langes und 3 m breites quaderförmiges Schwimmbecken enthält 30 000 ℓ Wasser.
a) Rechne die Wassermenge in m^3 um.
b) Wie hoch steht das Wasser im Becken?

48 Ein zylinderförmiges Glas hat einen Durchmesser von 6 cm und ist 7 cm hoch.
a) Berechne das Volumen des Glases.
b) Wie lang muss ein Trinkhalm mindestens sein, damit er mindestens 2 cm aus dem Glas herausragt?

49 Welcher Körper hat das größere Volumen?
a) Quader mit a = 3 cm, b = 4 cm und c = 5 cm oder Würfel mit a = 4 cm
b) Zylinder mit d = h = 10 cm oder Würfel mit a = 10 cm
c) Prisma mit quadratischer Grundfläche und a = 5 cm und h = 6 cm oder Zylinder mit d = h = 6 cm

Terme und Gleichungen

50 Vereinfache.
a) $7x + 12 - 5x + 23$
b) $4a - 5b + 12a - 9b - 10a$
c) $7 \cdot (3x - 12)$
d) $(3a + 10) \cdot (3a - 7)$
e) $2 \cdot (3x + 5) + 3 \cdot (7 - 8x)$
f) $8x - (3x + 9) + 4 \cdot (5x - 13)$
g) $(3x + 4) \cdot (4x - 8)$

51 Löse die Gleichung.
a) $x + 12 = 3x + 8$
b) $7t - 9 = 4t + 15$
c) $y - 11 - 10y = 29 - 7y$
d) $\frac{1}{4}v + 7 = \frac{1}{3}v + 6$
e) $2s + 5 - (s + 3) = 11$
f) $3 \cdot (4 - 3x) + 112 = -5 \cdot (x - 8)$

52 Die Summe aus dem Siebenfachen einer Zahl und 5 ist −37. Gib die Zahl an.

53 Die Summe von drei Zahlen ist 357. Die erste Zahl ist doppelt so groß wie die zweite Zahl. Die dritte Zahl ist halb so groß wie die zweite Zahl. Bestimme die drei Zahlen.

54 Addiere zu einer Zahl 5, multipliziere die Summe mit 2 und subtrahiere von diesem Produkt 16, so erhältst du ebenso viel, als wenn du von der Zahl 12 subtrahierst und die Differenz verfünffachst. Bestimme die Zahl.

55 Person A ist 13 Jahre älter als Person B. Zusammen sind sie 35 Jahre alt. Berechne das Alter der beiden Personen A und B.

56 Ein Hund, eine Katze und eine Maus sind zusammen 86 Jahre alt. Der Hund ist 3-mal so alt wie die Maus. Die Maus ist 26 Jahre jünger als die Katze.
a) Berechne das Alter der Maus.
b) Berechne das Alter des Hundes.
c) Berechne das Alter der Katze.

57 Ein 2 m langes Brett soll in Brettchen mit je 1 cm, 2 cm und 5 cm Länge zersägt werden. Von jeder Länge soll es gleich viele Brettchen geben.
a) Wie viele Brettchen sind das pro Länge?
b) Gib die Gesamtanzahl der Brettchen an.

58 Eine 40 m^2 große Terrasse wird mit quadratischen Platten mit 20 cm Länge ausgelegt. Wie viele Platten sind nötig?

59 Drei Personen teilen sich 3360 € im Verhältnis 3 : 4 : 5. Die Gesamtsumme wird zunächst in 12 Teile geteilt. Person A erhält 3 Anteile, Person B bekommt 4 Anteile und Person C kriegt 5 Anteile.
a) Wie viel Euro beträgt ein Anteil?
b) Wie viel Euro erhält Person C?

60 In einem Dreieck ist der Winkel β um 60° größer als der Winkel α. Der Winkel γ ist 4-mal so groß wie der Winkel α.
a) Bestimme die Größe des Winkels α.
b) Bestimme die Größen der Winkel β und γ.

61 Löse die folgenden Gleichungssysteme.
a) $y = 7x - 21$, $y = 4x - 12$
b) $x + y = 19$, $y = x + 1$
c) $2x + 2y = 8$, $-2x + 3y = 12$
d) $2x + y = -1$, $8x + 4y = 7$

Ergebnisse schätzen

62 Finde das Ergebnis durch Schätzen oder durch einfache rechnerische Überlegungen.
a) 794 + 559
① 1294 ② 1243 ③ 1343 ④ 1353
b) 18 035 − 8233
① 9802 ② 9808 ③ 10 802 ④ 10 808
c) $98 \cdot 3587$
① 3526 ② 35 126 ③ 351 526 ④ 3 515 126
d) 3796 : 4
① 949 ② 949,5 ③ 824 ④ 824,5

63 Finde das Ergebnis durch Schätzen.
a) 3596 + 3654 + 3584
① 9834 ② 9837 ③ 10 834 ④ 10 837
b) $245 \cdot 23 + 245 \cdot 77$
① 24 500 ② 24 523 ③ 245 100 ④ 2 452 377
c) $\sqrt{39\,204}$
① 98 ② 198 ③ 1097 ④ 10 098

64 Schätze die Ergebnisse der folgenden Aufgaben unter Verwendung gerundeter Zahlen.
a) $345 \cdot 28$
b) $52\,100 \cdot 0{,}04$
c) $0{,}045 \cdot 0{,}24$
d) 1144 : 52
e) 489,3 : 0,028
f) 0,28 : 0,039

65 Schätze die Ergebnisse unter Verwendung gerundeter Zahlen.
a) Ein Flug über 4900 km dauerte 6,5 h. Wie viel km wurden pro Stunde ungefähr zurückgelegt?
b) Die Miete für ein Restaurant beträgt 20,50 € pro m^2. Schätze die ungefähre Höhe der Miete bei 110 m^2.
c) 30 Flaschen einer bestimmten Sorte Limonade kosten 92 €. Wie viele Flaschen der gleichen Limonade erhält man ungefähr für 500 Euro?

Zahlenfolgen und Figurenreihen

66 Ergänze die fehlende Zahl in der Folge.
a) 12, 17, 22, 27, □
b) 12, 13, 15, 18, 22, □
c) 16, 12, 17, 13, 18, □
d) 19, 17, 20, 16, 21, 15, □
e) 3, 8, 15, 24, 35, □
f) 18, 16, 20, 12, 38, □
g) 1, 4, 9, 16, □

67 Vier der fünf Zeichen gehen durch Drehung auseinander hervor, eines nicht.
Welches Zeichen ist es?
a) b) c) d)

68 Ergänze passend zu der jeweiligen Reihe die fünfte Figur.

a) 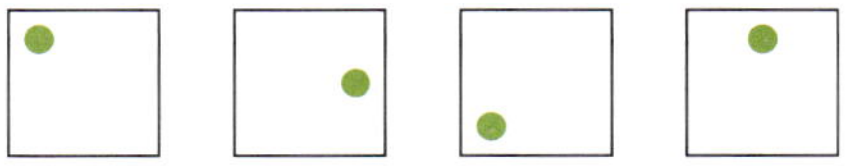

b) 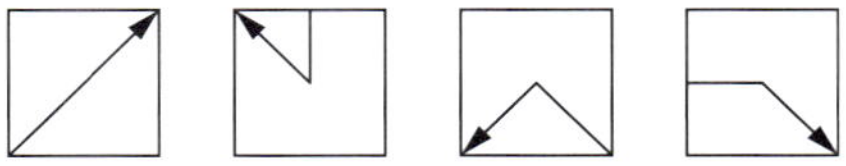

c) 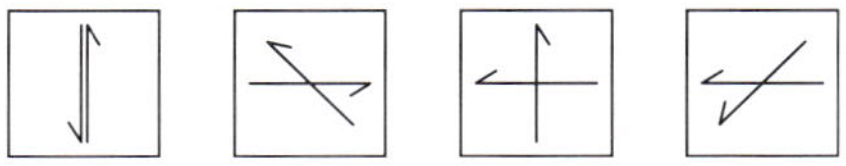

Kopfgeometrie

69 Welcher der vier Körper kann aus der Faltvorlage rechts gebildet werden?

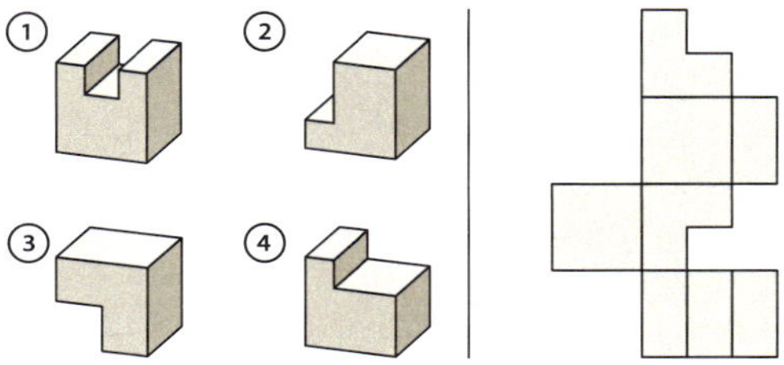

70 Wie viele Flächen hat der gezeichnete Körper? Zähle auch die nicht sichtbaren Flächen mit.

a) b) c) d)

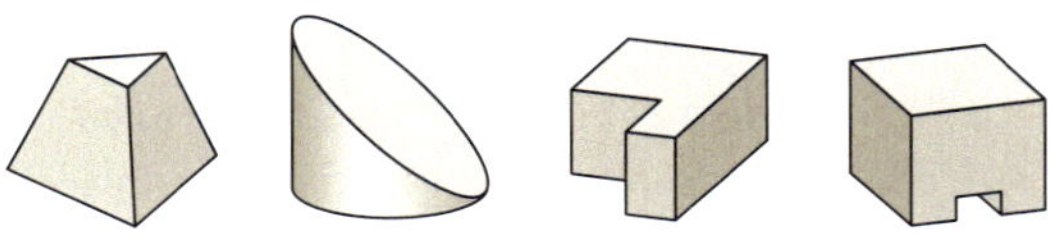

71 In der Zeichnung befindet sich links die Darstellung einer Körpers und rechts daneben das zugehörige Netz.
Ordne jeder mit einer Zahl gekennzeichneten Kante (schwarz) oder Fläche (rot) des Körpers den entsprechenden Buchstaben im Netz zu.

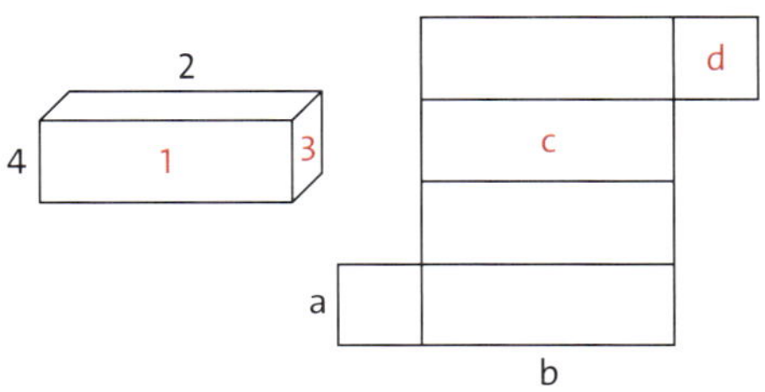

72 Alle Würfel haben die gleichen 6 verschiedenen Zeichnungen auf ihren Würfelseiten. Diese sind in unterschiedlicher Lage auf jedem der vier Würfel zu finden.

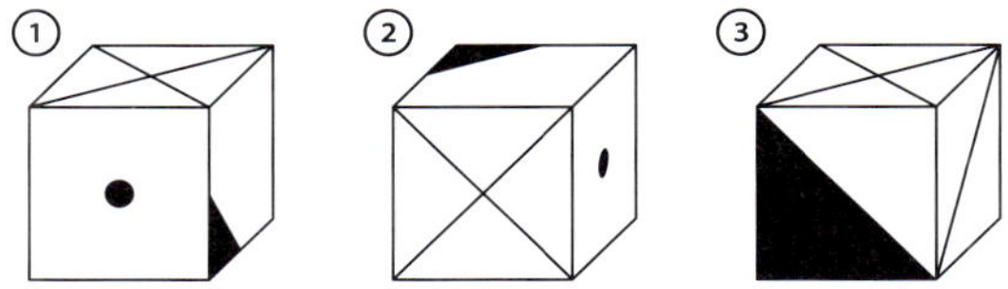

Die folgenden Würfel entsprechen jeweils einem Würfel oben in veränderter Lage. Ordne zu.

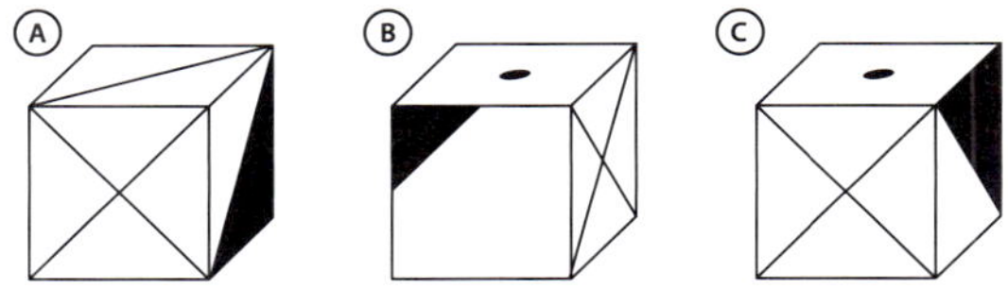

73 Von welcher Seite aus wird die Figur jeweils betrachtet? Gib den Buchstaben an.

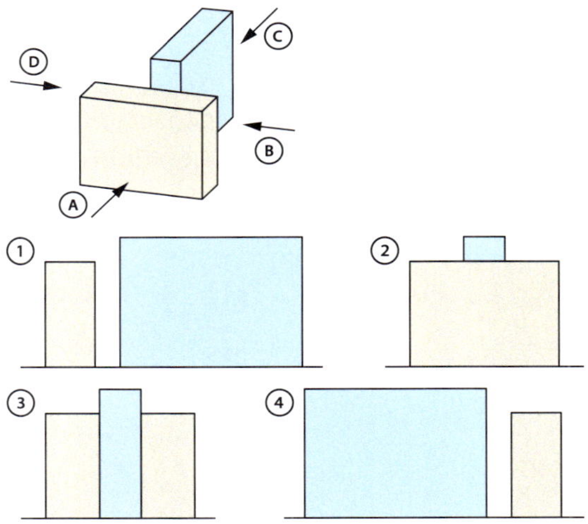

74 Welche Figur geht durch eine Drehung im Raum aus der abgebildeten Figur hervor?

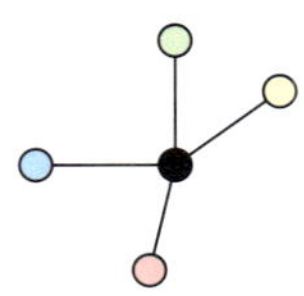

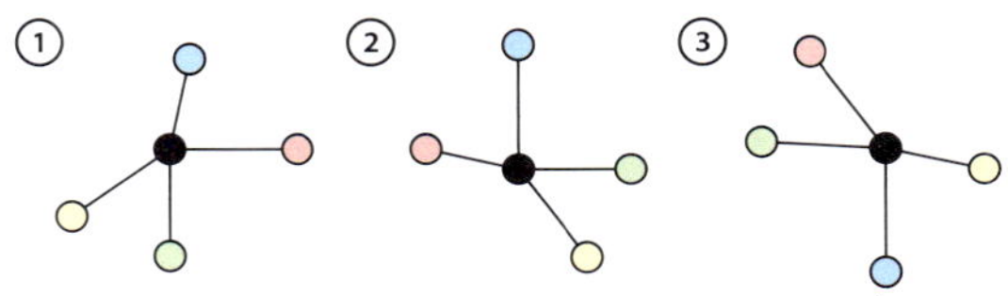

Der Test

1 Berechne.
a) 358 401 + 58 942
b) 59 602 – 5897
c) 1582 + 5407 + 418 + 93
d) 2305 · 6187
e) 210 126 : 6
f) 65 042 : 17
g) 13 + 7 · 3
h) 139 – (39 + 25)

2 Die 306 Schülerinnen und Schüler sowie 8 Lehrkräfte wollen ein Theaterstück besuchen. In einem Bus können 52 Personen transportiert werden. Wie viele Busse müssen bestellt werden?

3 Rechne in die angegebene Einheit um.
a) 12 cm (mm)
b) 800 cm (dm)
c) 3,5 km (m)
d) 150 m (km)
e) 6000 kg (t)
f) 450 g (kg)
g) 7 t 50 kg (kg)
h) 3 kg 50 g (kg)
i) 7 € 4 ct (€)
j) 2 € (ct)
k) 7 min (s)
l) 540 min (h)
m) 1 h (s)
n) 0,6 h (min)

4 Berechne und kürze das Ergebnis, falls dies möglich ist.
a) $\frac{5}{11} + \frac{3}{11}$
b) $\frac{5}{9} - \frac{2}{9}$
c) $\frac{5}{12} + \frac{1}{6}$
d) $8\frac{1}{2} - 5\frac{1}{6}$
e) $\frac{5}{6} + \frac{3}{8}$
f) $3\frac{3}{4} - 1\frac{7}{8}$
g) $\frac{3}{5} \cdot \frac{2}{7}$
h) $\frac{3}{4} \cdot 6$
i) $\frac{9}{14} \cdot \frac{7}{36}$
j) $1\frac{2}{3} \cdot 1\frac{4}{5}$
k) $\frac{6}{11} : 3$
l) $12 : \frac{3}{4}$
m) $\frac{1}{4} : \frac{3}{8}$
n) $2\frac{5}{11} : 1\frac{4}{5}$

5 Berechne.
a) 18,36 + 16,4
b) 3,572 + 0,28
c) 2 – 0,24
d) 7,654 – 4,567
e) 4,25 · 0,87
f) 16,92 : 3

6 Bestimme die fehlenden Werte.

	p%	G	W
a)	50 %	700 €	
b)	9 %	600 kg	
c)	56 %	1350 m	
d)		80 Kugeln	20 Kugeln
e)		300 €	12 €
f)	5 %		13 t
g)	34 %		85 Stück

7 8000 € werden mit einem Zinssatz von 4,5 % bei einer Bank angelegt.
a) Berechne die Zinsen für ein Jahr.
b) Wie hoch sind die Zinsen im Folgejahr? Berücksichtige den Zinseszinseffekt.

8 Bei der Wahl des Landtags erhielt Partei A 53 % der Stimmen. Damit wurde sie von 9858 Personen gewählt.
a) Berechne, wie viele Personen bei der Wahl ihre Stimmen abgegeben haben.
b) Die Partei B erhielt 5896 Stimmen. Berechne den Prozentsatz.

9 Ein quaderförmiges Aquarium ist 50 cm lang, 30 cm breit und 40 cm hoch.
a) Berechne das Volumen des Aquariums. Gib das Fassungsvermögen in Liter an.
b) Das Aquarium ist zu 95 % mit Wasser gefüllt. Berechne die Menge des Wassers in Liter.

10 Ein Feld hat einen Flächeninhalt von 27 000 m^2 und ist 300 m lang.
a) Berechne die Breite des Feldes.
b) Eine Anlage bewässert 21 000 m^2 des Feldes. Wie viel Prozent sind das?

11 Ein Kreis hat einen Umfang von 94,25 cm.
a) Berechne den Radius des Kreises.
b) Bestimme den Flächeninhalt des Kreises.
c) Wenn der Radius des Kreises sich verdoppelt, verdoppelt sich dann auch der Umfang?

12 Ein Dreieck hat die Seitenlängen $a = 14\,cm$, $b = 11{,}5\,cm$ und $c = 8\,cm$. Ist das Dreieck rechtwinklig? Begründe.

13 In einer Bäckerei kostet ein Brötchen 0,24 €. 10 Brötchen werden zum Sonderpreis von 2,10 € verkauft.
a) Berechne den Preis für drei Brötchen.
b) Berechne das Rückgeld, wenn mit einer 1-€-Münze gezahlt wird.
c) Berechne, wie viele Brötchen für 5,40 € gekauft werden können.

14 An einer Großbaustelle brauchen 15 Personen 21 Tage für ihre Arbeit. Wie viele Personen werden benötigt, wenn die Arbeit in 14 Tagen beendet sein muss?
Runde das Ergebnis sinnvoll.

15 Löse die folgenden Gleichungen.
a) $15x + 48 = 20x - 12$
b) $3 \cdot (4x + 6) = 2 \cdot (8x - 3)$
c) $5x - (6 - 3x) = 18$

16 Ein Hotel hat 42 Zimmer. In den Einzelzimmern und Doppelzimmern stehen insgesamt 66 Betten.
Wie viele Einzelzimmer und wie viele Doppelzimmer hat das Hotel?

17 Tobi ist 3 Jahre älter als Sofia.
Zusammen sind sie 99 Jahre alt.
Bestimme das Alter von Tobi.

18 Lea und Nikos sind zusammen 80 Jahre alt.
Lea ist 4 Jahre älter als Nikos.
Bestimme das Alter der beiden.

19 Finde das Ergebnis durch Schätzen.
a) $1895 + 5865 + 3584$
① 9344 ② 9345 ③ 11 344 ④ 11 345
b) $7215 - 217$
① 6992 ② 7002 ③ 6998 ④ 7008
c) $17 \cdot 45 - 7 \cdot 45$
① 100 ② 1045 ③ 450 ④ 1450
d) $997 \cdot 1002$
① 8994 ② 98 994 ③ 998 994 ④ 9 998 994

20 Ergänze die fehlenden Zahlen in den Zahlenfolgen.
a) 57, 61, 65, 69, □, □, □
b) 76, 73, 70, 67, □, □, □
c) 10, 7, 14, 11, 22, □, □, □
d) 13, 15, 19, 25, 33, □, □, □
e) 5, 15, 7, 21, 13, □, □, □
f) 3, 5, 8, 13, 21, 34, □, □, □

21 Vier der fünf Zeichen gehen durch Drehung auseinander hervor, eines nicht. Welches?
a)
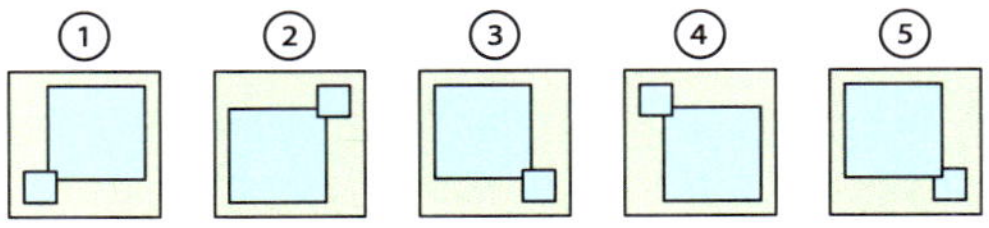
b)
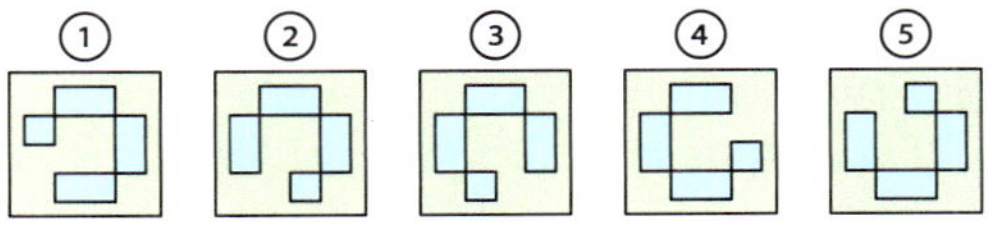

22 Welcher der vier Körper kann aus der Faltvorlage rechts gebildet werden?
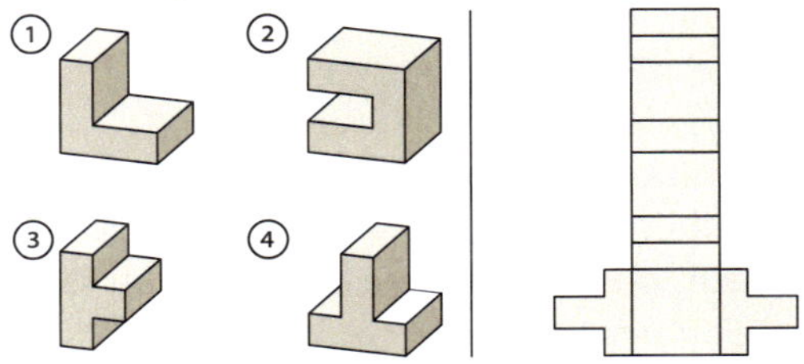

23 Wie viele Flächen hat der gezeichnete Körper? Zähle auch die nicht sichtbaren Flächen mit.
a)

b)

24 Welche drei Figuren sind gleich?
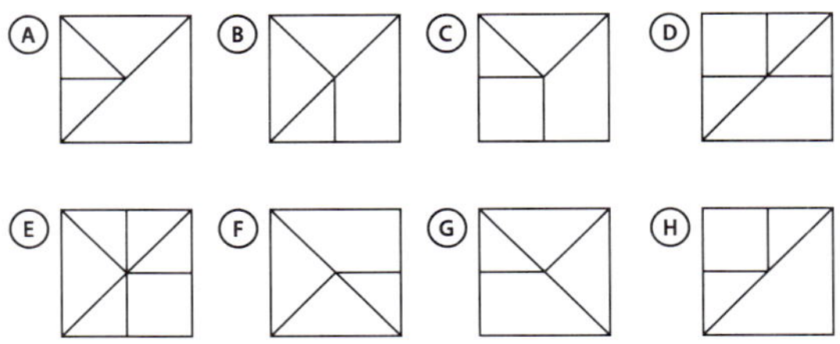

Friseur/-in

Friseure und Friseurinnen schneiden, färben und frisieren Haare. Sie beraten ihre Kunden bei der Haarpflege und der Wahl der passenden Frisur. Zu den Aufgaben eines Friseurs und einer Friseurin können auch die Pflege von Händen und die Gestaltung von Fingernägeln gehören. Manche Friseure und Friseurinnen tragen auch Make-up auf oder stylen Bärte. Daneben verkaufen Friseure und Friseurinnen Pflegeprodukte für Haut und Haar. Sie müssen die Kasse bedienen können und mit ihren Kunden Termine vereinbaren. Sie müssen sich auch um die Sauberkeit und Ordnung am Arbeitsplatz kümmern.

Recherchiert in der Gruppe zu den Ausbildungsorten und den Voraussetzungen für den Beruf. Präsentiert eure Ergebnisse in der Klasse.

1 Grundrechenarten

Für das Waschen und Schneiden von langem Haar wird ein Preis von 43,00 € berechnet. Das Färben kostet zusätzlich 69,00 €. Nach dem Färben wird für 24,00 € eine Pflege in die Haare eingearbeitet. Für das Fertigstellen der Frisur mit dem Föhn kommen dann noch 17,00 € hinzu.
Berechne den Preis für die gesamte Behandlung.

2 Prozentrechnung

Aus einfachen Zutaten kann eine Spülung für das Haar hergestellt werden.

a) Drücke die Menge der Zutaten in Prozent aus.
b) Eine Spülung aus dem Drogeriemarkt besteht zu 60 % aus Wasser. Berechne die Menge an Wasser in 500 mℓ Spülung.
c) In einem anderen Rezept machen 36 mℓ Honig einen Anteil von 12 % aus. Berechne die Gesamtmenge an hergestellter Spülung.

Rezept für 275 ml Haarspülung

Honig	20 ml
Warmes Wasser	250 ml
Apfelessig	5 ml

Den Honig im warmen Wasser auflösen.
Dann den Obstessig dazu geben.
Sofort verbrauchen, nicht aufbewahren.

3 Dreisatz

Für 30 cm langes Haar werden 180 mℓ Farbe benötigt.
Berechne die Menge an Farbe für 40 cm und 70 cm langes Haar.

4 Bruchrechnung

In der Tabelle sind die Tätigkeiten einer Person an einem Arbeitstag im ersten Ausbildungsjahr notiert. Die Dauer eines Arbeitstags beträgt ohne Pausenzeiten 8 Stunden.

a) Gib die Dauer der Tätigkeiten als Anteile in Form von Brüchen an.
b) Wandle die Brüche in Dezimalzahlen um.
c) Erstelle mit Hilfe dieser Informationen ein Kreisdiagramm.

Tätigkeit	Dauer
Schneiden	2 Stunden
Färben	1 Stunde
Fegen, Aufräumen	2 Stunden
Zuschauen	3 Stunden

Kaufmann/-frau für Büromanagement

Kaufleute für Büromanagement organisieren die Abläufe in einem Büro. Zum Beispiel schreiben sie Briefe oder Mails und bereiten Präsentationen vor. Sie planen den Einsatz der Mitarbeiter und verschiedene Termine, wie zum Beispiel Besprechungen und Dienstreisen. Außerdem sind sie für die Einkäufe und die Kontrolle von Einnahmen und Ausgaben zuständig. Sie schreiben Rechnungen und besorgen Büromaterial. Kaufleute betreuen auch Kunden. Im öffentlichen Dienst helfen sie Bürgerinnen und Bürgern bei der Einreichung von Anträgen und klären ihre Fragen.

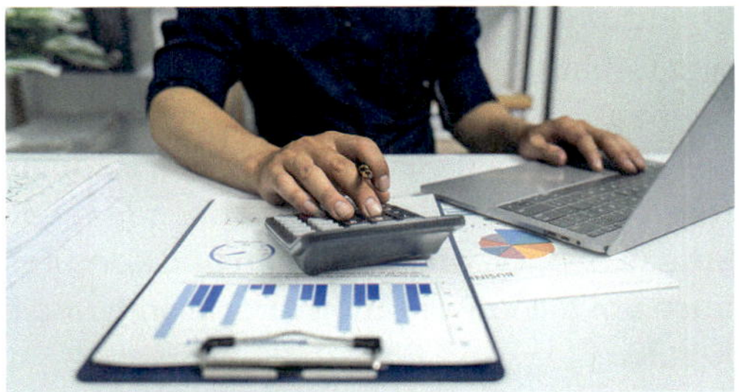

Recherchiert in der Gruppe zu den Ausbildungsorten und den Voraussetzungen für den Beruf. Präsentiert eure Ergebnisse in der Klasse.

1 Bruchrechnung

19 041 Personen bewarben sich für die Ausbildung zur Kauffrau und zum Kaufmann.

a) Wandle die Prozentangaben in Dezimalzahlen um.

b) Gib die Anteile in Brüchen an.

c) Erstelle zu den Informationen aus der Tabelle ein Kreisdiagramm.

Art des Abschlusses	Anteil der Bewerber
Mittlerer Schulabschluss	48 %
Hochschulreife	40 %
Hauptschulabschluss	8 %
Kein Abschluss	4 %

2 Grundrechenarten

In der Exceltabelle siehst du einige Einnahmen und Ausgaben eines Büros.

a) Was wird im Feld B9 berechnet?

b) Berechne den Wert von B9.

c) Wie lautet die Formel für B11? Wie lautet die Formel für B12?

d) Berechne den Wert für B11 und den Wert für B12. Überprüfe die Werte mit dem Wert aus B9.

	A	B
1	Einnahmen/Ausgaben	
2		
3	Einnahmen Januar	347,45 €
4	Ausgaben Büromaterial	-56,78 €
5	Einnahmen Februar	1.047,54 €
6	Einnahmen März	276,89 €
7	Ausgaben Computer	-1.205,00 €
8		
9	gesamt	=B3+B4+B5+B6+B7
10		
11	Ausgaben gesamt	
12	Einnahmen gesamt	

3 Prozentrechnung

456 Bürgerinnen und Bürger nahmen an einer Umfrage zum Thema „Service im Rathaus" teil. Sie können den Service mit einem, zwei, drei oder vier Sternen bewerten.
16 % der Befragten vergaben vier Sterne.
45 % bewerteten den Service mit drei Sternen und 11 % mit nur einem Stern.

a) Wie vielen Menschen entsprechen die Prozentangaben?

b) Die restlichen Befragten vergaben drei Sterne. Welchem Prozentsatz entspricht das?

c) Erstelle aus den Daten ein Säulendiagramm.

4 Dreisatz

Für ein Büro werden größere Mengen Papier bestellt. 2500 Blatt Papier kosten 29,75 €.

a) Berechne den Preis für 100 Blatt Papier und für 5000 Blatt Papier.

b) Bei einer regelmäßigen Lieferung gibt es jeweils 5 % Rabatt auf den Kaufpreis. Berechne die Ersparnis bei einer regelmäßigen Lieferung von 2500 Blatt Papier.

Konditor/-in

Konditorinnen und Konditoren stellen Torten, Kuchen, Pralinen und Gebäck her. Sie wählen die Zutaten aus, bestimmen die benötigten Mengen und wiegen oder messen die Mengen ab. Sie verarbeiten die Zutaten mit den Händen oder mit Maschinen. Nach dem Backen oder dem Kaltstellen dekorieren sie das Gebäck. Konditorinnen und Konditoren kümmern sich auch um die Präsentation ihrer Waren und beraten ihre Kunden.

Recherchiert in der Gruppe zu den Ausbildungsorten und den Voraussetzungen für den Beruf. Präsentiert eure Ergebnisse in der Klasse.

1 Gewichte

Für 8 gleich große Portionen Hefeteig werden 500 g Mehl, 60 g Butter, 60 g Zucker, 7 g Salz, 35 g Hefe, 200 mℓ Milch und ein Ei benötigt.

a) Berechne die Menge der benötigten Zutaten für 400 Portionen. Gib die Ergebnisse in kg und ℓ an.

b) Es wurden insgesamt 45 kg Teigmasse hergestellt. Aus der Teigmasse sollen 500 Portionen geformt werden. Berechne die Masse einer Portion. Gib das Ergebnis in g an.

2 Terme und Gleichungen

Bei der Konditorei wurden insgesamt 1500 Pralinen bestellt. Für die Bestellung sollen dreimal so viele **Trüffelpralinen** wie **Marzipanpralinen** und doppelt so viele **Nusspralinen** wie Marzipanpralinen hergestellt werden. Wie viele Trüffel , Nuss- und Marzipanpralinen müssen hergestellt werden? Löse die Aufgabe mit Hilfe des Sechs-Schritte-Verfahrens.

1. Die Variablen festlegen	x: Anzahl an Marzipanpralinen
2. Die Terme bilden	□: Anzahl an Trüffelpralinen □: Anzahl an Nusspralinen
3. Die Gleichung aufstellen	x + □ + □ = 1500
4. Die Gleichung lösen	x = □
5. Die Lösung prüfen	Probe: □ + □ + □ = 1500
6. Die Antwort formulieren	Es müssen □ Marzipanpralinen, □ Trüffelpralinen und □ Nusspralinen hergestellt werden.

3 Bruchrechnung

Es wurden 2000 g Teigmasse für Muffins hergestellt. Drei Viertel der Teigmasse werden für Muffins mit einer Nussfüllung und ein Viertel für Muffins mit Zitronengeschmack verarbeitet. Berechne im Kopf, wie viel Teigmasse in g jeweils für Muffins mit Nussfüllung und für Muffins mit Zitronengeschmack aus der gesamten Teigmasse entnommen werden müssen.

4 Flächen und Körper

Eine Torte hat die Form eines Zylinders. Sie ist 11,5 cm hoch. Die Grundfläche hat einen Durchmesser von 18 cm.

a) Berechne den Oberflächeninhalt des Zylinders. Gib das Ergebnis in dm^2 an. Runde auf Hundertstel.

b) Die Torte soll mit einer Creme bestrichen werden. Für eine Fläche von 2 dm^2 werden 125 mℓ Creme benötigt. Berechne die Menge an Creme für die ganze Torte. Der Boden wird dabei ausgelassen.

Kraftfahrzeugmechatroniker/-in

Kfz-Mechatronikerinnen und Kfz-Mechatroniker halten die verschiedenen Systeme und Bauteile eines Autos in einem guten Zustand. Dazu testen und analysieren sie die Systeme und Bauteile eines Autos. Sie tauschen defekte Bauteile aus oder reparieren die Bauteile. Mechatronikerinnen und Mechatroniker kontrollieren auch, ob die Autos die rechtlichen Vorschriften einhalten. Dafür führen sie Probefahrten und Messungen durch.

Recherchiert in der Gruppe zu den Ausbildungsorten und den Voraussetzungen für den Beruf. Präsentiert eure Ergebnisse in der Klasse.

1 Arithmetisches Mittel

Mit den Ausbildungsjahren erhöht sich das Gehalt.

a) Berechne für jedes Jahr das arithmetische Mittel des monatlichen Gehalts.

b) Wie hoch ist das jährliche Gehalt im 2. Ausbildungsjahr mindestens, höchstens und im Durchschnitt? Berechne.

Beispielhafte Gehälter pro Monat
- 1. Ausbildungsjahr: 844 € bis 981 €
- 2. Ausbildungsjahr: 876 € bis 1029 €
- 3. Ausbildungsjahr: 941 € bis 1102 €
- 4. Ausbildungsjahr: 1006 € bis 1197 €

2 Terme und Gleichungen

Der Bremsweg eines Fahrzeugs ist abhängig von der Geschwindigkeit, mit der das Fahrzeug fährt. Zur Berechnung gibt es folgende **Faustformel**:

$$\text{Bremsweg (in m)} = \left(\frac{\text{Geschwindigkeit}\left(\text{in } \frac{\text{km}}{\text{h}}\right)}{10}\right) \cdot \left(\frac{\text{Geschwindigkeit}\left(\text{in } \frac{\text{km}}{\text{h}}\right)}{10}\right)$$

a) Berechne den Bremsweg für ein Fahrzeug mit 30 $\frac{km}{h}$ und mit 50 $\frac{km}{h}$.

b) Berechne, wie sich der Bremsweg verändert, wenn ein Fahrzeug statt 100 $\frac{km}{h}$ mit 200 $\frac{km}{h}$ fährt.

3 Lineare Funktionen

Im Straßenverkehr mal eben auf das Handy zu schauen, ist gefährlich. Wie weit ein Auto in einer Sekunde fährt, hängt davon ab, mit welcher Geschwindigkeit das Auto fährt. Um die Strecke in m zu berechnen, teilst du die Geschwindigkeit durch 3,6.

a) Berechne in m, wie weit ein Auto mit einer Geschwindigkeit von 50 $\frac{km}{h}$ in einer Sekunde fährt.

b) Berechne in m, wie weit ein Auto mit einer Geschwindigkeit von 120 $\frac{km}{h}$ in einer Sekunde fährt.

c) Stelle eine Funktionsgleichung auf, die den Zusammenhang wiedergibt.

d) Zeichne den zugehörigen Graphen in ein Koordinatensystem. Beschrifte die x-Achse mit $\frac{km}{h}$ und teile sie in Zehner-Schritte ein. Beschrifte die y-Achse mit $\frac{km}{s}$ und teile sie in Einer-Schritte ein.

4 Grundrechenarten

Abgebildet ist der Ausschnitt einer Rechnung.

a) Erkläre die einzelnen Spalten.

b) Berechne den Gesamtpreis.

Bezeichnung	Menge	Einheit	Einzelpreis	Preis
Inspektion/Kontrolle	10		5,88 €	58,80 €
Ölfilter ausgetauscht	1	Stück	12,30 €	12,30 €
Zündkerzen erneuert	6	Stück	5,88 €	35,28 €
Scheibenfrostschutz	0,50	Liter	3,05 €	1,53 €
Glühlampe 12V	1	Stück	2,09 €	2,09 €
Motoröl	4,50	Liter	13,44 €	60,48 €

Maler/-in und Lackierer/-in

Maler und Malerinnen gestalten, beschichten und bekleiden Innenwände, Decken, Böden und Fassaden von Gebäuden. Sie halten Objekte aus den unterschiedlichsten Materialien instand oder geben ihnen durch farbige Beschichtungen eine neue Oberfläche. Zu ihren Aufgaben gehören das Streichen, Tapezieren und die Reinigung von Oberflächen. Zum Schutz dieser Oberflächen tragen sie auf ihnen Schutzmittel auf.

Recherchiert in der Gruppe zu den Ausbildungsorten und den Voraussetzungen für den Beruf. Präsentiert eure Ergebnisse in der Klasse.

1 Flächen

Die Decke einer Küche soll neu gestrichen werden. Die Küche ist 3,50 m lang und 3,00 m breit. Auf dem Farbeimer steht, dass man pro Quadratmeter Fläche 150 mℓ Farbe benötigt.

a) Berechne den Flächeninhalt der Decke.

b) Bestimme die Menge an Farbe, die für die gesamte Deckenfläche benötigt wird.

c) Die Decke wird in einer hellblauen Farbe gestrichen. Dazu werden eine blaue und eine weiße Farbe in einem Verhältnis von 1 : 4 gemischt. Berechne die Menge an blauer und an weißer Farbe, die für 1700 mℓ hellblaue Farbe vermischt werden.

d) Um die Lampe an der Decke herum wird ein Kreisring gestrichen. Der äußere Rand des Kreisrings ist 40 cm vom Mittelpunkt der Lampe entfernt. Der innere Rand ist 32 cm vom Mittelpunkt der Lampe entfernt.
Zeichne eine Skizze. Berechne dann den Flächeninhalt der zu streichenden Fläche.

2 Flächen

Ein Büro wird tapeziert. Das Büro ist 2,80 m hoch, 4,00 m lang und 5,50 m breit.

a) Berechne die Flächeninhalte der vier Wandflächen. Berechne den gesamten Flächeninhalt.

b) In einer der größeren Wände ist eine Tür mit einer Höhe von 2,10 m und einer Breite von 0,90 m. Ermittle den Flächeninhalt der größeren Wand ohne den Flächeninhalt der Tür.

c) Eine Tapetenrolle ist 50 cm breit und 10 m lang. Wie viele Tapetenrollen benötigt man mindestens, um das Büro zu tapezieren? Wie viele Rollen sollte man sicherheitshalber kaufen?

3 Flächen

In einem Wohnzimmer wird ein Bodenbelag verlegt. Das Wohnzimmer ist 2,5 m breit und 4,0 m lang.

a) Berechne den Flächeninhalt des Bodens.

b) Der Bodenbelag kostet 23 € pro Quadratmeter. Hinzu kommen 145 € Arbeitskosten.
Berechne die Gesamtkosten.

4 Dreisatz

Der Boden einer Maschinenhalle wird neu gestrichen. Zwei Personen brauchen für diese
Arbeit 12 Stunden. Wie lange brauchen sie, wenn ihnen noch eine dritte Person hilft?
Unter welchen Bedingungen stimmt deine Rechnung?

Orthopädietechnik-Mechaniker/-in

Mechanikerinnen und Mechaniker für Orthopädietechnik stellen verschiedene Hilfsmittel her, die Patientinnen und Patienten bei ihren Bewegungen unterstützen. Je nach Schwerpunkt können es künstliche Gliedmaßen, spezielle Bandagen oder auch Rollstühle sein. Sie beurteilen die Krankheitsbilder und beraten Patientinnen und Patienten bei der Wahl des passenden Hilfsmittels. Die Mechanikerinnen und Mechaniker nehmen Maß und erstellen Zeichnungen und Modelle. Sie stellen die orthopädischen Hilfsmittel auch optimal ein und erklären den Patientinnen und Patienten die Handhabung.

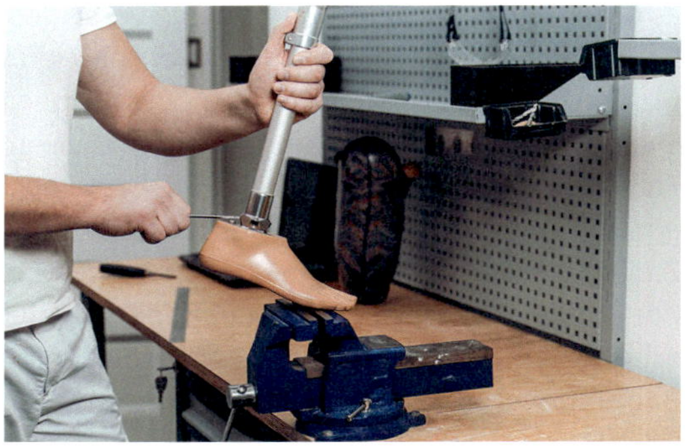

Recherchiert in der Gruppe zu den Ausbildungsorten und den Voraussetzungen für den Beruf. Präsentiert eure Ergebnisse in der Klasse.

1 Prozentrechnung

Das abgebildete Kreisdiagramm zeigt den Anteil an Personen mit einem bestimmten Schulabschluss von insgesamt 537 Bewerberinnen und Bewerbern. Berechne die Anzahl der Personen mit einem mittleren Abschluss und der Personen mit einem Hauptschulabschluss.

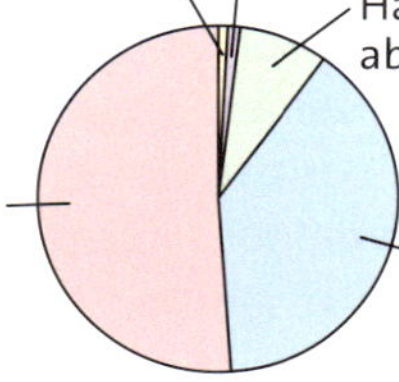

2 Zuordnungen

Im Durchschnitt beträgt die Schrittlänge eines Menschen 0,8 m.

a) Berechne, wie viele Kilometer ein Mensch mit 7500 Schritten pro Tag läuft.

b) Berechne, wie viele Kilometer ein Mensch in einem Jahr mit gleichbleibender Schrittlänge und 5400 Schritten pro Tag läuft.

c) Der Äquator ist etwa 40 000 km lang. Berechne, wie viele Schritte ein Mensch gehen muss, um die Erde einmal zu umrunden.

3 Maße

Die meisten Rollstühle haben eine Hinterradgröße von 24 Zoll. Diese Zahl gibt den Durchmesser des Rads an. 1 Zoll entspricht 2,54 cm.

a) Welchen Durchmesser hat das Rad in Zentimetern?

b) Welche Strecke fährt das Rad mit einer Umdrehung?

c) Wie oft hat sich das Rad nach 5 km gedreht?

4 Winkel

Versucht mit euren Gelenken verschiedene Winkel einzustellen. Lasst euch dabei fotografieren und messt mit dem Geodreieck nach.

a) Knie: 45°; 90°; 135°; 180°

b) Ellbogen: 45°; 90°; 135°; 180°

c) Wie groß sind die Winkel, die ihr mit einem Ausfallschritt nach vorn bildet? Wie groß sind die Winkel bei einem Ausfallschritt zur Seite?

Zimmerer/Zimmerin

Zimmerer und Zimmerinnen stellen verschiedene Bauwerke und Bauteile aus Holz her. Sie werden gebraucht, um Dachstühle zu errichten oder Holzhäuser zu bauen. Sie bringen auch Fenster und Türen an. Außerdem bauen Zimmerer und Zimmerinnen Treppen sowie Trennwände ein und verkleiden die Außenseiten von Gebäuden. Zu ihren weiteren Aufgaben zählen das Ausbessern und der Wiederaufbau von alten Gebäuden. In allen Bereichen arbeiten sie in Absprache mit der Bauleitung, nach Bauplänen und anderen technischen Vorgaben.

Recherchiert in der Gruppe zu den Ausbildungsorten und den Voraussetzungen für den Beruf. Präsentiert eure Ergebnisse in der Klasse.

1 Winkel

Das abgebildete Bauwerk besteht aus mehreren Holzbalken.

a) Übertrage die Abbildung als Skizze in dein Heft.
b) Markiere in deiner Skizze zwei Holzbalken, die zueinander parallel sind.
c) Markiere in deiner Skizze zwei Holzbalken, die zueinander senkrecht sind.
d) Markiere in deiner Skizze zum Winkel α einen Wechselwinkel β und einen Stufenwinkel γ.
e) Berechne die Länge des rot markierten Holzbalkens.

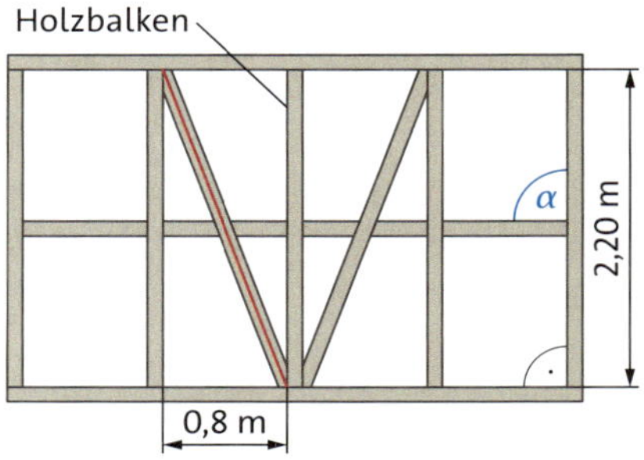

2 Dreisatz

Für einen Dachstuhl werden 0,06 m^3 Holz pro Quadratmeter Dachfläche benötigt. Berechne, wie viel Holz für ein Haus mit 160 m^2 Dachfläche gebraucht wird.

3 Maße und Gewichte

Verschiedene Holzarten haben unterschiedliche Dichten. Eiche wiegt 770 kg pro Kubikmeter. Fichte wiegt bei gleicher Feuchtigkeit dagegen nur 470 kg pro Kubikmeter.

a) Berechne das Gewicht für einen Dachstuhl aus Fichte, bei dem 12 m^3 Holz verbaut wurden. Berechne, wie viel schwerer ein Dachstuhl aus Eiche ist.
b) Eine Wand soll mit Holz verkleidet werden. Die Wand hat eine Höhe von 6 m und eine Länge von 24 m. Die Verkleidung aus Holz wird eine Dicke von 9 cm haben. Berechne das Volumen in m^3 an Holz, das benötigt wird.
c) Wie schwer ist die Verkleidung aus Eiche.

4 Flächen und Körper

Zeichne ein Schrägbild deines Traumhauses. Achte darauf, dass auch die Türen und Fenster einem Schrägbild entsprechend eingezeichnet werden müssen. Wähle eine Dachform für dein Haus aus. Präsentiert eure Häuser in der Klasse. Beschreibt dabei euer Vorgehen während der Konstruktion.

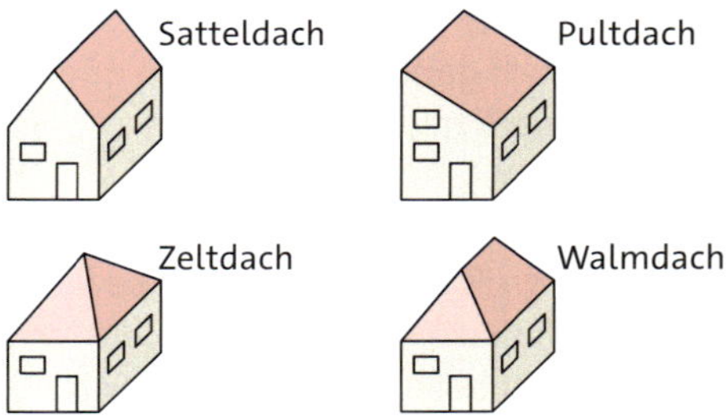

Grundwissen

▶ Hier findest du einfache, anschauliche Erklärungen zur Mathematik aus den vergangenen Schuljahren.
Es gibt viele Beispiele und Aufgaben, mit denen du weiter üben kannst.
Die Lösungen findest du hinten ab Seite 294. So kannst du deine Ergebnisse selbst überprüfen.

Die Erklärungen und Aufgaben gehören zu fünf Bereichen:
Zahlen und Daten: Diagramme auswerten, Diagramme zeichnen, runden, umwandeln, Häufigkeiten bestimmen
Größen: Länge, Fläche, Volumen
Rechnen: Umwandeln, Maßstab Addition, Subtraktion, Multiplikation, Division, Potenzen und Wurzeln, Prozentrechnung, Terme vereinfachen und berechnen, Gleichungen lösen, Sachaufgaben
Funktionen: lineare Funktionen
Geometrie: Koordinatensystem, Punkte, Kreise, Dreiecke, Vierecke, Würfel, Quader, Kegel, Prismen, Zylinder

Seite 194 Nr. 1

Daten in einer Strichliste und in einer Häufigkeitstabelle darstellen

In einer **Strichliste** fasst du Antworten mit Strichen zusammen.

In einer **Häufigkeitstabelle** schreibst du, wie häufig eine Antwort vorkommt.

Acht Jugendliche wurden gefragt:
Was ist dein Lieblingsfach?

Antworten: Kunst; Sport; Sport; Mathe; Sport; Englisch; Mathe; Kunst

Fach	Strichliste	Häufigkeit
Kunst	||	2
Sport	|||	3
Mathe	||	2
Englisch	|	1

1 Das Alter in Jahren aller Kinder einer Sportgruppe wird notiert.
Alter (in Jahren): 16; 14; 15; 16; 16; 15; 16; 14; 16; 14; 15; 16; 14
Erstelle für das Alter eine Strichliste und eine Häufigkeitstabelle.

2 Die 20 Schülerinnen und Schüler der Klasse 10 A notieren die benötigte Zeit für ihren Schulweg.
Schulweg (in Minuten): 18; 25; 12; 8; 29; 20; 17; 15; 10; 15; 5; 7; 24; 30; 17; 40; 35; 5; 19; 25
Ergänze die Strichliste und die Häufigkeitstabelle in deinem Heft.

Schulweg (in min)	Strichliste	Häufigkeit
00–10		
11–20		
21–30		
> 30		

→ Seite 195 Nr. 7

Werte aus einem Diagramm ablesen

Wenn du ein Diagramm lesen sollst, dann kannst du so vorgehen:

Wie hoch war die Höchsttemperatur am Samstag?

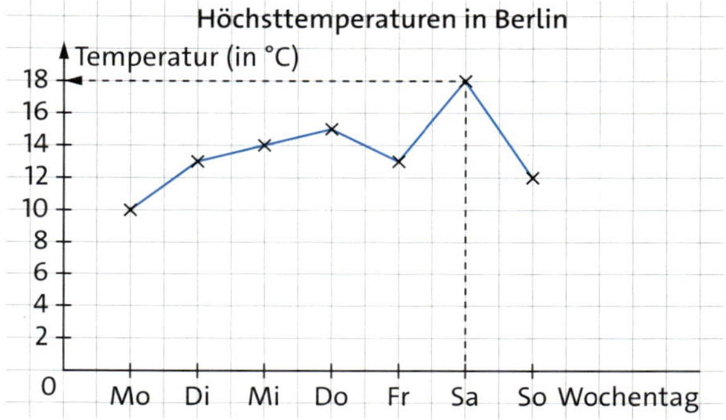

1. Lies die Überschrift. Dort erfährst du, um was es geht.
2. Lies, was an den Achsen steht.
3. Schaue, in welchen Schritten die Achse mit den Zahlen eingeteilt ist.
4. Lies den gesuchten Wert ab.

1. Das Diagramm stellt die Höchsttemperaturen in Berlin im Verlauf einer Woche dar.
2. Auf der unteren Achse (x-Achse) sind die Wochentage von Montag bis Sonntag dargestellt. Auf der Hochachse (y-Achse) steht die Temperatur.
3. Die Temperatur ist in 2er-Schritten eingeteilt.
4. Die Höchsttemperatur lag am Samstag bei 18 °C.

3 Betrachte das Diagramm in der rechten Spalte der Erklärung. Lies ab und ergänze.

a) Jedem Wochentag wird die □ zugeordnet.
b) Donnerstag war die Höchsttemperatur □ °C.
c) Am □ und am □ betrug die Höchsttemperatur 13 °C.
d) Eine Höchsttemperatur von 20 °C wurde □ erreicht.

→ Seite 101 Nr. 11

Prozentsätze in Kreisdiagrammen begründet schätzen

Wenn du in einem Kreisdiagramm einen Prozentsatz schätzen sollst, dann kannst du so vorgehen:

Schätze den Prozentsatz für das Segment, das im Kreisdiagramm dunkel dargestellt ist.

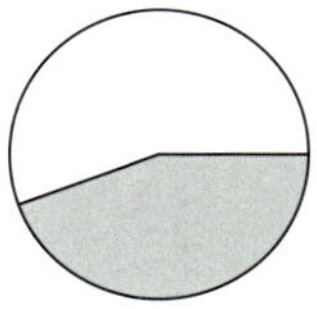

1. Schätze die Größe des Winkels. Beachte dabei, dass ein rechter Winkel 90° groß ist und ein gestreckter Winkel 180°.
2. Der ganze Kreis hat eine Winkelgröße von 360°. Das entspricht 100%. Teile deine geschätzte Winkelgröße durch 360°. Gib das Ergebnis in % an.

Der Winkel des dunklen Kreissegments ist größer als 90° und kleiner als 180°.
Die Größe des Winkels liegt näher an 180° als an 90°.
Der Winkel ist ungefähr 160° groß.

$160° : 360° = \frac{4}{9} = 0{,}4444... \approx 44\%$

Der Anteil des dunklen Kreissegments am gesamten Kreis beträgt ungefähr 44%.

4 Schätze den Prozentsatz für das Segment, das im Kreisdiagramm dunkel dargestellt ist.

a)
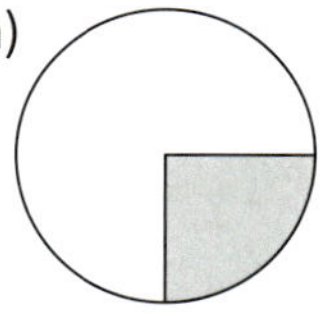
b)
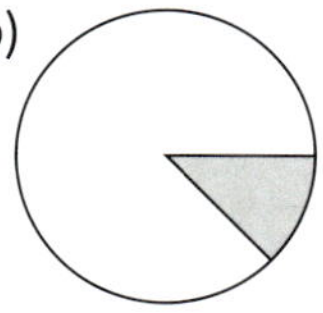
c)
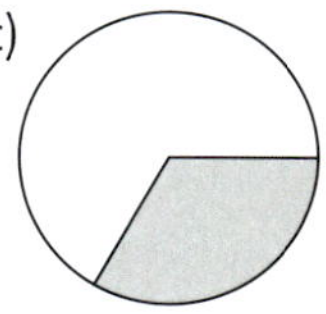
d)
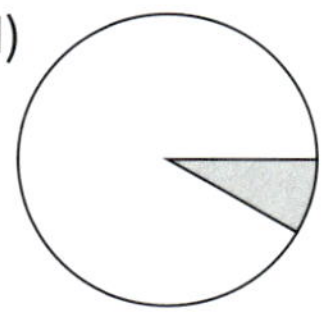
e)
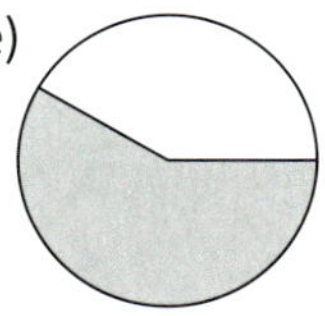

Seite 195
Nr. 6, 8

Ein Säulendiagramm zeichnen

5 Bei der Wahl zum Klassensprecher hat Chiara 10 Stimmen bekommen.
Patryk hat 8 Stimmen bekommen, Mathias 5 Stimmen und Leonie 3 Stimmen.
Stelle das Ergebnis in einem Säulendiagramm dar.

6 Die Seven Summits sind die jeweils höchsten Berge der sieben Kontinente.
Dazu gehören unter anderem die folgenden Berge:

Kontinent	Berg	Höhe
Antarktis	Mount Vinson	4892 m
Afrika	Kibo (Kilimandscharo)	5895 m
Nordamerika	Denali (Mount McKinley)	6190 m
Südamerika	Aconcagua	6962 m
Asien	Mount Everest	8848 m

Stelle die Höhe der Berge in einem Säulendiagramm dar.

Seite 194
Nr. 3

Brüche in Prozentzahlen umwandeln

7 Wandle den Bruch in eine Prozentzahl um.
a) $\frac{47}{100}$ b) $\frac{91}{100}$ c) $\frac{68}{100}$ d) $\frac{3}{100}$ e) $\frac{150}{100}$ f) $2\frac{30}{100}$

8 Erweitere oder kürze den Bruch so, dass der Nenner 100 ist. Schreibe dann als Prozentzahl.
a) $\frac{33}{50}$ b) $\frac{44}{200}$ c) $\frac{6}{300}$ d) $\frac{11}{20}$ e) $\frac{2}{25}$ f) $\frac{3}{5}$

→ Seite 6
Nr. 3

Dezimalzahlen runden

9 Runde auf Zehntel.
a) 2,596 b) 9,733 c) 0,618 d) 12,501 e) 25,499 f) 99,502

10 Runde jede Zahl auf Ganze, Zehntel, Hundertstel und Tausendstel.
a) 9,3857 b) 0,50491 c) 2,0691 d) 0,9999 e) 7,09133 f) 17,9505

→ Seite 194
Nr. 3

Dezimalzahlen in Brüche umwandeln

11 Wandle die Dezimalzahl in einen Bruch um. Kürze den Bruch so weit wie möglich.

Beispiel $0{,}24 = \frac{24}{100} = \frac{12}{50} = \frac{6}{25}$

a) 0,3 b) 0,6 c) 0,23 d) 0,58 e) 0,68 f) 0,75 g) 1,2

12 Wandle die Dezimalzahl in einen Bruch um.

a) 0,7 b) 0,19 c) 0,127 d) 0,4 e) 0,35 f) 0,012 g) 0,625

→ Seite 194
Nr. 3

Prozentzahlen in Brüche und Dezimalzahlen umwandeln

Das Prozent-Zeichen (%) steht für Hundertstel. Du kannst eine Prozentzahl also als **Bruch** mit dem Nenner 100 schreiben.

Wenn du die Prozentzahl in eine Stellenwerttafel einträgst, kannst du die **Dezimalzahl** ablesen. Du musst an den freien Stellen **Nullen** ergänzen.

Wandle 2 % und 129 % jeweils in einen Bruch und in eine Dezimalzahl um.

2 % = 2 Hundertstel = $\frac{2}{100}$

129 % = 129 Hundertstel = $\frac{129}{100} = 1\frac{29}{100}$

Prozentzahl	**E**	,	**z**	**h**	Dezimalzahl
2 %	0	,	0	2	0,02
129 %	1	,	2	9	1,29

13 Wandle die Prozentzahl in einen Bruch und in eine Dezimalzahl um.

Beispiel 39 % = $\frac{39}{100}$ = 0,39

a) 61 % b) 19 % c) 7 % d) 14 % e) 20 % f) 110 %

→ Seite 194
Nr. 2

Absolute und relative Häufigkeiten bestimmen

14 Handelt es sich bei den **markierten Zahlen** um die Gesamtzahl, die absolute oder die relative Häufigkeit?

a) Selina kauft **10** Lose. **7** Lose sind Nieten. **70 %** der Lose sind Nieten.
b) Alex wirft **20**-mal auf den Basketballkorb. **80 %** der Würfe sind Treffer. Alex trifft **16-mal**.
c) $\frac{2}{3}$ der Schülerinnen und Schüler kommen mit öffentlichen Verkehrsmitteln zur Schule.
d) Pedro hat in der Klassenarbeit **85%** der möglichen Punkte erreicht. Das sind **34** von **40** Punkten.
e) Von den **16** Fischen in Maries Aquarium sind $\frac{1}{4}$ Goldfische

15 Gib die relative Häufigkeit als Bruch und in Prozent an

a) 7 von 100 Schülern kommen mit dem Zug.
b) 84 von 100 Schülern haben Jeans an.
c) 12 von 200 Schülern sind krank.
d) Von 25 Schülern mögen 4 keine Tomaten.
e) Von 10 Elfmetern hat Julia 3 gehalten.
f) Von 20 Elfmetern hat Sercan einen verschossen.

→ Seite 6 Nr. 4
→ Seite 100 Nr. 8

Einheiten für Längen umrechnen

16 Rechne in die nächstkleinere Einheit um.

Beispiel 6 m = 6 · 10 dm = 670 dm

a) 7 m = □ dm b) 3 dm = □ cm c) 15 cm = □ mm d) 2 km = □ m
e) 0,6 km = □ m f) 2,1 m = □ dm g) 0,3 cm = □ mm h) 1 m 5 dm = □ dm

17 Rechne in die nächstgrößere Einheit um.

Beispiel 800 cm = 80 dm, denn 800 : 10 = 80.

a) 70 cm = □ dm b) 20 dm = □ m c) 6000 m = □ km d) 150 mm = □ cm
e) 400 m = □ km f) 25 cm = □ dm g) 3 dm = □ m h) 5 m 8 dm = □ m

18 Rechne in die Einheit in der Klammer um.

a) 4 m (dm) b) 50 mm (cm) c) 2,5 km (m) d) 1,5 m (cm) e) 150 mm (dm)

→ Seite 6 Nr. 5
→ Seite 66 Nr. 1
→ Seite 100 Nr. 8

Einheiten für Flächeninhalte umrechnen

19 Rechne in die nächstkleinere Einheit um.

Beispiel 4 m^2 = 4 · 100 dm^2 = 400 dm^2

a) 5 m^2 = □ dm^2 b) 9 cm^2 = □ mm^2 c) 30 m^2 = □ dm^2 d) 35 dm^2 = □ cm^2
e) 0,07 cm^2 = □ mm^2 f) 2,3 dm^2 = □ cm^2 g) 1 m^2 90 dm^2 = □ dm^2 h) 4 cm^2 5 mm^2 = □ mm^2

20 Rechne in die nächstgrößere Einheit um.

Beispiel 200 cm^2 = 2 dm^2, denn 200 : 100 = 2.

a) 800 cm^2 = □ dm^2 b) 700 mm^2 = □ cm^2 c) 2000 dm^2 = □ m^2 d) 60 cm^2 = □ dm^2
e) 450 mm^2 = □ cm^2 f) 4000 dm^2 = □ m^2 g) 2 dm^2 50 cm^2 = □ dm^2 h) 8 m^2 9 dm^2 = □ m^2

21 Rechne in die Einheit in der Klammer um.

a) 6 m^2 (dm^2) b) 300 mm^2 (cm^2) c) 0,25 m^2 (dm^2) d) 0,03 dm^2 (mm^2) e) 4 m^2 50 dm^2 (cm^2)

→ Seite 66 Nr. 2
→ Seite 100 Nr. 8

Einheiten für Volumen umrechnen

22 Rechne in die nächstkleinere Einheit um.

Beispiel 5 cm^3 = 5 · 1000 mm^3 = 5000 mm^3

a) 2 cm^3 = □ mm^3 b) 8 m^3 = □ dm^3 c) 15 dm^3 = □ cm^3 d) 250 m^3 = □ dm^3
e) 0,1 m^3 = □ dm^3 f) 3,5 cm^3 = □ mm^3 g) 2 cm^3 500 mm^3 = □ mm^3 h) 3 m^3 50 dm^3 = □ ℓ

23 Rechne in die nächstgrößere Einheit um.

Beispiel 2000 dm^3 = 2 m^3, denn 2000 : 1000 = 2.

a) 3000 dm^3 = □ m^3 b) 2000 mm^3 = □ cm^3 c) 70 000 cm^3 = □ dm^3 d) 500 dm^3 = □ m^3
e) 60 mm^3 = □ cm^3 f) 8500 cm^3 = □ dm^3 g) 2 cm^3 100 mm^3 = □ cm^3 h) 1 m^3 50 dm^3 = □ m^3

24 Rechne in die Einheit in der Klammer um.

a) 3 dm^3 (cm^3) b) 20 000 mm^3 (cm^3) c) 15 ℓ (m^3) d) 0,1 m^3 (cm^3) e) 90 cm^3 (ℓ)

→ Seite 66 Nr. 6

Mit Maßstab rechnen

25 Berechne die fehlende Länge im Heft. Rechne in eine entsprechende Maßeinheit um.

	Maßstab	Länge in der Zeichnung	Länge in Wirklichkeit
	1 : 10	40 cm : 10 = 4 cm	40 cm
	1 : 8	3 cm	3 cm · 8 = 24 cm
a)	1 : 4		20 cm
b)	1 : 20		100 cm
c)	1 : 10	5 cm	
d)	1 : 5	4 mm	
e)	1 : 2000		800 m
f)	1 : 5000	9 cm	

→ Seite 128 Nr. 3

Rationale Zahlen addieren und subtrahieren

26 Berechne.
a) +5 – (+7) b) +12 + (–9) c) –15 – (+8) d) +7 – (–9)
e) –12 + (–13) f) +23 – (+8) g) –34 + (+19) h) 32 – (–18)

27 Berechne.
a) –3 + 6 b) –4 – 9 c) 5 – 11 d) –10 + 4 e) 12 – 17
f) –17 – 23 g) 14 – 33 h) –35 + 58 i) –48 + 23 j) –37 – 44

→ Seite 7 Nr. 7, 8

Rationale Zahlen multiplizieren und dividieren

→ Seite 128 Nr. 3

28 Multipliziere im Kopf.
a) (+4) · (–3) b) (–6) · (–2) c) 5 · (–4) d) (–6) · 8
e) (–8) · (–10) f) (+9) · (+6) g) (–10) · 7 h) 13 · (–3)

29 Dividiere im Kopf.
a) (–21) : (+7) b) (–20) : (–5) c) 70 : 10 d) (+35) : (–5)
e) (–48) : (–6) f) 21 : (–3) g) (–100) : 4 h) (–96) : (–8)

→ Seite 7 Nr. 9

Vorrangregeln anwenden

30 Berechne. Nenne die Vorrangregeln, die du genutzt hast.
a) 32 + 4 · 4 b) 2 · (28 – 18) c) 25 + 45 : 5 d) 36 : (13 – 7)
e) (30 – 12) : 6 f) (37 + 23) : 10 · 2 g) 5 · 5 + 4 · 8 h) 9 + (8 – 4) : 7

→ Seite 6 Nr. 1, 2
Seite 128 Nr. 4

Produkte als Potenz schreiben und den Wert der Potenz berechnen

Wenn gleiche Faktoren multipliziert werden, dann kannst du dieses Produkt als Potenz schreiben.

Eine Potenz besteht aus einer **Basis** und einem Exponenten. Das Ergebnis einer Potenz heißt Wert der Potenz.

Berechne den Wert der Potenz 3^5.

die Potenz — der Exponent (oder die Hochzahl)

$3^5 = \underbrace{3 \cdot 3 \cdot 3 \cdot 3 \cdot 3}_{\text{5-mal}} = 3^5$ (sprich: 3 hoch 5)

die Basis (die Grundzahl)

$3^5 = 243$ der Wert der Potenz

31 Ergänze die Lücken in deinem Heft. Nutze die Begriffe auf den Kärtchen.

Basis | Exponent | Potenz | Wert der Potenz

3^2 ist eine ________. Die Zahl 3 ist die ________. Die Zahl 2 ist der ________. 9 ist der ________.

32 Schreibe als Potenz und berechne den Wert der Potenz.
a) $7 \cdot 7$ b) $2 \cdot 2 \cdot 2 \cdot 2 \cdot 2 \cdot 2$ c) $10 \cdot 10 \cdot 10 \cdot 10$ d) $3 \cdot 3 \cdot 3 \cdot 3$ e) $4 \cdot 4 \cdot 4$

33 Berechne das Ergebnis.
a) 5^2 b) 9^2 c) 10^2 d) 11^2 e) $(-100)^2$ f) $(-12)^2$

Seite 128 Nr. 4
Seite 166 Nr. 1, 2, 3

Den Wert einer Quadratwurzel berechnen

Die Umkehrung des Quadrierens ist das Ziehen der Quadratwurzel.

Die Zahl unter der Quadratwurzel heißt Radikand. Das Ergebnis ist der Wert der Quadratwurzel. Der Wert der Quadratwurzel ist größer oder gleich 0.

Bestimme die Quadratwurzel aus 16.

$4^2 = 4 \cdot 4 = 16$,

also ist $\sqrt{16} = 4$.

Radikand — Wert der Quadratwurzel

34 Berechne den Wert der Quadratwurzel. a) $\sqrt{9}$ b) $\sqrt{49}$ c) $\sqrt{64}$ d) $\sqrt{1}$ e) $\sqrt{169}$

Seite 101 Nr. 10

Den Prozentsatz berechnen

35 Berechne den Prozentsatz p % mit dem Dreisatz. Ergänze die Tabelle im Heft.
a) Von 25 Bäumen haben 8 ihr Laub abgeworfen. b) Von 20 Bananen sind 11 faul. c) Von 200 Losen sind 84 Gewinne.

a)

	Bäume	Anteil	
	25	100 %	
: 25	1		: □
· 8	8		· □

b)

	Bananen	Anteil	
	20	100 %	
: 20	1		: □
· □	11		· □

c)

Lose	Anteil
200	
84	

36 Berechne den Prozentsatz p % mit der Formel.
a) 9 von 20 Elfmetern b) 3 von 50 Äpfeln c) 26 von 200 Autos d) 12 von 25 Packungen

→ Seite 101 Nr. 10

Den Prozentwert berechnen

37 Berechne den Prozentwert W mit dem Dreisatz. Ergänze die Tabelle im Heft.

a) 7 % von 400 Autos sind rot.

Anteil	Autos
100 %	400
1 %	
7 %	

(: 100, · 7; : □, · □)

b) 33 % von 200 Ponys sind braun.

Anteil	Ponys
100 %	200
1 %	
33 %	

c) 20 % von 150 Bäumen

Anteil	Bäume
	150
20 %	

38 Berechne den Prozentwert W mit der Formel.

a) 8 % von 200 Euro b) 3 % von 800 Äpfeln c) 27 % von 2500 m d) 90 % von 50 Euro

→ Seite 101 Nr. 10

Den Grundwert berechnen

39 Berechne den Grundwert G mit dem Dreisatz. Ergänze die Tabelle im Heft.

a)

Anteil	Äpfel
9 %	27
1 %	
100 %	

(: 9, · 100; : □, · □)

b)

Anteil	Fische
11 %	77
1 %	
100 %	

(: 11, · □; : □, · □)

c)

Anteil	Preis
30 %	600
1 %	

(: □, · □; : □, · □)

40 Berechne den Grundwert G mit der Formel.

a) 3 % sind 18 Euro b) 60 % sind 120 Äpfel c) 12 % sind 600 m d) 20 % sind 50 Euro

→ Seite 30 Nr. 1, 2

Werte von Termen berechnen

→ Seite 128 Nr. 5

41 Berechne den Wert des Terms für $x = 3$.

a) $x + 5$ b) $x - 17$ c) $x - 7$ d) $4x$ e) $0{,}5x$ f) $x : 2$
g) $2x + 1$ h) $2x - 5$ i) $5x - 10$ j) $40 - 7x$ k) $0{,}3x + 1{,}2$ l) $2x - 1\frac{3}{4}$

42 Berechne den Umfang u oder den Flächeninhalt A mit der Formel.

a) Umfang: Quadrat mit $a = 5\,cm$; Formel: $u = 4a$
b) Umfang: Rechteck mit $a = 4\,cm$ und $b = 6\,cm$; Formel: $u = 2a + 2b$
c) Umfang: Dreieck mit $a = 5\,cm$, $b = 8\,cm$ und $c = 10\,cm$; Formel: $u = a + b + c$
d) Flächeninhalt: Rechteck mit $a = 7\,cm$ und $b = 4\,cm$; Formel: $A = a \cdot b$
e) Flächeninhalt: Dreieck mit $g = 6\,cm$ und $h = 7\,cm$; Formel: $A = \frac{1}{2} \cdot g \cdot h$

→ Seite 7 Nr. 10

Terme vereinfachen

→ Seite 30 Nr. 3
→ Seite 128 Nr. 6

43 Vereinfache den Term.

a) $2a + 3a$ b) $8x - 5x$ c) $10y + y$ d) $25c - 24c$
e) $3x + 4 + 2x$ f) $5a - 3b + 4b$ g) $x - 2y + 3x + 5y$ h) $3 + 2x + 5x - 6$

→ Seite 30 Nr. 4

Terme vereinfachen durch Auflösen von Klammern

Seite 128 Nr. 7
Seite 166 Nr. 4

44 Löse die Klammer auf. Vereinfache den Term.

a) $4a + (8a - 3b) + 5b$ b) $x - (6 - 3x) + (4 + 5x)$ c) $13v - (4w + 5v) - (2v + 9w)$
d) $3(2x + 4y)$ e) $9 + 2(5a - 4)$ f) $(3x + 5y) + 6(2x + 5y)$

Seite 128 Nr. 8

Terme mit Summen und Differenzen ausmultiplizieren

Seite 166 Nr. 6

45 Multipliziere aus. Vereinfache den Term, falls möglich.

a) $(x + 3) \cdot (y + 5)$ b) $(a + 4) \cdot (b - 2)$ c) $(x + 1) \cdot (x + 3)$ d) $(a - 8) \cdot (a + 1)$
e) $(x - 3) \cdot (x - 1)$ f) $(2 + 3y) \cdot (y + 5)$ g) $(5 + a) \cdot (3a - 4)$ h) $(3x - 6) \cdot (2x - 2)$

Seite 166 Nr. 5

Faktoren in Termen ausklammern

46 Übertrage in dein Heft und ergänze den Faktor.

a) $5x + 5y = \square \cdot (x + y)$ b) $3x - 12y = \square \cdot (x - 4y)$ c) $4a + 6b = \square \cdot (2a + 3b)$
d) $4ab + 8a = \square \cdot (b + 2)$ e) $3ab - 6ac = 3a \cdot (\square - \square)$ f) $15xy + 3yz = \square \cdot (5x + \square)$

47 Finde den größten gemeinsamen Faktor und klammere ihn aus.

a) $3a + 3b$ b) $4x - 12y$ c) $6x + 4y$ d) $12ab + 8ac$ e) $10xy - 25xz$

Seite 129 Nr. 9, 10

Binomische Formeln anwenden

Seite 166 Nr. 7

48 Wende die 1. binomische Formel an.

a) $(x + 3)^2$ b) $(a + 6)^2$ c) $(10 + w)^2$ d) $(4x + 5)^2$ e) $(10x + 4y)^2$

49 Wende die 2. binomische Formel an.

a) $(a - 5)^2$ b) $(x - 8)^2$ c) $(w - 9)^2$ d) $(10x - 2)^2$ e) $(3x - 2y)^2$

50 Wende die 3. binomische Formel an.

a) $(x + 4) \cdot (x - 4)$ b) $(4 + a) \cdot (4 - a)$ c) $(2x + y) \cdot (2x - y)$ d) $(3a - 7) \cdot (3a + 7)$

51 Wende die Umkehrung der binomischen Formeln an.

→ Seite 7 Nr. 11

a) $x^2 + 4x + 4$ b) $4x^2 + 4x + 1$ c) $x^2 - 8x + 16$ d) $x^2 - 10x + 25$

→ Seite 30 Nr. 5

Gleichungen durch Äquivalenzumformungen lösen

Seite 101 Nr. 9
Seite 129 Nr. 11
Seite 167 Nr. 8

52 Löse die Gleichungen durch Äquivalenzumformungen.

a) $7x - 4 = 17$ b) $3x - 20 = 4$ c) $2x + 6 = 20$ d) $5x = 3x + 8$
e) $6x = x + 10$ f) $5x + 10 = 2x + 25$ g) $13x - 30 = 7x + 6$ h) $7x - 54 = -4x - 10$

→ Seite 7 Nr. 13
→ Seite 67 Nr. 12
→ Seite 129 Nr. 15
→ Seite 167 Nr. 12
→ Seite 195 Nr. 9

Sachaufgaben lösen

Fünf Schritte helfen dir, wenn du eine Sachaufgabe lösen musst.

Aufgabe:
Jan möchte einen Computer für 490 € kaufen.
Der Händler gibt ihm einen Rabatt von 10 %.
Auf Jans Sparbuch sind 350 €.
Zum Geburtstag hat er 60 € geschenkt bekommen.
Wie viel Geld fehlt Jan noch?

1. **Lies den Text genau**
   Markiere wichtige Textstellen.
   Gibt es zusätzliche Hinweise wie z. B. eine Zeichnung, ein Bild oder eine Tabelle?

2. **Verschaffe dir einen Überblick**
   Was ist gegeben?
   Was ist gesucht?
   Was musst du noch wissen?

gegeben: Preis des Computers: 490 €
Rabatt: 10 %
Geld, das Jan hat: 350 € und 60 €
gesucht: fehlendes Geld

3. **Stelle eine Rechnung auf und löse sie**

Rechnung:
Preis – Preissenkung – Jans Geld = fehlendes Geld

Musst du fehlende Angaben berechnen?

Preissenkung: Preis · Rabatt
$= 490\,€ \cdot 10\,\% = 490\,€ \cdot \frac{10}{100} = \frac{4900\,€}{100}$
$= 49\,€$
Jans Geld: 350 € + 60 € = 410 €

Setze die fehlenden Angaben in deine Rechnung ein.

Preis – Preissenkung – Jans Geld = fehlendes Geld
490 € – 49 € – 410 € = 31 €

4. **Überprüfe das Ergebnis**
   Du kannst das Ergebnis überschlagen oder die Umkehraufgabe rechnen.

Probe:
Jans Geld + fehlendes Geld = zu zahlendes Geld
350 € + 60 € + 31 € = 441 €
Preis – Preissenkung = zu zahlendes Geld
$490\,€ - \frac{10}{100} \cdot 490\,€ = 441\,€$

5. **Schreibe einen Antwortsatz**

Antwort: Jan muss noch 31 € sparen.

53 Frieda hat zu ihrem Geburtstag 250 Euro geschenkt bekommen.
Das Geld legt sie zu einem Zinssatz von 3 % pro Jahr an.
a) Berechne die Zinsen für das erste Jahr.
b) Berechne das Kapital, wenn Frieda das Geld und die Zinsen für drei Jahre anlegt.

54 David hat ein Aquarium. Im Aquarium sind 60 Liter Wasser.
David lässt das Wasser aus dem Aquarium ab. In einer Minute fließen 5 Liter Wasser ab.
a) Wofür stehen die Variablen x und y in der Funktionsgleichung $y = -5x + 60$?
b) Wie viel Wasser befindet sich nach 5 Minuten im Aquarium?
c) Nach wie vielen Minuten ist das Aquarium leer?

55 Die Flugkurve eines Basketballs kann durch die Parabel $y = -0{,}4\,(x-2)^2 + 3{,}4$ angenähert werden.
Der Ball wird an der Stelle $x = 0$ abgeworfen.
a) Aus welcher Höhe wird der Ball abgeworfen?
b) Welche maximale Höhe erreicht der Ball?
c) In welcher Entfernung vom Werfer trifft der Ball auf dem Boden auf?

→ Seite 7
Nr. 12

Sachaufgaben mit Gleichungen lösen

→ Seite 30
Nr. 6

56 Paul ist drei Jahre älter als Joost. Zusammen sind Paul und Joost 39 Jahre alt.
Bestimme das Alter von Paul und Joost.

57 Clara, Zine und Antonia spielen in einer Fußballmannschaft. Clara hat doppelt so viele Tore geschossen wie Zine. Antonia hat ein Tor weniger geschossen als Zine. Zusammen haben Clara, Zine und Antonia 27 Tore geschossen. Wie viele Tore hat Clara geschossen?

58 Ein Urlaub kostet für zwei Erwachsene und ein Kind 2100 Euro.
Der Urlaub ist für ein Kind 300 Euro günstiger als für einen Erwachsenen.
Wie teuer ist der Urlaub für einen Erwachsenen und wie teuer ist der Urlaub für ein Kind?

Seite 129
Nr. 12

Darstellungsformen von Funktionen

Funktionen kann man als **Wortform**, in einer **Wertetabelle** und als **Graph** darstellen.
Es gibt Funktionen, für die du eine **Funktionsgleichung** angeben kannst.

Wortform
Ein Fallschirm öffnet sich 2000 m über dem Boden.
Pro Minute sinkt er 250 m ab.

Funktionsgleichung
$y = -250x + 2000$
Dabei steht x für die Zeit nach dem Öffnen des Fallschirms (in min) und y für die Höhe (in m).

Wertetabelle

Zeit (in min)	0	1	2	3	…
Höhe (in m)	2000	1750	1500	1250	

Graph

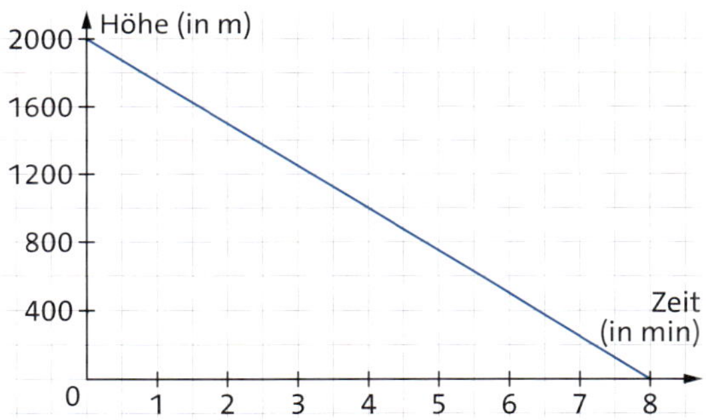

59 Ordne den Darstellungsformen den jeweiligen Fachbegriff zu.
① die Wortform ② die Funktionsgleichung
③ die Wertetabelle ④ der Graph
Ⓐ $y = 4500x$
Ⓒ Ⓓ

Zeit (in Monaten)	0	1	2	3
Strecke (in km)	0	4500	9000	13 500

Ⓑ
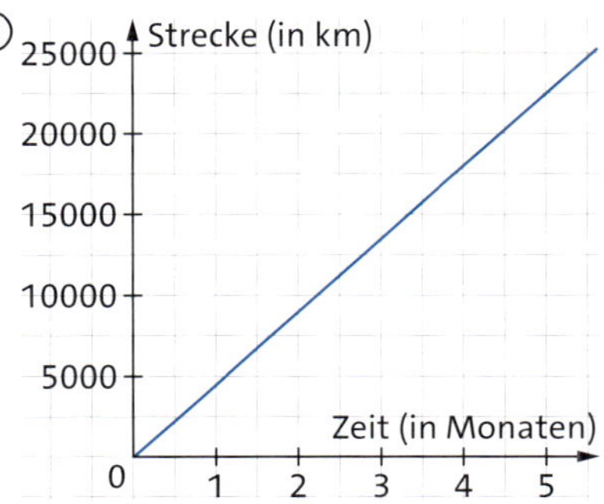

→ Seite 31
Nr. 10, 11

Für eine lineare Funktion eine Wertetabelle erstellen und den Graphen zeichnen

→ Seite 129
Nr. 13, 14

60 Erstelle eine Wertetabelle für $-3 \le x \le 3$ und zeichne den Graphen der Funktion.
a) $y = x - 1$ b) $y = 1{,}5\,x + 2$ c) $y = -2\,x + 0{,}5$ d) $y = 4$ e) $y = -0{,}5\,x$

→ Seite 167
Nr. 9

Nullstellen einer linearen Funktion berechnen

61 Berechne die Nullstellen der linearen Funktionen.
a) $y = 2\,x - 8$ b) $y = 3\,x + 21$ c) $y = -4\,x + 20$ d) $y = -0{,}5\,x - 3$ e) $y = 8\,x$

→ Seite 31
Nr. 9

Mit Hilfe des Steigungsdreiecks den Graphen einer linearen Funktion zeichnen

62 Zeichne den Graphen der Funktion mit Hilfe des Steigungsdreiecks.
a) $y = 2x - 1$ b) $y = -x + 3$ c) $y = \frac{1}{2}x + 2$ d) $y = -\frac{3}{4}x + 1$

→ Seite 30
Nr. 7

Punkte im Koordinatensystem ablesen

→ Seite 128
Nr. 2

63 Schreibe die Koordinaten der Punkte ins Heft.

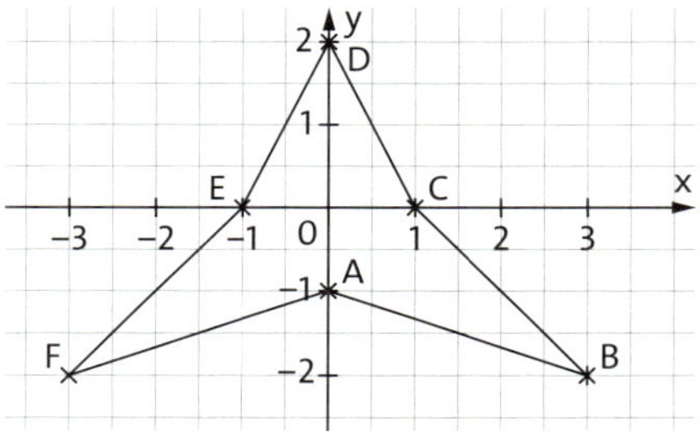

→ Seite 31
Nr. 8

Punkte im Koordinatensystem eintragen

→ Seite 128
Nr. 2

64 Zeichne ein Koordinatensystem mit $-2 \le x \le 2$ und $-2 \le y \le 3$.
Trage die Punkte A(−2|−1), B(−1|1), C(0|3), D(2|2), E(1|0) und F(0|−2) in das Koordinatensystem.
Verbinde die Punkte in alphabetischer Reihenfolge, also A mit B, B mit C und so weiter.
Verbinde am Ende F mit A. Welche geometrische Figur ist entstanden?

Seite 31
Nr. 12

Punktprobe durchführen

Um zu prüfen, ob ein Punkt P(a|b) auf einer Geraden g liegt, gehst du so vor:
1) Setze a für x in die Gleichung ein.
2) Setze das Ergebnis mit b gleich.
3) Wenn eine wahre Aussage entsteht, dann liegt der Punkt P auf der Geraden g.
Wenn eine falsche Aussage entsteht, dann liegt der Punkt P nicht auf der Geraden g.

Prüfe, ob die Punkte P(2|4) und Q(3|7) auf der Geraden g mit y = 2x + 1 liegen.

P(2|4): 1) $2 \cdot 2 + 1 = 5$
2) $5 \neq 4$,
3) Also liegt P nicht auf der Geraden g.

Q(3|7): 1) $2 \cdot 3 + 1 = 7$
2) $7 = 7$
3) Also liegt Q auf der Geraden g.

65 Prüfe, ob die Punkte P und Q auf der Geraden g liegen.
a) $y = 3x + 2$ P(3|11); Q(4|15)
b) $y = 2x - 1$ P(2|5); Q(5|9)
c) $y = x + 8$ P(0|8); Q(9|15)
d) $y = -5x$ P(−3|−15); Q(2|−10)

Seite 128
Nr. 1, 2

Figuren an einer Geraden spiegeln

66 Zeichne ein Koordinatensystem mit $0 \le x \le 9$ und $0 \le y \le 9$.
Trage A(5 | 1), B(1 | 4), C(1 | 6), D(3 | 9) und E(5 | 7) in ein Koordinatensystem ein.
Zeichne die Gerade g durch die Punkte A und E. Spiegle alle Punkte an der Geraden g.

67 Übertrage die Figuren in dein Heft und zeichne alle Symmetrieachsen ein.

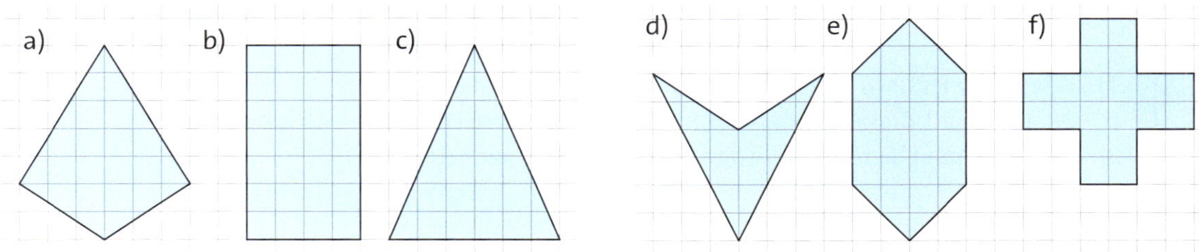

Seite 100
Nr. 1

Radius und Durchmesser unterscheiden

Der Durchmesser d ist doppelt so lang wie der Radius r.
Also gilt: $d = 2 \cdot r$ und
$r = d : 2$

gegeben: r = 3 cm
gesucht: d
$d = 2 \cdot 3\,\text{cm} = 6\,\text{cm}$

gegeben: d = 10 cm
gesucht: r
$r = 10\,\text{cm} : 2 = 5\,\text{cm}$

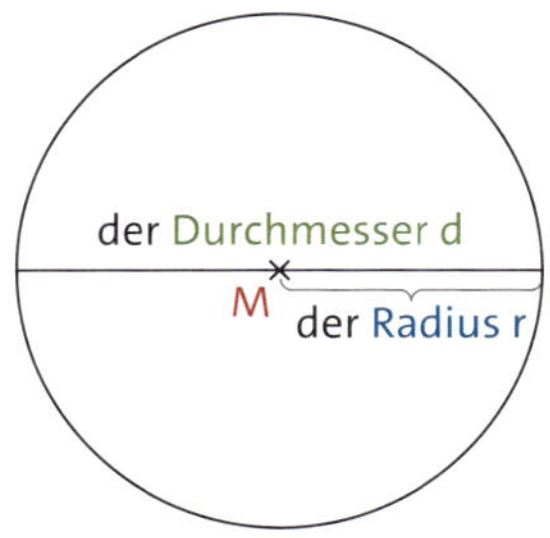

68 Berechne den Durchmesser d oder den Radius r. Ergänze die Tabelle im Heft.

Radius r	10 cm			1,5 dm	3,8 km		0,75 mm	
Durchmesser d		24 m	52 km			5 cm		3,7 m

→ Seite 100 Nr. 2

Umfang von Kreisen berechnen

69 Berechne die fehlenden Werte. Ergänze die Tabelle im Heft.

Radius r	4 cm	8 mm		3,5 cm		2,8 m	
Durchmesser d			12 dm		5 km		15 mm
Umfang u							

→ Seite 100 Nr. 3

Flächeninhalt von Kreisen berechnen

→ Seite 194 Nr. 4

70 Berechne die fehlenden Werte. Ergänze die Tabelle im Heft.

Radius r	4 cm	8 mm		3,5 cm		2,8 m	
Durchmesser d			12 dm		5 km		15 mm
Flächeninhalt A							

→ Seite 66 Nr. 3

Den Flächeninhalt von aus Vierecken zusammengesetzten Figuren berechnen

So berechnest du den Flächeninhalt von aus Vierecken zusammengesetzten Figuren:

1) Zerlege die Figur in Vierecke, deren Flächeninhalt du berechnen kannst.
2) Berechne den Flächeninhalt der Teilflächen.
3) Addiere die Flächeninhalte der Teilflächen.

Berechne den Flächeninhalt der Figur.

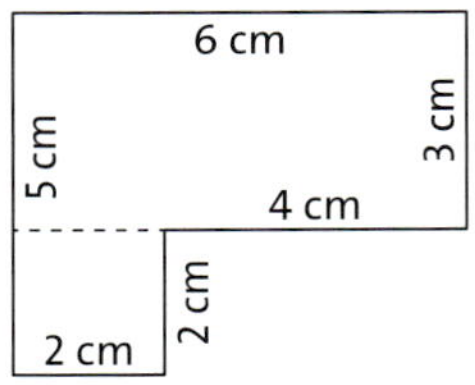

1) Zerlege die Figur in ein Rechteck und in ein Quadrat.
2) Berechne den Flächeninhalt der Teilflächen:
   Rechteck:
   $A_1 = 6\,\text{cm} \cdot 3\,\text{cm} = 18\,\text{cm}^2$
   Quadrat:
   $A_2 = 2\,\text{cm} \cdot 2\,\text{cm} = 4\,\text{cm}^2$
3) Berechne den Flächeninhalt der zusammengesetzten Figur:
   $A = 18\,\text{cm}^2 + 4\,\text{cm}^2 = 22\,\text{cm}^2$

71 Berechne den Flächeninhalt der Figuren.

a)

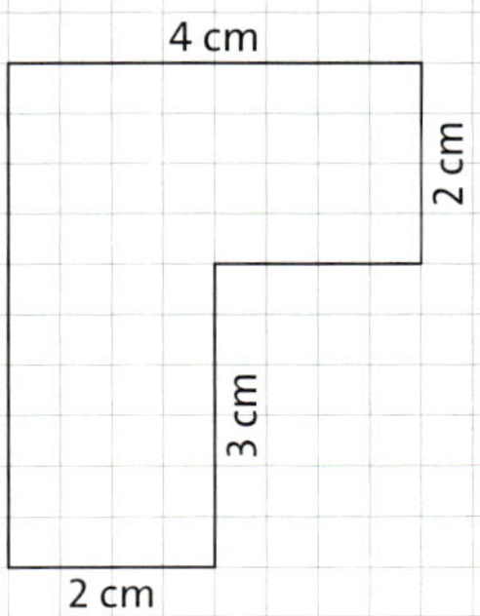

b)

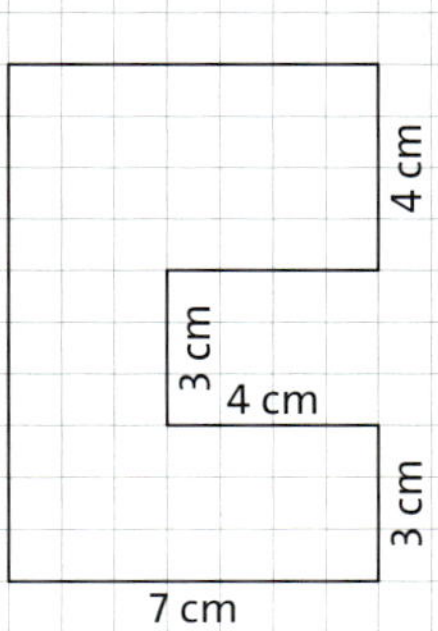

c)

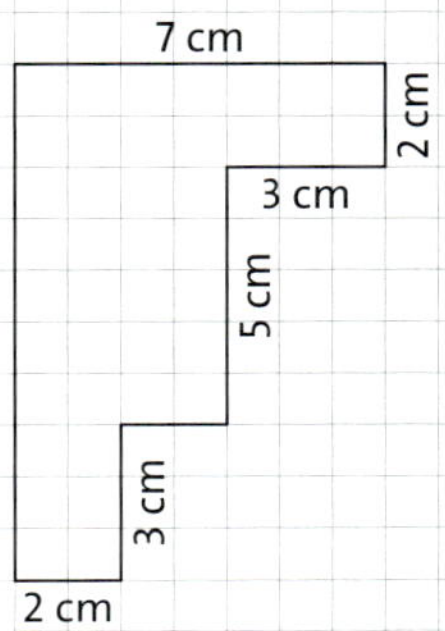

Seite 67
Nr. 7

Das Schrägbild eines Quaders zeichnen

72 Zeichne das Schrägbild.
a) Würfel mit a = 4 cm
b) Quader: 5 cm lang, 6 cm breit und 2,5 cm hoch

Seite 66
Nr. 4

Flächeninhalt von Dreiecken berechnen

73 Berechne den Flächeninhalt des Dreiecks.

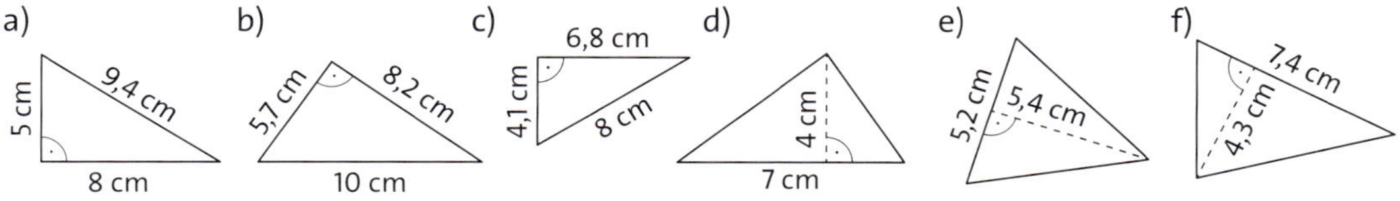

Seite 66
Nr. 5

Seitenlängen im rechtwinkligen Dreieck mit dem Satz des Pythagoras berechnen

74 Stelle für das rechtwinklige Dreieck eine Gleichung nach dem Satz des Pythagoras auf.

Beispiel $g^2 = e^2 + f^2$

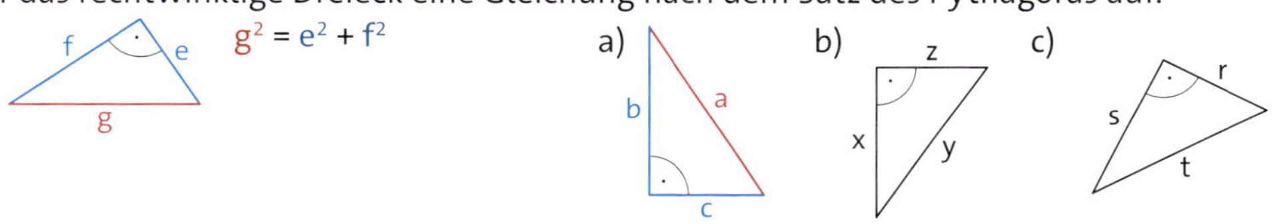

75 Berechne die Länge der Hypotenuse. Runde auf Zehntel.

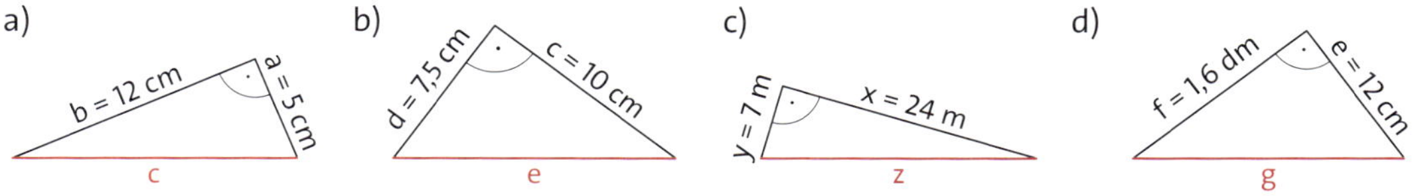

76 Berechne die Länge der Kathete. Die Angaben sind in cm. Runde auf Zehntel.

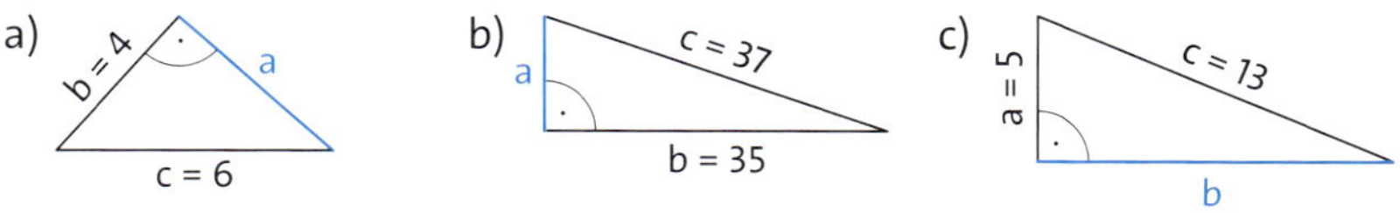

77 Berechne die fehlende Seitenlänge. Die Angaben sind in cm. Runde auf Zehntel.

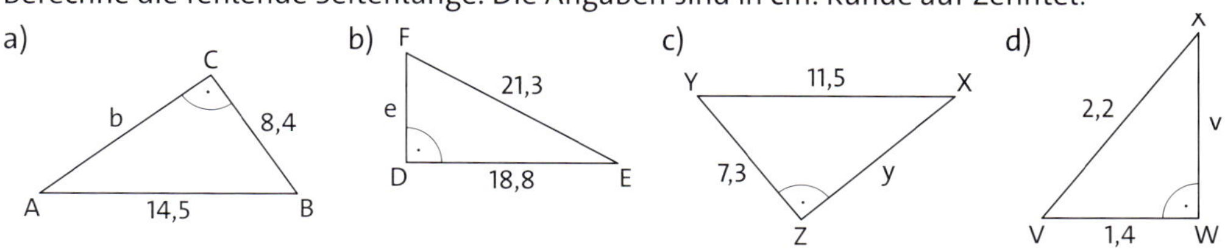

→ Seite 6 Nr. 6

Oberflächeninhalt und Volumen von Quadern und Würfeln

→ Seite 67 Nr. 8, 9
→ Seite 194 Nr. 5

78 Berechne den Oberflächeninhalt O.

a) Würfel mit a = 6 mm
b) Quader mit a = 4 dm, b = 10 dm und c = 5 dm
c) Würfel mit a = 2,5 m
d) Quader mit a = 2,5 cm, b = 8 cm und c = 4 cm

79 Berechne das Volumen V.

a) Würfel mit a = 2 cm
b) Quader mit a = 4 mm, b = 10 mm und c = 5 mm
c) Würfel mit a = 1,5 dm
d) Quader mit a = 2,5 m, b = 8 m und c = 4 m

→ Seite 67 Nr. 10, 11

Oberflächeninhalt und Volumen von Prismen

→ Seite 100 Nr. 4, 5

80 Berechne den Oberflächeninhalt des Prismas.

a) G = 10 cm²; M = 40 cm²
b) G = 25 m²; M = 30 m²
c) G = 37 mm²; M = 56 mm²

81 Berechne den Oberflächeninhalt eines Prismas mit einer Körperhöhe von 10 cm und der folgenden Grundfläche.

a) rechtwinkliges Dreieck mit a = 3 cm, b = 6 cm und c = 6,7 cm
b) Dreieck mit a = 5,7 cm, b = 4,5 cm, c = 6 cm und h_c = 4 cm
c) Drachen mit a = 3,6 cm, b = 4,5 cm und e = 4 cm, f = 7 cm

82 Berechne das Volumen des Prismas.

a) G = 10 cm²; h_k = 6 cm
b) G = 9 m²; h_k = 3 m
c) G = 17 dm²; h_k = 5 dm

83 Berechne das Volumen eines Prismas mit einer Körperhöhe von 8 cm und der folgenden Grundfläche.

a)
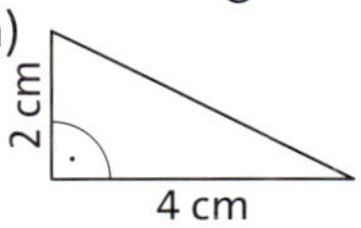

b)
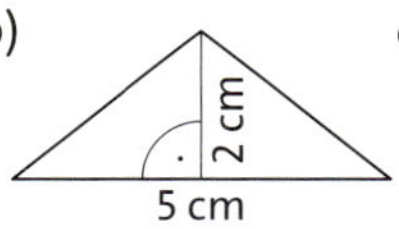

c)
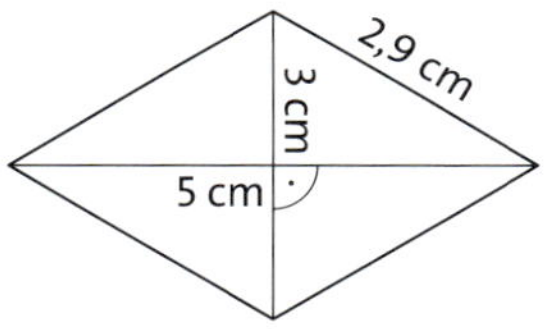

d)
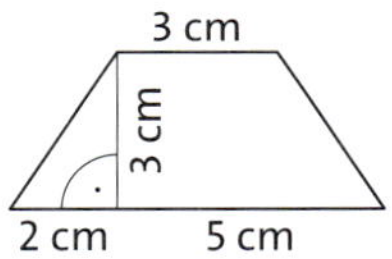

→ Seite 67 Nr. 8, 9

Oberflächeninhalt und Volumen von Zylindern

→ Seite 100 Nr. 6, 7

84 Berechne den Oberflächeninhalt des Zylinders.

a) r = 3 cm; h_k = 5 cm
b) r = 7 m; h_k = 10 m
c) r = 4,5 cm; h_k = 12 cm

85 Berechne das Volumen des Zylinders.

a) G = 201 cm²; h_k = 10 cm
b) r = 4 cm; h_k = 10 cm
c) r = 12 m; h_k = 8 m

Seite 100
Nr. 6, 7

Oberflächeninhalt und Volumen von Kegeln

86 Berechne den Oberflächeninhalt des Kegels.

a) $r = 4\,cm$; $s = 7\,cm$ b) $r = 5\,m$; $s = 10\,m$ c) $r = 3\,cm$; $h_k = 4\,cm$

87 Berechne das Volumen des Kegels.

a) $r = 3\,cm$; $h_k = 7\,cm$ b) $r = 12\,m$; $h_k = 10\,m$ c) $r = 7{,}5\,cm$; $h_k = 20\,cm$

Seite 101
Nr. 12, 13

Oberflächeninhalt und Volumen von zusammengesetzten Körpern berechnen

88 Berechne den Oberflächeninhalt des Körpers. Die Maße sind in cm.

a)
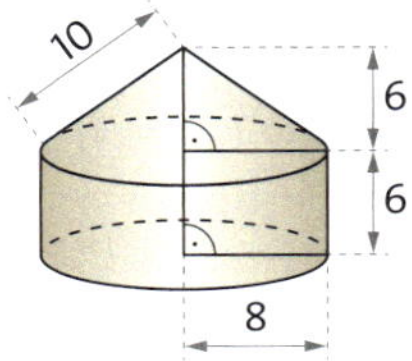

b)
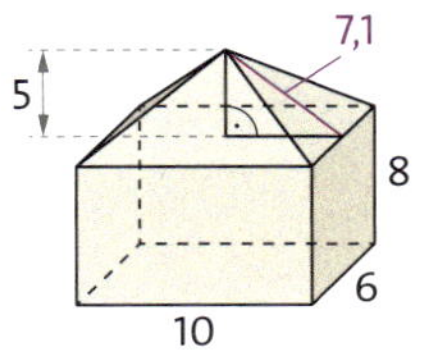

c)
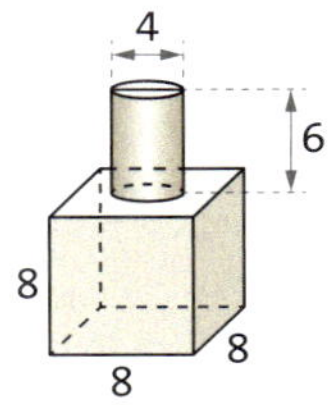

d)
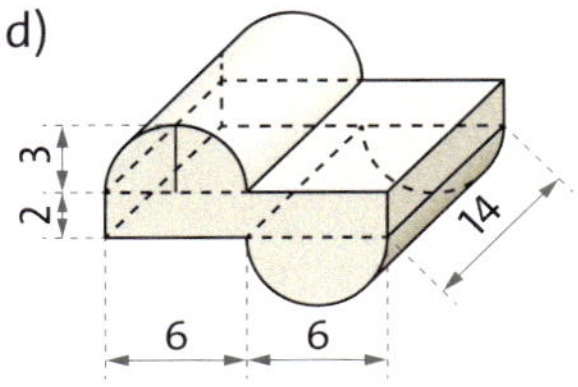

89 Berechne das Volumen des Körpers. Die Maße sind in cm.

a)
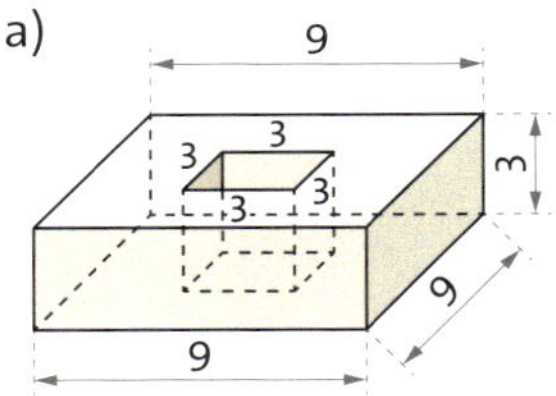

b)
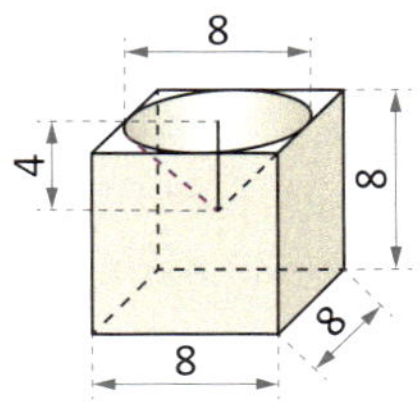

c)
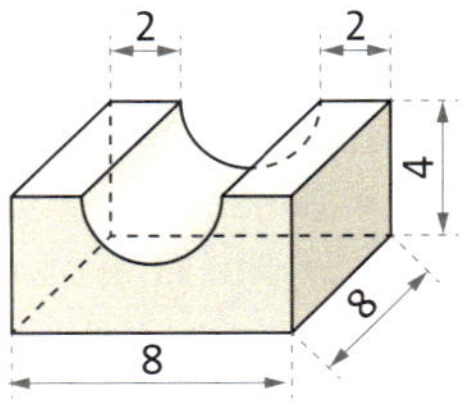

d)
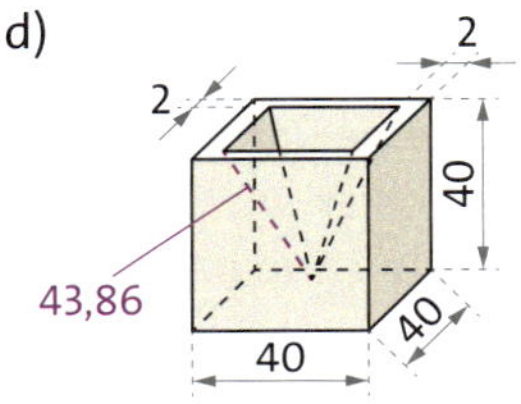

→ Seite 118

Dynamische Geometrie-Software

Mit einer dynamischen Geometrie-Software (DGS) kannst du Figuren zeichnen und verändern. So sieht das Fenster aus, in dem du arbeitest. In der Menüleiste stehen dir verschiedene Werkzeuge zur Verfügung, die du in der Zeichenfläche verwenden kannst.

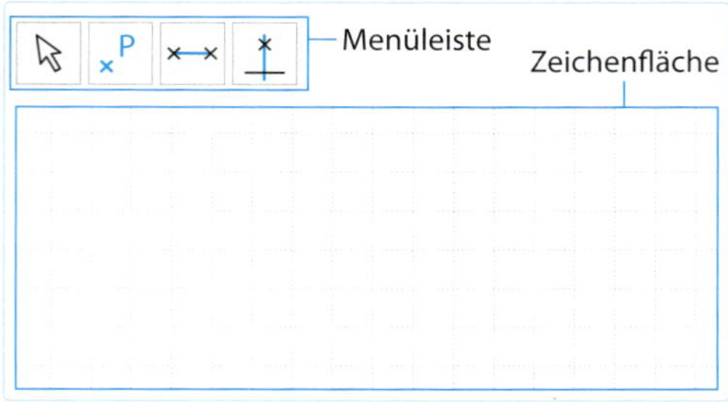

Wichtige Werkzeuge

Einen Punkt zeichnen Klicke in der Werkzeugleiste auf das Symbol und wähle „Punkt“. Klicke dann auf die Stelle im Zeichenfenster, an der der Punkt gesetzt werden soll.	
Einen Punkt verschieben Klicke in der Werkzeugleiste auf das Symbol und wähle „Bewege“. Klicke dann auf den Punkt, den du verschieben möchtest. Halte die linke Maustaste gedrückt und verschiebe den Punkt.	
Eine Strecke zeichnen Klicke in der Werkzeugleiste auf das Symbol und wähle „Strecke“. Klicke dann auf den Anfangspunkt und danach auf den Endpunkt der Strecke.	
Ein Vieleck zeichnen Klicke auf das Symbol für „Vieleck zeichnen“. Wähle „Vieleck“ aus. Klicke die Eckpunkte deiner Figur an. Klicke am Ende noch einmal auf den ersten Punkt.	
eine Verschiebung durchführen Klicke auf das Symbol für „Verschiebung um einen Vektor“. Zeichne damit einen Vektor ein. Klicke auf die Figur und dann auf den Vektor.	
eine zentrische Streckung durchführen Zeichne zuerst einen Punkt Z. Klicke auf das Symbol: Klicke auf das Symbol für „Strecke zentrisch von Punkt aus“. Klicke auf die Figur und dann auf den Punkt Z. Gib einen Wert für den Streckfaktor k ein.	
eine Drehung durchführen Zeichne einen Punkt D. Klicke dazu auf das Symbol: Klicke auf das Symbol für „Drehung um einen Punkt“. Klicke eine Figur an. Klicke dann auf den Drehpunkt D. Gib einen Winkel ein, um den die Figur gedreht werden soll.	

90 **Eine Figur verschieben und verkleinern.**

a) Zeichne ein Viereck ABCD.

b) Lies die Anleitung **eine Verschiebung durchführen**. Führe eine Verschiebung durch.

c) Lies die Anleitung **eine zentrische Streckung durchführen**.
Führe eine zentrische Streckung des Vierecks ABCD mit dem Streckfaktor k = 0,3 durch.

91 **Eine Figur drehen und vergrößern.**

a) Zeichne ein Viereck ABCD.

b) Lies die Anleitung **eine Drehung durchführen**. Führe eine Drehung um 90° durch.

c) Lies die Anleitung **eine zentrische Streckung durchführen**.
Führe eine zentrische Streckung des Vierecks ABCD mit dem Streckfaktor k = 3 durch.

1 Potenzen und Wurzeln

► Seite 6/7 Wiederholung

1 ① die Potenz; ② die Basis; ③ der Exponent; ④ der Wert der Potenz

2 a) $6^2 = 36$ b) $3^4 = 81$ c) $2^4 = 16$
d) $4^3 = 64$ e) $5^3 = 125$ f) $7^2 = 49$
g) $10^2 = 100$ h) $10^3 = 1000$ i) $10^4 = 10\,000$

3 a) 6,6 und 7,3
b) 0,06 und 1,24
c) 13,780 und 0,002

4 a) 55 mm b) 12 cm
c) 720 cm d) 7,7 cm
e) 45 000 m f) 0,7 m

5 a) $1000\,mm^2$ b) $100\,cm^2$
c) $12\,dm^2$ d) $27\,000\,cm^2$
e) $45\,000\,000\,m^2$ f) $0,0012\,m^2$

6

	Würfel		
	Kantenlänge a	Oberflächeninhalt O	Volumen V
a)	3 cm	**$54\,cm^2$**	**$27\,cm^3$**
b)	6 mm	**$216\,mm^2$**	**$216\,mm^3$**
c)	4 dm	**$96\,dm^2$**	**$64\,dm^3$**
d)	10 m	**$600\,m^2$**	**$1000\,m^3$**

a) $O = 6 \cdot (3\,cm)^2 = 6 \cdot 9\,cm^2 = 54\,cm^2$
$V = (3\,cm)^3 = 27\,cm^3$
b) $O = 6 \cdot (6\,mm)^2 = 6 \cdot 36\,mm^2 = 216\,mm^2$
$V = (6\,mm)^3 = 216\,mm^3$
c) $O = 6 \cdot (4\,dm)^2 = 6 \cdot 16\,dm^2 = 96\,dm^2$
$V = (4\,dm)^3 = 64\,dm^3$
d) $O = 6 \cdot (10\,m)^2 = 6 \cdot 100\,m^2 = 600\,m^2$
$V = (10\,m)^3 = 1000\,m^3$

7 a) $3 \cdot (-10) = -30$
b) $(-0,25) \cdot 8 = -2$
c) $(-1,5) \cdot (-2) = 3$

8 a) -9
b) $5 : (-2) = -2,5$
c) $(-9,3) : (-3,1) = 3$

9 a) $3 + 8 = \mathbf{11}$ b) $5 \cdot 4 = \mathbf{20}$
c) $4 + (4 + 5) = \mathbf{13}$ d) $13 + 6 = \mathbf{19}$
e) $3 \cdot 4 = \mathbf{12}$ f) $4 \cdot 3^2 = 4 \cdot 9 = \mathbf{36}$
g) $(9 - 6)^2 = 3^2 = \mathbf{9}$ h) $\frac{2}{5} \cdot (3 + 12) = \frac{2}{5} \cdot 15 = \mathbf{6}$
i) $\left(\frac{6}{8} - \frac{1}{8}\right) \cdot \frac{1}{2} = \frac{5}{8} \cdot \frac{1}{2} = \mathbf{\frac{5}{16}}$

10 a) $2a$
b) $-x + 2y$
c) $8x + 12 + 2x - 4y = 10x - 4y + 12$
d) $2 \cdot 3 \cdot a \cdot b \cdot b \cdot c = 6ab^2c$

11 a) $9x + 7 = 70 \quad | -7$
$9x = 63 \quad | :9$
$\mathbf{x = 7}$
b) $12x - 15 = 21 \quad | +15$
$12x = 36 \quad | :12$
$\mathbf{x = 3}$
c) $14x - 12 = 8x + 36 \quad | -8x$
$6x - 12 = 36 \quad | +12$
$6x = 48 \quad | :6$
$\mathbf{x = 8}$
d) $0,5x + 10 = 3x + 15 \quad | -3x$
$-2,5x + 10 = 15 \quad | -10$
$-2,5x = 5 \quad | :(-2,5)$
$\mathbf{x = -2}$

12 a) $3x + 4 = 5x \quad | -5x$
$-2x + 4 = 0 \quad | -4$
$-2x = -4 \quad | :(-2)$
$\mathbf{x = 2}$
b) $6 + 4x = 60 - 2x \quad | +2x$
$6 + 6x = 60 \quad | -6$
$6x = 54 \quad | :6$
$\mathbf{x = 9}$

13 *gegeben*: Höhe $c = 0,8\,m$; Länge $a = 3 \cdot b$ (Breite); $V = 2,4\,m^3$
gesucht: Länge a; Breite b
$V = a \cdot b \cdot c$
$2,4 = 3b \cdot b \cdot 0,8 \quad | :0,8$
$3 = 3b^2 \quad | :3$
$1 = b^2 \quad | \sqrt{\ }$
$1 = b$
Länge $a = 3 \cdot b = 3 \cdot 1 = 3$
Das Hochbeet ist 1 m breit und 3 m lang.

► Seite 18 Zwischentest

1 a) 36 b) 64 c) 81 d) 1,96

2 a) $4^3 = 64$ b) $(-3)^3 = -27$
c) $\frac{2}{3} \cdot \frac{2}{3} \cdot \frac{2}{3} = \frac{8}{27}$ d) $(-2) \cdot (-2) \cdot (-2) \cdot (-2) \cdot (-2) = -32$

3 a) **5**; denn $5 \cdot 5 = 25$ b) **9**; denn $9 \cdot 9 = 81$
c) **10**; denn $10 \cdot 10 = 100$ d) **13**; denn $13 \cdot 13 = 169$

4 a) **4**; denn $4 \cdot 4 \cdot 4 = 64$
b) **3**; denn $3 \cdot 3 \cdot 3 \cdot 3 = 81$
c) **10**; denn $10 \cdot 10 \cdot 10 \cdot 10 \cdot 10 = 100\,000$
d) **20**; denn $20 \cdot 20 \cdot 20 \cdot 20 = 160\,000$

5 a) 10 000 000 b) 1 000 000 000
c) 0,000001 d) 0,000 000 000 1

6 a) $3,49 \cdot 10^9$ b) $2,5 \cdot 10^7$
c) $3,4 \cdot 10^{-5}$ d) $6,1 \cdot 10^{-6}$

7 a) 12 000 b) 0,000 021 c) 4000

► Seite 19 Zwischentest

1 a) 169 b) 625 c) 0,16 d) 1,44

2 a) $0{,}2^4 = 0{,}0016$ b) $(5a)^4 = 625a^4$
c) $(-0{,}4)\cdot(-0{,}4) = 0{,}16$ d) $\frac{4}{5}\cdot\frac{4}{5}\cdot\frac{4}{5} = \frac{64}{125}$

3 a) **12**; denn $12 \cdot 12 = 144$
b) **0,6**; denn $0{,}6 \cdot 0{,}6 = 0{,}36$
c) **1,5**; denn $1{,}5 \cdot 1{,}5 = 2{,}25$
d) **−8**; denn $-(8 \cdot 8) = -(64)$

4 a) **5**; denn $5 \cdot 5 \cdot 5 = 125$
b) **0,2**; denn $0{,}2 \cdot 0{,}2 \cdot 0{,}2 = 0{,}008$
c) $\mathbf{\frac{1}{10}}$; denn $\frac{1}{10}\cdot\frac{1}{10}\cdot\frac{1}{10}\cdot\frac{1}{10}\cdot\frac{1}{10}\cdot\frac{1}{10}\cdot\frac{1}{10} = \frac{1}{10\,000\,000}$
d) $\mathbf{\frac{1}{2}}$; denn $\frac{1}{2}\cdot\frac{1}{2}\cdot\frac{1}{2}\cdot\frac{1}{2}\cdot\frac{1}{2}\cdot\frac{1}{2} = \frac{1}{64}$

5 a) 100 000 000 b) 100 000 000 000
c) 0,000 000 1 d) 0,000 000 000 001

6 a) $3{,}49 \cdot 10^9$ b) $4{,}2 \cdot 10^6$
c) $2{,}24 \cdot 10^{-6}$ d) $6 \cdot 10^{-6}$

7 a) 1450 b) 0,000 003 45 c) 160

► Seite 19 Zwischentest

1 a) $21^2 = 21 \cdot 21 = 441$
b) $\left(-\frac{1}{15}\right)^2 = \left(-\frac{1}{15}\right)\cdot\left(-\frac{1}{15}\right) = \frac{1}{225}$
c) $\left(-\frac{3}{4}\right)^2 = \left(-\frac{3}{4}\right)\cdot\left(-\frac{3}{4}\right) = \frac{9}{16}$
d) $0{,}12^2 = 0{,}12 \cdot 0{,}12 = 0{,}0144$

2 a) $-0{,}2^5 = -0{,}000\,32$ b) $\left(-\frac{2}{3}\right)^3 = -\frac{8}{27}$
c) $(-0{,}2)\cdot(-0{,}2)\cdot(-0{,}2)\cdot(-0{,}2)\cdot(-0{,}2)\cdot(-0{,}2)$
$= 0{,}000\,064$
d) $\left(-\frac{4}{9}\right)\cdot\left(-\frac{4}{9}\right)\cdot\left(-\frac{4}{9}\right) = -\frac{64}{729}$

3 a) $\frac{4}{\sqrt{144}} = \frac{4}{\sqrt{12 \cdot 12}} = \frac{4}{12} = \frac{1}{3}$
b) $\sqrt{0{,}02^2} = \sqrt{0{,}02 \cdot 0{,}02} = 0{,}02$
c) $\sqrt{3{,}61} = \sqrt{1{,}9 \cdot 1{,}9} = 1{,}9$
d) $\sqrt{0{,}0144} = \sqrt{0{,}12 \cdot 0{,}12} = 0{,}12$

4 a) **11**; denn $11 \cdot 11 \cdot 11 = 1331$
b) **0,4**; denn $0{,}4 \cdot 0{,}4 \cdot 0{,}4 = 0{,}064$
c) $\mathbf{\frac{1}{10}}$; denn $\frac{1}{10}\cdot\frac{1}{10}\cdot\frac{1}{10}\cdot\frac{1}{10}\cdot\frac{1}{10}\cdot\frac{1}{10}\cdot\frac{1}{10} = \frac{1}{10\,000\,000}$
d) $\mathbf{\frac{2}{3}}$; denn $\frac{2}{3}\cdot\frac{2}{3}\cdot\frac{2}{3}\cdot\frac{2}{3}\cdot\frac{2}{3} = \frac{32}{243}$

5 a) 10 000 000 b) 1 000 000 000 000
c) 1 d) 0,000 000 01

6 a) $7{,}0809 \cdot 10^{10}$ b) $4{,}2 \cdot 10^8$
c) $2{,}24 \cdot 10^{-7}$ d) $6{,}1 \cdot 10^{-7}$

7 a) 430 000 b) 0,000 003 45 c) 10 020

► Seite 27 Abschlusstest

1 a) $-3 \cdot 3 \cdot 3 \cdot 3 = -81$ b) $\frac{1}{2}\cdot\frac{1}{2}\cdot\frac{1}{2} = \frac{1}{8}$
c) $(-5)\cdot(-5) = 25$ d) $(-2)\cdot(-2)\cdot(-2) = -8$
e) $4^3 = 4 \cdot 4 \cdot 4 = 64$

2 a) +25 b) −64 c) −9 d) +9

3 a) 3; denn $3 \cdot 3 \cdot 3 = 27$
b) 2; denn $2 \cdot 2 \cdot 2 \cdot 2 = 16$
c) 0,1; denn $0{,}1 \cdot 0{,}1 \cdot 0{,}1 \cdot 0{,}1 = 0{,}0001$
d) 2; denn $2 \cdot 2 \cdot 2 \cdot 2 \cdot 2 = 32$

4 a) $2{,}3 \cdot 10^2$ b) $3{,}4 \cdot 10^{-2}$
c) $1{,}29 \cdot 10^3$ d) $7{,}82 \cdot 10^{-3}$

5 $2{,}3 \cdot 10^3 < 2400 < 3000 < 31 \cdot 10^2 < \left(\frac{1}{10}\right)^{-4}$, denn
$2300 < 2400 < 3000 < 3100 < 10\,000$

6 a) *gegeben*: $V = 216\,cm^3$
gesucht: Kantenlänge a
$V = a^3$
$216\,cm^3 = a^3 \quad |\sqrt[3]{\ }$
$\mathbf{6\,cm = a}$
b) $V_{neu} = \left(\frac{1}{2}\cdot a\right)^3 = \left(\frac{1}{2}\right)^3 \cdot a^3 = \frac{1}{8}\cdot a^3$
Das Volumen ändert sich um den Faktor $\frac{1}{8} = \left(\frac{1}{2}\right)^3$.

► Seite 27 Abschlusstest

1 a) $-4 \cdot 4 \cdot 4 = -64$ b) $\left(-\frac{1}{2}\right)\cdot\left(-\frac{1}{2}\right)\cdot\left(-\frac{1}{2}\right) = -\frac{1}{8}$
c) $(-3)\cdot(-3)\cdot(-3)\cdot(-3) = 81$
d) $(-2)\cdot(-2)\cdot(-2)\cdot(-2)\cdot(-2) = -32$
e) $(-1)^7 = (-1)\cdot(-1)\cdot(-1)\cdot(-1)\cdot(-1)\cdot(-1)\cdot(-1) = -1$

2 a) −64 b) −343 c) −16 d) +36

3 a) 0,1; denn $0{,}1 \cdot 0{,}1 \cdot 0{,}1 = 0{,}001$
b) 4; denn $4 \cdot 4 \cdot 4 = 64$
c) 3; denn $3 \cdot 3 \cdot 3 \cdot 3 = 81$
d) 20; denn $20 \cdot 20 \cdot 20 \cdot 20 = 160\,000$

4 a) $3{,}51 \cdot 10^5$ b) $1{,}78 \cdot 10^{-3}$
c) $2{,}387 \cdot 10^6$ d) $1{,}673 \cdot 10^{-6}$

5 $9{,}8 \cdot 10^2 < 990 < \left(\frac{1}{10}\right)^{-3} < 1002 < 2^{10}$, denn
$980 < 990 < 1000 < 1002 < 1024$

6 *gegeben*: $V = 0{,}343\,dm^3 = 343\,cm^3$
gesucht: Kantenlänge a
$V = a^3$
$343\,cm^3 = a^3 \quad |\sqrt[3]{\ }$
$\mathbf{7\,cm} = a$
$a_{neu} = \frac{1}{2}\cdot a$; $V_{neu} = \left(\frac{1}{2}\cdot a\right)^3 = \left(\frac{1}{2}\right)^3 \cdot a^3 = \frac{1}{8}\cdot a^3$
Das Volumen ändert sich um den Faktor $\frac{1}{8} = \left(\frac{1}{2}\right)^3 = 2^{-3}$.

► **Seite 27 Abschlusstest** ☒

1 a) $-5 \cdot 5 \cdot 5 \cdot 5 = -625$
b) $\frac{2}{3} \cdot \frac{2}{3} \cdot \frac{2}{3} = \frac{8}{27}$
c) $(-4) \cdot (-4) \cdot (-4) \cdot (-4) = 256$
d) $-(-3) \cdot (-3) \cdot (-3) \cdot (-3) = -81$
e) $(0{,}5)^{-2} = \left(\frac{1}{2}\right)^{-2} = \frac{1}{\left(\frac{1}{2}\right)^2} = 2^2 = 4$

2 a) negativ b) negativ c) positiv d) negativ

3 a) 30; denn $30 \cdot 30 \cdot 30 = 27\,000$
b) 0,3; denn $0{,}3 \cdot 0{,}3 \cdot 0{,}3 \cdot 0{,}3 = 0{,}0081$
c) 5; denn $5 \cdot 5 \cdot 5 \cdot 5 = 625$
d) 20; denn $20 \cdot 20 \cdot 20 \cdot 20 \cdot 20 = 3\,200\,000$

4 a) $8{,}3 \cdot 10^5$ b) $7{,}39 \cdot 10^{-4}$
c) $4{,}51002 \cdot 10^5$ d) $5{,}61 \cdot 10^{-10}$

5 $350 \cdot 10^{-3} < 3{,}7 \cdot 10^{-1} < \frac{3}{8} < \frac{38}{10^2} < 0{,}4$, denn
$0{,}35 < 0{,}37 < 0{,}375 < 0{,}38 < 0{,}4$

6 *gegeben*: ein Würfel mit der Kantenlänge a
gesucht: Faktor für die Volumenänderung
$V_{alt} = a^3$
$a_{neu} = \frac{1}{2} \cdot a$
$V_{neu} = \left(\frac{1}{2} \cdot a\right)^3 = \left(\frac{1}{2}\right)^3 \cdot a^3 = \frac{1}{8} \cdot a^3$
Das Volumen ändert sich um den Faktor $\frac{1}{8} = \left(\frac{1}{2}\right)^3 = 2^{-3}$.

2 Lineare Gleichungssysteme

► Seite 30/31 Wiederholung

1 a) $2 \cdot \mathbf{4} + 3 \cdot \mathbf{7} = 29$
b) $5 - 3 \cdot \mathbf{5} \cdot \mathbf{0{,}1} + 5 = 8{,}5$
c) $-(\mathbf{1} - \mathbf{0{,}1}) - (\mathbf{1} + (-\mathbf{0{,}1})) = -1{,}8$

2 a) $7{,}5x + 350$ b) $7{,}5 \cdot \mathbf{28} + 350 = 560$

3 a) $2a$ b) $-9x - 11y$
c) $7a - 3b$ d) $-3x - 12y$

4 a) $4x - 3x + 6y = x + 6y$
b) $-6a - 2b - 5b = -6a - 7b$
c) $-3x - 2z + 8x = 5x - 2z$
d) $10x - 18y - 3x + 12 = 7x - 18y + 12$

5 a)
$5x - 20 = 35 \quad | +20$
$5x = 55 \quad | :5$
$x = 11$; $L = \{11\}$

b)
$7x - 19 = 30 \quad | +19$
$7x = 49 \quad | :7$
$x = 7$; $L = \{7\}$

c)
$4x + 8 = 2x - 10 \quad | -8$
$4x = 2x - 18 \quad | -2x$
$2x = -18 \quad | :2$
$x = -9$; $L = \{-9\}$

d)
$8 - 5x = 2 \cdot (x - 3)$
$8 - 5x = 2x - 6 \quad | +5x$
$8 = 7x - 6 \quad | +6$
$14 = 7x \quad | :7$
$2 = x$; $L = \{2\}$

6 a) x: Alter von Ernie
y: Alter von Bert ($y = x + 3$)
$x + y = 55$
$x + (x + 3) = 55 \quad | -3$
$\mathbf{2x = 52} \quad \mathbf{| :2}$
$\mathbf{x = 26}$
$\mathbf{y = 26 + 3 = 29}$
Probe: $26 + 29 = 55$ ✓
Ernie ist 26 Jahre alt und Bert ist 29 Jahre alt.

b) a: kurze Seite im Rechteck ($a = b - 4$)
b: lange Seite im Rechteck
$2 \cdot a + 2 \cdot b = 20$
$2 \cdot (b - 4) + 2b = 20$
$2b - 8 + 2b = 20$
$4b - 8 = 20 \quad | +8$
$4b = 28 \quad | :4$
$b = 7$
$a = 7 - 4 = 3$
Probe: $2 \cdot 3 + 2 \cdot 7 = 6 + 14$
$6 + 14 = 20$ ✓
Die lange Seite b ist 7 cm lang,
die kurze Seite a ist 3 cm lang.

7 A = (2 | 1), B = (4 | −2), C = (−3 | −1), D = (−2 | 3)

8

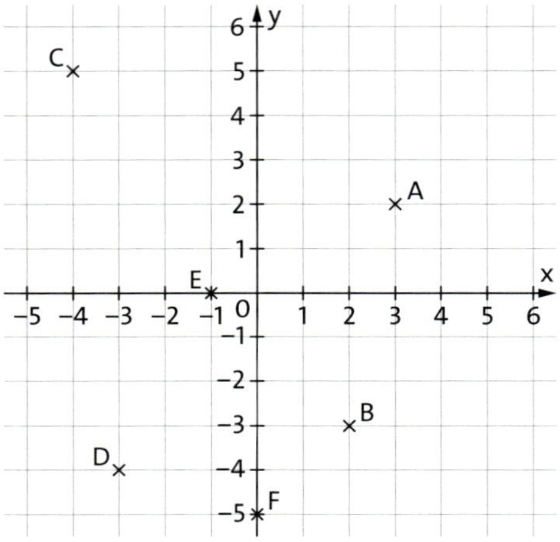

9

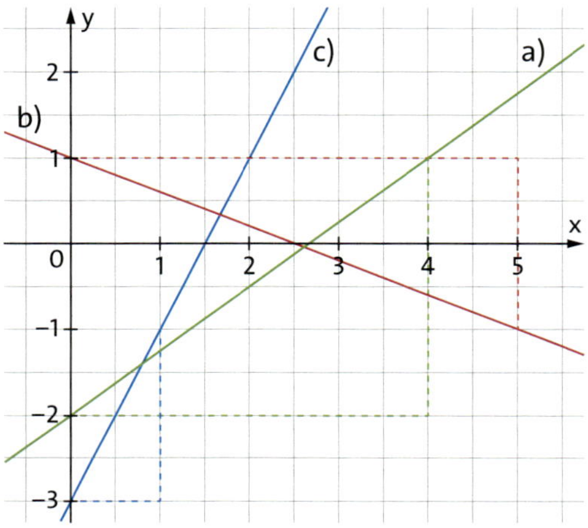

10

	x	−2	−1	0	1
a)	y	−5	−2	1	4
b)	y	4	3,5	3	2,5
c)	y	−6	−4	−2	0

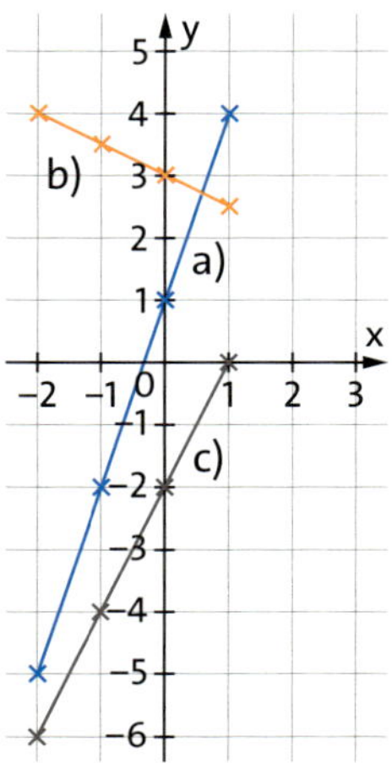

11 a) $y = 0{,}5x - 1$
b) $y = x + 1$

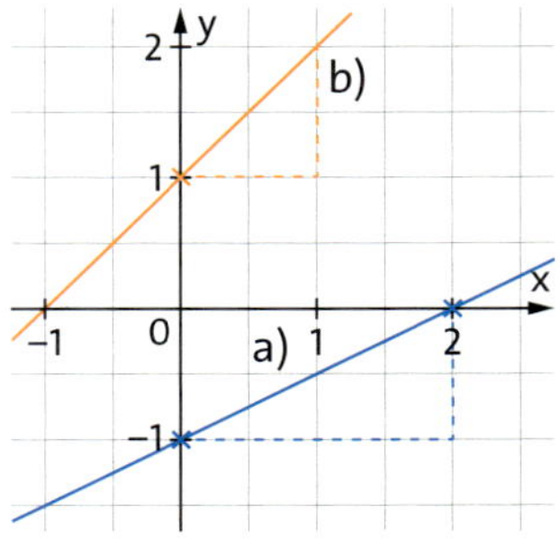

c) $y = -2x + 3$
d) $y = -0{,}5x + 1$

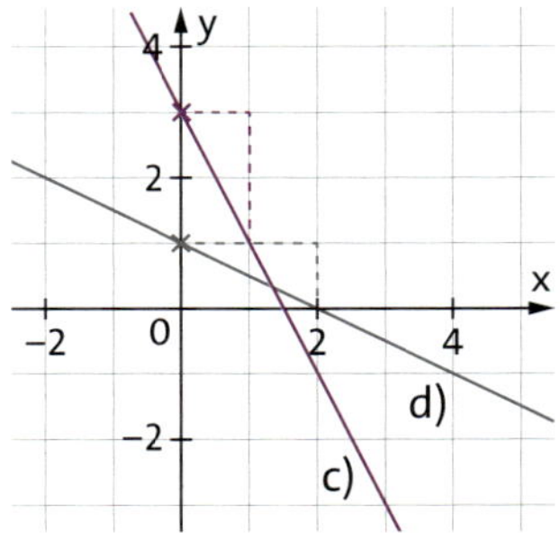

12 a) $3 \cdot \mathbf{2} - 2 = 4 = \mathbf{4}$ A liegt auf g.
$3 \cdot \mathbf{3} - 2 = 7 = \mathbf{7}$ B liegt auf g.
$3 \cdot (\mathbf{-1}) - 2 = -5 \neq \mathbf{-4}$ C liegt nicht auf g.

b) $-2 \cdot \mathbf{1} + 5 = 3 \neq \mathbf{7}$ A liegt nicht auf h.
$-2 \cdot (\mathbf{-1}) + 5 = 7 = \mathbf{7}$ B liegt auf h.
$-2 \cdot \mathbf{3} + 5 = -1 = \mathbf{-1}$ C liegt auf h.

► Seite 56 Zwischentest

1 a) $2x + y = 4$
Die Gleichung ist eine lineare Gleichung in der Form $a \cdot x + b \cdot y = c$ mit a = 2, b = 1 und c = 4 und mit den zwei Variablen x und y

b) $x^2 - 3y = 9$
Diese Gleichung kann nicht in die Form $a \cdot x + b \cdot y = c$ gebracht werden, da ein x^2 in der Gleichung steht. Somit ist die Gleichung nicht linear.

2 a) I $\mathbf{1} + \mathbf{3} = 4 = 4$
II $2 \cdot \mathbf{1} - \mathbf{3} = -1 = -1$
(1 | 3) ist eine Lösung.

I $\mathbf{3} + \mathbf{1} = 4 = 4$
II $2 \cdot \mathbf{3} - \mathbf{1} = 5 \neq -1$
(3 | 1) ist keine Lösung.

b) I $\mathbf{-1} = 2 \cdot \mathbf{1} - 3 = -1$
II $\mathbf{1} - (\mathbf{-1}) = 2 = 2$
(1 | −1) ist eine Lösung.

I $\mathbf{1} \neq 2 \cdot \mathbf{1} - 3 = -1$
(1 | 1) ist keine Lösung.

3 a) $L = \{(1 \mid 2)\}$
b) $L = \{(3 \mid 3)\}$

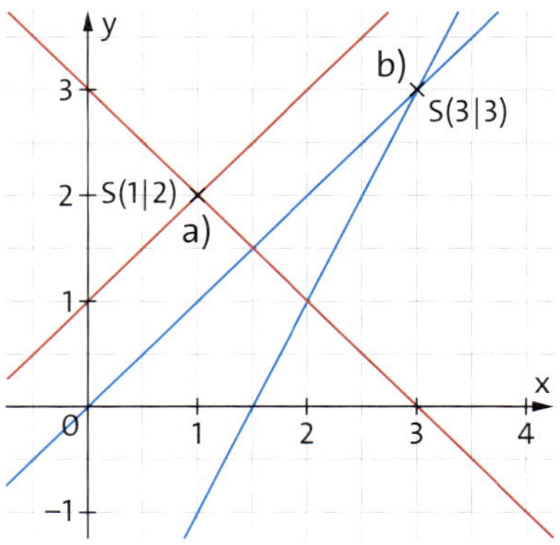

4 a) $L = \{\,\}$
Das lineare Gleichungssystem hat keine Lösung, weil die Geraden parallel verlaufen.

b) $L = \{(0 \mid -2{,}5)\}$
Das lineare Gleichungssystem hat eine Lösung, da die Geraden einen Schnittpunkt haben.

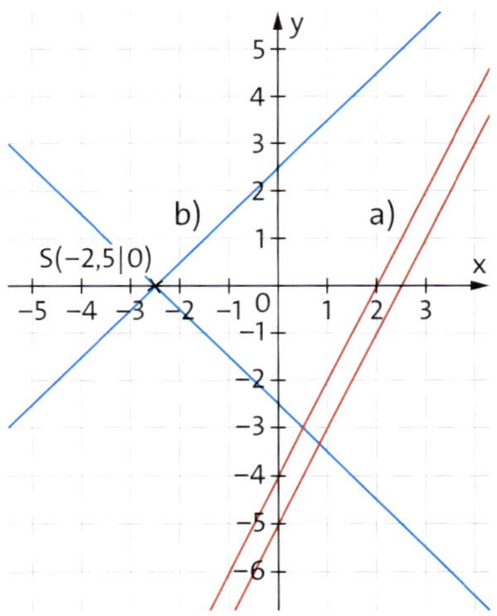

5 a) I = II: $5x - 2 = 3x \quad | -5x$
$-2 = -2x \quad | :(-2)$
$1 = x$

Einsetzen in I:
$y = 5 \cdot \mathbf{1} - 2$
$y = 3$

Probe:
I $\mathbf{3} = 5 \cdot \mathbf{1} - 2$ ✓
II $\mathbf{3} = 3 \cdot \mathbf{1}$ ✓
$L = \{(1 \mid 3)\}$

b) I = II: $-7y + 1 = 3y + 11 \quad | -1$
$-7y = 3y + 10 \quad | -3y$
$-10y = 10 \quad | :(-10)$
$y = -1$

Einsetzen in I:
$4x = -7 \cdot (\mathbf{-1}) + 1$
$4x = 8 \quad | :4$
$x = 2$

Probe:
I $4 \cdot \mathbf{2} = -7 \cdot (\mathbf{-1}) + 1$ ✓
II $4 \cdot \mathbf{2} = 3 \cdot (\mathbf{-1}) + 11$ ✓
$L = \{(2 \mid -1)\}$

6 a) I in II: $3x + (\mathbf{2x + 5}) = 0$
$5x + 5 = 0 \quad | -5$
$5x = -5 \quad | :5$
$x = -1$
Einsetzen in I: $y = 2 \cdot (\mathbf{-1}) + 5$
$y = 3$
Probe: I $\mathbf{3} = 2 \cdot (\mathbf{-1}) + 5$
$3 = -2 + 5$ ✓
II $3 \cdot (\mathbf{-1}) + \mathbf{3} = 0$
$-3 + 3 = 0$ ✓
$L = \{(-1 \mid 3)\}$

b) I in II: $(\mathbf{-3y + 7}) + 6y = 22$
$3y + 7 = 22 \quad | -7$
$3y = 15 \quad | :3$
$y = 5$
Einsetzen in I: $2x = -3 \cdot \mathbf{5} + 7$
$2x = -8 \quad | :2$
$x = -4$
Probe: I $2 \cdot (\mathbf{-4}) = -3 \cdot \mathbf{5} + 7$
$-8 = -15 + 7$ ✓
II $2 \cdot (\mathbf{-4}) + 6 \cdot \mathbf{5} = 22$
$-8 + 30 = 22$ ✓
$L = \{(-4 \mid 5)\}$

7 a) Additionsverfahren
I $2x - 6y = 4$
II $x + 2y = -8 \quad | \cdot 3$

I $2x - 6y = 4$
II′ $3x + 6y = -24$

I + II′: $5x = -20 \quad | :5$
$x = -4$
Einsetzen in I: $2 \cdot (\mathbf{-4}) - 6y = 4$
$-8 - 6y = 4 \quad | +8$
$-6y = 12 \quad | :(-6)$
$y = -2$
Probe: I $2 \cdot (\mathbf{-4}) - 6 \cdot (\mathbf{-2}) = 4$
$-8 + 12 = 4$ ✓
II $\mathbf{-4} + 2 \cdot (\mathbf{-2}) = -8$
$-4 - 4 = -8$ ✓
$L = \{(-4 \mid -2)\}$

b) Subtraktionsverfahren
I $3x + 2y = 9 \quad | \cdot 2$
II $-4x + 4y = 18$

I′ $6x + 4y = 18$
II $-4x + 4y = 18$

I′ − II: $10x = 0 \quad | :10$
$x = 0$
Einsetzen in II: $-4 \cdot \mathbf{0} + 4y = 18$
$4y = 18 \quad | :4$
$y = 4{,}5$
Probe: I $3 \cdot \mathbf{0} + 2 \cdot \mathbf{4{,}5} = 9$
$0 + 9 = 9$ ✓
II $-4 \cdot \mathbf{0} + 4 \cdot \mathbf{4{,}5} = 18$
$0 + 18 = 18$ ✓
$L = \{(0 \mid 4{,}5)\}$

8

1. Die Variablen festlegen:	x: Zimmer mit 4 Betten y: Zimmer mit 2 Betten
2. Die Terme aufstellen:	$4x + 2y$ für die Betten $x + y$ für die Zimmer
3. Die Gleichungen aufstellen:	I $4x + 2y = 120$ II $x + y = 40$
4. Das Gleichungssystem lösen:	I $4x + 2y = 120$ II $x + y = 40$ $\mid -y$ II' $x = 40 - y$ Einsetzungsverfahren: II' in I $4 \cdot (\mathbf{40 - y}) + 2y = 120$ $160 - 4y + 2y = 120$ $160 - 2y = 120$ $\mid -160$ $-2y = -40$ $\mid :(-2)$ $y = 20$ Einsetzen in II': $x = 40 - \mathbf{20}$ $x = 20$
5. Die Lösung überprüfen:	I $4 \cdot \mathbf{20} + 2 \cdot \mathbf{20} = 120$ ✓ II $\mathbf{20} + \mathbf{20} = 40$ ✓ $L = \{(20 \mid 20)\}$
6. Die Antwort formulieren:	Im Jugendhotel gibt es 20 4–Bettzimmer und 20 2–Bettzimmer.

► Seite 57 Zwischentest ☒

1 a) Die Gleichung ist eine lineare Gleichung mit den zwei Variablen x und y und $a = 6$, $b = 3$ und $c = 12$.
b) Die Gleichung ist eine lineare Gleichung mit den zwei Variablen x und y und $a = 0{,}5$, $b = -1$ und $c = 10$.

2 a) I $\mathbf{2} - \mathbf{2{,}5} = -0{,}5 = -0{,}5$
II $2 \cdot \mathbf{2} + \mathbf{2{,}5} = 4{,}5 \neq 5$
$(2 \mid 2{,}5)$ ist keine Lösung.

I $\mathbf{1{,}5} - \mathbf{2} = -0{,}5 = -0{,}5$
II $2 \cdot \mathbf{1{,}5} + \mathbf{2} = 5 = 5$
$(1{,}5 \mid 2)$ ist eine Lösung.

b) I $-3 \cdot \mathbf{1} + 2 \cdot \mathbf{0{,}7} = -1{,}6 \neq 1{,}7$
$(1 \mid 0{,}7)$ ist keine Lösung.

I $-3 \cdot \mathbf{0{,}1} + 2 \cdot \mathbf{1} = 1{,}7 = 1{,}7$
II $\mathbf{0{,}1} - 3 \cdot \mathbf{1} = -2{,}9 = -2{,}9$
$(0{,}1 \mid 1)$ ist eine Lösung.

3 a) $L = \{(2 \mid 2)\}$

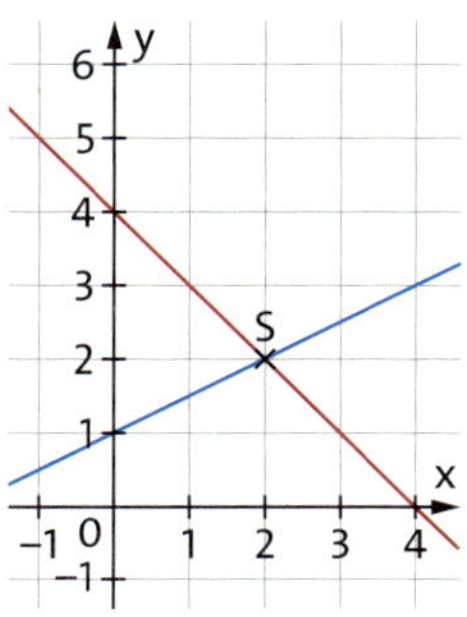

b) $L = \left\{\left(\frac{4}{3} \mid \frac{2}{3}\right)\right\}$

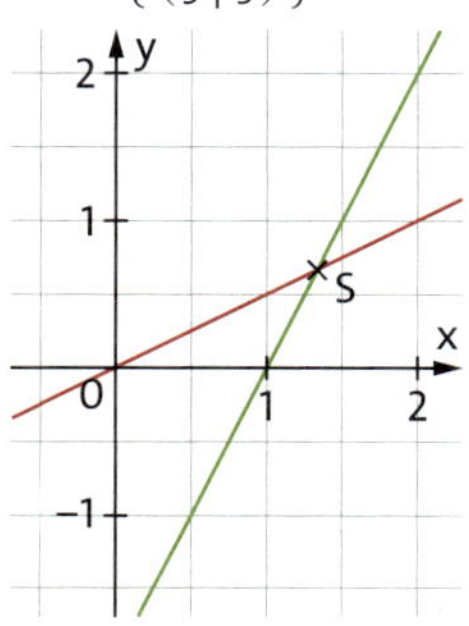

4 a) $L = \{(x \mid y) \mid y = 0{,}5x - 1\}$
Das lineare Gleichungssystem hat unendlich viele Lösungen, da die Geraden aufeinander liegen.

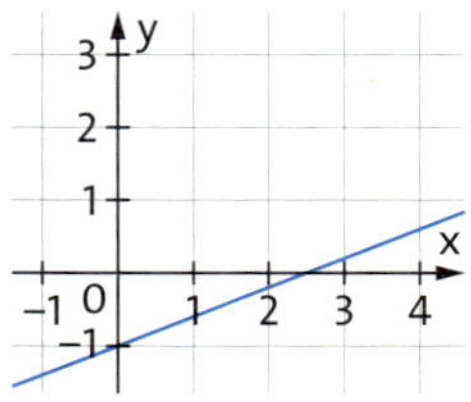

b) $L = \{(0 \mid 0)\}$
Das lineare Gleichungssystem hat genau eine Lösung, weil die Gleichungen einen Schnittpunkt haben.

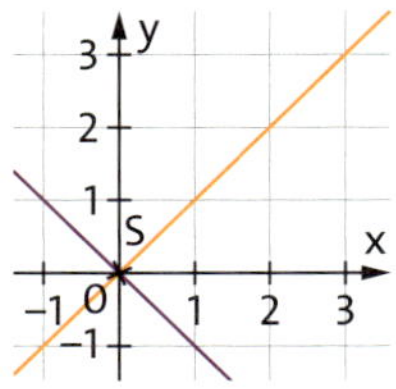

5 a) I = II: $-2x - 1 = 0{,}5x + 2{,}5$ $\mid +1$
$-2x = 0{,}5x + 3{,}5$ $\mid -0{,}5x$
$-2{,}5x = 3{,}5$ $\mid :(-2{,}5)$
$x = -1{,}4$
Einsetzen in I: $-2 \cdot (\mathbf{-1{,}4}) - 1 = y$
$1{,}8 = y$
Probe: I $-2 \cdot (\mathbf{-1{,}4}) - 1 = \mathbf{1{,}8}$
$2{,}8 - 1 = 1{,}8$ ✓
II $0{,}5 \cdot (\mathbf{-1{,}4}) + 2{,}5 = \mathbf{1{,}8}$
$-0{,}7 + 2{,}5 = 1{,}8$ ✓
$L = \{(-1{,}4 \mid 1{,}8)\}$

b) I = II: $-4{,}75 - 2y = 0{,}25 + \frac{1}{2}y$ $\mid +4{,}75$
$-2y = 5 + \frac{1}{2}y$ $\mid -\frac{1}{2}y$
$-2{,}5y = 5$ $\mid :(-2{,}5)$
$y = -2$
Einsetzen in I: $0{,}75x = -4{,}75 - 2 \cdot (\mathbf{-2})$
$0{,}75x = -0{,}75$ $\mid :0{,}75$
$x = -1$
Probe: I $0{,}75 \cdot (\mathbf{-1}) = -4{,}75 - 2 \cdot (\mathbf{-2})$
$-0{,}75 = -4{,}75 + 4$ ✓
II $0{,}75 \cdot (\mathbf{-1}) = 0{,}25 + \frac{1}{2} \cdot (\mathbf{-2})$
$-0{,}75 = 0{,}25 - 1$ ✓
$L = \{(-1 \mid -2)\}$

6 a) I in II: $3 \cdot (\mathbf{0{,}5y - 1}) + y = -3$
$1{,}5y - 3 + y = -3$
$2{,}5y - 3 = -3$ $\mid +3$
$2{,}5y = 0$ $\mid :2{,}5$
$y = 0$
Einsetzen in I: $x = 0{,}5 \cdot \mathbf{0} - 1$
$x = -1$
Probe: I $\mathbf{-1} = 0{,}5 \cdot \mathbf{0} - 1$ ✓
II $3 \cdot (\mathbf{-1}) + \mathbf{0} = -3$ ✓
$L = \{(-1 \mid 0)\}$

b) I in II: $-4x + (\mathbf{6x + 8}) = 6$
$2x + 8 = 6$ $\mid -8$
$2x = -2$ $\mid :2$
$x = -1$
Einsetzen in I: $0{,}5y = 6 \cdot (\mathbf{-1}) + 8$
$0{,}5y = 2$ $\mid \cdot 2$
$y = 4$
Probe: I $0{,}5 \cdot \mathbf{4} = 6 \cdot (\mathbf{-1}) + 8$ ✓
II $-4 \cdot (\mathbf{-1}) + 0{,}5 \cdot \mathbf{4} = 6$ ✓
$L = \{(-1 \mid 4)\}$

7 a) Subtraktionsverfahren

I $\quad 0{,}5x + 2y = 4 \quad |\cdot 2$

II $\quad x - 3y = 1$

I' $\quad x + 4y = 8$

II $\quad x - 3y = 1$

I' − II: $\quad 7y = 7$

$y = 1$

Einsetzen in II: $x - 3 \cdot \mathbf{1} = 1$

$x - 3 = 1 \quad |+3$

$x = 4$

Probe: I $\; 0{,}5 \cdot \mathbf{4} + 2 \cdot \mathbf{1} = 4 = 4$ ✓

II $\; \mathbf{4} - 3 \cdot \mathbf{1} = 1 = 1$ ✓

$L = \{(4|1)\}$

b) Additionsverfahren

I $\quad 2{,}5x - y = 3 \quad |\cdot 2$

II $\quad 5x + 2y = 6$

I' $\quad 5x - 2y = 6$

II $\quad 5x + 2y = 6$

I' + II: $\quad 10x = 12 \quad |:10$

$x = 1{,}2$

Einsetzen in I: $2{,}5 \cdot \mathbf{1{,}2} - y = 3$

$3 - y = 3 \quad |-3$

$y = 0$

Probe: I $\; 2{,}5 \cdot \mathbf{1{,}2} - \mathbf{0} = 3 = 3$ ✓

II $\; 5 \cdot \mathbf{1{,}2} + 2 \cdot \mathbf{0} = 6 = 6$ ✓

$L = \{(1{,}2|0)\}$

8

1. Die Variablen festlegen:	x: Preis für einen Erwachsenen y: Preis für ein Kind
2. Die Terme aufstellen:	Preis für 2 Erwachsene: 2x Preis für 3 Erwachsene: 3x Preis für 3 Kinder: 3y Preis für 4 Kinder: 4y
3. Die Gleichungen aufstellen:	Preis für 2 Erwachsene und 3 Kinder: 2x + 3y = 30,50 € Preis für 3 Erwachsene und 4 Kinder: 3x + 4y = 43 €
4. Das Gleichungssystem lösen:	I $\; 2x + 3y = 30{,}5 \quad |\cdot 3$ II $\; 3x + 4y = 43 \quad |\cdot 2$ I' $\; 6x + 9y = 91{,}5$ II' $\; 6x + 8y = 86$ Subtraktionsverfahren: I' − II' $y = 5{,}5$ Einsetzen in I: $2x + 3 \cdot \mathbf{5{,}5} = 30{,}5$ $2x + 16{,}5 = 30{,}5 \quad |-16{,}5$ $2x = 14 \quad |:2$ $x = 7$
5. Die Lösung überprüfen:	I $\; 2 \cdot \mathbf{7} + 3 \cdot \mathbf{5{,}5} = 30{,}5 = 30{,}5$ ✓ II $\; 3 \cdot \mathbf{7} + 4 \cdot \mathbf{5{,}5} = 43 = 43$ ✓ $L = \{(7|5{,}5)\}$
6. Die Antwort formulieren:	Die Karte für einen Erwachsenen kostet 7 € und die Karte für ein Kind kostet 5,50 €.

► Seite 57 Zwischentest ☒

1 a) Die Gleichung ist keine lineare Gleichung mit zwei Variablen, da sie 3 Variablen hat, nämlich x, y und z.

b) $2x = \frac{5}{2}y \quad |-\frac{5}{2}y$

$2x - \frac{5}{2}y = 0$

Die Gleichung ist eine lineare Gleichung mit zwei Variablen und a = 2; $b = -\frac{5}{2}$ sowie c = 0.

2 a) I $\; \frac{1}{2} \cdot \mathbf{2} + 2 \cdot \mathbf{\frac{3}{2}} = 4 \neq 2{,}5$

$\left(2 \middle| \frac{3}{2}\right)$ ist keine Lösung.

I $\; \frac{1}{2} \cdot \mathbf{4} + 2 \cdot \mathbf{\frac{1}{4}} = 2{,}5$ ✓

II $\; \mathbf{4} - 8 \cdot \mathbf{\frac{1}{4}} = 2$ ✓

$\left(4 \middle| \frac{1}{4}\right)$ ist eine Lösung.

b) I $\; 0{,}75 \cdot \mathbf{8} = 6 = 5{,}5 + \mathbf{0{,}5}$ ✓

II $\; -\mathbf{8} + 6 \cdot \mathbf{0{,}5} = -5$ ✓

$(8|0{,}5)$ ist eine Lösung.

I $\; 0{,}75 \cdot \mathbf{4} = 3 \neq 5{,}5 + (\mathbf{-1{,}5}) = 4$

$(4|-1{,}5)$ ist keine Lösung.

3 a) I $\quad x + y = 3 \quad |-x$

II $\quad x - 2y = 6 \quad |-x$

I' $\quad y = -x + 3$

II' $\quad -2y = -x + 6 \quad |:(-2)$

I' $\quad y = -x + 3$

II'' $\quad y = \frac{1}{2}x - 3$

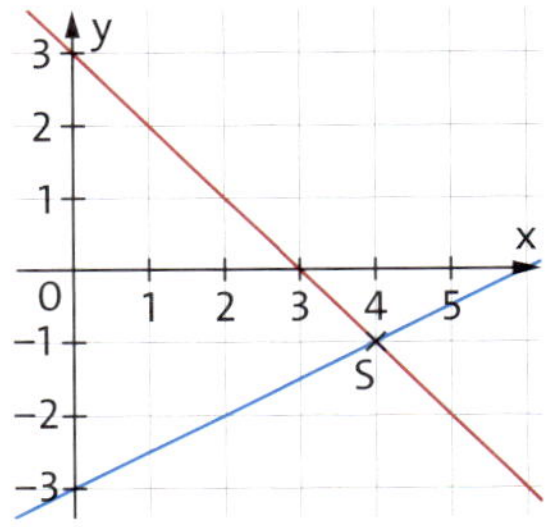

$L = \{(4|-1)\}$

b) I $\quad 2x - y = 2 \quad |-2x$

II $\quad -x + 2y = 2 \quad |+x$

I' $\quad -y = -2x + 2 \quad |:(-1)$

II' $\quad 2y = x + 2 \quad |:2$

I'' $\quad y = 2x - 2$

II'' $\quad y = \frac{1}{2}x + 1$

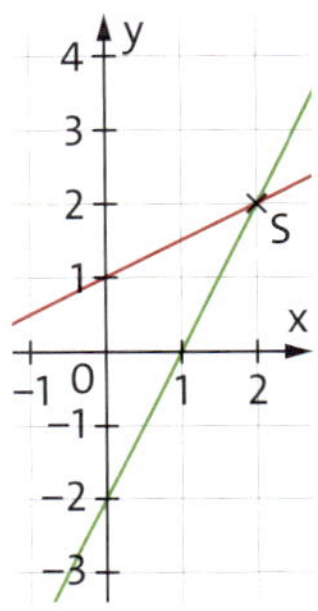

$L = \{(2|2)\}$

4 a) I $-0{,}3x + y = -4 \quad | +0{,}3x$

II $0{,}3x + y = -4 \quad | -0{,}3x$

I′ $y = 0{,}3x - 4$

II′ $y = -0{,}3x - 4$

Das LGS hat eine Lösung. $L = \{(0|-4)\}$

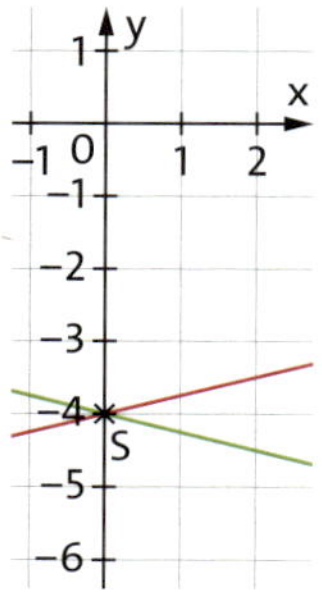

b) I $2x - 4y = -2 \quad | -2x$

II $-3x + 6y = 3 \quad | +3x$

I′ $-4y = -2x - 2 \quad | :(-4)$

II′ $6y = 3x + 3 \quad | :6$

I″ $y = \frac{1}{2}x + \frac{1}{2}$

II″ $y = \frac{1}{2}x + \frac{1}{2}$

Das LGS hat unendlich viele Lösungen.

$L = \left\{(x|y) \mid y = \frac{1}{2}x + \frac{1}{2}\right\}$

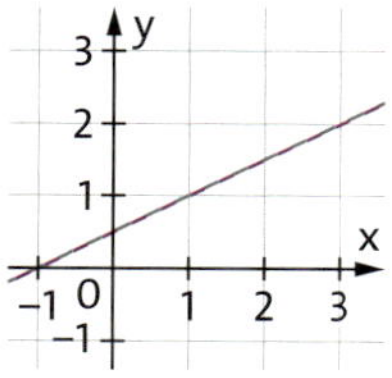

5 a) I = II: $0{,}54 - 1{,}2y = -0{,}3 + 3y \quad | +0{,}3$

$0{,}84 - 1{,}2y = 3y \quad | +1{,}2y$

$0{,}84 = 4{,}2y \quad | :4{,}2$

$0{,}2 = y$

Einsetzen in I: $0{,}3x = 0{,}54 - 1{,}2 \cdot \mathbf{0{,}2}$

$0{,}3x = 0{,}3 \quad | :0{,}3$

$x = 1$

Probe: I $0{,}3 \cdot \mathbf{1} = 0{,}54 - 1{,}2 \cdot \mathbf{0{,}2}$

$0{,}3 = 0{,}54 - 0{,}24$ ✓

II $0{,}3 \cdot \mathbf{1} = -0{,}3 + 3 \cdot \mathbf{0{,}2}$

$0{,}3 = -0{,}3 + 0{,}6$ ✓

$L = \{(1|0{,}2)\}$

b) I = II: $-2{,}5 - \frac{3}{4}x = -9 + \frac{5}{2}x \quad | +9$

$6{,}5 - \frac{3}{4}x = \frac{5}{2}x \quad | +\frac{3}{4}x$

$6{,}5 = \frac{13}{4}x \quad | :\frac{13}{4}$

$2 = x$

Einsetzen in I: $-\frac{2}{5}y = -2{,}5 - \frac{3}{4} \cdot \mathbf{2}$

$-\frac{2}{5}y = -4 \quad | :\left(-\frac{2}{5}\right)$

$y = 10$

Probe: I $-\frac{2}{5} \cdot \mathbf{10} = -2{,}5 - \frac{3}{4} \cdot \mathbf{2}$

$-4 = -2{,}5 - 1{,}5$ ✓

II $-9 + \frac{5}{2} \cdot \mathbf{2} = -\frac{2}{5} \cdot \mathbf{10}$

$-9 + 5 = -4$ ✓

$L = \{(2|10)\}$

6 a) I in II: $(\mathbf{4y + 1{,}6}) + 8y = 2{,}8$

$12y + 1{,}6 = 2{,}8 \quad | -1{,}6$

$12y = 1{,}2 \quad | :12$

$y = 0{,}1$

Einsetzen in I: $0{,}2x = 4 \cdot \mathbf{0{,}1} + 1{,}6$

$0{,}2x = 2 \quad | :0{,}2$

$x = 10$

Probe: I $0{,}2 \cdot \mathbf{10} = 4 \cdot \mathbf{0{,}1} + 1{,}6$

$2 = 0{,}4 + 1{,}6$ ✓

II $0{,}2 \cdot \mathbf{10} + 8 \cdot \mathbf{0{,}1} = 2{,}8$

$2 + 0{,}8 = 2{,}8$ ✓

$L = \{(10|0{,}1)\}$

b) I in II: $-\frac{1}{2}x + (\mathbf{4x - 7{,}5}) = -1{,}2$

$3{,}5x - 7{,}5 = -1{,}2 \quad | +7{,}5$

$3{,}5x = 6{,}3 \quad | :3{,}5$

$x = 1{,}8$

Einsetzen in I: $4 \cdot \mathbf{1{,}8} - 7{,}5 = \frac{3}{4}y$

$-0{,}3 = \frac{3}{4}y \quad | :\frac{3}{4}$

$-0{,}4 = y$

Probe: I $4 \cdot \mathbf{1{,}8} - 7{,}5 = \frac{3}{4} \cdot (\mathbf{-0{,}4})$

$7{,}2 - 7{,}5 = -0{,}3$ ✓

II $-\frac{1}{2} \cdot \mathbf{1{,}8} + \frac{3}{4} \cdot (\mathbf{-0{,}4}) = -1{,}2$

$-0{,}9 - 0{,}3 = -1{,}2$ ✓

$L = \{(1{,}8|-0{,}4)\}$

7 a) I $\frac{3}{4}x - \frac{1}{2}y = 4 \quad | \cdot 4$

II $3x + \frac{3}{4}y = 10{,}5$

I′ $3x - 2y = 16$

II $3x + \frac{3}{4}y = 10{,}5$

Subtraktionsverfahren

I′ − II: $-2{,}75y = 5{,}5 \quad | :(-2{,}75)$

$y = -2$

Einsetzen in II: $3x + \frac{3}{4} \cdot (\mathbf{-2}) = 10{,}5$

$3x - 1{,}5 = 10{,}5 \quad | +1{,}5$

$3x = 12 \quad | :3$

$x = 4$

Probe: I $\frac{3}{4} \cdot \mathbf{4} - \frac{1}{2} \cdot (\mathbf{-2}) = 4$

$3 + 1 = 4$ ✓

II $3 \cdot \mathbf{4} + \frac{3}{4} \cdot (\mathbf{-2}) = 10{,}5$

$12 - 1{,}5 = 10{,}5$ ✓

$L = \{(4|-2)\}$

b) I $\frac{2}{5}x - \frac{2}{3}y = 2 \quad | \cdot \left(-\frac{3}{2}\right)$

II $\frac{5}{4}x - y = 3$

I′ $-\frac{3}{5}x + y = -3$

II $\frac{5}{4}x - y = 3$

Additionsverfahren

I′ + II: $\frac{13}{20}x = 0 \quad | :\frac{13}{20}$

$x = 0$

Einsetzen in II: $\frac{5}{4} \cdot \mathbf{0} - y = 3$

$-y = 3 \quad | :(-1)$

$y = -3$

Probe: I $\frac{2}{5} \cdot \mathbf{0} - \frac{2}{3} \cdot (\mathbf{-3}) = 2$ ✓

II $\frac{5}{4} \cdot \mathbf{0} - (\mathbf{-3}) = 3$ ✓

$L = \{(0|-3)\}$

8

1. Die Variablen festlegen:	x: Preis für ein Rosinenbrötchen y: Preis für ein Quarkbrötchen
2. Die Terme aufstellen:	Preis für 6 Rosinenbrötchen: 6x Preis für 3 Rosinenbrötchen: 3x Preis für 4 Quarkbrötchen: 4y Preis für 5 Quarkbrötchen: 5y
3. Die Gleichungen aufstellen:	I $6x + 4y = 8{,}4$ II $3x + 5y = 6{,}9$
4. Das Gleichungssystem lösen:	I $6x + 4y = 8{,}4$ II $3x + 5y = 6{,}9$ $\vert \cdot 2$ I $6x + 4y = 8{,}4$ II' $6x + 10y = 13{,}8$ Subtraktionsverfahren: II' – I $6y = 5{,}4$ $\vert : 6$ $y = 0{,}9$ Einsetzen in I: $6x + 4 \cdot \mathbf{0{,}9} = 8{,}4$ $6x + 3{,}6 = 8{,}4$ $\vert -3{,}6$ $6x = 4{,}8$ $\vert : 6$ $x = 0{,}8$
5. Die Lösung überprüfen:	I $6 \cdot \mathbf{0{,}8} + 4 \cdot \mathbf{0{,}9} = 8{,}4$ $4{,}8 + 3{,}6 = 8{,}4$ ✓ II $3 \cdot \mathbf{0{,}8} + 5 \cdot \mathbf{0{,}9} = 6{,}9$ $2{,}4 + 4{,}5 = 6{,}9$ ✓ $L = \{(0{,}8 \vert 0{,}9)\}$
6. Die Antwort formulieren:	Ein Rosinenbrötchen kostet 0,80 €. Ein Quarkbrötchen kostet 0,90 €.

▸ Seite 63 Abschlusstest

1 I $2 \cdot \mathbf{2} - 3 \cdot (\mathbf{-4}) = 16 = 16$

II $-(\mathbf{2}) + 8 \cdot (\mathbf{-4}) = -34 \neq -30$

Das Zahlenpaar ist keine Lösung des LGS.

2 $L = \{(2 \vert 3)\}$

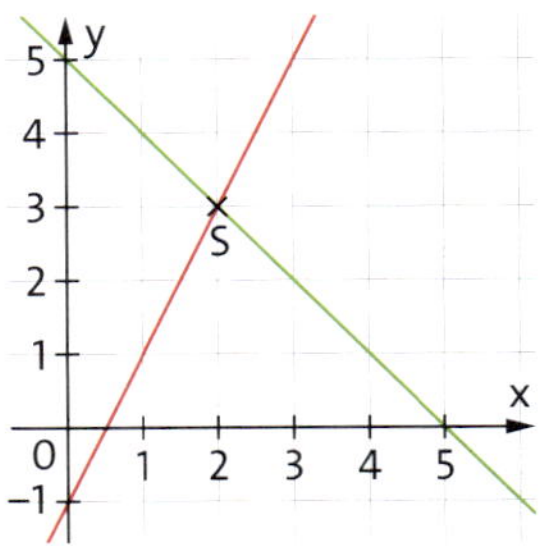

3 Einsetzungsverfahren: II in I

$(\mathbf{4y + 20}) + 3y = -1$

$7y + 20 = -1$ $\vert -20$

$7y = -21$ $\vert : 7$

$y = -3$

Einsetzen in II: $2x = 4 \cdot (\mathbf{-3}) + 20$

$2x = 8$ $\vert : 2$

$x = 4$

Probe: I $2 \cdot \mathbf{4} + 3 \cdot (\mathbf{-3}) = -1$ ✓

II $2 \cdot \mathbf{4} = 4 \cdot (\mathbf{-3}) + 20$ ✓

$L = \{(4 \vert -3)\}$

4 Additionsverfahren: I + II

$4x = 12$ $\vert : 4$

$x = 3$

Einsetzen in I: $\mathbf{3} - y = -1$ $\vert -3$

$-y = -4$ $\vert : (-1)$

$y = 4$

Probe: I $\mathbf{3} - \mathbf{4} = -1$ ✓

II $3 \cdot \mathbf{3} + \mathbf{4} = 13$ ✓

$L = \{(3 \vert 4)\}$

5 I $y = 2x - 5$

II $x = \frac{1}{2}y + 2{,}5$ $\vert \cdot 2$

I $y = 2x - 5$

II' $2x = y + 5$ $\vert -5$

I $y = 2x - 5$

II'' $y = 2x - 5$

Das LGS hat unendlich viele Lösungen, da die Geraden identisch sind.

$L = \{(x \vert y) \vert y = 2x - 5\}$

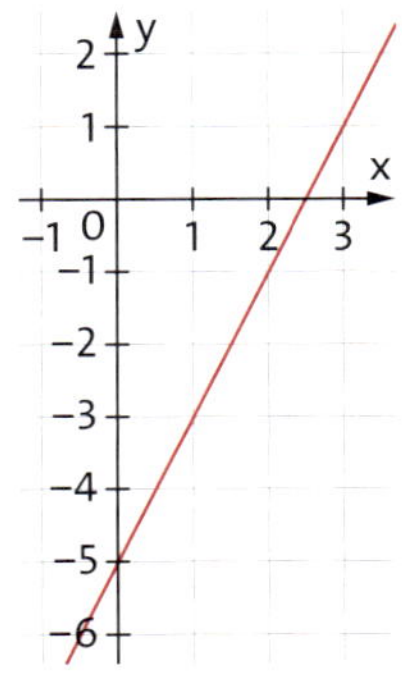

6

1. Die Variablen festlegen:	x: Preis für ein Kuchenstück y: Preis für einen Kaffee
2. Die Terme aufstellen:	Preis für 2 Kuchenstücke: 2x Preis für 3 Kuchenstücke: 3x Preis für 1 Kaffee: y Preis für 2 Kaffee: 2y
3. Die Gleichungen aufstellen:	I $2x + y = 3{,}7$ II $3x + 2y = 6{,}3$
4. Das Gleichungssystem lösen:	I $2x + y = 3{,}7$ $\vert -2x$ II $3x + 2y = 6{,}3$ I' $y = -2x + 3{,}7$ II $3x + 2y = 6{,}3$ Einsetzungsverfahren: I' in II $3x + 2\,(\mathbf{-2x + 3{,}7}) = 6{,}3$ $3x - 4x + 7{,}4 = 6{,}3$ $-x + 7{,}4 = 6{,}3$ $\vert -7{,}4$ $-x = -1{,}1$ $\vert \cdot (-1)$ $x = 1{,}1$ Einsetzen in I' $y = -2 \cdot \mathbf{1{,}1} + 3{,}7$ $y = 1{,}5$
5. Die Lösung überprüfen:	I $2 \cdot \mathbf{1{,}1} + \mathbf{1{,}5} = 3{,}7$ $2{,}2 + 1{,}5 = 3{,}7$ ✓ II $3 \cdot \mathbf{1{,}1} + 2 \cdot \mathbf{1{,}5} = 6{,}3$ $2{,}2 + 1{,}5 = 6{,}3$ ✓ $L = \{(1{,}1 \vert 1{,}5)\}$
6. Die Antwort formulieren:	Ein Kuchenstück kostet 1,10 €. Ein Kaffee kostet 1,50 €.

7

1. Die Variablen festlegen:	x: gefahrene Strecke in km y: Gesamtkosten
2. Die Terme aufstellen:	Kosten pro Strecke ATax: $0{,}8x + 5$ Kosten pro Strecke BTax: $0{,}6x + 8$
3. Die Gleichungen aufstellen:	I $y = 0{,}8x + 5$ II $y = 0{,}6x + 8$
4. Das Gleichungssystem lösen:	Gleichsetzungsverfahren: I = II $0{,}8x + 5 = 0{,}6x + 8 \quad \mid -0{,}6x$ $0{,}2x + 5 = 8 \quad \mid -5$ $0{,}2x = 3 \quad \mid :0{,}2$ $x = 15$ Einsetzen in I: $y = 0{,}8 \cdot \mathbf{15} + 5$ $y = 17$
5. Die Lösung überprüfen:	I $\mathbf{17} = 0{,}8 \cdot \mathbf{15} + 5$ $\mathbf{17} = 12 + 5$ ✓ II $\mathbf{17} = 0{,}6 \cdot \mathbf{15} + 8$ $\mathbf{17} = 9 + 8$ ✓ $L = \{(15 \mid 17)\}$
6. Die Antwort formulieren:	Bei einer Fahrtstrecke von 15 km kosten beide Fahrten gleich viel, nämlich 17 €.

► Seite 63 Abschlusstest

1 I $1{,}5 \cdot \mathbf{2} - 2 \cdot (\mathbf{-4}) = 11 = 11$ ✓
II $\mathbf{2} - (\mathbf{-4}) = 6 \neq 5$ f
$(2 \mid -4)$ ist keine Lösung des LGS.

I $1{,}5 \cdot (\mathbf{-2}) - 2 \cdot (\mathbf{-7}) = 11 = 11$ ✓
II $\mathbf{-2} - (\mathbf{-7}) = 5 = 5$ ✓
$(-2 \mid -7)$ ist eine Lösung des LGS.

2 I $y = x - 2$
II $\frac{1}{2}x + y = 4 \quad \mid -\frac{1}{2}x$

I $y = x - 2$
II' $y = -\frac{1}{2}x + 4$
$L = \{(4 \mid 2)\}$

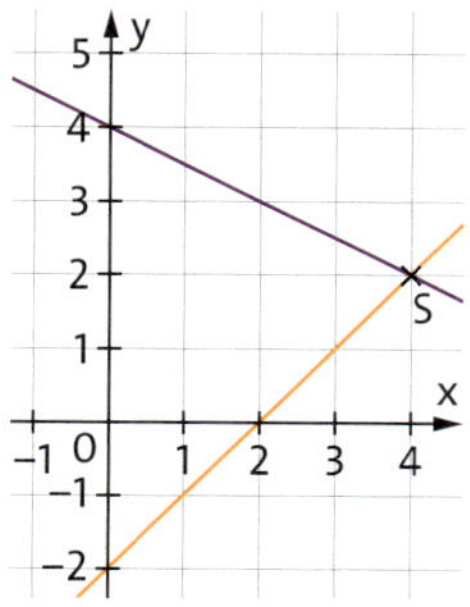

3 Einsetzungsverfahren: II in I

$5x - (-2x + 12) = 2$
$5x + 2x - 12 = 2$
$7x - 12 = 2 \quad \mid +12$
$7x = 14 \quad \mid :7$
$x = 2$

Einsetzen in II: $-2 \cdot \mathbf{2} + 12 = y$
$8 = y$

Probe: I $5 \cdot \mathbf{2} - \mathbf{8} = 2$ ✓
II $-2 \cdot \mathbf{2} + 12 = \mathbf{8}$ ✓
$L = \{(2 \mid 8)\}$

4 I $2x - 3y = 8 \quad \mid \cdot 2$
II $4x + 5y = -2$

I' $4x - 6y = 16$
II $4x + 5y = -2$
Subtraktionsverfahren: I' − II
$-11y = 18 \quad \mid :(-11)$
$y = -\frac{18}{11}$

Einsetzen in I: $2x - 3 \cdot \left(-\frac{\mathbf{18}}{\mathbf{11}}\right) = 8$
$2x + \frac{54}{11} = 8 \quad \mid -\frac{54}{11}$
$2x = \frac{34}{11} \quad \mid :2$
$x = \frac{17}{11}$

Probe: I $2 \cdot \frac{\mathbf{17}}{\mathbf{11}} - 3 \cdot \left(-\frac{\mathbf{18}}{\mathbf{11}}\right) = 8$
$\frac{34}{11} + \frac{54}{11} = 8$
$\frac{88}{11} = 8$ ✓
II $4 \cdot \frac{\mathbf{17}}{\mathbf{11}} + 5 \cdot \left(-\frac{\mathbf{18}}{\mathbf{11}}\right) = -2$
$\frac{68}{11} - \frac{90}{11} = -2$
$-\frac{22}{11} = -2$ ✓

$L = \left\{\left(\frac{17}{11} \mid -\frac{18}{11}\right)\right\}$

5 I $2x + y = 9 \quad \mid -2x$
II $4x = 2y - 18 \quad \mid +18$

I' $y = -2x + 9$
II' $2y = 4x + 18 \quad \mid :2$

I' $y = -2x + 9$
II'' $y = 2x + 9$
$L = \{(0 \mid 9)\}$
Das LGS hat eine Lösung.

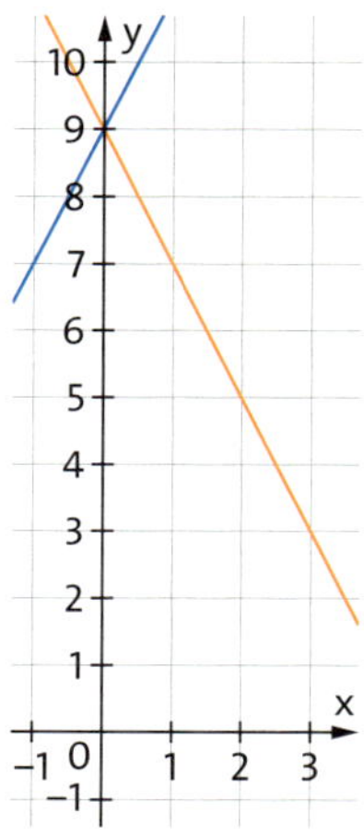

6

1. Die Variablen festlegen:	x: Anzahl der Einzelzimmer y: Anzahl der Doppelzimmer
2. Die Terme aufstellen:	Anzahl der Betten: $x + 2y$ Anzahl der Zimmer: $x + y$
3. Die Gleichungen aufstellen:	I $x + 2y = 45$ II $x + y = 32$
4. Das Gleichungssystem lösen:	I $x + 2y = 45$ II $x + y = 32$ $\mid -y$ I $x + 2y = 45$ II' $x = 32 - y$ Einsetzungsverfahren: II' in I $(\mathbf{32 - y}) + 2y = 45$ $32 + y = 45$ $\mid -32$ $y = 13$ Einsetzen in II $x + \mathbf{13} = 32$ $\mid -13$ $x = 19$
5. Die Lösung überprüfen:	I $\mathbf{19} + 2 \cdot \mathbf{13} = 45$ ✓ II $\mathbf{19} + \mathbf{13} = 32$ ✓ $L = \{(19 \mid 13)\}$
6. Die Antwort formulieren:	Es gibt 19 Einzelzimmer und 13 Doppelzimmer im Hotel.

7

1. Die Variablen festlegen:	x: Zeit in Stunden y: gefahrene Strecke in km (beim Radler inklusive der 27 km Vorsprung)
2. Die Terme aufstellen:	Strecke der Rennradfahrerin: 30x Strecke des Radlers: 18x Abstand der beiden um 8 Uhr in km: 27
3. Die Gleichungen aufstellen:	I $y = 30x$ II $y = 18x + 27$
4. Das Gleichungssystem lösen:	Gleichsetzungsverfahren: I = II $30x = 18x + 27$ $\mid -18x$ $12x = 27$ $\mid :12$ $x = 2{,}25$ Einsetzen in I: $y = 30 \cdot \mathbf{2{,}25}$ $y = 67{,}5$
5. Die Lösung überprüfen:	I $\mathbf{67{,}5} = 30 \cdot \mathbf{2{,}25}$ ✓ II $\mathbf{67{,}5} = 18 \cdot \mathbf{2{,}25} + 27$ $\mathbf{67{,}5} = 40{,}5 + 27$ ✓ $L = \{(2{,}25 \mid 67{,}5)\}$
6. Die Antwort formulieren:	Die Rennradfahrerin holt den Radler nach $2\frac{1}{4}$ Stunden ein, also um 10:15 Uhr.

► Seite 63 Abschlusstest ☒

1

I $3x + 2 \cdot \mathbf{2{,}5} = 5$
II $-2x + 4 \cdot \mathbf{2{,}5} = 18$

I $3x + 5 = 5$ $\mid -5$
II $-2x + 10 = 18$ $\mid -10$

I' $3x = 0$ $\mid :3$
II' $-2x = 8$ $\mid :(-2)$

I'' $x = 0$
II'' $x = -4$

Das erste Zahlenpaar kann keine Lösung sein, da $0 \neq -4$.

I $3 \cdot (\mathbf{-1}) + 2y = 5$
II $-2 \cdot (\mathbf{-1}) + 4y = 18$

I $-3 + 2y = 5$ $\mid +3$
II $2 + 4y = 18$ $\mid -2$

I' $2y = 8$ $\mid :2$
II' $4y = 16$ $\mid :4$

I'' $y = 4$
II'' $y = 4$

Das zweite Zahlenpaar $(-1 \mid 4)$ ist eine Lösung des LGS.

2

I $2x + 5y = 15$ $\mid -2x$
II $x - 2y = 3$ $\mid -x$

I' $5y = -2x + 15$ $\mid :5$
II' $-2y = -x + 3$ $\mid :(-2)$

I'' $y = -\frac{2}{5}x + 3$
II'' $y = 0{,}5x - 1{,}5$

$L = \{(5 \mid 1)\}$

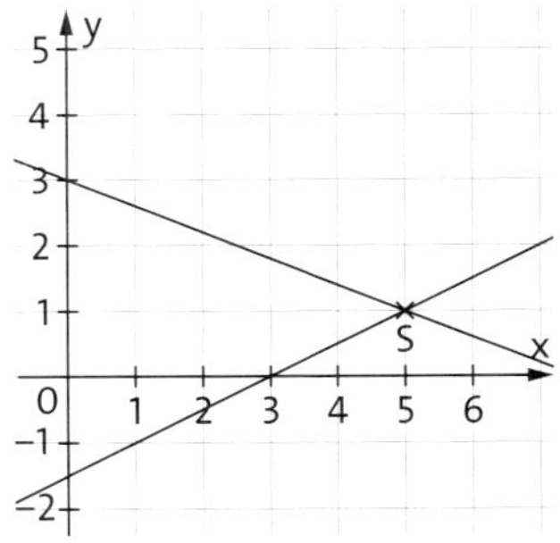

3 Einsetzungsverfahren: II in I

$-2(2y - 11) + 3y = 19$
$-4y + 22 + 3y = 19$
$-y + 22 = 19$ $\mid -22$
$-y = -3$ $\mid :(-1)$
$y = 3$

Einsetzen in II: $x = 2 \cdot \mathbf{3} - 11$
$x = -5$

Probe: I $-2 \cdot (\mathbf{-5}) + 3 \cdot \mathbf{3} = 19$ ✓
II $\mathbf{-5} = 2 \cdot \mathbf{3} - 11$ ✓

$L = \{(-5 \mid 3)\}$

4 I $3x = 4y - 32 \mid -4y$
II $6x - 4y = -44$

I' $3x - 4y = -32$
II $6x - 4y = -44$
Subtraktionsverfahren: I' – II
$-3x = 12 \quad \mid :(-3)$
$x = -4$
Einsetzen in I: $3 \cdot (\mathbf{-4}) = 4y - 32$
$-12 = 4y - 32 \quad \mid +32$
$20 = 4y \quad \mid :4$
$5 = y$
Probe: I $3 \cdot (\mathbf{-4}) = 4 \cdot \mathbf{5} - 32$ ✓
II $6 \cdot (\mathbf{-4}) - 4 \cdot \mathbf{5} = -44$ ✓
$L = \{(-4 \mid 5)\}$

5 I $\frac{1}{2}x - 2y = 5 \quad \mid -\frac{1}{2}x$
II $2x - 20 = 8y \quad \mid :8$

I' $-2y = -\frac{1}{2}x + 5 \quad \mid :(-2)$
II' $y = \frac{1}{4}x - \frac{5}{2}$

I' $y = \frac{1}{4}x - \frac{5}{2}$
II' $y = \frac{1}{4}x - \frac{5}{2}$
Das LGS hat unendlich viele Lösungen, da die beiden Geraden identisch sind.
$L = \{(x \mid y) \mid y = \frac{1}{4}x - \frac{5}{2}\}$

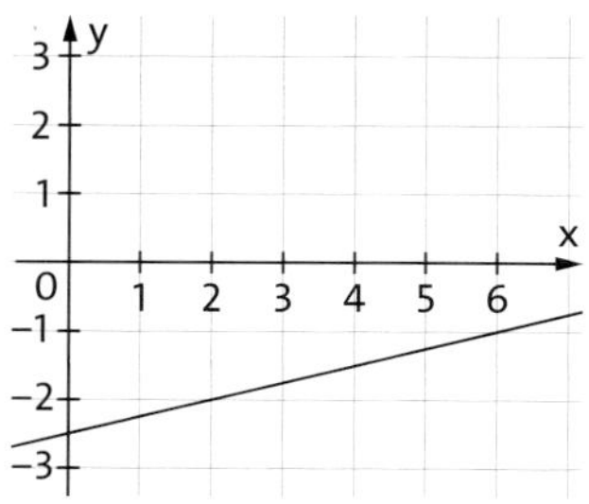

6

1. Die Variablen festlegen:	kurze Seitenlänge: x lange Seitenlänge: y
2. Die Terme aufstellen:	Umfang: 60 cm kurze Seitenlänge: x lange Seitenlänge: x + 7
3. Die Gleichungen aufstellen:	I $2x + 2y = 60$ II $y = x + 7$
4. Das Gleichungssystem lösen:	Einsetzungsverfahren: II in I $2x + 2(x + 7) = 60$ $2x + 2x + 14 = 60 \quad \mid -14$ $4x = 46 \quad \mid :4$ $x = 11{,}5$ Einsetzen in II: $y = \mathbf{11{,}5} + 7 = 18{,}5$
5. Die Lösung überprüfen:	I $2 \cdot \mathbf{11{,}5} + 2 \cdot \mathbf{18{,}5} = 60$ $23 + 37 = 60$ ✓ II $\mathbf{18{,}5} = \mathbf{11{,}5} + 7$ ✓ $L = \{(11{,}5 \mid 18{,}5)\}$
6. Die Antwort formulieren:	Die kurze Seite ist 11,5 cm lang und die lange Seite ist 18,5 cm lang.

7

1. Die Variablen festlegen:	x: Zeit in Stunden y: Abstand zu Tims Haus in km
2. Die Terme aufstellen:	zurückgelegte Strecke von Esra: 4,5x zurückgelegte Strecke von Tim: 5x Entfernung von Esra zu Tim um 10 Uhr in km: 19
3. Die Gleichungen aufstellen:	zurückgelegter Weg von Tim: I $y = 5x$ Abstand von Esra zu Tims Haus: II $y = -4{,}5x + 19$
4. Das Gleichungssystem lösen:	I $y = 5x$ II $y = -4{,}5x + 19$ Gleichsetzungsverfahren: I = II $5x = -4{,}5x + 19 \quad \mid +4{,}5x$ $9{,}5x = 19 \quad \mid :9{,}5$ $x = 2$ Einsetzen in I: $y = 5 \cdot \mathbf{2}$ $y = 10$
5. Die Lösung überprüfen:	I $\mathbf{10} = 5 \cdot \mathbf{2}$ ✓ II $\mathbf{10} = -4{,}5 \cdot \mathbf{2} + 19$ ✓ $L = \{(2 \mid 10)\}$
6. Die Antwort formulieren:	a) Die beiden treffen sich nach 2 Stunden. b) Tim läuft bei 0 km los und trifft Esra nach 10 km. Er ist also 10 km gelaufen. Esra startet bei 19 km und läuft ihm entgegen. Sie trifft Tim 10 km vor seinem Haus. Sie ist also 9 km gelaufen.

3 Pyramide und Kegel

► Seite 66/67 Wiederholung

1 a) $3\,cm^2 = 300\,mm^2$ b) $450\,dm^2 = 4{,}5\,m^2$
c) $75\,cm^2 = 0{,}75\,dm^2$ d) $0{,}25\,m^2 = 25\,dm^2$
e) $0{,}094\,m^2 = 940\,cm^2$ f) $6100\,cm^2 = 0{,}61\,m^2$

2 a) $5\,dm^3 = 5000\,cm^3$ b) $361\,mm^3 = 0{,}361\,cm^3$
c) $0{,}2\,m^3 = 200\,dm^3$ d) $65\,000\,cm^3 = 0{,}065\,m^3$
e) $750\,cm^3 = 0{,}75\,\ell$ f) $0{,}08\,m\ell = 80\,mm^3$

3 a) $A = a \cdot a = 4\,cm \cdot 4\,cm = 16\,cm$
b) $A = a \cdot b = 2{,}5\,cm \cdot 3\,cm = 7{,}5\,cm^2$
c) $A = 2\,cm \cdot 7\,cm + 2\,cm \cdot 2\,cm + 3\,cm \cdot 7\,cm$
$= 14\,cm^2 + 4\,cm^2 + 21\,cm^2$
$= 39\,cm^2$

4 a) $A = \frac{2\,cm \cdot 4\,cm}{2} = 4\,cm^2$
b) $A = \frac{2\,cm \cdot 5\,cm}{2} = 5\,cm^2$
c) $A = \frac{4{,}5\,cm \cdot 5\,cm}{2} = 11{,}25\,cm^2$

5

	a	b	c
a)	6 cm	8 cm	**10 cm**
b)	12 cm	**5 cm**	13 cm

6

Maßstab	Länge in der Zeichnung	Länge in Wirklichkeit
1 : 100	**5 cm**	5 m
1 : 10 000	**10 cm**	1 km
2 : 1	**52 cm**	26 cm

7 a)

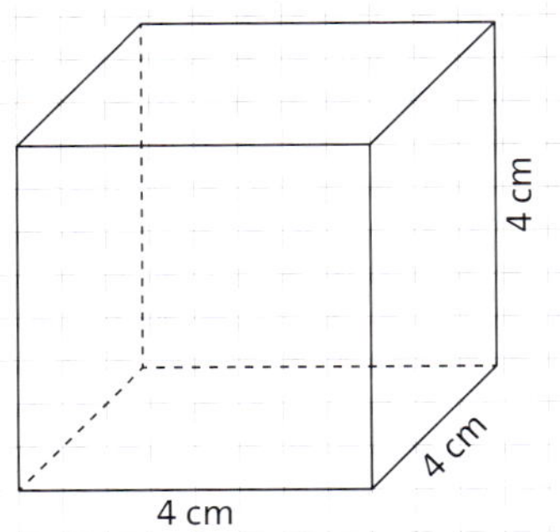

b)

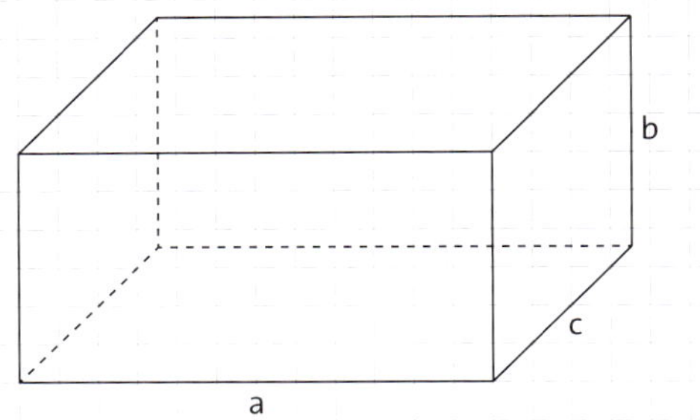

8 a) $O = 6 \cdot a^2 = 6 \cdot (8\,m)^2 = 6 \cdot 64\,m^2 = 384\,m^2$
b) $O = 2 \cdot a \cdot b + 2 \cdot a \cdot c + 2 \cdot b \cdot c$
$O = 2 \cdot 3\,cm \cdot 11\,cm + 2 \cdot 3\,cm \cdot 6\,cm + 2 \cdot 11\,cm \cdot 6\,cm$
$= 234\,cm^2$
c) $O = 2 \cdot \pi \cdot r^2 + 2 \cdot \pi \cdot r \cdot h_k$
$= 2 \cdot \pi \cdot (2\,cm)^2 + 2 \cdot \pi \cdot 2\,cm \cdot 5\,cm$
$\approx 87{,}96\,cm^2$

9 a) $V = a^3 = (9\,dm)^3 = 729\,dm^3$
b) $V = a \cdot b \cdot c = 8\,cm \cdot 6\,cm \cdot 7\,cm = 336\,cm^3$
c) $V = \pi \cdot r^2 \cdot h_k = \pi \cdot (5\,cm)^2 \cdot 6\,cm \approx 471{,}24\,cm^3$

10 $O = 2 \cdot G + M$
$O = 2 \cdot \frac{3\,cm \cdot 6\,cm}{2} + 16\,cm \cdot 5\,cm + 16\,cm \cdot 6\,cm + 16\,cm \cdot 3{,}6\,cm$
$= (2 \cdot 9 + 233{,}6)\,cm^2 = 251{,}6\,cm^2$

11 $V = G \cdot h$
$V = \frac{3\,cm \cdot 4\,cm}{2} \cdot 14\,cm = 84\,cm^3$

12 $O = 2 \cdot G + M$
$O = 2 \cdot \frac{2\,m \cdot 1{,}5\,m}{2} + 1{,}8\,m \cdot 3{,}5\,m + 1{,}8\,m \cdot 3{,}5\,m + 2\,m \cdot 3{,}5\,m$
$= 2 \cdot 1{,}5\,m^2 + 19{,}6\,m^2 = 22{,}6\,m^2$

$V = G \cdot h$
$V = \frac{2\,m \cdot 1{,}5\,m}{2} \cdot 3{,}5\,m = 5{,}25\,m^3$
Timo und Alex benötigen $22{,}6\,m^2$ Material für die Zeltwände und den Boden. Das Zelt hat ein Volumen von $5{,}25\,m^3$.

► Seite 88 Zwischentest

1 a) Pyramiden und Kegel sind Körper mit einer **Spitze**.
b) Die **Mantelfläche** einer Pyramide besteht aus mehreren gleichschenkligen Dreiecken.
c) Die Grundfläche eines Kegels ist ein **Kreis**.

2 a)

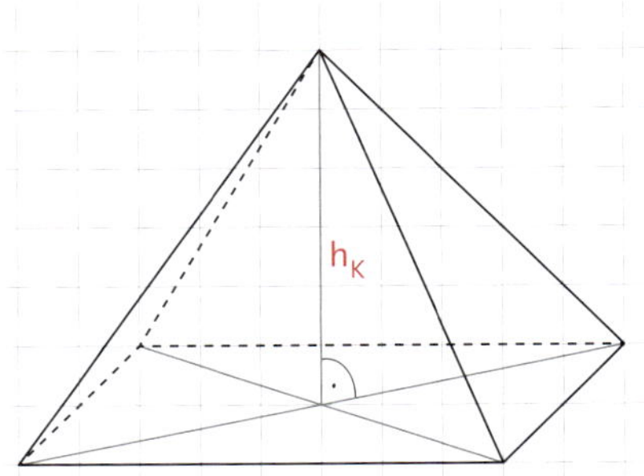

b)

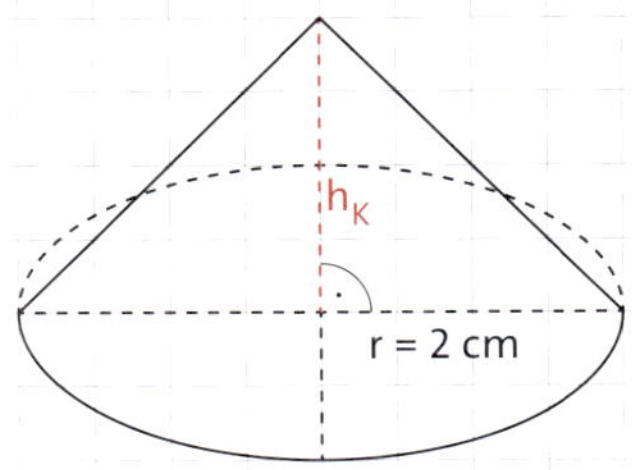

3 $O = G + M = a^2 + 4 \cdot A_{Dreieck}$

$O = (3{,}5\ cm)^2 + 4 \cdot \frac{3{,}5\ cm \cdot 5\ cm}{2}$

$= 12{,}25\ cm^2 + 35\ cm^2 = 47{,}25\ cm^2$

4 $O = G + M = \pi \cdot r^2 + \pi \cdot r \cdot s$

$O = \pi \cdot (3\ m)^2 + \pi \cdot 3\ m \cdot 5\ m \approx 75{,}4\ m^2$

5 a) $s^2 = r^2 + h_k^2$

$s^2 = (12\ m)^2 + (10\ m)^2$

$s^2 = 244\ m^2 \quad |\sqrt{\ }$

$s \approx 15{,}62\ m$

b) $s^2 = r^2 + h_k^2$

$s^2 = (17\ cm)^2 + (8\ cm)^2$

$s^2 = 353\ cm^2 \quad |\sqrt{\ }$

$s \approx 18{,}79\ cm$

6 a) $V = \frac{1}{3} \cdot G \cdot h_k = \frac{1}{3} \cdot a^2 \cdot h_k$

$V = \frac{1}{3} \cdot (4{,}2\ m)^2 \cdot 7{,}3\ m = 42{,}92\ m^3$

b) $V = \frac{1}{3} \cdot G \cdot h_k = \frac{1}{3} \cdot \pi \cdot r^2 \cdot h_k$

$V = \frac{1}{3} \cdot \pi \cdot (3\ cm)^2 \cdot 8\ cm \approx 75{,}40\ cm^3$

7 $d = 6{,}4\ m \qquad r = 3{,}2\ m \qquad h_k = 2{,}6\ m$

$V = \frac{1}{3} \cdot G \cdot h_k = \frac{1}{3} \cdot \pi \cdot r^2 \cdot h_k$

$V = \frac{1}{3} \cdot \pi \cdot (3{,}2\ m)^2 \cdot 2{,}6\ m \approx 27{,}88\ m^3$

Es wurden bereits ungefähr $27{,}88\ m^3$ Erde aufgeschüttet.

► Seite 89 Zwischentest ☒

1 Alle Pyramiden und Kegel haben eine Spitze, eine Mantelfläche und eine Grundfläche. Die Grundfläche eines Kegels ist ein Kreis. Die Grundfläche einer Pyramide ist ein Vieleck. Die Mantelfläche einer Pyramide besteht aus mehreren gleichschenkligen Dreiecken. Die Mantelfläche eines Kegels hat die Form eines Kreissektors.

2 a)

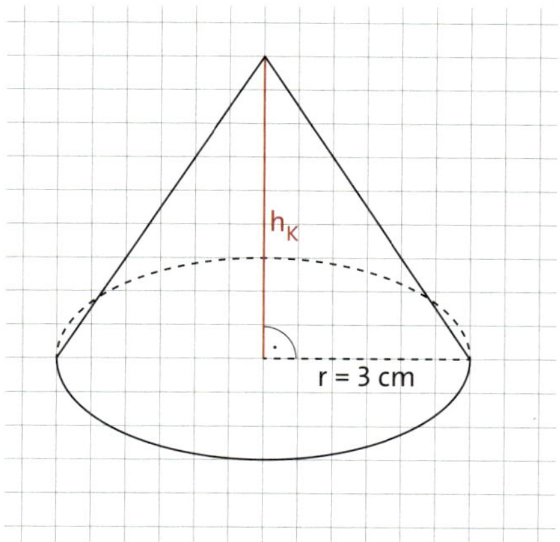

b)

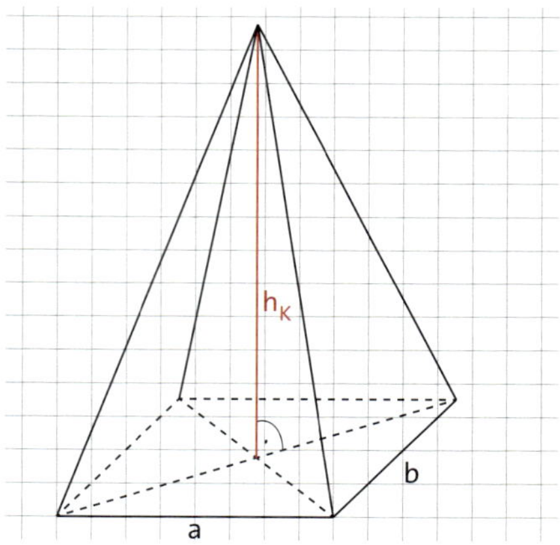

3 $O = G + M = a^2 + 4 \cdot A_{Dreieck}$

$O = (8{,}4\ m)^2 + 4 \cdot \frac{8{,}4\ m \cdot 10{,}2\ m}{2}$

$= 70{,}56\ m^2 + 171{,}36\ m^2 = 241{,}92\ m^2$

4 $r = 6{,}8\ dm : 2 = 3{,}4\ dm$

$O = G + M = \pi \cdot r^2 + \pi \cdot r \cdot s$

$O = \pi \cdot (3{,}4\ dm)^2 + \pi \cdot 3{,}4\ dm \cdot 6{,}4\ dm$

$\approx 104{,}68\ dm^2$

5 a)

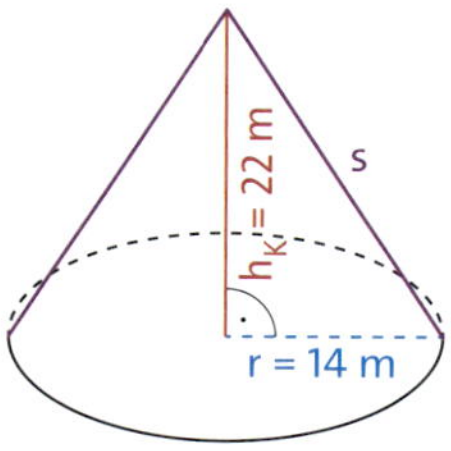

$s^2 = r^2 + h_k^2$

$s^2 = (14\ m)^2 + (22\ m)^2$

$s^2 = 680\ m^2 \quad |\sqrt{\ }$

$s \approx 26{,}08\ m$

b)

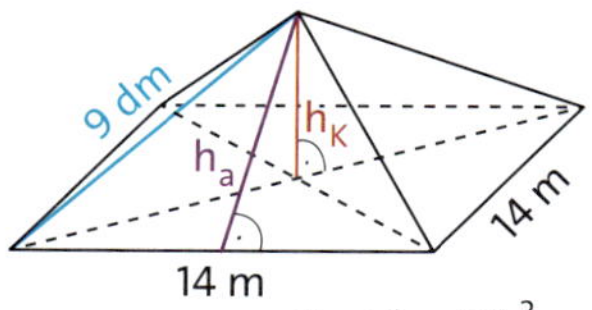

$s^2 = h_a^2 + \left(\frac{a}{2}\right)^2 \quad \left| - \left(\frac{a}{2}\right)^2\right.$

$s^2 - \left(\frac{a}{2}\right)^2 = h_a^2$

$(9\ dm)^2 - \left(\frac{14\ dm}{2}\right)^2 = h_a^2$

$32\ dm^2 = h_a^2 \quad |\sqrt{\ }$

$5{,}66\ dm \approx h_a$

6 a) $V = \frac{1}{3} \cdot G \cdot h_k$

$V = \frac{1}{3} \cdot 5\ dm \cdot 7{,}5\ dm \cdot 6{,}5\ dm = 81{,}25\ dm^3$

b) $V = \frac{1}{3} \cdot G \cdot h_k$

$V = \frac{1}{3} \cdot \pi \cdot \left(\frac{5{,}2\ m}{2}\right)^2 \cdot 4{,}6\ m \approx 32{,}56\ m^3$

7 $G = a \cdot b = 7{,}5\,\text{cm} \cdot 5\,\text{cm} = 37{,}5\,\text{cm}^2$

$h_a^2 = h_k^2 + \left(\frac{a}{2}\right)^2$

$h_a^2 = (6\,\text{cm})^2 + \left(\frac{7{,}5\,\text{cm}}{2}\right)^2$

$h_a^2 \approx 50{,}06\,\text{cm}^2 \quad |\sqrt{\ }$

$h_a \approx 7{,}08\,\text{cm}$

$h_b^2 = h_k^2 + \left(\frac{b}{2}\right)^2$

$h_b^2 = (6\,\text{cm})^2 + \left(\frac{5\,\text{cm}}{2}\right)^2$

$h_b^2 = 42{,}25\,\text{cm}^2 \quad |\sqrt{\ }$

$h_b = 6{,}5\,\text{cm}$

$M = 2 \cdot A_{\text{Dreieck a}} + 2 \cdot A_{\text{Dreieck b}}$

$M = 2 \cdot \frac{7{,}5\,\text{cm} \cdot 7{,}08}{2} + 2 \cdot \frac{5\,\text{cm} \cdot 6{,}5\,\text{cm}}{2} = 85{,}6\,\text{cm}^2$

$O = G + M$

$O = 37{,}5\,\text{cm}^2 + 85{,}6\,\text{cm}^2 = 123{,}1\,\text{cm}^2$

Anja benötigt ungefähr 123 mℓ Farbe.

► Seite 89 Zwischentest ☒

1 a) Die Aussage stimmt nicht. Die Anzahl der Kanten ist abhängig von der Grundfläche. Diese ist bei Pyramiden ein Vieleck.

b) Die Aussage stimmt.

c) Die Aussage stimmt nicht. Sie stimmt nur für bestimmte Pyramiden.

2 a)

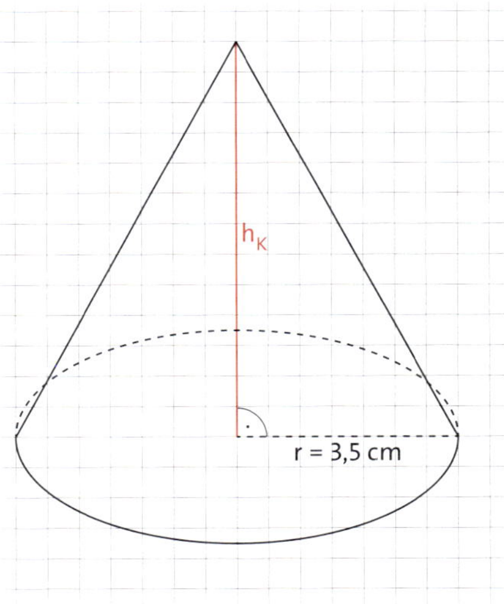

b)

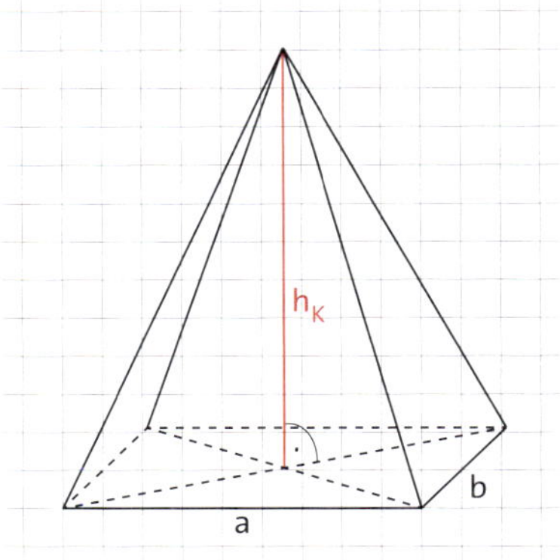

3 $O = G + M = a^2 + 4 \cdot A_{\text{Dreieck}}$

$O = (3{,}6\,\text{m})^2 + 4 \cdot \frac{3{,}6\,\text{m} \cdot 6{,}3\,\text{m}}{2} = 58{,}32\,\text{m}^2\ (= 5832\,\text{dm}^2)$

4 $d = 1{,}6\,\text{m} = 16\,\text{dm}$

$r = 16\,\text{dm} : 2 = 8\,\text{dm}$

$O = G + M = \pi \cdot r^2 + \pi \cdot r \cdot s$

$O = \pi \cdot (8\,\text{dm})^2 + \pi \cdot 8\,\text{dm} \cdot 26\,\text{dm} = 854{,}5\,\text{dm}^2\ (= 8{,}545\,\text{m}^2)$

5 a)

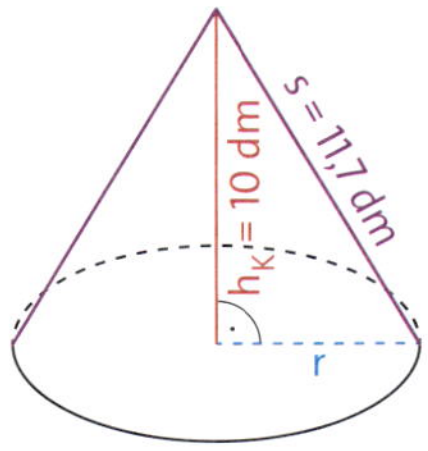

$r^2 = s^2 - h_k^2$

$r^2 = (11{,}7\,\text{dm})^2 - (10\,\text{dm})^2$

$r^2 = 36{,}89\,\text{dm}^2 \quad |\sqrt{\ }$

$r \approx 6{,}07\,\text{dm}$

b)

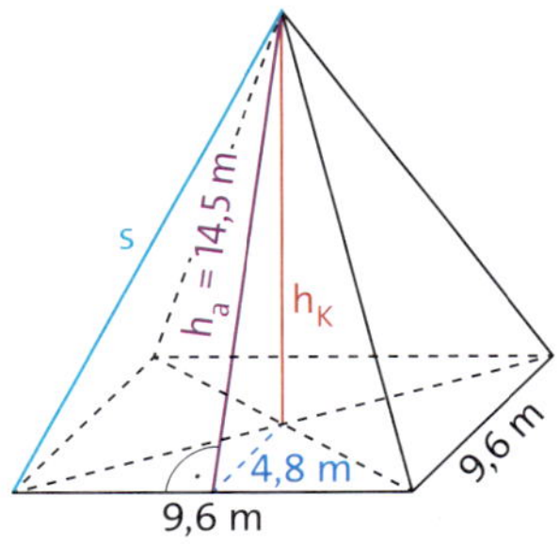

$h_k^2 = h_a^2 - \left(\frac{a}{2}\right)^2$

$h_k^2 = (14{,}5\,\text{m})^2 - \left(\frac{9{,}6\,\text{m}}{2}\right)^2$

$h_k^2 = 187{,}21\,\text{m}^2 \quad |\sqrt{\ }$

$h_k \approx 13{,}68\,\text{m}$

$s^2 = h_a^2 + \left(\frac{a}{2}\right)^2$

$s^2 = (14{,}5\,\text{m})^2 + \left(\frac{9{,}6\,\text{m}}{2}\right)^2$

$s^2 = 233{,}29\,\text{m}^2 \quad |\sqrt{\ }$

$s \approx 15{,}27\,\text{m}$

6 a) $V = \frac{1}{3} \cdot G \cdot h_k = \frac{1}{3} \cdot a \cdot b \cdot h_k$

$V = \frac{1}{3} \cdot 24\,\text{dm} \cdot 18\,\text{dm} \cdot 26{,}5\,\text{dm}$

$= 3816\,\text{dm}^3 = 3{,}816\,\text{m}^3 = 3\,816\,000\,\text{cm}^3$

b) $V = \frac{1}{3} \cdot G \cdot h_k = \frac{1}{3} \cdot \pi \cdot r^2 \cdot h_k$

$V = \frac{1}{3} \cdot \pi \cdot (6{,}4\,\text{dm})^2 \cdot 14{,}5\,\text{dm}$

$\approx 621{,}95\,\text{dm}^3 \approx 621\,950\,\text{cm}^3$

7 $h_k^2 = s^2 - r^2$

$h_k^2 = (12\,\text{cm})^2 - (4\,\text{cm})^2$

$h_k^2 = 128\,\text{cm}^2 \quad |\sqrt{\ }$

$h_k \approx 11{,}31\,\text{cm}$

$V = \frac{1}{3} \cdot \pi \cdot r^2 \cdot h_k$

$V = \frac{1}{3} \cdot \pi \cdot (4\,\text{cm})^2 \cdot 11{,}31\,\text{cm}$

$\approx 189{,}50\,\text{cm}^3$

Masse: $m = 189{,}50\,\text{cm}^3 \cdot 1{,}80\,\frac{\text{g}}{\text{cm}^3} = 341{,}1\,\text{g}$

Marks Kegel wiegt ungefähr 341 g.

► Seite 97 Abschlusstest

1 a)

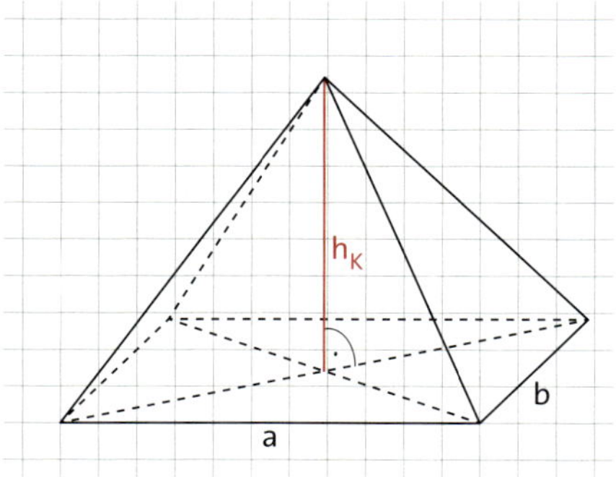

b)

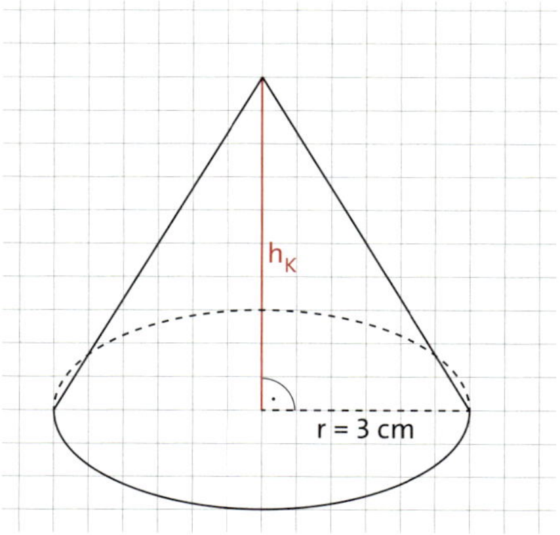

2 a) Pyramide:

$V = \frac{1}{3} \cdot G \cdot h_k = \frac{1}{3} \cdot a \cdot b \cdot h_k$

$V = \frac{1}{3} \cdot 5{,}5\,\text{cm} \cdot 4\,\text{cm} \cdot 4\,\text{cm} = 29\frac{1}{3}\,\text{cm}^3 \approx 29{,}33\,\text{cm}^3$

b) Kegel:

$V = \frac{1}{3} \cdot G \cdot h_k = \frac{1}{3} \cdot \pi \cdot r^2 \cdot h_k$

$V = \frac{1}{3} \cdot \pi \cdot (3\,\text{cm})^2 \cdot 5\,\text{cm} \approx 47{,}12\,\text{cm}^3$

3 a) $h_a^2 = h_k^2 + \left(\frac{a}{2}\right)^2$

$h_a^2 = (5\,\text{m})^2 + \left(\frac{4\,\text{m}}{2}\right)^2$

$h_a^2 = 29\,\text{m}^2 \quad |\sqrt{}$

$h_a \approx 5{,}39\,\text{m}$

$O = G + M = a^2 + 4 \cdot A_{Dreieck}$

$O = (4\,\text{m})^2 + 4 \cdot \frac{4\,\text{m} \cdot 5{,}39\,\text{m}}{2}$

$= 59{,}12\,\text{m}^2$

b) $s^2 = r^2 + h_k^2$

$s^2 = (5\,\text{dm})^2 + (6\,\text{dm})^2$

$s^2 = 61\,\text{dm}^2 \quad |\sqrt{}$

$s \approx 7{,}81\,\text{dm}$

$O = G + M = \pi \cdot r^2 + \pi \cdot r \cdot s$

$O = \pi \cdot (5\,\text{dm})^2 + \pi \cdot 5\,\text{dm} \cdot 7{,}81\,\text{dm}$

$\approx 201{,}22\,\text{dm}^2$

4 a) Hier wird das Volumen gesucht.
b) Hier wird der Oberflächeninhalt gesucht.

5 $V = V_{Quader} + V_{Pyramide}$

$V = 6\,\text{m} \cdot 6\,\text{m} \cdot 4\,\text{m} + \frac{1}{3} \cdot 6\,\text{m} \cdot 6\,\text{m} \cdot 5\,\text{m}$

$= 144\,\text{m}^3 + 60\,\text{m}^3$

$= 204\,\text{m}^3$

6 $V = \frac{1}{3} \cdot G \cdot h_k$

$V = \frac{1}{3} \cdot \pi \cdot (12\,\text{cm})^2 \cdot 14{,}5\,\text{cm}$

$= 2186{,}55\,\text{cm}^3$

Masse:

$m = 2186{,}55\,\text{cm}^3 \cdot 2{,}6\,\frac{\text{g}}{\text{cm}^3}$

$= 5685{,}03\,\text{g} = 5{,}68503\,\text{kg}$

Der Kegel hat eine Masse von ungefähr 5,7 kg.

► Seite 97 Abschlusstest

1 a)

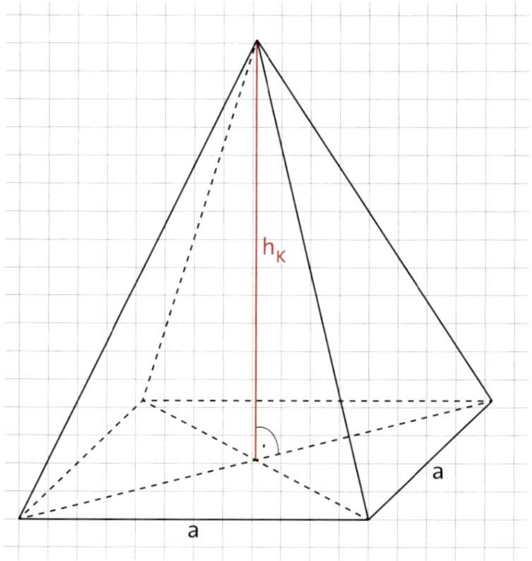

b)

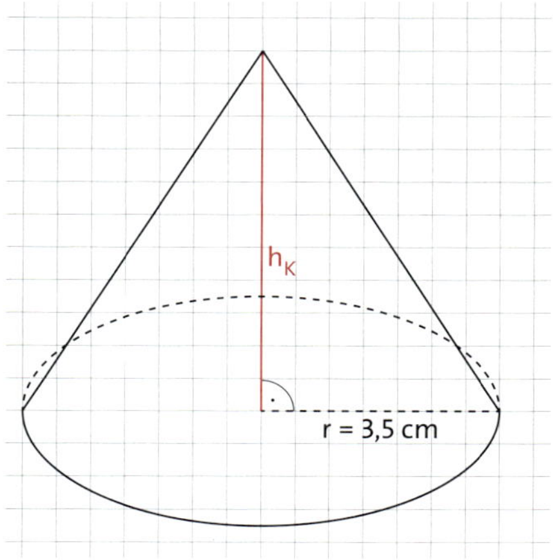

2 a) Pyramide:

$V = \frac{1}{3} \cdot G \cdot h_k$

$= \frac{1}{3} \cdot a^2 \cdot h_k$

$V = \frac{1}{3} \cdot (6\,cm)^2 \cdot 7{,}5\,cm$

$= 90\,cm^3$

b) Kegel:

$V = \frac{1}{3} \cdot G \cdot h_k$

$= \frac{1}{3} \cdot \pi \cdot r^2 \cdot h_k$

$V = \frac{1}{3} \cdot \pi \cdot (3{,}5\,cm)^2 \cdot 5{,}5\,cm$

$\approx 70{,}55\,cm^3$

3 a) $h_a^2 = h_k^2 + \left(\frac{a}{2}\right)^2$

$h_a^2 = (7\,m)^2 + \left(\frac{12\,m}{2}\right)^2$

$h_a^2 = 85\,m^2 \quad |\sqrt{\;}$

$h_a \approx 9{,}22\,m$

$h_b^2 = h_k^2 + \left(\frac{b}{2}\right)^2$

$h_b^2 = (7\,m)^2 + \left(\frac{9\,m}{2}\right)^2$

$h_b^2 = 96{,}25\,m^2 \quad |\sqrt{\;}$

$h_b \approx 8{,}32\,m$

$O = G + M$

$= a \cdot b + 2 \cdot A_{Dreieck\,a} + 2 \cdot A_{Dreieck\,b}$

$O = 12\,m \cdot 9\,m + 2 \cdot \frac{12\,m \cdot 9{,}22\,m}{2} + 2 \cdot \frac{9\,m \cdot 8{,}32\,m}{2}$

$= 293{,}52\,m^2$

b) $h_k^2 = s^2 - r^2$

$h_k^2 = (5{,}5\,dm)^2 - (4{,}5\,dm)^2$

$h_k^2 = 10\,dm^2 \quad |\sqrt{\;}$

$h_k \approx 3{,}16\,dm$

$O = G + M$

$= \pi \cdot r^2 + \pi \cdot r \cdot s$

$O = \pi \cdot (4{,}5\,dm)^2 + \pi \cdot 4{,}5\,dm \cdot 5{,}5\,dm$

$\approx 141{,}37\,dm^2$

4 a) Hier wird das Volumen gesucht.

b) Hier wird der Mantelflächeninhalt gesucht.

5 $V = V_{Zylinder} + V_{Kegel}$

$= \pi \cdot r^2 \cdot h_z + \frac{1}{3} \cdot \pi \cdot r^2 \cdot h_k$

$V = \pi \cdot (2{,}6\,dm)^2 \cdot 4{,}8\,dm + \frac{1}{3} \cdot \pi \cdot (2{,}6\,dm)^2 \cdot 5{,}6\,dm$

$\approx 101{,}94\,dm^3 + 39{,}64\,dm^3$

$= 141{,}58\,dm^3$

6 $V = \frac{1}{3} \cdot \pi \cdot (2{,}5\,m)^2 \cdot 3{,}5\,m$

$\approx 22{,}91\,m^3$

Masse:

$m = 22{,}91\,m^3 \cdot 1500\,\frac{kg}{m^3} = 34\,365\,kg$

Der Sandhügel hat eine Masse von ungefähr 34 365 kg.

► Seite 97 Abschlusstest ☒

1 a)

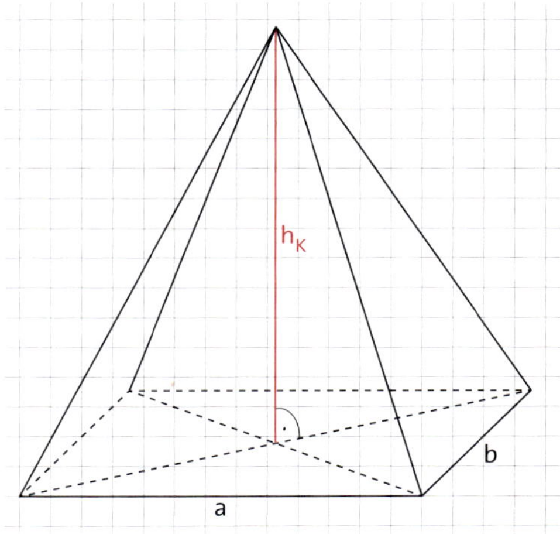

b)

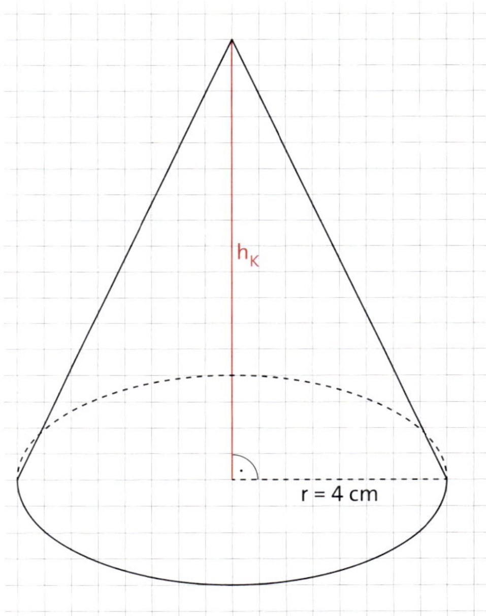

2 a) Pyramide:

a = 65 mm = 6,5 cm

$h_k = 0{,}7\,dm = 7\,cm$

$V = \frac{1}{3} \cdot G \cdot h_k$

$= \frac{1}{3} \cdot a \cdot b \cdot h_k$

$V = \frac{1}{3} \cdot 6{,}5\,cm \cdot 5\,cm \cdot 7\,cm$

$\approx 75{,}83\,cm^3 = 0{,}07583\,dm^3$

b) Kegel:

d = 0,8 dm = 8 cm

$r = \frac{8\,cm}{2} = 4\,cm$

$h_k = 85\,mm = 8{,}5\,cm$

$V = \frac{1}{3} \cdot G \cdot h_k$

$= \frac{1}{3} \cdot \pi \cdot r^2 \cdot h_k$

$V = \frac{1}{3} \cdot \pi \cdot (4\,cm)^2 \cdot 8{,}5\,cm$

$\approx 142{,}42\,cm^3 = 0{,}14242\,dm^3$

3 a) $h_a^2 = h_k^2 + \left(\frac{a}{2}\right)^2$

$h_a^2 = (7{,}6\,\text{cm})^2 + \left(\frac{6{,}5\,\text{cm}}{2}\right)^2$

$h_a^2 = 68{,}3225\,\text{cm}^2 \quad |\sqrt{\ }$

$h_a \approx 8{,}27\,\text{cm}$

$h_b^2 = h_k^2 + \left(\frac{b}{2}\right)^2$

$h_b^2 = (7{,}6\,\text{cm})^2 + \left(\frac{4{,}5\,\text{cm}}{2}\right)^2$

$h_b^2 = 62{,}8225\,\text{cm}^2 \quad |\sqrt{\ }$

$h_b \approx 7{,}93\,\text{cm}$

$O = G + M$

$= a \cdot b + 2 \cdot A_{\text{Dreieck a}} + 2 \cdot A_{\text{Dreieck b}}$

$O = 6{,}5\,\text{cm} \cdot 4{,}5\,\text{cm} + 2 \cdot \frac{6{,}5\,\text{cm} \cdot 8{,}27\,\text{cm}}{2} + \frac{2 \cdot 4{,}5\,\text{cm} \cdot 7{,}93\,\text{cm}}{2}$

$= 118{,}69\,\text{cm}^2 = 1{,}1869\,\text{dm}^2$

b) $h_k^2 = s^2 - r^2$

$h_k^2 = (5{,}8\,\text{m})^2 - (3{,}4\,\text{m})^2$

$h_k^2 = 22{,}08\,\text{m}^2 \quad |\sqrt{\ }$

$h_k \approx 4{,}7\,\text{m}$

$O = G + M$

$= \pi \cdot r^2 + \pi \cdot r \cdot s$

$O = \pi \cdot (3{,}4\,\text{m})^2 + \pi \cdot 3{,}4\,\text{m} \cdot 5{,}8\,\text{m}$

$\approx 98{,}27\,\text{m}^2$

4 a) Hier wird das Volumen gesucht.
b) Hier wird das Volumen gesucht.

5 $V = V_{\text{Zylinder}} - V_{\text{Kegel}}$

$= \pi \cdot r^2 \cdot h_z - \frac{1}{3} \cdot \pi \cdot r^2 \cdot h_k$

$V = \pi \cdot (5{,}3\,\text{dm})^2 \cdot 11{,}3\,\text{dm} - \frac{1}{3} \cdot \pi \cdot (5{,}3\,\text{dm})^2 \cdot 11{,}3\,\text{dm}$

$\approx 997{,}19\,\text{dm}^3 - 332{,}40\,\text{dm}^3$

$= 664{,}79\,\text{dm}^3$

6 $V = \frac{1}{3} \cdot \pi \cdot (2{,}3\,\text{m})^2 \cdot 3{,}5\,\text{m}$

$\approx 19{,}39\,\text{m}^3$

Masse:

$m = 19{,}39\,\text{m}^3 \cdot 1800\,\frac{\text{kg}}{\text{m}^3}$

$= 34\,902\,\text{kg} = 34{,}902\,\text{t}$

x: Anzahl der Fahrten

$x = 34{,}902\,\text{t} : 3\,\text{t}$

$= 11{,}634$

Der LKW muss 12-mal fahren, um den gesamten Kieshaufen abzutransportieren.

4 Kugel und zusammengesetzte Körper

► Seite 100/101 Wiederholung

1 a) *gesucht*: $d = 2 \cdot r$

$d = 2 \cdot 2\,\text{cm} = \mathbf{4\,cm}$

b) *gesucht*: $r = \frac{d}{2}$

$r = \frac{6\,\text{m}}{2} = 3\,\text{m}$

2 a) $u = 2 \cdot \pi \cdot 3\,\text{cm} \approx 18{,}85\,\text{cm}$
b) $u = 2 \cdot \pi \cdot 4{,}2\,\text{m} \approx 26{,}39\,\text{m}$
c) $u = \pi \cdot 34\,\text{mm} \approx 106{,}81\,\text{mm}$
d) $u = \pi \cdot 2{,}9\,\text{km} \approx 9{,}11\,\text{km}$

3 a) $A = \pi \cdot (2\,\text{cm})^2 \approx 12{,}57\,\text{cm}^2$
b) $A = \pi \cdot (5{,}2\,\text{m})^2 \approx 84{,}95\,\text{m}^2$
c) $r = 28\,\text{mm}$; $A = \pi \cdot (28\,\text{mm})^2 \approx 2463{,}01\,\text{mm}^2$
d) $r = 0{,}95\,\text{km}$; $A = \pi \cdot (0{,}95\,\text{km})^2 \approx 2{,}84\,\text{km}^2$

4 a) $V = (4{,}3\,\text{cm})^3 = 79{,}507\,\text{cm}^3$
b) $V = 3\,\text{cm} \cdot 6\,\text{cm} \cdot 4{,}8\,\text{cm} = 86{,}4\,\text{cm}^3$
c) $V = \frac{1}{2} \cdot 22\,\text{m} \cdot 12\,\text{m} \cdot 48\,\text{m} = 6336\,\text{m}^3$

5 a) $O = 6 \cdot (3{,}7\,\text{cm})^2 = 82{,}14\,\text{cm}^2$
b) $O = 2 \cdot 6\,\text{cm} \cdot 7\,\text{cm} + 2 \cdot 6\,\text{cm} \cdot 5{,}7\,\text{cm} + 2 \cdot 7\,\text{cm} \cdot 5{,}7\,\text{cm}$

$= 232{,}2\,\text{cm}^2$

c) $O = 2 \cdot G + M$

$= 2 \cdot \frac{4\,\text{m} \cdot 1{,}75\,\text{m}}{2} + (2\,\text{m} + 3{,}5\,\text{m} + 4\,\text{m}) \cdot 8{,}6\,\text{m}$

$O = 4\,\text{m} \cdot 1{,}75\,\text{m} + (2\,\text{m} + 3{,}5\,\text{m} + 4\,\text{m}) \cdot 8{,}6\,\text{m}$

$= 7\,\text{m}^2 + 81{,}7\,\text{m}^2 = \mathbf{88{,}7\,m^2}$

6 a) $V_{\text{Zylinder}} = \pi \cdot (7\,\text{cm})^2 \cdot 18\,\text{cm} \approx \mathbf{2770{,}885\,cm^3}$
b) $d = 4{,}6\,\text{m}$, also $r = 2{,}3\,\text{m}$

$V_{\text{Zylinder}} = \pi \cdot (2{,}3\,\text{m})^2 \cdot 13\,\text{m} \approx \mathbf{216{,}047\,m^3}$

c) $V_{\text{Kegel}} = \frac{1}{3} \cdot \pi \cdot (5\,\text{cm})^2 \cdot 6{,}8\,\text{cm} \approx \mathbf{178{,}024\,cm^3}$
d) $d = 7{,}6\,\text{m}$, also $r = 3{,}8\,\text{m}$

$V_{\text{Kegel}} = \frac{1}{3} \cdot \pi \cdot (3{,}8\,\text{m})^2 \cdot 1{,}9\,\text{m} \approx \mathbf{28{,}731\,m^3}$

7 a) $O_{\text{Zylinder}} = 2 \cdot \pi \cdot (16\,\text{cm})^2 + 2 \cdot \pi \cdot (16\,\text{cm}) \cdot 47\,\text{cm}$

$\approx \mathbf{6333{,}45\,cm^2}$

b) $d = 8{,}6\,\text{m}$, also $r = 4{,}3\,\text{m}$

$O_{\text{Zylinder}} = 2 \cdot \pi \cdot (4{,}3\,\text{m})^2 + 2 \cdot \pi \cdot (4{,}3\,\text{m}) \cdot 2{,}5\,\text{m}$

$\approx \mathbf{183{,}72\,m^2}$

c) $O_{\text{Kegel}} = \pi \cdot 5\,\text{cm} \cdot 8{,}9\,\text{cm} + \pi \cdot (5\,\text{cm})^2$

$\approx 139{,}80\,\text{cm}^2 + 78{,}54\,\text{cm}^2 = \mathbf{218{,}34\,cm^2}$

d) $d = 2{,}4\,\text{m}$, also $r = 1{,}2\,\text{m}$

$O_{\text{Kegel}} = \pi \cdot 1{,}2\,\text{m} \cdot 1{,}9\,\text{m} + \pi \cdot (1{,}2\,\text{m})^2$

$\approx 7{,}16\,\text{m}^2 + 4{,}52\,\text{m}^2 = \mathbf{11{,}68\,m^2}$

8 a) 0,0045 km und 45 dm
b) 0,0004 m und 0,04 cm
c) 0,3405 dm und 34,05 mm
d) 0,037 m^2 und 370 cm^2
e) 0,07 km^2 und 700 a
f) 0,34 a und 3400 dm^2
g) 0,047 dm^3 und 47 000 mm^3
h) 0,000 61 m^3 und 610 cm^3
i) 0,000 46 km^3 und 460 000 000 dm^3

9 a) $V = a \cdot b \cdot c$; also $b = \frac{V}{a \cdot c}$ $b = \frac{75\,cm^3}{5\,cm \cdot 10\,cm} = \mathbf{1{,}5\,cm}$

b) $u = 2 \cdot \pi \cdot r$; also $r = \frac{u}{2 \cdot \pi}$ $r = \frac{25\,m}{2 \cdot \pi} \approx \mathbf{3{,}98\,m}$

c) $A = \pi \cdot r^2$; $r = \sqrt{\frac{A}{\pi}}$ $r = \sqrt{\frac{10\,mm^2}{\pi}} \approx \mathbf{1{,}78\,mm}$

d) $V = \pi \cdot r^2 \cdot h_K$; $r = \sqrt{\frac{V}{\pi \cdot h_K}}$ $h_K = 5\,cm = 0{,}5\,dm$

$r = \sqrt{\frac{45\,dm^3}{\pi \cdot 0{,}5\,dm}} \approx \mathbf{5{,}35\,dm}$

e) $V = \frac{1}{3}a^2 \cdot h_K$; $a = \sqrt{\frac{3V}{h_K}}$ $h_K = 30\,cm = 0{,}3\,m$

$a = \sqrt{\frac{3 \cdot 90\,m^3}{0{,}3\,m}} = \mathbf{30\,m}$

10 a) $p\,\% = 10\,\%$; $G = 200\,€$; $W = G \cdot \frac{p}{100}$

$W = 200\,€ \cdot \frac{10}{100} = \mathbf{20\,€}$

b) $W = 5$; $G = 36$; $p\,\% = \frac{5}{36} \approx \mathbf{13{,}9\,\%}$

c) $W = 14\,km$; $p\,\% = 25\,\%$; $G = W \cdot \frac{100}{p}$

$G = 14\,km \cdot \frac{100}{25} = \mathbf{56\,km}$

d) Endwert = 15 m; Anfangswert = 10 m

Anstieg $= \frac{15\,m - 10\,m}{10\,m} = 0{,}5 = 50\,\%$

11 Das Mädchen ist 175 cm groß. Der Flamingo-Hals ist ungefähr halb so groß, also ungefähr 87,5 cm.
Der Durchmesser des Schwimmrings ist ungefähr so groß, wie der Flamingo-Hals lang ist, also auch 87,5 cm.

12 *gegeben*: $d = 10{,}6\,dm$; $h_K = 11{,}3\,dm$; $s = 12{,}5\,dm$

a) Zylinder und Kegel

b) $r = d : 2$; $r = 10{,}6\,dm : 2 = \mathbf{5{,}3\,dm}$

c) $V = V_{Zylinder} - V_{Kegel}$

$V_{Zylinder} = \pi \cdot r^2 \cdot h_K$

$V_{Zylinder} = \pi \cdot (5{,}3\,dm)^2 \cdot 11{,}3\,dm \approx 997{,}195\,dm^3$

$V_{Kegel} = \frac{1}{3} \cdot \pi \cdot r^2 \cdot h_K$

$V_{Kegel} = \frac{1}{3} \cdot \pi \cdot (5{,}3\,dm)^2 \cdot 11{,}3\,dm \approx 332{,}398\,dm^3$

$V \approx 997{,}195\,dm^3 - 332{,}398\,dm^3 = \mathbf{664{,}797\,dm^3}$

d) $O = M_{Zylinder} + M_{Kegel} + G$

$M_{Zylinder} = 2 \cdot \pi \cdot r \cdot h_K$

$M_{Zylinder} = 2 \cdot \pi \cdot 5{,}3\,dm \cdot 11{,}3\,dm \approx 376{,}30\,dm^2$

$M_{Kegel} = \pi \cdot r \cdot s$

$M_{Kegel} = \pi \cdot 5{,}3\,dm \cdot 12{,}5\,dm \approx 208{,}13\,dm^2$

$G = \pi \cdot r^2$; $G = \pi \cdot (5{,}3\,dm)^2 \approx 88{,}25\,dm^2$

$O \approx 376{,}30\,dm^2 + 208{,}13\,dm^2 + 88{,}25\,dm^2 = \mathbf{672{,}68\,dm^2}$

13 *gegeben*: $d = 4\,m$; $h_{Zylinder} = 2\,m$; $h_{Kegel} = 1{,}5\,m$; $s = 2{,}5\,m$

a) *gesucht*: $V = V_{Zylinder} + V_{Kegel}$

$V_{Zylinder} = \pi \cdot r^2 \cdot h_{Zylinder}$; $r = \frac{4\,m}{2} = 2\,m$

$V_{Zylinder} = \pi \cdot (2\,m)^2 \cdot 2\,m \approx 25{,}13\,m^3$

$V_{Kegel} = \frac{1}{3} \cdot \pi \cdot r^2 \cdot h_{Kegel}$

$V_{Kegel} = \frac{1}{3} \cdot \pi \cdot (2\,m)^2 \cdot 1{,}5\,m \approx 6{,}28\,m^3$

$V \approx 25{,}13\,m^3 + 6{,}28\,m^3 = \mathbf{31{,}41\,m^3}$

Das Lager hat ein Volumen von $31{,}41\,m^3$.

b) gesucht: $O = M_{Zylinder} + M_{Kegel} + G$

$M_{Zylinder} = 2 \cdot \pi \cdot r \cdot h_{Zylinder}$

$M_{Zylinder} = 2 \cdot \pi \cdot 2\,m \cdot 2\,m \approx 25{,}13\,m^2$

$M_{Kegel} = \pi \cdot r \cdot s$

$M_{Kegel} = \pi \cdot 2\,m \cdot 2{,}5\,m \approx 15{,}71\,m^2$

$G = \pi \cdot r^2$; $G = \pi \cdot (2\,m)^2 \approx 12{,}57\,m^2$

$O \approx 25{,}13\,m^2 + 15{,}71\,m^2 + 12{,}57\,m^2 = \mathbf{53{,}41\,m^2}$

Das Lager hat einen Oberflächeninhalt von $53{,}41\,m^2$

► Seite 116 Zwischentest

1 a) $V_{Kugel} = \frac{4}{3} \cdot \pi \cdot (4\,cm)^3 \approx \mathbf{268{,}083\,cm^3}$

b) $V_{Kugel} = \frac{4}{3} \cdot \pi \cdot (2{,}8\,mm)^3 \approx \mathbf{91{,}952\,mm^3}$

c) $d = 18\,dm$, also $r = 9\,dm$

$V_{Kugel} = \frac{4}{3} \cdot \pi \cdot (9\,dm)^3 \approx \mathbf{3053{,}628\,dm^3}$

d) $d = 0{,}6\,m$, also $r = 0{,}3\,m$

$V_{Kugel} = \frac{4}{3} \cdot \pi \cdot (0{,}3\,m)^3 \approx \mathbf{0{,}113\,m^3}$

2 a) $O_{Kugel} = 4 \cdot \pi \cdot (6\,cm)^2 \approx \mathbf{452{,}39\,cm^2}$

b) $O_{Kugel} = 4 \cdot \pi \cdot (39\,mm)^2 \approx \mathbf{19\,113{,}45\,mm^2}$

c) $d = 16\,dm$, also $r = 8\,dm$

$O_{Kugel} = 4 \cdot \pi \cdot (8\,dm)^2 \approx \mathbf{804{,}25\,dm^2}$

d) $d = 0{,}8\,km$, also $r = 0{,}4\,km$

$O_{Kugel} = 4 \cdot \pi \cdot (0{,}4\,km)^2 \approx \mathbf{2{,}01\,km^2}$

3 *gegeben*: $r_{Zylinder} = 2\,dm$; $h_K = 13\,dm$; $r_{Halbkugel} = 3\,dm$

gesucht: $V_{gesamt} = V_{Zylinder} + V_{Halbkugel}$

$V_{Zylinder} = \pi \cdot r^2 \cdot h_K$

$= \pi \cdot (2\,dm)^2 \cdot 13\,dm \approx 163{,}36\,dm^3$

$V_{Halbkugel} = \frac{2}{3} \cdot \pi \cdot r^3$

$= \frac{2}{3} \cdot \pi \cdot (3\,dm)^3 \approx 56{,}55\,dm^3$

$V_{gesamt} \approx 163{,}36\,dm^3 + 56{,}55\,dm^3 = \mathbf{219{,}91\,dm^3}$

4 *gegeben*: $r_{Halbkugel} = 12\,cm$;

$a = 60\,cm$; $b = 30\,cm$; $c = 30\,cm$

gesucht: $O_{gesamt} = 2 \cdot M_{Halbkugel} + A_{Quader} - 2 \cdot A_{Kreis}$

$M_{Halbkugel} = 2 \cdot \pi \cdot r^2$

$= 2 \cdot \pi \cdot (12\,cm)^2 \approx 904{,}78\,cm^2$

$A_{Quader} = 2 \cdot a \cdot b + 2 \cdot b \cdot c + 2 \cdot a \cdot c$

$= 2 \cdot 60\,cm \cdot 30\,cm + 2 \cdot 30\,cm \cdot 30\,cm$

$+ 2 \cdot 60\,cm \cdot 30\,cm$

$= 9000\,cm^2$

$A_{Kreis} = \pi \cdot r^2$

$= \pi \cdot (12\,cm)^2$

$\approx 452{,}39\,cm^2$

$O_{gesamt} \approx 2 \cdot 904{,}78\,cm^2 + 9000\,cm^2 - 2 \cdot 452{,}39\,cm^2$

$= \mathbf{9904{,}78\,cm^2}$

5 *gegeben*: $r_{Kugel} = 3\,cm$; $h_K = 20\,cm$;

$d_{Zylinder} = 20\,cm$, also $r_{Zylinder} = 10\,cm$

gesucht: $V_{gesamt} = V_{Zylinder} - V_{Halbkugel}$

$V_{Zylinder} = \pi \cdot r^2 \cdot h_K$

$= \pi \cdot (10\,cm)^2 \cdot 20\,cm \approx 6283{,}185\,cm^3$

$V_{Halbkugel} = \frac{2}{3} \cdot \pi \cdot r^3$

$= \frac{2}{3} \cdot \pi \cdot (3\,cm)^3 \approx 56{,}548\,cm^3$

$V_{gesamt} \approx 6283{,}185\,cm^3 - 56{,}548\,cm^3$

$= \mathbf{6226{,}636\,cm^3}$

6 *gegeben*: $d_{Kegel} = 10\,cm$, also $r_{Kegel} = 5\,cm$;

$s = 12{,}2\,cm$; $r_{Halbkugel} = 2\,cm$

gesucht: $O_{gesamt} = O_{Kegel} - A_{Kreis} + A_{Halbkugel}$

$O_{Kegel} = \pi \cdot r_{Kegel} \cdot s + \pi \cdot {r_{Kegel}}^2$

$= \pi \cdot 5\,cm \cdot 12{,}2\,cm + \pi \cdot (5\,cm)^2 \approx 270{,}18\,cm^2$

$A_{Kreis} = \pi \cdot {r_{Halbkugel}}^2$

$= \pi \cdot (2\,cm)^2 \approx 12{,}57\,cm^2$

$M_{Halbkugel} = 2 \cdot \pi \cdot {r_{Halbkugel}}^2$

$= 2 \cdot \pi \cdot (2\,cm)^2 \approx 25{,}13\,cm^2$

$O_{gesamt} \approx 270{,}18\,cm^2 - 12{,}57\,cm^2 + 25{,}13\,cm^2$

$= \mathbf{282{,}74\,cm^2}$

► Seite 117 Zwischentest ☒

1 a) $V_{Kugel} = \frac{4}{3} \cdot \pi \cdot (7{,}2\,cm)^3 \approx \mathbf{1563{,}458\,cm^3}$

b) $V_{Kugel} = \frac{4}{3} \cdot \pi \cdot (0{,}04\,km)^3 \approx \mathbf{0{,}000268\,km^3}$

c) $d = 29\,dm$, also $r = 14{,}5\,dm$

$V_{Kugel} = \frac{4}{3} \cdot \pi \cdot (14{,}5\,dm)^3 \approx \mathbf{12\,770{,}051\,dm^3}$

d) $d = 16{,}44\,km$, also $r = 8{,}22\,km$

$V_{Kugel} = \frac{4}{3} \cdot \pi \cdot (8{,}22\,km)^3 \approx \mathbf{2326{,}505\,km^3}$

2 a) $O_{Kugel} = 4 \cdot \pi \cdot (3{,}4\,cm)^2 \approx \mathbf{145{,}27\,cm^2}$

b) $O_{Kugel} = 4 \cdot \pi \cdot (1{,}05\,dm)^2 \approx \mathbf{13{,}85\,dm^2}$

c) $d = 15\,mm$, also $r = 7{,}5\,mm$

$O_{Kugel} = 4 \cdot \pi \cdot (7{,}5\,mm)^2 \approx \mathbf{706{,}86\,mm^2}$

d) $d = 1{,}4\,dm$, also $r = 0{,}7\,dm$

$O_{Kugel} = 4 \cdot \pi \cdot (0{,}7\,dm)^2 \approx \mathbf{6{,}16\,dm^2}$

3 *gegeben*: $r_{Kegel} = 5\,cm$; $h_K = 11\,cm$;

$d_{Halbkugel} = 1{,}8\,dm = 18\,cm$, also $r_{Halbkugel} = 9\,cm$

gesucht: $V_{gesamt} = V_{Kegel} + V_{Halbkugel}$

$V_{Kegel} = \frac{1}{3} \cdot \pi \cdot r^2 \cdot h_K$

$= \frac{1}{3} \cdot \pi \cdot (5\,cm)^2 \cdot 11\,cm \approx 287{,}979\,cm^3$

$V_{Halbkugel} = \frac{2}{3} \cdot \pi \cdot r^3$

$= \frac{2}{3} \cdot \pi \cdot (9\,cm)^3 \approx 1526{,}814\,cm^3$

$V_{gesamt} \approx 287{,}979\,cm^3 + 1526{,}814\,cm^3$

$= \mathbf{1814{,}793\,cm^3}$

4 *gegeben*: $d_{Halbkugel} = 13\,cm$, also $r_{Halbkugel} = 6{,}5\,cm$;

$r_{Kegel} = 16\,cm$; $s = 37{,}6\,cm$

gesucht: $O_{gesamt} = 2 \cdot M_{Halbkugel} + O_{Kegel} - 2 \cdot A_{Kreis}$

$M_{Halbkugel} = 2 \cdot \pi \cdot r^2$

$= 2 \cdot \pi \cdot (6{,}5\,cm)^2 \approx 265{,}46\,cm^2$

$O_{Kegel} = \pi \cdot r \cdot s + \pi \cdot r^2$

$= \pi \cdot 16\,cm \cdot 37{,}6\,cm + \pi \cdot (16\,cm)^2$

$\approx 2694{,}23\,cm^2$

$A_{Kreis} = \pi \cdot r^2$

$= \pi \cdot (6{,}5\,cm)^2 \approx 132{,}73\,cm^2$

$O_{gesamt} \approx 2 \cdot 265{,}46\,cm^2 + 2694{,}23\,cm^2$

$- 2 \cdot 132{,}73\,cm^2 = \mathbf{2959{,}69\,cm^2}$

5 *gegeben*: $r = 8\,cm$; $a = 5\,cm$

gesucht: $V_{gesamt} = V_{Kugel} - V_{Würfel}$

$V_{Kugel} = \frac{4}{3} \cdot \pi \cdot r^3$

$= \frac{4}{3} \cdot \pi \cdot (8\,cm)^3 \approx 2144{,}661\,cm^3$

$V_{Würfel} = a^3$

$= (5\,cm)^3 = 125\,cm^3$

$V_{gesamt} \approx 2144{,}66\,cm^3 - 125\,cm^3 = \mathbf{2019{,}661\,cm^3}$

6 *gegeben*: $r_{Halbkugel} = 2\,cm$, $r_{Kegel} = 6{,}5\,cm$; $s = 13{,}1\,cm$

gesucht: $O_{gesamt} = O_{Kegel} - 2 \cdot A_{Kreis} + 2 \cdot M_{Halbkugel}$

$O_{Kegel} = \pi \cdot r_{Kegel} \cdot s + \pi \cdot {r_{Kegel}}^2$

$= \pi \cdot 6{,}5\,cm \cdot 13{,}1\,cm + \pi \cdot (6{,}5\,cm)^2 \approx 400{,}24\,cm^2$

$A_{Kreis} = \pi \cdot {r_1}^2$

$= \pi \cdot (2\,cm)^2 \approx 12{,}57\,cm^2$

$M_{Halbkugel} = 2 \cdot \pi \cdot {r_{Halbkugel}}^2$

$= 2 \cdot \pi \cdot (2\,cm)^2 \approx 25{,}13\,cm^2$

$O_{gesamt} \approx 400{,}24\,cm^2 - 2 \cdot 12{,}57\,cm^2 + 2 \cdot 25{,}13\,cm^2$

$= \mathbf{425{,}36\,cm^2}$

► Seite 117 Zwischentest ☒

1 a) $V_{Kugel} = \frac{4}{3} \cdot \pi \cdot (2{,}4\,dm)^3 \approx \mathbf{57{,}906\,dm^3}$

b) $V_{Kugel} = \frac{4}{3} \cdot \pi \cdot (3{,}01\,m)^3 \approx \mathbf{114{,}232\,m^3}$

c) $d = 4{,}6\,cm$, also $r = 2{,}3\,cm$

$V_{Kugel} = \frac{4}{3} \cdot \pi \cdot (2{,}3\,cm)^3 \approx \mathbf{50{,}965\,cm^3}$

d) $d = 14{,}18\,mm$, also $r = 7{,}09\,mm$

$V_{Kugel} = \frac{4}{3} \cdot \pi \cdot (7{,}09\,mm)^3 \approx \mathbf{1492{,}888\,mm^3}$

2 a) $O_{Kugel} = 4 \cdot \pi \cdot (12{,}6\,mm)^2 \approx \mathbf{1995{,}04\,mm^2}$

b) $d = 7{,}9\,dm$, also $r = 3{,}95\,dm$

$O_{Kugel} = 4 \cdot \pi \cdot (3{,}95\,dm)^2 \approx \mathbf{196{,}07\,dm^2}$

c) $d = 4{,}86\,km$, also $r = 2{,}43\,km$

$O_{Kugel} = 4 \cdot \pi \cdot (2{,}43\,km)^2 \approx \mathbf{74{,}20\,km^2}$

d) *gegeben*: $V = 523{,}6\,m^3$

$r = \sqrt[3]{\frac{3 \cdot V}{4 \cdot \pi}}$

$= \sqrt[3]{\frac{3 \cdot 523{,}6\,m^3}{4 \cdot \pi}} \approx 5\,cm$

$O_{Kugel} \approx 4 \cdot \pi \cdot (5\,cm)^2 \approx \mathbf{314{,}16\,cm^2}$

3 *gegeben*: $d_{Halbkugel} = 3{,}46\,cm$, $r_{Halbkugel} = 1{,}73\,cm$;

$a = 6\,cm$; $h_K = 1{,}5\,dm = 15\,cm$

gesucht: $V_{gesamt} = V_{Dreiecksprisma} + V_{Halbkugel}$

$h_{Dreieck} = \sqrt{a^2 - \left(\frac{1}{2} \cdot a\right)^2}$

$= \sqrt{(6\,cm)^2 - \left(\frac{1}{2} \cdot 6\,cm\right)^2}$

$\approx 5{,}2\,cm$

$V_{Dreiecksprima} = \frac{1}{2} \cdot a \cdot h_{Dreieck} \cdot h_K$

$\approx \frac{1}{2} \cdot 6\,cm \cdot 5{,}2\,cm \cdot 15\,cm = 234\,cm^3$

$V_{Halbkugel} = \frac{2}{3} \cdot \pi \cdot r^3$

$= \frac{2}{3} \cdot \pi \cdot (1{,}73\,cm)^3 \approx 10{,}84\,cm^3$

$V_{gesamt} \approx 234\,cm^3 + 10{,}84\,cm^3 = \mathbf{244{,}84\,cm^3}$

4 *gegeben*: $d_{Halbkugel} = 6{,}5\,dm$, also $r_{Halbkugel} = 3{,}25\,dm$

$d_{Zylinder} = 160\,cm$; also $r_{Zylinder} = 80\,cm = 8\,dm$;

$h_K = 170\,cm = 17\,dm$

gesucht: $O_{gesamt} = 2 \cdot M_{Halbkugel} + O_{Zylinder} - 2 \cdot A_{Kreis}$

$M_{Halbkugel} = 2 \cdot \pi \cdot {r_{Halbkugel}}^2$

$= 2 \cdot \pi \cdot (3{,}25\,dm)^2 \approx 66{,}37\,dm^2$

$O_{Zylinder} = 2 \cdot \pi \cdot {r_{Zylinder}}^2 + 2 \cdot \pi \cdot r_{Zylinder} \cdot h_K$

$= 2 \cdot \pi \cdot (8\,dm)^2 + 2 \cdot \pi \cdot 8\,dm \cdot 17\,dm$

$\approx 1256{,}64\,dm^2$

$A_{Kreis} = \pi \cdot {r_{Halbkugel}}^2$

$= \pi \cdot (3{,}25\,dm)^2 \approx 33{,}18\,dm^2$

$O_{gesamt} \approx 2 \cdot 66{,}37\,dm^2 + 1256{,}64\,dm^2$

$- 2 \cdot 33{,}18\,dm^2 = \mathbf{1323{,}02\,dm^2}$

5 *gegeben*: $d_{außen} = 5{,}4\,m$, also $r_{außen} = 2{,}7\,m$

$r_{innen} = 2{,}7\,m - 0{,}4\,m = 2{,}3\,m$;

$a = 1\,m$; $b = 0{,}4\,m$; $c = 1{,}2\,m$

gesucht: $V_{gesamt} = V_{außen} - V_{innen} - V_{Tür}$

$V_{außen} = \frac{2}{3} \cdot \pi \cdot r^3 = \frac{2}{3} \cdot \pi \cdot (2{,}7\,m)^3 \approx 41{,}22\,m^3$

$V_{innen} = \frac{2}{3} \cdot \pi \cdot (2{,}3\,m)^3 \approx 25{,}48\,m^3$

$V_{Tür} = a \cdot b \cdot c = 1\,m \cdot 0{,}4\,m \cdot 1{,}2\,m = 0{,}48\,m^3$

$V_{gesamt} \approx 41{,}22\,m^3 - 25{,}48\,m^3 - 0{,}48\,m^3 = \mathbf{15{,}26\,m^3}$

Der Iglu besteht ungefähr aus $15{,}26\,m^3$ Schnee.

6 *gegeben*: $d_1 = 6\,cm$, also $r_1 = 3\,cm$;
$d_2 = 3\,cm$, also $r_2 = 1{,}5\,cm$;
$r = 7{,}5\,cm$; $h_K = 1{,}7\,dm = 17\,cm$

gesucht: $O_{gesamt} = O_{Zylinder} + M_1 + M_2 - A_{Kreis1} - A_{Kreis2}$

$O_{Zylinder} = 2 \cdot \pi \cdot r^2 + 2 \cdot \pi \cdot r \cdot h_K$
$= 2 \cdot \pi \cdot (7{,}5\,cm)^2 + 2 \cdot \pi \cdot 7{,}5\,cm \cdot 17\,cm$
$\approx 1154{,}54\,cm^2$

$M_1 = 2 \cdot \pi \cdot r^2 = 2 \cdot \pi \cdot (3\,cm)^2 \approx 56{,}55\,cm^2$

$M_2 = 2 \cdot \pi \cdot (1{,}5\,cm)^2 \approx 14{,}14\,cm^2$

$A_{Kreis1} = \pi \cdot r^2$
$= \pi \cdot (3\,cm)^2 \approx 28{,}27\,cm^2$

$A_{Kreis2} = \pi \cdot (1{,}5\,cm)^2 \approx 7{,}07\,cm^2$

$O_{gesamt} \approx 1154{,}54\,cm^2 + 56{,}55\,cm^2 + 14{,}14\,cm^2$
$- 28{,}27\,cm^2 - 7{,}07\,cm^2 = \mathbf{1189{,}89\,cm^2}$

► Seite 125 Abschlusstest

1 $V_{Kugel} = \frac{4}{3} \cdot \pi \cdot (3\,cm)^3 \approx \mathbf{113{,}10\,cm^3}$
Die Eiskugel hat ein Volumen von ungefähr 113 cm³.

2 $O_{Kugel} = 4 \cdot \pi \cdot (1{,}2\,cm)^2 \approx \mathbf{18{,}10\,cm^2}$
Der Oberflächeninhalt beträgt ungefähr 18,10 cm².

3 *gegeben*: $r = 15\,cm$; $h_{Zylinder} = 65\,cm$

gesucht: $V_{gesamt} = V_{Zylinder} + V_{Halbkugel}$

$V_{Zylinder} = \pi \cdot r^2 \cdot h_{Zylinder}$
$= \pi \cdot (15\,cm)^2 \cdot 65\,cm \approx 45945{,}79\,cm^3$

$V_{Halbkugel} = \frac{2}{3} \cdot \pi \cdot r^3 = \frac{2}{3} \cdot \pi \cdot (15\,cm)^3 \approx 7068{,}58\,cm^3$

$V_{gesamt} \approx 45945{,}79\,cm^3 + 7068{,}58\,cm^3$
$= \mathbf{53014{,}37\,cm^3}$ (≈ 53 Liter)

Der Mülleimer hat ein Volumen von etwa 53014 cm³.

4 *gegeben*: $r_1 = 1{,}5\,cm$, $r_2 = 3\,cm$, $h_K = 5{,}5\,cm$

gesucht: $V_{gesamt} = V_{Zylinder} - V_{Halbkugel1} - V_{Halbkugel2}$

$V_{Zylinder} = \pi \cdot {r_2}^2 \cdot h_K$
$= \pi \cdot (3\,cm)^2 \cdot 5{,}5\,cm \approx 155{,}509\,cm^3$

$V_{Halbkugel1} = \frac{2}{3} \cdot \pi \cdot {r_1}^3 = \frac{2}{3} \cdot \pi \cdot (1{,}5\,cm)^3 \approx 7{,}069\,cm^3$

$V_{Halbkugel2} = \frac{2}{3} \cdot \pi \cdot {r_2}^3 = \frac{2}{3} \cdot \pi \cdot (3\,cm)^3 \approx 56{,}549\,cm^3$

$V_{gesamt} \approx 155{,}509\,cm^3 - 7{,}069\,cm^3 - 56{,}549\,cm^3$
$= \mathbf{91{,}891\,cm^3}$

5 *gegeben*: $r = 2\,cm$; $a = 4{,}5\,cm$

gesucht: $O_{gesamt} = O_{Würfel} + 2 \cdot M_{Halbkugel} - 2 \cdot A_{Kreis}$

$O_{Würfel} = 6 \cdot a^2 = 6 \cdot (4{,}5\,cm)^2 = 121{,}5\,cm^2$

$M_{Halbkugel} = 2 \cdot \pi \cdot r^2 = 2 \cdot \pi \cdot (2\,cm)^2 \approx 25{,}13\,cm^2$

$A_{Kreis1} = \pi \cdot r^2 = \pi \cdot (2\,cm)^2 \approx 12{,}57\,cm^2$

$O_{gesamt} \approx 121{,}5\,cm^2 + 2 \cdot 25{,}13\,cm^2 - 2 \cdot 12{,}57\,cm^2$
$= \mathbf{146{,}62\,cm^2}$

6 *gegeben*: $r = 15\,cm$

gesucht: $O = M_{Halbkugel} + A_{Kreis}$

$M_{Halbkugel} = 2 \cdot \pi \cdot r^2 = 2 \cdot \pi \cdot (15\,cm)^2 \approx 1413{,}72\,cm^2$

$A_{Kreis} = \pi \cdot r^2 = \pi \cdot (15\,cm)^2 \approx 706{,}86\,cm^2$

$O \approx 1413{,}72\,cm^2 + 706{,}86\,cm^2 = \mathbf{2120{,}58\,cm^2}$

► Seite 125 Abschlusstest

1 $V_{Kugel} = \frac{4}{3} \cdot \pi \cdot (20\,mm)^3 \approx \mathbf{33\,510{,}32\,mm^3}$
Der Tischtennisball hat ein Volumen von ungefähr 33 510,32 mm³.

2 $O_{Kugel} = 4 \cdot \pi \cdot (5{,}5\,cm)^2 \approx \mathbf{380{,}13\,cm^2}$
Der Globus hat einen Oberflächeninhalt von ungefähr 380,13 cm².

3 Der Wasserspeicher besteht aus einem Kegel, einem Zylinder und einer Halbkugel.

gegeben: $r_1 = 24\,m$, $h_1 = 20\,m$,
$r_2 = 16\,m$, $h_2 = 28\,m$

gesucht: $V_{gesamt} = V_{Kegel} + V_{Zylinder} + V_{Halbkugel}$

$V_{Kegel} = \frac{1}{3} \cdot \pi \cdot {r_1}^2 \cdot h_1$
$= \frac{1}{3} \cdot \pi \cdot (24\,m)^2 \cdot 20\,m \approx 12\,063{,}716\,m^3$

$V_{Zylinder} = \pi \cdot {r_2}^2 \cdot h_2$
$= \pi \cdot (16\,m)^2 \cdot 28\,m \approx 22\,518{,}936\,m^3$

$V_{Halbkugel} = \frac{2}{3} \cdot \pi \cdot {r_2}^3$
$= \frac{2}{3} \cdot \pi \cdot (16\,m)^3 \approx 8578{,}642\,m^3$

$V_{gesamt} \approx 12\,063{,}716\,m^3 + 22\,518{,}936\,m^3$
$+ 8578{,}642\,m^3 = \mathbf{43\,161{,}294\,m^3}$

Der alte Wasserspeicher hat ein Volumen von ungefähr 43 161,294 m³.

4 *gegeben*: $r = 5{,}2\,dm$, $h_K = 6{,}1\,dm$

gesucht: $V_{gesamt} = V_{Zylinder} - V_{Kegel} - V_{Halbkugel}$
$h_Z = 6{,}1\,dm + 5{,}2\,dm = 11{,}3\,dm$

$V_{Zylinder} = \pi \cdot r^2 \cdot h_Z$
$= \pi \cdot (5{,}2\,dm)^2 \cdot 11{,}3\,dm \approx 959{,}920\,dm^3$

$V_{Kegel} = \frac{1}{3} \cdot \pi \cdot r^2 \cdot h_K$
$= \frac{1}{3} \cdot \pi \cdot (5{,}2\,dm)^2 \cdot 6{,}1\,dm \approx 172{,}729\,dm^3$

$V_{Halbkugel} = \frac{2}{3} \cdot \pi \cdot r^3$
$= \frac{2}{3} \cdot \pi \cdot (5{,}2\,cm)^3 \approx 294{,}489\,dm^3$

$V_{gesamt} \approx 959{,}92\,dm^3 - 172{,}729\,dm^3 - 294{,}489\,dm^3$
$= \mathbf{492{,}702\,dm^3}$

5 *gegeben*: $r_1 = 2{,}5\,cm$; $r_2 = 4\,cm$; $a = 10\,cm$; $b = 4{,}5\,cm$

gesucht: $O_{gesamt} = O_{Quader} + M_{Halbkugel1} + M_{Halbkugel2}$
$- A_{Kreis1} - A_{Kreis2}$

$O_{Quader} = 2 \cdot a \cdot a + 2 \cdot a \cdot b + 2 \cdot a \cdot b$
$= 2 \cdot 10\,cm \cdot 10\,cm + 2 \cdot 10\,cm \cdot 4{,}5\,cm$
$+ 2 \cdot 10\,cm \cdot 4{,}5\,cm = 380\,cm^2$

$M_{Halbkugel1} = 2 \cdot \pi \cdot {r_1}^2 = 2 \cdot \pi \cdot (2{,}5\,cm)^2 \approx 39{,}27\,cm^2$

$M_{Halbkugel2} = 2 \cdot \pi \cdot {r_2}^2 = 2 \cdot \pi \cdot (4\,cm)^2 \approx 100{,}53\,cm^2$

$A_{Kreis1} = \pi \cdot {r_1}^2 = \pi \cdot (2{,}5\,cm)^2 \approx 19{,}63\,cm^2$

$A_{Kreis2} = \pi \cdot {r_2}^2 = \pi \cdot (4\,cm)^2 \approx 50{,}27\,cm^2$

$O_{gesamt} \approx 380\,cm^2 + 39{,}27\,cm^2 + 100{,}53\,cm^2 - 19{,}63\,cm^2$
$- 50{,}27\,cm^2 = \mathbf{449{,}90\,cm^2}$

6 *gegeben*: $r = 3\,cm$, $a = 12\,cm$

gesucht: $O_{gesamt} = O_{Würfel} - 6 \cdot A_{Kreis} + 6 \cdot A_{Halbkugel}$

$O_{Würfel} = 6 \cdot a^2 = 6 \cdot (12\,cm)^2 = 864\,cm^2$

$A_{Kreis} = \pi \cdot r^2 = \pi \cdot (3\,cm)^2 \approx 28{,}27\,cm^2$

$M_{Halbkugel} = 2 \cdot \pi \cdot r^2 = 2 \cdot \pi \cdot (3\,cm)^2 \approx 56{,}55\,cm^2$

$O_{gesamt} \approx 864\,cm^2 - 6 \cdot 28{,}27\,cm^2 + 6 \cdot 56{,}55\,cm^2$
$= \mathbf{1033{,}68\,cm^2}$

► Seite 125 Abschlusstest ☒

1 $u = 2 \cdot \pi \cdot r$, also $r = \frac{u}{2 \cdot \pi}$

$r = \frac{2{,}2\,dm}{2 \cdot \pi} \approx 0{,}35\,dm$

$V_{Kugel} \approx \frac{4}{3} \cdot \pi \cdot (0{,}35\,dm)^3 \approx \mathbf{0{,}180\,dm^3}$

Die Badekugel hat ein Volumen von etwa $0{,}18\,dm^3$.

2 *gegeben*: $V = 33\,510\,cm^3$

gesucht: $O = 4 \cdot \pi \cdot r^2$

$33\,510\,cm^3 = \frac{4}{3} \cdot \pi \cdot r^3 \quad | \cdot \frac{3}{4}$

$r = \sqrt[3]{\frac{3 \cdot 33\,510\,cm^3}{4 \cdot \pi}} \approx 20\,cm$

$\frac{3 \cdot 33\,510\,cm^3}{4} = \pi \cdot r^3 \quad | : \pi$

$\frac{3 \cdot 33\,510\,cm^3}{4 \cdot \pi} = r^3 \quad | \sqrt[3]{\ }$

$O \approx 4 \cdot \pi \cdot (20\,cm)^2 \approx \mathbf{5026{,}55\,cm^2}$

Der Wasserball besteht ungefähr aus $5026{,}55\,cm^2$ Kunststoff.

3 Das Werkstück besteht aus einer quadratischen Pyramide und einer Halbkugel.

gegeben: $h_K = 8\,cm$; $r = 7\,cm$

gesucht: Kantenlänge a; $V_{gesamt} = V_{Pyramide} + V_{Halbkugel}$

Berechnung von a mit dem Satz des Pythagoras:

$r^2 + r^2 = a^2$, also $a = \sqrt{2r^2}$

$a = \sqrt{2 \cdot (7\,cm)^2} = \sqrt{98\,cm^2} \approx 9{,}9\,cm$

$V_{Pyramide} = \frac{1}{3} \cdot a^2 \cdot h_K$

$\approx \frac{1}{3} \cdot (9{,}9\,cm)^2 \cdot 8\,cm = 261{,}36\,cm^3$

$V_{Halbkugel} = \frac{2}{3} \cdot \pi \cdot r^3$

$= \frac{2}{3} \cdot \pi \cdot (7\,cm)^3 \approx 718{,}378\,cm^3$

$V_{gesamt} \approx 261{,}36\,cm^3 + 718{,}378\,cm^3$

$= 979{,}738\,cm^3$

4 *gegeben*: $r_1 = 3\,cm$; $r_2 = 1\,cm$: $r_3 = 3{,}5\,cm$;

$h_{Zylinder} = 3\,cm + 1\,cm + 3{,}5\,cm = 7{,}5\,cm$

gesucht: $V_{gesamt} = V_{Zylinder} - V_1 - V_2 - V_3$

$V_{Zylinder} = \pi \cdot r_3^2 \cdot h_{Zylinder}$

$= \pi \cdot (3{,}5\,cm)^2 \cdot 7{,}5\,cm \approx 288{,}634\,cm^3$

$V_1 = \frac{2}{3} \cdot \pi \cdot (3\,cm)^3 \approx 56{,}549\,cm^3$

$V_2 = \frac{4}{3} \cdot \pi \cdot (1\,cm)^3 \approx 4{,}189\,cm^3$

$V_3 = \frac{2}{3} \cdot \pi \cdot (3{,}5\,cm)^3 \approx 89{,}797\,cm^3$

$V_{gesamt} \approx 288{,}634\,cm^3 - 56{,}549\,cm^3 - 4189\,cm^3$

$- 89{,}797\,cm^3$

$= \mathbf{138{,}099\,cm^3}$

5 *gegeben*: $r = 8\,cm$; $a = 20\,cm$

gesucht: $O_{gesamt} = O_{Würfel} + M_{\frac{3}{4}Kugel} - 2 \cdot A_{Halbkreis}$

$O_{Würfel} = 6 \cdot a^2$

$= 6 \cdot (20\,cm)^2 = 2400\,cm^2$

Drei Viertel der Kugel ist an einer Kante des Würfels angebracht. Denn es fehlt genau ein Viertel der Kugel. Der Mantelflächeninhalt $M_{\frac{3}{4}Kugel}$ ergibt sich aus $\frac{3}{4}\,O_{Kugel}$:

$M_{\frac{3}{4}Kugel} = \frac{3}{4} \cdot (4 \cdot \pi \cdot r^2)$

$= \frac{3}{4} \cdot (4 \cdot \pi \cdot (8\,cm)^2) \approx 603{,}19\,cm^2$

$A_{Halbkreis} = \frac{1}{2} \cdot \pi \cdot r^2$

$= \frac{1}{2} \cdot \pi \cdot (8\,cm)^2 \approx 100{,}53\,cm^2$

$O_{gesamt} \approx 2400\,cm^2 + 603{,}19\,cm^2 - 2 \cdot 100{,}53\,cm^2$

$= \mathbf{2802{,}13\,cm^2}$

6 *gegeben*: $r_1 = 2\,dm$; $s = 3{,}7\,dm$; $r_2 = 2{,}5\,dm$

gesucht: $O_{gesamt} = O_{Zylinder} - A_{Kreis1} - A_{Kreis2} + M_{Kegel} + M_{Halbkugel}$

Berechnung von h_{Kegel} mit dem Pythagoras:

$s^2 = h_{Kegel}^2 + r_1^2$, also $h_{Kegel} = \sqrt{s^2 - r_1^2}$

$h_{Kegel} = \sqrt{(3{,}7\,dm)^2 - (2\,dm)^2} \approx 3{,}11\,dm$

$h_{Zylinder} = r_2 + h_{Kegel}$

$h_{Zylinder} \approx 2{,}5\,dm + 3{,}11\,dm = 5{,}61\,dm$

$O_{Zylinder} = 2 \cdot \pi \cdot r_2^2 + 2 \cdot \pi \cdot r \cdot h_{Zylinder}$

$\approx 2 \cdot \pi \cdot (2{,}5\,dm)^2 + 2 \cdot \pi \cdot 2{,}5\,dm \cdot 5{,}61\,dm$

$\approx 127{,}39\,dm^2$

$A_{Kreis1} = \pi \cdot r_1^2$

$= \pi \cdot (2\,dm)^2 \approx 12{,}57\,dm^2$

$A_{Kreis2} = \pi \cdot (2{,}5\,dm)^2 \approx 19{,}63\,dm^2$

$M_{Kegel} = \pi \cdot r_1 \cdot s$

$\approx \pi \cdot 2\,dm \cdot 3{,}7\,dm \approx 23{,}25\,dm^2$

$M_{Halbkugel} = 2 \cdot \pi \cdot r_2^2$

$= 2 \cdot \pi \cdot (2{,}5\,dm)^2 \approx 39{,}27\,dm^2$

$O_{gesamt} \approx 127{,}39\,dm^2 - 12{,}57\,dm^2 - 19{,}63\,dm^2$

$+ 23{,}25\,dm^2 + 39{,}27\,dm^2$

$= \mathbf{157{,}71\,dm^2}$

5 Quadratische Funktionen

► Seite 128/129 Wiederholung

1 Die Abbildung hier ist um 50 % verkleinert.

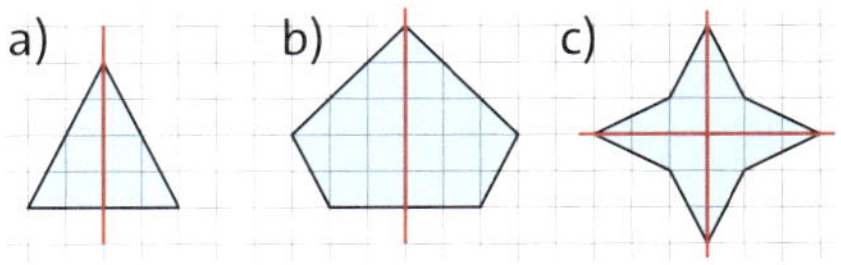

2 a) $A(0|2)$; $B(0{,}5|1)$; $C(2|1)$; $D(1|0)$; $E(1{,}5|-1)$; $F(0|-0{,}5)$

b) Die Abbildung hier ist um 50 % verkleinert.

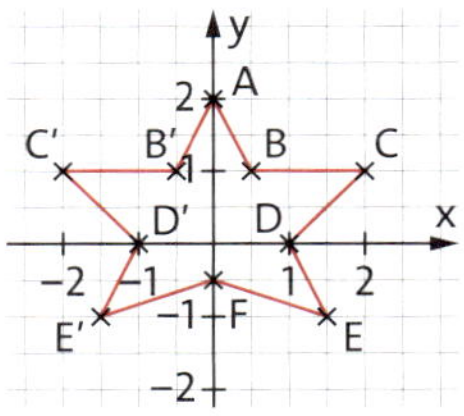

3
a) $(-15) + 26 = 11$
b) $(-32) - 12 = -44$
c) $1{,}6 - (-7) = 8{,}6$
d) $(-3) \cdot (-14) = 42$
e) $(-4) \cdot 12 = -48$
f) $90 : (-10) = -9$

4
a) $5^2 = 25$
b) $8^2 = 64$
c) $0{,}5^2 = 0{,}25$
d) $(-3)^2 = 9$
e) $\sqrt{81} = 9$
f) $\sqrt{121} = 11$
g) $\sqrt{0{,}04} = 0{,}2$
h) $\sqrt{0{,}36} = 0{,}6$

5
a) $5x + 9 = 5 \cdot \mathbf{2} + 9 = 10 + 9 = 19$
b) $x^2 + 10x + 1 = \mathbf{2}^2 + 10 \cdot \mathbf{2} + 1 = 4 + 20 + 1 = 25$
c) $(x - 4)^2 + 3 = (\mathbf{2} - 4)^2 + 3 = (-2)^2 + 3 = 7$

6
a) $x + x + x - x + x = 3x$
b) $2x + x + 8x - 5x = 6x$
c) $x \cdot x \cdot x \cdot x = x^4$
d) $x \cdot x^2 \cdot x^3 \cdot x = x^7$

7
a) $2 \cdot (x + 5) = 2x + 10$
b) $3x \cdot (x - 7) = 3x^2 - 21x$
c) $(2x + 5) \cdot 3 = 6x + 15$

8
a) $(x + 4) \cdot (x + 5) = x^2 + 5x + 4x + 20$
$= x^2 + 9x + 20$
b) $(2x + 6) \cdot (3x - 8) = 6x^2 - 16x + 18x - 48$
$= 6x^2 + 2x - 48$
c) $(2x - 6) \cdot (3x + 8) = 6x^2 + 16x - 18x - 48$
$= 6x^2 - 2x - 48$
d) $(x - 4) \cdot (x - 5) = x^2 - 5x - 4x + 20$
$= x^2 - 9x + 20$

9
a) ① $(x + 2)^2 = x^2 + 4x + 4$
② $(x + 5)^2 = x^2 + 10x + 25$
③ $(x + 4)^2 = x^2 + 8x + 16$
b) ① $(x - 1)^2 = x^2 - 2x + 1$
② $(x - 7)^2 = x^2 - 14x + 49$
③ $(x - 9)^2 = x^2 - 18x + 81$

10
a) ① $x^2 + 2x + 1 = (x + 1)^2$
② $x^2 + 12x + 36 = (x + 6)^2$
③ $x^2 + 6x + 9 = (x + 3)^2$
b) ① $x^2 - 2x + 1 = (x - 1)^2$
② $x^2 - 12x + 36 = (x - 6)^2$
③ $x^2 - 6x + 9 = (x - 3)^2$

11
a) $9x + 7 = 70 \quad | -7$
$9x = 63 \quad | :9$
$x = 7$; $L = \{7\}$
b) $12x - 15 = 21 \quad | +15$
$12x = 36 \quad | :12$
$x = 3$; $L = \{3\}$
c) $14x - 12 = 8x + 36 \quad | +12$
$14x = 8x + 48 \quad | -8x$
$6x = 48 \quad | :6$
$x = 8$; $L = \{8\}$
d) $0{,}5x + 10 = 3x + 12 \quad | -10$
$0{,}5x = 3x + 2 \quad | -3x$
$-2{,}5x = 2 \quad | :2{,}5$
$x = -0{,}8$; $L = \{-0{,}8\}$

12
① die Wertetabelle
② der Graph
③ die Funktionsgleichung
④ die Nullstelle

13

x	−3	−2	−1	0	1	2	3
y	11	9	7	5	3	1	−1

14
① $y = f(\mathbf{2}) = 3 \cdot \mathbf{2} - 5 = 1$
② $y = f(\mathbf{6}) = 3 \cdot \mathbf{6} - 5 = 13$
③ $y = f(\mathbf{-2}) = 3 \cdot (\mathbf{-2}) - 5 = -11$
④ $y = f(\mathbf{0{,}5}) = 3 \cdot \mathbf{0{,}5} - 5 = 3{,}5$

15 Für 25 km braucht Ben eine Stunde.
Verwende den Dreisatz, um herauszufinden, wie lange Ben für 1 km braucht.

Strecke in km	Zeit in min
25	60
1	2,4

Ben fährt insgesamt 30 km.

Strecke in km	Zeit in min
1	2,4
30	72

Zusätzlich macht er 30 Minuten Pause.
72 min + 30 min = 102 min.
Ben ist insgesamt 102 Minuten, also 1 Stunde und 42 Minuten, unterwegs.

► Seite 154 Zwischentest

1 a) Der höchste Exponent von x ist 2. Deshalb ist die Funktion eine quadratische Funktion.
b) Die Funktion ist eine quadratische Funktion, da der Graph eine Parabel ist.
c) Die Funktion ist keine quadratische Funktion, da der Graph keine Parabel ist.

2

x	−3	−2	−1	0	1	2	3
y	4	−1	−4	−5	−4	−1	4

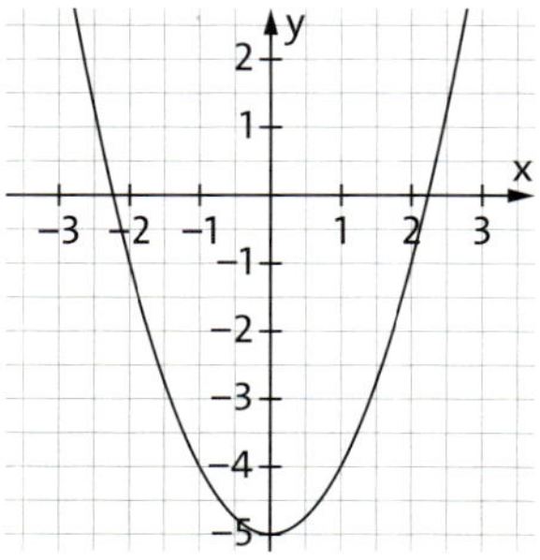

Die Abbildung hier ist um 50 % verkleinert.

3 a) Die Parabel ist gestreckt und nach oben offen.
b) Die Parabel ist gestaucht und nach unten offen.

4 a) Die Parabel ist gestreckt und nach oben offen. Sie ist um 2 Einheiten nach rechts verschoben.
b) Die Parabel ist gestreckt und nach unten offen. Sie ist um 4 Einheiten nach links und um 3 Einheiten nach unten verschoben.

5 a) S(−3 | 0)
b) S(8 | 9)

6 a) $f(x) = (x + 2)^2$
$= x^2 + 4x + 4$
b) $f(x) = (x + 4)^2 + 2$
$= x^2 + 8x + 16 + 2$
$= x^2 + 8x + 18$

7 a) $f(x) = x^2 - 4x + 4$
$= x^2 - 4x + \left(\frac{-4}{2}\right)^2 - \left(\frac{-4}{2}\right)^2 + 4$
$= x^2 - 4x + 4 - 4 + 4$
$= (x - 2)^2 - 4 + 4$
$= (x - 2)^2$
b) $f(x) = x^2 - 8x + 5$
$= x^2 - 8x + \left(\frac{-8}{2}\right)^2 - \left(\frac{-8}{2}\right)^2 + 5$
$= x^2 - 8x + 16 - 16 + 5$
$= (x - 4)^2 - 16 + 5$
$= (x - 4)^2 - 11$

► Seite 155 Zwischentest

1 a) Der höchste Exponent von x ist 3. Deshalb ist die Funktion keine quadratische Funktion.
b) Die Funktion ist eine quadratische Funktion, da der Graph eine Parabel ist.
c) Die Funktion ist keine quadratische Funktion, da der Graph keine Parabel ist.

2

x	−2	−1	0	1	2	3	4
y	5	−2	−7	−10	−11	−10	−7

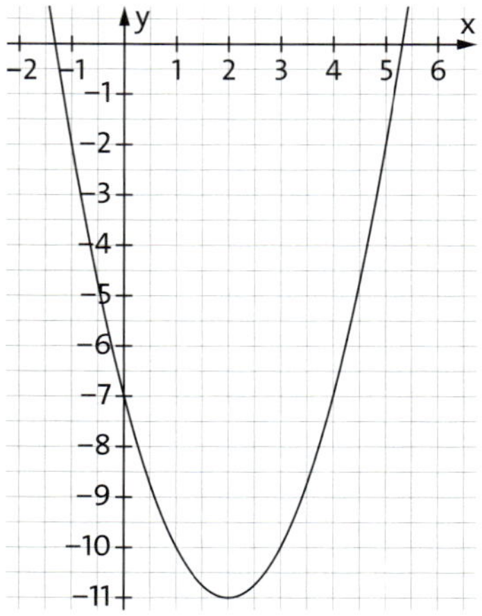

Die Abbildung hier ist um 50 % verkleinert.

3 a) Die Parabel ist gestaucht und nach unten offen.
b) Die Parabel ist gestreckt und nach oben offen.

4 a) Die Parabel ist gestreckt und nach oben offen. Sie ist um 8,3 Einheiten nach oben verschoben.
b) Die Parabel ist gestreckt und nach unten offen. Sie ist um 0,4 Einheiten nach links und um 3 Einheiten nach unten verschoben.

5 a) S(−2,3 | −1,5)
b) S(0 | 1,25)

6 a) $f(x) = (x - 3)^2 - 4$
$= x^2 - 6x + 9 - 4$
$= x^2 - 6x + 5$
b) $f(x) = 0{,}5(x - 2)^2 - 1$
$= 0{,}5(x^2 - 4x + 4) - 1$
$= 0{,}5x^2 - 2x + 2 - 1$
$= 0{,}5x^2 - 2x + 1$

7 a) $f(x) = x^2 - 6x + 4$
$= x^2 - 6x + \left(\frac{-6}{2}\right)^2 - \left(\frac{-6}{2}\right)^2 + 4$
$= x^2 - 6x + 9 - 9 + 4$
$= (x - 3)^2 - 9 + 4$
$= (x - 3)^2 - 5$
b) $f(x) = 3x^2 - 24x + 15$
$= 3(x^2 - 8x) + 15$
$= 3\left[x^2 - 8x + \left(\frac{-8}{2}\right)^2 - \left(\frac{-8}{2}\right)^2\right] + 15$
$= 3[x^2 - 8x + 16 - 16] + 15$
$= 3[(x - 4)^2 - 16] + 15$
$= 3(x - 4)^2 - 48 + 15$
$= 3(x - 4)^2 - 33$

► Seite 155 Zwischentest

1 a) Der höchste Exponent von x ist 4. Deshalb ist die Funktion keine quadratische Funktion.
b) Die Funktion ist eine quadratische Funktion, da der Graph eine Parabel ist.
c) Die Funktion ist keine quadratische Funktion, da der Graph keine Parabel ist.

2

x	−1	0	1	2	3	4
y	4	0	−2	−2	0	4

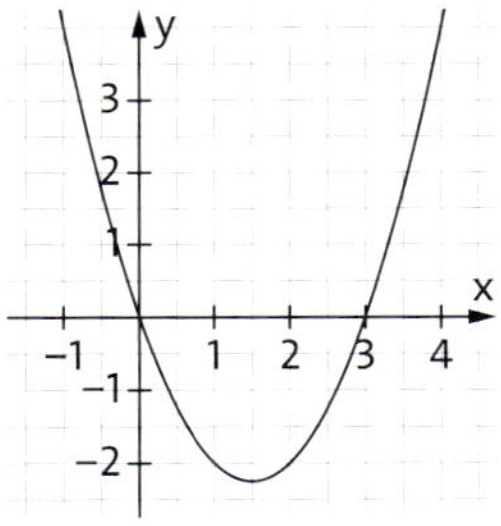

Die Abbildung hier ist um 50 % verkleinert.

3 a) Die Parabel ist gestaucht und nach unten offen.
b) Die Parabel ist gestaucht und nach unten offen.

4 a) Die Parabel ist gestaucht und nach oben offen. Sie ist um $\frac{9}{5}$ Einheiten nach oben verschoben.
b) Die Parabel ist gestaucht und nach unten offen. Sie ist um $\frac{1}{4}$ Einheiten nach links und um eine Einheit nach oben verschoben.

5 a) $S\left(\frac{5}{2}\middle|0\right)$
b) $S(8|9)$

6 a)
$$f(x) = \tfrac{1}{2}(x+2)^2 + 1$$
$$= \tfrac{1}{2}(x^2 + 4x + 4) + 1$$
$$= \tfrac{1}{2}x^2 + 2x + 2 + 1$$
$$= \tfrac{1}{2}x^2 + 2x + 3$$

b)
$$f(x) = -(x+1{,}5)^2 + 2$$
$$= -(x^2 + 3x + 2{,}25) + 2$$
$$= -x^2 - 3x - 2{,}25 + 2$$
$$= -x^2 - 3x - 0{,}25$$

7 a)
$$f(x) = -2x^2 + 8x - 6$$
$$= -2(x^2 - 4x) - 6$$
$$= -2\left[x^2 - 4x + \left(\tfrac{-4}{2}\right)^2 - \left(\tfrac{-4}{2}\right)^2\right] - 6$$
$$= -2[x^2 - 4x + 4 - 4] - 6$$
$$= -2[(x-2)^2 - 4] - 6$$
$$= -2(x-2)^2 + 8 - 6$$
$$= -2(x-2)^2 + 2$$

b)
$$f(x) = \tfrac{2}{5}x^2 + x + 1$$
$$= \tfrac{2}{5}\left(x^2 + \tfrac{5}{2}x + 1\right)$$
$$= \tfrac{2}{5}\left[x^2 + \tfrac{5}{2}x + \left(\tfrac{5}{4}\right)^2 - \left(\tfrac{5}{4}\right)^2\right] + 1$$
$$= \tfrac{2}{5}\left[x^2 + 2{,}5x + \tfrac{25}{16} - \tfrac{25}{16}\right] + 1$$
$$= \tfrac{2}{5}\left[\left(x + \tfrac{5}{4}\right)^2 - \tfrac{25}{16}\right] + 1$$
$$= \tfrac{2}{5}\left(x + \tfrac{5}{4}\right)^2 - \tfrac{5}{8} + 1$$
$$= \tfrac{2}{5}\left(x + \tfrac{5}{4}\right)^2 + \tfrac{3}{8}$$

► Seite 163 Abschlusstest

1

x	−3	−2	−1	0	1	2	3
y	21	12	5	0	−3	−4	−3

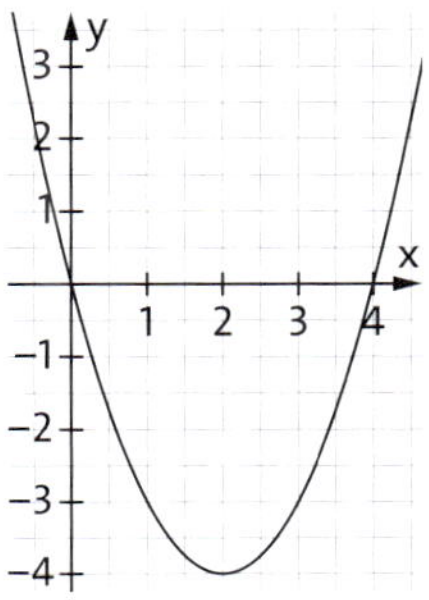

Die Abbildung hier ist um 50 % verkleinert.

2 a) Die Parabel ist gestreckt und nach oben offen.
b) Die Parabel ist gestaucht und nach oben offen.

3 a) Die Normalparabel ist um 4 Einheiten nach rechts und um 7 Einheiten nach oben verschoben. Der Scheitelpunkt ist $S(4|7)$.
b) Die Normalparabel ist um 3 Einheiten nach links und um 9 Einheiten nach unten verschoben. Der Scheitelpunkt ist $S(-3|-9)$.

4
$$f(x) = (x+2)^2 - 2$$
$$= x^2 + 4x + 4 - 2$$
$$= x^2 + 4x + 2$$

5
$$f(x) = x^2 + 4x + 2$$
$$= x^2 + 4x + \left(\tfrac{4}{2}\right)^2 - \left(\tfrac{4}{2}\right)^2 + 2$$
$$= x^2 + 4x + 4 - 4 + 2$$
$$= (x+2)^2 - 4 + 2$$
$$= (x+2)^2 - 2$$

Der Scheitelpunkt ist $S(-2|-2)$.

6 Setze den x-Wert und den y-Wert von A in die Funktionsgleichung ein:
$f(x) = 0{,}5x^2 + 2x - 1$
$\mathbf{5} = 0{,}5 \cdot \mathbf{2}^2 + 2 \cdot \mathbf{2} - 1$
$5 = 5$ ✓
Der Punkt A liegt auf der Parabel.
Setze den x-Wert und den y-Wert von B in die Funktionsgleichung ein:
$f(x) = 0{,}5x^2 + 2x - 1$
$\mathbf{9} = 0{,}5 \cdot \mathbf{3}^2 + 2 \cdot \mathbf{3} - 1$
$\mathbf{9} = 9{,}5$ ⨍ (stimmt nicht)
Der Punkt B liegt nicht auf der Parabel.

7 a)
$$f(0) = -0{,}6(0-2)^2 + 4$$
$$= -0{,}6 \cdot 4 + 4$$
$$= 1{,}6$$
Svenja wirft den Ball aus einer Höhe von 1,6 m ab.
b) Die maximale Höhe erreicht der Ball beim Scheitelpunkt der Parabel. Der Scheitelpunkt ist $S(2|4)$. Die Höhe ist der y-Wert des Scheitelpunktes. Der Ball erreicht seine maximale Höhe bei 4 m.

► Seite 163 Abschlusstest ☒

1

x	−4	−3	−2	−1	0	1	2
y	8	3	0	−1	0	3	8

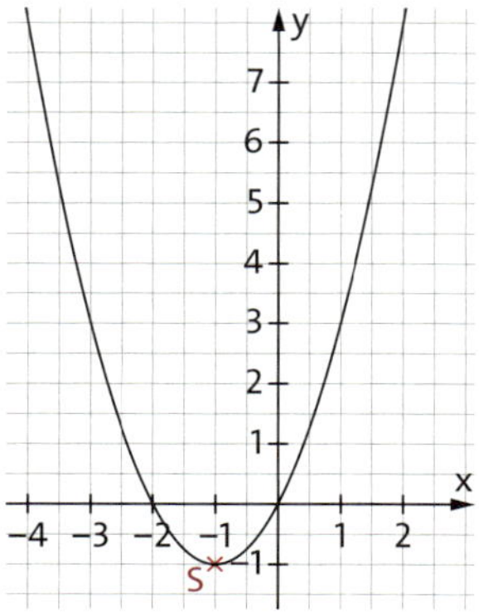

Die Abbildung hier ist um 50 % verkleinert.

2 a) Die Parabel ist gestreckt und nach unten offen.
b) Die Parabel ist gestaucht und nach oben offen.

3 a) Die Parabel ist gestreckt und nach oben offen. Die Parabel ist um 2 Einheiten nach rechts und um 5 Einheiten nach oben verschoben. Der Scheitelpunkt ist S(2 | 5).
b) Die Parabel ist nach unten offen. Die Parabel ist um 4 Einheiten nach links und um 1,2 Einheiten nach unten verschoben. Der Scheitelpunkt ist S(−4 | −1,2).

4 $f(x) = 2(x-8)^2 + 5$
$= 2(x^2 - 16x + 64) + 5$
$= 2x^2 - 32x + 128 + 5$
$= 2x^2 - 32x + 133$

5 $f(x) = -x^2 + 4x + 5$
$= -(x^2 - 4x) + 5$
$= -\left[x^2 - 4x + \left(\frac{4}{2}\right)^2 - \left(\frac{4}{2}\right)^2\right] + 5$
$= -[x^2 - 4x + 4 - 4] + 5$
$= -[(x-2)^2 - 4] + 5$
$= -(x-2)^2 + 4 + 5$
$= -(x-2)^2 + 9$

Der Scheitelpunkt ist S(2 | 9).

6 Setze den x-Wert und den y-Wert von P in die Funktionsgleichung ein:
$\mathbf{8} = 2 \cdot \mathbf{3}^2 - b$
$8 = 18 - b \quad | -18$
$-10 = -b \quad | \cdot(-1)$
$10 = b$

$f(x) = 2x^2 - 10$

7 a) Setze x = 2 ein:
$f(\mathbf{2}) = -\frac{1}{3} \cdot \mathbf{2}^2 + 2 \cdot \mathbf{2} + 1$
$= \frac{11}{3}$
$\approx 3{,}67$
Bei einer Entfernung von 2 m hat der Ball eine Höhe von ungefähr 3,67 m.
b) Bestimme hierfür den Scheitelpunkt:
$f(x) - \frac{1}{3}x^2 + 2x + 1$
$= -\frac{1}{3}(x^2 - 6x) + 1$
$= -\frac{1}{3}\left[x^2 - 6x + \left(\frac{-6}{2}\right)^2 - \left(\frac{-6}{2}\right)^2\right] + 1$
$= -\frac{1}{3}[x^2 - 6x + 9 - 9] + 1$
$= -\frac{1}{3}[(x-3)^2 - 9] + 1$
$= -\frac{1}{3}(x-3)^2 + 3 + 1$
$= -\frac{1}{3}(x-3)^2 + 4$
Der Scheitelpunkt ist S(3 | 4).
Bei einer Entfernung von 3 m erreicht der Ball die maximale Höhe von 4 m.

► Seite 163 Abschlusstest ☒

1

x	−4	−3	−2	−1	0	1	2
y	2,5	0	−1,5	−2	−1,5	0	2,5

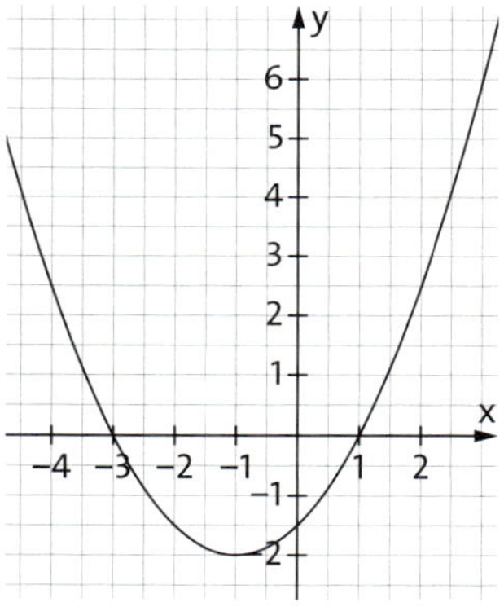

Die Abbildung hier ist um 50 % verkleinert.

2 a) Die Parabel ist gestaucht und nach oben offen.
b) Die Parabel ist gestreckt und nach unten offen.

3 a) Die Parabel ist gestaucht und nach oben offen. Die Parabel ist um 2,5 Einheiten nach rechts und um 7,5 Einheiten nach oben verschoben. Der Scheitelpunkt ist S(2,5 | 7,5).
Die Parabel ist gestaucht und nach unten offen. Die Parabel ist um 3 Einheiten nach links verschoben. Der Scheitelpunkt ist S(−3 | 0).

4 $f(x) = \frac{5}{3}(x-3)^2 + 9$
$= \frac{5}{3}(x^2 - 6x + 9) + 9$
$= \frac{5}{3}x^2 - 10x + 15 + 9$
$= \frac{5}{3}x^2 - 10x + 24$

5 $f(x) = -\frac{1}{2}x^2 + 3x + \frac{4}{5}$

$= -\frac{1}{2}(x^2 - 6x) + \frac{4}{5}$

$= -\frac{1}{2}\left[x^2 - 6x + \left(\frac{-6}{2}\right)^2 - \left(\frac{-6}{2}\right)^2\right] + \frac{4}{5}$

$= -\frac{1}{2}[x^2 - 6x + 9 - 9] + \frac{4}{5}$

$= -\frac{1}{2}[(x - 3)^2 - 9] + \frac{4}{5}$

$= -\frac{1}{2}(x - 3)^2 + \frac{9}{2} + \frac{4}{5}$

$= -\frac{1}{2}(x - 3)^2 + 5{,}3$

Der Scheitelpunkt ist S (3 | 5,3).

6 Setze den x-Wert und den y-Wert von P in die Funktionsgleichung ein:

$\mathbf{7} = a \cdot \mathbf{2}^2 + 2 \cdot \mathbf{2} - 3$

$7 = a \cdot 4 + 1 \quad | -1$

$6 = 4a \quad | :4$

$1{,}5 = a$

$f(x) = 1{,}5x^2 + 2x - 3$

7 a) $f(0) = -\frac{3}{5} \cdot 0^2 + 4\frac{4}{5} \cdot 0 + 1{,}9$

$= 1{,}9$

Raj wirft den Ball aus einer Höhe von 1,9 m ab.

b) $f(2{,}7) = -\frac{3}{5} \cdot 2{,}7^2 + 4\frac{4}{5} \cdot 2{,}7 + 1{,}9$

$= 10{,}486$

Rajs Ball wird über die Mauer fliegen.
Nach 2,7 m erreicht der Ball eine Höhe von 10,486 m.

c) Der Ball wurde an der Stelle x = 0 abgeworfen. Die Flugbahn ist beendet, wenn der Ball auf dem Boden auftrifft. Diese Stelle nennt man Nullstelle. An der Nullstelle beträgt die Flughöhe 0 m.
Um die Nullstelle zu berechnen, wird der Funktionsterm null gesetzt: f(x) = 0. Dann wird x berechnet.
x gibt die Flugweite in Metern an.

6 Quadratische Gleichungen

► Seite 166/167 Wiederholung

1 a) $\sqrt{25} = 5$ die Wurzel ziehen; 25 ist der Radikand; 5 ist der Wert der Quadratwurzel.

b) $1{,}5^2 = 2{,}25$ quadrieren; 1,5 ist die Basis; 2 ist der Exponent; 2,25 ist der Wert der Potenz.

2 $2^2 = 4$ und $(-2)^2 = 4$

$9^2 = 81$ und $(-9)^2 = 81$

$1{,}1^2 = 1{,}21$ und $(-1{,}1)^2 = 1{,}21$

$5^2 = 25$ und $(-5)^2 = 25$

$0{,}5^2 = 0{,}25$ und $(-0{,}5)^2 = 0{,}25$

$7^2 = 49$ und $(-7)^2 = 49$

3 a) $\sqrt{25} = 5$ b) $\sqrt{9} = 3$ c) $\sqrt{100} = 10$
d) $\sqrt{144} = 12$ e) $\sqrt{6{,}25} = 2{,}5$ f) $\sqrt{\frac{4}{9}} = \frac{2}{3}$

4 a) $15 + 12x$ b) $-16a + 6a^2$
c) $-6x - 12x + 18x = 0$ d) $-3x^2 + 21x^2 = 18x^2$

5 a) $4x + 8y = 4 \cdot (x + 2y)$ b) $5x - 3xy = x \cdot (5 - 3y)$
c) $2x^2 + 3x = x \cdot (2x + 3)$

6 a) $(x + 7) \cdot (4x + 3)$
$= x \cdot 4x + x \cdot 3 + 7 \cdot 4x + 7 \cdot 3$
$= 4x^2 + 3x + 28x + 21$
$= 4x^2 + 31x + 21$

b) $(x - 3) \cdot (2x - 6)$
$= x \cdot 2x + x \cdot (-6) - 3 \cdot 2x - 3 \cdot (-6)$
$= 2x^2 - 6x - 6x + 18$
$= 2x^2 - 12x + 18$

c) $(2x - 5) \cdot (5 + 3x)$
$= 2x \cdot 5 + 2x \cdot 3x - 5 \cdot 5 - 5 \cdot 3x$
$= 10x + 6x^2 - 25 - 15x$
$= 6x^2 - 5x - 25$

d) $(0{,}5a - 7) \cdot (-4a - 1)$
$= 0{,}5a \cdot (-4a) + 0{,}5a \cdot (-1) - 7 \cdot (-4a) - 7 \cdot (-1)$
$= -2a^2 - 0{,}5a + 28a + 7$
$= -2a^2 + 27{,}5a + 7$

7 a) $(x + 1)^2 = x^2 + 2 \cdot x \cdot 1 + 1^2 = x^2 + 2x + 1$
$(2x + 1)^2 = (2x)^2 + 2 \cdot 2x \cdot 1 + 1^2 = 4x^2 + 4x + 1$
$(3x + 4)^2 = (3x)^2 + 2 \cdot 3x \cdot 4 + 4^2 = 9x^2 + 24x + 16$

b) $(x - 1)^2 = x^2 - 2 \cdot x \cdot 1 + 1^2 = x^2 - 2x + 1$
$(x - y)^2 = x^2 - 2 \cdot x \cdot y + y^2 = x^2 - 2xy + y^2$
$(2a - 3)^2 = (2a)^2 - 2 \cdot 2a \cdot 3 + 3^2 = 4a^2 - 12a + 9$

c) $(x + 1)(x - 1) = x^2 - 1^2 = x^2 - 1$
$(x + 5)(x - 5) = x^2 - 5^2 = x^2 - 25$

8 a) $7x - 8 = 2x + 7 \quad | +8 \quad | -2x$
$5x = 15 \quad | :5$
$x = 3 \quad L = \{3\}$
Probe: $7 \cdot 3 - 8 = 2 \cdot 3 + 7$
$13 = 13$

b) $9x + 12 = 4x + 52 \quad | -12 \quad | -4x$
$5x = 40 \quad | :5$
$x = 8 \quad L = \{8\}$
Probe: $9 \cdot 8 + 12 = 4 \cdot 8 + 52$
$84 = 84$

9 a) $f(x) = 0$
$2x - 8 = 0 \quad |+8$
$2x = 8 \quad |:2$
$x = 4$ Nullstelle: $x = 4$
b) $f(x) = 0$
$0{,}5x + 1 = 0 \quad |-1$
$0{,}5x = -1 \quad |:0{,}5$
$x = -2$ Nullstelle: $x = -2$

10 a) $S = (1|-1)$; $a = -\frac{2}{1}$ $\quad f(x) = -2\cdot(x-1)^2 - 1$
b) $S = (-2|-4)$; $a = \frac{1}{2}$ $\quad f(x) = \frac{1}{2}\cdot(x+2)^2 - 4$

11 a) ① $f(x) = (x+5)^2 + 9$
$f(x) = x^2 + 2\cdot x\cdot 5 + 5^2 + 9$
$f(x) = x^2 + 10x + 25 + 9$
$f(x) = x^2 + 10x + 34$
② $g(x) = 2(x-4)^2 - 6$
$g(x) = 2\cdot(x^2 - 2\cdot x\cdot 4 + 4^2) - 6$
$g(x) = 2\cdot(x^2 - 8x + 16) - 6$
$g(x) = 2x^2 - 16x + 32 - 6$
$g(x) = 2x^2 - 16x + 26$
b) ① $f(x) = x^2 + 8x + 12$
$f(x) = x^2 + 8x + 4^2 - 4^2 + 12$
$f(x) = (x+4)^2 - 16 + 12$
$f(x) = (x+4)^2 - 4$
② $g(x) = 7x^2 - 14x + 56$
$g(x) = 7\cdot(x^2 - 2x + 8)$
$g(x) = 7\cdot(x^2 - 2x + 8)$
$g(x) = 7\cdot(x^2 - 2x + 1^2 - 1^2 + 8)$
$g(x) = 7\cdot((x-1)^2 + 7)$
$g(x) = 7\cdot(x-1)^2 + 49$

12 $f(0) = -0{,}7(0-2)^2 + 4{,}5$
$f(0) = -0{,}7(-2)^2 + 4{,}5$
$f(0) = -2{,}8 + 4{,}5$
$f(0) = 1{,}7$
Nino wirft den Ball in einer Höhe von 1,7 m ab.

► Seite 184 Zwischentest

1 a) $5x^2 = 720 \quad |:5$
$x^2 = 144 \quad |\sqrt{\ }$
$x_1 = \sqrt{144} \qquad x_2 = -\sqrt{144}$
$x_1 = 12 \qquad x_2 = -12$
$L = \{-12; 12\}$
b) $3x^2 = 243 \quad |:3$
$x^2 = 81 \quad |\sqrt{\ }$
$x_1 = \sqrt{81} \qquad x_2 = -\sqrt{81}$
$x_1 = 9 \qquad x_2 = -9$
$L = \{-9; 9\}$
c) $\frac{1}{2}x^2 = 128 \quad |\cdot 2$
$x^2 = 256 \quad |\sqrt{\ }$
$x_1 = \sqrt{256} \qquad x_2 = -\sqrt{256}$
$x_1 = 16 \qquad x_2 = -16$
$L = \{-16; 16\}$

2 a) $x\cdot(x-9) = 0$
$x_1 = 0 \qquad x_2 - 9 = 0 \quad |+9$
$x_2 = 9$
$L = \{0; 9\}$
b) $x\cdot(8x + 32) = 0$
$x_1 = 0 \qquad 8x_2 + 32 = 0 \quad |-32$
$8x_2 = -32 \quad |:8$
$x_2 = -4$
$L = \{-4; 0\}$
c) $x^2 + 2x = 0$
$x\cdot(x+2) = 0$
$x_1 = 0 \qquad x_2 + 2 = 0 \quad |-2$
$x_2 = -2$
$L = \{-2; 0\}$

3 a) $x^2 + 6x + 3^2 - 3^2 - 16 = 0$
$(x+3)^2 - 25 = 0 \quad |+25$
$(x+3)^2 = 25 \quad |\sqrt{\ }$
$x_1 + 3 = 5 \quad |-3 \qquad x_2 + 3 = -5 \quad |-3$
$x_1 = 2 \qquad x_2 = -8$
$L = \{-8; 2\}$
b) $x^2 - 4x + 2^2 - 2^2 - 5 = 0$
$(x-2)^2 - 9 = 0 \quad |+9$
$(x-2)^2 = 9 \quad |\sqrt{\ }$
$x_1 - 2 = 3 \quad |+2 \qquad x_2 - 2 = -3 \quad |+2$
$x_1 = 5 \qquad x_2 = -1$
$L = \{-1; 5\}$
c) $x^2 + 10x + 5^2 - 5^2 + 9 = 0$
$(x+5)^2 - 16 = 0 \quad |+16$
$(x+5)^2 = 16 \quad |\sqrt{\ }$
$x_1 + 5 = 4 \quad |-5 \qquad x_2 + 5 = -4 \quad |-5$
$x_1 = -1 \qquad x_2 = -9$
$L = \{-9; -1\}$

4 a) $x_{1/2} = -\frac{10}{2} \pm \sqrt{\left(\frac{10}{2}\right)^2 - 24}$
$x_{1/2} = -5 \pm \sqrt{1}$
$x_1 = -5 + 1 \qquad x_2 = -5 - 1$
$x_1 = -4 \qquad x_2 = -6 \qquad L = \{-6; -4\}$
b) $x_{1/2} = -\frac{4}{2} \pm \sqrt{\left(\frac{4}{2}\right)^2 + 60}$
$x_{1/2} = -2 \pm \sqrt{64}$
$x_1 = -2 + 8 \qquad x_2 = -2 - 8$
$x_1 = 6 \qquad x_2 = -10 \qquad L = \{-10; 6\}$
c) $x_{1/2} = \frac{16}{2} \pm \sqrt{\left(\frac{16}{2}\right)^2 + 80}$
$x_{1/2} = 8 \pm \sqrt{144}$
$x_1 = 8 + 12 \qquad x_2 = 8 - 12$
$x_1 = 20 \qquad x_2 = -4 \qquad L = \{-4; 20\}$

5 a) $D = \left(\frac{2}{2}\right)^2 - 2 = -1$; keine Lösung
b) $D = \left(\frac{6}{2}\right)^2 + 7 = 2$; zwei Lösungen
c) $D = \left(\frac{8}{2}\right)^2 - 16 = 0$; eine Lösung

6 a) $8x^2 - 8 = 0 \quad |+8 \quad |:8$

$x^2 = 1 \quad |\sqrt{\ }$

$x_1 = 1 \qquad x_2 = -1 \qquad L = \{-1; 1\}$

b) $x^2 + x - 6 = 0$

$x_{1/2} = -\frac{1}{2} \pm \sqrt{\left(\frac{1}{2}\right)^2 + 6}$

$x_{1/2} = -0{,}5 \pm \sqrt{6{,}25}$

$x_1 = -0{,}5 + 2{,}5 \qquad x_2 = -0{,}5 - 2{,}5$

$x_1 = 2 \qquad x_2 = -3 \qquad L = \{-3; 2\}$

7 $-0{,}04x^2 + 0{,}8x = 0 \quad |:(-0{,}04)$

$x^2 - 20x = 0$

$x_{1/2} = \frac{20}{2} \pm \sqrt{\left(\frac{-20}{2}\right)^2 + 0}$

$x_{1/2} = 10 \pm \sqrt{100}$

$x_1 = 10 + 10 \qquad x_2 = 10 - 10$

$x_1 = 20 \qquad x_2 = 0 \qquad L = \{0; 20\}$

Sandra schießt den Fußball 20 m weit.

► Seite 185 Zwischentest

1 a) $4x^2 = 2304 \quad |:4$

$x^2 = 576 \quad |\sqrt{\ }$

$x_1 = 24; x_2 = -24 \qquad L = \{-24; 24\}$

b) $2x^2 - 16 = 34 \quad |+16$

$2x^2 = 50 \quad |:2$

$x^2 = 25 \quad |\sqrt{\ }$

$x_1 = 5; x_2 = -5 \qquad L = \{-5; 5\}$

c) $\frac{1}{6}x^2 = 1014 \quad |\cdot 6$

$x^2 = 6084 \quad |\sqrt{\ }$

$x_1 = \sqrt{6084} \qquad x_2 = -\sqrt{6084}$

$x_1 = 78; x_2 = -78 \qquad L = \{-78; 78\}$

2 a) $x \cdot (x - 4{,}5) = 0$

$x_1 = 0 \qquad x_2 - 4{,}5 = 0 \quad |+4{,}5$

$x_2 = 4{,}5 \qquad L = \{0; 4{,}5\}$

b) $x \cdot (-2x - 6) = 0$

$x_1 = 0 \qquad -2x_2 - 6 = 0 \quad |+6$

$-2x_2 = 6 \quad |:(-2)$

$x_2 = -3 \qquad L = \{-3; 0\}$

c) $x^2 = -18x \quad |+18x$

$x^2 + 18x = 0$

$x \cdot (x + 18) = 0$

$x_1 = 0 \qquad x_2 + 18 = 0 \quad |-18$

$x_2 = -18 \qquad L = \{-18; 0\}$

3 a) $x^2 + 16x + 8^2 - 8^2 + 63 = 0$

$(x + 8)^2 - 1 = 0 \quad |+1$

$(x + 8)^2 = 1 \quad |\sqrt{\ }$

$x_1 + 8 = 1 \quad |-8 \qquad x_2 + 8 = -1 \quad |-8$

$x_1 = -7 \qquad x_2 = -9 \qquad L = \{-9; -7\}$

b) $x^2 - 4x + 2^2 - 2^2 - 12 = 0$

$(x - 2)^2 - 16 = 0 \quad |+16$

$(x - 2)^2 = 16 \quad |\sqrt{\ }$

$x_1 - 2 = 4 \quad |+2 \qquad x_2 - 2 = -4 \quad |+2$

$x_1 = 6 \qquad x_2 = -2 \qquad L = \{-2; 6\}$

c) $4x^2 - 24x + 20 = 0 \quad |:4$

$x^2 - 6x + 5 = 0$

$x^2 - 6x + 3^2 - 3^2 + 5 = 0$

$(x - 3)^2 - 4 = 0 \quad |+4$

$(x - 3)^2 = 4 \quad |\sqrt{\ }$

$x_1 - 3 = 2 \quad |+3 \qquad x_2 - 3 = -2 \quad |+3$

$x_1 = 5 \qquad x_2 = 1 \qquad L = \{1; 5\}$

4 a) $2x^2 + 8x - 42 = 0 \quad |:2$

$x^2 + 4x - 21 = 0$

$p = 4; q = -21$

$x_{1/2} = -\frac{4}{2} \pm \sqrt{\left(\frac{4}{2}\right)^2 - (-21)}$

$x_{1/2} = -2 \pm \sqrt{25}$

$x_1 = -2 + 5 \qquad x_2 = -2 - 5$

$x_1 = 3 \qquad x_2 = -7 \qquad L = \{-7; 3\}$

b) $-2x^2 + 28x - 80 = 0 \quad |:(-2)$

$x^2 - 14x + 40 = 0$

$p = -14; q = 40$

$x_{1/2} = -\frac{-14}{2} \pm \sqrt{\left(\frac{-14}{2}\right)^2 - 40}$

$x_{1/2} = 7 \pm \sqrt{9}$

$x_1 = 7 + 3 \qquad x_2 = 7 - 3$

$x_1 = 10 \qquad x_2 = 4 \qquad L = \{4; 10\}$

c) $7x^2 - 70 = 21x \quad |-21x$

$7x^2 - 21x - 70 = 0 \quad |:7$

$x^2 - 3x - 10 = 0$

$p = -3; q = -10$

$x_{1/2} = -\frac{-3}{2} \pm \sqrt{\left(\frac{-3}{2}\right)^2 - (-10)}$

$x_{1/2} = 1{,}5 \pm \sqrt{12{,}25}$

$x_1 = 1{,}5 + 3{,}5 \qquad x_2 = 1{,}5 - 3{,}5$

$x_1 = 5 \qquad x_2 = -2 \qquad L = \{-2; 5\}$

5 a) $D = \left(\frac{10}{2}\right)^2 + 7 = 32$; zwei Lösungen

b) $D = \left(\frac{14}{2}\right)^2 - 49 = 0$; eine Lösung

c) $D = \left(\frac{-5}{2}\right)^2 - 9 = -2{,}75$; keine Lösung

6 a) $12x^2 - 20{,}28 = 0 \quad |+20{,}28 \quad |:12$

$x^2 = 1{,}69 \quad |\sqrt{\ }$

$x_1 = 1{,}3 \qquad x_2 = -1{,}3 \qquad L = \{-1{,}3; 1{,}3\}$

b) $x^2 - 1{,}5x - 13{,}5 = 0$

$x_{1/2} = \frac{1{,}5}{2} \pm \sqrt{\left(\frac{-1{,}5}{2}\right)^2 + 13{,}5}$

$x_{1/2} = 0{,}75 \pm \sqrt{14{,}0625}$

$x_1 = 0{,}75 + 3{,}75 \qquad x_2 = 0{,}75 - 3{,}75$

$x_1 = 4{,}5 \qquad x_2 = -3 \qquad L = \{-3; 4{,}5\}$

7 $-0{,}00625x^2 + 0{,}5x + 2 = 0 \quad |:(-0{,}00625)$

$x^2 - 80x - 320 = 0$

$x_{1/2} = \frac{80}{2} \pm \sqrt{\left(\frac{-80}{2}\right)^2 + 320}$

$x_{1/2} = 40 \pm \sqrt{1920}$

$x_1 \approx 83{,}82 \qquad x_2 \approx -3{,}82 \qquad L = \{-3{,}82; 83{,}82\}$

Jan schlägt den Golfball ungefähr 83,82 m weit.
Er trifft das Golfloch nicht.

► Seite 185 Zwischentest ☒

1 a) $3x^2 = 3072 \quad |:3$
$x^2 = 1024 \quad |\sqrt{\ }$
$x_1 = 32 \quad x_2 = -32 \quad L = \{-32; 32\}$

b) $\frac{1}{12}x^2 = 20{,}28 \quad |\cdot 12$
$x^2 = 243{,}36 \quad |\sqrt{\ }$
$x_1 = 15{,}6 \quad x_2 = -15{,}6 \quad L = \{-15{,}6; 15{,}6\}$

c) $\frac{1}{7}x^2 - 73 = 1502 \quad |+73$
$\frac{1}{7}x^2 = 1575 \quad |\cdot 7$
$x^2 = 11025 \quad |\sqrt{\ }$
$x_1 = 105 \quad x_2 = -105 \quad L = \{-105; 105\}$

2 a) $x\cdot\left(x - \frac{1}{7}\right) = 0$
$x_1 = 0 \quad x_2 - \frac{1}{7} = 0 \quad |+\frac{1}{7}$
$x_2 = \frac{1}{7} \quad L = \left\{0; \frac{1}{7}\right\}$

b) $-7x^2 + 56x = 0 \quad |:(-7)$
$x^2 - 8x = 0$
$x\cdot(x-8) = 0$
$x_1 = 0 \quad x_2 - 8 = 0 \quad |+8$
$x_2 = 8 \quad L = \{0; 8\}$

c) $x^2 = \frac{1}{2}x \quad |-\frac{1}{2}x$
$x^2 - \frac{1}{2}x = 0$
$x\cdot\left(x - \frac{1}{2}\right) = 0$
$x_1 = 0 \quad x_2 - \frac{1}{2} = 0 \quad |+\frac{1}{2}$
$x_2 = \frac{1}{2} \quad L = \left\{0; \frac{1}{2}\right\}$

3 a) $x^2 + x + 0{,}5^2 - 0{,}5^2 - 6 = 0$
$(x+0{,}5)^2 - 6{,}25 = 0 \quad |+6{,}25$
$(x+0{,}5)^2 = 6{,}25 \quad |\sqrt{\ }$
$x_1 + 0{,}5 = 2{,}5 \quad |-0{,}5 \quad x_2 + 0{,}5 = -2{,}5 \quad |-0{,}5$
$x_1 = 2 \quad x_2 = -3 \quad L = \{-3; 2\}$

b) $x^2 - 5x + 2{,}5^2 - 2{,}5^2 + 4 = 0$
$(x-2{,}5)^2 - 2{,}25 = 0 \quad |+2{,}25$
$(x-2{,}5)^2 = 2{,}25 \quad |\sqrt{\ }$
$x_1 - 2{,}5 = 1{,}5 \quad |+2{,}5 \quad x_2 - 2{,}5 = -1{,}5 \quad |+2{,}5$
$x_1 = 4 \quad x_2 = 1 \quad L = \{1; 4\}$

c) $7x^2 - 14x - 56 = 0 \quad |:7$
$x^2 - 2x - 8 = 0$
$x^2 - 2x + 1^2 - 1^2 - 8 = 0$
$(x-1)^2 - 9 = 0 \quad |+9$
$(x-1)^2 = 9 \quad |\sqrt{\ }$
$x_1 - 1 = 3 \quad |+1 \quad x_2 - 1 = -3 \quad |+1$
$x_1 = 4 \quad x_2 = -2 \quad L = \{-2; 4\}$

4 a) $x^2 - 5{,}2x + 1 = 0$
$p = -5{,}2;\ q = 1$
$x_{1/2} = -\frac{-5{,}2}{2} \pm \sqrt{\left(\frac{-5{,}2}{2}\right)^2 - 1}$
$x_{1/2} = 2{,}6 \pm \sqrt{5{,}76}$
$x_1 = 2{,}6 + 2{,}4 \quad x_2 = 2{,}6 - 2{,}4$
$x_1 = 5 \quad x_2 = 0{,}2 \quad L = \{0{,}2; 5\}$

b) $23 - 6x^2 = 48x + 65 \quad |-48x \quad |-65$
$-6x^2 - 48x - 42 = 0 \quad |:(-6)$
$x^2 + 8x + 7 = 0$
$p = 8;\ q = 7$
$x_{1/2} = -\frac{8}{2} \pm \sqrt{\left(\frac{8}{2}\right)^2 - 7}$
$x_{1/2} = -4 \pm \sqrt{9}$
$x_1 = -4 + 3 \quad x_2 = -4 - 3$
$x_1 = -1 \quad x_2 = -7 \quad L = \{-7; -1\}$

c) $7(2x-3) = x(18-x)$
$14x - 21 = 18x - x^2 \quad |-18x \quad |+x^2$
$x^2 - 4x - 21 = 0$
$p = -4;\ q = -21$
$x_{1/2} = -\frac{-4}{2} \pm \sqrt{\left(\frac{-4}{2}\right)^2 - (-21)}$
$x_{1/2} = 2 \pm \sqrt{25}$
$x_1 = 2 + 5 \quad x_2 = 2 - 5$
$x_1 = 7 \quad x_2 = -3 \quad L = \{-3; 7\}$

5 a) $D = \left(-\frac{12}{2}\right)^2 - 40 = -4$; keine Lösung

b) $D = \left(\frac{3}{2}\right)^2 + 2{,}5 = 4{,}75$; zwei Lösungen

c) $3x^2 - 6x + 3 = 0 \quad |:3$
$x^2 - 2x + 1 = 0$; $D = \left(\frac{-2}{2}\right)^2 - 1 = 0$; eine Lösung

6 a) $0{,}5x^2 - 144{,}5 = 0 \quad |+144{,}5 \quad |:0{,}5$
$x^2 = 289 \quad |\sqrt{\ }$
$x_1 = 17 \quad x_2 = -17 \quad L = \{-17; 17\}$

b) $\frac{9}{2}x^2 + 0{,}9x - 5{,}4 = 0 \quad |:\frac{9}{2}$
$x^2 + \frac{1}{5}x - \frac{6}{5} = 0$
$x_{1/2} = -\frac{\frac{1}{5}}{2} \pm \sqrt{\left(\frac{\frac{1}{5}}{2}\right)^2 + \frac{6}{5}}$
$x_{1/2} = -0{,}1 \pm \sqrt{1{,}21}$
$x_1 = -0{,}1 + 1{,}1 \quad x_2 = -0{,}1 - 1{,}1$
$x_1 = 1 \quad x_2 = -1{,}2 \quad L = \{-1{,}2; 1\}$

7 $-\frac{7}{50}x^2 + \frac{3}{5}x + \frac{8}{5} = 0 \quad |:\left(-\frac{7}{50}\right)$
$x^2 - \frac{30}{7}x - \frac{80}{7} = 0$
$p = -\frac{30}{7};\ q = -\frac{80}{7}$
$x_{1/2} = -\frac{-\frac{30}{7}}{2} \pm \sqrt{\left(\frac{-\frac{30}{7}}{2}\right)^2 - \left(-\frac{80}{7}\right)}$
$x_{1/2} = \frac{15}{7} \pm \sqrt{\frac{785}{49}}$
$x_1 \approx \frac{15}{7} + 4 \quad x_2 \approx \frac{15}{7} - 4$
$x_1 \approx 6{,}14 \quad x_2 \approx -1{,}86 \quad L = \{-1{,}86; 6{,}14\}$
Laura stößt die Kugel ungefähr 6,14 m weit.

► Seite 191 Abschlusstest

1 a) $x^2 = 36 \quad |\sqrt{}$

$x_1 = 6 \quad x_2 = -6 \qquad L = \{-6; 6\}$

b) $3x^2 = 48 \quad |:3$

$x^2 = 16 \quad |\sqrt{}$

$x_1 = 4 \quad x_2 = -4 \qquad L = \{-4; 4\}$

2 a) $x^2 + 6x = 0$

$x \cdot (x + 6) = 0$

$x_1 = 0 \quad x_2 + 6 = 0 \quad |-6$

$x_2 = -6 \qquad L = \{-6; 0\}$

b) $x^2 = -4x \quad |+4x$

$x^2 + 4x = 0$

$x \cdot (x + 4) = 0$

$x_1 = 0 \quad x_2 + 4 = 0 \quad |-4$

$x_2 = -4 \qquad L = \{-4; 0\}$

3 a) $x^2 + 18x + 56 = 0$

$x^2 + 18x + 9^2 - 9^2 + 56 = 0$

$(x + 9)^2 - 25 = 0 \quad |+25$

$(x + 9)^2 = 25 \quad |\sqrt{}$

$x_1 + 9 = 5 \quad |-9 \qquad x_2 + 9 = -5 \quad |-9$

$x_1 = -4 \qquad x_2 = -14 \qquad L = \{-14; -4\}$

b) $x^2 + 16x = -48 \quad |+48$

$x^2 + 16x + 48 = 0$

$x^2 + 16x + 8^2 - 8^2 + 48 = 0$

$(x + 8)^2 - 16 = 0 \quad |+16$

$(x + 8)^2 = 16 \quad |\sqrt{}$

$x_1 + 8 = 4 \quad |-8 \qquad x_2 + 8 = -4 \quad |-8$

$x_1 = -4 \qquad x_2 = -12 \qquad L = \{-12; -8\}$

4 a) $D = \left(\frac{-6}{2}\right)^2 - 0 = 9$; zwei Lösungen

b) $2x^2 + 8x + 10 = 0 \quad |:2$

$x^2 + 4x + 5 = 0$; $D = \left(\frac{4}{2}\right)^2 - 5 = -1$; keine Lösung

c) $D = \left(\frac{8}{2}\right)^2 - 16 = 0$; eine Lösung

5 a) $x^2 + 8x + 7 = 0$

$x_{1/2} = -\frac{8}{2} \pm \sqrt{\left(\frac{8}{2}\right)^2 - 7}$

$x_{1/2} = -4 \pm \sqrt{9}$

$x_1 = -4 + 3 \qquad x_2 = -4 - 3$

$x_1 = -1 \qquad x_2 = -7 \qquad L = \{-7; -1\}$

b) $x^2 - 16 = -6x \quad |+6x$

$x^2 + 6x - 16 = 0$

$x_{1/2} = -\frac{6}{2} \pm \sqrt{\left(\frac{6}{2}\right)^2 + 16}$

$x_{1/2} = -3 \pm \sqrt{25}$

$x_1 = -3 + 5 \qquad x_2 = -3 - 5$

$x_1 = 2 \qquad x_2 = -8 \qquad L = \{-8; 2\}$

c) $x^2 - 4x = 12 \quad |-12$

$x^2 - 4x - 12 = 0$

$x_{1/2} = \frac{4}{2} \pm \sqrt{\left(\frac{-4}{2}\right)^2 + 12}$

$x_{1/2} = 2 \pm \sqrt{16}$

$x_1 = 2 + 4 \qquad x_2 = 2 - 4$

$x_1 = 6 \qquad x_2 = -2 \qquad L = \{-2; 6\}$

6 a) $2x^2 - 288 = 0 \quad |+288 \quad |:2$

$x^2 = 144 \quad |\sqrt{}$

$x_1 = 12 \qquad x_2 = -12 \qquad L = \{-12; 12\}$

b) $x^2 - 3x = 0$

$x \cdot (x - 3) = 0$

$x_1 = 0 \qquad x_2 = 3 \qquad L = \{0; 3\}$

c) $x^2 + 8x + 7 = 0$

$x_{1/2} = -\frac{8}{2} \pm \sqrt{\left(\frac{8}{2}\right)^2 - 7}$

$x_{1/2} = -4 \pm \sqrt{9}$

$x_1 = -4 + 3 \qquad x_2 = -4 - 3$

$x_1 = -1 \qquad x_2 = -7 \qquad L = \{-7; -1\}$

d) $x^2 + 7x + 12 = 0$

$x_{1/2} = -\frac{7}{2} \pm \sqrt{\left(\frac{7}{2}\right)^2 - 12}$

$x_{1/2} = -3{,}5 \pm \sqrt{0{,}25}$

$x_1 = -3{,}5 + 0{,}5 \qquad x_2 = -3{,}5 - 0{,}5$

$x_1 = -3 \qquad x_2 = -4 \qquad L = \{-4; -3\}$

7 $(x + 2) \cdot (x - 1) = 10$

$x^2 - x + 2x - 2 = 10$

$x^2 + x - 2 = 10 \quad |-10$

$x^2 + x - 12 = 0$

$x_{1/2} = -\frac{1}{2} \pm \sqrt{\left(\frac{1}{2}\right)^2 + 12}$

$x_{1/2} = -0{,}5 \pm \sqrt{12{,}25}$

$x_1 = -0{,}5 + 3{,}5 \qquad x_2 = -0{,}5 - 3{,}5$

$x_1 = 3 \qquad x_2 = -4 \qquad L = \{-4; 3\}$

Die ursprüngliche Sitzfläche war 3 m lang.

► Seite 191 Abschlusstest

1 a) $x^2 = \frac{4}{9} \quad |\sqrt{}$

$x_1 = \frac{2}{3} \qquad x_2 = -\frac{2}{3} \qquad L = \left\{-\frac{2}{3}; \frac{2}{3}\right\}$

b) $5x^2 = 1{,}25 \quad |:5$

$x^2 = 0{,}25 \quad |\sqrt{}$

$x_1 = 0{,}5 \qquad x_2 = -0{,}5 \qquad L = \{-0{,}5; 0{,}5\}$

2 a) $x^2 - 16x = 0$

$x \cdot (x - 16) = 0$

$x_1 = 0 \quad x_2 - 16 = 0 \quad |+16$

$x_2 = 16 \qquad L = \{0; 16\}$

b) $8x^2 - 3x = 7x^2 - x \quad |-7x^2 \quad |+x$

$x^2 - 2x = 0$

$x \cdot (x - 2) = 0$

$x_1 = 0 \quad x_2 - 2 = 0 \quad |+2$

$x_2 = 2 \qquad L = \{0; 2\}$

3 a) $x^2 + 5x = 6 \quad |-6$
$x^2 + 5x - 6 = 0$
$x^2 + 5x + 2{,}5^2 - 2{,}5^2 - 6 = 0$
$(x + 2{,}5)^2 - 12{,}25 = 0 \quad |+12{,}25$
$(x + 2{,}5)^2 = 12{,}25 \quad |\sqrt{\ }$
$x_1 + 2{,}5 = 3{,}5 \quad |-2{,}5 \qquad x_2 + 2{,}5 = -3{,}5 \quad |-2{,}5$
$x_1 = 1 \qquad x_2 = -6 \qquad L = \{-6; 1\}$

b) $x(x + 4) + 12 = 24$
$x^2 + 4x + 12 = 24 \quad |-24$
$x^2 + 4x - 12 = 0$
$x^2 + 4x + 2^2 - 2^2 - 12 = 0$
$(x + 2)^2 - 16 = 0 \quad |+16$
$(x + 2)^2 = 16 \quad |\sqrt{\ }$
$x_1 + 2 = 4 \quad |-2 \qquad x_2 + 2 = -4 \quad |-2$
$x_1 = 2 \qquad x_2 = -6 \qquad L = \{-6; 2\}$

4 a) $x^2 - 12x = -36 \quad |+36$
$x^2 - 12x + 36 = 0;\ D = \left(\frac{-12}{2}\right)^2 - 36 = 0$
eine Lösung

b) $3x^2 - 6x = -6 \quad |+6$
$3x^2 - 6x + 6 = 0 \quad |:3$
$x^2 - 2x + 2 = 0;\ D = \left(\frac{-2}{2}\right)^2 - 2 = -1$
keine Lösung

c) $2x^2 - 28x - 46 = 0 \quad |:2$
$x^2 - 14x - 23 = 0; \qquad D = \left(\frac{-14}{2}\right)^2 + 23 = 72$
zwei Lösungen

5 a) $3x^2 + 30x + 75 = 0 \quad |:3$
$x^2 + 10x + 25 = 0$
$x_{1/2} = -\frac{10}{2} \pm \sqrt{\left(\frac{10}{2}\right)^2 - 25}$
$x_{1/2} = -5 \pm \sqrt{0}$
$x_1 = -5 + 0 \qquad x_2 = -5 - 0$
$x_1 = -5 \qquad x_2 = -5 \qquad L = \{-5\}$

b) $4x^2 + 18x = -20 \quad |+20$
$4x^2 + 18x + 20 = 0 \quad |:4$
$x^2 + 4{,}5x + 5 = 0$
$x_{1/2} = -\frac{4{,}5}{2} \pm \sqrt{\left(\frac{4{,}5}{2}\right)^2 - 5}$
$x_{1/2} = -2{,}25 \pm \sqrt{0{,}0625}$
$x_1 = -2{,}25 + 0{,}25 \qquad x_2 = -2{,}25 - 0{,}25$
$x_1 = -2 \qquad x_2 = -2{,}5 \qquad L = \{-2{,}5; -2\}$

c) $-x^2 - 4x + 60 = 0 \quad |\cdot(-1)$
$x^2 + 4x - 60 = 0$
$x_{1/2} = -\frac{4}{2} \pm \sqrt{\left(\frac{4}{2}\right)^2 + 60}$
$x_{1/2} = -2 \pm \sqrt{64}$
$x_1 = -2 + 8 \qquad x_2 = -2 - 8$
$x_1 = 6 \qquad x_2 = -10 \qquad L = \{-10; 6\}$

6 a) $-4x^2 + 676 = 0 \quad |+4x^2$
$676 = 4x^2 \quad |:4$
$x^2 = 169 \quad |\sqrt{\ }$
$x_1 = 13 \qquad x_2 = -13 \qquad L = \{-13; 13\}$

b) $x^2 - 6x = 0$
$x \cdot (x - 6) = 0$
$x_1 = 0 \qquad x_2 = 6 \qquad L = \{0; 6\}$

c) $x^2 + 10x + 9 = 0$
$x_{1/2} = -\frac{10}{2} \pm \sqrt{\left(\frac{10}{2}\right)^2 - 9}$
$x_{1/2} = -5 \pm \sqrt{16}$
$x_1 = -5 + 4 \qquad x_2 = -5 - 4$
$x_1 = -1 \qquad x_2 = -9 \qquad L = \{-9; -1\}$

d) $x^2 + 15x + 50 = 0$
$x_{1/2} = -\frac{15}{2} \pm \sqrt{\left(\frac{15}{2}\right)^2 - 50}$
$x_{1/2} = -7{,}5 \pm \sqrt{6{,}25}$
$x_1 = -7{,}5 + 2{,}5 \qquad x_2 = -7{,}5 - 2{,}5$
$x_1 = -5 \qquad x_2 = -10 \qquad L = \{-10; -5\}$

7 $A = a \cdot b = 30\,m \cdot 20\,m = 600\,m^2$
$\frac{1}{3}$ von $600\,m^2 = 200\,m^2$
$(30 - 2x) \cdot (20 - 2x) = 200$
$600 - 60x - 40x + 4x^2 = 200 \quad |-200$
$4x^2 - 100x + 400 = 0 \quad |:4$
$x^2 - 25x + 100 = 0$
$x_{1/2} = \frac{25}{2} \pm \sqrt{\left(\frac{-25}{2}\right)^2 - 100}$
$x_{1/2} = 12{,}5 \pm \sqrt{56{,}25}$
$x_1 = 12{,}5 + 7{,}5 \qquad x_2 = 12{,}5 - 7{,}5$
$x_1 = 20 \qquad x_2 = 5 \qquad L = \{5; 20\}$
Breite: $20\,m - 2x = 20\,m - 2 \cdot 5\,m = 10\,m$
Länge: $30\,m - 2x = 30\,m - 2 \cdot 5\,m = 20\,m$
Probe: $A_{Pool} = 10\,m \cdot 20\,m = 200\,m^2$

► Seite 191 Abschlusstest ☒

1 a) $0{,}2x^2 = 9{,}8 \quad |:0{,}2$
$x^2 = 49 \quad |\sqrt{\ }$
$x_1 = 7;\ x_2 = -7 \qquad L = \{-7; 7\}$

b) $\frac{5}{2}x^2 = 722{,}5 \quad |:\frac{5}{2}$
$x^2 = 289 \quad |\sqrt{\ }$
$x_1 = 17 \qquad x_2 = -17 \qquad L = \{-17; 17\}$

2 a) $2{,}5x^2 = 20x \quad |-20x$
$2{,}5x^2 - 20x = 0 \quad |:2{,}5$
$x^2 - 8x = 0$
$x \cdot (x - 8) = 0$
$x_1 = 0 \qquad x_2 - 8 = 0 \quad |+8$
$x_2 = 8 \qquad L = \{0; 8\}$

b) $x^2 + (x - 5)^2 = (x + 5)^2$
$x^2 + x^2 - 10x + 25 = x^2 + 10x + 25 \quad |-x^2 - 10x - 25$
$x^2 - 20x = 0$
$x \cdot (x - 20) = 0$
$x_1 = 0 \qquad x_2 - 20 = 0 \quad |+20$
$x_2 = 20 \qquad L = \{0; 20\}$

3 a) $12x^2 - 96x - 240 = 0 \quad | : 12$
$x^2 - 8x - 20 = 0$
$x^2 - 8x + 4^2 - 4^2 - 20 = 0$
$(x-4)^2 - 36 = 0 \quad | + 36$
$(x-4)^2 = 36 \quad | \sqrt{\ }$
$x_1 - 4 = 6 \quad | + 4 \qquad x_2 - 4 = -6 \quad | + 4$
$x_1 = 10 \qquad x_2 = -2 \qquad L = \{-2; 10\}$

b) $3x(x+2) = 16 + 2x^2$
$3x^2 + 6x = 16 + 2x^2 \quad | -2x^2 - 16$
$x^2 + 6x - 16 = 0$
$x^2 + 6x + 3^2 - 3^2 - 16 = 0$
$(x+3)^2 - 25 = 0 \quad | + 25$
$(x+3)^2 = 25 \quad | \sqrt{\ }$
$x_1 + 3 = 5 \quad | - 3 \qquad x_2 + 3 = -5 \quad | - 3$
$x_1 = 2 \qquad x_2 = -8 \qquad L = \{-8; 2\}$

4 a) $7x^2 + 14x = -7 \quad | + 7$
$7x^2 + 14x + 7 = 0 \quad | : 7$
$x^2 + 2x + 1 = 0$; $D = \left(\frac{2}{2}\right)^2 - 1 = 0$; eine Lösung

b) $4x^2 + 6x = 2x^2 - 8 \quad | -2x^2 + 8$
$2x^2 + 6x + 8 = 0 \quad | : 2$
$x^2 + 3x + 4 = 0$; $D = \left(\frac{3}{2}\right)^2 - 4 = -1{,}75$; keine Lösung

c) $(x+0)^2 = 1 \quad | - 1$
$x^2 - 1 = 0$; $D = \left(\frac{0}{2}\right)^2 + 1 = 1$; zwei Lösungen

5 a) $12x - 4(x-5) = x^2$
$12x - 4x + 20 = x^2 \quad | - x^2$
$-x^2 + 12x - 4x + 20 = 0 \quad | \cdot (-1)$
$x^2 - 8x - 20 = 0$
$x_{1/2} = \frac{8}{2} \pm \sqrt{\left(\frac{-8}{2}\right)^2 + 20}$
$x_{1/2} = 4 \pm \sqrt{36}$
$x_1 = 4 + 6 \qquad x_2 = 4 - 6$
$x_1 = 10 \qquad x_2 = -2 \qquad L = \{-2; 10\}$

b) $x(x-3) = 2x(x-1) - 2$
$x^2 - 3x = 2x^2 - 2x - 2 \quad | -x^2 + 3x$
$0 = x^2 + x - 2$
$x_{1/2} = -\frac{1}{2} \pm \sqrt{\left(\frac{1}{2}\right)^2 + 2}$
$x_{1/2} = -0{,}5 \pm \sqrt{2{,}25}$
$x_1 = -0{,}5 + 1{,}5 \qquad x_2 = -0{,}5 - 1{,}5$
$x_1 = 1 \qquad x_2 = -2 \qquad L = \{-2; 1\}$

c) $\frac{1}{2}x^2 - x - 4 = 0 \quad | \cdot 2$
$x^2 - 2x - 8 = 0$
$x_{1/2} = \frac{2}{2} \pm \sqrt{\left(\frac{-2}{2}\right)^2 + 8}$
$x_{1/2} = 1 \pm \sqrt{9}$
$x_1 = 1 + 3 = 4 \qquad x_2 = 1 - 3 = -2 \qquad L = \{-2; 4\}$

6 a) $-0{,}04x^2 + 14{,}44 = 0 \quad | : (-0{,}04)$
$x^2 - 361 = 0 \quad | + 361$
$x^2 = 361 \quad | \sqrt{\ }$
$x_1 = 19 \qquad x_2 = -19 \qquad L = \{-19; 19\}$

b) $-x^2 + 0{,}1x = 0 \quad | \cdot (-1)$
$x^2 - 0{,}1x = 0$
$x \cdot (x - 0{,}1) = 0$
$x_1 = 0 \qquad x_2 = 0{,}1 \qquad L = \{0; 0{,}1\}$

c) $x^2 + 12x + 11 = 0$
$x_{1/2} = -\frac{12}{2} \pm \sqrt{\left(\frac{12}{2}\right)^2 - 11}$
$x_{1/2} = -6 \pm \sqrt{25}$
$x_1 = -6 + 5 \qquad x_2 = -6 - 5$
$x_1 = -1 \qquad x_2 = -11 \qquad L = \{-11; -1\}$

d) $x^2 + 25x + 156 = 0$
$x_{1/2} = -\frac{25}{2} \pm \sqrt{\left(\frac{25}{2}\right)^2 - 156}$
$x_{1/2} = -12{,}5 \pm \sqrt{0{,}25}$
$x_1 = -12{,}5 + 0{,}5 \qquad x_2 = -12{,}5 - 0{,}5$
$x_1 = -12 \qquad x_2 = -13 \qquad L = \{-13; -12\}$

7 a) $a^2 = x^2 + 80^2$ (Pythagoras; Dreieck oben rechts)
$a^2 = (80 - x)^2 + (80 - x)^2$ (Dreieck oben links)
Gleichsetzen ergibt:
$x^2 + 80^2 = (80 - x)^2 + (80 - x)^2$
$x^2 + 6400 = 6400 - 160x + x^2 + 6400 - 160x + x^2$
$x^2 + 6400 = 12\,800 - 320x + 2x^2 \quad | -x^2 - 6400$
$0 = x^2 - 320x + 6400$
$x_{1/2} = \frac{320}{2} \pm \sqrt{\left(\frac{-320}{2}\right)^2 - 6400}$
$x_{1/2} = 160 \pm \sqrt{19\,200}$
$x_1 \approx 160 + 138{,}56 \qquad x_2 \approx 160 - 138{,}56$
$x_1 \approx 298{,}56 \qquad x_2 \approx 21{,}44$
$L = \{21{,}44; 298{,}56\}$, also $x = 21{,}44$ cm
Berechnung der Seitenlänge a
$a^2 = x^2 + 80^2$
$a^2 = 21{,}44^2 + 80^2$
$a^2 = 6859{,}6736 \quad | \sqrt{\ }$
$a \approx 82{,}82$ cm

b) $A_{Quadrat} = 80\,cm \cdot 80\,cm = 6400\,cm^2$
$A_{Dreieck} = \frac{1}{4} \cdot a^2 \cdot \sqrt{3} \approx \frac{1}{4} \cdot 6859{,}67\,cm^2 \cdot \sqrt{3}$
$A_{Dreieck} \approx 2970{,}82\,cm^2$
$A_{Quadrat} - A_{Dreieck} \approx 6400\,cm^2 - 2970{,}82\,cm^2$
$= 3429{,}18\,cm^2$
Es bleiben ungefähr $3429\,cm^2$ Holz übrig.

7 Datenerhebungen hinterfragen

► Seite 194/195 Wiederholung

1 a)

Schaust du gerne Serien?	absolute Häufigkeit	
	Strichliste	Summe
ja	𝍸 |||	8
manchmal	|||	3
nein			1

b)

Wie lange am Tag schaust du Serien (in Minuten)?	absolute Häufigkeit	
	Strichliste	Summe
0				2
30					3
60						4
90				2
120			1

2 a) absolute Häufigkeit der Mäuse: 3
absolute Häufigkeit der Katzen: 2
b) absolute Häufigkeit: 8
relative Häufigkeit: $\frac{8}{142} = \frac{4}{71}$

3 a) $\frac{7}{10} = 0{,}7 = 70\,\%$
$\frac{1}{4} = 0{,}25 = 25\,\%$
$\frac{4}{5} = 0{,}8 = 80\,\%$

b) $0{,}1 = 10\,\% = \frac{1}{10}$
$0{,}6 = 60\,\% = \frac{6}{10} = \frac{3}{5}$
$0{,}375 = 37{,}5\,\% = \frac{375}{1000} = \frac{3}{8}$

c) $50\,\% = \frac{1}{2} = 0{,}5$
$1\,\% = \frac{1}{100} = 0{,}01$
$75\,\% = \frac{3}{4} = 0{,}75$

4 $r = 1\,\text{cm}$
$A = \pi \cdot r^2$
$A = \pi \cdot (1\,\text{cm})^2 \approx \mathbf{3{,}14\,cm^2}$

5 Länge: 2 cm, Breite: 2 cm, Höhe: 1 cm
V = Länge · Breite · Höhe
$V = 2\,\text{cm} \cdot 2\,\text{cm} \cdot 1\,\text{cm} = \mathbf{4\,cm^3}$

6 a) Im Säulendiagramm ist die Anzahl der Geburtstagskinder in den Jahreszeiten Frühling, Sommer, Herbst und Winter dargestellt.
b) Im Winter haben die meisten Personen Geburtstag.
c) Im Frühling haben 8, im Sommer 6, im Herbst 4 und im Winter 12 Personen Geburtstag.
Das sind $8 + 6 + 4 + 12 = 20$ Personen.
Also sind insgesamt 20 Personen in der Klasse.
d) Ja, Alicias Aussage stimmt.
Im Frühling gibt es 8 Geburtstagskinder und im Herbst 4. 8 ist das Doppelte von 4.

7 a) Im Liniendiagramm sind die Höchsttemperaturen in Berlin von Montag bis Sonntag dargestellt.
b) Die niedrigste Temperatur wurde am Montag gemessen.
c) Die Temperatur wurde an 7 Tagen gemessen.
d) Die gleiche Temperatur wurde am Dienstag und am Freitag gemessen.

8

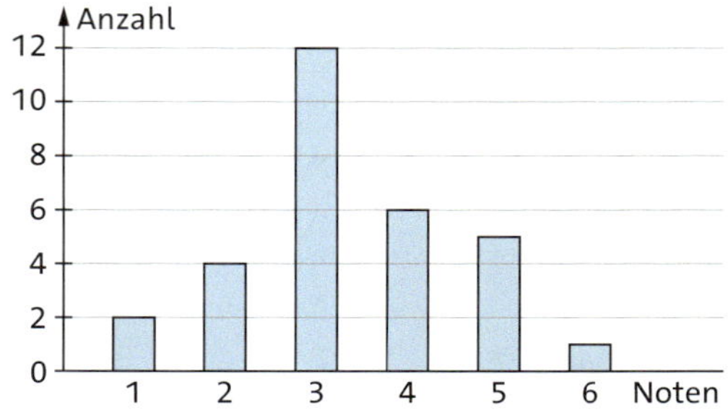

9 a) Die Note 1, 2 oder 3 bekommt man mit mindestens 20 Punkten, also mit 20 Punkten und mehr.
Also bekommen **20 Personen** die Note 1, 2 oder 3.
b) Die Note 1 bekommt man, wenn man 90 % der maximalen Punktzahl erreicht hat. Die Note 1 bekommt man mit mindestens
$40 \cdot 0{,}9 = 36$ Punkten.
Also bekommen **3 Personen** die Note 1.

► Seite 212 Zwischentest

1 geordnete Datenreihe: 10, 12, 15, 15, 18, 20, 24
Maximum: **24 Minuten** Minimum: **10 Minuten**,
Spannweite: 24 Minuten − 10 Minuten = **14 Minuten**
Median: **15 Minuten**

2 a) In ① ist die absolute Häufigkeit für Rot: 4
In ② ist die absolute Häufigkeit für Rot: 2
b) In ① sind insgesamt 10 Blumen.
In ① ist die relative Häufigkeit für Rot: $\frac{4}{10} = 40\,\%$
In ② sind insgesamt 5 Blumen.
In ② ist die relative Häufigkeit für Rot: $\frac{2}{5} = 40\,\%$

3 Der Fragebogen ist nicht neutral, weil Marie in den Antwortmöglichkeiten nur Pausensnacks mit Schokolade vorgibt. Es fehlen weitere Snacks, wie zum Beispiel Obst, Brot oder Gemüse.

4 Niklas Stichprobe ist zu klein und seine Auswahl ist nicht zufällig, denn Niklas befragt seine Freunde. Niklas Stichprobe ist nicht-repräsentativ.
Also ist das Ergebnis seiner Umfrage manipuliert.
Alternativ: Niklas Fragebogen enthält nur positive Antwortmöglichkeiten. Somit ist es ein nicht-neutraler Fragebogen. Es fehlen negative Antwortmöglichkeiten, wie zum Beispiel „weniger gut" oder „gar nicht".
Also ist das Ergebnis seiner Umfrage manipuliert.

5 Die Säule für Freitag wirkt nur doppelt so hoch als die Säule für Donnerstag, weil die y-Achse nicht bei 0, sondern bei 95 beginnt. Am Donnerstag wurden 105 Brezeln und am Freitag 115 Brezeln verkauft. 115 ist nicht das Doppelte von 105. Er hat also nicht recht.

► Seite 213 Zwischentest

1 geordnete Datenreihe: 29, 46, 53, 57, 65, 82, 97
Maximum: **97 Herzen**, Minimum: **29 Herzen**,
Spannweite: 97 Herzen − 29 Herzen = **68 Herzen**
Median: **57 Herzen**

2 a) absolute Häufigkeit Aise: 4 rote Autos
absolute Häufigkeit Joel: 3 rote Autos

b) Aise: $\frac{4}{20} = \frac{20}{100} = 20\,\%$
Joel: $\frac{3}{10} = \frac{30}{100} = 30\,\%$
Obwohl Aise mehr rote Autos gezählt hat als Joel, ist der prozentuale Anteil an roten Autos bei Joel größer als bei Aise.

3 Im Fragebogen wird ein Vortext verwendet, der eine Meinung zur Beliebtheit von Fußball enthält. Es gibt zu wenige Antwortmöglichkeiten. Als Antwort kann man nur „Fußball" oder „andere" ankreuzen.
Somit ist es ein nicht-neutraler Fragebogen.
Also ist das Ergebnis manipuliert.

4 Die Ergebnisse, die Hannes erhält, sind manipuliert. Die Anzahl der Antwortmöglichkeiten ist ungleich verteilt: Es gibt drei Antwortmöglichkeiten für Zufriedenheit mit dem Spiel und nur eine Antwortmöglichkeit für weniger Zufriedenheit. Es gibt keine Antwortmöglichkeit für Unzufriedenheit. Außerdem befragt Hannes nur seine Fußballfreunde, die alle den gleichen Lieblingsverein haben. Durch die Auswahl seiner Stichprobe ist das Ergebnis ebenfalls manipuliert.

5 Beide Diagramme stellen die Menge Abfall in Kilogramm pro Einwohner in verschiedenen Monaten dar. Das Diagramm ① ist manipuliert, weil die Säule für Juni weggelassen wurde.

► Seite 213 Zwischentest

1 geordnete Datenreihe:
270 €, 290 €, 310 €, 320 €, 340 €, 380 €
Maximum: **380 €**, Minimum: **270 €**
Spannweite: 380 € − 270 € = **110 €**
270 €, 290 €, **310 €**, **320 €**, 340 €, 380 €
Median: (**310 €** + **320 €**) : 2 = 315 €
das arithmetische Mittel:
$\frac{270\,€ + 290\,€ + 310\,€ + 320\,€ + 340\,€ + 380\,€}{6} \approx \mathbf{318{,}33\,€}$

2 a) Juna: $\frac{6}{15} = \frac{2}{5} = 40\,\%$ Emre: $\frac{3}{5} = 60\,\%$
Junas relative Häufigkeit für „Zahl" ist größer als bei Emre.

b) Zum Beispiel: Emre wirft 5-mal die Münze und hat 3-mal „Zahl". Oder: Emre wirft 10-mal die Münze und hat 6-mal „Zahl".

3 Mit dem Fragebogen ist das Ergebnis manipuliert. Denn die Frage ist nicht neutral formuliert und es gibt 2 Antwortmöglichkeiten für „zu kurz" und keine für „zu lang". Korrigierter Fragebogen:

Wie findest du die Länge der Pausen?		
O zu kurz	O passt so	O zu lang

4 Lea erhält ein manipuliertes Ergebnis.
Die Frage, die Lea stellt, ist nicht neutral. Sie sagt ihre Meinung, indem sie das Wort „auch" verwendet. Die Anzahl der Antwortmöglichkeiten ist ungleich verteilt: Es gibt nicht die Möglichkeit mit nein zu antworten. Außerdem ist die Stichprobe nicht sinnvoll, da sie auch Jungen enthält, die die Mädchentoiletten nicht nutzen.

5 Die Säule für das aktuelle Jahr wirkt ein Drittel so hoch wie die Säule des Vorjahres. Dieser Eindruck entsteht dadurch, weil die y-Achse bei 5000 km² beginnt und nicht bei 0 km². 6000 km² ist nicht ein Drittel von 8000 km². Die Aussage stimmt also nicht.

► Seite 219 Abschlusstest

1 Die Stichprobe ① ist für die Umfrage geeignet.

2 Ein neutraler Fragebogen enthält keinen Vortext, der die Meinung der befragten Personen beeinflusst.
Korrigierter Fragebogen:

Trennst du deinen Müll?	
O ja	O nein

3 Die Säule für Oktober wirkt doppelt so hoch wie die Säule für September. Im Oktober hat es 300 mm geregnet, im September 250 mm, also nicht das Doppelte. Die y-Achse beginnt bei 200 mm und nicht bei 0 mm. Deshalb sieht es so aus, als ob es im Oktober doppelt so viel geregnet hat als im September.

4 Die Aussage passt nicht zum Piktogramm.
Flächeninhalt vor 2 Jahren: 1 cm · 1 cm = **1 cm²**
Flächeninhalt heute: 2 cm · 2 cm = **4 cm²**
Das Piktogramm zeigt, dass Mikrochips heute 4-mal so viel speichern wie vor zwei Jahren.

► Seite 219 Abschlusstest ☒

1 z. B.: eine gesamte Klasse; 20 zufällig gewählte Kinder

2 Ein neutraler Fragebogen enthält keinen Vortext, der die Meinung der befragten Personen beeinflusst. Außerdem gibt es keine Antwortmöglichkeit für Personen, die keinen Sport machen.
Korrigierter Fragebogen:

> Wie oft in der Woche machst du Sport?
> O nie   O 1-mal   O 2-mal   O öfter als 2-mal

3 Der Käse „Gönnung" hat einen Fettanteil von 50 % und der Käse „Breeze" von 30 %. Die Einteilung der x-Achse ist für die Käsesorten verschieden. Bei Käse „Gönnung" sind 20 %-Schritte dargestellt, bei „Breeze" sind es 10 %-Schritte. Es entsteht der Eindruck, dass beide Käse den gleichen Fettanteil haben.

4 Flächeninhalt vor 5 Jahren: $1{,}5\,\text{cm} \cdot 1\,\text{cm} = \mathbf{1{,}5\,cm^2}$
Flächeninhalt heute: $3\,\text{cm} \cdot 2\,\text{cm} = \mathbf{6\,cm^2}$
$6\,\text{cm}^2 : 1{,}5\,\text{cm}^2 = \mathbf{4}$
Das Piktogramm zeigt, dass Tablets heute 4-mal so oft genutzt werden wie vor zwei Jahren.
Also passt die Aussage nicht zum Piktogramm.

► Seite 219 Abschlusstest ☒

1 a) z.B.: die gesamte Schülerschaft einer Schule oder die Kinder und Jugendlichen eines Ortes
b) z. B.: 20 zufällig ausgewählte Personen auf der Straße oder eine gesamte Klasse

2 Das Ergebnis wird manipuliert sein. Denn der Fragebogen ist nicht neutral. Der Fragebogen enthält einen Vortext, der die Meinung der befragten Personen beeinflusst. Korrigierter Fragebogen:

> Wie oft trinkst du Bubble-Tea?
> O oft   O selten   O nie

3 Larissa hat das Diagramm manipuliert, indem sie die y-Achse bei 15 (für 15 000 Klicks) beginnen lässt und nicht bei 0. Außerdem hat sie die Einteilung auf der y-Achse in 0,1-Schritte gewählt. Dadurch entsteht ein Eindruck von einem viel zu hohen Anstieg der Klicks, als es in Wirklichkeit der Fall ist.

4 $A_{Mai} = \pi \cdot (0{,}5\,\text{cm})^2 = 0{,}25\pi \approx \mathbf{0{,}79\,cm^2}$
$A_{November} = \pi \cdot (1\,\text{cm})^2 = 1\,\pi \approx \mathbf{3{,}14\,cm^2}$
$3{,}14\,\text{cm}^2 : 0{,}79\,\text{cm}^2 \approx 3{,}97$
Das Piktogramm zeigt, dass im November ungefähr 4-mal so viele Zimtrollen verkauft wurden wie im Mai.
Also passt das Piktogramm nicht zur Aussage.

Grundwissen

► Seite 241

1

Alter	Strichliste	Häufigkeit
14	||||	4
15	|||	3
16	𝍸 |	6

2

Schulweg (in min)	Strichliste	Häufigkeit
00–10	𝍸	5
11–20	𝍸 |||	8
21–30	𝍸	5
> 30	||	2

► Seite 242

3 a) Jedem Wochentag wird die **Höchsttemperatur (in °C)** zugeordnet.
b) Am Donnerstag lag die Höchsttemperatur bei **15 °C**.
c) Am **Dienstag** und am **Freitag** betrug die Höchsttemperatur 13 °C.
d) Eine Höchsttemperatur von 20 °C wurde **an keinem der Tage** erreicht.

4 a) 25 % b) 12,5 % c) 33,3 % d) 8,3 % e) 58,3 %

► Seite 243

5

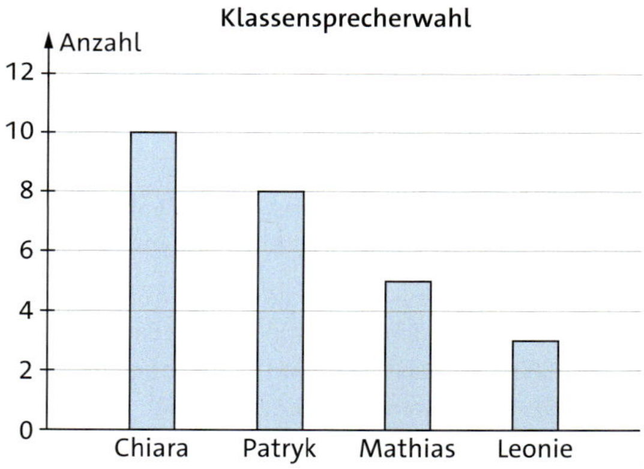

6

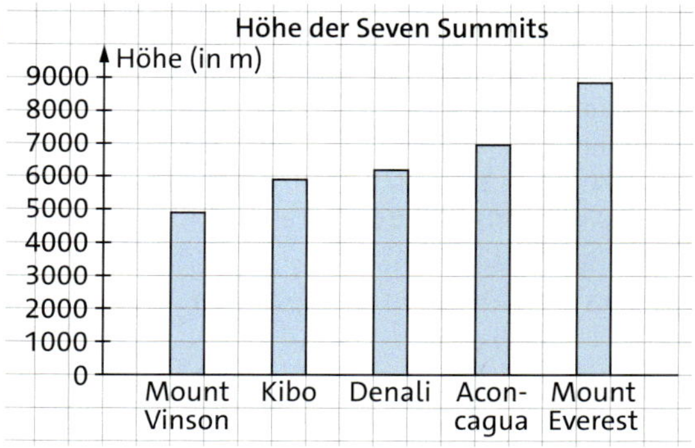

7 a) 47 % b) 91 % c) 68 % d) 3 % e) 150 % f) 230 %

8 a) $\frac{66}{100} = 66\,\%$ b) $\frac{22}{100} = 22\,\%$ c) $\frac{2}{100} = 2\,\%$ d) $\frac{55}{100} = 55\,\%$ e) $\frac{8}{100} = 8\,\%$ f) $\frac{60}{100} = 60\,\%$

9 a) 2,6 b) 9,7 c) 0,6 d) 12,5 e) 25,5 f) 99,5

10 a) G: 9; Z: 9,4; H: 9,39; T: 9,386 b) G: 1; Z: 0,5; H: 0,50; T: 0,505 c) G: 2; Z: 2,1; H: 2,07; T: 2,069

► Seite 244

11 a) $0{,}3 = \frac{3}{10}$ b) $0{,}6 = \frac{6}{10} = \frac{3}{5}$ c) $0{,}23 = \frac{23}{100}$ d) $0{,}58 = \frac{58}{100} = \frac{29}{50}$ e) $0{,}68 = \frac{68}{100} = \frac{17}{25}$ f) $0{,}75 = \frac{75}{100} = \frac{3}{4}$ g) $1{,}2 = \frac{12}{10} = \frac{6}{5} = 1\frac{1}{5}$

12 a) $\frac{7}{10} = 0{,}7$ b) $\frac{19}{100} = 0{,}19$ c) $\frac{127}{1000} = 0{,}127$ d) $\frac{2}{5} = \frac{4}{10} = 0{,}4$ e) $\frac{7}{20} = \frac{35}{100} = 0{,}35$ f) $\frac{3}{250} = \frac{12}{1000} = 0{,}012$ g) $\frac{5}{8} = \frac{625}{1000} = 0{,}625$

13 a) $61\,\% = \frac{61}{100} = 0{,}61$ b) $19\,\% = \frac{19}{100} = 0{,}19$ c) $7\,\% = \frac{7}{100} = 0{,}07$ d) $14\,\% = \frac{14}{100} = 0{,}14$ e) $20\,\% = \frac{20}{100} = 0{,}2$ f) $110\,\% = \frac{110}{100} = 1{,}1$

14 a) Gesamtzahl: 10; absolute Häufigkeit: 7; relative Häufigkeit: 70 %
b) Gesamtzahl: 20; absolute Häufigkeit: 16; relative Häufigkeit: 80 %
c) Gesamtzahl: fehlt; absolute Häufigkeit: fehlt; relative Häufigkeit: $\frac{2}{3}$
d) Gesamtzahl: 40; absolute Häufigkeit: 34; relative Häufigkeit: 80 %
e) Gesamtzahl: 16; absolute Häufigkeit: fehlt; relative Häufigkeit: $\frac{1}{4}$

15 a) $\frac{7}{100} = 0{,}07 = 7\,\%$ b) $\frac{84}{100} = 0{,}84 = 84\,\%$ c) $\frac{12}{200} = \frac{6}{100} = 0{,}06 = 6\,\%$ d) $\frac{4}{25} = \frac{16}{100} = 0{,}16 = 16\,\%$ e) $\frac{3}{10} = \frac{30}{100} = 0{,}3 = 30\,\%$ f) $\frac{1}{20} = \frac{5}{100} = 0{,}05 = 5\,\%$

► Seite 245

16 a) 7 m = 70 dm b) 3 dm = 30 cm c) 15 cm = 150 mm d) 2 km = 2000 m e) 0,6 km = 600 m f) 2,1 m = 21 dm g) 0,3 cm = 3 mm h) 1 m 5 dm = 15 dm

17 a) 70 cm = 7 dm b) 20 dm = 2 m c) 6000 m = 6 km d) 150 mm = 15 cm e) 400 m = 0,4 km f) 25 cm = 2,5 dm g) 3 dm = 0,3 m h) 5 m 8 dm = 5,8 m

18 a) 4 m = 40 dm b) 50 mm = 5 cm c) 2,5 km = 2500 m d) 1,5 m = 150 cm e) 150 mm = 1,5 dm

19 a) 5 m² = 500 dm² b) 9 cm² = 900 mm² c) 30 m² = 3000 dm² d) 35 dm² = 3500 cm² e) 0,07 cm² = 7 mm² f) 2,3 dm² = 230 cm² g) 1 m² 90 dm² = 190 dm² h) 4 cm² 5 mm² = 405 mm²

20 a) 800 cm² = 8 dm² b) 700 mm² = 7 cm² c) 2000 dm² = 20 m² d) 60 cm² = 0,6 dm² e) 450 mm² = 4,5 cm² f) 4000 dm² = 40 m² g) 2 dm² 50 cm² = 2,5 dm² h) 8 m² 9 dm² = 8,09 m²

21 a) 6 m² = 600 dm² b) 300 mm² = 3 cm² c) 0,25 m² = 25 dm² d) 0,03 dm² = 300 mm² e) 4 m² 50 dm² = 45 000 cm²

22 a) 2 cm³ = 2000 mm³ b) 8 m³ = 8000 dm³ c) 15 dm³ = 15 000 cm³ d) 250 m³ = 250 000 dm³ e) 0,1 m³ = 100 dm³ f) 3,5 cm³ = 3500 mm³ g) 2 cm³ 500 mm³ = 2500 mm³ h) 3 m³ 50 dm³ = 3050 ℓ

23 a) 3000 dm³ = 3 m³ b) 2000 mm³ = 2 cm³ c) 70 000 cm³ = 70 dm³ d) 500 dm³ = 0,5 m³ e) 60 mm³ = 0,06 cm³ f) 8500 cm³ = 8,5 dm³ g) 2 cm³ 100 mm³ = 2,1 cm³ h) 1 m³ 50 dm³ = 1,05 m³

24 a) 3 dm³ = 3000 cm³ b) 20 000 mm³ = 20 cm³ c) 15 ℓ = 0,015 m³ d) 0,1 m³ = 100 000 cm³ e) 90 cm³ = 0,09 ℓ

► Seite 246

25

	Maßstab	Länge in der Zeichnung	Länge in Wirklichkeit
a)	1 : 4	**20 cm : 4 = 5 cm**	20 cm
b)	1 : 20	**100 cm : 20 = 5 cm**	100 cm
c)	1 : 10	5 cm	**5 cm · 10 = 50 cm**
d)	1 : 5	4 mm	**4 mm · 5 = 20 mm**
e)	1 : 2000	**800 m : 2000 = 0,4 m**	800 m
f)	1 : 5000	9 cm	**9 cm · 5000 = 45 000 cm = 450 m**

26 a) −2 b) 3 c) −23 d) 16 e) −25 f) 15 g) −15 h) 50

27 a) 3 b) −13 c) −6 d) −6 e) −5 f) −40 g) −19 h) 23 i) −25 j) −81

28 a) −12 b) 12 c) −20 d) −48 e) 80 f) 54 g) −70 h) −39

29 a) −3 b) 4 c) 7 d) −7 e) 8 f) −7 g) −25 h) 12

30 a) 48, Punktrechnung vor Strichrechnung
b) 20, Klammern zuerst
c) 34, Punktrechnung vor Strichrechnung
d) 6, Klammern zuerst
e) 3, Klammern zuerst
f) 12, Klammern zuerst
g) 57, Punktrechnung vor Strichrechnung
h) 11, beide Vorrangregeln

► Seite 247

31 3^2 ist eine Potenz. Die Zahl 3 ist die Basis.
Die Zahl 2 ist der Exponent. 9 ist der Wert der Potenz.

32 a) $7 \cdot 7 = 7^2 = 49$ b) $2 \cdot 2 \cdot 2 \cdot 2 \cdot 2 \cdot 2 = 2^6 = 64$
c) $10 \cdot 10 \cdot 10 \cdot 10 = 10^4 = 10\,000$
d) $3 \cdot 3 \cdot 3 \cdot 3 = 3^4 = 81$
e) $4 \cdot 4 \cdot 4 = 4^3 = 64$

33 a) $5^2 = 25$ b) $9^2 = 81$ c) $10^2 = 100$
d) $11^2 = 121$ e) 10 000 f) 144

34 a) $\sqrt{9} = 3$ b) $\sqrt{49} = 7$ c) $\sqrt{64} = 8$
d) $\sqrt{1} = 1$ e) $\sqrt{169} = 13$

35 a)

	Bäume	Anteil	
: 25	25	100 %	: 25
· 8	1	**4 %**	· 8
	8	**32 %**	

b)

	Bananen	Anteil	
: 20	20	100 %	: 20
· 11	1	**5 %**	· 11
	11	**55 %**	

c)

	Lose	Anteil	
: 200	200	**100 %**	: 200
· 84	1	**0,5 %**	· 84
	84	**42 %**	

36 a) $p\,\% = \frac{9}{20} = \frac{45}{100} = \mathbf{45\,\%}$ b) $p\,\% = \frac{3}{50} = \frac{6}{100} = \mathbf{6\,\%}$
c) $p\,\% = \frac{26}{200} = \frac{13}{100} = \mathbf{13\,\%}$ d) $p\,\% = \frac{12}{25} = \frac{48}{100} = \mathbf{48\,\%}$

► Seite 248

37 a)

	Anteil	Autos	
: 100	100 %	400	: 100
· 7	1 %	**4**	· 7
	7 %	**28**	

b)

	Anteil	Ponys	
: 100	100 %	200	: 100
· 33	1 %	**2**	· 33
	33 %	**66**	

c)

	Anteil	Anzahl	
: 100	**100 %**	150	: 100
· 20	**1 %**	**1,50**	· 20
	20 %	**30**	

38 a) $W = 200\,€ \cdot 0{,}08 = 200\,€ \cdot \frac{8}{100} = \frac{1600}{100} = \mathbf{16\,€}$
b) $W = 800 \cdot \frac{3}{100} = \frac{2400}{100} = \mathbf{24}$
c) $W = 2500\,m \cdot \frac{27}{100} = \frac{67\,500}{100}\,m = \mathbf{675\,m}$
d) $W = 50\,€ \cdot \frac{90}{100} = \frac{4\,500}{100}\,€ = \mathbf{45\,€}$

39 a)

	Anteil	Äpfel	
: 9	9 %	27	: 9
· 100	1 %	**3**	· 100
	100 %	**300**	

b)

	Anteil	Fische	
: 11	11 %	77	: 11
· 100	1 %	**7**	· 100
	100 %	**700**	

c)

	Anteil	Preis	
: 30	30 %	600	: 30
· 100	1 %	**20**	· 100
	100 %	**2000**	

40 a) $G = 18\,€ : \frac{3}{100} = 18\,€ \cdot \frac{100}{3} = \frac{1\,800}{3}\,€ = \mathbf{600\,€}$
b) $G = 120 : \frac{60}{100} = \frac{12\,000}{60} = \mathbf{200}$
c) $G = 600\,m : \frac{12}{100} = \frac{60\,000}{12}\,m = \mathbf{5000\,m}$
d) $G = 50\,€ : \frac{20}{100} = \frac{5\,000}{20}\,€ = \mathbf{250\,€}$

41 a) $3 + 5 = 8$ b) $3 - 17 = -14$
c) $3 - 7 = -4$ d) $4 \cdot 3 = 12$
e) $0{,}5 \cdot 3 = 1{,}5$ f) $3 : 2 = 1{,}5$
g) $2 \cdot 3 + 1 = 7$ h) $2 \cdot 3 - 5 = 1$
i) $5 \cdot 3 - 10 = 5$ j) $40 - 7 \cdot 3 = 19$
k) $0{,}3 \cdot 3 + 1{,}2 = 2{,}1$ l) $2 \cdot 3 - 1{,}75 = 4{,}25 = 4\frac{1}{4}$

42 a) $u = 4 \cdot 5\,cm = 20\,cm$
b) $u = 2 \cdot 4\,cm + 2 \cdot 6\,cm = 20\,cm$
c) $u = 5\,cm + 8\,cm + 10\,cm = 23\,cm$
d) $A = 7\,cm \cdot 4\,cm = 28\,cm^2$
e) $A = \frac{1}{2} \cdot 6\,cm \cdot 7\,cm = 21\,cm^2$

43 a) 5a b) 3x c) 11y d) c
e) 5x + 4 f) 5a + b g) 4x + 3y h) 7x − 3

► Seite 249

44 a) 12a + 2b b) 9x − 2 c) 6v − 13w
d) 6x + 12y e) 10a + 1 f) 15x + 35y

45 a) $(x + 3) \cdot (y + 5) = xy + 5x + 3y + 15$
b) $(a + 4) \cdot (b - 2) = ab - 2a + 4b - 8$
c) $(x + 1) \cdot (x + 3) = x^2 + 3x + x + 3 = x^2 + 4x + 3$
d) $(a - 8) \cdot (a + 1) = a^2 + a - 8a - 8 = a^2 - 7a - 8$
e) $(x - 3) \cdot (x - 1) = x^2 - x - 3x + 3 = x^2 - 4x + 3$
f) $(2 + 3y) \cdot (y + 5) = 2y + 10 + 3y^2 + 15y$
$= 3y^2 + 17y + 10$
g) $(5 + a) \cdot (3a - 4) = 15a - 20 + 3a^2 - 4a$
$= 3a^2 + 11a - 20$
h) $(3x - 6) \cdot (2x - 2) = 6x^2 - 6x - 12x + 12$
$= 6x^2 - 18x + 12$

46 a) $5x + 5y = \mathbf{5} \cdot (x + y)$ b) $3x - 12y = \mathbf{3} \cdot (x - 4y)$
c) $4a + 6b = \mathbf{2} \cdot (2a + 3b)$ d) $4ab + 8a = \mathbf{4a} \cdot (b + 2)$
e) $3ab - 6ac = 3a \cdot (\mathbf{b - 2c})$ f) $15xy + 3yz = \mathbf{3y} \cdot (5x + z)$

47 a) $3a + 3b = \mathbf{3} \cdot (a + b)$
b) $4x - 12y = \mathbf{4} \cdot (x - 3y)$
c) $6x + 4y = \mathbf{2} \cdot (3x + 2y)$
d) $12ab + 8ac = \mathbf{4a} \cdot (3b + 2c)$
e) $10xy - 25xz = \mathbf{5x} \cdot (2y - 5z)$

48 a) $(x + 3)^2 = x^2 + 6x + 9$
b) $(a + 6)^2 = a^2 + 12a + 36$
c) $(10 + w)^2 = 100 + 20w + w^2$
d) $(4x + 5)^2 = 16x^2 + 40x + 25$
e) $(10x + 4y)^2 = 100x^2 + 80xy + 16y^2$

49 a) $(a - 5)^2 = a^2 - 10a + 25$
b) $(x - 8)^2 = x^2 - 16x + 64$
c) $(w - 9)^2 = w^2 - 18w + 81$
d) $(10x - 2)^2 = 100x^2 - 40x + 4$
e) $(3x - 2y)^2 = 9x^2 - 12xy + 4y^2$

50 a) $(x + 4) \cdot (x - 4) = x^2 - 16$
b) $(4 + a) \cdot (4 - a) = 16 - a^2$
c) $(2x + y) \cdot (2x - y) = 4x^2 - y^2$
d) $(3a - 7) \cdot (3a + 7) = 9a^2 - 49$

51 a) $(x + 2)^2$ b) $(2x + 1)^2$
c) $(x - 4)^2$ d) $(x - 5)^2$

52
a) $7x - 4 = 17 \quad | + 4$
$7x = 21 \quad | : 7$
$x = 3 \quad L = \{3\}$
b) $3x - 20 = 4 \quad | + 20$
$3x = 24 \quad | : 3$
$x = 8 \quad L = \{8\}$
c) $2x + 6 = 20 \quad | - 6$
$2x = 14 \quad | : 2$
$x = 7 \quad L = \{7\}$
d) $5x = 3x + 8 \quad | - 3x$
$2x = 8 \quad | : 2$
$x = 4 \quad L = \{4\}$
e) $6x = x + 10 \quad | - x$
$5x = 10 \quad | : 5$
$x = 2 \quad L = \{2\}$
f) $5x + 10 = 2x + 25 \quad | - 2x - 10$
$3x = 15 \quad | : 3$
$x = 5 \quad L = \{5\}$
g) $13x - 30 = 7x + 6 \quad | - 7x + 30$
$6x = 36 \quad | : 6$
$x = 6 \quad L = \{6\}$
h) $7x - 54 = -4x - 10 \quad | + 4x + 54$
$11x = 44 \quad | : 11$
$x = 4 \quad L = \{4\}$

► **Seite 250**

53 a) $Z = 250\,€ \cdot \frac{3}{100} = \frac{750\,€}{100} = 7{,}50\,€$
Die Zinsen im ersten Jahr betragen 7,50 €.
b) $K_3 = 250\,€ \cdot \left(1 + \frac{3}{100}\right)^3 = 250\,€ \cdot 1{,}03^3 \approx 273{,}18\,€$
Das Endkapital nach drei Jahren beträgt 273,18 €.

54 a) Die Variable x steht für die Zeit in Minuten.
Die Variable y steht für die Wassermenge in Litern.
b) $(-5) \cdot \mathbf{5} + 60 = -25 + 60 = 35$
Nach 5 Minten sind noch 35 ℓ Wasser im Aquarium.
c) $y = -5x + 60$
$0 = -5x + 60 \quad | - 60$
$-60 = -5x \quad | : (-5)$
$12 = x$
Nach 12 Minten ist das Aquarium leer.

55 a) $-0{,}4(0 - 2)^2 + 3{,}4 = (-0{,}4) \cdot 4 + 3{,}4 = -1{,}6 + 3{,}4 = 1{,}8$
Der Ball wird in einer Höhe von 1,8 m abgeworfen.
b) Das Maximum wird im Scheitelpunkt S (2 | 3,4) erreicht, also beträgt die maximale Höhe 3,4 m.
c) Der Auftreffpunkt auf dem Boden liegt bei der positiven Nullstelle der Parabel.
$0 = -0{,}4(x - 2)^2 + 3{,}4 \quad | -3{,4} \quad | : (-0{,}4)$
$8{,}5 = (x - 2)^2 \quad | \sqrt{}$
$2{,}92 \approx x_1 - 2$ und $-2{,}92 \approx x_2 - 2$
$x_1 \approx 4{,}92$ und $x_2 \approx -0{,}92$
Der Auftreffpunkt ist 4,92 m vom Werfer entfernt.

► **Seite 251**

56 *gegeben*: Paul und Joost sind zusammen 39 Jahre alt.
Paul ist drei Jahre älter als Joost.
gesucht: Alter von Paul, Alter von Joost
Rechnung: Alter von Joost: x
Alter von Paul: $x + 3$
Gemeinsames Alter: $x + (x + 3) = 39$
$2x + 3 = 39 \quad | - 3$
$2x = 36 \quad | : 2$
$x = 18$
Alter von Jost: 18 (Jahre)
Alter von Paul: 18 + 3 = 21 (Jahre)
Antwort: Jost ist 18 Jahre alt. Paul ist 21 Jahre alt.

57 *gegeben*: Clara hat doppelt so viele Tore wie Zine.
Antonia hat ein Tor weniger als Zine.
Zusammen haben sie 27 Tore.
gesucht: Tore von Clara
Rechnung: Tore von Zine: x
Tore von Clara: $2x$
Tore von Antonia: $x - 1$
Tore insgesamt: $x + 2x + (x - 1) = 27$
$4x - 1 = 27 \quad | + 1$
$4x = 28 \quad | : 4$
$x = 7$
Tore Zine: 7
Tore Clara: 14
Tore Antonia: 7 − 1 = 6
Antwort: Clara hat 14 Tore geschossen.

58 *gegeben*: Die Urlaubskosten für ein Kind sind 300 Euro geringer als für einen Erwachsenen. Die Urlaubskosten für zwei Erwachsene und ein Kind betragen 2100 Euro.

gesucht: Kosten je Kind und je Erwachsener

Rechnung: Kosten Kind: x

Kosten Erwachsener: $x + 300$

Gesamtkosten: $x + 2(x + 300) = 2100$

$$3x + 600 = 2100 \quad |-600$$
$$3x = 1500 \quad |:3$$
$$x = 500$$

Kosten Kind: 500 (€)

Kosten Erwachsener: 500 + 300 = 800 (€)

Antwort: Der Urlaub kostet 500 € je Kind und 800 € für jede erwachsene Person.

59 Ⓐ → ② Ⓑ → ④ Ⓒ → ① Ⓓ → ③

► Seite 252

60 a) $y = x - 1$

x	−3	−2	−1	0	1	2	3
y	−4	−3	−2	−1	0	1	2

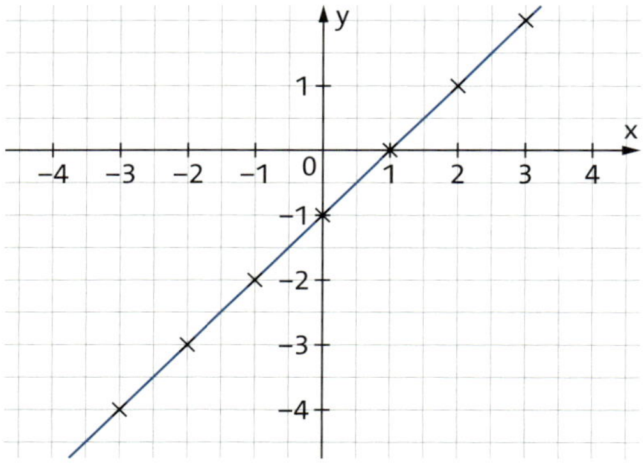

b) $y = 1{,}5x + 2$

x	−3	−2	−1	0	1	2	3
y	−2,5	−1	0,5	2	3,5	5	6,5

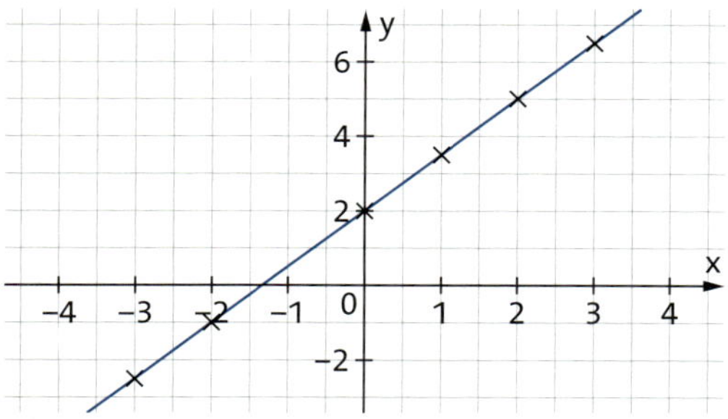

60 c) $y = -2x + 0{,}5$

x	−3	−2	−1	0	1	2	3
y	6,5	4,5	2,5	0,5	−1,5	−3,5	−5,5

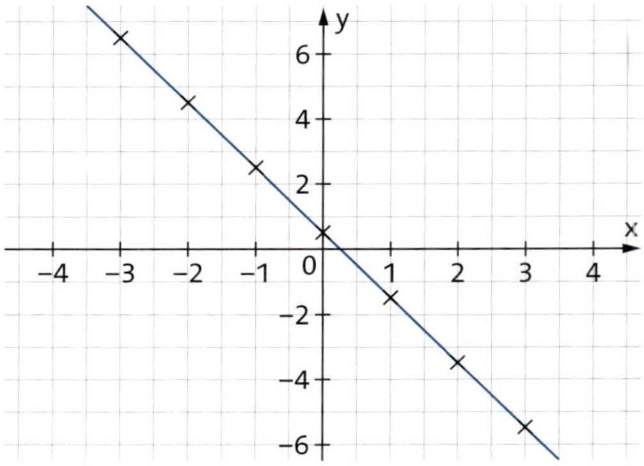

d) $y = 4$

x	−3	−2	−1	0	1	2	3
y	4	4	4	4	4	4	4

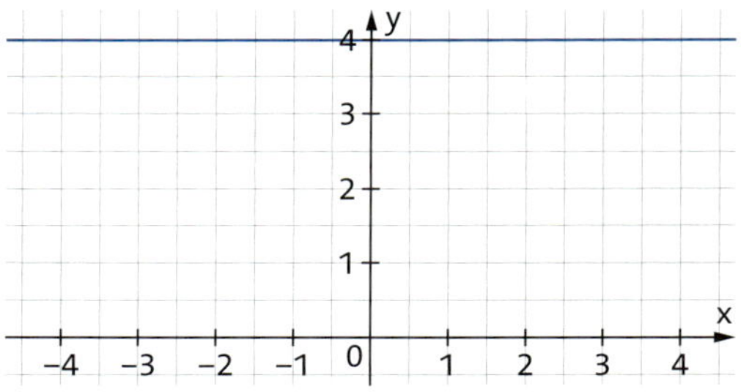

e) $y = -0{,}5x$

x	−3	−2	−1	0	1	2	3
y	1,5	1	0,5	0	−0,5	−1	−1,5

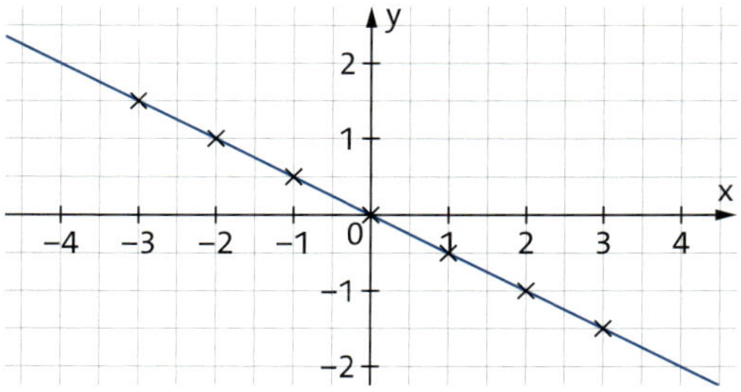

61 a) $0 = 2x - 8; \quad x = 4$

b) $0 = 3x + 21; \quad x = -7$

c) $0 = -4x + 20; \quad x = 5$

d) $0 = -0{,}5x - 3; \quad x = -6$

e) $0 = 8x; \quad x = 0$

62 a) Steigung $m = 2 = \frac{2}{1}$

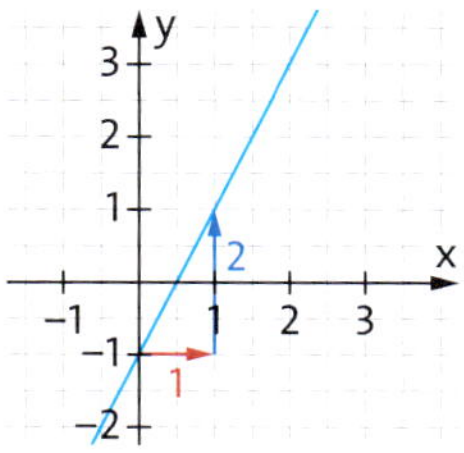

b) Steigung $m = -1 = -\frac{1}{1}$

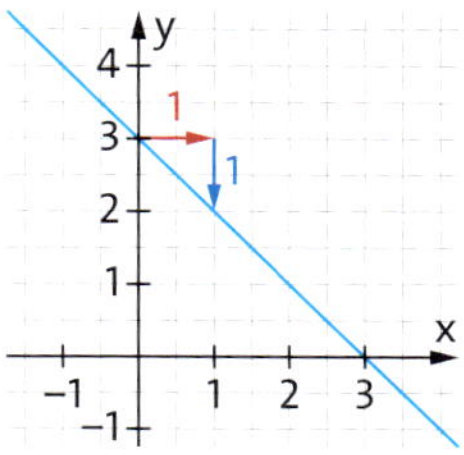

c) Steigung $m = \frac{1}{2}$

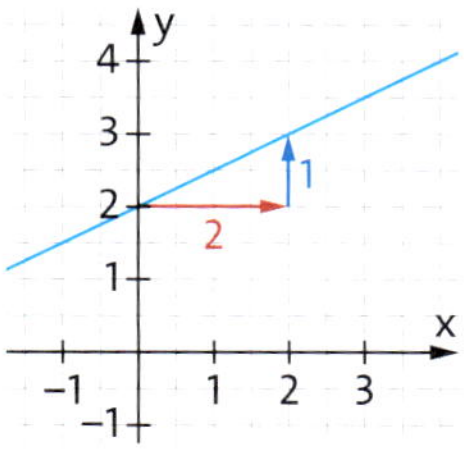

d) Steigung $m = -\frac{3}{4}$

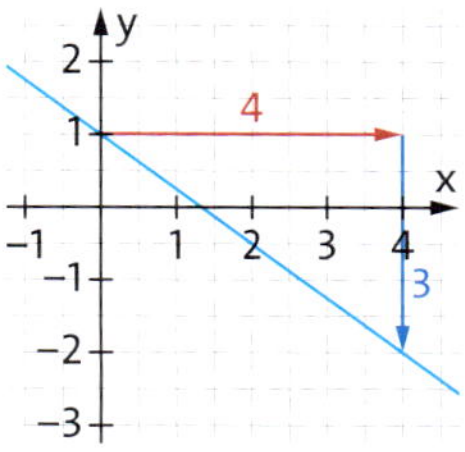

Die Abbildungen hier sind um 50 % verkleinert.

63 A(0 | −1); B(3 | −2); C(1 | 0);
D(0 | 2); E(−1 | 0); F(−3 | −2)

64

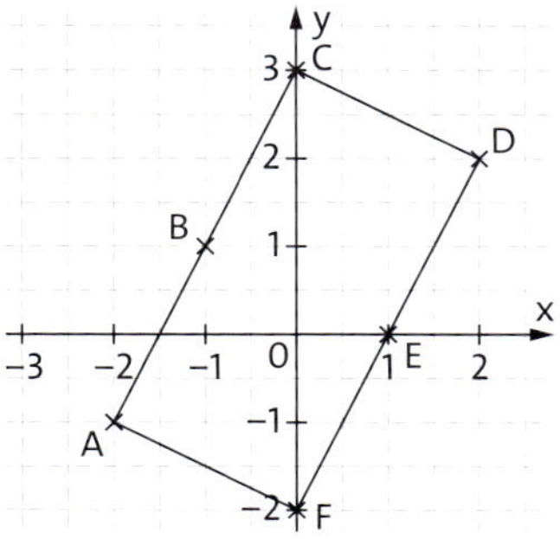

Es ist ein Rechteck entstanden.

► **Seite 253**

65 a) P(°3 | 11): 1) $3 \cdot 3 + 2 = 11$ 2) $11 = 11$
3) Also liegt P auf der Geraden g.
Q(4 | 15): 1) $3 \cdot 4 + 2 = 14$
2) $14 \neq 15$
3) Also liegt Q nicht auf der Geraden g.

b) P(2 | 5): 1) $2 \cdot 2 - 1 = 3$ 2) $3 \neq 5$
3) Also liegt P nicht auf der Geraden g.
Q(5 | 9): 1) $2 \cdot 5 - 1 = 9$ 2) $9 = 9$
3) Also liegt Q auf der Geraden g.

c) P(0 | 8): 1) $0 + 8 = 8$ 2) $8 = 8$
3) Also liegt P auf der Geraden g.
Q(9 | 15): 1) $9 + 8 = 17$ 2) $17 \neq 15$
3) Also liegt Q nicht auf der Geraden g.

d) P(−3 | −15): 1) $(-5) \cdot (-3) = 15$ 2) $15 \neq -15$
3) Also liegt P nicht auf der Geraden g.
Q(2 | −10): 1) $(-5) \cdot 2 = -10$ 2) $-10 = -10$
3) Also liegt Q auf der Geraden g.

66

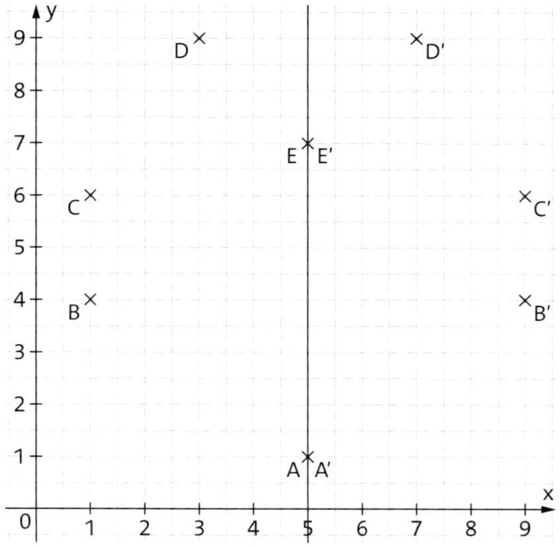

67

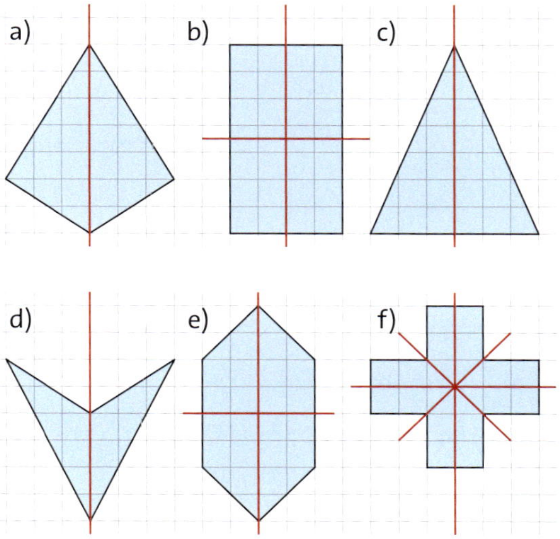

68

Radius r	10 cm	**12 m**	**26 km**	1,5 dm
Durchmesser d	**20 cm**	24 m	52 km	**3,0 dm**

Radius r	3,8 km	**2,5 cm**	0,75 mm	**1,85 m**
Durchmesser d	**7,6 km**	5 cm	**1,5 mm**	3,7 m

► **Seite 254**

69

Radius r	4 cm	8 mm	**6 dm**	3,5 cm
Durchmesser d	**8 cm**	**16 mm**	12 dm	**7,0 cm**
Umfang u	**25,1 cm**	**50,3 mm**	**37,7 dm**	**22,0 cm**

Radius r	**2,5 km**	2,8 m	**7,5 mm**
Durchmesser d	5 km	**5,6 m**	15 mm
Umfang u	**15,7 km**	17,6 m	**47,1 mm**

70

Radius r	4 cm	8 mm	**6 dm**	3,5 cm
Durchmesser d	**8 cm**	**16 mm**	12 dm	**7,0 cm**
Flächeninhalt A	**50,3 cm²**	**201,1 mm²**	**113,1 dm²**	**38,5 cm²**

Radius r	**2,5 km**	2,8 m	**7,5 mm**
Durchmesser d	5 km	**5,6 m**	15 mm
Flächeninhalt A	**19,6 km²**	**24,6 m²**	**176,7 mm²**

71 Figur 1: $2\,cm \cdot 3\,cm + 4\,cm \cdot 2\,cm$
$= 6\,cm^2 + 8\,cm^2$
$= 14\,cm^2$

Figur 2: $7\,cm \cdot 3\,cm + 3\,cm \cdot 3\,cm + 7\,cm \cdot 4\,cm$
$= 21\,cm^2 + 9\,cm^2 + 28\,cm^2$
$= 58\,cm^2$

Figur 3: $7\,cm \cdot 2\,cm + 4\,cm \cdot 5\,cm + 2\,cm \cdot 3\,cm$
$= 14\,cm^2 + 20\,cm^2 + 6\,cm^2$
$= 40\,cm^2$

► Seite 255

72 a) b)

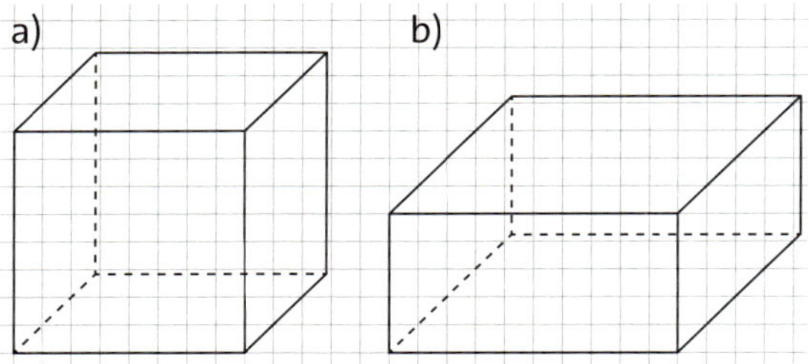

73 a) $\frac{1}{2} \cdot 8\,cm \cdot 5\,cm = 20\,cm^2$
b) $\frac{1}{2} \cdot 8{,}2\,cm \cdot 5{,}7\,cm = 23{,}37\,cm^2$
c) $\frac{1}{2} \cdot 6{,}8\,cm \cdot 4{,}1\,cm = 13{,}94\,cm^2$
d) $\frac{1}{2} \cdot 7\,cm \cdot 4\,cm = 14\,cm^2$
e) $\frac{1}{2} \cdot 5{,}2\,cm \cdot 5{,}4\,cm = 14{,}04\,cm^2$
f) $\frac{1}{2} \cdot 7{,}4\,cm \cdot 4{,}3\,cm = 15{,}91\,cm^2$

74 a) $b^2 + c^2 = a^2$ b) $x^2 + z^2 = y^2$ c) $r^2 + s^2 = t^2$

75 a) $c^2 = (5\,cm)^2 + (12\,cm)^2$; $c = 13\,cm$
b) $e^2 = (7{,}5\,cm)^2 + (10\,cm)^2$; $e = 12{,}5\,cm$
c) $z^2 = (24\,m)^2 + (7\,m)^2$; $z = 25\,m$
d) $g^2 = (12\,cm)^2 + (16\,cm)^2$; $g = 20\,cm$

76 a) $a^2 = (6\,cm)^2 - (4\,cm)^2$; $a \approx 4{,}5\,cm$
b) $a^2 = (37\,cm)^2 - (35\,cm)^2$; $a = 12\,cm$
c) $b^2 = (13\,cm)^2 - (5\,cm)^2$; $b = 12\,cm$

77 a) $b^2 = (14{,}5\,cm)^2 - (8{,}4\,cm)^2$; $b \approx 11{,}8\,cm$
b) $e^2 = (21{,}3\,cm)^2 - (18{,}8\,cm)^2$; $e \approx 10{,}0\,cm$
c) $y^2 = (11{,}5\,cm)^2 - (7{,}3\,cm)^2$; $y \approx 8{,}9\,cm$
d) $v^2 = (2{,}2\,cm)^2 - (1{,}4\,cm)^2$; $v \approx 1{,}7\,cm$

► Seite 256

78 a) $O = 6 \cdot 6\,mm \cdot 6\,mm = 216\,mm^2$
b) $O = 2 \cdot (4 \cdot 10 + 4 \cdot 5 + 10 \cdot 5)\,dm^2 = 220\,dm^2$
c) $O = 6 \cdot 2{,}5\,m \cdot 2{,}5\,m = 37{,}5\,m^2$
d) $O = 2 \cdot (2{,}5 \cdot 8 + 2{,}5 \cdot 4 + 8 \cdot 4)\,cm^2 = 124\,cm^2$

79 a) $V = 2\,cm \cdot 2\,cm \cdot 2\,cm = 8\,cm^3$
b) $V = 4\,mm \cdot 10\,mm \cdot 5\,mm = 200\,mm^3$
c) $V = 1{,}5\,dm \cdot 1{,}5\,dm \cdot 1{,}5\,dm = 3{,}375\,dm^3$
d) $V = 2{,}5\,m \cdot 8\,m \cdot 4\,m = 80\,cm^3$

80 a) $O = 2 \cdot 10\,cm^2 + 40\,cm^2$
$= 20\,cm^2 + 40\,cm^2$
$= 60\,cm^2$
b) $O = 2 \cdot 25\,m^2 + 30\,m^2$
$= 50\,m^2 + 30\,m^2$
$= 80\,m^2$
c) $O = 2 \cdot 37\,mm^2 + 56\,mm^2$
$= 74\,mm^2 + 56\,mm^2$
$= 130\,mm^2$

81 a) $M = (3\,cm + 6\,cm + 6{,}7\,cm) \cdot 10\,cm$
$= 15{,}7\,cm \cdot 10\,cm$
$= 157\,cm^2$
$O = 2 \cdot 9\,cm^2 + 157\,cm^2$
$= 18\,cm^2 + 157\,cm^2$
$= 175\,cm^2$
b) $M = (5{,}7\,cm + 4{,}5\,cm + 6\,cm) \cdot 10\,cm$
$= 16{,}2\,cm \cdot 10\,cm$
$= 162\,cm^2$
$O = 2 \cdot \frac{1}{2} \cdot (4\,cm \cdot 6\,cm) + 162\,cm^2$
$= 24\,cm^2 + 162\,cm^2$
$= 186\,cm^2$
c) $M = (3{,}6\,cm + 3{,}6\,cm + 4{,}5\,cm + 4{,}5\,cm) \cdot 10\,cm$
$= 16{,}2\,cm \cdot 10\,cm$
$= 162\,cm^2$
$O = 2 \cdot \frac{1}{2} \cdot (4\,cm \cdot 7\,cm) + 162\,cm^2$
$= 28\,cm^2 + 162\,cm^2$
$= 190\,cm^2$

82 a) $V = 10\,cm^2 \cdot 6\,cm = 60\,cm^3$
b) $V = 9\,m^2 \cdot 3\,m = 27\,m^3$
c) $V = 17\,dm^2 \cdot 5\,dm = 85\,dm^3$

83 a) $V = \frac{1}{2}(4\,cm \cdot 2\,cm) \cdot 8\,cm$
$= 4\,cm^2 \cdot 8\,cm$
$= 32\,cm^3$
b) $V = \frac{1}{2}(5\,cm \cdot 2\,cm) \cdot 8\,cm$
$= 5\,cm^2 \cdot 8\,cm$
$= 40\,cm^3$
c) $V = \frac{1}{2}(5\,cm \cdot 3\,cm) \cdot 8\,cm$
$= 7{,}5\,cm^2 \cdot 8\,cm$
$= 60\,cm^3$
d) $V = (5\,cm \cdot 3\,cm) \cdot 8\,cm$
$= 15\,cm^2 \cdot 8\,cm$
$= 120\,cm^3$

84 $O = 2 \cdot \pi \cdot r^2 + 2 \cdot \pi \cdot r \cdot h_K$

a) $O = 2 \cdot \pi \cdot (3\,cm)^2 + 2 \cdot \pi \cdot 3\,cm \cdot 5\,cm \approx 150{,}8\,cm^2$

b) $O = 2 \cdot \pi \cdot (7\,m)^2 + 2 \cdot \pi \cdot 7\,m \cdot 10\,m \approx 747{,}7\,m^2$

c) $O = 2 \cdot \pi \cdot (4{,}5\,cm)^2 + 2 \cdot \pi \cdot 4{,}5\,cm \cdot 12\,cm$
$\approx 466{,}53\,cm^2$

85 $V = G \cdot h_K = \pi \cdot r^2 \cdot h_K$

a) $V = 201\,cm^2 \cdot 10\,cm = 2010\,cm^3$

b) $V = \pi \cdot (4\,cm)^2 \cdot 10\,cm \approx 502{,}65\,cm^3$

c) $V = \pi \cdot (12\,m)^2 \cdot 8\,m \approx 3619{,}11\,m^3$

► Seite 257

86 $O = \pi \cdot r^2 + \pi \cdot r \cdot s$

a) $O = \pi \cdot (4\,cm)^2 + \pi \cdot 4\,cm \cdot 7\,cm \approx 138{,}23\,cm^2$

b) $O = \pi \cdot (5\,m)^2 + \pi \cdot 5\,m \cdot 10\,m \approx 235{,}62\,m^2$

c) $s^2 = r^2 + h_K^2$; $s = 5\,cm$
$O = \pi \cdot (3\,cm)^2 + \pi \cdot 3\,cm \cdot 5\,cm \approx 75{,}40\,cm^2$

87 $V = \frac{1}{3} \cdot G \cdot h_K = \frac{1}{3} \cdot \pi \cdot r^2 \cdot h_K$

a) $V = \frac{1}{3} \cdot \pi \cdot (3\,cm)^2 \cdot (7\,cm) \approx 65{,}97\,cm^3$

b) $V = \frac{1}{3} \cdot \pi \cdot (12\,m)^2 \cdot (10\,m) \approx 1507{,}96\,m^3$

c) $V = \frac{1}{3} \cdot \pi \cdot (7{,}5\,cm)^2 \cdot (20\,cm) \approx 1178{,}10\,cm^3$

88 a) $A_1 = G_1 + M_1 = \pi \cdot r^2 + 2 \cdot \pi \cdot r \cdot h_1$
$= \pi \cdot (8\,cm)^2 + 2 \cdot \pi \cdot 8\,cm \cdot 6\,cm \approx \mathbf{502{,}65\,cm^2}$
$A_2 = M_2 = \pi \cdot r \cdot s = \pi \cdot 8\,cm \cdot 10\,cm \approx \mathbf{251{,}33\,cm^2}$
$O = A_1 + A_2 \approx 502{,}65\,cm^2 + 251{,}33\,cm^2$
$= \mathbf{753{,}98\,cm^2}$

b) $A_1 = G_1 + M_1 = a \cdot b + 2 \cdot a \cdot c + 2 \cdot b \cdot c$
$= 10\,cm \cdot 6\,cm + 2 \cdot 10\,cm \cdot 8\,cm + 2 \cdot 6\,cm \cdot 8\,cm$
$A_1 = \mathbf{316\,cm^2}$
$h_a = \sqrt{h_{Pyramide}^2 + \left(\frac{b}{2}\right)^2} = \sqrt{(5\,cm)^2 + (3\,cm)^2}$
$\approx \mathbf{5{,}83\,cm}$
$A_2 = M_2 = 2 \cdot \frac{a \cdot h_a}{2} + 2 \cdot \frac{b \cdot h_b}{2} = a \cdot h_a + b \cdot h_b$
$\approx 10\,cm \cdot 5{,}83\,cm + 6\,cm \cdot 7{,}1\,cm = \mathbf{100{,}9\,cm^2}$
$O = A_1 + A_2 \approx 316\,cm^2 + 100{,}9\,cm^2 = \mathbf{416{,}9\,cm^2}$

c) $A_1 = G_1 + M_1 = \pi \cdot r^2 + 2 \cdot \pi \cdot r \cdot h_1$
$= \pi \cdot (2\,cm)^2 + 2 \cdot \pi \cdot 2\,cm \cdot 6\,cm \approx \mathbf{87{,}96\,cm^2}$
$A_2 = M_2 - G_1 = 6 \cdot a^2 - \pi \cdot r^2$
$= 6 \cdot (8\,cm)^2 - \pi \cdot (2\,cm)^2 \approx \mathbf{371{,}43\,cm^2}$
$O = A_1 + A_2 \approx 87{,}96\,cm^2 + 371{,}43\,cm^2$
$= \mathbf{459{,}39\,cm^2}$

d) $A_1 = 2 \cdot G + M = 2 \cdot \pi \cdot r^2 + 2 \cdot \pi \cdot r \cdot h_1$
$= 2 \cdot \pi \cdot (3\,cm)^2 + 2 \cdot \pi \cdot 3\,cm \cdot 14\,cm \approx \mathbf{320{,}44\,cm^2}$
$A_2 = a \cdot b + 2 \cdot a \cdot c + 2 \cdot b \cdot c$
$= 12\,cm \cdot 14\,cm + 2 \cdot 12\,cm \cdot 2\,cm + 2 \cdot 14\,cm \cdot 2\,cm$
$= \mathbf{272\,cm^2}$
$O = A_1 + A_2 \approx 320{,}44\,cm^2 + 272\,cm^2 = \mathbf{592{,}44\,cm^2}$

89 a) $V_{Quader} = a \cdot b \cdot c = 9\,cm \cdot 9\,cm \cdot 3\,cm = \mathbf{243\,cm^3}$
$V_{Würfel} = a'^3 = (3\,cm)^3 = \mathbf{27\,cm^3}$
$V = V_{Quader} - V_{Würfel} = 243\,cm^3 - 27\,cm^3 = \mathbf{216\,cm^3}$

b) $V_{Würfel} = a^3 = (8\,cm)^3 = \mathbf{512\,cm^3}$
$V_{Kegel} = \frac{1}{3} \cdot \pi \cdot r^2 \cdot h_K$
$= \frac{1}{3} \cdot \pi \cdot (4\,cm)^2 \cdot 4\,cm \approx \mathbf{67{,}02\,cm^3}$
$V = V_{Würfel} - V_{Kegel} = 512\,cm^3 - 67{,}02\,cm^3$
$= \mathbf{444{,}98\,cm^3}$

c) $V_{Quader} = a \cdot b \cdot c = 8\,cm \cdot 8\,cm \cdot 4\,cm = \mathbf{256\,cm^3}$
$V_{halber\ Zylinder} = \frac{1}{2} \cdot (\pi \cdot r^2 \cdot h_K)$
$= \frac{1}{2} \cdot (\pi \cdot (2\,cm)^2 \cdot 8\,cm) \approx \mathbf{50{,}27\,cm^3}$
$V = V_{Quader} - V_{halber\ Zylinder}$
$\approx 256\,cm^3 - 50{,}27\,cm^3 = \mathbf{205{,}73\,cm^3}$

d) $V_{Würfel} = a^3 = (40\,cm)^3 = \mathbf{64\,000\,cm^3}$
$V_{Pyramide} = \frac{1}{3} \cdot G \cdot h_K$
h_k muss erst berechnet werden.
Hier wird die Höhe h_K mit Hilfe der Diagonale der Grundfläche berechnet:
$d^2 = (36\,cm)^2 + (36\,cm)^2$
$d^2 = 2592\,cm^2 \quad |\sqrt{\ }$
$d \approx \mathbf{50{,}91\,m}$
$h_K^2 = s^2 - \left(\frac{d}{2}\right)^2 = (43{,}86\,cm)^2 - \left(\frac{50{,}91\,cm}{2}\right)^2$
$h_K^2 \approx 1275{,}74\,cm^2 \quad |\sqrt{\ }$
$h_K \approx \mathbf{35{,}72\,cm}$
$V_{Pyramide} = \frac{1}{3} \cdot G \cdot h_k \approx \frac{1}{3} \cdot (36\,cm)^2 \cdot 35{,}72\,cm$
$= \mathbf{15\,431{,}04\,cm^3}$
$V = V_{Würfel} - V_{Pyramide}$
$\approx 64\,000\,cm^3 - 15\,431{,}04\,cm^3 = \mathbf{48\,568{,}96\,cm^3}$

► Seite 258

90 Individuelle Lösung

91 Individuelle Lösung

Sachregister

Bildquellenverzeichnis

Technische Zeichnungen
Cornelsen/Christian Böhning

Illustrationen
Cornelsen/Tobias Dahmen, Utrecht/ www. tobidahmen.de/
8., 9., 14/u.l., 32, 35, 42/u. l., 55/7, 68/o.r., 80/o.r., 82/8, 83/5, 83/6, 86/o.r., 87/o.r., 90/m., 93/3., 93/6, 93/8, 94/10, 95/3, 95/9, 96/C, 103/6, 120/o.r., 183/u., 198/o.l., 199/6, 207/4, 217/2

Cover
Cornelsen/Rosendahl Berlin

Abbildungen
3/o.l.: Cornelsen Inhouse/KI-generiert mit Bing Image Creator (Dall-e 3)
3/o.r.: Shutterstock.com/bissun
3/u.l.: mauritius images/Clynt Garnham Transportation/Alamy
3/u.r.: stock.adobe.com/Pixel-Shot
3/m. r.: stock.adobe.com/denis_333
4/o.l.: stock.adobe.com/ERNESTO
4/o.r.: stock.adobe.com/Thitiphan
4/u.l.: stock.adobe.com/Mumtaaz D/ peopleimages.com
5: Cornelsen Inhouse/KI-generiert mit Bing Image Creator (Dall-e 3)
7: Cornelsen Inhouse/KI-generiert mit Bing Image Creator (Dall-e 3)
10: stock.adobe.com/Taichi Sato/ Paylessimages
11: Shutterstock.com/SSCREATIONS
13: Cornelsen Inhouse/KI-generiert mit Bing Image Creator (Dall-e 3)
14/10 l.: stock.adobe.com/weixx
14/10 r.: Cornelsen Inhouse/KI-generiert mit Bing Image Creator (Dall-e 3)
20: Shutterstock.com/katjen
23: stock.adobe.com/Seventyfour
24: Cornelsen Inhouse/KI-generiert mit Bing Image Creator (Dall-e 3)
25: Shutterstock.com/panda3800
26: Shutterstock.com/Prostock-studio
29: mauritius images/Clynt Garnham Transportation/Alamy
33: Depositphotos/Jean-Bernard Nadeau
43: Shutterstock.com/hxdbzxy
44: mauritius images/emotive images
47: Shutterstock.com/Gjermund
48: ClipDealer GmbH/Cornelia Pithart -
50: stock.adobe.com/deagreez
52: stock.adobe.com/famveldman
53/m.r.: Shutterstock.com/SkyPics Studio
53/o.l.: Depositphotos/Maryna Skoropadska
53/o.r.: stock.adobe.com/Myroslava
54/o.l.: stock.adobe.com/Jamie Boggess
54/o.r.: Shutterstock.com/Lance Bellers
54/u.r.: stock.adobe.com/refresh(PIX)
55/m.l.: stock.adobe.com/Mirko Rosenau
55/u. l.: mauritius images/Marcos alvarado/ Alamy/Alamy Stock Photos
56: Shutterstock.com/Radu Razvan
57/u.l.: Shutterstock.com/Juriah Mosin
57/u.r.: Shutterstock.com/BearFotos
59: Imago Stock & People GmbH/ imago images/CHROMORANGE
60: stock.adobe.com/Marianna
61: stock.adobe.com/ Wolfgang Mücke/ womue
62/m.l.: stock.adobe.com/Shi
62/u.r.: Shutterstock.com/ Roman Samborskyi
65: Shutterstock.com/bissun
68/o.m.: Shutterstock.com/tomeqs
69/1/b)-1: Shutterstock.com/timquo
69/1/b)-2: stock.adobe.com/Everest Adv
69/1/b)-4: stock.adobe.com/VectorBum
69: Kegel: stock.adobe.com/boscorelli
70/2.1: stock.adobe.com/Henner
70/2.2: stock.adobe.com/Tobias Arhelger
70/2.3: stock.adobe.com/Leonid Andronov
71/7: stock.adobe.com/lauritta
71/8 l.: stock.adobe.com/AdobeTim82 **71/o.l.:** mauritius images/Pitopia
73: stock.adobe.com/fotoping
74/7 l.: stock.adobe.com/KK; erzeugt mit generativer KI
74/9: stock.adobe.com/marcorubino
75: stock.adobe.com/Leonid Andronov
76: Shutterstock.com/AlexandrBognat
77/o.r.: stock.adobe.com/Wirestock/ Michael Turner
77/u.r: stock.adobe.com/AIGen; erzeugt mit generativer KI
78: mauritius images/ alamy stock photo/Anja Koester
79: stock.adobe.com/Increa
79/u.r.: stock.adobe.com/strannik_fox
81/8: stock.adobe.com/Grecaud Paul
81/5: stock.adobe.com/Elena Moiseeva
81/7: stock.adobe.com/Blackosaka
81/9: stock.adobe.com/and.one
82/9: Shutterstock.com/ KANITHAR AIUMLAOR
83/9: stock.adobe.com/Lsantilli
85: akg images/De Agostini Picture Lib.
86/a: stock.adobe.com/gabriffaldi
86/b: stock.adobe.com/Franz Gerhard
86/c: Shutterstock.com/Mazur Travel
87/a: stock.adobe.com/Palmberry
87/b: stock.adobe.com/amnach
87/c: mauritius images/ alamy stock photo/Cyrille Gibot
93/4: Shutterstock.com/ Nataliya Sdobnikova
94/4: Shutterstock.com/Nataliya Sdobnikova
94/9: stock.adobe.com/PhotoSG
94/9: stock.adobe.com/A. Karnholz/ @A. Karnholz
95/4: Shutterstock.com/Anton Starikov 96/E.: Shutterstock.com/Orapin Thepsuttinun
96/E: Shutterstock.com/Orapin Thepsuttinun
96/F: Shutterstock.com/Lyutik_Ryutik
96/o.r.: Shutterstock.com/Evgeny Karandaev
97: Shutterstock.com/Mehmet Dilsiz
99: stock.adobe.com/Pixel-Shot
101/11: stock.adobe.com/Lustre Art Group
101/u. m.: mauritius images/SuperStock
101/13: stock.adobe.com/Rawf8
102: Cornelsen Inhouse/KI-generiert mit Bing Image Creator (Dall-e 3)
103/4: Shutterstock.com/New Africa
103/5 l.: stock.adobe.com/ Krakenimages. com
103/5 r.: stock.adobe.com/taddle
103/5 u.l.: stock.adobe.com/ Corinna Gissemann
103/5 u.r.: stock.adobe.com/gearstd
103/8: stock.adobe.com/logoinspires
104/10: stock.adobe.com/Jaroslav Moravcik
104/4: stock.adobe.com/terex
104/7: stock.adobe.com/Alexandr Makarov
105/10: stock.adobe.com/Mara Zemgaliete
105/13: stock.adobe.com/Nicholas Piccillo
105/5: stock.adobe.com/mg photo; erzeugt mit generativer KI
105/6: stock.adobe.com/robert
106: stock.adobe.com/KB3
108: Cornelsen Inhouse/KI-generiert mit Bing Image Creator (Dall-e 3)
109/2: stock.adobe.com/kamui29
109/3: stock.adobe.com/M.studio
109/5: stock.adobe.com/Suraphol
109/7: stock.adobe.com/arazu
109/8: stock.adobe.com/Peter Atkins
110/4: stock.adobe.com/baibaz
110/7: Cornelsen Inhouse/KI-generiert mit Bing Image Creator (Dall-e 3)
110/8: stock.adobe.com/PNGSTOCK
110/9: stock.adobe.com/Antony McAulay
111/4: Depositphotos/Ihor Zubal
111/9: Shutterstock.com/underworld
114: stock.adobe.com/JSB31
115/o.l.: Shutterstock.com/Patryk Kosmider
115/o.m.: Shutterstock.com/iPics
115/o.r.: Shutterstock.com/Mario Krpan
121/5: stock.adobe.com/M. Schuppich
121/3: stock.adobe.com/ValentinValkov
121/6: stock.adobe.com/Chayanee
121/7: stock.adobe.com/Serggod
121/8: stock.adobe.com/Papugrat
122/4: stock.adobe.com/Little Studio1
122/6: stock.adobe.com/katrin_timoff
122/7: Shutterstock.com/Arvind Balaraman;
122/8 l.: stock.adobe.com/Uwe Mahnke
122/8 r.: stock.adobe.com/H&C
123/3: stock.adobe.com/Виктория Шушу
123/5: stock.adobe.com/Summit Art Creations
124/B: stock.adobe.com/Paul
124/A: Cornelsen Inhouse/KI-generiert mit Bing Image Creator (Dall-e 3)
124/A: Depositphotos/Anna Zasimova
124/C: mauritius images/Westend61
124/E: stock.adobe.com/Yeti Studio erzeugt mit generativer KI
124/o.r.: stock.adobe.com/CarlosBarquero
127: stock.adobe.com/ERNESTO
130: Shutterstock.com/Margitta Hamel
141: mauritius images/Robert Wyatt/Alamy
162: stock.adobe.com/Drazen
165: stock.adobe.com/Mumtaaz D/ peopleimages.com
183/m.r.: stock.adobe.com/hachri
186: Cornelsen Inhouse/KI-generiert mit Bing Image Creator (Dall-e 3)
187: stock.adobe.com/The Photos
190: stock.adobe.com/Aamon
190/m.r.: stock.adobe.com/Inga
190/o.r.: stock.adobe.com/Brenda Carson
193: stock.adobe.com/Thitiphan
199: shutterstock.com/Sekundator
199/4: Shutterstock.com/ozanuysal
199/8: stock.adobe.com/natsumi
200: stock.adobe.com/frinz
201/1: stock.adobe.com/servet
201/2 l.: stock.adobe.com/photocrew
201/2 m.: Shutterstock.com/SasaStock
201/2 r.: stock.adobe.com/Pixel-Shot
203/3: stock.adobe.com/MaxK
203/4: stock.adobe.com/Miftah
203/5: stock.adobe.com/jannoon028
204/2: stock.adobe.com/rod5150
204/3: stock.adobe.com/Parkpoom
204/5: stock.adobe.com/Robert Kneschke
205/2: stock.adobe.com/D.aniel
205/5: stock.adobe.com/Carlo
205/8: stock.adobe.com/milatas
206: Shutterstock.com/Pawel Kazmierczak
215/6: stock.adobe.com/fotogurmespb
215/7: stock.adobe.com/Rudzhan
217: stock.adobe.com/Antonioguillem
221: stock.adobe.com/Phovoir/auremar
222: stock.adobe.com/Africa Studio
223/o.: stock.adobe.com/cl_stock
223/u.: stock.adobe.com/Africa Studio
227: stock.adobe.com/BillionPhotos.com
229: stock.adobe.com/ Luis Viegas photography/Luis Viegas
234: stock.adobe.com/romankosolapov
235: stock.adobe.com/NanSan
236/o.: mauritius images/Westend61
236/u.: stock.adobe.com/olga_demina
237/o.: stock.adobe.com/Dumebi
237/u.: stock.adobe.com/Song_about_ summer
238/o.: Shutterstock.com/Paul Biryukov
238/u.: Shutterstock.com/Dmitry Kalinovsky
239/o.: stock.adobe.com/Mykola/ Senyuk Mykola;
239/u.: stock.adobe.com/ WavebreakmediaMicro
240: stock.adobe.com/Nassorn

Formeln im Überblick

Funktionen

Lineare Funktionen	Quadratische Funktionen
allgemeine Geradengleichung: $y = m \cdot x + b$ 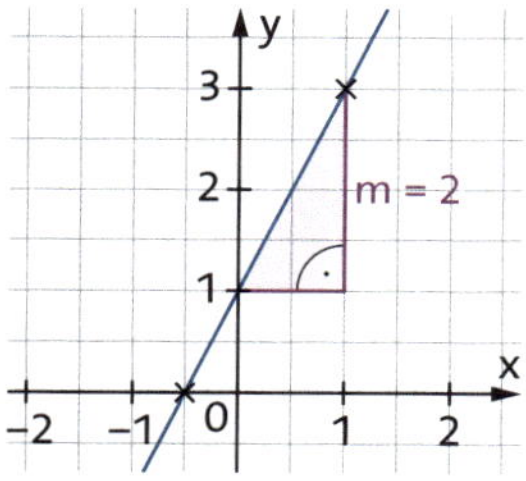 Steigung der Geraden: $m = \frac{y_2 - y_1}{x_2 - x_1}$ y-Achsenabschnitt: b (oder n) **weitere Schreibweise:** $f(x) = m \cdot x + n$	**Normalparabel:** $f(x) = x^2$ mit dem Scheitelpunkt S (0 | 0) **gestreckte/gestauchte Parabel:** $f(x) = a \cdot x^2$ **allgemeine Form:** $f(x) = a \cdot x^2 + b \cdot x + c, \quad a \neq 0$ **Scheitelpunktform:** $f(x) = a \cdot (x - d)^2 + e$ mit Scheitelpunkt S (d | e) $a = 1$: Normalparabel $a > 1$ oder $a < -1$: gestreckt $0 < a < 1$ oder $0 > a > -1$: gestaucht $a < 0$: nach unten geöffnet 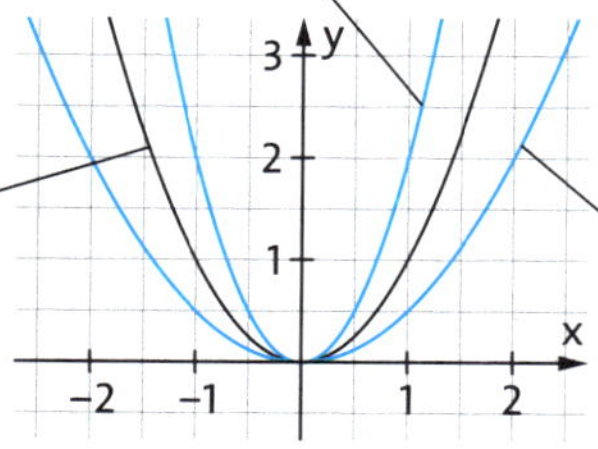 **weitere Schreibweise:** für f(x) oder g(x) oder … kannst du y schreiben: $y = x^2$

Gleichungen

Rein quadratische Gleichungen		
Gleichung: $a x^2 + e = 0$	**Lösungs-Beispiel:** $4x^2 - 16 = 0 \quad \| +16$ $4x^2 = 16 \quad \| :4$ $x^2 = 4 \quad \| \sqrt{\ }$ $x_1 = \sqrt{4} \quad x_2 = -\sqrt{4}$ $x_1 = 2 \quad x_2 = -2 \quad L = \{-2; 2\}$	zwei Lösungen: $a > 0$ und $e < 0$ oder $a < 0$ und $e > 0$ eine Lösung: $e = 0$ keine Lösung: $a > 0$ und $e > 0$ oder $a < 0$ und $e < 0$

Prozent- und Zinsrechnung

Prozentrechnung	Zinsrechnung	Zinseszins
Grundwert: $G = \frac{W}{p\,\%}$ $\quad G \mathrel{\hat=} 100\,\%$ Prozentsatz: $p\,\% = \frac{W}{G}$ $\quad p\,\% = \frac{p}{100}$ Prozentwert: $W = G \cdot p\,\%$	Kapital: $K \mathrel{\hat=} 100\,\%$ Jahreszinsen: $Z = K \cdot p\,\%$ Zinssatz: p % Zinsen: Z	Endkapital … nach 1 Jahr: $K_1 = K \cdot (1 + p\,\%)$ nach 2 Jahren: $K_2 = K_1 \cdot (1 + p\,\%)$ nach 3 Jahren: $K_3 = K_2 \cdot (1 + p\,\%)$